住房和城乡建设领域专业人员岗位培训考试指导用书（标准版）

施工员（土建方向）专业管理实务

主　编　郎松军
副主编　蒲　琳　杜　勇

中国环境出版集团 · 北京

图书在版编目（CIP）数据

施工员（土建方向）专业管理实务 / 郎松军主编 .—北京：中国环境出版集团，2018.10

住房和城乡建设领域专业人员岗位培训考试指导用书（标准版）

ISBN 978-7-5111-3183-6

Ⅰ.①施… Ⅱ.①郎… Ⅲ.①土木工程—工程施工—岗位培训—自学参考资料 Ⅳ.①TU7

中国版本图书馆 CIP 数据核字（2017）第 107775 号

出 版 人 武德凯
策划编辑 陶克菲
责任编辑 易 萌
责任校对 尹 芳
封面设计 彭 杉

出版发行 中国环境出版集团
（100062 北京市东城区广渠门内大街 16 号）
网 址：http://www.cesp.com.cn
电子邮箱：bjgl@cesp.com.cn
联系电话：010-67112765（总编室）
010-67112739（建筑分社）
发行热线：010-67125803，010-67113405（传真）

印 刷 北京中科印刷有限公司
经 销 各地新华书店
版 次 2018 年 10 月第 1 版
印 次 2018 年 10 月第 1 次印刷
开 本 787×1092 1/16
印 张 27.25
字 数 680 千字
定 价 70.00 元

住房和城乡建设领域专业人员岗位培训考试指导用书（标准版）编委会

（排名不分先后）

施工员（土建方向）专业管理实务编委会

前　　言

本书总体包含三部分内容，第一部分为“岗位知识”；第二部分为“专业技能”；第三部分为“现场管理”；共分五个部分阐述：

1. 以建筑施工技术为龙头的质量控制主线

本部分为“实务”的第一章、第二章和第七章，对应“考核大纲”中的内容为：《通用知识》第四部分：熟悉工程施工工艺和方法。《岗位知识》第一部分：熟悉土建施工相关的管理规定和标准中第三款；第二部分：熟悉施工组织设计及专项施工方案的内容和编制方法中第三款、第四款；第五部分：熟悉工程质量管理的基本知识；第七部分：了解常用施工机械机具的性能。《专业技能》第三部分：能够编写技术交底文件，并实施技术交底；第八部分：能够确定施工质量控制点，参与编制质量控制文件，并实施质量交底；第十二部分：能够记录施工情况，编制相关工程技术资料；第十三部分：能够利用专业软件对工程信息资料进行处理。

2. 以建筑施工组织为龙头的进度控制主线（注：实际上《施工组织》中也涵盖施工方案和质量控制，本教材单列《建筑施工技术》）

本部分为“实务”的第三章、第四章和第八章，其中第三章为施工组织的综述章节，其余两章为有关进度章节。对应“考核大纲”中的内容为：《岗位知识》第二部分：熟悉施工组织设计及专项施工方案的内容和编制方法中第一款；第三部分：熟悉施工进度计划的编制方法。《专业技能》第一部分：能够参与编制施工组织设计和专项施工方案；第五部分：能够正确划分施工区段，合理确定施工顺序；第六部分：能够进行资源平衡计算，参与编制施工进度计划及资源需求计划，控制调整计划。

3. 以建筑施工组织为龙头的投资（成本）控制主线

本部分为“实务”的第五章、第六章和第九章，对应“考核大纲”中的内容为：《基础知识》第三部分：熟悉工程预算的基本知识。《岗位知识》第三部分：熟悉施工进度计划的编制方法；第六部分：熟悉工程成本管理的基本知识。《专业技能》第七部分：能够进行工程量计算及初步的工程计价。

4. 安全管理和现场文明施工

本部分为“实务”的第十一章和第十二章，其中一部分现场安全管理纳入法规部分。对应“考核大纲”中的内容为：《岗位知识》第四部分：熟悉环境与职业健康安全管理的基本知识。《专业技能》第九部分：能够确定施工安全防范重点，参与编制职业健康安全与环境技术文件，实施安全、环境交底；第十一部分：能够对施工质量、职业健康安全与环境问题进行调查分析。

5. 信息管理

本部分为“实务”的第十章，对应“考核大纲”中的内容为：《通用知识》第四部分：掌握计算机和相关资料信息管理软件的应用知识。《专业技能》第十三部分：能够利用专业软件对工程信息资料进行处理。

我们这样整合的首要目的是便于广大学员的学习，也便于教师的教学，另外在编写本套教材中，我们查阅了大量的规范和标准，并将其罗列在教材后面的参考文献中，本部分内容也是教材的有机组成部分，希望对读者的学习有所帮助。

本套教材由成都工业职业技术学院教授级高级工程师郎松军担任主编，四川建筑职业技术学院蒲琳、杜勇任副主编。“基础”部分：四川建筑职业技术学院孟化编写第1章；四川建筑职业技术学院蒲琳编写第二章和第八章；四川建筑职业技术学院蒋鹏飞编写第三、四章；四川建筑职业技术学院蔡娥编写第五章、第六章和第七章。

本套教材由成都工业职业技术学院教授级高级工程师郎松军担任主编，四川建筑职业技术学院蒲琳、杜勇任副主编。四川建筑职业技术学院常颖编写了第一章、三章、四章、八章内容；四川建筑职业技术学院李杰编写第二章内容；四川建筑职业技术学院杜勇编写第五章内容；郎松军编写第六章、十一章内容；四川建筑职业技术学院蒲琳编写第七章、九章内容；蜀通建设集团杨畅编写第十章、十二章内容。

特别感谢我们的良师益友四川建筑职业技术学院张曦副院长。

由于编者水平有限，书中仍难免存在不妥之处，恳请读者批评指正。

编者

目　　录

第一章　建筑工程施工质量验收 …… 001

第一节　工程施工质量检查与验收的依据和方法 …… 001
第二节　建筑工程施工质量检查与验收规范和标准 …… 004
第三节　建筑工程施工质量评价与验收 …… 005
第四节　建筑工程施工质量验收规则 …… 008
第五节　建筑工程质量验收程序和组织 …… 010
第六节　质量不符合要求的处理和严禁验收的规定 …… 012

第二章　建筑施工技术 …… 014

第一节　土方工程 …… 014
第二节　地基与基础工程 …… 034
第三节　脚手架 …… 046
第四节　砌筑工程 …… 058
第五节　钢筋混凝土工程 …… 078
第六节　预应力钢筋混凝土工程 …… 107
第七节　常用施工机械设备 …… 116
第八节　钢结构工程 …… 133
第九节　防水工程 …… 142
第十节　装饰装修工程 …… 166
第十一节　建筑节能工程 …… 182

第三章　施工组织及专项施工方案 …… 193

第一节　施工组织设计概述 …… 193
第二节　单位工程施工组织设计 …… 195

第四章　施工进度计划 …… 205

第一节　流水施工的基本概念 …… 205
第二节　流水施工组织方式 …… 210

第三节　双代号网络计划 …… 216
第四节　单代号网络计划 …… 226
第五节　网络计划优化简介 …… 230

第五章　建设工程计量 …… 231

第一节　建设工程造价构成 …… 231
第二节　工程计量概述 …… 239
第三节　建筑面积计算 …… 241

第六章　建设工程计价 …… 245

第一节　工程计价概述 …… 245
第二节　工程量清单计价 …… 248
第三节　建筑安装工程人工、材料及机械台班定额消耗量 …… 251
第四节　工程计价定额 …… 254

第七章　建筑工程质量控制 …… 260

第一节　工程质量概述 …… 260
第二节　建设工程质量统计分析方法 …… 261
第三节　建设工程施工质量控制 …… 264
第四节　建设工程质量问题的处理 …… 267

第八章　建设工程进度控制 …… 271

第一节　工程进度控制概述 …… 271
第二节　实际进度与计划进度的比较方法 …… 273
第三节　施工阶段进度控制 …… 276

第九章　建设施工成本控制 …… 280

第一节　施工成本管理 …… 280
第二节　工程变更与索赔管理 …… 281

第十章　施工信息管理 …… 284

第一节　Office 办公软件的应用 …… 284
第二节　AutoCAD 的入门教程 …… 290
第三节　相关管理软件的知识 …… 294

第十一章 施工现场的安全管理 …………………………………………… 296

第一节 危险源管理 …………………………………………………… 296
第二节 建筑施工安全检查标准简介 ………………………………… 300

第十二章 文明施工 …………………………………………………… 302

第一节 工程环境 ……………………………………………………… 302
第二节 文明施工标准 ………………………………………………… 305

习题集 ………………………………………………………………… 311

参考文献 ……………………………………………………………… 422

第一章　建筑工程施工质量验收

第一节　工程施工质量检查与验收的依据和方法

一、工程施工质量检查与验收的依据

建筑工程施工质量验收是工程建设质量控制的一个重要环节，包括工程施工质量的中间验收和工程的竣工验收两个方面。通过对工程建设中间产品和最终产品的质量验收，从过程控制和终端把关两个方面进行工程项目的质量控制，以确保达到业主所要求的功能和使用价值，实现建设投资的经济效益和社会效益。

工程施工质量检查与验收是依据国家有关工程建设的法律法规、标准、规范及有关文件进行验收。我国目前建筑安装工程质量的检查与验收，主要依据是《建筑工程施工质量验收统一标准》（GB 50300—2013）（以下简称《统一标准》）及相关质量验收规范，另外还包括：

（1）国家现行的勘察、设计、施工等技术标准、规范。其中的标准规范可以分为国家标准（GB）、行业标准（JGJ）、地方标准（DB）、企业标准（QB）、协会标准（CECS）等。

这些标准是施工操作的依据，也是整个施工全过程控制的基础，还是施工质量验收的基础和依据。

（2）工程资料。包括施工图设计文件、施工图纸和设备技术说明书；图纸会审记录、设计变更和技术审定等；有关测量标桩及工程测量说明和记录、工程施工记录、工程事故记录等；施工与设备质量检验与验收记录、质量证明及质量检验评定等。

（3）建设单位与参加建设各单位签订的合同。

（4）其他有关规定和文件。如当时的各级政府制定的相关政策、指示、通知等。

二、工程施工质量检查和验收的方法

参与建设工程的各方主体，在建筑工程施工质量检查或验收时所采用的方法，实际

上就是对工程实体和同步工程资料的检查和验收，具体来说就是审查有关技术文件、报告、资料以及直接进行现场检查或进行必要的试验等。

1. 工程实体的质量检查与验收方法

工程的实体质量检查和验收是针对现场所用原材料、半成品、工序过程或工程产品质量的检验工作，一般可以分为以下3类：

（1）目测法。即凭借感官进行检查，也称观感质量检验，其手段可概括为“看、摸、敲、照”4个字。

“看”——根据质量标准要求进行外观检查，例如，清水墙面是否洁净，喷涂的密实度和颜色是否良好、均匀，工人的操作是否正常，内墙抹灰的大面及口角是否平直，混凝土外观是否符合要求等；

“摸”——通过触摸手感进行检查、鉴别，例如，油漆的光滑度，浆活是否牢固、不掉粉等；

“敲”——运用敲击工具进行音感检查，例如，对地面工程、装饰工程中的水磨石、面砖、石材饰面等，均应进行敲击检查；

“照”——通过人工光源或反射光照射，检查难以看到或光线较暗的部位，例如，管道井、电梯井等内部管线、设备安装质量，装饰吊顶内连接及设备安装质量等。

（2）量测法。又称为实测法，是利用量测工具或计量仪表，通过实际量测的结果和规定的质量标准或规范的要求相对照，从而判断质量是否符合要求。其手法可以归纳为：靠、吊、量、套。

“靠”——用直尺和塞尺配合检查。诸如地面、墙面、屋面的平整度。

“吊”——用托线板、线锤等检查垂直度。如墙面、窗框的垂直度检查。

“量”——用量测工具或计量仪表等检查构件的断面尺寸、轴线、标高、温度、湿度等数值并确定其偏差。如用卷尺量测构件的尺寸，检测大体积混凝土在浇筑完成后一段时间的温升，用经纬仪复核轴线的偏差等。

“套”——用方尺套方以塞尺辅助，检查诸如阴阳角的方正、预制构件的方正。

（3）试验法。试验法是指通过进行现场试验或试验室试验等理化试验手段，取得数据，分析判断质量情况。主要是以下2类：

1）理化试验，工程中常用的理化试验：力学性能的检验，包括材料的抗拉强度、抗压强度、抗弯强度、抗折强度、冲击韧性、硬度、承载力等的测定；各种物理性能方面的测定，如材料的密度、含水量、凝结时间、安定性、抗渗、耐磨、耐热等；各种化学方面的试验如化学成分及其含量的测定等。

2）无损检测或检验，是指借助某些专门的仪器、仪表等手段探测结构物或材料、设备内部组织结构或损伤状态。如借助混凝土回弹仪现场检查混凝土的强度等级，借助钢筋扫描仪检查钢筋混凝土构件中钢筋放置的位置是否正确，借助超声波探伤仪检查焊件的焊接质量等。

2. 审查工程技术资料

施工项目部管理人员、监理部的监理人员、质量监督机构的监督人员对工程施工质量的检查和验收，一般都是检查各个层次提供的技术文件、资料、报告或报表，如审查有关技术资质证明文件，审查有关材料、半成品的质量检验报告、检查检验验收记录、施工记录等。这是全方位了解工程的施工过程中的成品或半成品是否在合格标准之内，保证工程质量的发展在可控范围内的必然措施。

三、参加工程施工质量检查与验收的单位和人员

建筑工程质量检查与验收均应在施工单位检验评定合格的基础上，其他各方（如监理单位、建设单位等）从不同的角度通过抽样检查或复测等形式，对工程实体进行合格与否的判定。工程建设各方，站在不同的角度，对工程施工质量进行检查、督促，其共同目的就是保证工程项目的质量，为用户提供合格产品。

1. 建设单位

建设单位是工程项目建设的组织者和实施者，负有建设中征地、移民、补偿、协调各方关系，合理组织各类建设资源，实现建设目标等职责，就项目建设向国家、项目主管部门负责。其主要职责是按项目建设的规模、标准及工期要求，实行项目建设全过程的宏观控制与管理。负责办理工程开工有关手续，组织工程勘测设计，招标投标、开展施工过程的节点控制、组织工程交工验收等，协调参建各方关系，解决工程建设中的有关问题，为工程施工建设创造良好的外部环境。建设单位与设计、施工及监理单位均为委托合同关系。建设方应定期或不定期地深入工地进行检查和验收。当建设单位收到建设工程竣工报告后，应当组织设计、施工、工程监理等有关单位进行竣工验收，建设工程验收合格后，方可交付使用。

2. 监理单位

监理单位受建设单位的委托，依据国家有关工程建设的法律法规、批准的项目建设文件、施工合同及监理合同，对工程建设实行现场管理。其主要职责是进行工程建设合同管理，按照合同控制工程建设的投资、工期、质量和安全，协调参建各方的内部工作关系。一般情况下，监理单位与建设单位是一种委托合同关系，建设单位的决策和意见应通过监理单位贯彻执行。在建设单位委托监理单位进行设计监理时，监理单位与设计单位之间的关系是监理与被监理的关系；在没有委托设计监理时，是分工合作的关系。在监理过程中，监理单位应及时按照合同和有关规定处理设计变更，设计单位的有关通知、图纸、文件等需通过监理单位下发到施工单位。施工单位需要修改设计时，也必须通过监理单位、建设单位向设计单位提出设计变更或修改。未经监理工程师签字，建筑材料、建筑构配件和设备不得在工程中使用或安装，施工单位不得进行下一道工序的施工。未经总监理工程师签字，建设单位不得拨付工程款，不得进行竣工验收。在施工过程中，监理工程师应当按照监理规范的要求，采取旁站、巡视和平行检验等形式，对建设工程实施监理。

3. 勘察、设计单位

勘察、设计单位的主要职责是受建设单位的委托，负责地质勘查、工程初步设计和施工图设计，向建设单位提供设计文件、图纸和其他资料，派驻设计代表参与工程项目的建设，进行设计交底和图纸会审，及时签发工程变更通知单，做好设计服务，参与工程验收等。设计单位对自己的设计成果负责，并对应设计原因造成的质量问题或事故，提出相应的技术处理方案。

4. 施工单位

施工单位是工程的具体组织实施者。其主要职责是通过投标获得施工任务，依据国家和行业规范、规定、设计文件和施工合同，编制施工方案，组织相应的管理、技术、施工人员及施工机械进行施工，按合同规定工期、质量要求完成施工内容。施工过程中，负责工程进度、质量、安全的自控工作，工程完工经验收合格，向建设单位移交工程及全套施工资料。施工单位必须建立、健全施工质量的检验制度：在作业活动结束后，作业者必须自检，不同工序交接、转换必须由相关人员进行交接检查，施工承包单位专职质检员的专检。同时要特别做好隐蔽工程的质量检查和记录，隐蔽工程在隐蔽前，施工单位应当通知建设单位和建设工程质量监督机构进行检查和验收。

5. 质量监督机构

质量监督是由政府行政部门授权、代表政府对工程质量安全实行强制性监督的专职机构。其主要职责是复核监理、设计、施工及有关产品制造单位的资质，监督参建各方质量、安全体系的建立和运行情况，监督设计单位的现场服务，认定工程项目划分，监督检查技术规程、规范和标准的执行情况及施工、监理、建设单位对工程质量的检验和评定情况。对工程质量等级进行核定，编制工程质量评定报告，并向验收委员会提出工程质量等级建议。我国实行建设工程质量监督管理制度。质量监督机构的主体是各级政府建设行政主管部门。所以质量监督机构行使政府的权力具有强制性，是宏观管理，而工程监理单位实施的是微观管理，带有服务性。

第二节　建筑工程施工质量检查与验收规范和标准

一、现行建筑工程施工质量验收规范

现行建设工程施工质量验收规范是由《建筑工程施工质量验收统一标准》（以下简称《统一标准》）和15个专业标准组成。

（1）《建筑工程施工质量验收统一标准》（GB 50300—2013）；

（2）《建筑地基基础工程施工质量验收规范》（GB 50202—2002）；

（3）《砌体结构工程施工质量验收规范》（GB 50203—2011）；

（4）《混凝土结构工程施工质量验收规范》（GB 50204—2015）；

（5）《钢结构工程施工质量验收规范》（GB 50205—2001）；

（6）《木结构工程施工质量验收规范》（GB 50206—2012）；

（7）《屋面工程质量验收规范》（GB 50207—2012）；

（8）《地下防水工程质量验收规范》（GB 50208—2011）；

（9）《建筑地面工程施工质量验收规范》（GB 50209—2010）；

（10）《建筑装饰装修工程质量验收规范》（GB 50210—2001）；

（11）《建筑给水排水及采暖工程施工质量验收规范》（GB 50242—2002）；

（12）《通风与空调工程施工质量验收规范》（GB 50243—2016）；

（13）《建筑电气工程施工质量验收规范》（GB 50303—2015）；

（14）《电梯工程施工质量验收规范》（GB 50310—2002）；

（15）《智能建筑工程施工质量验收规范》（GB 50339—2013）；

（16）《建筑节能工程施工质量验收规范》（GB 50411—2007）。

该体系总结了我国建筑施工质量验收的实践经验，坚持了“验评分离、强化验收、完善手段、过程控制”的指导思想。

二、现行建筑工程施工质量验收标准

现行标准体系编制的主要依据是《中华人民共和国建筑法》《建设工程质量管理条例》（国务院令第 279 号）、《建筑结构可靠度设计统一标准》（GB 50068—2001）及其他有关设计规范的规定等。验收统一标准和专业验收规范体系的落实和执行，还需要有关标准的支持。

1. 施工工艺

施工工艺是施工单位进行具体操作的方法，是施工单位的内部控制标准、是企业班组操作的依据、是企业操作规程的内容、是施工质量全过程控制的基础，也是验收规范的基础和依据。规范施工工艺不仅保证了验收规范的落实，也促进了企业管理水平的提高，但这些工法、工艺标准不再具有强制性质，以便于适应不同条件，并应尽量反映科技进步和施工技术发展的成果。

2. 评优标准

现行的《统一标准》只设合格标准，不设优良等级，是国家的强制标准。但从有利于提高工程质量，结合质量方针政策、工程安全、功能、环境及观感质量的评定，制定“质量评优标准”，作为推荐性标准，供评优和签订合同双方约定使用，以鼓励创优，促进施工质量的提高。

第三节　建筑工程施工质量评价与验收

一、建筑工程施工质量评价

建筑工程施工质量评价的依据是《建筑工程施工质量评价标准》（GB/T 50375—2006）（GB/T 50375—2016，于 2017 - 04 - 01 实施）。该标准作为国家的指导性标准，适用于在工程质量合格后的施工质量的优良评价。而施工质量优良评价的基础是《统一标准》及其配套的各专业工程质量验收规范。

《建筑工程施工质量评价标准》提出的主要评价方法：按单位工程评价工程质量，首先将单位工程按专业性质和建筑部位划分为地基及桩基工程、结构工程、屋面工程、

装饰装修工程、安装工程5部分。每部分分别从施工现场质量保证条件、性能检测、质量记录、尺寸偏差及限值实测、观感质量等5项内容来进行评价，最后进行综合评价。

二、建筑工程施工质量验收

建设工程是由若干个单位工程组成的，一个单位工程在施工质量验收时，可以按照分项工程检验批、分项工程、分部（子分部）、单位（子单位）工程的顺序进行验收。

1. 检验批的质量验收

检验批是工程质量验收的最小单元，是分项工程乃至整个建筑工程验收的基础。检验批是施工过程中条件相同并有一定数量的材料、构配件或安装项目，可以作为检验的基本单位，按批组织验收。

检验批合格质量应符合以下规定：

首先，主控项目的质量经抽样检验合格（主控项目合格率应达100%）。

所谓主控项目，是指建筑工程中对安全、节能、环境保护和主要使用功能起决定作用的检验项目。检验批主控项目必须全部符合有关专业工程验收规范的规定，这就意味着主控项目不允许有不符合要求的检验结果。

检验批主控项目主要包括：

（1）重要原材料、构配件、成品、半成品、设备性能及附件的材质、技术指标要合格。检查出厂合格证明及进场复验检测报告，确认其技术数据、检测项目参数符合有关技术标准的规定。如检查进场钢筋出厂合格证、进场复验检测报告，确认其产地、批量、型号、规格，确认其屈服强度、极限抗拉强度、伸长率符合要求。

（2）结构的强度、刚度和稳定性等检测数据、工作性能的检测数据及项目要求符合设计要求和本验收规范的规定。如混凝土、砂浆的强度，钢结构的焊缝强度，管道的压力试验，风管的系统测定与调整，电气的绝缘、接地测试，电梯的安全保护，试运行结果记录。检查测试记录或报告，其数据及项目要符合设计要求和本验收规范规定。

其次，一般项目的质量经抽样检验合格，当采用计数检验时，除有专门要求外，一般项目的合格点率应达到80%及以上，且不得有严重缺陷。

所谓一般项目，是指主控项目以外的检验项目，其要求也是应该达到合格，对少数条文可以适当放宽一些，以不影响工程安全和使用功能为最低要求。这些条文虽不像主控项目那样重要，但对工程安全、使用功能、美观等都有较大的影响。

最后，具有完整的施工操作依据和质量验收记录。这项要求是说应当检查从原材料进场到检验批验收的各个施工工序的操作依据、质量检查情况及质量控制的各项管理制度。

2. 分项工程的质量验收

分项工程质量验收合格应符合下列规定：

（1）分项工程所含的检验批均应符合合格质量的规定。

（2）分项工程所含的检验批的质量验收记录应完整。

分项工程质量的验收是在检验批验收的基础上进行的，是一个统计过程，有时也有一些直接的验收内容，所以在验收分项工程时应注意以下几点：

（1）核对检验批的部位、区段是否全部覆盖分项工程的范围，有无缺漏的部位。

（2）一些在检验批中无法检验的项目，在分项工程中直接验收，如砖砌体工程中的全局垂直度、砂浆强度的评定等。

（3）检验批验收记录的内容及签字人是否正确、齐全。

3. 分部工程质量验收

分部工程质量验收合格应符合下列规定：

（1）所含分项工程的质量均应验收合格。实际验收中，这项内容是一项统计工作，其要求也类似之前分项工程验收。

（2）质量控制资料完整。这项验收内容实际也是进行统计、归纳和核查。

在分部、子分部工程验收时，主要是核查和归纳各检验批的施工依据、质量检查记录，查对其是否配套完整，包括有关施工工艺（企业标准）、原材料、构配件出厂合格证及按规定进行的试验资料的完整程度。一个分部、子分部工程是否具有数量和内容均完整的质量控制资料，是否能通过验收的关键。

（3）有关安全、节能、环境保护和主要使用功能的抽样检验结果应符合相应规定。

（4）观感质量验收符合要求。

观感质量检查是指通过现场工程的检查，由检查人员共同确定评价，包括好、一般、差 3 个等级。

检查评价人员可以宏观掌握，如果没有较明显达不到要求，就可评为一般；如果某些部位质量较好，细部处理到位，就可评为好；如果有的部位明显达不到要求，或有明显的缺陷，但不影响安全或使用功能，则评为差。评为差的项目能进行返修的应进行返修，不能返修只要不影响结构安全和使用功能可通过验收。有影响安全或使用功能的项目，不能评价，应修理后再评价。

4. 单位（子单位）工程质量验收

单位工程质量验收是对工程交付使用前的最后一道工序把关，是对工程质量的一次总体综合评价。

单位工程质量验收合格应符合下列规定：

（1）所含分部工程的质量均应验收合格。

施工单位应事先进行认真准备，将所有分部、子分部工程的质量验收记录表进行收集整理，并列出目次表，依序装订成册。在核查及整理过程中，应注意以下三点：

1）核查各分部工程中所含的子分部工程是否齐全。

2）核查各分部、子分部工程质量验收记录表的质量评价是否完善，包括分部、子分部工程质量的综合评价，质量控制资料的评价，地基与基础、主体结构和设备安装等分部、子分部工程规定的有关安全及功能的检测和抽测项目的检测记录，以及分部、子分部观感质量的评价等。

3）核查分部、子分部工程质量验收记录表的验收人员是否是规定的有相应资质的技术人员，是否有遗漏的评价和签认。

（2）质量控制资料应完整。

施工单位应对各分部、子分部工程所有的质量控制资料进行核查，包括图纸会审及变更记录，定位测量放线记录，施工操作依据，原材料、构配件等质量证书，按规定进行检验的检测报告，隐蔽工程验收记录，施工中有关施工试验、测试、检验置抽样检测项目的检测报告等。

工程质量控制资料是工程质量的一部分，同时也是工程技术资料的核心，是质量管理的重要方面，反映了一个企业管理水平高低。

（3）所含分部工程有关安全、节能、环境保护和主要使用功能的检测资料完整。

在该环节，监理工程师应对各分部、子分部工程应检测的项目进行核对，对检测资料的数量、数据及使用的检测方法标准、检测程序进行核查，以及核查有关人员的签认情况等。

（4）主要使用功能的抽查结果应符合相关专业验收规范的规定。

主要功能抽查的主要目的是综合检验工程质量是否能保证工程的功能，满足使用要求。这项抽查检测多数是复查性的和验证性的检测。这些检测项目应在单位工程完工、施工单位向建设单位提交工程验收报告之前全部进行完毕，并写好检测报告。

（5）观感质量应符合要求。

单位工程观感质量验收的方法和内容与分部、子分部工程的一样，只是单位工程观感质量验收比分部、子分部工程观感质量验收范围更大一些、更宏观一些，因为一些分部、子分部工程的观感质量在单位工程检查时可能已被隐蔽而看不到了。

第四节　建筑工程施工质量验收规则

一、建筑工程施工质量验收的术语和基本规定

《统一标准》中共给出了17个术语，这些术语对规范有关建筑工程施工质量验收活动中的用语，深化对标准条文的理解，特别是更好地贯彻执行标准是十分必要的。

（1）建筑工程。

通过对各类房屋建筑及其附属设施的建造和与其配套线路、管道、设备等的安装所形成的工程实体。

（2）检验。

对被检验项目的特征、性能进行量测、检查、试验等，并将结果与标准规定的要求进行比较，以确定项目每项性能是否合格的活动。

（3）进场检验。

对进入施工现场的建筑材料、购配件、设备及器具，按相关标准的要求进行检验，并对其质量、规格及型号等是否符合要求做出确认的活动。

（4）见证检验。

施工单位在工程监理单位或建设单位的见证下，按照有关规定从施工现场随机抽取试样，送至具备相应资质的检测机构进行检验的活动。

（5）复验。

建筑材料、设备等进入施工现场后，在外观质量检查和质量证明文件核查符合要求

的基础上，按照有关规定从施工现场抽取试样送至试验室进行检验的活动。

（6）检验批。

按相同的生产条件或按规定的方式汇总起来供抽样检验用的，由一定数量样本组成的检验体。

（7）验收。

建筑工程在施工单位自行检查合格的基础上，由工程质量验收责任方组织，工程建设相关单位参加，对检验批、分项、分部、单位工程及其隐蔽工程的质量进行抽样检验，对技术文件进行审核，并根据设计文件和相关标准以书面形式对工程质量是否达到合格做出确认。

（8）主控项目。

建筑工程中对安全、节能、环境保护和主要使用功能起决定性作用的检验项目。

（9）一般项目。

除主控项目以外的检验项目。

（10）抽样方案。

根据检验项目的特性所确定的抽样数量和方法。

（11）计数检验。

通过确定抽样样本中不合格的个体数量，对样本总体质量做出判定的检验方法。

（12）计量检验。

以抽样样本的检测数据计算总体均值、特征值或推定值，并以此判断或评估总体质量的检验方法。

（13）错判概率。

合格批被判为不合格批的概率，即合格批被拒收的概率，用α表示。

（14）漏判概率。

不合格批被判为合格批的概率，即不合格批被误收的概率，用β表示。

（15）观感质量。

通过观察和必要的测试所反映的工程外在质量和功能状态。

（16）返修。

对施工质量不符合标准规定的部位采取的整修等措施。

（17）返工。

对施工质量不符合标准规定的部位采取的更换、重新制作、重新施工等措施。

二、建筑工程质量验收项目划分

建筑工程施工质量验收应划分为单位工程、分部工程、分项工程和检验批。

随着经济的发展和施工技术的进步，涌现出大量建筑规模较大的单体工程和具有综合使用功能的综合性建筑物，几万平方米的建筑物比比皆是，十万平方米以上的建筑物也不少。这些建筑物的施工周期一般较长，受多种因素的影响，诸如后期建设资金不足，部分暂停缓建，已建成可使用部分需投入使用，以发挥投资效益等；投资者为追求最大的投资效益，在建设期间，需要将其中一部分提前建成使用；规模特别大的工程，一次性验收也不方便；等等。因此，整体划分一个单位工程验收已不适应当前的情况，故可将此类工程划分为若干个子单位工程进行验收。同时，随着生产、工作、生活条件要求的提高，建筑物的内部设施也越来越多样化；建筑物相同部位的设计也呈现出多样化；新型材料大量涌现；加之施工工艺和技术的发展，使分项工程越来越多，因此，按建筑物的主要部位和专业来划分分部工程已不适应要求，故在分部工程中，按相近工作内容和系统划分为若干子分部工程，这样有利于正确评价建筑工程质量，有利于进行验收。

（1）单位工程的划分应按下列原则划分：

1）具备独立施工条件并能形成独立使用功能的建筑物及构筑物为一个单位工程。

2）对于规模较大的单位工程，可将其能形成独立使用功能的部分为一个子单位工程。

（2）分部工程应按下列原则划分：

1）可按专业性质、工程部位确定。

2）当分部工程较大或较复杂时，可按材料种类、施工特点、施工程序、专业系统及类别将分部工程划分为若干子分部工程。

（3）分项工程可按主要工种、材料、施工工艺、设备类别进行划分。

（4）检验批可根据施工、质量控制和专业验收的需要，按工程量、楼层、施工段、变形缝进行划分。

第五节　建筑工程质量验收程序和组织

一、检验批及分项工程的质量验收程序和组织

检验批应由专业监理工程师组织施工单位项目专业质量检查员、专业工长等进行验收。

分项工程应由专业监理工程师组织施工单位项目专业技术负责人等进行验收。

检验批和分项工程是建筑工程质量的基础，因此，所有检验批和分项工程均应由监理工程师组织验收。验收前，施工单位先填好“检验批和分项工程的质量验收记录”（有关监理记录和结论不填），并由项目专业质量检验员和项目专业技术负责人分别在检验批和分项工程质量检验员和项目专业技术负责人分别在检验批和分项工程质量检验记录中相关栏目签字，然后由监理工程师组织，严格按规定程序进行验收。

《统一标准》的规定强调了施工单位的自检，同时强调了监理工程师负责验收和检查的原则，在对工程进行检查后，确认其工程质量是否符合标准规定，监理或建设单位人员要签字认可；否则，不得进行下道工序的施工。如果认为有的项目或地方不能满足验收规范的要求时，应及时提出，让施工单位进行返修。

二、分部工程的质量验收程序和组织

分部工程应由总监理工程师组织施工单位项目负责人和项目技术负责人等进行验收。

勘察、设计单位工程项目负责人和施工单位技术、质量监督部门负责人应参加地基与基础分部工程的验收。

设计单位工程项目负责人和施工单位技术、质量监督部门负责人应参加主体结构、节能分部工程的验收。

《统一标准》规定了分部（子分部）工程验收的组织者及参加验收的相关单位和人员。工程监理实行总监理工程师负责制，因此分部工程应由总监理工程师组织施工单位的项目负责人和项目技术、质量负责人及有关人员进行验收。由于地基基础、主体结构、节能分部工程技术性能要求严格，技术性强，关系到整个工程的安全和环境保护问题，故规定这些分部工程的勘察、设计单位工程项目负责人也应参加相关分部的工程质量验收。

三、单位工程的质量验收程序和组织

单位工程完工后，施工单位应组织有关人员进行自检。总监理工程师应组织各专业监理工程师对工程质量进行竣工预验收。存在施工质量问题时，应由施工单位整改。整改完毕后，由施工单位向建设单位提交工程竣工验收报告申请工程竣工验收。

建设单位收到工程竣工报告后，应由建设单位项目负责人组织监理、施工（含分包单位）、设计、勘察、质量监督等单位项目负责人进行单位工程验收。

四、验收备案

工程竣工验收的条件：

（1）完成工程设计和合同约定的各项内容。

（2）施工单位在工程完工后对工程质量进行了检查，确认工程质量符合有关法律法规和工程建设强制性标准，符合设计文件及合同要求，并提出工程竣工报告。工程竣工报告应经项目经理和施工单位有关负责人审核签字。

（3）对于委托监理的工程项目，监理单位对工程进行了质量评估，具有完整的监理资料，并提出工程质量评估报告。工程质量评估报告应经总监理工程师和监理单位有关负责人审核签字。

（4）勘察、设计单位对勘察、设计文件及施工过程中由设计单位签署的设计变更通知书进行了检查，并提出质量检查报告。质量检查报告应经该项目勘察、设计负责人和勘察、设计单位有关负责人审核签字。

（5）有完整的技术档案和施工管理资料。

（6）有工程使用的主要建筑材料、建筑构配件和设备的进场试验报告。

（7）建设单位已按合同约定支付工程款。

（8）有施工单位签署的工程质量保修书。

（9）城乡规划行政主管部门对工程是否符合规划设计要求进行检查，并出具认可文件。

（10）有公安消防、环保等部门出具的认可文件或者准许使用文件。

（11）建设行政主管部门及其委托的工程质量监督机构等有关部门责令整改的问题全部整改完毕。

单位工程质量验收合格后，建设单位应在规定时间内将工程竣工验收报告和有关文件，报建设行政管理部门备案。建设工程竣工验收备案制度是加强政府监督管理，防止不合格工程流向社会的一个重要手段。建设单位应依据《建设工程质量管理条例》和建设部的有关规定，到县级以上人民政府建设行政主管部门或其他有关部门备案。

第六节　质量不符合要求的处理和严禁验收的规定

一、建筑工程质量验收不符合要求的处理

造成不符合规定的原因很多，有操作技术方面的，也有管理不善方面的，还有材料等质量方面的。一旦发现工程质量任一项不符合规定时，必须及时组织有关人员，查找分析原因，并按有关技术管理规定，通过有关方面共同协商，制定补救方案，及时进行处理，经处理后的工程，再确定其质量是否可通过验收。

当建筑工程施工质量不符合要求时，应按下列规定处理：

（1）经返工或返修的检验批，应重新进行验收。

返工重做包括全部或局部推倒重来及更换设、器具等的处理，处理或更换后，应重新按照程序进行验收。如某栋住宅楼一层砌砖，如验收时发现砖强度等级为 MU5，达不到设计要求的 MU10，推倒后重新使用 MU10 砖砌筑，其砖砌体工程的质量重新按程序进行验收。重新验收质量时，要对该项目工程按规定重新抽样、选点、检查验收，重新填写检验批质量验收记录。

（2）经有资质的检测机构检测鉴定能够达到设计要求的检验批，应予以验收。

这种情况多是某项质量指标不够，多数是留置的试块失去代表性，或因故缺少试块的情况，以及试块试验报告缺少某项有关主要内容，也包括对试块或试验结果报告有怀疑时，经有资质的检测机构对工程进行检验测试。其测试结果证明，该检验批的工程质量能够达到原设计要求，这种情况应按照正常情况给予验收。

（3）经有资质的检测机构检测鉴定达不到设计要求，但经原设计单位核算认可能够满足安全和使用功能的检验批，可予以验收。

这种情况与第二种情况类似，多是某项质量指标达不到规范要求，多数也是留置的试块失去代表性或因故缺少试块以及试块试验报告有缺陷，不能有效证明该项工程的质

量情况，或是对该试验报告有怀疑时要求对工程实体质量进行检测。经有资质的检测单位检测鉴定达不到设计要求，但这种数据达到设计要求的差距不是太大。经过原设计单位进行验算，认为仍可满足结构安全和使用功能，可不进行加固补强。如某栋五层砖混结构建筑，一、二、三层用M10砂浆砌筑，四、五层为M5砂浆砌筑。在施工过程中由于管理不善等，其三层砂浆强度仅达到6.8MPa，未达到设计要求，按照规定应不能验收，但经过原设计单位验算，砌体强度尚可满足结构安全和使用功能，可不返工和加固。由设计单位出具正式的认可证明，由注册结构工程师签字并加盖单位公章，由设计单位承担质量责任。因为设计责任就是设计单位负责，出具认可证明，也在其质量责任范围内，可进行验收。

以上三种情况都应视为是符合规范规定质量合格的工程。只是在管理上出现了一些不正常的情况，使资料证明不了工程实体质量，经过补办一定的检测手续，证明质量达到设计要求，给予通过验收是符合规范规定的。

（4）经返修或加固处理的分项、分部工程，满足安全及使用功能要求时，可按技术处理方案和协商文件的要求予以验收。

这种情况多数是某项质量指标达不到验收规范要求，如同第二、第三种情况，经过有资质的检测单位检测鉴定达不到设计要求，由其设计单位经过验算，也认为达不到设计要求。经过验算和事故分析，找出了事故原因，分清了质量责任，同时经过建设单位、监理单位、施工单位、设计单位协商，同意进行加固补强，并协商好加固费用的来源以及加固后的验收等事宜，由原设计单位出具加固技术方案，通常由原施工单位进行加固，虽然改变了个别建筑构件的外形尺寸或留下永久性缺陷（通过加固补强后只是解决了结构性能问题），但其本质并未达到原设计要求的均属造成永久性缺陷，包括改变工程的用途在内，应按照协商文件验收，也就是有条件的验收。由责任方承担经济损失或赔偿。这种情况实际是工程质量达不到验收规范的合格规定，应算在不合格工程范围内。

二、严禁验收的规定

经返修或加固处理仍不能满足安全或重要使用要求的分部工程及单位工程，严禁验收。

这种情况是很少见的，但确实存在。通常有两种情况，一是工程质量实在太差，二是补救的代价太大。这种情况多在制定加固技术方案前就知道加固补强措施效果不会太好，或是加固费用太高不值得加固处理，或是加固后仍达不到保证安全、功能的情况。这时就应该坚决拆掉，不要再花大的代价来加固补强。

第二章　建筑施工技术

第一节　土方工程

一、土的分类和工程性质

（一）土的分类

在建筑工程施工中，根据土的坚硬程度和开挖难易程度将土分为松软土、普通土、坚土、砂砾坚土、软石、次坚石、坚石、特坚石八类。土的这种八类分类法及其现场鉴别方法见表 2-1。

表 2-1　土的工程分类与现场鉴别方法

土的分类	土的名称	可松性系数		现场鉴别方法
		K_s	K_s'	
一类土（松软土）	砂；亚砂土；冲积砂土层；种植土；泥炭（淤泥）	1.08～1.17	1.01～1.03	能用锹、锄头挖掘
二类土（普通土）	亚黏土、潮湿的黄土；夹有碎石、卵石的砂；种植土及亚砂土	1.14～1.28	1.02～1.05	用锹、条锄挖掘，少数用镐翻动
三类土（坚土）	软及中等密实度黏土；重压黏土、粗砾石；干黄土及含碎石、卵石的黄土、亚黏土；压实的填筑土	1.24～1.30	1.05～1.07	主要用镐，少许用锹、条锄挖掘
四类土（砂砾坚土）	重黏土及含碎石、卵石的黏土；粗卵石；密实的黄土；天然级配砂石；软泥灰岩及蛋白石	1.26～1.35	1.06～1.09	整个用镐、条锄挖掘，少许用撬棍挖掘
五类土（软石）	硬石灰纪黏土；中等密度的页岩、泥灰岩、白垩土；胶结不紧的砾岩；软的石灰岩	1.30～1.40	1.10～1.15	用镐或撬棍、大锤挖掘，部分用爆破方法
六类土（次坚石）	泥岩；砂岩；砾岩；坚实的页岩；泥灰岩；密实的石灰岩；风化的花岗岩；片麻岩	1.35～1.45	1.11～1.20	用爆破方法开挖，部分用镐开挖

续表

土的分类	土的名称	可松性系数		现场鉴别方法
		K_s	K_s'	
七类土（坚石）	大理岩；辉绿岩；玢岩；粗、中粒花岗岩；坚实的白云岩、砂岩、砾岩、片麻岩、石灰岩、风化痕迹的安山岩、玄武岩	1.40～1.45	1.15～1.20	用爆破方法开挖
八类土（特坚石）	安山岩；玄武岩；花岗片麻岩；坚实的细粒花岗岩、闪长岩、石英岩、辉长岩、辉绿岩、玢岩	1.45～1.50	1.20～1.30	用爆破方法开挖

（二）土的工程性质

土的工程性质对土方工程施工有直接影响，也是进行土方施工方案确定的基本资料。土的工程性质主要有土的含水量、土的天然密度和干密度、土的可松性、土的孔隙比和孔隙率及土的渗透性。

（1）土的含水量。土中水的质量与固体颗粒质量的百分率称为土的含水量。土的含水量随着气候条件、雨雪和地下水的影响而变化，它反映了土的干湿程度，并与土方边坡的稳定性及填方密实程度有直接影响。土的含水量用 w 表示，即

$$\omega=\frac{m_w}{m_s}\times100\%$$

式中，m_w——土中水的质量，kg；

m_s——土中固体颗粒的质量，kg。

（2）土的天然密度和干密度。土在天然状态下单位体积的质量，称为土的天然密度（简称密度）。一般黏土的密度为 1800～2000kg/m^3，砂土的密度为 1600～2000kg/m^3。土的密度按下式计算：

$$\rho=\frac{m}{V}$$

干密度是土的固体颗粒质量与总体积的比值，用下式表示：

$$\rho_d=\frac{m_s}{V}$$

式中，ρ、ρ_d——分别为土的天然密度和干密度；

m——土的总质量，kg；

m_s——土中固体颗粒的质量，kg；

V——土的体积，m^3。

（3）土的可松性。天然土经开挖后，其体积因松散而增加，虽经振动夯实，但仍然不能完全复原，这种现象称为土的可松性。土的可松性用可松性系数表示：

土的最初可松性系数：

$$K_s=\frac{V_2}{V_1}$$

土的最后可松性系数：

$$K_s'=\frac{V_3}{V_1}$$

式中，K_s ——土的最初可松性系数；

K_s' ——土的最后可松性系数；

V_1 ——土在天然状态下的体积，m^3；

V_2 ——土挖后松散状态下的体积，m^3；

V_3 ——土经压（夯）实后的体积，m^3。

（4）土的孔隙比和孔隙率。孔隙比和孔隙率是土中孔隙的比率，它反映了土的密度程度。孔隙比和孔隙率越小土越密实。

孔隙比 e 是土的孔隙体积与土的固体体积之比，用下式表示：

$$e=\frac{V_v}{V_s}$$

孔隙率 n 是土的孔隙体积与土的总体积之比，用下式表示：

$$n=\frac{V_v}{V}\times 100\%$$

式中，V ——土的总体积，m^3；$V=V_a+V_w+V_s=V_v+V_s$；

V_s——土的固体体积，m^3；

V_v——土的孔隙体积，m^3；

V_a——土中空气体积，m^3；

V_w——土中水的体积，m^3。

（5）土的渗透性。土的渗透性是指水流通过土中孔隙的能力。一般用渗透系数 K 表示，它反映了水流在单位时间内穿透土层的难易程度。土的渗透系数与土的颗粒级配、密实程度有关，它影响着施工降水和排水的速度，是人工降低地下水位及选择各类井点的主要参数。土的渗透系数一般由试验确定，以 m/d 表示，常见的土的渗透系数见表 2-2。

表 2-2　土的渗透系数参考表

土的名称	渗透系数 K/（m/d）	土的名称	渗透系数 K/（m/d）
黏土	＜0.005	中砂	5.00～20.00
粉质黏土	0.005～0.10	均质中砂	35～50
粉土	0.10～0.50	粗砂	20～50
黄土	0.25～0.50	圆砾石	50～100
粉砂	0.50～1.00	卵石	100～500
细砂	1.00～5.00		

二、土方工程施工准备与辅助工作

（一）土方工程施工准备工作

土方工程具有工程量大，施工条件复杂且受地质、水文、气象等条件影响较大等特点。因此在土方工程施工前应做好必要的准备工作。

1. 技术准备

技术准备主要包括学习和审查图纸、踏勘施工现场、编制施工方案。

2. 现场准备

现场准备主要包括平整施工场地、修建临时设施及道路、设置测量控制网和机具、物资及人员准备。

(二) 土方工程施工辅助工作

土方工程的施工辅助工作主要是为了配合土方施工而进行的工作，是确保土方开挖安全、顺利进行的保证措施。主要有边坡稳定、基坑支护等。

(1) 边坡留设。为了防止塌方，保证施工安全，在土方开挖超过一定深度时，土壁应做成有斜率的边坡以减少土体自重，或者加以临时的土壁支撑保持土体的稳定。

土方边坡的坡度是土方挖方深度 H 与放坡宽度 B 的比值，如图 2-1 所示。即

$$\text{土方边坡坡度}=\frac{H}{B}=\frac{1}{m}$$

式中，$m=\frac{B}{H}$称为边坡系数。

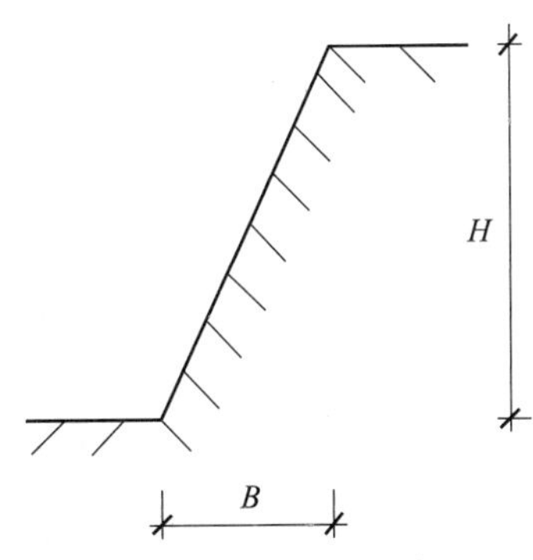

图 2-1　边坡坡度示意图

土方边坡的大小在地质条件良好，土质均匀且地下水位低于基坑（槽）或者管沟底面时，挖方边坡可做成直立壁不加支撑的最大容许深度见表 2-3 的相关规定。

表 2-3　基坑（槽）和管沟不放坡也不加支撑时的容许深度　单位：m

项次	土的种类	容许深度
1	密实、中密的砂子和碎石类土（充填物为砂土）	1.0
2	硬塑、可塑的粉质黏土及粉土	1.25
3	硬塑、可塑的黏土和碎石类土（充填物为黏性土）	1.5
4	坚硬的黏土	2.0

永久性的挖方一般应按设计要求进行放坡；对于使用时间较长的临时性挖方边坡坡度，应根据工程地质和水文地质、边坡高度等，结合当地同类土体的稳定坡度值或通过稳定性计算确定；施工过程中形成的临时性边坡，应符合表 2-4 的规定。

表 2-4　临时性挖方边坡值

土的类别		边坡值（高：宽）
砂土（不包括细砂、粉砂）		1：1.25～1：1.50
一般性黏土	硬	1：0.75～1：1.00
	硬、塑	1：1.00～1：1.25
	软	1：1.50 或更缓

续表

土的类别		边坡值（高：宽）
碎石类土	充填坚硬、硬塑黏土	1：0.50～1：1.00
	充填砂土	1：1.00～1：1.50

注：1. 设计有要求时，应符合设计标准。
2. 如采用降水或其他加固措施，可不受本表限制，但应计算复核。
3. 开挖深度，对软土不应超过 4m，对硬土不应超过 8m。

（2）土壁支撑。开挖土方时，如地质条件及周围环境许可，采用放坡开挖往往较为经济。否则一般采用支护结构临时支撑，以保证基坑的土壁稳定。

1）横撑式支撑。开挖狭窄的基槽或管沟时，多采用横撑式支撑。横撑式土壁支撑根据挡土板的不同，又可以分为水平挡土板和垂直挡土板，其中水平挡土板又分为断续式和连续式两种，挖土深度分别控制在 3m 和 5m；垂直挡土板挖土深度可以更深一些（如图 2-2 所示）。

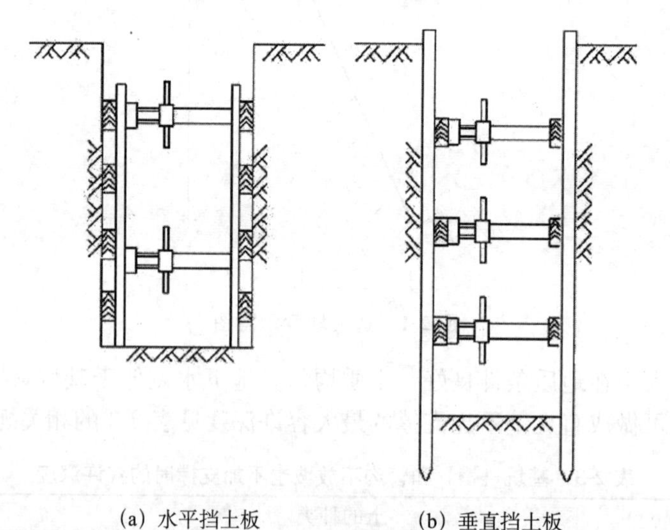

(a) 水平挡土板　　(b) 垂直挡土板

图 2-2　横撑式支撑

2）桩墙式支撑。桩墙式支撑有很多种支撑方式，如钢板桩、H 型钢桩支护挡板、预制钢筋混凝土排桩、钢筋混凝土灌注桩排桩、地下连续墙等，如图 2-3、图 2-4 所示。

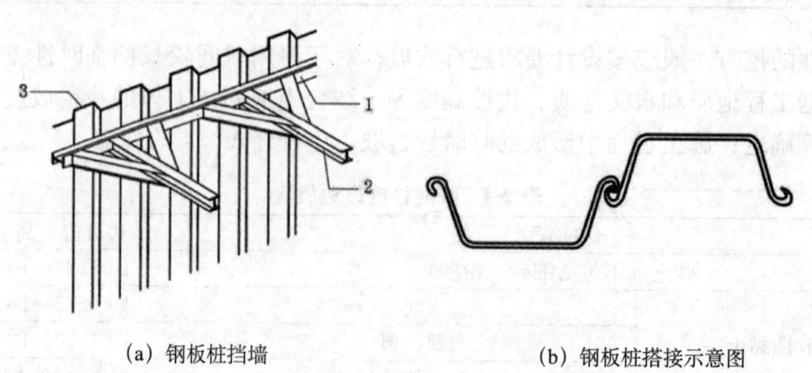

(a) 钢板桩挡墙　　(b) 钢板桩搭接示意图

图 2-3　钢板桩挡墙

1-型钢围檩；2-支撑；3-钢板桩

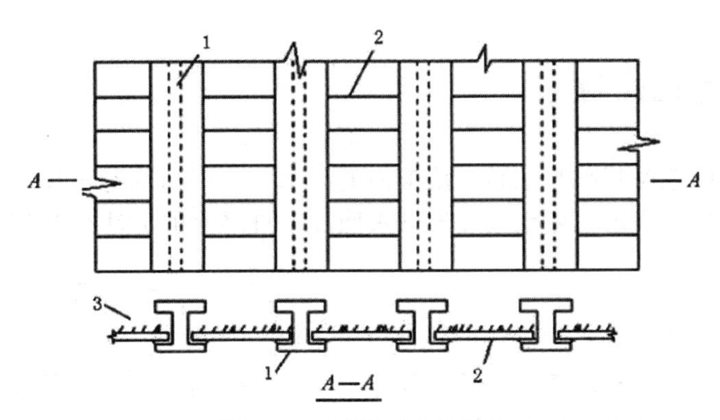

图 2-4　H 型钢桩支护挡板

1-H 型钢；2-挡板；3-土体

3）重力式支撑。重力式支撑是通过加固基坑周围的土体形成一定厚度的重力式墙，达到挡土的目的。主要有深层搅拌水泥土支护（其施工工艺顺序如图 2-5 所示）、高压旋喷帷幕墙、有加筋的水泥土支护墙等。

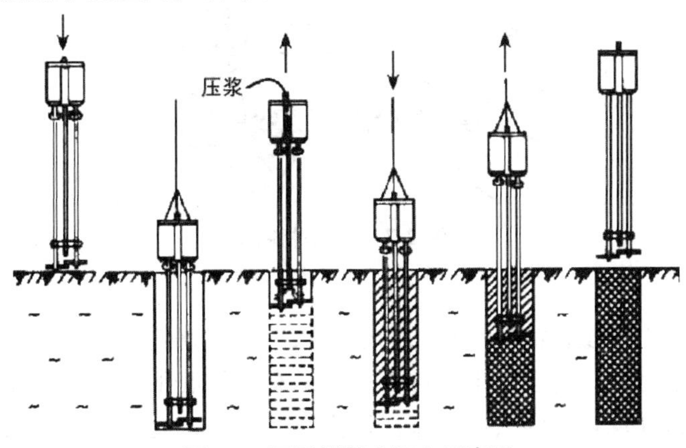

图 2-5　深层搅拌水泥土示意图

4）土钉墙支护。土钉墙支护是一种利用加固后的原位土体来维护基坑边坡稳定的支护方法。一般由土钉（锚杆）、钢丝网喷射混凝土面层和加固后的原位土体三部分组成，如图 2-6 所示。

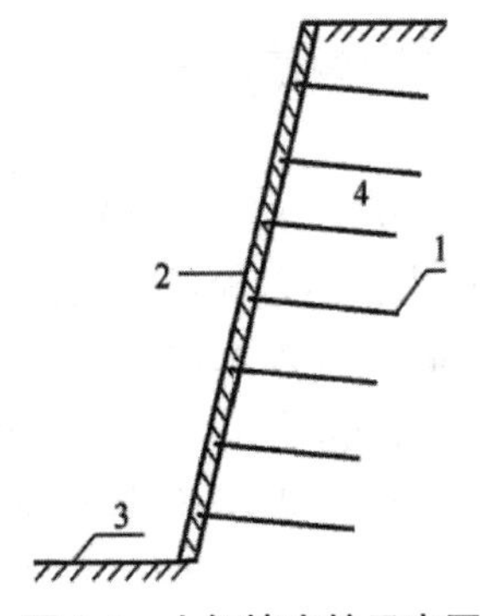

图 2-6　土钉墙支护示意图

1-土钉；2-混凝土面层；3-基坑底；4-坑壁土体

三、地下水的控制

地下水控制应包括基础开挖影响范围内的潜水、上层滞水与承压水控制，采用的方法应包括集水明排、降水、截水以及地下水回灌。排降水的方法分为集水井明排水和井点降水两种。

（一）集水井明排

（1）集水井的设置。在基坑（槽）开挖时，沿坑底周围或中央开挖排水沟，再在沟底设集水井，使基坑的水经排水沟流向集水井，然后用水泵将水抽走，保持基坑处于干燥状态，如图 2-7 所示。

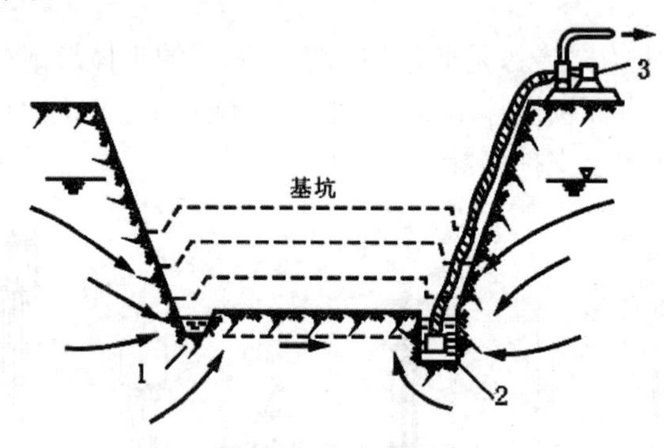

图 2-7　集水井降水

1-排水沟；2-集水井；3-水泵

集水井明排水由于设备简单和排水方便，采用较为普遍，但是当开挖深度大、地下水位高且土质又不好时，挖至地下水位以下时，有时坑底下面的土成流动状态，随着地下水涌入基坑，这种现象称为流砂现象。发生流砂时，土完全丧失承载力，施工条件恶化，难以开挖到设计深度，严重时还会造成边坡塌方及附近建筑物的下沉、倾斜、倒塌。

（2）流砂产生的原因和防治。发生流砂现象的原因是土颗粒承受的动水压力大于其自身的浸水重度，土的抗剪强度为零，从而使土颗粒能随着渗流的水一起流动。

流砂防治的方法：

1）枯水期施工。枯水期地下水位较低，坑内外水位差小，动水压力不大，不易发生流砂。

2）抢挖法。组织分段抢挖，使挖土速度超过冒砂速度，挖到标高后立即铺设竹筏或芦席，并抛大石块以平衡动水压力以压住流砂，此法可解决轻微的流砂现象。

3）打板桩法。将板桩沿基坑周围打入基坑下面一定深度，不仅可以支护坑壁，而且使地下水从坑外渗入坑内的渗流路程增长，防止流砂的产生。

4）水下挖土法。不排水施工，使坑内水压力和地下水压力平衡，消除动水压力，从而防止流砂的产生。

5）人工降低地下水位。采用轻型井点或者管井井点等人工方法将地下水位降至坑底以下，使地下水的渗流向下，从而防止流砂的产生。

6）地下连续墙法。在基坑周围先浇筑一道混凝土或者钢筋混凝土的连续墙，以支撑土壁、截水并防止流砂产生。

（二）井点降水

井点降水就是在基坑开挖前，预先在基坑周围埋设一定数量的滤水管（井），利用抽水设备，使地下水位降落在坑底以下，直到施工结束为止。这样可使所挖的土始终保持干燥状态，改善施工条件；同时还使地下水的渗流向下，从而从根本上防止流砂的发生。井点降水方法有轻型井点、管井井点等。

1. 轻型井点

（1）设备组成：轻型井点设备由管路系统和抽水设备组成，其中管路系统包括滤管、井点管、弯联管及总管等，如图 2-8 所示。

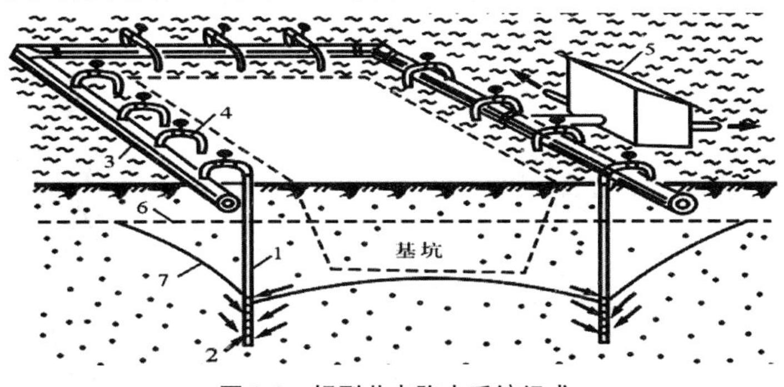

图 2-8　轻型井点降水系统组成

1-井点管；2-滤管；3-总管；4-弯联管；5-水泵房；6-原有地下水位线；7-降水后地下水位线

（2）轻型井点的布置。井点系统的布置，包括平面布置与高程布置，应根据基坑大小与深度、土质、地下水位高低与流向、降水深度等而确定。

1）平面布置。当基坑或沟槽宽度小于 6m，且降水深度不超过 5m 时，可采用单排线状井点，布置在地下水流的上游一侧，两端延伸长度以不小于槽宽为宜，如图 2-9 所示；如槽宽大于 6m 或者土质不良，则用双排线状井点布置，如图 2-10 所示；对于面积较大的基坑宜采用环状或“U 形”井点，以利于挖土机和运土车辆出入基坑，如图 2-11 所示。

井点管距离基坑壁一般可取 0.7～1.0m。以防止局部发生漏气。井点管间距一般为 0.8m、1.2m、1.6m，由计算或经验确定。

2）高程布置。井点降水深度一般不超过 6m，还应考虑井点管一般要露出地面 0.2m 左右。在图 2-9 和图 2-10 中，B 为基坑宽度；H_1 为井管埋设面至基坑底的距离（m）；h 为基坑中心处基坑底面（单排井点时，为远离井点一侧坑底边缘）至降低后地下水位的距离，一般取 0.5～1.0m；i 为地下水降落坡度（水力坡度），环状井点取 1/10，单排线状井点为 1/4；L 为井点管类基坑中心的水平距离（m）（在单排线状井点中为井点管类基坑另一侧的水平距离）；l 为井点管滤管长度；H 为井点管埋设深度。

（3）井点埋设。一般用水冲法分为冲孔与埋管两个过程，如图 2-12 所示。

冲孔时，先用起重设备将冲管吊起并插在井点的位置上，然后开动高压水泵，将土冲松，冲管则边冲边沉；井孔冲成之后，立即拔出冲管并插入井点管，同时在井点管与

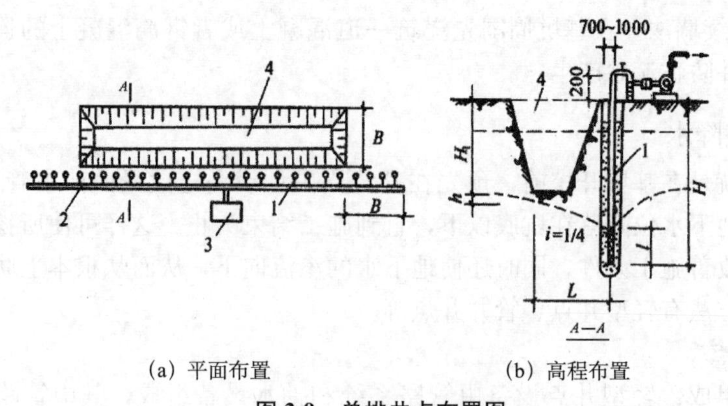

(a) 平面布置　　(b) 高程布置

图 2-9　单排井点布置图

1-井点管；2-总管；3-抽水设备；4-基坑

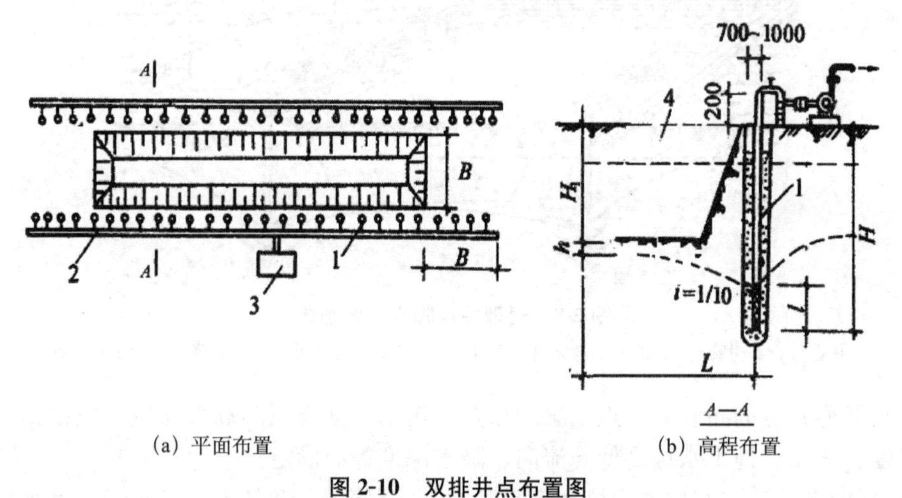

(a) 平面布置　　(b) 高程布置

图 2-10　双排井点布置图

1-井点管；2-总管；3-抽水设备；4-基坑

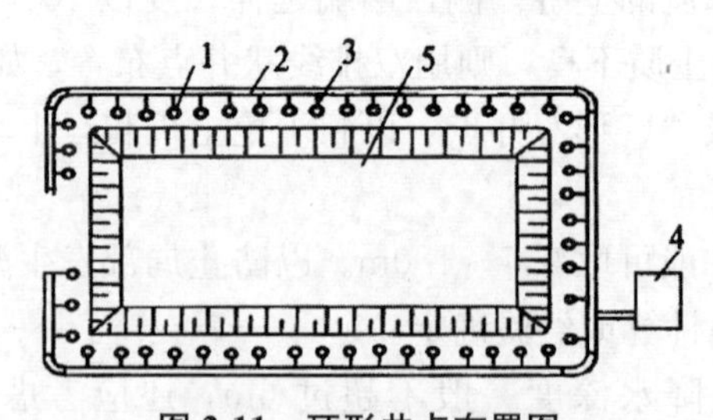

图 2-11　环形井点布置图

1-井点管；2-总管；3-弯联管；4-抽水设备；5-基坑

孔壁之间迅速填灌砂滤层，以防孔壁塌方；井点填砂后，在地面以下 0.5～1.0m 范围内须用黏土封口，以防漏气。

井点管埋设完毕，应接通总管与抽水设备进行抽水，检查有无漏水、漏气，出水是否正常，有无淤塞等现象，如有异常情况，应检修好后方可使用。

(4) 井点管使用。井点管在使用时，应保证连续不断地抽水。正常出水规律是“先大后小，先浊后清”。抽水时需要经常查看系统工作是否正常，并检查观测井中水位下

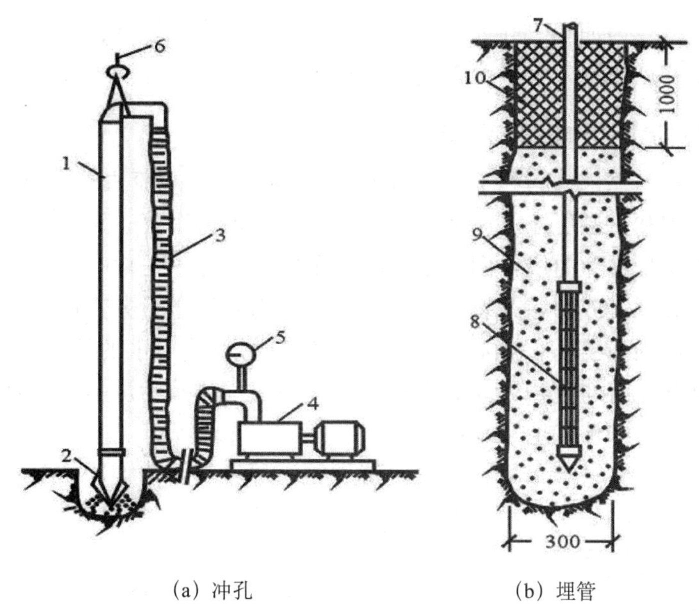

(a) 冲孔　　　　(b) 埋管

图 2-12　井点管的埋设

1-冲管；2-冲嘴；3-胶皮管；4-高压水泵；5-压力表；6-起重机吊钩；7-井点管；8-滤管；9-填砂；10-黏土封口

降情况。如果有较多井点管发生堵塞，影响降水效果时，应逐根用高压水反向冲洗或拔出重埋。井点降水工作结束后所留的井孔，必须用砂砾或黏土填实。

2. 管井井点

管井井点由滤水井管、吸水管和抽水设备组成，其构造如图 2-13 所示。

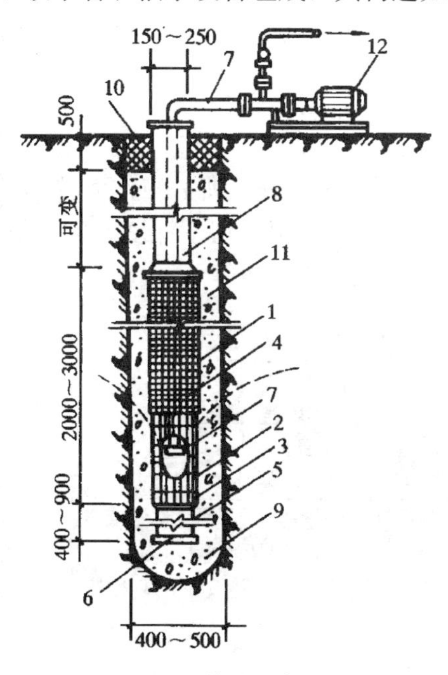

图 2-13　管井井点降水

1-滤水井管；2-钢筋焊接骨架；3-铁环；4-铁丝网；5-沉砂管；6-木塞；7-吸水管；8-井壁管；9-钻孔；10-夯填黏土；11-填充砂砾；12-抽水设备

管井井点设备较为简单，排水量大，降水较深，比轻型井点具有更大的降水效果，可替代多组轻型井点作用，水泵设在地面，易于维护。

（三）降水对周围影响及防治措施

在弱透水层和压缩性大的黏土层中降水时，由于地下水流失造成的地下水位下降、地基自重应力增加和土层压缩等原因，会产生较大的地面沉降；又由于土层的不均匀性和降水后地下水位呈漏斗曲线，四周土层的自重应力变化不一而导致不均匀沉降，从而使周围建筑物基础下沉或房屋开裂。因此，在建筑物附近进行井点降水时，为防止降水影响或损害区域内的建筑物，就必须阻止原有建筑物下地下水的流失。为达到此目的，除可在降水区域和原有建筑物之间的土层中设置一道固体抗渗屏幕外，还可以用回灌井点补充地下水的办法来保持地下水位。

回灌井点是防止井点降水损害周围建筑物的一种经济、简便、有效的办法，它能将井点降水对周围建筑物的影响减少到最小程度。为确保基坑施工的安全和回灌的效果，回灌井点与降水井点之间应保持一定的距离，一般不宜小于 6m。

为了观测降水及回灌后四周建筑物、管线的沉降情况及地下水位的变化情况，必须设置沉降观测点及水位观测井，并定时测量记录，以便及时调节灌、抽量，使灌、抽基本达到平衡，确保周围建筑物或管线等的安全。

四、土方机械化施工

土方的开挖、运输、填筑和压实等施工过程应尽量采用机械化施工，常用的土方施工机械有推土机、铲运机、单斗挖土机、多斗挖土机、平土机、松土机及各种碾压、夯实机械等。

（一）推土机

推土机操作机动灵活，运转方便迅速，所需工作面较小，易于转移，在建筑工程施工中应用最多，如图 2-14 所示。常适用于切土深度不大的场地平整和开挖深度不大于 1.5m 的基槽以及配合铲运机、挖土机工作等。

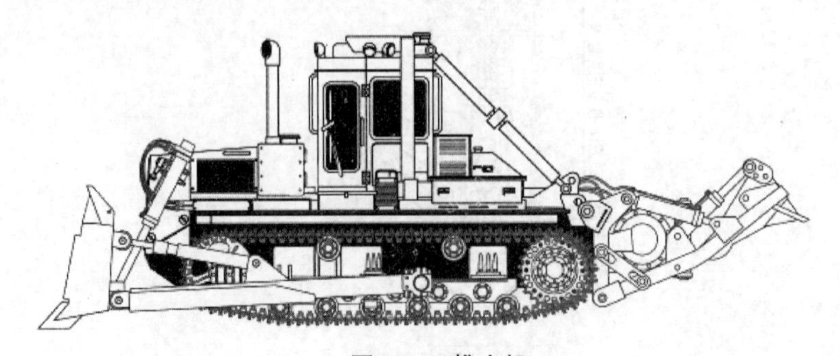

图 2-14　推土机

推土机的生产效率主要取决于推刀推移土体的体积及切土、推土、回程等工作的循环时间。为提高推土机的生产率，缩短推土时间和减少土的散失，常采用以下几种施工方法：

（1）下坡推土。在斜坡上推土机顺下坡方向切土与推运可以提高生产率，但坡度不宜超过 15°，以免后退时爬坡困难。下坡推土也可与其他推土方法结合使用，如图 2-15（a）所示。

（2）并列推土。当平整场地面积较大时，可用 2～3 台推土机并列作业，铲刀相距 30cm，这样可以减少土的散失，提高生产率。一般采用两机并列推土可增加推土量 15％～30％，采用三机并列可增大推土量 30％～40％。平均运距不宜超过 50～75cm，也不宜小于 20m，如图 2-15（b）所示。

（3）多刀推土。在硬质土中，切土深度不大，可将土先堆积在一处，然后集中推送到卸土区，这样可以有效地提高推土效率，缩短运土时间。但堆积距离不宜大于 30m，堆土高度以 2m 内为宜。

（4）槽形推土。推土机重复在一条作业线上切土和堆土，使地面逐渐形成一条浅槽。推土机在槽中推运土可减少土的散失，增加 10％～30％的推运土量，如图 2-15（c）所示。

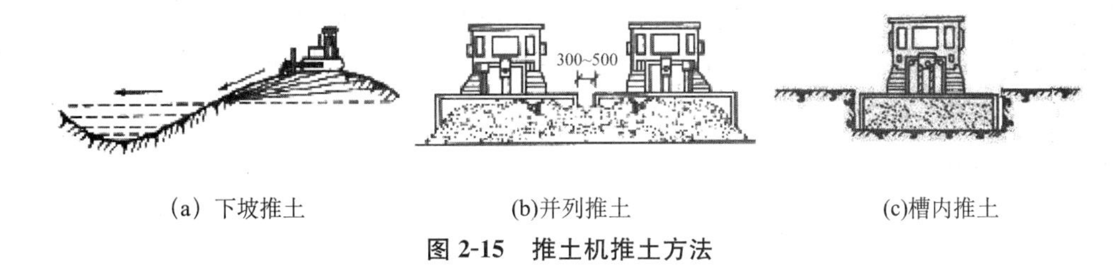

(a) 下坡推土　　(b)并列推土　　(c)槽内推土

图 2-15　推土机推土方法

（二）铲运机

铲运机是一种能独立完成铲土、运土、卸土、填筑、场地平整的土方施工机械，对道路要求较低，操作灵活，具有生产效率高的特点，适用于大面积的场地平整，开挖大基坑、沟槽以及填筑路基、堤坝等工程。铲运机由牵引机械和土斗组成，按照行走方式分为拖式和自行式两种，如图 2-16、图 2-17 所示。

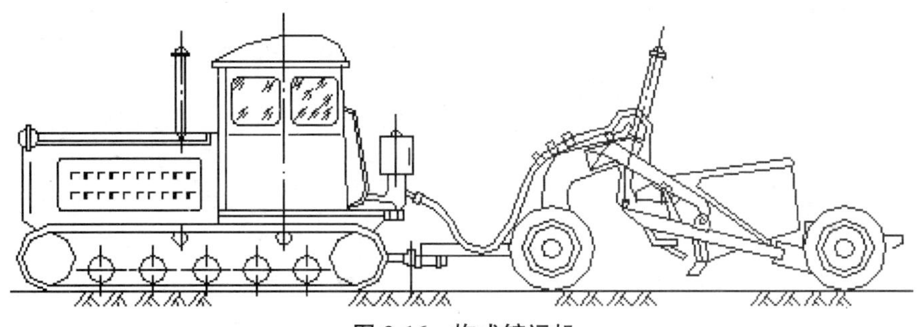

图 2-16　拖式铲运机

为了提高铲运机的生产率，应根据施工条件选择合理的施工方法。铲运机常用的施工方法主要有下坡铲土法、跨铲法、推土机助铲法等。

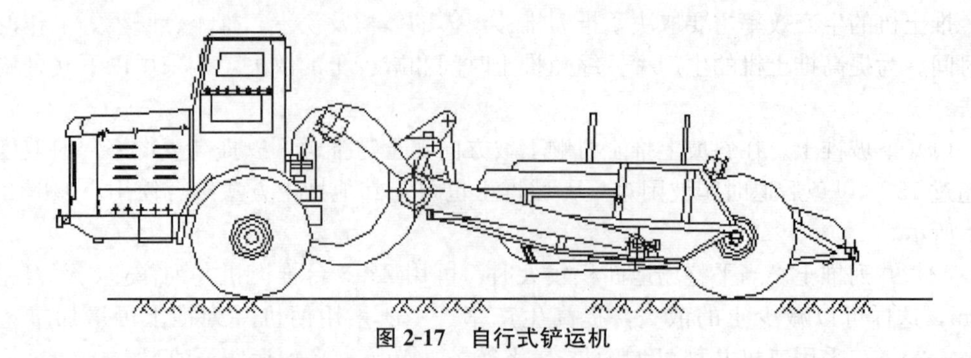

图 2-17　自行式铲运机

（1）下坡铲土。铲运机铲运时尽量采用有利地形进行下坡铲土。这样，可以借助铲运机的重力来加大铲土能力，缩短装土时间，提高生产率。一般地面坡度以 5°～7°为宜。平坦地形可将取土地段的一端先铲低，然后保持一定坡度向后延伸，人为创造下坡铲土条件。

（2）跨铲法。在较坚硬的土内挖土时，可采用预留土埂间隔铲土的方法。铲运机在挖土槽时可减少向外撒土量，挖土埂时增加了两个自由面，阻力减小，达到“铲土快、铲土满”的效果。土埂高度应不大于 300mm，宽度以不大于铲土机两履带间净距为宜。

（3）助铲法。在坚硬的土层中铲土时，可另配一台推土机在铲运机的后拖杆上进行顶推协助铲土，以缩短铲土的时间。此法的关键是安排好铲运机和推土机的配合，一般一台推土机可配合 3～4 台铲运机助铲。推土机在助铲的空隙时间可做松土或场地平整等工作，为铲运机创造良好的工作条件。

（三）单斗挖土机

单斗挖土机是一种常用的土方开挖机械，按工作装置不同可分为正铲、反铲、拉铲、抓铲 4 种，如图 2-18 所示。

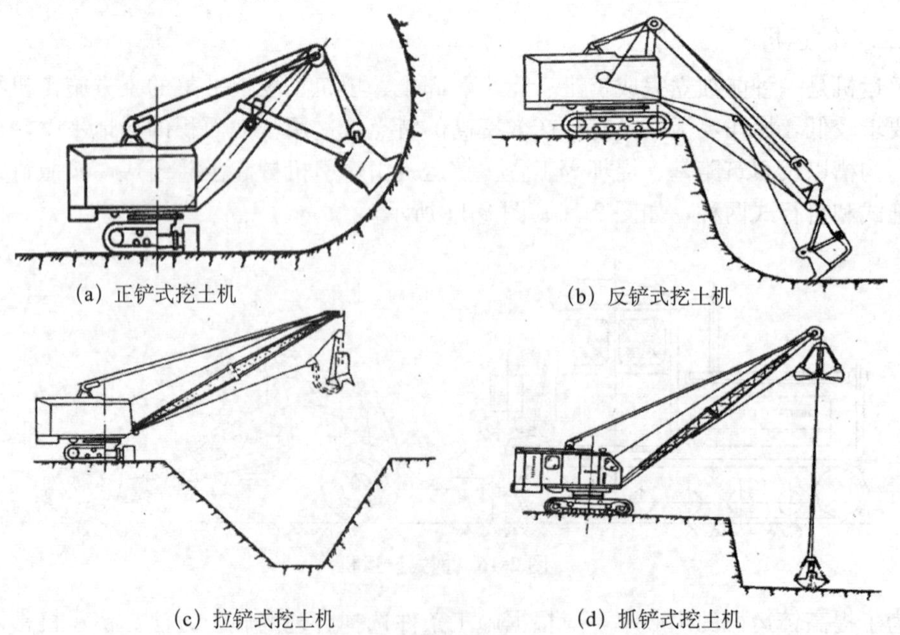

(a) 正铲式挖土机　(b) 反铲式挖土机

(c) 拉铲式挖土机　(d) 抓铲式挖土机

图 2-18　单斗挖土机

(1) 正铲式挖土机。正铲式挖土机的工作特点是前进向上、强制切土。正铲式挖土机的挖掘力大，生产效率高，适用于停机面以上的一类至三类土的开挖。

(2) 反铲式挖土机。反铲式挖土机的工作特点是后退向下、强制切土。反铲挖土机的挖掘力比正铲挖土机小，主要用于停机面以下的一类至三类土的开挖。

(3) 拉铲式挖土机。拉铲式挖土机的工作特点是后退向下，自重切土。适用于挖停机面以下的一类、二类土。可用于开挖大而深的基坑或水下挖土。

(4) 抓铲式挖土机。抓铲式挖土机的工作特点是直上直下，自重切土。其挖掘力较小，主要用于停机面以下一类、二类土的开挖。

(四) 装载机

装载机按行走方式分履带式和轮胎式两种，按工作方式分单斗式装载机、链式和轮胎式装载机。土方工程主要使用单斗轮胎装载机，如图 2-19 所示。它具有操作轻便、灵活、转运方便、快速等特点。适用于装卸土方和散料，也可用于松软土的表层剥离、地面平整和场地清理等工作。

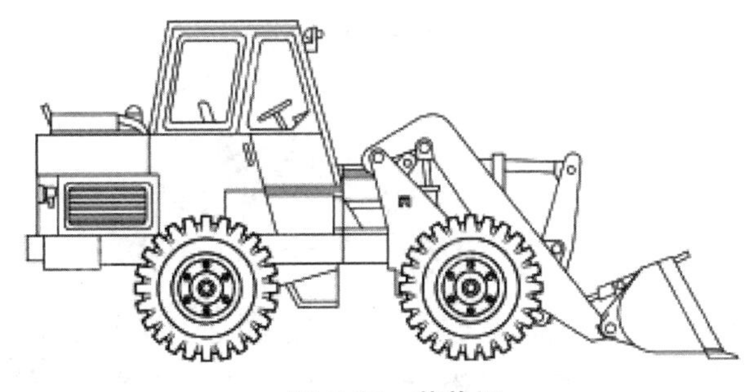

图 2-19 装载机

(五) 压实机械

压实机械根据压实的原理不同，可分为冲击式、碾压式和振动式三大类。

(1) 冲击式压实机械。冲击式压实机械主要有蛙式打夯机和内燃式打夯机两类，如图 2-20 所示。这两种打夯机适用于狭小的场地和沟槽作业，也可用于室内地面的夯实及大型机械无法达到的边角夯实。

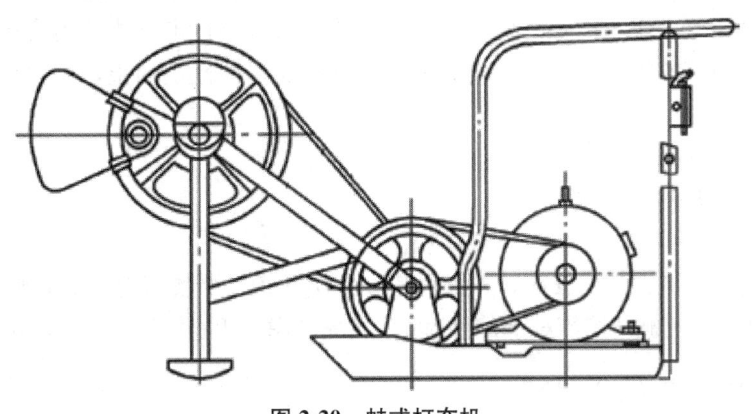

图 2-20 蛙式打夯机

（2）碾压式压实机械。碾压式压实机械按行走方式分为自行式压路机和牵引式压路机两类。自行式压路机常用的有光轮压路机、轮胎压路机，如图 2-21 所示；自行式压路机主要用于土方、砾石、碎石的回填压实及沥青混凝土路面的施工。牵引式压路机的行走动力一般采用推土机（或拖拉机）牵引，常用的有光面碾、羊足碾；光面碾用于砂类土和黏性土的回填压实，羊足碾适用于黏性土的回填实压，不能用在沙土和面层土的压实，如图 2-22 所示。

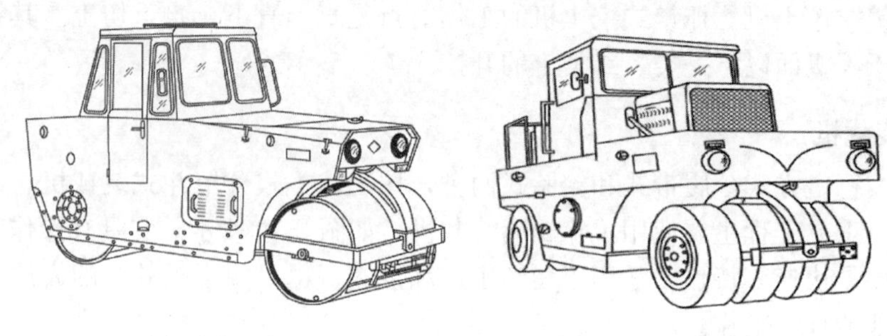

(a) 光轮压路机　　(b) 轮胎压路机

图 2-21　自行式压路机

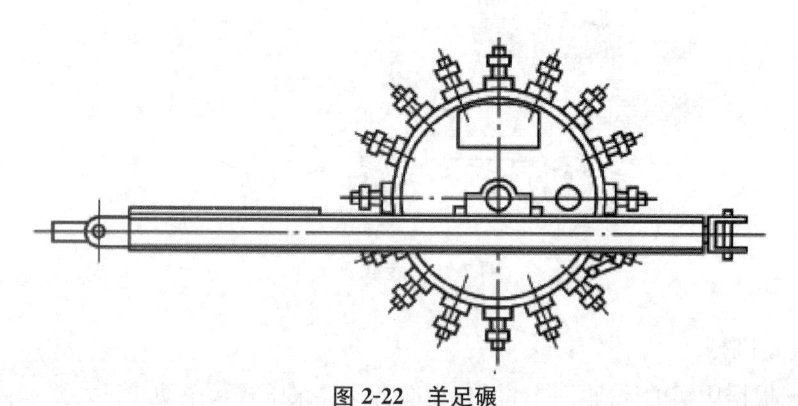

图 2-22　羊足碾

（3）振动式压实机械。振动压实机械是利用机械的高频振动，把能量传给被压土，降低土颗粒间的摩擦力，在压实能量的作用下，达到较大的密实度。

振动压实机械按行走方式分为手扶平板式振动压实机和振动压路机两类。手扶平板式振动压实机主要用于小面积的地基夯实。振动压路机按行走方式分为自行式和牵引式两种。振动压路机的生产率高，压实效果好，能压实多种性质的土，主要用在大型土石方工程中。

五、基坑开挖

土方开挖应遵循“开槽支撑、先撑后挖、分层开挖、严禁超挖”的原则。基坑（槽）开挖有人工开挖和机械开挖，对于大型基坑应优先考虑选用机械施工，以加快进度。

（一）一般基坑（槽）开挖

一般基坑（槽）在开挖时应符合下列规定：

(1) 基坑(槽)开挖,应先进行测量定位,抄平放线,定出开挖长度,根据土质和水文情况,采取在四侧或两侧直立开挖或放坡,以保证施工操作安全。

(2) 当开挖基坑(槽)的土体含水量大,或基坑较深,或受到场地限制需用较陡的边坡或直立开挖而土质较差时,应采用临时性支撑加固结构。

(3) 基坑开挖尽量防止对地基土的扰动。人工挖土,基坑挖好后不能立即进行下道工序时,应预留150~300mm土不挖,待下道工序开始再挖至设计标高。机械挖土时,坑底以上200~300mm范围内的土方应采用人工修底的方式挖除。放坡开挖的基坑边坡应采用人工修坡的方式。

(4) 在地下水位以下挖土,应在基坑(槽)四侧或两侧挖好临时排水沟和集水井,或采用井点降水,将水位降低至坑、槽底以下0.5~1.0m,降水工作应持续至基础施工完成。

(5) 雨期施工时,基坑(槽)应分段开挖,挖好一段浇筑一段垫层,并在基坑(槽)两侧围以土堤或挖排水沟,以防地面雨水流入基坑(槽),同时应经常检查边坡和支撑情况,以防止坑壁受水浸泡造成塌方。

(6) 基坑开挖时,应对平面控制桩、水准点、基坑平面位置、标高、边坡坡度等经常复测检查。

(7) 相邻基坑(槽)开挖时,应遵循先深后浅或者同时进行的顺序,并及时做好基础。

(8) 挖出的土除预留一部分作回填使用外,不得在场地内任意堆放,应把多余的土运到弃土地区,以免妨碍施工。为防止坑壁滑坍,在坑顶两边一定距离(一般0.8m)内不得堆放弃土,在此距离外堆土高度不得超过1.5m。

(9) 挖土不得超挖。若个别处超挖,应用与基土相同的土料填补,并夯实到要求的密实度。如用原土填补不能达到密实度要求时,应用碎石类土填补,并仔细夯实。重要部位如被超挖,可用低强度等级混凝土填补。

(10) 基坑应进行验槽,做好记录,发现地基土质与勘探、设计不符,应与有关人员研究及时处理。

(二) 深基坑土方的开挖

深基坑一般采用"分层开挖,先撑后挖"的开挖原则。深基坑土方开挖的方法较为常见的有盆式挖土、中心岛式挖土等,如图2-23所示。实际施工中应根据基坑大小、开挖深度、支护结构形式、环境条件等因素选择。

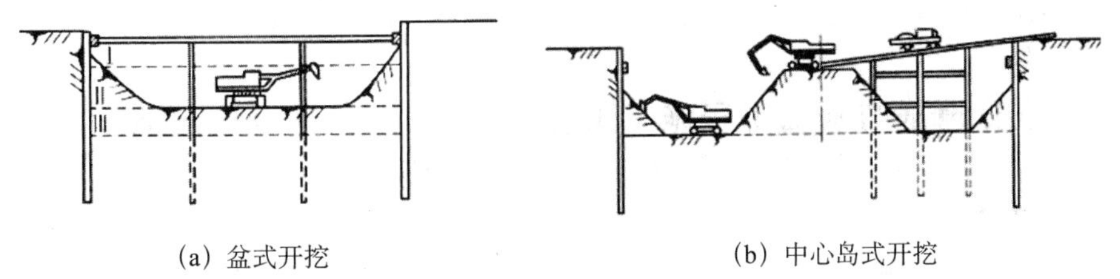

(a) 盆式开挖 (b) 中心岛式开挖

图2-23 深基坑开挖示意图

(1) 盆式开挖。先开挖基坑中部土方,在基坑中部形成类似盆状土体,再开挖基坑周边土方，这种方式称为盆式土方开挖。盆式开挖由于保留基坑周边土方，减少了基坑围护的暴露时间，对控制围护墙变形和减小周边环境影响较有利，而基坑中部土方可在支撑系统养护阶段进行开挖。盆式土方开挖适用于基坑中部支撑较为密集的大面积基坑。

（2）中心岛式开挖。先开挖基坑周边土方，在基坑中部形成类似岛状的土体，再开挖基坑中部的土方，这种挖土方式称为岛式土方开挖。岛式土方开挖可在较短时间内完成基坑周边土方开挖及支撑系统施工，这种开挖方式对基坑变形控制较有利。

六、土方调配与运输

（一）土方的调配

土方施工应进行土方平衡计算，应按土方运距最短、运程合理和各个工程项目的施工顺序做好调配，协调好土方的开挖、利用、堆放三者的关系，减少重复搬运，合理确定土方机械的作业线路、运输车辆的行走路线、弃土地点等。土方调配的相关要求主要有：

（1）力求达到挖方和填方基本平衡和运距最短，降低工程成本。

（2）近期施工和后期利用相结合。若先期工程有土方余额，应结合后期工程的需求来考虑利用量与堆放位置，以便就近调配。

（3）应分区与全场相结合。分区土方的调配必须考虑全场土方的调配，不可只顾局部土方的利用和堆放而妨碍全局。

（4）土方调配应与当地市、镇规划和农田水利相结合，将余土一次运到指定弃土场，做到文明施工。

（5）场地内临时堆土应经设计单位同意，并应采取相应的技术措施，合理确定堆土平面范围和高度。

（二）土方的运输

土方运输时要合理组织，选择合理的运输路线、施工顺序，避免土方运输时出现车辆对流现象。同时土方运输时还应考虑文明施工和环境保护等相关要求。土方运输时需要注意以下几个方面：

（1）根据场地施工总平面图的布设情况，合理安排运输车辆的进出口和运输道路，减少车辆会车，提高运输效率。

（2）在出场大门处设置车辆清洗冲刷台，驶出的车辆必须冲洗干净才能上路，防止污染交通道路。

（3）运输土方的车辆应用加盖车辆或采取覆盖措施，严防车辆携带泥沙出场造成遗洒，并安排工人清理现场出入口及道路上遗洒的渣土和粉屑。

（4）运输车辆应停在坚实的土体上，如果承载力不够，应采取走道板等加固措施。

（5）严禁超载运输土石方，运输过程中不超速、不超重，做到安全运输。

（6）土石方运输装卸应有专人负责指挥引导。

七、土方回填

（一）回填土料的选择

选择回填土料应符合设计要求，如设计无要求时，应符合下列规定：

（1）碎石类土和爆破石碴，可用作表层以下的填料，其最大粒径不得超过每层铺填厚度的 2/3。铺填时大块料不应集中，且不得填在分段接头处。

（2）黏土或排水不良的砂土作为回填土料的，其最优含水量与相应的最大干容重，宜通过击实试验测定或通过计算确定。

（3）基坑回填土料不得采用淤泥和淤泥质土且有机质含量不大于 5%，土料含水量应满足压实要求。

（二）基坑回填施工要求

基坑土方回填应符合下列规定：

（1）土方回填前，应根据工程特点、填料种类、设计压实系数、施工条件等合理选择压实机具，并确定填料含水量控制范围、铺土厚度和压实遍数等参数。

（2）填土密实度应以设计规定的实压系数 λ 作为检查标准。土方回填施工过程中应分层填土、分层压实，在每层的压实系数和压实范围符合设计要求后，才能填筑上层。

（3）回填面积较大的区域，应分层、分段压实。分段填筑时，各块（段）交界面应做成斜坡形，碾迹重叠 0.5～1.0m。填土施工时的分层厚度及压实遍数应符合表 2-5 的规定，上、下层交界面应错开，错开距离不应小于 1m。

表 2-5　填土施工时的分层厚度及压实遍数

压实机具	分层厚度/mm	每层压实遍数
平碾	250～300	6～8
振动压实机	250～350	3～4
柴油打夯机	200～250	3～4
人工打夯	＜200	3～4

（4）回填基坑时，应从四周或两侧对称、均衡地分层进行，以防基础在土压力作用下产生偏移或变形。

（三）填土压实的方法

填土压实方法有碾压、夯实和振动压实三种。

（1）碾压法。碾压机械有光面（压路机）、羊足碾和气胎碾。还可利用运土机械进行碾压。碾压机械压实填方时，行驶速度不宜过快，否则会影响压实效果。

用碾压法压实填土时，铺土应均匀一致，碾压遍数要一样，碾压方向以从填土区的两边逐渐压向中心，每次碾压应有 150～200mm 的重叠。

（2）夯实法。夯实发时利用夯锤自由下落的冲击力来夯实土壤的。这种方法主要适用于小面积的回填土。夯实机械有夯锤、内燃夯土机和蛙式打夯机。人工夯土用的工具有木夯、石夯等。

采用重型夯土机（如 1t 以上的重锤）时，可以夯实较厚的土层，夯实厚度可达 1～

1.5m。但对木夯、石夯或蛙式打夯机等夯土工具，夯实厚度则较小，一般在200mm以内。

（3）振动压实法。振动压实法是将振动压实机放在土层的表面，借助于振动设备使重锤振动，土壤颗粒即发生相对位移达到紧密状态。此法用于振实非黏性土效果好。

（四）填土压实的影响因素

填土压实的影响因素较多，主要有压实功、土的含水量以及每层铺土厚度。

（1）压实功的影响。填土压实后的密度与压实机械在其上所施加的功有一定的关系。当土的含水量一定时，一开始压实，土的密度急剧增加，待到接近土的最大密度时，压实功虽然增加许多，而土的密度则变化甚小。

实际施工中，对于砂土只需碾压或夯基2～3遍，对于粉土只需3～4遍，对于粉质黏土或黏土只需5～6遍。此外，松土不宜用重型碾压机械直接滚压；否则土层有强烈起伏现象，效率不高。如果先用轻碾压实，再用重碾压实就会取得好的效果。

（2）含水量的影响。土体含水量低时，干燥的土颗粒之间的摩阻力较大，因而不易压实；含水量超过一定限度时，土颗粒之间孔隙由水填充而呈饱和状态，也不能压实；当土的含水量适当（处于最优含水率附近）时，水起了润滑作用，土颗粒之间的摩阻力减少，压实效果最好。工地简单检验黏性土含水量的方法一般是以手握成团、落地开花为宜。

（3）铺土厚度的影响。土在压实功的作用下，土壤内的应力随深度增加而逐渐减小，其影响深度与压实机械、土的性质和含水量等有关。铺土厚度应小于压实机械压土时的作用深度。最优的铺土厚度应能使土方压实而机械的功能耗费最少。

八、土方工程质量与安全要求

（一）质量要求

（1）应使基底土质符合设计要求，不扰动地基土。

（2）处理填方基底应符合设计要求和施工规范规定。

（3）回填的土料符合设计要求和施工规范要求。

（4）回填时按规定分层夯压密实。每层应分别取样测定压实后土的干密度，符合设计要求后才能施工下一层。

（5）按质量检验标准进行质量检查。土方开挖工程、填土工程质量检验标准见表2-6和表2-7。

表2-6　土方开挖工程质量检验标准　　单位：mm

<table>
<tr><th rowspan="3">项目</th><th rowspan="3">序号</th><th rowspan="3">类别</th><th colspan="5">允许偏差或允许值</th><th rowspan="3">检验方法</th></tr>
<tr><th rowspan="2">柱基基坑基槽</th><th colspan="2">挖方场地平整</th><th rowspan="2">管沟</th><th rowspan="2">地（路）面基层</th></tr>
<tr><th>人工</th><th>机械</th></tr>
<tr><td rowspan="3">主控项目</td><td>1</td><td>标高</td><td>−50</td><td>±30</td><td>±50</td><td>−50</td><td>−50</td><td>水准仪</td></tr>
<tr><td>2</td><td>长度、宽度（由设计中心线向两边量）</td><td>+200
−50</td><td>+300
−100</td><td>+500
−150</td><td>+100</td><td>—</td><td>经纬仪或用钢尺量</td></tr>
<tr><td>3</td><td>边坡</td><td colspan="5">设计要求</td><td>观察或用坡度尺检查</td></tr>
</table>

续表

项目	序号	类别	允许偏差或允许值					检验方法
			柱基基坑基槽	挖方场地平整		管沟	地（路）面基层	
				人工	机械			
一般项目	1	表面平整度	20	20	50	20	20	用2m靠尺和楔形塞尺检查
	2	基底土性	设计要求					观察或土样分析

注：地（路）面基层的偏差只适用于直接在挖、填方上做地（路）面基层。

表 2-7　填土工程质量检验标准　　单位：mm

项目	序号	类别	允许偏差或允许值					检验方法
			柱基基坑基槽	挖方场地平整		管沟	地（路）面基层	
				人工	机械			
主控项目	1	标高	−50	±30	±50	−50	−50	水准仪
	2	分层压实系数	设计要求					按规定方法
一般项目	1	回填土料	设计要求					取样检查或者直观鉴别
	2	分层厚度及含水量	设计要求					水准仪及抽样检查
	3	表面平整度	20	20	30	20	20	用靠尺或水准仪

（二）安全要求

（1）基坑开挖时，两人操作间距应大于2.5m；多台机械开挖时，挖土机间距应大于10m。挖土应由上而下，逐层进行，严禁采用挖空底脚（挖神仙土）的施工方法。

（2）基坑开挖应严格按要求放坡。操作时应随时注意土壁变动情况，如发现有裂纹或部分坍塌现象，应视情况停止施工或及时进行支撑，并注意支撑的稳固和土壁的变化。

（3）基坑（槽）挖土深度超过3m以上，使用安装设备吊土时，起吊后坑内操作人员应立即离开吊点的垂直下方，起吊设备距坑边一般不得小于1.5m，坑内人员应戴安全帽。

（4）用手推车运土，应先铺好道路。卸土回填，不得放手让车自动翻转。用翻斗汽车运土，运输道路的坡度、转弯半径应符合有关安全规定。

（5）深基坑上下应先挖好阶梯或设置靠梯，或开斜坡道，采取防滑措施，禁止踩踏支撑上下。坑四周应设安全栏杆或悬挂危险标识。

（6）基坑（槽）设置的支撑应经常检查是否有松动变形等不安全迹象，特别是雨后更应加强检查。

（7）坑（槽）、沟边1m以内不得堆土、堆料和停机放机具，1m以外堆土，其高度不宜超过1.5m。坑（槽）、沟与附近建筑物的距离不得小于1.5m，危险时必须加固。

第二节　地基与基础工程

一、天然地基和人工处理地基

（一）天然地基

天然地基是指天然土层本身就具有足够承载力，不需要经过人工改良或加固即可直接在上面建造房屋的地基。如岩石、碎石砂土和黏性土等，一般可以作为天然地基。

（二）人工处理地基

人工地基是指天然土层的承载力较差或虽然土层较好，但是其上荷载较大，不能在这样的土层上直接建造基础，必须对其进行人工加固提高它的承载力。人工地基的处理方法主要有换土垫层法、振冲地基、强夯地基、搅拌桩地基处理等。

（1）换土垫层法。当建筑物基础下的持力层比较软弱，不能满足上部荷载对地基的要求时，常采用换土回填法来处理。施工时先将基础以下一定深度、宽度范围内的软土层挖去，然后回填强度较大的砂、石或灰土等并夯至密实。换土回填按其材料可分为砂地基、砂石地基、灰土地基等。

1）砂地基和砂石地基。适用于处理透水性强的软弱黏性土地基。一般采用颗粒级配良好、质地坚硬的中砂、粗砂、砾砂、碎（卵）石、石屑或其他工业废粒料；也可以采用细砂，但宜同时掺入一定数量的碎石或卵石，其掺量应按设计规定；所用砂石料，不得含有草根、垃圾等有机杂物；兼起排水固结作用时，含泥量不宜超过3%；人工级配的砂、石材料，应按级配拌和均匀，碎石或卵石最大粒径不宜大于50mm。

砂地基砂石地基的主要施工要点：

①砂地基和砂石地基的底面宜铺设在同一标高上，如深度不同时，施工应按先深后浅的程序进行。土面应挖成台阶或斜坡搭接，搭接处应注意捣实。

②分段施工时，接头处应做成斜坡，每层错开0.5～1.0m，并应充分捣实。

③基底存在软弱土层时应先铺一层厚150～300mm的细砂层或铺一层土工织物。

④换填应分层铺垫，分层夯（压）实，每层的铺设厚度及最优含水量见表2-8。捣实砂层应注意不要扰动基坑底部和四侧的土，以免影响和降低地基强度。每铺好一层垫层，经密实度检验合格后方可进行上一层施工。

⑤冬季施工时，不得采用夹有冰块的砂石做垫层，并应采取措施防止砂石内水分冻结。

表2-8　砂地基和砂石地基每层铺设厚度及最佳含水量

压实方法	每层铺筑厚度/mm	施工时最优含水量/%	施工说明	备注
平振法	200～250	15～20	用平板振动器往复振捣	不宜使用细砂和含泥量较大的砂铺筑砂地基

续表

压实方法	每层铺筑厚度/mm	施工时最优含水量/%	施工说明	备注
插振法	振捣器插入深度	饱和	1. 用插入式振捣器； 2. 插入点间距根据机械振幅大小决定； 3. 不应插至下卧黏性土层； 4. 振捣器所留的孔洞，用砂填实	不宜使用细砂和含泥量较大的砂铺筑砂地基
水撼法	250	饱和	1. 注水高度应超过每层铺筑面； 2. 用钢叉摇撼捣实，插入点间距 100mm； 3. 钢叉分四齿，齿间距为 30mm，长 300mm，柄长 900mm，重 4kg	湿陷性黄土、膨胀土地区不得使用
夯实法	150～200	8～12	1. 用木夯或机械夯； 2. 木夯重 40kg，落距 400～500mm； 3. 一夯压半夯，全面夯实	适用于砂地基
碾压法	150～350	8～12	6～10t 压路机往复碾压，一般不少于 4 遍	1. 适用于大面积砂地基； 2. 不宜用于地下水位以下的砂地基

2）灰土地基。适用于一般黏性土地基加固。灰土地基是将石灰和黏性土拌和均匀，然后分层夯实而成。采用的体积配合比一般为 2∶8 或 3∶7（石灰∶土）。土料可采用就地挖出的黏土或粉质黏土，有机质含量不应大于 5%，并应过筛且其颗粒不得大于 15mm；石灰宜采用新鲜的消石灰，其颗粒不得大于 5mm 且不应含有未熟化的生石灰块粒。

灰土地基的主要施工要点：

①施工前应验槽，将积水、淤泥清除干净，待干燥后再铺灰土。

②灰土施工时，应将灰土拌和均匀，颜色一致，并适当控制其含水量，以用手紧握土料成团、两指轻捏能碎为宜。如土料水分过多或不足时可以晾干或洒水润湿。灰土拌好后及时铺填夯实，不得隔日夯打。

③铺土、夯实应分层进行，每层灰土厚度及选用机械见表 2-9，每层灰土的夯击遍数应根据设计要求的干密度在现场试验确定。

表 2-9　灰土最大虚铺厚度　　单位：mm

夯实机具	重量/t	厚度/mm	备注
石夯、木夯	0.04～0.08	200～250	人力送夯，落距 400～500mm，每夯搭接半夯
轻型夯实机械	0.12～0.4	200～250	蛙式打夯机或柴油打夯机
压路机	6～10	200～300	双轮

④灰土分段施工时，不得在墙角、柱墩及承重窗间墙下接缝，上下相邻两层灰土的接缝间距不得小于 500mm，接缝处的灰土应充分夯实。

⑤在地下水以下的基槽、坑内施工时，应采取排水措施。夯实后的灰土 3d 内不得受水浸泡。灰土夯打完后及时进行基础施工和回填土，否则要做临时遮盖，防止日晒雨淋。刚夯打完毕或尚未夯实的灰土，如遭受雨淋浸泡，则应将积水及松软灰土除去并补

填夯实，受浸湿的灰土，应在晾干后再使用。

⑥冬季施工时，不得采用冻土或夹有冻土的土料，并应采取有效的防冻措施。

（2）振冲地基。是利用起重机吊起振冲器，启动潜水电动机带动偏心块，使振动器产生高频振动，同时启动水泵，通过喷嘴喷射高压水流成孔，然后分批填筑以砂石骨料形成桩体，桩体与原地基构成复合地基，以提高承载力，减少地基的沉降，是一种快速、经济有效的加固方法，如图 2-24 所示。

振冲法分为振冲挤密法和振冲置换法两类，振冲挤密法用于振密松砂地基。振冲置换法用于黏性土地基，在黏性土中制造一群以碎石、卵石或砂砾材料组成的桩体，从而构成复合地基。

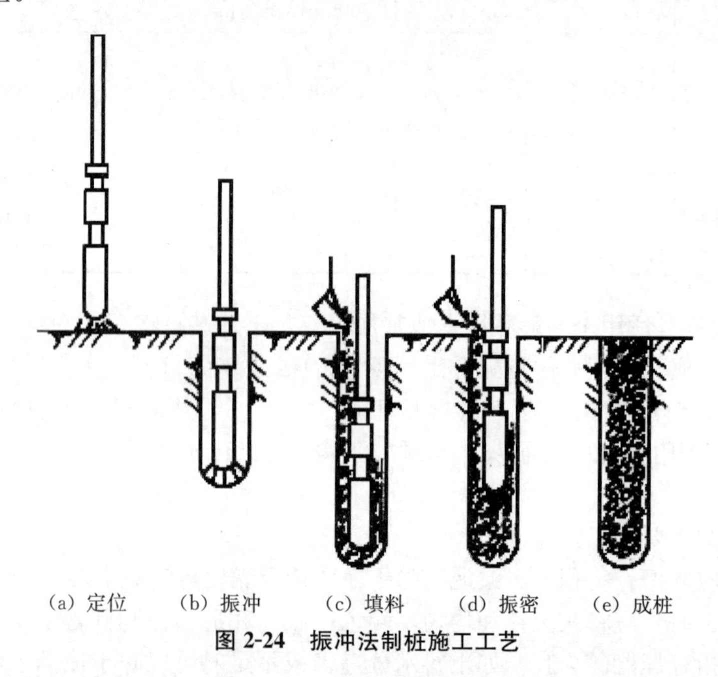

（a）定位　（b）振冲　（c）填料　（d）振密　（e）成桩

图 2-24　振冲法制桩施工工艺

1）施工机具：振冲器、起重机械、水泵及供水管、加料设备和控制设备等。

2）振冲地基主要施工要点：

①施工前应先现场进行振冲试验，以确定其施工参数，如振冲孔间距，达到土体密实时的密实电流值、成孔速度、留振时间、填料量等。振冲施工应事先布设排泥水沟系统，将成桩过程中产生的泥水集中引入沉淀池。

②振冲前，应按设计图定出冲孔中心位置并放置醒目标记。

③振冲器以其自身重力和在振动喷水作用下徐徐沉入土中，每沉入 0.5～1.0m，宜留振 5～10s 进行扩孔。待孔内泥浆溢出时再继续沉入，直到达到设计深度为止。在黏性土中应重复成孔 1～2 次，使孔内泥浆变稀，然后将振动冲器提出孔口，形成 0.8～1.2m 直径的孔洞。

④当下沉达到设计深度时，振冲器应在孔底适当留振并关闭下喷口，打开上喷水口，以便排出泥浆进行清孔。

⑤倒入一批填料后将振冲器下降至填料中进行振密，待密实电流达到规定的数值时，将振动器提出孔口。如此反复进行直至孔口，成桩操作即告完成。

(3) 强夯地基。强夯法属高能量夯击，是用巨大的冲击能使土中出现冲击波和很大的应力，迫使土颗粒重新排列，排出孔隙中的气和水，从而提高地基强度，降低其压缩性。强夯法适用于处理碎石土、砂土、黏性土及杂填土等地基。该法效果好、速度快、节省材料、施工简便，但是施工时噪声和振动大。

1) 机具设备。主要设备包括夯锤、起重机、脱钩装置等，如图 2-25 所示。

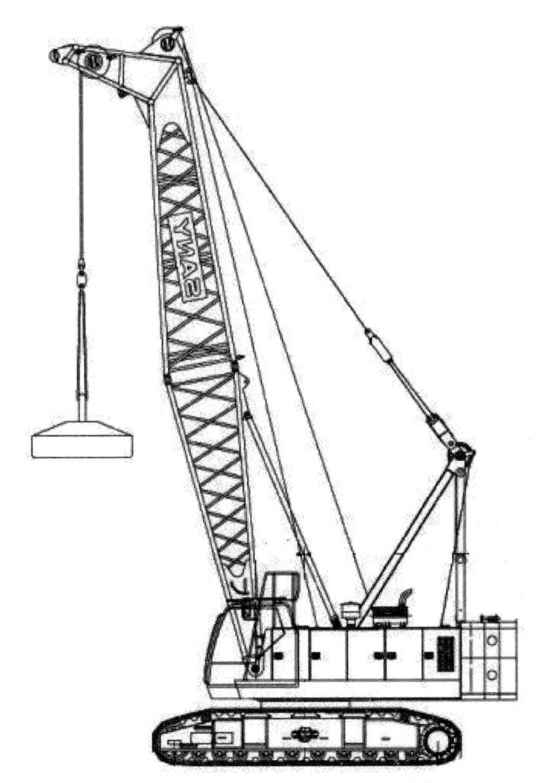

图 2-25 履带式起重机强夯地基

2) 强夯地基的施工要点主要有：

①强夯施工前应试夯，确定正式施工各项参数。强夯施工必须按试验确定的技术参数进行。

②强夯应分区进行，宜先边区后中部，或由临近建（构）筑物一侧向远离一侧方向进行。

③夯击时重锤应保持平稳，夯位准确，如错位或坑底倾斜过大，宜用砂土将坑底整平，才能进行下一遍夯击。

④每夯击一遍完成后，应测量场地平均下沉量，然后用土将夯坑填平，方可进行下一遍夯击。最后一遍的场地平均下沉量，必须符合要求。

⑤雨天施工，夯击坑内或夯击过的场地有积水时，必须及时排除。冬天施工，首先应将冻土击碎，然后再按各点规定的夯击数施工。

⑥强夯施工应对每一夯实点的夯击能量、夯击次数和每次夯沉量等做好记录。

(4) 搅拌桩地基。水泥土搅拌桩地基是用水泥、石灰等材料作为固化剂，通过特制的深层搅拌机械，在地基深处就地将软土和固化剂（浆液或粉体）强制搅拌，利用固化剂和软土之间所产生的一系列物理、化学反应，使软土硬结成具有一定强度的优质地基。

本法适用于软弱地基的处理，对于淤泥质土、粉质黏土及饱和性土等软土地基的处理效果显著，在深基开挖时用于防止坑壁及边坡塌滑、坑底隆起等，也可用于地下防渗墙等工程上。具有处理后可以很快投入使用，施工速度快；施工中无噪声、无振动，对环境无污染；节省投资的特点。

1）施工工艺流程：桩位放样→钻机就位→检验、调整钻机→正循环钻进至设计深度→打开高压注浆泵→反循环提钻并喷水泥浆→至工作基准面以下 0.3m→重复搅拌下钻并喷水泥浆至设计深度→反应循环提钻至地表→成桩结束→施工下一根桩。

2）搅拌桩地基的施工要点主要有：

①施工前应进行工艺性试桩，数量不应少于 2 根。

②水泥土搅拌桩基施工时，停浆面应高于桩顶设计标高 300～500mm。开挖基坑时，应将搅拌桩顶端浮浆桩段用人工挖除。

③施工中因故停浆时，应将钻头下沉至停浆点以下 0.5m 处，待恢复供浆时再喷浆搅拌提升，或将钻头抬高至停浆点以上 0.5m 处，待恢复供浆时再喷浆搅拌下沉。

二、基础工程施工

基础施工前应进行地基验槽，并应清除表层浮土和积水。垫层混凝土应在基础验槽后立即浇筑，混凝土强度达到设计强度 70%后，方可进行后续施工。

（一）无筋扩展基础

无筋扩展基础是指由砖、毛石、混凝土等材料组成的墙下条形基础或柱下独立基础，一般适用于多层民用建筑和轻型厂房。

（1）砖基础。砖基础用普通烧结砖与水泥砂浆砌成。砖基础砌成的台阶形状称为“大放脚”，有等高式和不等高式两种，如图 2-26 所示。为了防止土中水分沿砖块中毛细管上升而侵蚀墙身，应在室内地坪以下一皮砖处设置防潮层，防潮层一般用 1∶2 水泥防水砂浆，厚约 20mm。

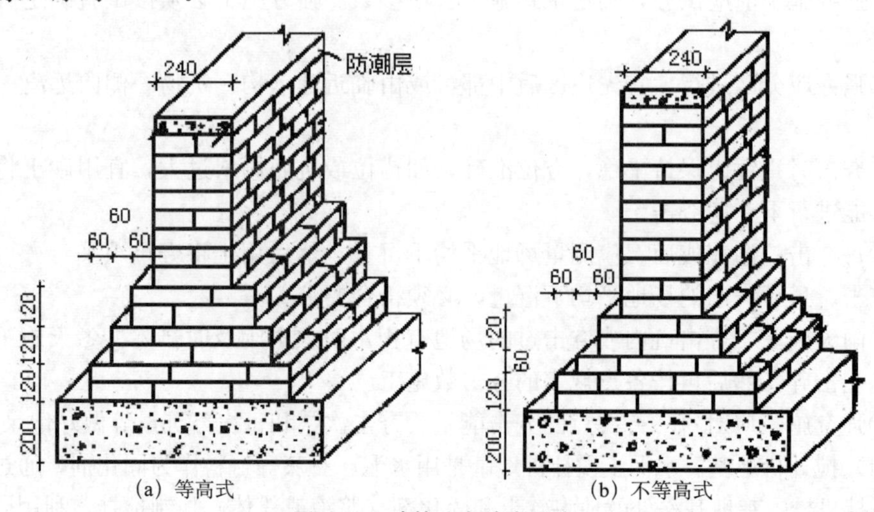

图 2-26　砖基础大放脚形式

砖基础的施工应符合下列规定：

1）砖及砂浆的强度应符合设计要求，砂浆的稠度宜为70～100mm，砖的规格应一致。

2）砌筑时应上下错缝，内外搭砌，竖向灰缝错开不应小于1/4砖长，砖基础水平缝的砂浆饱满度不应低于80%，缝宽在8～12mm。内外墙基础应同时砌筑，对不能同时砌筑而又必须留置的临时间断处，应砌筑成斜槎，斜槎的水平投影长度不应小于高度的2/3。

3）深浅不一致的基础，应从低处开始砌筑，并应由高处向低处搭砌，当设计无要求时，搭接长度L不应小于基础底的高差H，搭接长度范围内下层基础应扩大砌筑，如图2-27所示。

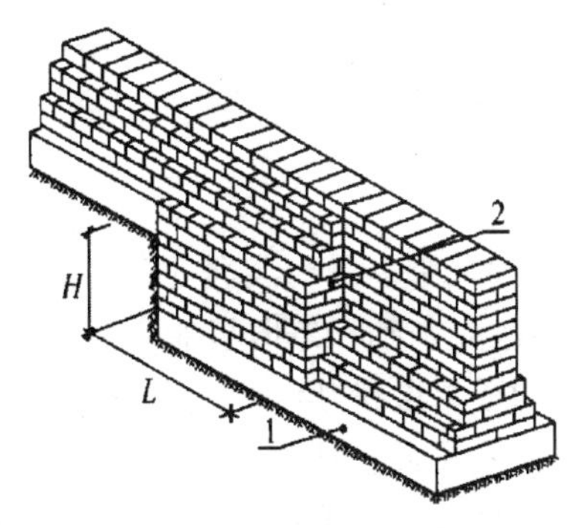

图2-27　基础搭接示意图

1-混凝土垫层；2-基础扩大部分

4）宽度大于300mm的洞口上方应设置过梁。

（2）毛石基础施工。毛石基础是用毛石与水泥砂浆或水泥混合砂浆砌成，如图2-28所示。所用毛石的强度等级一般为MU20以上。砂浆宜用水泥砂浆，强度等级不低于M5。

图2-28　毛石基础

毛石基础可以作为墙下条形基础或者柱下独立基础。其断面形式有矩形、阶梯形和梯形。毛石基础的顶面宽度应比墙厚每边宽出100mm，每阶高度一般为300～400mm，并至少砌二皮毛石。上级阶梯的石块至少压砌下级阶梯的1/2，相邻阶梯的毛石应相互错缝搭砌。

毛石基础施工应符合下列规定：

1）毛石的强度、规格尺寸、表面处理和基础的宽度、阶宽、阶高等应符合设计要求。

2）粗料毛石砌筑灰缝不宜大于20mm，各层均应铺灰坐浆砌筑，砌好后的内外侧石缝应用砂浆勾嵌。

3）基础的第一皮及转角处、交接处和洞口处，应采用较大的平毛石，并采取大面朝下的方式坐浆砌筑；转角、阴阳角等部位应选用方正平整的毛石互相拉结砌筑，最上面一皮毛石应选用较大的毛石砌筑；

4）毛石基础应结合牢靠，砌筑应内外搭砌，上下错缝，拉结石、丁砌石交错设置，不应在转角或纵横墙交接处留设接槎，接槎应采用阶梯式，不应留设直槎或斜槎。

（二）钢筋混凝土基础

一般工业与民用建筑在基础设计中多采用浅埋的钢筋混凝土基础，它造价低、施工简便。常见的浅基础的类型主要有独立基础、条形基础、杯形基础、筏形基础和箱型基础等。

(1) 独立基础。在框架结构或单层排架结构中经常采用独立式基础，这种基础的抗剪和抗弯性能良好，可以在向荷载较大、地基承载力不高以及承受水平力和力矩等荷载情况下使用。独立基础主要分三种：阶梯形基础、锥形基础和杯形基础，前两种通常用于现浇结构、第三种通常用于预制装配式结构，如图2-29所示。

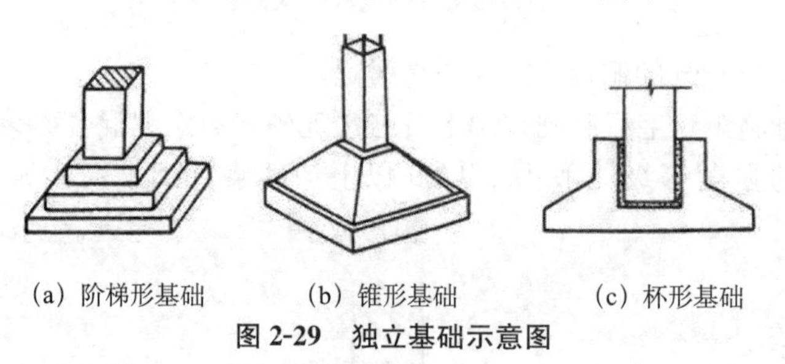

(a) 阶梯形基础　(b) 锥形基础　(c) 杯形基础

图2-29　独立基础示意图

柱下钢筋混凝土独立基础施工应符合下列规定：

1）在浇筑混凝土前，应清除模板上的垃圾、泥土和钢筋上的油污等杂物。

2）对于阶梯形基础宜按台阶分层连续浇筑完成，每浇筑完一台阶宜稍停0.5～1h待其初步沉实后，再浇筑上层。

3）杯形基础宜采用封底式杯口模板，施工时应将杯口模板压紧，在杯底应预留观测孔或振捣孔，浇筑时对称均匀下料，避免将杯口模板挤向一侧，杯底混凝土振捣应密实。

4）锥形基础模板应随混凝土浇捣分段支设并固定，基础边角处混凝土应捣实密实。

5）基础混凝土浇筑完后，外露表面应在12h内覆盖并进行保湿养护。

(2) 条形基础，分为柱下条形基础和十字形基础，如图2-30所示

(3) 杯形基础。杯形基础又叫作杯口基础，是独立基础的一种。当建筑物上部结构采用框架结构或单层排架及订架结构承重时，其基础常采用方形或矩形的单独基础，这

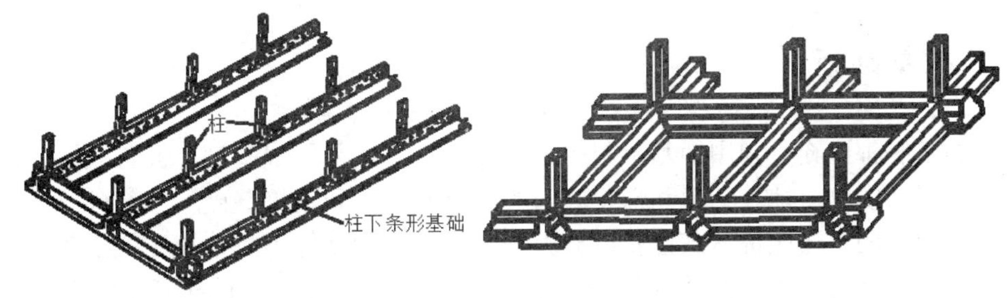

图 2-30　柱下条形基础和十字形基础

种基础称独立基础或柱式基础。独立基础是柱下基础的基本形式，当柱采用预制构件时，则基础做成杯口形，然后将柱子插入并嵌固在杯口内，故称为杯形基础。

（4）筏形基础。筏形基础由整体式钢筋混凝土板、梁等组成，适用于有地下室或地基承载力较低而上部结构荷载很大的基础，可分为梁板式和平板式两种，如图 2-31 所示。

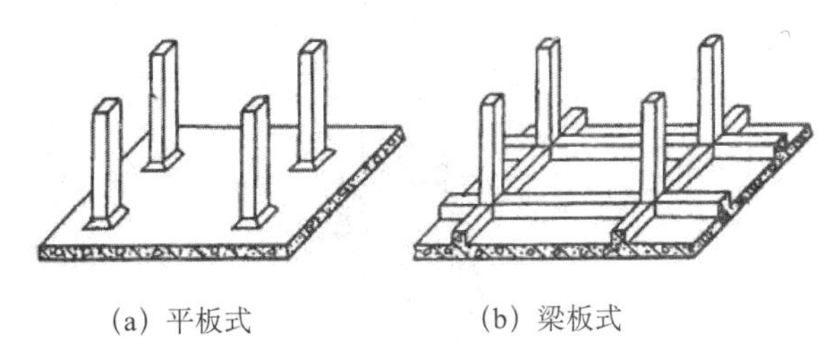

（a）平板式　　（b）梁板式

图 2-31　筏形基础

梁板式筏形基础混凝土浇筑方向宜平行于次梁长度方向，对于平板式筏形基础宜平行于基础长边方向。筏形基础可按设计要求留设后浇带，后浇带浇筑混凝土前，应清除浮浆、疏松石子和软弱混凝土层，浇水湿润。后浇带混凝土强度等级宜比两侧混凝土提高一级。

（5）箱形基础。箱形基础是由混凝土底板、顶板外墙以及一定数量的内隔墙构成的封闭箱体，如图 2-32 所示。该基础具有整体性好、刚度大、调整不均匀沉降能力强等优点。适用于软弱地基上的面积较小、平面形状简单、上部结构荷载大且分布不均匀的高层建筑物和对沉降有严格要求的设备基础等。

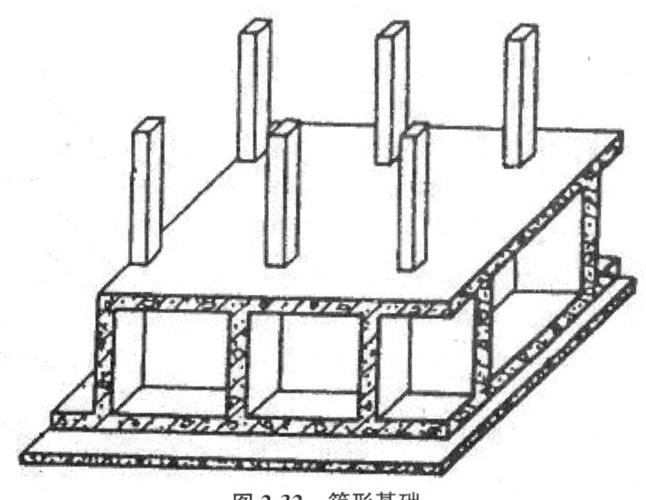

图 2-32　箱形基础

三、桩基础施工

一般建筑物都应充分利用地基土层的承载能力，尽量采用浅基础。但若浅层土质不良，无法满足建筑物对地基变形和强度方面的要求时，可利用桩基础。桩基础一般是由桩身和承台组成的，按照桩承载性质可分为：端承型桩和摩擦型桩；按照施工工艺：常见的桩主要有预制桩、泥浆护壁成孔灌注桩、沉管灌注桩、干作业成孔灌注桩等。

（一）混凝土预制桩

混凝土预制桩根据沉桩方法的不同可以分为锤击沉桩、静力压桩和振动沉桩。

（1）锤击沉桩。锤击沉桩又称打入桩，是利用桩锤下落产生的冲击能量将桩沉入土中，如图 2-33 所示。该方法施工速度快、机械化程度高、使用范围广，但是施工时有噪声及振动，对在城市中心和夜间施工时有所限制。

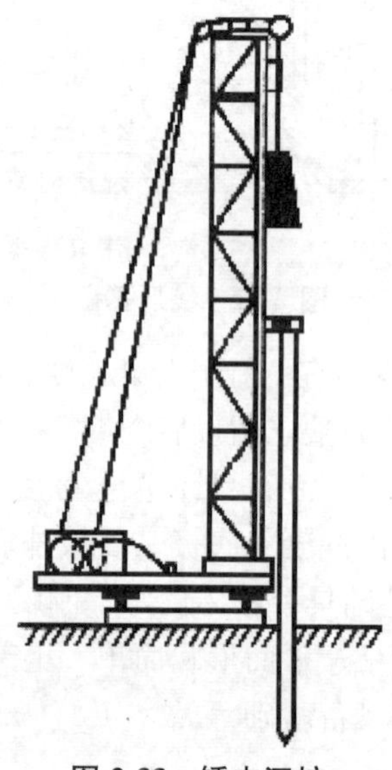

图 2-33　锤击沉桩

打桩工艺：确定桩位和沉桩顺序→桩机就位→吊装喂桩→校正→锤击沉桩→接桩→再锤击沉桩→送桩→收锤→切割桩头。

锤击沉桩时应遵循“重锤低击”原则，沉桩顺序应按先深后浅、先大后小、先长后短、先密后疏的次序进行。密集桩群应控制沉桩速率，宜自中间向两个方向或四周对称施打，一侧毗邻建（构）筑物或设施时，应由毗邻建筑物侧向另一侧的方向施打。

锤击桩终止沉桩的控制标准应符合下列规定：

1）终止沉桩应以桩端标高控制为主、贯入度控制为辅，当桩端达到坚硬、硬塑的黏性土，中密以上粉土、砂土、碎石类土及风化岩时，可以贯入度控制为主、桩端标高控制为辅。

2）贯入度已达到设计要求而桩端标高未达到时，应继续锤击 3 阵，按每阵 10 击的贯入度不大于设计规定的数值予以确认，必要时施工控制贯入度应通过试验与设计协商确定。

（2）静力压桩。静力压桩是在软土地基上，利用静力压桩机或液压压装机将桩压入土中的一种工艺，如图 2-34 所示。与普通锤击沉桩相比，具有无噪声、无振动等优点。故特别适合用于城市内桩机工程和有防震要求的工地现场。

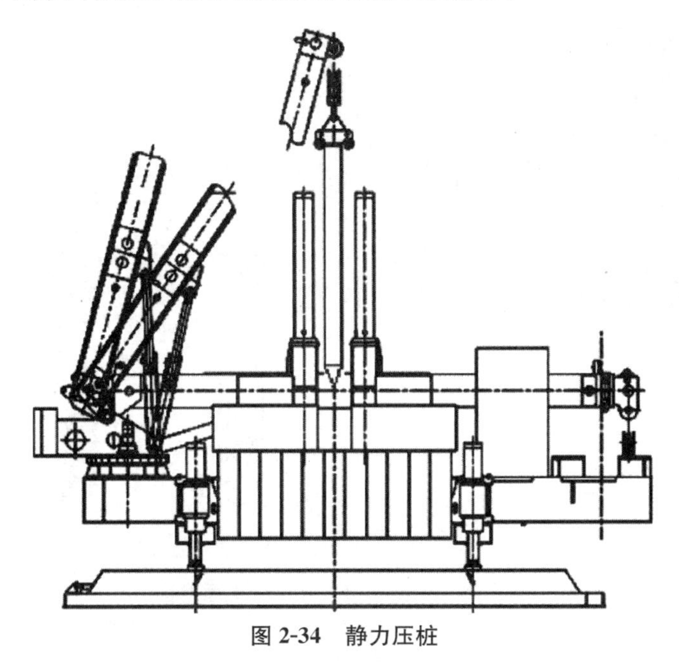

图 2-34　静力压桩

压桩工艺：测量定位→桩机就位→吊装插桩→桩身对中调直→静压沉桩→接桩→再静压沉桩→送桩→终止压桩→检查验收→转移桩机。

静力压桩终压的控制标准应符合下列规定：

1）静力压桩应以标高为主、压力为辅。

2）静力压桩终压标准可结合现场试验结果确定。

3）终压连续复压次数应根据桩长及地质条件等因素确定，对于入土深度大于或等于 8m 的桩，复压次数可为 2～3 次，对于入土深度小于 8m 的桩，复压次数可为 3～5 次。

4）稳压压桩力不应小于终压力，稳定压桩的时间宜为 5～10s。

（二）泥浆护壁成孔灌注桩

泥浆护壁成孔灌注桩是利用原土自然造浆或人工造浆浆液进行护壁，通过循环泥浆将钻头切下的土块携带排出孔外，然后安装绑扎好的钢筋笼，导管法水下灌注混凝土形成的桩，如图 2-35 所示。其中泥浆的作用主要是携渣、护壁、润滑并冷却钻头。

施工工艺：场地平整→桩位放线→开挖浆池、浆沟→护筒埋设→钻机就位、孔位校正→成孔、泥浆循环、清除废浆、泥渣→清孔换浆→终孔验收→下钢筋笼和钢导管→浇筑混凝土→成桩。

泥浆护壁成孔灌注桩浇筑混凝土的导管底部至孔底距离宜为 300～500mm；混凝土初灌量应满足导管埋入深度不小于 0.8m 的要求，混凝土灌注过程中导管应始终埋入混凝土内，宜为 2～6m。混凝土灌注应控制最后一次灌注量，超灌高度应高于设计桩顶标高 1.0m 以上。

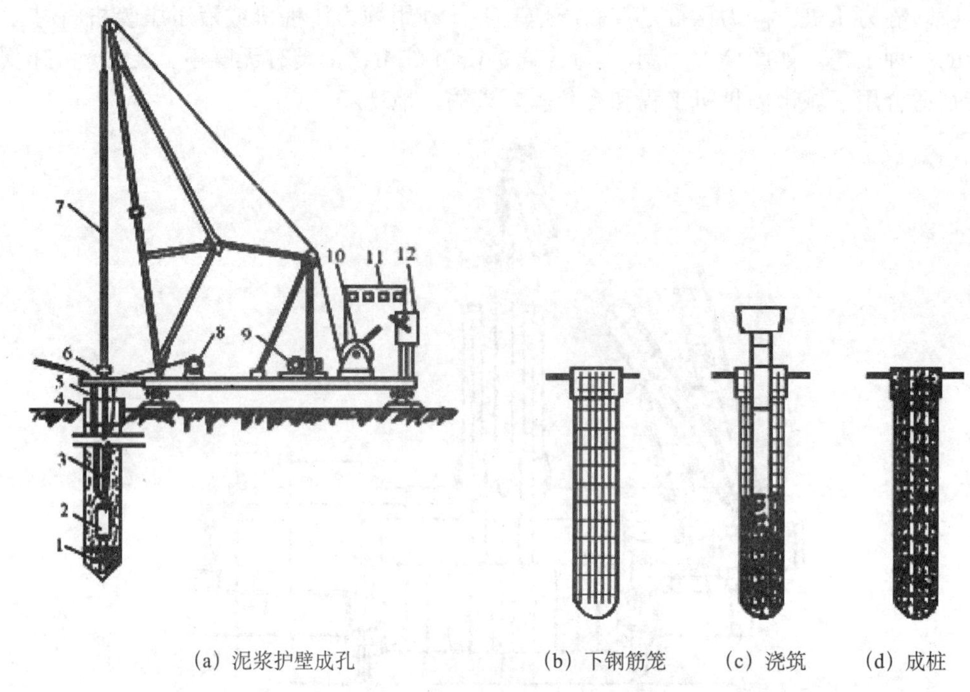

(a) 泥浆护壁成孔　　(b) 下钢筋笼　　(c) 浇筑　　(d) 成桩

图 2-35　泥浆护壁成孔灌注桩示意图

1-钻头；2-潜水钻机；3-电缆；4-护筒；5-水管；6-滚轮；7-钻杆；8-电缆盘；9、10-卷扬机；11-电流、电压表；12-启动开关

（三）沉管灌注桩

沉管灌注桩时利用锤击打桩设备或振动沉桩设备，将带有钢筋混凝土桩尖（或钢板靴）或带有活瓣式桩靴的钢套管沉入土中形成桩孔，然后放入钢筋混凝土骨架并浇筑混凝土，随之拔出套管，利用拔管时的振动将混凝土捣实从而形成的灌注桩。其中利用锤击沉桩设备沉管、拔管成桩的称为锤击沉管灌注桩，如图 2-36 所示。其主要适应于一般黏性土、淤泥质土和人工填土地基。利用振动器振动沉管、拔管成桩称为振动沉管灌注桩，主要适用于一般黏性土、淤泥质土、人工填土地基、砂土、稍密及中密的碎石土地基。

沉管灌注桩施工工艺：桩机就位→锤击（振动）沉管→下钢筋笼→上料→边锤击（振动）边拔管→并继续浇筑混凝土→成桩。

（四）干作业成孔灌注桩

干作业成孔灌注桩是先用钻机（如图 2-37 所示）在桩位处进行钻孔，然后在桩孔内放入钢筋骨架，再灌注混凝土而成的桩，一般适用于成孔深度内没有地下水的一般黏土层、砂土层及人工地基，不适用于有地下水的土层和淤泥质土。

干作业成孔灌注桩施工工艺：螺旋钻机就位对中→钻进成孔、排土→钻至预定深度、停钻→起钻，测孔深、孔斜、孔径→清理孔底虚土→钻机移位→安放钢筋笼→安放混凝土溜筒→灌注混凝土成桩→桩头养护。

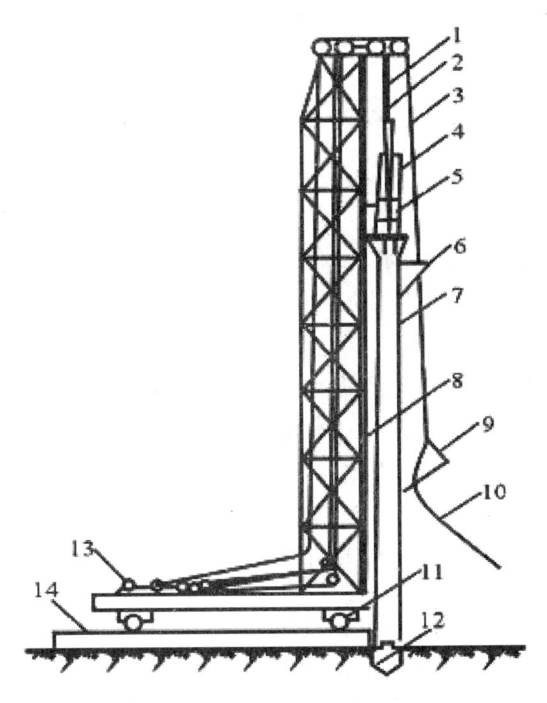

图 2-36　锤击沉管灌注桩

1-桩锤钢丝绳；2-桩管滑轮组；3-吊斗钢丝绳；4-桩锤；5-桩帽；6-混凝土漏斗；7-桩管；8-桩架；9-混凝土吊斗；10-回绳；11-行驶用钢管；12-预制桩靴；13-卷扬机；14-枕木

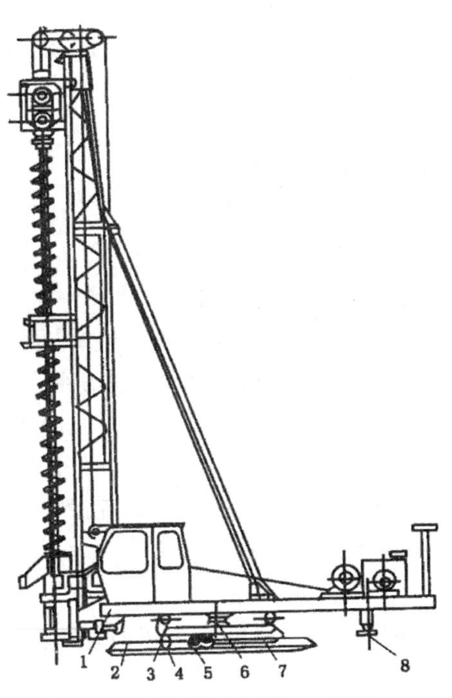

图 2-37　干作业成孔灌注桩钻机

1-上底盘；2-下底盘；3-回转滚轮；4-行车滚轮；5-钢丝滑轮；6. 同转轴；7-行车油缸；8-支架

第三节　脚手架

一、脚手架的概念和分类

（一）脚手架的概念

脚手架是建筑工程施工中工人的临时操作面、材料的临时推放点、临时的运输通道和临时的安全防护措施。对脚手架的基本要求是：

（1）其宽度、高度应满足工人操作、材料堆置和运输的需要，坚固稳定。

（2）构造简单、拆装方便并能多次周转使用。

（3）因地制宜、就地取材、尽量节约材料。

（二）脚手架的分类

根据不同的划分标准，脚手架有很多类型。

（1）按照脚手架的搭设位置可以分为外脚手架和里脚手架。

（2）按照所用材料可以分为木脚手架、竹脚手架、钢管脚手架。

（3）按照构造形式可以分为扣件式钢管脚手架、门式脚手架、爬升式脚手架等。

（4）按照设置形式可以分为单排脚手架、双排脚手架和满堂脚手架。单排脚手架搭设高度不应超过 24m；双排脚手架搭设高度不宜超过 50m，高度超过 50m 的双排脚手架，应采用分段搭设等措施。

二、扣件式钢管脚手架的构造

（一）扣件式钢管脚手架的构造

扣件式钢管脚手架目前得到广泛的应用，虽然其一次性投资较大，但其周转次数多、摊销费低、装拆方便、搭设高度大、能适应建筑物平面和立面的变化。

扣件式钢管脚手架由钢管、扣件、脚手板和底座等组成，如图 2-38 所示。

（1）钢管杆件。主要包括立杆、纵向水平杆、横向水平杆、剪刀撑、斜撑和抛撑等。

钢管一般采用直径 48.3mm，厚度为 3.6mm 的焊接钢管，每根钢管的最大质量不应大于 25.8kg，单、双排脚手架横向水平杆最大长度不超过 2.2m，其他杆最大长度不超过 6.5m。

1）立杆。立杆主要的作用是承受脚手架的竖向荷载，立杆应符合下列要求：

①每根立杆底部宜设置底座或垫板。

当脚手架搭设在永久性建筑结构混凝土基面时，立杆下底座或垫板可根据情况不设置。

由底座下皮向上 200mm 处，必须设置纵、横向扫地杆，并用直角扣件与立柱固定。

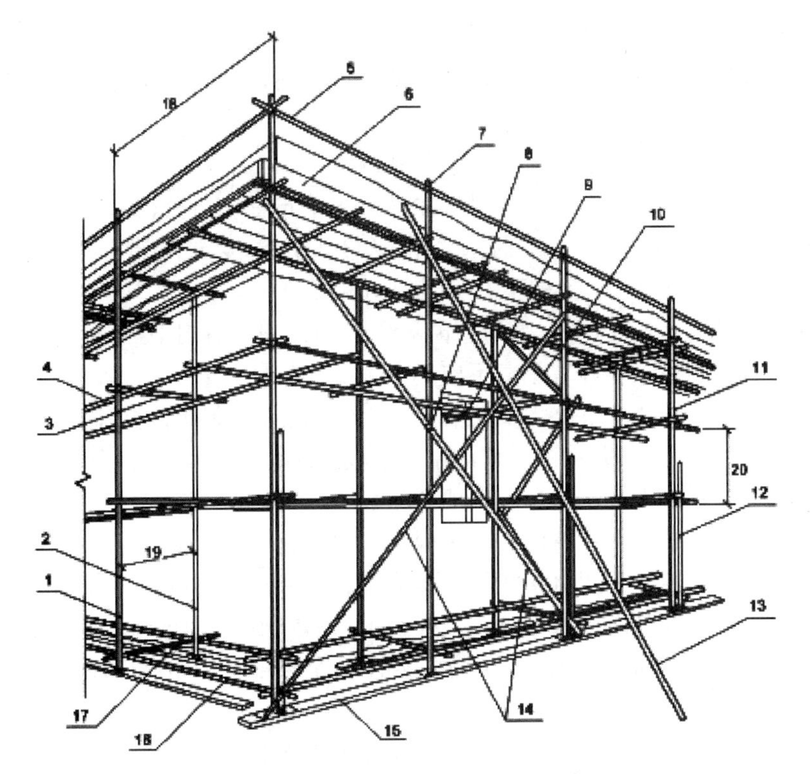

图 2-38　扣件式钢管脚手架构造示意图

1-外立杆；2-内立杆；3-横向水平杆；4-纵向水平杆；5-栏杆；6-挡脚板；7-直角扣件；8-旋转扣件；9-连墙件；10-横向斜撑；11-主立杆；12-副立杆；13-抛撑；14-剪刀撑；15-垫板；16-纵向扫地杆；17-横向扫地杆；18-立杆纵距；19-排距；20-步距

②脚手架必须设置纵、横向扫地杆。纵向扫地杆应采用直角扣件固定在距钢管底端不大于 200mm 处的立杆上。横向扫地杆应采用直角扣件固定在紧靠纵向扫地杆下方的立杆上。

③脚手架立杆基础不在同一高度上时，必须将高处的纵向扫地杆向低处延长两跨与立杆固定，高低差不应大于 1m。靠边坡上方的立杆轴线到边坡的距离不应小于 500mm，如图 2-39 所示。

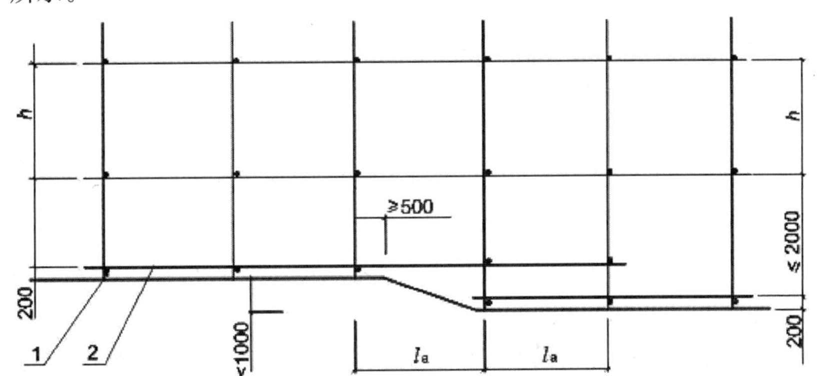

图 2-39　纵、横向扫地杆构造

1-横向扫地杆；2-纵向扫地杆

④单、双排脚手架底层步距均不应大于2m。

⑤单排、双排与满堂脚手架立杆接长除顶层顶步外，其余各层各步接头必须采用对接扣件连接。

⑥脚手架立杆的对接、搭接应符合下列规定：

当立杆采用对接接长时，立杆的对接扣件应交错布置，两根相邻立杆的接头不应设置在同步内，同步内隔一根立杆的两个相隔接头在高度方向错开的距离不宜小于500mm；各接头中心至主节点的距离不宜大于步距的1/3。

当立杆采用搭接接长时，搭接长度不应小于1m，并应采用不少于2个旋转扣件固定。端部扣件盖板的边缘至杆端距离不应小于100mm。

⑦脚手架立杆顶端栏杆宜高出女儿墙上端1m，宜高出檐口上端1.5m。

2）纵向水平杆。也称大横杆，其作用是承受横向水平杆传递来的荷载并传递给立杆。纵向水平杆应水平设置且满足下列要求：

①纵向水平杆应设置在立杆内侧，单根杆长度不应小于3跨。

②纵向水平杆接长应采用对接扣件连接或旋转扣件搭接。两根相邻纵向水平杆的接头不应设置在同步或同跨内且水平方向错开的距离不应小于500mm；各接头中心至最近主节点的距离不应大于纵距的1/3。采用搭接时，搭接长度不应小于1m，并等间距设置3个旋转扣件固定。

③当使用冲压钢脚手板、木脚手板、竹串片脚手板时，纵向水平杆应作为横向水平杆的支座，用直角扣件固定在立杆上；当使用竹笆脚手板时，纵向水平杆应采用直角扣件固定在横向水平杆上，并应等间距设置，间距不应大于400mm，如图2-40所示。

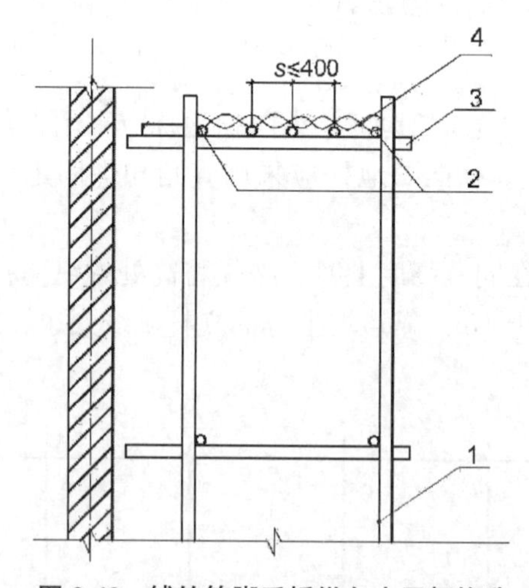

图2-40　铺竹笆脚手板纵向水平杆构造

1-立杆；2-纵向水平杆；3-横向水平杆；4-竹笆脚手板

3）横向水平杆。也称小横杆，其主要作用是承受脚手板传递来的荷载并传给大横杆。横向水平杆应满足下列要求：

①作业层上非主节点处的横向水平杆，宜根据支承脚手板的需要等间距设置，最大间距不应大于纵距的1/2。

②主节点处必须设置一根横向水平杆，用直角扣件扣接且严禁拆除。

4）剪刀撑。剪刀撑是保证脚手架纵向稳定，加强纵向刚性的重要杆件。剪刀撑的设置要求主要有：

①每道剪刀撑跨越立杆的根数应按表 2-10 的规定确定。每道剪刀撑宽度不应小于 4 跨，且不应小于 6m，斜杆与地面的倾角应在 45°～60°。

表 2-10　剪刀撑跨越立杆的最多根数

剪刀撑斜杆与地面的倾角 α	45°	50°	60°
剪刀撑跨越立杆的最多根数 n	7	6	5

②高度在 24m 及以上的双排脚手架应在外侧全立面连续设置剪刀撑；高度在 24m 以下的单、双排脚手架，均必须在外侧两端、转角及中间间隔不超过 15m 的立面上，各设置一道剪刀撑，并应由底至顶连续设置，如图 2-41 所示。

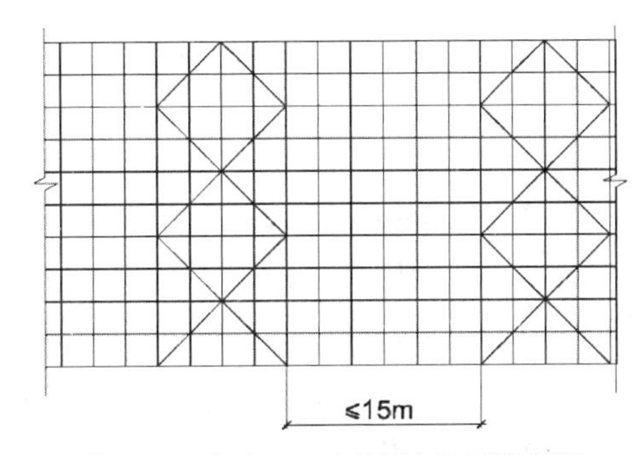

图 2-41　高度 24m 以下的剪刀撑布置

③剪刀撑斜杆应用旋转扣件固定在与之相交的横向水平杆的伸出端或立杆上，旋转扣件中心线至主节点的距离不应大于 150mm。

④剪刀撑斜杆的接长应采用搭接或对接，搭接长度不应小于 1m，并应采用不少于 2 个旋转扣件固定。

5）横向斜撑。横向斜撑是指与双排脚手架内、外立杆或水平杆斜交呈之字形的斜杆。横向斜撑的设置要求主要有：

①横向斜撑应在同一节间，由底至顶层呈“之”字形连续布置，用旋转扣件固定在与之相交的横向水平杆的伸出端上，旋转扣件中心线至主节点的距离不宜大于 150mm。

②高度在 24m 以下的封闭型双排脚手架可不设横向斜撑，高度在 24m 以上的封闭型脚手架，除拐角应设置横向斜撑外，中间应每隔 6 跨距设置一道。

6）抛撑。当搭设脚手架时，为防止其整体横向倾覆，应临时设置抛撑。抛撑应采用通长杆件，并用旋转扣件固定在脚手架上，与地面倾角在 45°～60°；连接点中心至主节点的距离不应大于 300mm。抛撑应在连墙件搭设后再拆除。

（2）扣件。扣件用于钢管之间的连接，扣件在螺栓拧紧扭力矩应在 40～65N・m。扣件有三种，如图 2-42 所示。直角扣件用于两根钢管成垂直交叉的连接；旋转扣件用于两根钢管呈任意角度交叉的连接；对接扣件用于两根钢管的对接连接。

（3）底座。底座用于承受脚手架立杆传递下来的荷载。底座的形式主要有内插式和外套式两种，如图 2-43 所示。内插式外径 D_1 比立杆内径小 2mm，外套式的内径 D_2 比立杆的外径大 2mm。

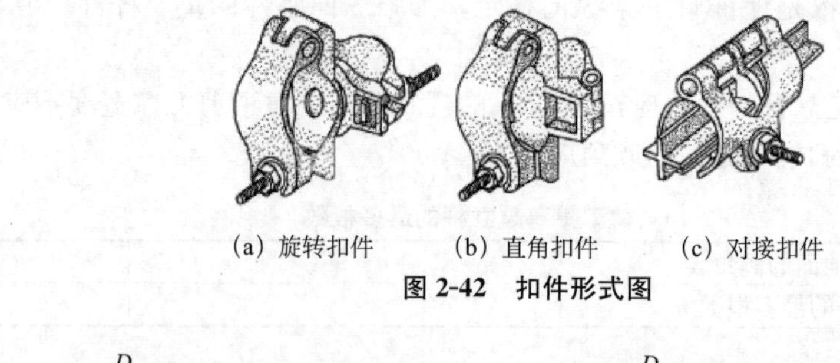

图 2-42　扣件形式图

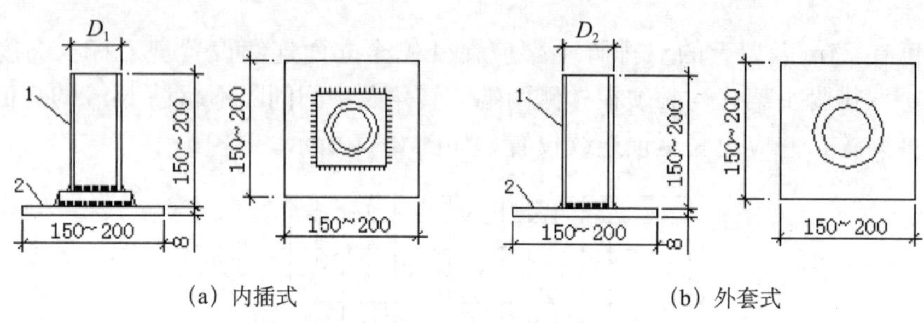

图 2-43　扣件式钢管脚手架底座形式

1-承插钢管；2-钢板底座

（4）脚手板。脚手板可采用钢、木、竹材料制作，单块脚手板的质量不宜大于30kg。其主要作用是承受脚手架上的施工荷载。脚手板应满足下列要求：

1）作业层脚手板应铺满、铺稳、铺实。

2）冲压钢脚手板、木脚手板、竹串片脚手板等，应设置在三根横向水平杆上。当脚手板长度小于2m时，可采用两根横向水平杆支承，但应将脚手板两端与横向水平杆可靠固定，严防倾翻。

3）脚手板的铺设应采用对接平铺或搭接铺设。脚手板对接平铺时，接头处应设两根横向水平杆，脚手板外伸长度应取130～150mm，两块脚手板外伸长度的和不应大于300mm，如图2-44（a）所示；脚手板搭接铺设时，接头应支在横向水平杆上，搭接长度不应小于200mm，其伸出横向水平杆的长度不应小于100mm，如图2-44（b）所示。

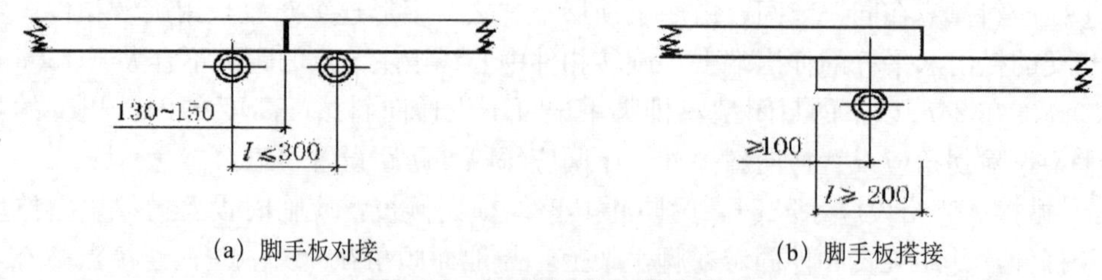

图 2-44　脚手板对接、搭接构造

4）竹笆脚手板应按其主竹筋垂直于纵向水平杆方向铺设，且应对接平铺，四个角应用直径不小于1.2mm的镀锌钢丝固定在纵向水平杆上。

5）作业层端部脚手板探头长度应取150mm，其板的两端均应固定于支承杆件上。

（5）连墙件。为防止脚手架内外倾覆、保证立柱的稳定，立柱必须用刚性固定件与建筑物可靠连接。连墙件应满足下列要求：

1）脚手架连墙件设置的位置、数量应按专项施工方案确定。

2）脚手架连墙件的布置间距应符合表 2-11 的规定。

表 2-11 连墙件布置最大间距

搭设方法	高度/m	竖向间距/h	水平间距/la	每根连墙件覆盖面积/m^2
双排落地	≤50	3	3	≤40
双排悬挑	>50	2	3	≤27
单排	≤24	3	3	≤40

注：h—步距；la—纵距。

3）连墙件的布置应符合下列规定：

①应靠近主节点设置，偏离主节点的距离不应大于 300mm。

②应从底层第一步纵向水平杆处开始设置，设置有困难时，应采用可靠措施固定。

③应优先采用菱形布置，也可采用方形、矩形布置。

4）开口型脚手架的两端必须设置连墙件，连墙件的垂直间距不应大于建筑物的层高，并且不应大于 4m。

5）连墙件中的连墙杆应呈水平设置，当不能水平设置时，应向脚手架一端下斜连接。

6）连墙件必须采用可承受拉力和压力的构造。对高度 24m 以上的双排脚手架，应采用刚性连墙件与建筑物连接。

（二）型钢悬挑脚手架构造

型钢悬挑式脚手架是指架体结构附着于建筑结构型钢悬挑梁上的脚手架，如图 2-45 所示。

（1）适用范围。型钢悬挑脚手架主要适应于以下几种情况：

1）工程施工场地狭小，无法搭设落地式脚手架。

2）地下室施工后不能及时回填土，而主体结构必须继续施工。

3）主体结构四周为裙房，主楼的脚手架搭设在裙楼顶上不安全。

4）建筑物高度超过脚手架的允许搭设高度，必须将脚手架分段搭设。

5）建筑物体量很大，施工时间长，落地式脚手架搭设不经济。

（2）型钢悬挑脚手架的构造要求：

1）一次悬挑脚手架高度不宜超过 20m，如图 2-45 所示。

2）型钢悬挑梁宜采用双轴对称截面的型钢。悬挑钢梁型号及锚固件应按设计确定，钢梁截面高度不应小于 160mm。

3）悬挑梁尾端应在两处及以上用“U 形”钢筋拉环或锚固螺栓与建筑结构梁板固定，并与混凝土梁、板底层钢筋焊接或绑扎牢固。锚固型钢悬挑梁的“U 形”钢筋拉环或锚固螺栓直径不宜小于 16mm，其与型钢间隙应用钢楔或硬木楔楔紧，如图 2-46 所示。

4）每个型钢悬挑梁外端宜设置钢丝绳或钢拉杆与上一层建筑结构斜拉结。悬挑钢梁固定段长度不应小于悬挑段长度 1.25 倍，如图 2-45 所示。

5）型钢悬挑梁间距应按悬挑脚手架立杆纵距设置，每一立杆纵距设置一根。型钢悬挑端应设置能使脚手架立杆与钢梁可靠固定的定位点，定位点离悬挑梁端部不应小于 100mm。

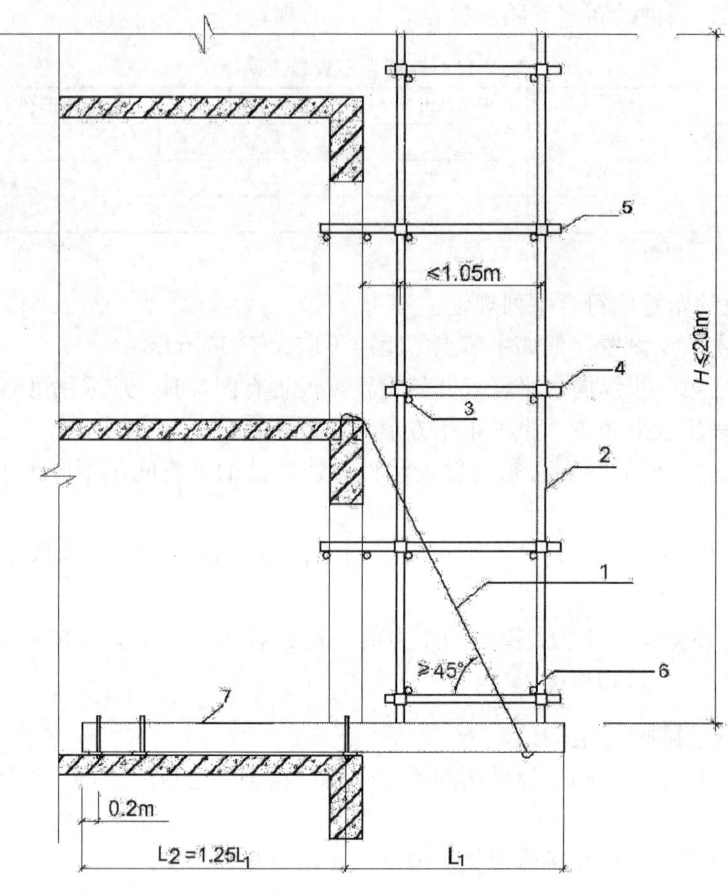

图 2-45　型钢悬挑脚手架

1-钢丝绳或钢拉杆；2-立杆；3-纵向水平杆；4-横向水平杆；5-连墙件；6-扫地杆；7-型钢悬挑梁

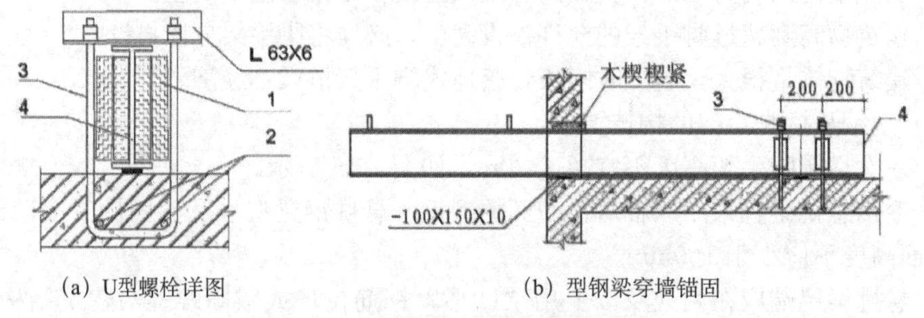

(a) U型螺栓详图　　(b) 型钢梁穿墙锚固

图 2-46　悬挑钢梁 U 型螺栓固定构造

1-木楔侧向楔紧；2-两根 1.5m 长，直径 18mm HRB335 钢筋；3-U 型螺栓；4-型钢悬挑梁

6）锚固位置设置在楼板上时，楼板的厚度不宜小于 120mm。如果楼板的厚度小于 120mm 应采取加固措施。

7）悬挑架的外立面剪刀撑应自下而上连续设置。

8）锚固型钢的主体结构混凝土强度等级不得低于 C20。

三、扣件式钢管脚手架的施工

脚手架的施工主要包括施工准备、搭设和拆除三个阶段。

（一）施工准备

脚手架的施工准备应符合以下要求：

（1）脚手架搭设前，应按专项施工方案向施工人员进行交底。

（2）应对钢管、扣件、脚手板、可调托撑等进行检查验收，不合格构配件不得使用。经检验合格的构配件应按品种、规格分类，堆放整齐、平稳，堆放场地不得有积水。

（3）应清除搭设场地杂物，平整搭设场地，并应使排水畅通，如表面土质松软，应进行加固处理。

（4）立杆垫板或底座底面标高宜高于自然地坪 50～100mm。

（5）脚手架基础经验收合格后，应按施工组织设计或专项方案的要求放线定位，以保证施工时垫板、底座准确地安放在定位线上。

（二）脚手架搭设

（1）底座安放。底座安放应符合以下要求：

1）底座、垫板均应准确地放在定位线上。

2）垫板应采用长度不少于 2 跨、厚度不小于 50mm、宽度不小于 200mm 的木垫板。

（2）立杆搭设。应先立内立杆，后立外立杆。底部的立杆应间隔交叉采用不同长度的钢管，保证立杆接头薄弱截面相互错开。除此之外立杆搭设还应符合下列规定：

1）脚手架开始搭设立杆时，应每隔 6 跨设置一根抛撑，直至连墙件安装稳定后，方可根据情况拆除。

2）当架体搭设至有连墙件的主节点时，在搭设完该处的立杆、纵向水平杆、横向水平杆后，应立即设置连墙件。

（3）纵向水平杆的搭设应符合下列规定：

1）脚手架纵向水平杆应随立杆按步搭设，并应采用直角扣件与立杆固定。

2）在封闭型脚手架的同一步中，纵向水平杆应四周交圈设置，并应用直角扣件与内外角部立杆固定。

（4）横向水平杆搭设。双排脚手架横向水平杆的靠墙一端至墙装饰面的距离不应大于 100mm。

（5）脚手架连墙件安装应符合下列规定：

1）连墙件的安装应随脚手架搭设同步进行，不得滞后安装。

2）当单、双排脚手架施工操作层高出相邻连墙件以上两步时，应采取确保脚手架稳定的临时拉结措施，直到上一层连墙件安装完毕后再根据情况拆除。

（6）支撑体系搭设。脚手架剪刀撑与横向斜撑应随立杆、纵向和横向水平等同步搭设，不得滞后安装。

（7）扣件安装应符合下列规定：

1）扣件规格应与钢管外径相同，对接扣件紧固时开口应朝上或朝内。

2）螺栓拧紧扭力矩不应小于 40N·m，且不应大于 65N·m。

3）在主节点处，固定横向水平杆、纵向水平杆、剪刀撑、横向斜撑等用的直角扣件、旋转扣件的中心点的相互距离不应大于 150mm。

4）各杆件端头伸出扣件盖板边缘的长度不应小于 100mm。

（8）作业层、斜道的栏杆和挡脚板的搭设应符合下列规定：

1）栏杆和挡脚板均应搭设在外立杆的内侧，如图 2-47 所示。

2）上栏杆高度应为 1.2m；挡脚板高度不应小于 180mm；中栏杆居中设置，如图 2-47所示。

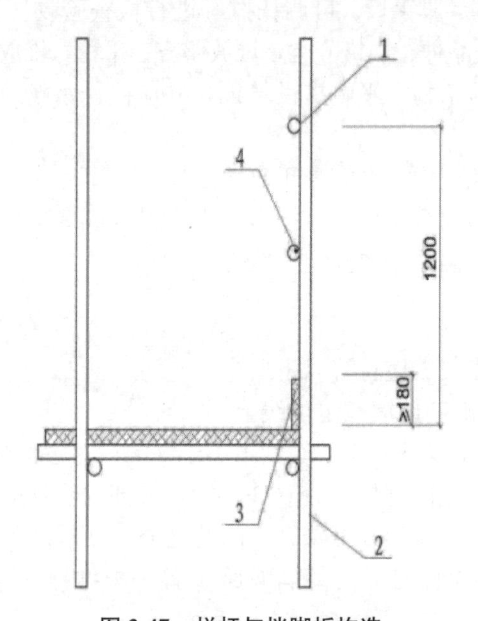

图 2-47　栏杆与挡脚板构造

1-上栏杆；2-外栏杆；3-挡脚板；4-中栏杆

（9）脚手板的铺设应符合下列规定：

1）脚手板应铺满、铺稳，离墙面的距离不应大于 150mm。

2）采用对接或搭接时均应符合相关规定，脚手板探头应用直径 3.2mm 的镀锌钢丝固定在支承杆件上。

3）在拐角、斜道平台口处的脚手板，应用镀锌钢丝固定在横向水平杆上，防止滑动。

（10）门洞处的架设应符合下列规定：

1）遇到门洞时，不论单排、双排脚手架均应挑空 1～2 根立杆。

2）并在门洞两侧设置斜腹杠，斜腹杆宜采用旋转扣件固定在与之相交的横向水平杆的伸出端上，旋转扣件中心线至主节点的距离不宜大于 150mm，如图 2-48 所示。

3）当斜腹杆在 1 跨内跨越两个步距时，宜在相交的纵向水平杆处，增设一根横向水平杆，将斜腹杆固定在其伸出端上。

4）斜腹杆宜采用通长杆件，当必须接长使用时，宜采用对接扣件连接，也可采用搭接，但应满足相关连接要求。

5）门洞两侧立杆应为双管立杆，副立杆高度应高于门洞口 1～2 步。

6）门洞管架中伸出上下弦杆的杆件端头，均应增设一个防滑扣件，该扣件宜紧靠主节点处的扣件。

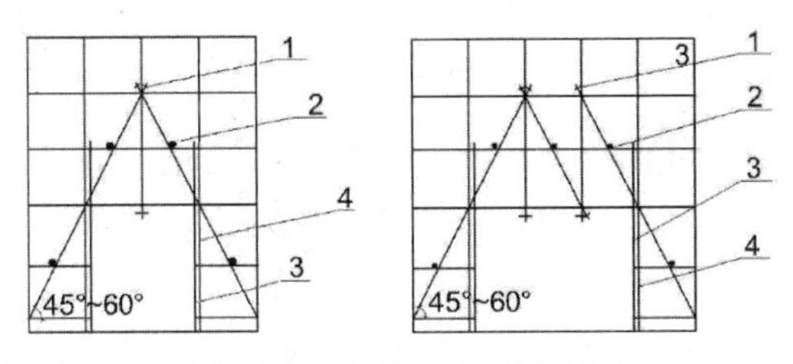

图 2-48　门洞处搭设示意图

1-防滑扣件；2-增设的横向水平杆；3-副立杆；4-立杆

（三）脚手架拆除

（1）准备工作。

脚手架拆除应按专项方案施工，拆除前应做好下列准备工作：

1）全面检查脚手架的扣件连接、连墙件、支撑体系等是否符合构造要求，是否存在安全隐患。

2）拆除前应对施工人员进行交底。

3）应清除脚手架的杂物及地面障碍物。

4）拆除范围内，设置“禁止入内”标志，并由专人守护，以保证拆除过程中的人员安全。

5）建筑物外墙门窗关紧，对可能遭受碰撞处予以必要的保护。

（2）拆除要求。

一般来说，脚手架的拆除顺序应为：安全网→挡脚板→脚手板→栏杆→剪刀撑（随每步拆除）→小横杆→大横杆→立杆。

脚手架拆除时应符合下列要求：

1）单、双排脚手架拆除作业必须由上而下逐层进行，严禁上下同时作业；连墙件必须随脚手架逐层拆除，严禁先将连墙件整层或数层拆除后再拆脚手架；分段拆除高差大于两步时，应增设连墙件加固。

2）当脚手架拆至下部最后一根长立杆的高度（约 6.5m）时，应先在适当位置搭设临时抛撑加固后，再拆除连墙件。当单、双排脚手架采取分段、分立面拆除时，对不拆除的脚手架两端应设置连墙件和横向斜撑加固。

3）架体拆除作业应设专人指挥，当有多人同时操作时，应明确分工、统一行动，且应具有足够的操作面。

4）拆除的构配件应由垂直运输设备向下运送，严禁直接抛掷至地面。

5）运至地面的构配件应按规定及时检查、整修与保养，并应按品种、规格分别存放。

四、扣件式钢管脚手架的检查与验收

（一）构配件检查与验收

1. 钢管的检查与验收

（1）新钢管应有产品质量合格证和质量检验报告；钢管表面应平直光滑，不应有裂缝、结疤、分层、错位、硬弯、毛刺、压痕和深的划道；钢管外径、壁厚、端面等的偏差应符合相关要求；钢管应涂有防锈漆。

（2）旧钢管的锈蚀应每年检查一次。检查时在锈蚀严重的钢管中抽取三根，在每根锈蚀严重的部位横向截断取样检查，当锈蚀深度超过规定值时不得使用。

（3）钢管弯曲变形应符合相关规定。

2. 扣件的检查与验收

（1）扣件应有生产许可证、法定检测单位的测试报告和产品质量合格证。当对扣件质量有怀疑时，应进行抽样检测。

（2）新、旧扣件均应进行防锈处理。

（3）扣件进入施工现场应检查产品合格证，并进行抽样复试。扣件在使用前应逐个挑选，有裂缝、变形、螺栓出现滑丝的严禁使用。

3. 脚手板的检查与验收

（1）冲压钢脚手板。新脚手板应有产品质量合格证；新、旧脚手板均应涂防锈漆且不得有裂纹、开焊与硬弯；应有防滑措施；尺寸偏差应符合相关规定。

（2）木、竹脚手板。木脚手板质量、宽度、厚度允许偏差应符合相关规定，不得使用扭曲变形、劈裂、腐朽的脚手板；竹笆、竹串片脚手板的材料还应符合相关规定。

4. 悬挑脚手架型钢的质量应符合相关规定

5. 可调托撑的检查与验收

（1）有产品质量合格证和质量检验报告，严禁使用有裂缝的支托板、螺母。

（2）可调托撑抗压承载力应满足要求。

（3）可调托撑支托板厚不应小于 5mm，变形不应大于 1mm。

（二）脚手架检查与验收

（1）脚手架及其地基基础应在下列阶段进行检查与验收：

1）基础完工后及脚手架搭设前。

2）作业层上施加荷载前。

3）每搭设完 6～8m 高度后。

4）达到设计高度后。

5）遇有六级强风及以上强风或大雨后，冻结地区解冻后。

6）停用超过一个月后。

（2）脚手架使用中，应定期检查下列要求内容：

1）杆件的设置和连接，连墙件、支撑、门洞桁架等的构造应符合相关规范和专项施工方案的要求。

2）地基应无积水，底座应无松动，立杆应无悬空。

3）扣件螺栓应无松动。

4）高度在 24m 以上的双排、满堂脚手架和高度在 20m 以上的满堂支撑架还应检查其立杆的沉降与垂直度的偏差。

5）有无超载使用情况。

（3）安装后的扣件螺栓拧紧扭力矩应采用扭力扳手进行随机抽样检查，不合格的应重新拧紧至合格。

五、扣件式钢管脚手架的安全管理

针对脚手架构造与施工方面的安全技术要求，应采取以下安全管理措施：

（1）扣件式钢管脚手架安装与拆除人员必须是经考核合格的专业架子工。架子工应持证上岗。

（2）搭拆脚手架人员必须戴安全帽、系安全带、穿防滑鞋。

（3）脚手架的构配件质量与搭设质量，应按规定进行检查验收，并应确认合格后方可使用。

（4）钢管上严禁打孔。

（5）作业层上的施工荷载应符合设计要求，不得超载；不得将模板支架、缆风绳、泵送混凝土和砂浆的输送管等固定在架体上；严禁悬挂起重设备，严禁拆除或移动架体上安全防护设施。

（6）满堂支撑架在使用过程中，应设专人监护施工，当出现异常情况时，应立即停止施工，并应迅速撤离作业面上的人员。应在采取确保安全的措施后，查明原因、作出判断和处理。

（7）当有六级强风及以上强风、浓雾、雨或雪天气时应停止脚手架搭设与拆除作业。雨、雪后上架作业应有防滑措施，并应扫除积雪。

（8）夜间不宜进行脚手架搭设与拆除作业。

（9）脚手板应铺设牢靠、严实，并应用安全网双层兜底。施工层以下每隔 10m 应用安全网封闭。

（10）单、双排脚手架、悬挑式脚手架沿架体外围应用密目式安全网全封闭，密目式安全网宜设置在脚手架外立杆的内侧，并应与架体绑扎牢固。

（11）在脚手架使用期间，严禁拆除主节点处的纵、横向水平杆、扫地杆和连墙件。

（12）当在脚手架使用过程中开挖脚手架基础下的设备基础或管沟时，必须对脚手架采取加固措施。

（13）临街搭设脚手架时，外侧应有防止坠物伤人的防护措施。

（14）在脚手架上进行电、气焊作业时，应有防火措施和专人看守。

（15）搭拆脚手架时，地面应设围栏和警戒标志，并派专人看守，严禁非操作人员入内。

第四节　砌筑工程

一、砌筑砂浆

砌筑砂浆一般采用水泥砂浆、混合砂浆和石灰砂浆。水泥砂浆具有较高的强度和耐久性，但是和易性差，多用于地面下高强度和潮湿环境的砌体中；混合砂浆指水泥砂浆中掺入一定数量的掺加料，常用于地面以上强度要求较高的砌体中；石灰砂浆的强度低、耐久性差，常用于砌筑干燥环境中以及强度要求不高的砌体。

1. 材料的要求

（1）水泥应符合下列要求：

1）水泥品种以及强度等级，应根据砌体部位、所处环境和砂浆品种进行选择。

2）水泥进场使用前，应对其品种、等级、包装和散装仓号、出厂日期等进行检查，并对其强度和安定性进行复验。

3）当在使用中对水泥质量有怀疑或水泥出厂超过三个月（快硬硅酸盐水泥超过一个月时）应进行复验，并应按复验结果使用。

4）同一厂家、同一品种、同一强度等级、同一批号连续进场的水泥袋装每 200t 为一个检验批，散装每 500t 为一个检验批。

5）不同品种、不同强度等级的水泥不得混合使用。

6）水泥应按品种、强度等级、出厂日期分别堆放，并应设防潮垫层，并应保持干燥。

（2）砂应符合下列要求：

1）砌筑砂浆用砂宜采用中砂，并应过筛。

2）砂中不得含有草根等杂物，其含泥量对水泥砂浆和强度等级不小于 M5.0 的水泥混合砂浆，不应超过 5%；对强度等级小于 M5.0 的水泥混合砂浆，不应超过 10%。

3）人工砂、山砂及特细砂，经试配应能满足砌筑砂浆技术条件。

4）砂子进场时应按不同品种、规格分别堆放，不得混杂。

（3）水。拌制砂浆用水宜采用饮用水，其水质应符合《混凝土用水标准》（JGJ 63—2006）的规定。

（4）掺加料。为改善砂浆的和易性，节约水泥用量，常掺入一定的掺加料，如石灰膏、黏土膏、电石膏、粉煤灰、石膏等。

建筑生石灰、生石灰粉制作石灰膏应符合下列规定：

1）建筑生石灰熟化成石灰膏时，熟化时间不得少于 7d；建筑生石灰粉的熟化时间不得少于 2d。

2）沉淀池中储存的石灰膏，应防止干燥、冻结和污染，严禁使用脱水硬化的石灰膏。

3）消石灰粉不得直接用于砂浆中。

（5）外加剂。砂浆中常用的外加剂有引气剂、早强剂、缓凝剂及防冻剂等，其掺量应经检验和试配符合要求后方可使用。

2. 砂浆的制备和使用

（1）砌筑砂浆应进行配合比设计，其稠度应符合表 2-12 的规定。

表 2-12　砌筑砂浆的稠度　　单位：mm

砌体种类	砂浆稠度
烧结普通砖砌体	70～90
混凝土实心砖、混凝土多孔砖砌体 普通混凝土小型空心砌块砌体 蒸压灰砂砖砌体 蒸压粉煤灰砖砌体	50～70
烧结多孔砖、空心砖砌体 轻骨料小型空心砌块砌体 蒸压加气混凝土砌块砌体	60～80
石砌体	30～50

（2）现场拌制砌筑砂浆时，应采用机械搅拌，水泥砂浆和水泥混合砂浆不应少于 120s，水泥粉煤灰及掺用外加剂的砂浆，不应小于 180s。

（3）现场搅拌的砂浆应随拌随用，拌制的砂浆应在 3h 内使用完毕；当施工期间最高气温超过 30℃时，应在 2h 内使用完毕。对掺用缓凝剂的砂浆，其使用时间可根据其缓凝时间的试验结果确定。

二、砖砌体工程施工及验收

（一）砖砌体的施工

1. 施工准备

砖应按设计要求的数量、品种、强度等级及时组织进场，按砖的外观、几何尺寸和强度等级进行验收，并检验出场合格证。

常温施工时，为避免砖吸收砂浆中过多的水分，砖应提前 1～2d 浇水湿润，不得采用干砖或吸水饱和状态的砖砌筑。混凝土砖、蒸压砖的生产龄期应达到 28d 后，方可用于砌体的施工。

砌筑前必须按照施工组织设计的要求组织好垂直和水平运输机械，如塔式起重机、龙门架、手推车等。还应按施工要求准备好脚手架、砌筑工具、质量检查工具等。

2. 砌筑工艺

砖砌体施工工艺通常包括抄平、放线、摆砖、立皮数杆、挂线、砌筑、清理和勾缝等工序。

（1）抄平。砌筑前应在基础防潮层或楼面上定出各层标高，并用水泥砂浆或 C10 混凝土找平，使各段砖底部标高符合设计要求。

（2）放线。根据给定的轴线及墙体尺寸，在基础顶面上用墨线弹出墙的轴线和宽度线，并定出门洞口位置线。二层以上墙体的轴线可以用经纬仪或锤球将轴线引上。

（3）摆砖。即在放线的基面上按照组砌方式用干砖试摆，以尽可能减少砍砖，并使砌体灰缝均匀、整齐，同时可提高砌筑的效率。

砖砌体常用的组砌形式主要有以下几种：

1）一顺一丁。即一皮砖全部顺砖与一皮砖全部丁砖相互间隔砌筑，上下皮的竖缝错开 1/4 砖长，如图 2-49（a）所示。

2）三顺一丁。即三皮砖全部顺砖与一皮砖全部丁砖间隔砌筑，上下皮顺砖和丁砖竖缝错开 1/4 砖长，上下皮顺砖竖缝错开 1/2 砖长，如图 2-49（b）所示。

3）梅花丁。即每皮砖中丁砖与顺砖相隔，上皮丁砖坐中于下皮顺砖，上下皮竖缝相互错开 1/4 砖长，如图 2-49（c）所示。

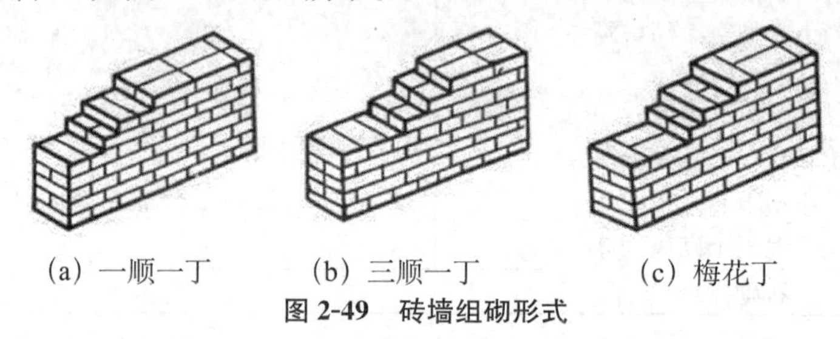

（a）一顺一丁　　（b）三顺一丁　　（c）梅花丁

图 2-49　砖墙组砌形式

（4）立皮数杆。皮数杆是指在其上画有每皮砖和砖缝厚度以及门窗洞口、过梁、楼板、梁底、预埋件等标高位置的一种木制标杆，如图 2-50 所示。其作用是砌筑时控制砌体竖向尺寸的准确性，同时保证砌体的垂直度。皮数杆一般立于房屋的四大角，内外墙交接处、楼梯间等。

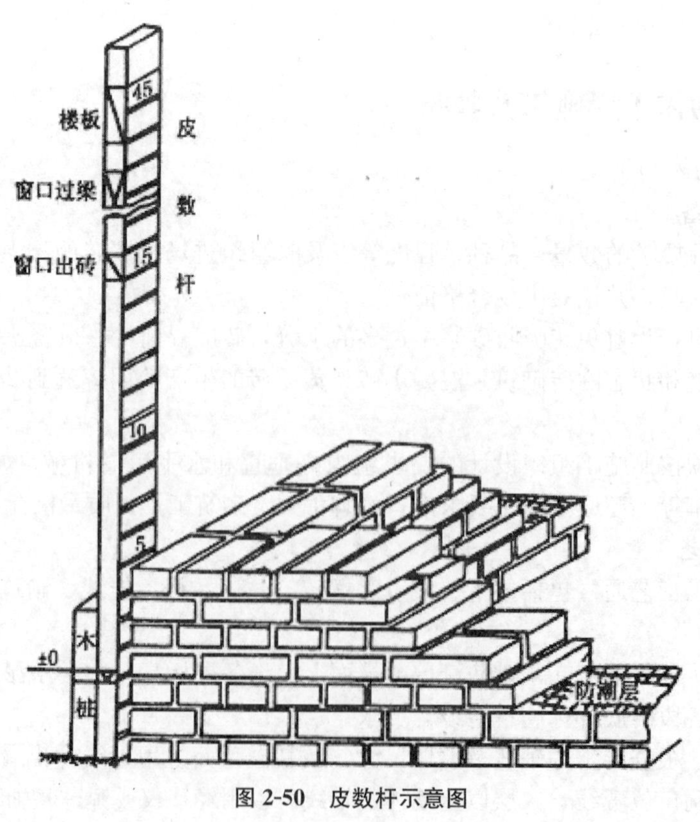

图 2-50　皮数杆示意图

（5）盘角、挂线。摆好砖后按照其摆放位置挂好通线砌好第一皮砖，然后进行盘角。每次盘角不得超过5皮砖，随砌体高度的上升而反复进行。为保证墙面垂直度、平整度应做到“三皮一吊，五皮一靠”。盘角后，在墙侧挂上准线，一般240mm厚墙及其以下墙体单面挂线，370mm厚及以上宜双面挂线，夹心复合墙应双面挂线，作为砌筑的依据。

（6）砌筑。宜用“三一法”砌筑，也可以用挤浆法和满口灰法等。

1）“三一法”。即一块砖、一铲灰、一揉压。这种方法的优点是灰缝容易饱满，粘结性好，墙面整洁。

2）铺浆法。即用灰勺、大铲或铺灰器在墙顶上铺一段砂浆，然后用砖挤入砂浆中一定厚度后把砖放平。这种方法可以连续砌几块砖，减少烦琐动作，效率高。当采用铺浆法砌筑时，铺浆长度不得超过750mm；当施工期间气温超过30℃时，铺浆长度不得超过500mm。

3）满口灰法。满口灰法是将砂浆满口刮满在砖面和砖棱上，随即砌筑的方法。其优点是砌筑质量好，但是效率低，仅适用于砌筑砖墙特殊部位，如保温墙、烟囱等。

（7）清理、勾缝。清水墙砌筑完成后，要进行墙面修正及勾缝。墙面勾缝应横平竖直、深浅一致、搭接平整，不得有丢缝、开裂和粘结不牢等现象。砖墙勾缝宜采用凹缝或平缝。勾缝完毕后应清理地面落灰。

3. 砖砌体施工的相关规定

（1）砌体的转角处和交接处应同时砌筑。在抗震设防烈度8度及以上地区，不能同时砌筑时，应砌成斜槎，普通砖砌体斜槎水平投影长度不应小于高度的2/3，多孔砖砌体的长高比不宜小于1/2，斜槎高度不得超过一步架高度，如图2-51所示。

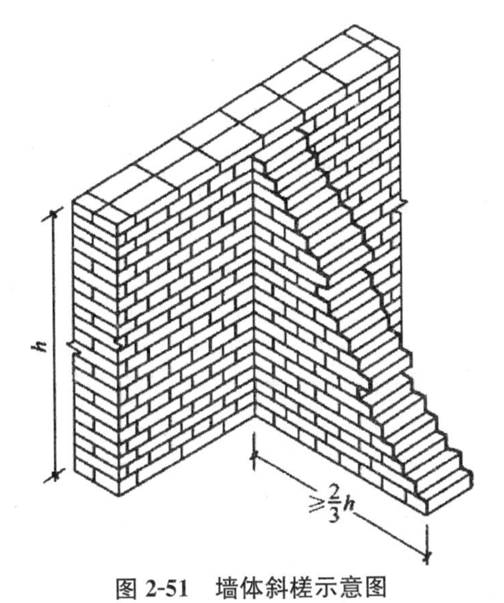

图2-51　墙体斜槎示意图

（2）砖砌体的转角处和交接处对非抗震设防及在抗震设防烈度为6度、7度地区的临时间断处，当不能留斜槎时，除转角处外可留直槎，但应做成凸槎，如图2-52所示。设置拉结筋应符合下列规定：

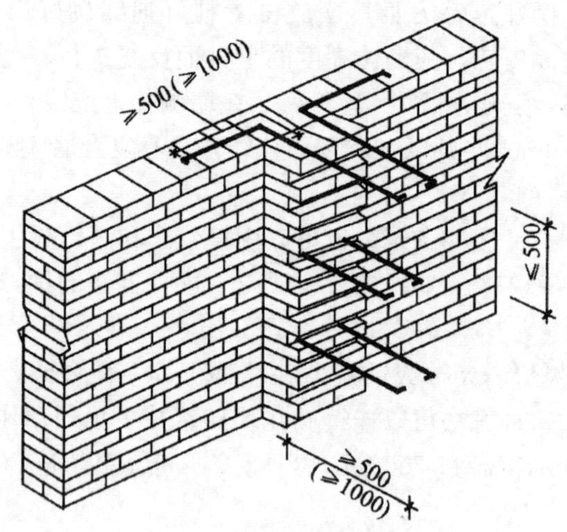

图 2-52　墙体直槎示意图

1）每 120mm 墙厚应设置 1 ϕ 6 拉结钢筋；当墙厚为 120mm 时，应设置 2 ϕ 6 拉结钢筋。

2）间距沿墙高不应超过 500mm，且竖向间距偏差不应超过 1000mm。

3）埋入长度从留槎处算起每边均不应小于 500mm；对抗震设防烈度 6 度、7 度的地区，不应小于 1000mm。

4）末端应设 90°弯钩。

（3）砖砌体的下列部位不得使用破损砖：

1）砖柱、砖垛、砖拱、砖碹、砖过梁、梁支承处、砖挑层及宽度小于 1m 的窗间墙等部位。

2）起拉结作用的丁砖。

3）清水砖墙的顺砖。

（4）砖砌体在下列部位应使用丁砌层砌筑，且应使用整砖：

1）每层承重墙的最上一皮砖。

2）楼板、梁、柱及屋架的支承处。

3）砖砌体的台阶水平面上。

4）挑出层。

5）砌体灰缝的砂浆应密实饱满，砖墙水平灰缝的砂浆饱满度不得小于 80%，砖柱的水平灰缝和竖向灰缝饱满度不应小于 90%；竖缝不得出现透明缝、瞎缝和假缝。

6）砖砌体的灰缝应横平竖直，厚薄均匀。水平灰缝厚度和竖向灰缝宽度宜为 10mm，但不应小于 8mm，且不应大于 12mm。

7）不得在下列墙体或部位留设脚手眼：

①120mm 厚墙、清水墙、料石墙、独立柱和附墙柱；

②过梁上部与过梁成 60°角的三角形范围及过梁净跨度 1/2 的高度范围内；

③宽度小于 1m 的窗间墙；

④门窗洞口两侧石砌体 300mm，其他砌体 200mm 范围内；转角处石砌体 600mm，其他砌体 450mm 范围内；

⑤砖梁或梁垫下及其左右 500mm 的范围内；

⑥轻质隔墙；

⑦夹心复合墙外叶墙；

⑧设计上不允许设置脚手眼的部位。

（二）砖砌体的验收

1. 主控项目

（1）砂浆和砂浆的强度等级必须符合设计要求。

抽查数量：每一生产厂家的砖到场后，按烧结普通砖 15 万块为一个验收批，烧结多孔砖、混凝土多孔砖、蒸压灰砂砖、蒸压粉煤灰砖每 10 万块各为一个检验批，不足时按一批计，抽检数量为一组。砂浆试块每一检验批为不超过 $250m^3$ 砌体的各种类型及强度等级的砌筑砂浆，每台搅拌机至少抽检一次。

检验方法：检查砖和砂浆试块的试验报告。

（2）砌体水平灰缝的砂浆饱满度不得低于 80%，砖柱的水平灰缝和竖向灰缝砂浆饱满度不低于 90%。

抽检数量：每检验批抽查不少于 5 处。

检验方法：用百格网检查砖底与砂浆粘结痕迹面积，每处检测 3 块砖，取平均值。

（3）砖砌体的转角处和交接处应同时砌筑。严禁无可靠措施内外墙分砌施工。在抗震设防烈度 8 度及以上地区，对不能同时砌筑的临时间断处应砌成斜槎，留设符合规定。

抽检数量：每检验批抽检接槎总量的 20%，且不少于 5 处。

检查方法：观察检查。

（4）砖砌体的转角处和交接处对非抗震设防及在抗震设防烈度为 6 度、7 度地区的临时间断处，当不能留斜槎时，除转角处外可留直槎，但应做成凸槎。留直槎处应加设拉结钢筋，且符合相关规定。

抽检数量：每检验批抽检接槎总量的 20%，且不少于 5 处。

检查方法：观察和尺量检查。

2. 一般项目

（1）砖砌体组砌方法应正确，上下错缝，内外搭砌，清水墙、窗间墙无通缝，混水墙无长度超过 300mm 的通缝，长度 200～300mm 的通缝每间不超过 3 处，且不位于同一墙面上，砖柱不得采用包心法砌筑。

抽检数量：每检验批抽检不得少于 5 处。

检验方法：观察检查。砌体组砌方式抽检每处应为 3～5m。

（2）砖砌体的灰缝应横平竖直，厚薄均匀。水平灰缝厚度和竖向灰缝宽度宜为 10mm，但不应小于 8mm，且不应大于 12mm。

抽检数量：每检验批抽检不得少于 5 处。

检验方法：水平灰缝厚度用尺量 10 皮砖砌体高度折算；竖向灰缝宽度用尺量 2m 砌体长度折算。

（3）砖砌体的一般尺寸，位置的允许偏差应符合表 2-13 的规定。

表 2-13　砖砌体尺寸、位置的允许偏差及检验　　单位：mm

<table>
<tr><th>项次</th><th colspan="3">项目</th><th>允许偏差</th><th>检验方法</th><th>检验数量</th></tr>
<tr><td>1</td><td colspan="3">轴线偏移</td><td>10</td><td>用经纬仪和尺或用其他测量仪器检查</td><td>承重墙、柱全数检查</td></tr>
<tr><td>2</td><td colspan="3">基础、墙、柱顶面标高</td><td>±15</td><td>用水准仪和尺检查</td><td>不应少于 5 处</td></tr>
<tr><td rowspan="3">3</td><td rowspan="3">墙面垂直度</td><td colspan="2">每层</td><td>5</td><td>用 2m 托线板检查</td><td>不应少于 5 处</td></tr>
<tr><td rowspan="2">全高</td><td>≤10m</td><td>10</td><td rowspan="2">用经纬仪、吊线和尺或用其他测量仪器检查</td><td rowspan="2">外墙全部阳角</td></tr>
<tr><td>>10m</td><td>20</td></tr>
<tr><td rowspan="2">4</td><td colspan="2" rowspan="2">表面平整度</td><td>清水墙、柱</td><td>5</td><td rowspan="2">用 2m 靠尺和楔形尺检查</td><td rowspan="2">不应少于 5 处</td></tr>
<tr><td>混水墙、柱</td><td>8</td></tr>
<tr><td rowspan="2">5</td><td colspan="2" rowspan="2">水平灰缝平直度</td><td>清水墙</td><td>7</td><td rowspan="2">拉 5m 线和尺检查</td><td rowspan="2">不应少于 5 处</td></tr>
<tr><td>混水墙</td><td>10</td></tr>
<tr><td>6</td><td colspan="3">门窗洞口高、宽（后塞口）</td><td>±10</td><td>用尺检查</td><td>不应少于 5 处</td></tr>
<tr><td>7</td><td colspan="3">外墙上下窗口偏移</td><td>20</td><td>以底层窗口为准，用经纬仪和吊线检查</td><td>不应少于 5 处</td></tr>
<tr><td>8</td><td colspan="3">清水墙游丁走缝</td><td>20</td><td>以每层第一皮砖为准，用吊线和尺检查</td><td>不应少于 5 处</td></tr>
</table>

三、混凝土小型空心砌块砌体施工及验收

普通小型混凝土空心砌块主要是以普通混凝土拌合物为原料，经成型、养护而成的空心块体墙材。其常见的主要规格尺寸为 390mm×190mm×190mm，如图 2-53 所示。抗压强度一般分为 MU3.5、MU5.0、MU7.5、MU10.0、MU15.0、MU20.0 六个强度等级。适用于地震设计烈度为 8 度及 8 度以下的一般民用与工业建筑物的墙体。

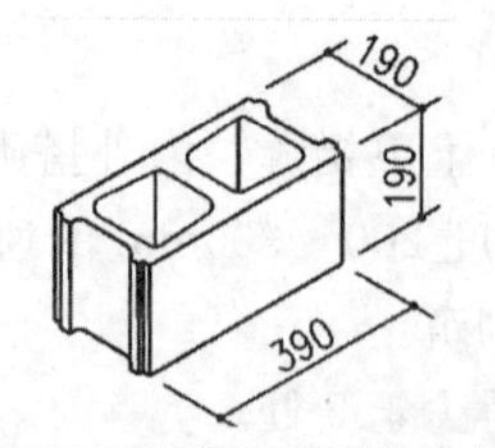

图 2-53　混凝土小型空心砌块

（一）混凝土小型空心砌块砌体的施工

1. 组砌方式与构造要求

（1）组砌方式。混凝土小型空心砌块主要规格尺寸为 390mm×190mm×190mm，墙厚等于砌块宽度，所以小砌块组砌形式只有全顺式一种，单排孔上下皮竖缝相互错开 1/2 砌块长，多排孔错开不小于 1/3，如图 2-54 所示。

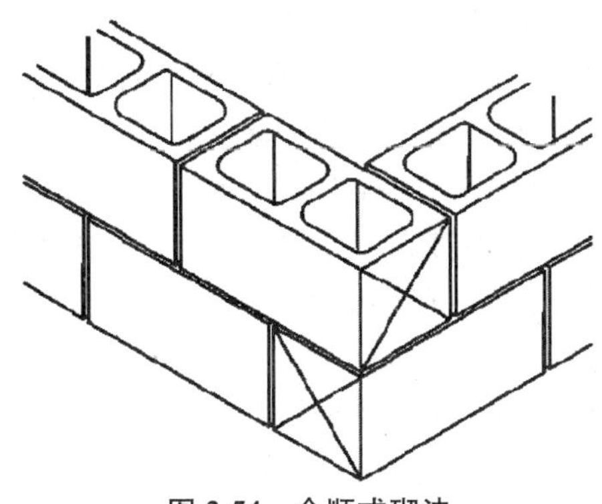

图 2-54　全顺式砌法

（2）构造要求。小砌块墙体应对孔错缝搭砌，搭砌长度不小于 90mm。当个别部位不能满足搭砌要求时，应在此部位的水平灰缝中设置钢筋网片。

（3）抗震要求。为增强房屋的刚度或抗震设防需要，在外墙转角处、楼梯间四角的纵横墙交接处宜设置混凝土芯柱。浇筑芯柱混凝土的强度应不低于 C20 或 Cb20，且符合下列规定：

1）应清除孔洞内的杂物，并应用水冲洗，湿润孔壁。

2）当用模板封闭操作孔时，应有防止混凝土漏浆的措施。

3）砌筑砂浆强度大于 1.0MPa 后，方可浇筑芯柱混凝土，每层应连续浇筑。

4）浇筑芯柱混凝土前，应先浇 50mm 厚与芯柱混凝土配比相同的去石水泥砂浆，再浇筑混凝土；每浇筑 500mm 左右高度，应捣实一次，或边浇筑边用插入式振捣器捣实。

5）应预先计算每个芯柱的混凝土用量，按计量浇筑混凝土。

6）芯柱与圈梁交接处，可在圈梁下 50mm 处留置施工缝。

2. 施工工艺

混凝土小型空心砌块砌体的施工工艺与传统砖砌体相似，但也有不同的地方，其施工工艺如下：

底层抄平放线→砌块排列→立皮数杆→拉线→底层组砌墙体→底层钢筋混凝土芯柱施工→底层圈梁、楼板及楼梯施工→二层至顶层施工。

3. 混凝土小型空心砌块砌体施工要点

（1）施工前应按房屋设计图绘制砌块的平、立排列图，施工时按照排列图施工。

（2）施工中采用的小型砌块的产品龄期不应小于 28d。

（3）砌筑小砌块时，应清除表面的污物，剔除外观质量不合格的小砌块。

（4）砌筑小砌块砌体，宜选用专用小砌块砌筑砂浆。

（5）底层室内地面以下或防潮层以下的砌体，应采用强度等级不低于 C20 的混凝土灌实小砌块的孔洞，以提高砌体的耐久性，预防或延缓冻害，减轻地下水中有害物质对砌体的侵蚀。

（6）小砌块在砌筑时，不需要浇水湿润，如遇天气干燥炎热，可提前对其喷水湿润；对轻骨料混凝土小砌块，可以提前浇水湿润。雨天及小砌块表面有浮水时，不得施工。

（7）承重墙体使用的小砌块应完整、无破损、无裂缝。

（8）当砌筑厚度大于190mm的小砌块墙体时，宜在墙体内外侧双面挂线。

（9）小砌块应将生产时的底面朝上反砌于墙上，宜逐块坐（铺）浆砌筑。

（10）砌筑小砌块时，宜使用专用铺灰器铺放砂浆，且应随铺随砌。当未采用专用铺灰器时，砌筑时一次铺灰长度不宜大于2块主规格块体的长度。

（11）水平灰缝厚度和竖向灰缝宽度宜为10mm，但不应小于8mm，也不应大于12mm，且灰缝应横平竖直。

（12）墙体转角处和纵横交接处应同时砌筑。临时间断处应砌成斜槎，斜槎水平投影长度不应小于斜槎高度。临时施工洞口可预留直槎，但在补砌洞口时，应在直槎上下搭砌的小砌块孔洞内用强度等级不低于Cb20或C20的混凝土灌实，如图2-55所示。

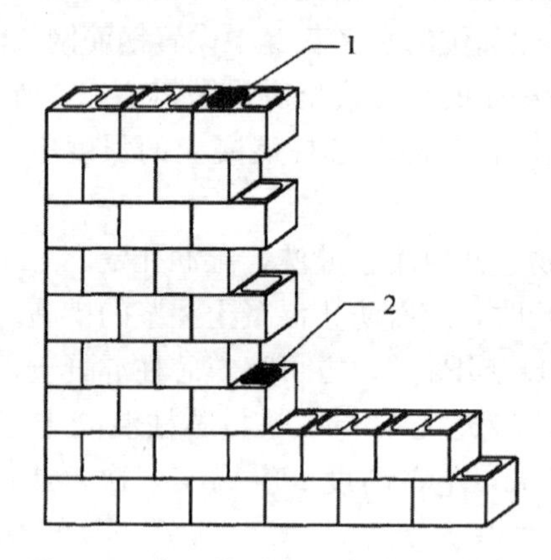

图2-55 施工临时洞口直槎砌筑示意图

1-先砌洞口灌孔混凝土（随砌随灌）；2-后砌洞口灌孔混凝土（随砌随灌）

（13）正常施工条件下，小砌块砌体每日砌筑高度宜控制在1.4m或一步脚手架高度内。

（14）砌筑小砌块墙体应采用双排脚手架或工具式脚手架。当需要在墙上设置脚手眼时，可采用辅助规格的小砌块侧砌，利用其孔洞作脚手眼，墙体完工后应采用强度等级不低于Cb20或C20的混凝土填实。

（二）混凝土小型空心砌块砌体的验收

1. 主控项目

（1）小砌块和芯柱混凝土、砌筑砂浆的强度等级必须符合设计要求。

抽检数量：每一生产厂家、每一万块小砌块为一个验收批，不足一万块按一批计，抽检数量为一组；用于多层以上建筑的基础和底层的小砌块的抽检数量不应少于两组。砂浆的每一检验批且不超过250m^3砌体的各类、各强度等级的普通砂浆，每台搅拌机至少抽检一次。

检查方法：检查小砌块和芯柱混凝土、砌筑砂浆试块试验报告。

（2）砌体水平灰缝和竖向灰缝的砂浆饱满度，按净面积计算不得低于90%。

检验数量：每检验批抽检不应少于5处。

检验方法：用专用百格网检测小砌块与砂浆粘结痕迹，每处检测3块小砌块，取平均值。

(3) 墙体转角处和纵横交接处应同时砌筑。临时间断处应砌成斜槎，斜槎水平投影长度不应小于斜槎高度。临时施工洞口可预留直槎，但在补砌洞口时，应在直槎上下搭砌的小砌块孔洞内用强度等级不低于Cb20或C20的混凝土灌实。

抽检数量：每检验批抽查不应少于5处。

检验方法：观察检查。

(4) 小砌块砌体的芯柱在楼盖处应贯通，不得削弱芯柱截面尺寸；芯柱混凝土不得漏灌。

抽检数量：每检验批抽查不应少于5处。

检查方法：观察检查。

2. 一般项目

(1) 砌体的水平灰缝厚度和竖向灰缝宽度宜为10mm，但不应小于8mm，也不应大于12mm。

抽检数量：每检验批抽查不应少于5处。

检验方法：水平灰缝厚度用尺量5皮小砌块的高度折算；竖向灰缝宽度用尺量2m砌体长度折算。

(2) 小砌块砌体尺寸、位置的允许偏差同砖砌体。

四、石砌体工程施工及验收

石砌体的强度高，耐久性好，可以就地取材，施工操作简单，造价低，故较广泛地应用于民用建筑及山区产石地区。石材分为毛石和料石两种，料石成本比毛石高，一般建筑工程中较多采用毛石做成毛石基础、挡土墙，价格低廉，施工简单。

(一) 石砌体的施工

1. 毛石基础的砌筑方法

毛石基础的施工一般由浆砌法和干砌法两种。

(1) 浆砌法。又分为灌砌法和挤浆法。

灌砌法适用于基础，其方法是：按层铺放块石，然后灌入流动性较大的砂浆，边灌边捣，对于较宽的缝隙，可在灌浆后打入小石块，挤出多余的砂浆，不得采用先塞小石块后灌浆或干填碎石的方法。

挤浆法又称为坐浆砌法，实际工程中较常采用此法。其方法是先铺一层30～50mm厚的砂浆，然后放置石块，使部分砂浆挤出，砌平后再铺浆，并把砂浆灌入石缝中，再砌上面一层石块。

(2) 干砌法。干砌法适用于受力较小的墙体，其方法是先将较大的石块进行排放，边排放边用薄小石块或石片嵌垫，逐层砌筑，砌成后用水泥砂浆勾嵌石缝。干砌法效率较低，并且整体性较浆砌法差。

2. 料石砌体砌筑方法

料石砌体应采用铺浆法砌筑，料石应放置平稳，砂浆必须饱满，砂浆铺砌厚度应略高于规定灰缝厚度。料石砌体的水平灰缝应平直，竖向灰缝应宽窄一致，其中细料石砌体灰缝不宜大于5mm，粗料石和毛料石砌体灰缝不宜大于20mm。

3. 石砌体砌筑施工要点

（1）石砌体的转角处和交接处应同时砌筑。对不能同时砌筑而又需留置的临时间断处，应砌成斜槎。

（2）石砌体应采用铺浆法砌筑，砂浆应饱满，叠砌面的粘灰面积应大于80%。

（3）石砌体每天的砌筑高度不得大于1.2m。

（4）毛石砌体所用毛石应无风化剥落和裂纹，无细长扁薄和尖锥，毛石应呈块状，其中部厚度不宜小于150mm。

（5）毛石砌体宜分皮卧砌，错缝搭砌，搭接长度不得小于80mm，内外搭砌时，不得采用外面侧立石块中间填心的砌筑方法，中间不得有铲口石、斧刃石和过桥石，如图2-56所示。毛石砌体的第一皮及转角处、交接处和洞口处，应采用较大的平毛石砌筑。

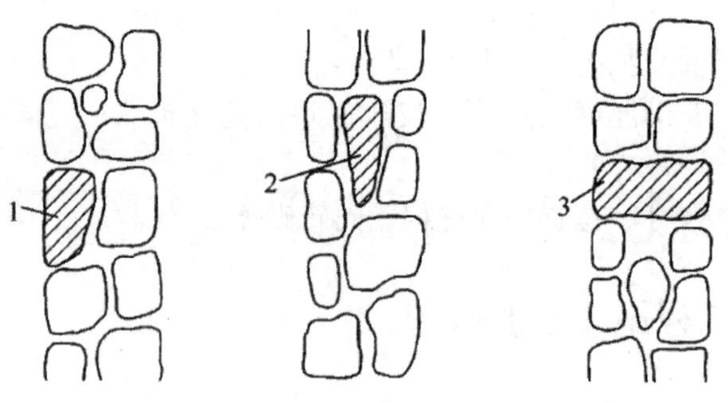

图2-56 铲口石、斧刃石、过桥石示意图

1-铲口石；2-斧刃石；3-过桥石

（6）毛石砌体的灰缝应饱满密实，表面灰缝厚度不宜大于40mm，石块间不得有相互接触现象。石块间较大的空隙应先填塞砂浆，后用碎石块嵌实，不得采用先摆碎石后塞砂浆或干填碎石块的方法。

（7）砌筑时，不应出现通缝、干缝、空缝和孔洞。

（8）砌筑毛石基础第一皮毛石时，应先在基坑底铺设砂浆，并将大面向下。阶梯形毛石基础的上级阶梯的石块应至少压砌下级阶梯的1/2，相邻阶梯的毛石应相互错缝搭砌。

（9）毛石基础砌筑时应拉垂线及水平线。

（10）毛石砌体应按规定设置拉结石。

（11）毛石、料石和实心砖的组合墙中，毛石、料石砌体与砖砌体应同时砌筑，并每隔（4～6）皮砖用（2～3）皮丁砖与毛石砌体拉结砌合，毛石与实心砖的咬合尺寸应大于120mm，两种砌体间的空隙应采用砂浆填满，如图2-57所示。

（12）料石墙砌筑方法可采用丁顺叠砌、二顺一丁、丁顺组砌、全顺叠砌。料石墙的第一皮及每个楼层的最上一皮应丁砌。

（13）砌筑毛石挡土墙应符合下列规定：

1）毛石的中部厚度不宜小于200mm；

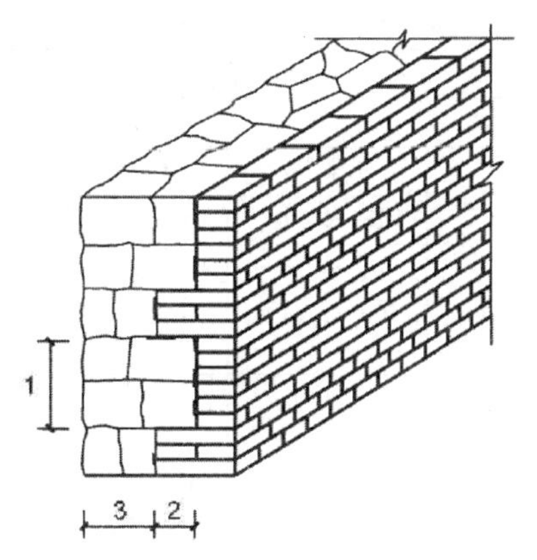

图 2-57　毛石实心砖组合墙示意图

1-拉结砌合高度；2-拉结砌合宽度；3-毛石墙的设计厚度

2）每砌（3～4）皮宜为一个分层高度，每个分层高度应找平一次；

3）外露面的灰缝厚度不得大于 40mm，两分层高度间的错缝不得小于 80mm。

（14）料石挡土墙宜采用同皮丁顺相间的砌筑形式。当中间部分用毛石填砌时，丁砌料石伸入毛石部分的长度不应小于 200mm。

（15）砌筑挡土墙，应按设计要求架立坡度样板收坡或收台，并应设置伸缩缝和泄水孔，泄水孔宜采取抽管或埋管方法留置。

（16）挡土墙内侧回填土应分层夯填密实，墙顶土面应有排水坡度。

（二）石砌体的验收

1. 主控项目

（1）石材及砂浆强度等级必须符合设计要求。

抽检数量：同一产地的同类石材抽检不应少于 1 组。砂浆每一检验批且不超过 $250m^3$ 砌体的各类、各强度等级的普通砂浆，每台搅拌机至少抽检一次。

检验方法：料石检查产品质量证明书，石材、砂浆检查试块试验报告。

（2）砌体灰缝的砂浆饱满度不应小于 80%。

抽检数量：每检验批抽查不应少于 5 处。

检验方法：观察检查。

2. 一般项目

（1）石砌体尺寸、位置的允许偏差及检验方法应符合表 2-14 的规定。

抽检数量：每检验批抽查不应少于 5 处。

（2）石砌体的组砌形式应符合下列规定：

1）内外搭砌，上下错缝，拉结石、丁砌石交错设置。

2）毛石墙拉结石每 $0.7m^2$ 墙面不应少于 1 块。

检查数量：每检验批抽查不应少于 5 处。

检验方法：观察检查。

表 2-14 石砌体尺寸、位置的允许偏差及检验方法

<table>
<tr><th rowspan="4">项次</th><th rowspan="4" colspan="2">项目</th><th colspan="7">允许偏差</th><th rowspan="4">检验方法</th></tr>
<tr><th colspan="2">毛石砌体</th><th colspan="5">料石砌体</th></tr>
<tr><th rowspan="2">基础</th><th rowspan="2">墙</th><th colspan="2">毛料石</th><th colspan="2">粗料石</th><th>细料石</th></tr>
<tr><th>基础</th><th>墙</th><th>基础</th><th>墙</th><th>墙、柱</th></tr>
<tr><td>1</td><td colspan="2">轴线位置</td><td>20</td><td>15</td><td>20</td><td>15</td><td>15</td><td>10</td><td>10</td><td>用经纬仪和尺检查或用其他测量仪器检查</td></tr>
<tr><td>2</td><td colspan="2">基础和墙砌体顶面标高</td><td>±25</td><td>±15</td><td>±25</td><td>±15</td><td>±15</td><td>±15</td><td>±10</td><td>用水准仪和尺检查</td></tr>
<tr><td>3</td><td colspan="2">砌体厚度</td><td>+30</td><td>+20
−10</td><td>+30</td><td>+20
−10</td><td>+15</td><td>+10
−5</td><td>+10
−5</td><td>用尺检查</td></tr>
<tr><td rowspan="2">4</td><td rowspan="2">墙面垂直度</td><td>每层</td><td>—</td><td>20</td><td>—</td><td>20</td><td>—</td><td>10</td><td>7</td><td rowspan="2">用经纬仪、吊线和尺检查或用其他测量仪器检查</td></tr>
<tr><td>全高</td><td>—</td><td>30</td><td>—</td><td>30</td><td>—</td><td>25</td><td>10</td></tr>
<tr><td rowspan="2">5</td><td rowspan="2">表面平整度</td><td>清水墙柱</td><td>—</td><td>—</td><td>—</td><td>20</td><td>—</td><td>10</td><td>5</td><td rowspan="2">细料石用 2m 靠尺和楔形塞尺检查，其他用两直尺垂直于灰缝拉 2m 线和尺检查</td></tr>
<tr><td>混水墙柱</td><td>—</td><td>—</td><td>—</td><td>20</td><td>—</td><td>15</td><td>—</td></tr>
<tr><td>6</td><td colspan="2">清水墙水平灰缝平直度</td><td>—</td><td>—</td><td>—</td><td>—</td><td>—</td><td>10</td><td>5</td><td>拉 10m 线和尺检查</td></tr>
</table>

五、配筋砌体工程施工及验收

配筋砌体是由配置钢筋的砌体作为建筑物主要受力构件的结构。配筋砌体主要有网状配筋砌体柱、水平配筋砌体墙、砖砌体和钢筋混凝土面层或钢筋砂浆面层组合砌体柱（墙）、砖砌体和钢筋混凝土构造柱组合墙、配筋砌块砌体剪力墙等形式。

（一）配筋砌体的施工

配筋砌体弹线、找平、排砖、盘角、选砖、立皮数杆、挂线、留槎等施工工艺与普通砖砌体相同，其主要的不同点如下：

1. 水平钢筋配筋砌体

（1）皮数杆上要标明钢筋网片、箍筋或者拉结筋的位置，钢筋安放完毕后，经隐蔽工程验收后方可砌上层砖，同时要保证钢筋上下至少各有 2mm 保护层。

（2）设置在砌体水平灰缝内的钢筋，应沿灰缝厚度居中放置。灰缝厚度应大于钢筋直径 6mm 以上；当设置钢筋网片时，应大于网片厚度 4mm 以上，但灰缝最大厚度不宜大于 15mm。砌体外露面砂浆保护层的厚度不应小于 15mm。

（3）网状配筋砌体的钢筋网，宜采用焊接网片，不得用分离放置的单根钢筋代替。

2. 钢筋砂浆（钢筋混凝土）面层施工

（1）组合砖砌体面层施工前，应清除面层底部的杂物，并浇水湿润砖砌体表面。

（2）由砌体和钢筋混凝土或配筋砂浆面层构成的组合砌体构件，其连接受力钢筋的拉结筋应在两端做成弯钩，并在砌筑砌体时正确埋入。

（3）砂浆面层施工从下而上分层施工，一般分两次涂抹，第一次是刮底，使受力钢筋与砖砌体有一定保护层；第二次是抹面，使面层表面平整。

（4）钢筋混凝土面层施工应支设模板，每次支设高度一般在 500mm 以内，并分层浇筑，振捣密实。

3. 钢筋混凝土构造柱施工

钢筋混凝土构造柱一般在建筑物的四角，内外墙交接处，较长的墙体以及楼梯口的四个角等设置。构造柱和圈梁紧密连接，使建筑物形成一个空间骨架，从而提高结构的整体稳定性，增强建筑物的抗震能力，如图 2-58 所示。

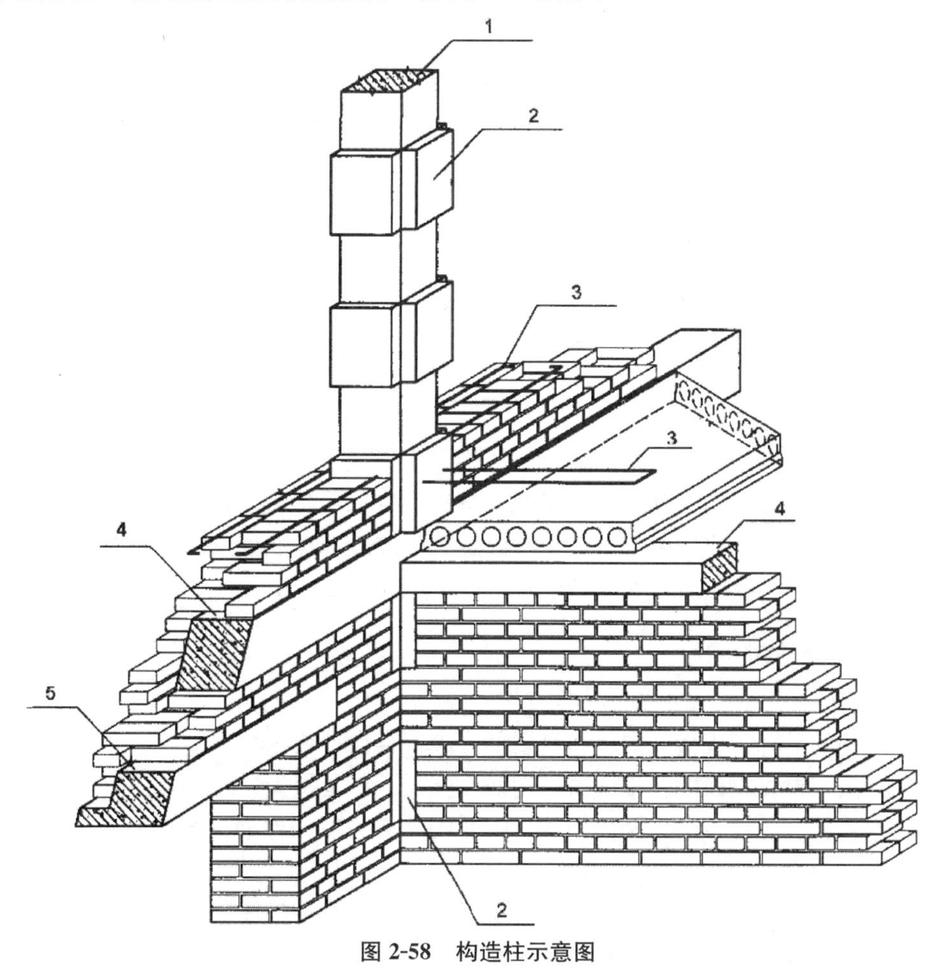

图 2-58　构造柱示意图

1-构造柱；2-马牙槎；3-拉结筋；4-圈梁；5-过梁

构造柱的施工要点主要有：

（1）构造柱的施工工艺：绑扎钢筋→砌砖墙→支模板→浇筑混凝土→拆模板。

（2）构造柱应沿墙高每 500mm 设置 2 ϕ 6 水平拉结筋，抗震结构中拉结筋两边伸入墙内不宜小于1000mm，非抗震结构拉结筋伸入墙内不宜小于600mm。

（3）构造柱与墙交接处，砖墙应砌成马牙槎。从每个楼层开始，马牙槎“五退五进、先退后进”。每个马牙槎高度不宜超过300mm，如图2-59所示。

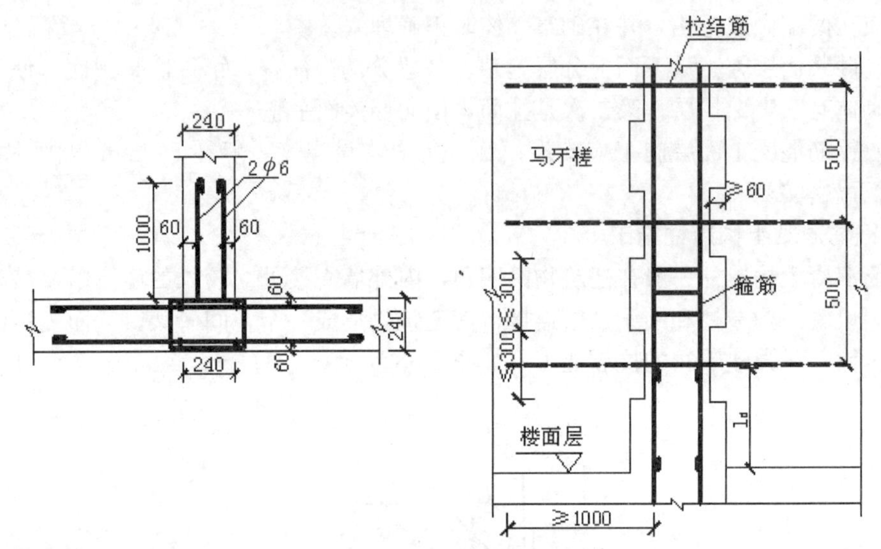

图2-59　马牙槎布置图

（4）钢筋构造柱混凝土可分段浇筑，每段高度不宜大于2m。浇筑构造柱混凝土时，应采用小型插入式振动棒边浇筑边振捣的方法。

（5）钢筋混凝土构造柱的竖向受力钢筋应在基础梁和楼层圈梁中锚固，锚固长度应符合设计要求。

4. 配筋砌块砌体施工

（1）芯柱的纵向钢筋应通过清扫口与基础圈梁、楼层圈梁、连系梁伸出的竖向钢筋绑扎搭接或焊接连接。当钢筋直径大于22mm时，宜采用机械连接。

（2）芯柱竖向钢筋应居中设置，顶端固定后再浇筑芯柱混凝土。

（3）浇筑芯柱混凝土时，其连续浇筑高度不应大于1.8m。

（二）配筋砌体的验收

1. 主控项目

（1）钢筋的品种、规格、数量和设置部位应符合设计要求。

检验方法：检查钢筋的合格证书、钢筋性能复试试验报告、隐蔽工程记录。

（2）构造柱、芯柱、组合砌体构件、配筋砌体剪力墙构件的混凝土及砂浆的强度等级应符合设计要求。

抽检数量：每检验批砌体，试块不应少于一组，验收批砌体试块不得少于三组。

检验方法：检查混凝土和砂浆试块试验报告。

（3）构造柱与墙体的连接应符合下列规定：

1）墙体应砌成马牙槎，马牙槎凹凸尺寸不宜小于60mm，高度不应超过300mm，马牙槎应先退后进，对称砌筑；马牙槎尺寸偏差每一构造柱不应超过2处。

2）预留拉结筋的规格、尺寸、数量及位置应正确，拉结钢筋应沿墙高每隔500mm

设 2ϕ6，伸入墙内不宜小于 600mm，钢筋的竖向位移不应超过 100mm，且竖向位移每一构造柱不得超过 2 处。

3）施工中不得任意弯折拉结钢筋。

抽检数量：每检验批抽查不应少于 5 处。

检验方法：观察检查和尺量检查。

(4) 配筋砌体中受力钢筋的连接方式及锚固长度、搭接长度应符合设计要求。

检查数量：每验收批抽查不应少于 5 处。

检验方法：观察检查。

2. 一般项目

1）构造柱一般尺寸允许偏差及检验方法应符合表 2-15 的规定。

表 2-15　构造柱一般尺寸允许偏差及检验方法　　单位：mm

项次	项目			允许偏差	检验方法
1	中心线位置			10	用经纬仪和尺检查或用其他测量仪器检查
2	层间错位			8	用经纬仪和尺检查或用其他测量仪器检查
3	垂直度	每层		10	用 2m 拖线板检查
		全高	≤10m	15	用经纬仪、吊线和尺检查或用其他测量仪器检查
			＞10m	20	

抽检数量：每检验批抽查不应少于 5 处。

2）设置在砌体灰缝中的钢筋的防腐保护应符合要求，且钢筋保护层完好，不应有肉眼可见裂纹、剥落和擦痕等缺陷。

抽检数量：每检验批抽查不应少于 5 处。

检验方法：观察检查。

3）网状配筋砖砌体中，钢筋网规格及放置间距应符合设计规定。每一构件钢筋网沿砌体高度位置超过设计规定一皮砖厚不得多于一处。

抽检数量：每检验批抽查不应少于 5 处。

检验方法：通过钢筋网成品检查钢筋规格，钢筋网放置间距采用局部剔缝观察，或用探针刺入灰缝内检查，或用钢筋位置测定仪测定。

4）钢筋安装位置的允许偏差及检验方法应符合表 2-16 的规定。

表 2-16　钢筋安装位置的允许偏差和检验方法　　单位：mm

项目		允许偏差	检验方法
受力钢筋保护层厚度	网状配筋砌体	±10	检查钢筋网成品、钢筋网放置位置局部剔缝观察，或用探针刺入灰缝内检查或用钢筋定位仪测定
	组合砖砌体	±5	支模前观察与尺量检查
	配筋小砌块砌体	±10	浇筑灌孔混凝土前观察与尺量检查
配筋小砌块砌体墙凹槽中水平钢筋间距		±10	钢尺量连续三档，取最大值

检查数量：每检验批抽查不应少于 5 处。

六、填充墙砌体工程施工及验收

在框架结构的建筑中，墙体一般只起围护和分隔的作用，常用体轻、保温性能好的烧结空心砖或小型空心砌块砌筑。

（一）填充墙砌体的施工

填充墙砌体施工工艺：基层清理→施工放线→墙体拉结筋→构造柱钢筋→立皮数杆→砌筑墙体。

填充墙砌体施工要点：

（1）砌筑填充墙时蒸压加气混凝土砌块和轻骨料混凝土小型砌块的产品龄期不小于28d，蒸压加气混凝土砌块的含水率宜小于30％。

（2）采用普通砂浆砌筑填充墙时，烧结空心砖、吸水率较大的轻骨料混凝土小型空心砌块应提前1～2d浇水湿润；蒸压加气混凝土砌块采用专用砂浆或普通砂浆砌筑时，应在砌筑当天对砌块砌筑面浇水湿润。

（3）在没有采取有效措施的情况下，不应在下列部位或环境中使用轻骨料混凝土小型空心砌块或蒸压加气混凝土砌块砌体：

①建筑物防潮层以下墙体。

②长期浸水或化学侵蚀环境。

③砌体表面温度高于80℃的部位。

④长期处于有振动源环境的墙体。

（4）在厨房、卫生间、浴室等处采用轻骨料混凝土小型空心砌块、蒸压加气混凝土砌块砌筑墙体时，墙体底部宜现浇混凝土坎台，其高度宜为150mm。

（5）在填充墙上钻孔、镂槽或切锯时，应使用专用工具，不得任意剔凿，各种预留洞、预埋件、预埋管，应按设计要求设置，不得砌筑后剔凿。

（6）填充墙顶部与承重主体结构之间的空隙部位，应在填充墙砌筑14d后进行砌筑。

（7）蒸压加气混凝土砌块、轻骨料混凝土小型空心砌块等不同强度等级的同类砌块不得混砌，也不应与其他墙体材料混砌。

（8）烧结空心砖墙应侧立砌筑，孔洞应呈水平方向。空心砖墙底部宜砌筑三皮普通砖，且门窗洞口两侧一砖范围内应采用烧结普通砖砌筑。

（9）外墙采用空心砖砌筑时，应采取防雨水渗漏的措施。

（10）填充墙砌筑时，墙体转角和交接处应同时砌筑，不能同时砌筑时，应按规定留槎。

（11）当小砌块墙体孔洞中需填充隔热或隔声材料时，应砌一皮填充一皮，且应填满，不得捣实。

（12）砌筑烧结空心砖墙的水平灰缝厚度和竖向灰缝宽度宜为10mm，且不应小于8mm，也不应大于12mm。蒸压加气混凝土砌块采用非专用粘结砂浆砌筑时，水平灰缝厚度和竖向灰缝宽度不应超过15mm。

（二）填充墙砌体的验收

1. 主控项目

（1）烧结空心砖、小砌块和砌筑砂浆的强度等级应符合设计要求。

抽检数量：烧结空心砖每十万块为一个验收批，小砌块每一万块为一个验收批，不足上述数量时按一批计，抽检数量为1组。砂浆的每一检验批且不超过250m^{3}砌体的各类、各强度等级的普通砂浆，每台搅拌机至少抽检一次。

检验方法：查砖、小砌块进场复验报告和砂浆试块试验报告。

（2）填充墙砌体应与主体结构可靠连接，其连接构造应符合设计要求，未经设计同意，不得随意改变连接构造方法。每一填充墙与柱的拉结筋的位置超过一皮块体高度的数量不得多于一处。

抽检数量：每检验批抽查不应少于5处。

检验方法：观察检查。

（3）填充墙与承重墙、柱、梁的连接钢筋，当采用化学植筋的连接方式时，应进行实体检测。锚固钢筋拉拔试验的轴向受拉非破坏承载力检验值应为6.0kN。抽检钢筋在检验值作用下应基材无裂缝、钢筋无滑移宏观裂损现象；持荷2min期间荷载值降低不大于5％。

抽检数量：按表2-17确定。

检验方法：原位试验检查。

表2-17　检验批抽检锚固钢筋样本最小容量

检验批的容量	样本最小容量	检验批的容量	样本最小容量
≤90	5	281～500	20
91～150	8	501～1200	20
151～280	13	1201～3200	20

2. 一般项目

（1）填充墙砌体尺寸、位置的允许偏差及检验方法应符合表2-18的规定。

表2-18　填充墙砌体尺寸、位置的允许偏差及检验方法

项次	项目		允许偏差/mm	检验方法
1	轴线位移		10	用尺检查
2	垂直度（每层）	≤3m	5	用2m托线板或吊线、尺检查
		＞3m	10	
3	表面平整度		8	用2m靠尺和楔形尺检查
4	门窗洞口高、宽（后塞口）		±10	用尺检查
5	外墙上、下窗口偏移		20	用经纬仪或吊线检查

抽检数量：每检验批抽查不应少于5处。

（2）填充墙砌体的砂浆饱满度及检验方法应符合表2-19的规定。

表2-19　填充墙砌体的砂浆饱满度及检验方法

砌体分类	灰缝	饱满度及要求	检验方法
空心砖砌体	水平	≥80%	采用百格网检查块体底面或侧面砂浆的粘结痕迹面积
	垂直	填满砂浆，不得有透明缝、瞎缝、假缝	
蒸压加气混凝土砌块、轻骨料混凝土小型空心砌块砌体	水平	≥80%	
	垂直	≥80%	

抽检数量：每检验批抽查不应少于5处。

（3）填充墙留置的拉结钢筋或网片的位置应与块体皮数相符合。拉结钢筋或网片应置于灰缝中，埋置长度应符合设计要求，竖向位置偏差不应超过一皮高度。

抽检数量：每检验批抽查不应少于5处。

检验方法：观察和尺量检查。

（4）砌筑填充墙时应错缝搭砌，蒸压加气混凝土砌块搭砌长度不应小于砌块长度的1/3；轻骨料混凝土小型空心砌块搭砌长度不应小于90mm；竖向通缝不应大于二皮。

抽检数量：每检验批抽查不应少于5处。

检验方法：观察检查。

（5）填充墙的水平灰缝厚度和竖向灰缝宽度应正确，烧结空心砖、轻骨料混凝土小型空心砌块砌体的灰缝应为8～12mm；蒸压加气混凝土砌块砌体当采用水泥砂浆、水泥混合砂浆或蒸压加气混凝土砌块砌筑砂浆时，水平灰缝厚度和竖向灰缝宽度不应超过15mm；当蒸压加气混凝土砌块采用蒸压加气混凝土砌块粘结砂浆时，水平灰缝厚度和竖向灰缝宽度宜为3～4mm。

抽检数量：每检验批抽查不应少于5处。

检验方法：水平灰缝厚度用尺量5皮小砌块的高度折算；竖向灰缝宽度用尺量2m砌体长度折算。

七、环保与安全

1. 环境保护的要求

（1）施工现场应制定砌体结构工程施工的环境保护措施，并应选择清洁环保的作业方式，减少对周边地区的环境影响。

（2）施工现场拌制砂浆及混凝土时，搅拌机应有防风、隔声的封闭围护设施，并宜安装除尘装置，其噪声限值应符合国家有关规定。

（3）水泥、粉煤灰、外加剂等应存放在防潮且不易扬尘的专用库房。露天堆放的砂、石、水泥、粉状外加剂、石灰等材料，应进行覆盖。石灰膏应存放在专用储存池。

（4）对施工现场道路、材料堆场地面宜进行硬化，并应经常洒水清扫，场地应清洁。

（5）运输车辆应无遗撒，驶出工地前宜清洗车轮。

（6）在砂浆搅拌、运输、使用过程中，遗漏的砂浆应回收处理。砂浆搅拌及清洗机械所产生的污水，应经过沉淀池沉淀后排放。

（7）高处作业时不得扬撒物料、垃圾、粉尘以及废水。

（8）施工作业区域垃圾应当天清理完毕，施工过程中产生的建筑垃圾，应进行分类处理。不可循环使用的建筑垃圾，应收集到现场封闭式垃圾站，并应清运至有关部门指定的地点；可循环使用的建筑垃圾，应回收再利用。

（9）机械、车辆检修和更换油品时，应防止油品洒漏在地面或渗入土壤。废油应回收，不得将废油直接排入下水管道。

（10）切割作业区域的机械应进行封闭围护，减少扬尘和噪声排放。施工期间应制定减少扰民的措施。

2. 安全防护措施

（1）砌体结构工程施工中，应按施工方案对施工作业人员进行安全交底，并应形成书面交底记录。

（2）车辆运输块材的装箱高度不得超出车厢，砂浆车内浆料应低于车厢上口 0.1m。

（3）安全通道应搭设可靠，并应有明显标识。

（4）现场人员应佩戴安全帽，高处作业时应系好安全带。在建工程外侧应设置密目安全网。

（5）采用滑槽向基槽或基坑内人工运送物料时，落差不宜超过 5m。严禁向有人作业的基槽或基坑内抛掷物料。

（6）距基槽或基坑边沿 2.0m 以内不得堆放物料；当在 2.0 以外堆放物料时，堆置高度不应大于 1.5m。

（7）基础砌筑前应仔细检查基坑和基槽边坡的稳定性，当有塌方危险或支撑不牢固时，应采取可靠措施。作业人员出入基槽或基坑，应设上下坡道、踏步或梯子，并应有雨雪天防滑设施或措施。

（8）砌筑用脚于架应按经审查批准的施工方案搭设，并应符合国家现行的相关脚手架安全技术规范的规定。验收合格后，不得随意拆除和改动脚手架。

（9）作业人员在脚手架上施工时，应符合下列规定：

1）在脚手架上砍砖时，应向内将碎砖打在脚手板上，不得向架外砍砖。

2）在脚手架上堆普通砖、多孔砖不得超过三层，空心砖或砌块不得超过两层。

3）翻拆脚手架前，应将脚手板上的杂物清理干净。

（10）在建筑高处进行砌筑作业时，不得在卸料平台上、脚手架上、升降机、龙门架及井架物料提升机出入口位置进行块材的切割、打凿加工。不得站在墙顶操作和行走。工作完毕应将墙上和脚手架上多余的材料、工具清理干净。楼层卸料和备料不应集中堆放，不得超过楼板的设计活荷载标准值。

（11）作业楼层的周围应进行封闭围护，并设置防护栏及张挂安全网。楼层内的预留洞口、电梯口、楼梯口，应搭设防护栏杆，对大于 1.5m 的洞口，应设置围挡。

（12）生石灰运输过程中应采取防水措施，且不应与易燃易爆物品共同存放、运输。

（13）淋灰池、水池应有护墙或护栏。

（14）现场加工区材料切割、打凿加工人员，砂浆搅拌作业人员以及搬运人员，应按相关要求佩戴好劳动防护用品。

第五节　钢筋混凝土工程

一、模板工程施工及验收

（一）对模板系统的要求

模板系统由模板、支架和紧固件三部分组成。对模板系统的要求有：

（1）模板系统应保证工程结构和构件各部分形状、尺寸和位置准确，且应便于钢筋安装和混凝土浇筑、养护。

（2）模板系统应具有足够的承载力、刚度和稳定性，应能可靠地承受施工过程中所产生的各类荷载。

（3）接触混凝土的模板表面应平整，并具有良好的耐磨性和硬度。

（4）模板系统应构造简单，重量轻，安装、拆卸方便快捷。

（5）模板系统应能多次周转使用以降低施工成本。

（二）模板的种类

模板系统所用的材料，主要有木质类材料（包括木板、胶合板）、钢材、竹质等。

（1）木模板。木模板一般是木工车间或木工棚加工成基本组件（拼板），然后再现场进行拼装，如图 2-60 所示。

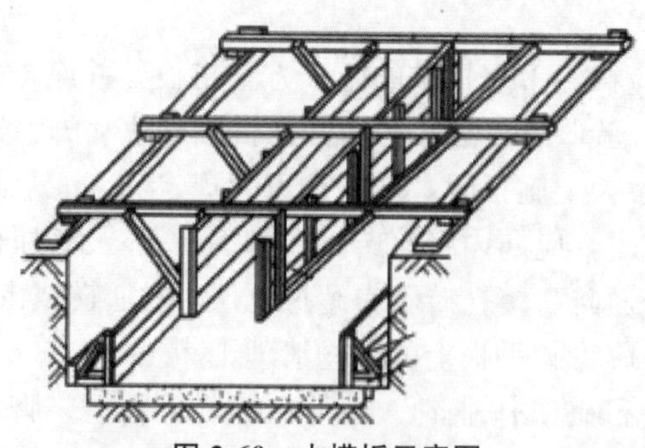

图 2-60　木模板示意图

（2）组合钢模板。组合钢模板由钢模板和配件组成，它可以拼成不同尺寸、不同形状以适应不同构件的需要。组合钢模板尺寸适中、轻便灵活、拆装方便，如图 2-61 所示。

（3）大模板。大模板是大尺寸的工具式定型模板，如图 2-62 所示。大模板的优点是刚度大和强度高，表面平滑，所浇墙面外观好，不需要再抹灰、可以直接粉面。缺点是用钢量大、自重大、易生锈、不保温、损坏后不易修复。

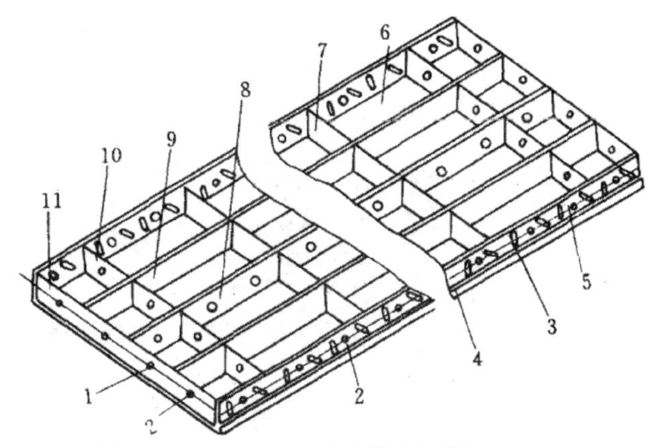

图 2-61 组合钢模板面板

1-插销孔；2-U 型卡孔；3-凸鼓；4-凸棱；5-边肋；6-主板；7-无孔横肋；8-有孔纵肋；9-无孔纵肋；10-有孔横肋；11-端肋

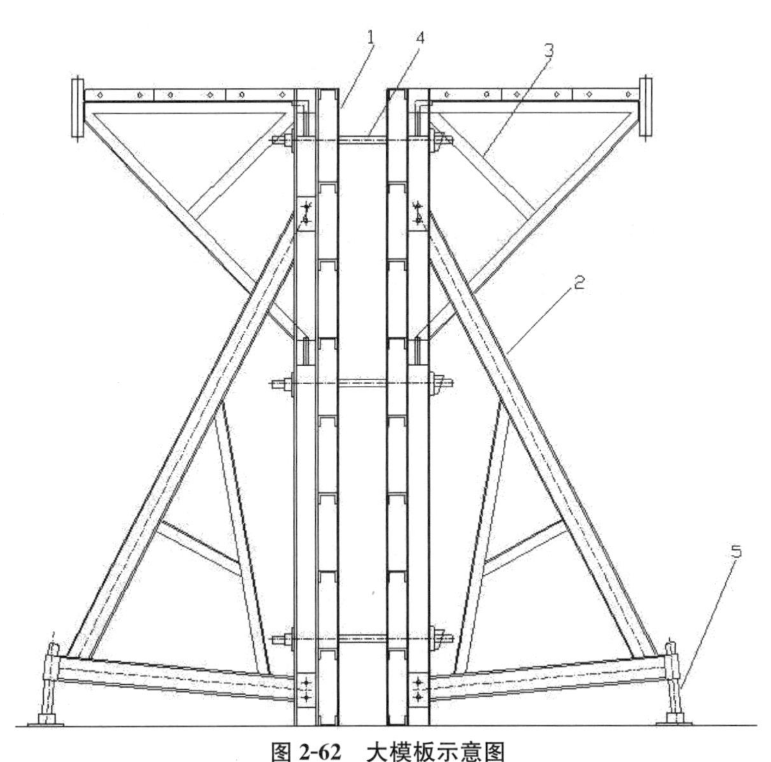

图 2-62 大模板示意图

1-板面；2-支腿；3-操作平台；4-穿墙螺栓；5-调整地脚螺栓

（4）滑升模板。滑升模板适用于现场浇筑高耸的圆形、矩形、筒壁结构。其特点是在建筑物或构筑物底部，沿其墙、柱、梁等构件的周边组装高 1.2m 左右的模板，在模板内不断浇筑混凝土和不断绑扎钢筋的同时，利用一套提升设备，将模板装置不断提升，使混凝土连续成型，直到达到需要浇筑的高度为止，如图 2-63 所示。

（5）台模。主要用于浇筑楼板，台模是由面板、纵梁、横梁和台架组成的空间组合体。台架下可装有轮子，便于移动。台模尺寸应与房间单位相适应，一般一个房间一个台模，如图 2-64 所示。

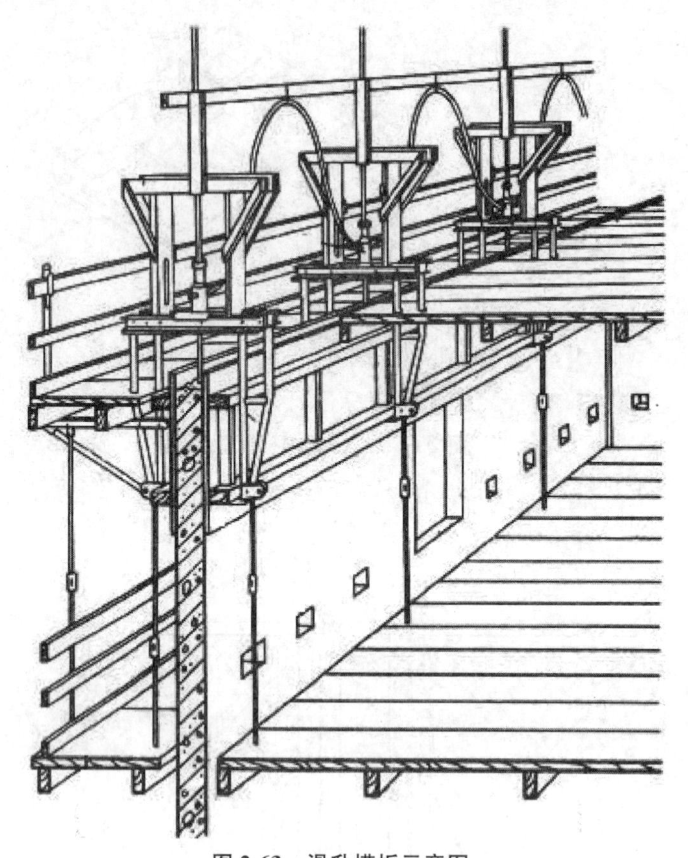

图 2-63　滑升模板示意图

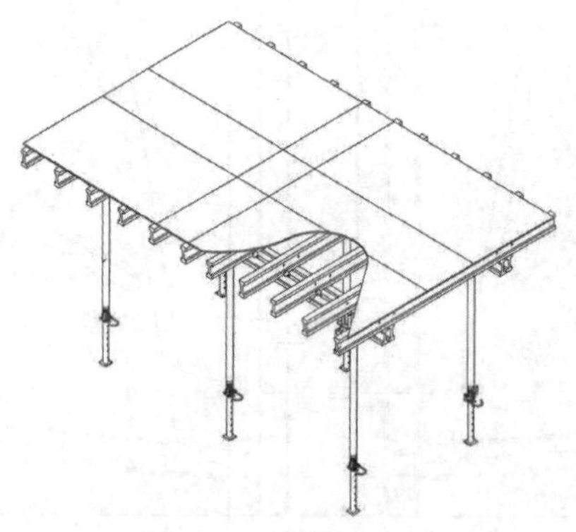

图 2-64　台模示意图

(三) 构件模板的安装

1. 各种构件模板的安装

(1) 柱子模板的安装。采用木模板时柱子模板如图 2-65 所示。

柱子模板由侧模板和支撑组成。安装过程中应注意以下几点：

1) 垂直度。垂直度是柱模板安装过程中的重要指标。一般通过支撑来解决，可以用吊线锤来检查。

2) 侧压力。由于柱子高度相对大些，新浇混凝土对柱模板有较大的侧压力，一般

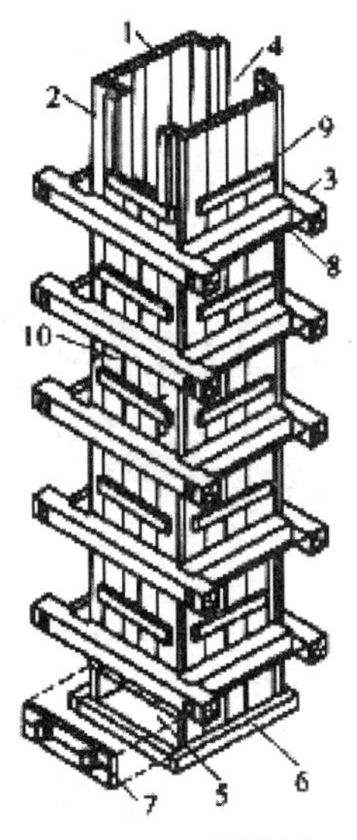

图 2-65　柱模板

1-内拼板；2-外拼板；3-柱箍；4-梁缺口；5-清扫口；6-木框；7-盖板；8-拉紧螺栓；9-拼条；10-活动板

可以用柱箍来解决。柱箍的经验间距一般为 600～1000mm，柱箍越往下应越密。

3）清扫口。一般设置在柱模的底部，以清除可能存在的杂物等。

4）标高。安装柱子模板前，应测好标高，可以将其标在钢筋上。

（2）梁模板。梁模板由侧模板、底模板和支撑组成，如图 2-66 所示。

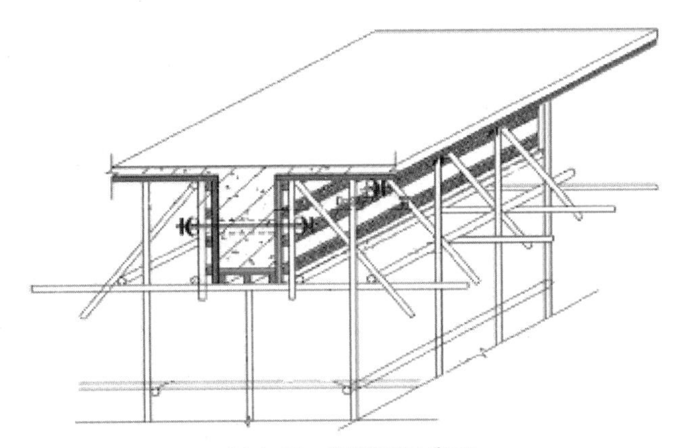

图 2-66　梁模板示意图

梁模板安装中应注意以下几点：

1）轴线与标高。在梁模板安装时，应首先控制好梁的轴线和标高。

2）底模板起拱。当梁或板的跨度大于或等于 4m 时，底模板应按设计要求起拱，以减少在施工荷载下模板的变形。设计无规定时，其模板起拱高度宜为梁、板跨度的 1/1000～3/1000。

3）侧压力。可以设置斜撑、拉条等来解决。当梁截面很大时，应加设对拉螺栓或对拉片。

4）梁柱接头。梁柱接头处是模板施工重要控制点，最好采用定型接点模板并有可靠的固定措施。

5）梁上口尺寸。在模板安装过程中应防止梁上口内缩，应适当加些撑条。

（3）墙模板。墙模板由侧模板和支撑组成，如图 2-67 所示。

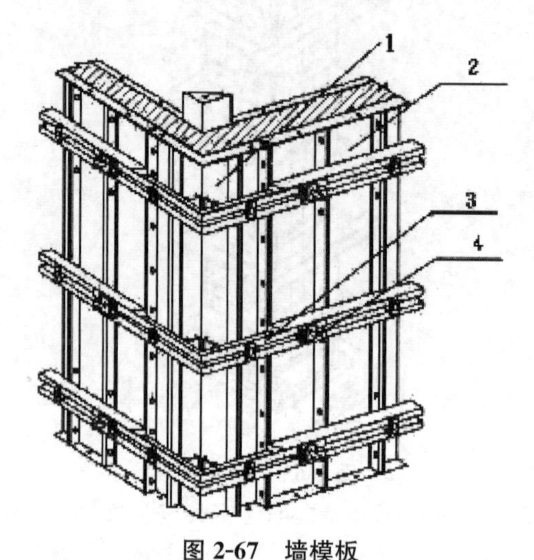

图 2-67　墙模板

1-阳角模板；2-大模板；3-直角背楞；4-穿墙螺栓

墙模板安装中应注意以下几点：

1）垂直度。墙模板安装应保证其垂直度。主要由支撑解决，其支撑应连接可靠。

2）侧压力。可按一定间距设置对拉片或对拉螺栓。

3）防止模板内倾。可以在模板内加一些撑条，并检查模板上口尺寸。但是要考虑新浇混凝土在侧压力的作用下，墙模板有可能产生向外的变形。

（4）楼板模板。楼板模板由底模和支撑组成，安装中主要是要保证模板的接缝严密、平整和支撑牢固、不变形。跨度较大时要起拱。

（5）楼梯模板。楼梯模板主要由梯段侧模、底模和踏步侧模以及支撑组成，如图 2-68所示。安装时应控制好第一步和最后一步标高；还应设置支撑以解决底模板不下沉变形或斜歪等问题。

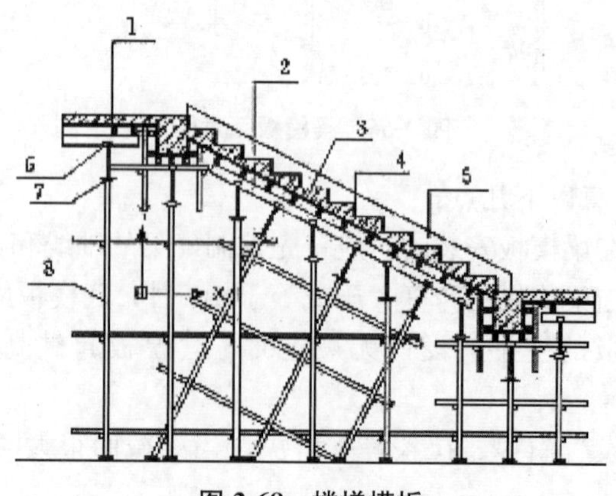

图 2-68　楼梯模板

1-50m×100m 木方；2-100m×100m 木方；3-多层板；4-踏步侧板；5-外帮板；6-U 型托；7-可调顶托；8-钢管加固撑

2. 模板安装的其他规定

（1）地下室外墙和人防工程墙体的模板对拉螺栓中部应设止水片，止水片应与对拉螺栓环焊接。

（2）支架立柱和竖向模板安装时应设置具有足够强度和支承面积的垫板，且应中心承载；基土应坚实，并应有排水措施。

（3）支架的垂直斜撑和水平斜撑应与支架同步搭设，架体应与成形的混凝土结构拉结。钢管支架的垂直斜撑和水平斜撑的搭设应符合国家现行有关钢管脚手架标准的规定。

（4）对现浇多层、高层混凝土结构，上、下楼层模板支架的立杆应对准，模板及支架钢管等应分散堆放。

（5）后浇带的模板及支架应独立设置。

（四）模板的拆除

模板的拆除与构件的性质、施工温度、混凝土施工中采取的措施等有关。

（1）侧模板的拆除。当混凝土强度能保证其表面及棱角不受损伤时，方可拆除侧模。

（2）底模板的拆除。当混凝土强度达到设计要求时，方可拆除底模及支架；当设计无具体要求时，同条件养护试件的混凝土抗压强度应符合表 2-20 的规定。

表 2-20　底模拆除时的混凝土强度要求

构件类型	构件跨度/m	按达到设计混凝土强度等级值的百分率计/%
板	≤2m	≥50
	>2m，≤8m	≥75
	>8m	≥100
梁	≤8m	≥75
	>8m	≥100
悬臂结构		≥100

（3）拆模的顺序和要求。模板拆除时，可采取先支的后拆、后支的先拆，先拆非承重模板、后拆承重模板的顺序，并应从上而下进行拆除。对高、大模板应编制专门的拆除方案。

（五）模板工程的验收

模板工程应编制专项施工方案。爬升式模板工程、工具式模板工程及高大模板工程的施工方案应按有关规定进行技术论证。

1. 主控项目

（1）模板及支架用材料的技术指标应符合国家现行有关标准的规定。进场时应抽样检验模板和支架材料的外观、规格和尺寸。

检查数量：按国家现行相关标准的规定确定。

检验方法：检查质量证明文件，观察，尺量。

（2）现浇混凝土结构模板及支架的安装质量，应符合国家现行有关标准的规定和施工方案的要求。

检查数量：按国家现行相关标准的规定确定。

检验方法：按国家现行相关标准的规定执行。

（3）后浇带处的模板及支架应独立设置。

检查数量：全数检查。

检验方法：观察。

（4）支架竖杆和竖向模板安装在土层上时，应符合下列规定：

1）土层应坚实、平整，其承载力或密度应符合施工方案的要求。

2）应有防水、排水措施；对冻胀性土应有预防冻融措施。

3）支架竖杆下应有底座或垫板。

检查数量：全数检查。

检验方法：观察；检查土层密实度检测报告、土层承载力验算或现场检测报告。

2. 一般项目

（1）模板安装质量应符合下列规定：

1）模板的接缝应严密。

2）模板内不应有杂物、积水或冰雪等。

3）模板与混凝土的接触面应平整、清洁。

4）用作模板的地坪、胎膜等应平整、清洁，不应有影响构件质量的下沉、裂缝、起砂或起鼓。

5）对清水混凝土及装饰混凝土构件，应使用能达到设计效果的模板。

检查数量：全数检查。

检验方法：观察。

（2）隔离剂的品种和涂刷方法应符合施工方案的要求。隔离剂不得影响结构性能及装饰施工；不得沾污钢筋、预应力筋、预埋件和混凝土接槎处；不得对环境造成污染。

检查数量：全数检查。

检验方法：检查质量证明文件；观察。

（3）模板的起拱应符合《混凝土结构工程施工规范》（GB 50666—2011）的规定，并应符合设计及施工方案的要求。

检查数量：在同一检验批内，对梁，跨度大于 18m 时应全数检查，跨度不大于 18m 时应抽查构件数量的 10%，且不应少于三件；对板，应按有代表性的自然间抽查 10%，且不应少于 3 间；对大空间结构，板可按纵、横轴线划分检查面，抽查 10%，且不应少于 3 面。

检验方法：水准仪或尺量。

（4）现浇混凝土结构多层连续支模应符合施工方案的规定。上、下层模板支架的竖杆宜对准。竖杆下垫板的设置应符合施工方案的要求。

检查数量：全数检查。

检验方法：观察。

（5）固定在模板上的预埋件和预留孔洞不得遗漏，且应安装牢固。有抗渗要求的混凝土结构的预埋件，应按设计及施工方案的要求采取防渗措施。

预埋件和预留孔洞的位置应满足设计要求和施工方案的要求。

检查数量：在同一检验批内，对梁、柱和独立基础，应抽查构件数量的 10%，且不应少于3件；对墙和板，应按有代表性的自然间抽查10%，且不应少于3间；对大空间结构，墙可按相邻轴线间高度5m左右划分检查面，板可按纵、横轴线划分检查面，抽查10%，且不应少于3面。

检验方法：观察，尺量。

（6）现浇结构模板安装尺寸偏差及检验方法规定。

检查数量：在同一检验批内，对梁、柱和独立基础，应抽查构件数量的10%，且不应少于3件；对墙和板，应按有代表性的自然间抽查10%，且不应少于3间；对大空间结构，墙可按相邻轴线间高度5m左右划分检查面，板可按纵、横轴线划分检查面，抽查10%，且不应少于3面。

（7）预制构件模板安装的偏差及检验方法应符合规定。

检查数量：首次使用及大修后的模板应全数检查；使用中的模板应抽查10%，且不应少于5件，不足5件时应全数检查。

二、钢筋工程施工及验收

钢筋混凝土工程中常用钢筋主要有热轧钢筋、钢绞线、消除应力钢丝和热处理钢筋四类。

（一）钢筋工程施工

1. 钢筋加工

钢筋加工宜在专业化加工厂进行。钢筋的表面应清洁、无损伤，油渍、漆污和铁锈应在加工前清除干净。带有颗粒状或片状老锈的钢筋不得使用。钢筋除锈后如有严重的表面缺陷，应重新检验该批钢筋的力学性能及其他相关性能指标。

钢筋加工宜在常温状态下进行，加工过程中不应加热钢筋。钢筋弯折应一次完成，不得反复弯折。

钢筋调直宜采用无延伸功能的机械设备进行调直，也可采用冷拉方法调直。

当采用冷拉方法调直时，HPB300级光圆钢筋的冷拉率不宜大于4%；HRB335、HRB400、HRB500、HRBF335、HRBF400、HRBF500级及RRB400级带肋钢筋的冷拉率不宜大于1%。钢筋调直过程中不应损伤带肋钢筋的横肋。调直后的钢筋应平直，不应有局部弯折。

钢筋切断主要采用钢筋切断机和手动切断器。手动切断器一般只用于直径小于12mm的钢筋；钢筋切断器可切断直径小于40mm的钢筋。切断时应先断长料，后断短料，减少短头，减少损耗。

受力钢筋的弯折应符合下列规定：

（1）光圆钢筋末端应作180°弯钩，弯钩的弯后平直部分长度不应小于钢筋直径的三倍，其弯弧内直径不应小于钢筋直径的2.5倍，其单个弯钩增加长度为6.25d，如图2-69所示。但作为受压钢筋使用时，可不作弯钩。

（2）335MPa级、400MPa级带肋钢筋的弯弧内直径不应小于钢筋直径的五倍。

（3）直径为28mm以下的500MPa级带肋钢筋的弯弧内直径不应小于钢筋直径的六

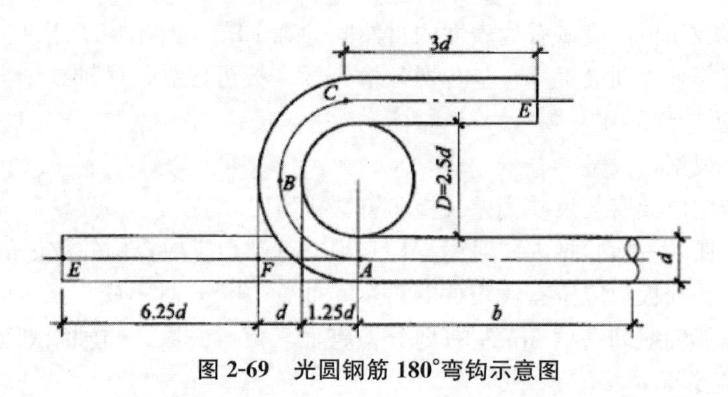

图 2-69　光圆钢筋 180°弯钩示意图

倍，直径为 28mm 及以上的 500MPa 级带肋钢筋的弯弧内直径不应小于钢筋直径的七倍。

（4）框架结构的顶层端节点，对梁上部纵向钢筋、柱外侧纵向钢筋在节点角部弯折处，当钢筋直径为 28mm 以下时，弯弧内直径不宜小于钢筋直径的十二倍，钢筋直径为 28mm 及以上时，弯弧内直径不宜小于钢筋直径的十六倍。

（5）箍筋弯折处的弯弧内直径尚不应小于纵向受力钢筋直径。

（6）对一般结构构件，箍筋弯钩的弯折角度不应小于 90°，弯折后平直部分长度不应小于箍筋直径的五倍；对有抗震结构，箍筋弯钩的弯折角度不应小于 135°，弯折后平直部分长度不应小于箍筋直径的十倍和 75mm 的较大值，如图 2-70 所示。

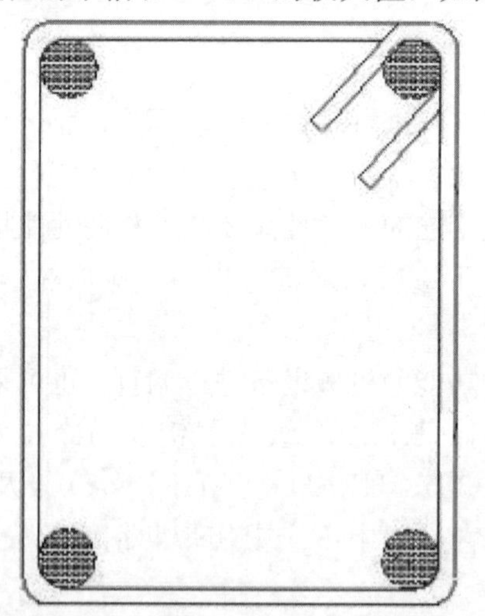

图 2-70　抗震结构箍筋 135°弯钩示意图

2. 钢筋的连接

钢筋的连接主要有绑扎连接、焊接连接和机械连接等方式。

（1）绑扎连接。绑扎连接是用 18～22 号铁丝将两段钢筋扎牢使其连接起来而达到接长的目的，其主要施工要点有：

1）钢筋的绑扎搭接接头应在接头中心和两端用铁丝扎牢。同一构件中相邻纵向受力钢筋的绑扎搭接接头宜相互错开，且搭接接头面积百分率符合设计规定和规范要求。

2）墙、柱、梁钢筋骨架中各垂直面钢筋网交叉点应全部扎牢。

3）板上部钢筋网的交叉点应全部扎牢，底部钢筋网除边缘部分外可间隔交错扎牢。

4）填充墙构造柱纵向钢筋宜与框架梁钢筋共同绑扎。

（2）焊接连接。与绑扎相比，焊接可以改善结构受力性能，提高工效，节约钢筋，降低成本。钢筋焊接的主要方法有闪光对焊、电弧焊、电渣压力焊、电阻点焊等。

1）闪光对焊。闪光对焊被广泛用于直径10～40mm钢筋的纵向连接及预应力钢筋与螺丝端的焊接。热轧钢筋的焊接宜优先选用闪光对焊。

2）电弧焊。电弧焊是利用弧焊机使焊条和钢筋之间产生高温电弧，使钢筋融化而连接在一起，冷却后形成焊接接头。其主要适用于钢筋接头与钢筋骨架焊接、装配式结构接头焊接、钢筋与钢板焊接机各种钢结构焊接。

3）电渣压力焊。电渣压力焊在土木工程施工中应用十分广泛。它多用于现浇混凝土结构构件内竖向钢筋的接长，不适合水平钢筋或倾斜钢筋的连接，也不适用可焊性差的钢筋的连接，如图2-71所示。

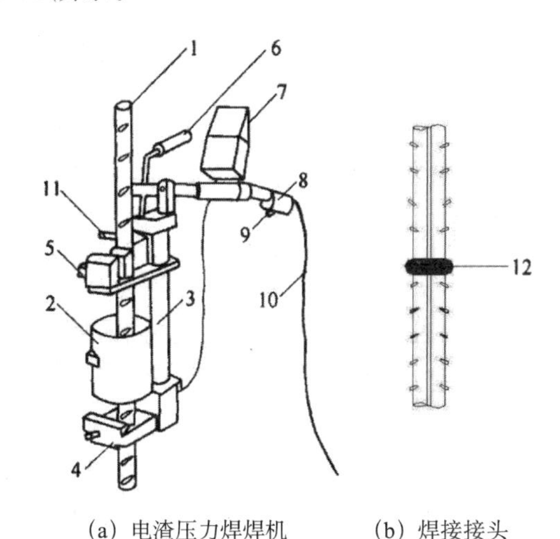

（a）电渣压力焊焊机　　（b）焊接接头

图2-71　电渣压力焊

1-钢筋；2-焊剂盒；3-单导柱；4-固定夹头；5-活动夹头；6-手柄；7-监控仪表；8-操作把；9-开关；10-控制电缆；11-电缆插座；12-钢筋接头

4）电阻点焊。电阻点焊主要用于小直径钢筋的交叉连接，成型为钢筋网片或骨架，以代替人工绑扎。

（3）机械连接。机械连接技术是一项新型钢筋连接工艺，具有接头强度高于钢筋母材、速度比焊接快、无污染、节省钢材等优点。连接形式主要有套筒挤压连接、锥套筒螺纹连接和直套筒螺纹连接三种。

1）套筒挤压连接。套筒挤压连接是把两根待连接钢筋的端头先后插入一个钢套筒，然后用挤压机侧向分别挤压套筒数次，使套筒产生塑性变形并与带肋钢筋紧紧咬合形成连接，如图2-72所示。

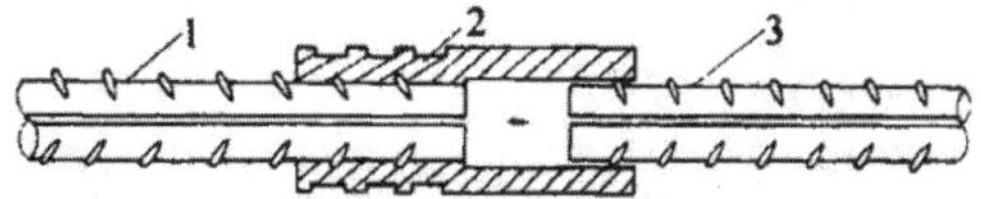

图2-72　钢筋套筒挤压连接

1-已挤压的钢筋；2-钢套筒；3-未挤压的钢筋

2）锥套筒螺纹连接。锥套筒螺纹连接是利用锥形螺纹套筒将两根钢筋对接在一起，利用螺纹的机械咬合力传递应力，如图 2-73 所示。

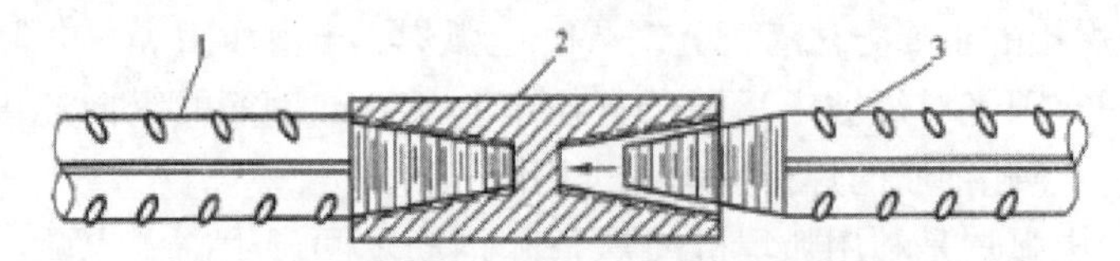

图 2-73　锥套筒螺纹连接

1-已连接的钢筋；2-锥套筒；3-未连接的钢筋

3）直套筒螺纹连接。直套筒螺纹连接是利用直形螺纹套筒将两根钢筋对接在一起，也是利用螺纹的机械咬合力传递应力，如图 2-74 所示。

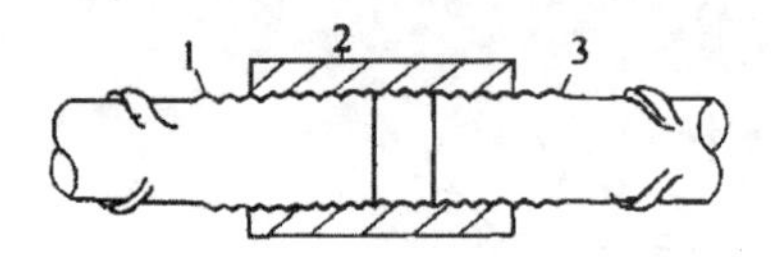

图 2-74　直套筒螺纹连接

1-已连接的钢筋；2-直套筒；3-未连接的钢筋

3. 钢筋安装

钢筋安装前应先熟悉图纸，核对钢筋数量和尺寸是否准确。

（1）基础钢筋安装。常见的独立基础和条形基础的钢筋安装施工如下：

1）独立基础钢筋安装。独立基础钢筋主要有自身配筋和柱子插筋。施工时先绑扎基础底板钢筋，然后安装柱子插筋；在施工图中基础顶部配有钢筋时，应先加工好钢筋支架再安装顶部钢筋；对于底板 HPB300 级钢筋，应使钢筋弯钩朝上。

2）条形基础钢筋安装。条形基础钢筋主要有底板钢筋和基础梁钢筋。底板钢筋的绑扎与独立基础钢筋基本相同。基础梁钢筋骨架可现场绑扎；也可先绑成钢筋骨架，再就地安装。

（2）柱钢筋安装。柱的钢筋主要包括纵筋和箍筋。

底层柱插筋在基础施工时已经安装，安装箍筋时，在柱主筋上划出箍筋间距，从上将箍筋套下，逐层向上绑扎；上层柱主筋安装时需要按设计要求的接长方式、错开长度、规定的接头面积百分率进行钢筋接长，然后再安装箍筋。

（3）梁、板钢筋安装。现浇框架梁、板钢筋一般现场绑扎成型。

1）梁钢筋。梁钢筋安装时先把长钢筋就位，再套上箍筋，初步绑成骨架，最后扎牢各个绑扎点。

2）板钢筋。板钢筋安装时应按设计要求的间距划线、摆纵横钢筋，再绑扎成型。

（二）钢筋工程验收

1. 钢筋材料验收

（1）主控项目。

1）钢筋进场时，应按相关规定抽取试件作屈服强度、抗拉强度、伸长率、弯曲性能和重量偏差检验，检验结果应符合相应标准的规定。

检查数量：按进场批次和产品的抽样检验方案确定。

检验方法：检查质量证明文件和抽样检验报告。

2）成型钢筋进场时，应抽取试件作屈服强度、抗拉强度、伸长率和重量偏差检验，检验结果应符合国家现行相关标准的规定。

对由热轧钢筋制成的成型钢筋，当有施工单位或监理单位的代表驻厂监督生产过程，并提供原材钢筋力学性能第三方检验报告时，可仅进行重量偏差检验。

检查数量：同一厂家、同一类型、同一钢筋来源的成型钢筋，不超过30t为一批，每批中每种钢筋牌号、规格均应至少抽取1个钢筋试件，总数不应少于3个。

检验方法：检查质量证明文件和抽样检验报告。

3）对按一、二、三级抗震等级设计的框架和斜撑构件（含梯段）中的纵向受力钢筋应采用HRB335E、HRB400E、HRB500E、HRBF335E、HRBF400E或HRBF500E钢筋，其强度和最大力下总伸长率的实测值应符合下列规定：抗拉强度实测值与屈服强度实测值的比值不应小于1.25；屈服强度实测值与屈服强度标准值的比值不应大于1.30；最大力下总伸长率不应小于9%。

检查数量：按进场的批次和产品的抽样检验方案确定。

检验方法：检查抽样检验报告。

（2）一般项目。

1）钢筋应平直、无损伤，表面不得有裂纹、油污、颗粒状或片状老锈。

检查数量：全数检查。

检验方法：观察。

2）成型钢筋的外观质量和尺寸偏差应符合国家现行相关标准的规定。

检查数量：同一厂家、同一类型的成型钢筋，不超过30t为一批，每批随机抽取3个成型钢筋试件。

检验方法：观察，尺量。

3）钢筋机械连接套筒、钢筋锚固板以及预埋件等的外观质量应符合国家现行相关标准的规定。

检查数量：按国家现行相关标准的规定确定。

检验方法：检查产品质量证明文件，观察，尺量。

2. 钢筋加工验收

（1）主控项目。

1）钢筋弯折的弯弧内直径应符合相关规定（具体要求见本教材第二章第五节一的钢筋弯曲施工要点）。

检查数量：按每工作班同一类型钢筋、同一加工设备抽查不应少于3件。

检验方法：尺量。

2）纵向受力钢筋的弯折后平直段长度应符合设计要求。光圆钢筋末端作180°弯钩时，弯钩的平直段长度不应小于钢筋直径的3倍。

检查数量：按每工作班同一类型钢筋、同一加工设备抽查不应少于3件。

检查方法：尺量。

3）箍筋、拉筋的末端应按设计要求作弯钩，并应符合相关规定（具体要求见本教材第二章第五节一的钢筋弯曲施工要点）。

检查数量：按每工作班同一类型钢筋、同一加工设备抽查不应小于 3 件。

检验方法：尺量。

4）盘卷钢筋调直后应进行力学性能和重量偏差检验，其强度、力学性能和重量偏差应符合国家现行有关标准的规定，其断后伸长率、重量偏差应符合表 2-21 的规定。

表 2-21　盘卷钢筋调直后的断后伸长率、重量偏差要求

<table>
<tr><th rowspan="2">钢筋牌号</th><th rowspan="2">断后伸长率
A/%</th><th colspan="2">重量偏差/%</th></tr>
<tr><th>直径 6～12mm</th><th>直径 14～16mm</th></tr>
<tr><td>HPB300</td><td>≥21</td><td>≥−10</td><td>—</td></tr>
<tr><td>HRB335、HRBF335</td><td>≥16</td><td rowspan="4">≥−8</td><td rowspan="4">≥−6</td></tr>
<tr><td>HRB400、HRBF400</td><td>≥15</td></tr>
<tr><td>RRB400</td><td>≥13</td></tr>
<tr><td>HRB500、HRBF500</td><td>≥14</td></tr>
</table>

注：断后伸长率 A 的两侧标距为 5 倍钢筋直径。

检查数量：同一加工设备、同一牌号、同一规格的调直钢筋，重量不大于 30t 为一批，每批见证抽取 3 个试件。

检验方法：检查抽样检验报告。

（2）钢筋加工验收一般项目。

钢筋加工的形状、尺寸应符合设计要求，其偏差应符合表 2-22 的规定。

检查数量：按每工作班同一类型钢筋、同一加工设备抽查不应少于 3 件。

检验方法：尺量。

表 2-22　钢筋加工的允许偏差

项目	允许偏差/mm
受力钢筋沿长度方向的净尺寸	±10
弯起钢筋的弯折位置	±20
箍筋外廓尺寸	±5

3. 钢筋连接验收

（1）主控项目。

1）钢筋的连接方式应符合设计要求。

检查数量：全数检查。

检验方法：观察。

2）钢筋采用机械连接或焊接连接时，钢筋机械连接接头、焊接接头的力学性能、弯曲性能应符合国家现行相关标准的规定。接头试件应从工程实体中截取。

检查数量：按现行行业标准规定确定。

检验方法：检查质量证明文件和抽样检验报告。

3）螺纹接头应检验拧紧扭矩值，挤压接头应量测压痕直径，检验结果应符合现行行业标准的相关规定。

检查数量：按现行行业标准的相关规定确定。

检验方法：采用专用扭力扳手或专用量规检查。

（2）一般项目。

1）钢筋接头的位置应符合设计和施工方案要求。在有抗震设防要求的结构中，梁端、柱端箍筋加密区范围内不应进行钢筋搭接。接头末端至钢筋弯起点的距离不应小于钢筋直径的10倍。

检查数量：全数检查。

检验方法：观察，尺量。

2）钢筋机械连接接头、焊接接头的外观质量应符合现行行业标准的规定。

检查数量：按现行行业标准规定确定。

检验方法：观察，尺量。

3）当纵向受力钢筋采用机械连接接头或焊接接头时，同一连接区段内纵向受力钢筋的接头面积百分率应符合设计要求；设计无具体要求时，应符合下列规定：

受拉接头，不宜大于50%；受压接头，可不受限制。

直接承受动力荷载的结构构件中，不宜采用焊接；当用机械连接时，不应超过50%。

检查数量：在同一检验批内，对梁、柱和独立基础，应抽查构件数量的10%，且不应少于3件；对墙和板，应按有代表性的自然间抽查10%，且不应少于3间；对大空间结构，墙可按相邻轴线间高度5m左右划分检查面，板可按纵横轴线划分检查面，抽查10%，且均不应少于3面。

检验方法：观察，尺量。

4）当纵向受力钢筋采用绑扎搭接接头时，接头的设置应符合下列规定：

接头的横向净间距不应小于钢筋直径，且不应小于25mm。

同一连接区段内，纵向受拉钢筋的接头面积百分率应符合设计要求：梁类、板类及墙类构件，不宜超过25%；基础筏板，不宜超过50%；柱类构件，不宜超过50%；当工程中确有必要增大接头面积百分率时，对梁类构件，不应大于50%。

检查数量：[要求详见3)]。

检验方法：观察，尺量。

5）梁、柱类构件的纵向受力钢筋搭接长度范围内箍筋的设置应符合设计要求。

检查数量：在同一检验批内，应抽查构件数量的10%，且不应少于3件。

检验方法：观察，尺量。

4. 钢筋安装验收

（1）主控项目。

1）钢筋安装时，受力钢筋的牌号、规格和数量必须符合设计要求。

检查数量：全数检查。

检验方法：观察，尺量。

2）受力钢筋的安装位置、锚固方式应符合设计要求。

检查数量：全数检查。

检验方法：观察，尺量。

（2）一般项目。

钢筋安装偏差及检验方法应符合相关的规范规定。

梁板类构件上部受力钢筋保护层厚度的合格点率应达到90%及以上，且不得有超过允许偏差1.5倍的数值。

检查数量：在同一检验批内，对梁、柱和独立基础，应抽查构件数量的10%，且不应少于3件；对墙和板，应按有代表性的自然间抽查10%，且不应少于3间；对大空间结构，墙可按相邻轴线间高度5m左右划分检查面，板可按纵横轴线划分检查面，抽查10%，且均不应少于3面。

三、混凝土制备和运输

（一）混凝土配料

施工中对混凝土施工配料应严格控制。施工配料中影响混凝土质量的主要原因有称量不准确，不考虑施工现场砂、石的含水量变化。这样的后果就是会改变原混凝土配合比中的水胶比、砂石比及骨浆比，从而对混凝土质量造成较大影响。

1. 混凝土施工配合比

所谓混凝土施工配合比就是指混凝土在施工过程中采用的配合比。混凝土施工配合比应在实验室配合比的基础上根据施工现场砂石含水量情况进行调整。四组分混凝土的施工配合比可按下列方式计算：

实验室配合比为：水泥：砂子：石子＝1：X：Y，水灰比为W/B，测得现场砂子含水量为W_x，石子含水量为W_y，则施工配合比调整为：1：［X（$1+W_x$）］：Y［（$1+W_y$)］。

按实验室配合比每立方米混凝土水泥用量为C（kg）计，水胶比不变，则换算后各种材料用量为：

水泥（胶结材料）：$B'=C$（水泥用量）

砂子：$G_{砂}=CX(1+W_x)$

石子：$G_{石}=CY(1+W_y)$

水：$W'=W-CXW_x-CYW_y$

例1　设混凝土试验配合比为：1：2.56：5.5，水胶比为0.64，每立方米混凝土水泥用量为280kg，测得砂子含水量为4%，石子含水量为2%，则施工配合比为：

1：［2.56（1+4%)］：［5.5（1+2%)］＝1：2.66：5.61

每立方米混凝土材料用量为：

水泥：280kg

砂子：280×2.66＝744.8kg

石子：280×5.61＝1570.8kg

水：280×0.64－280×2.56×4%－280×5.5×2%＝119.7kg

2. 施工配料

施工现场采用的搅拌机有一定的容量，因此还需要求出搅拌机每次搅拌需要多少原材料。如用J350型搅拌机，其出料容量为0.35m^3。则每次搅拌所需原材料为：

水泥：280×0.35＝98.0kg（取用两袋水泥即100kg）

砂子：744.8×100÷280＝266.0kg

石子：1570.8×100÷280＝561.0kg

水：119.7×100÷280＝42.8kg

为严格控制混凝土配合比，原材料的计量必须准确，原材料的计量应按质量计，水和外加剂溶液可按体积计，其允许偏差应符合表2-23的要求。

表2-23　混凝土原材料计量允许偏差　　单位：%

原材料品种	水泥	细骨料	粗骨料	水	掺合料	外加剂
每盘计量允许偏差	±2	±3	±3	±2	±2	±2
累计计量允许偏差	±1	±2	±2	±1	±1	±1

表2-23中，每盘计量允许偏差值用于现场搅拌时原材料的计量；累计计量允许偏差用于计算机控制计量的搅拌站。

3. 混凝土配料应注意的几点问题

（1）水泥的选用应符合下列规定：

1）水泥品种与强度等级应根据设计、施工要求以及工程所处环境条件确定。

2）普通混凝土结构宜选用通用硅酸盐水泥；有特殊需要时，也可选用其他品种的水泥。

3）对于有抗渗、抗冻融要求的混凝土，宜选用硅酸盐水泥或普通硅酸盐水泥。

4）处于潮湿环境的混凝土结构，当使用碱活性骨料时，宜采用低碱水泥。

（2）粗骨料宜选用粒形良好、质地坚硬的洁净碎石或卵石。细骨料宜选用级配良好、质地坚硬、颗粒洁净的天然砂或机制砂。

（3）矿物掺合料的品种和等级应根据设计、施工要求以及工程所处环境条件确定，并应符合国家现行有关标准的规定。矿物掺合料的掺量应通过试验确定。

（4）外加剂的选用应根据混凝土原材料、性能要求、施工工艺、工程所处环境条件和设计要求等因素通过试验确定。不同品种外加剂首次复合使用时，应检验混凝土外加剂的相容性。

（5）未经处理的海水严禁用于钢筋混凝土和预应力混凝土拌制和养护。

（6）混凝土配合比设计应在满足混凝土强度、耐久性和工作性要求的前提下，减少水泥和水的用量。

（7）混凝土的工作性，应根据结构形式、运输方式和距离、泵送高度、浇筑和振捣方式以及工程所处环境条件等确定。

（8）施工配合比应经有关人员批准。混凝土配合比使用过程中，应根据反馈的混凝土动态质量信息，及时对配合比进行调整。

（9）遇有下列情况时，应重新进行配合比设计：

1）当混凝土性能指标有变化或有其他特殊要求时。

2）当原材料品质发生显著改变时。

3）同一配合比的混凝土生产间断三个月以上时。

（二）混凝土拌和

混凝土的搅拌就是按混凝土施工配合比将各种原材料用混凝土搅拌机均匀拌和成为符合相应技术要求的混凝土。

（1）混凝土搅拌机。混凝土搅拌机分为自落式和强制式两类。混凝土应搅拌均匀，宜采用强制式混凝土搅拌机搅拌。搅拌机的适用范围见表2-24。

表 2-24　搅拌机的搅拌适用范围

类别	机型	使用范围
自落式	鼓形	流动性及低流动性混凝土
	锥形	流动性、低流动性及干硬性混凝土
强制式	立轴	低流动性或干硬性混凝土
	卧轴	

混凝土搅拌机以其出料容量标定其规格。一般施工工地常用的有 150L、250L、350L、500L 等多种。大型搅拌站使用的是 800～3000L。

（2）混凝土搅拌时间。混凝土搅拌时间可以参考表 2-25，搅拌时间过短，则混凝土均匀性差，且强度及和易性下降，而搅拌时间过长，会降低搅拌效率。

表 2-25　混凝土搅拌的最短时间　　单位：s

混凝土坍落度/mm	搅拌机机型	搅拌机出料量/L		
		＜250	250～500	＞500
≤40	强制式	60	90	120
＞40 且＜100	强制式	60	60	90
≥100	强制式	60		

注：1. 混凝土搅拌的最短时间是全部材料装入搅拌筒起，到开始卸料止的时间；
2. 当掺有外加剂与矿物掺合料时，搅拌时间应适当延长；
3. 采用自落式搅拌机时，搅拌时间宜延长 30s；
4. 当采用其他形式的搅拌设备时，搅拌的最短时间也可按设备说明书的规定或经试验确定。

（3）投料顺序。常用的投料顺序有一次投料法、二次投料法、水泥裹砂法等。

1）一次投料法。施工现场中此法采用较多。一次投料法是将砂、水泥、石子和水同时装入搅拌机搅拌筒进行搅拌。一般是先装石子，再装水泥，最后装砂子。

2）二次投料法。二次投料法分为预拌水泥砂浆法和预拌水泥净浆法。

①预拌水泥砂浆法。它是先将水泥、砂和水加入搅拌筒充分搅拌成水泥砂浆，然后再加入石子搅拌成为均匀的混凝土。

②预拌水泥净浆法。它是先将水泥、水充分搅拌成水泥浆，然后再分别加入砂、石搅拌成均匀的混凝土。

3）水泥裹砂法。它又称 SEC 法，即造壳混凝土或 SEC 混凝土。这种混凝土是先将石子表面造成一层水泥浆壳。

其主要工艺措施：

①对砂子表面湿度进行处理，使其在一定范围内；

②将处理过的砂子、水泥和部分水搅拌，使砂子周围形成黏着性很强的水泥浆包裹层；

③加入石子搅拌一定时间后再进行第二次加水搅拌，使水泥浆均匀地分散在已经被造壳的砂子和石子周围。

这种方法的关键在于控制砂子的表面水率及第一次搅拌时的造壳用水量。

（4）进料容量。进料容量是将搅拌前各种材料的体积累加起来的容量，即干料容量。进料容量约为出料容量的 1.4～1.8 倍。进料容量超过规定容量的 10%以上，就会导致材料在搅拌筒内无充分的空间进行拌和而影响混凝土拌和的均匀性；如果装料太少，则搅拌效率又太低。

（5）混凝土拌和的要求：

1）当粗、细骨料的实际含水量发生变化时，应及时调整拌和用水的用量。

2）采用分次投料搅拌方法时，应通过试验确定投料顺序、数量及分段搅拌的时间等工艺参数。掺合料宜与水泥同步投料，液体外加剂宜滞后于水和水泥投料；粉状外加剂宜溶解后再投料。

3）搅拌机搅拌前应充分湿润搅拌筒。

4）控制好混凝土搅拌时间。

5）搅拌好的混凝土要卸净，不得边出料边进料。

6）搅拌完毕或间歇时间较长时，应清洗搅拌筒，搅拌筒内不应有积水。

7）保持搅拌机清洁完好，做好维修保养。

（三）混凝土运输

（1）运输时间。运输时应将混凝土以最少的转运次数和最短的时间从搅拌地点运送到浇筑地点，并保证混凝土在初凝之前浇筑完毕。

（2）运输工具。在施工现场主要解决混凝土垂直运输和水平运输。

1）垂直运输。多采用混凝土泵、塔吊、井架、龙门架等。

2）水平运输。地面水平运输主要采用双轮手推车、机动翻斗车、混凝土搅拌运输车或自卸汽车；楼面水平运输可采用双轮手推车、皮带运输机、塔吊和混凝土泵等。

（3）运输要求。混凝土应及时运至浇筑地点。为保证混凝土的质量，对混凝土运输有以下要求：

1）采用混凝土搅拌运输车运输混凝土时，应符合下列规定：

①接料前，搅拌运输车应排净罐内积水。

②在运输途中及等候卸料时，应保持搅拌运输车罐体正常转速，不得停转。

③卸料前，搅拌运输车罐体宜快速旋转搅拌 20s 以上后再卸料。

2）采用混凝土搅拌运输车运输时，施工现场车辆出入口处应设置交通安全指挥人员，施工现场道路应顺畅，有条件时宜设置循环车道；危险区域应设警戒标志；夜间施工时，应有良好的照明。

3）采用搅拌运输车运送混凝土，当坍落度损失较大时，可在运输车罐内加入适量的与原配合比相同成分的减水剂。减水剂加入量应事先由试验确定，并应做好记录。加入减水剂后，混凝土罐车应快速旋转搅拌均匀，并应达到要求的工作性能后再泵送或浇筑。

4）当采用机动翻斗车运输混凝土时，道路应通畅，路面应平整、坚实，临时坡道或支架应牢固，铺板接头应平顺。

5）混凝土在运输过程中要保持良好的均匀性，不离析、不漏浆。

6）浇筑过程应连续进行，并使混凝土在初凝前浇筑完毕。

四、现浇结构工程

（一）混凝土输送

现浇结构中混凝土输送宜采用泵送方式，也有吊车配备斗容器输送和升降设备配备小车输送等方式。

（1）混凝土的泵送应符合以下要求：

1）输送混凝土的管道、容器、溜槽不应吸水、漏浆，并应保证输送通畅。输送混凝土时应根据工程所处环境采取保温、隔热、防雨等措施。

2）输送泵设置的位置应满足施工要求，场地应平整、坚实，道路应畅通；输送泵的作业范围不得有阻碍物；输送泵设置位置应有防范高空坠物的设施。

3）输送泵管安装接头应严密，输送泵管道转向宜平缓。输送泵管应采用支架固定，支架应与结构牢固连接，输送泵管转向处支架应加密。混凝土输送泵管及其支架应经常进行过程检查和维护。

4）输送泵输送混凝土应符合下列规定：

①应先进行泵水检查，并应湿润输送泵的料斗、活塞等直接与混凝土接触的部位；泵水检查后，应清除输送泵内积水。

②输送混凝土前，应先输送水泥砂浆对输送泵和输送管进行润滑，然后开始输送混凝土。

③输送混凝土速度应先慢后快、逐步加速，应在系统运转顺利后再按正常速度输送。

④输送混凝土过程中，应设置输送泵集料斗网罩，并应保证集料斗有足够的混凝土余量。

（2）吊车配备斗容器输送混凝土时应符合下列规定：

1）应根据不同结构类型以及混凝土浇筑方法选择不同的斗容器。

2）斗容器的容量应根据吊车吊运能力确定。

3）运输至施工现场的混凝土宜直接装入斗容器进行输送。

4）斗容器宜在浇筑点直接布料。

（3）升降设备配备小车输送混凝土时应符合下列规定：

1）升降设备和小车的配备数量、小车行走路线及卸料点位置应能满足混凝土浇筑的需要。

2）运输至施工现场的混凝土宜直接装入小车进行输送，小车宜在靠近升降设备的位置进行装料。

（4）混凝土输送布料设备的选择和布置应符合下列规定：

1）布料设备的选择应与输送泵相匹配；布料设备的混凝土输送管内径宜与混凝土输送泵管内径相同。

2）布料设备的数量及位置应根据布料设备工作半径、施工作业面大小以及施工要求确定。

3）布料设备应安装牢固，且应采取抗倾覆稳定措施；布料设备安装位置处的结构或施工设施应进行验算，必要时应采取加固措施。

4）应经常对布料设备的弯管壁厚进行检查，磨损较大的弯管应及时更换。

5）布料设备作业范围不得有阻碍物，并应有防范高空坠物的设施。

（二）混凝土浇筑

混凝土的浇筑就是将混凝土放入已安放好的模板并振捣密实以形成符合要求的结构

或构件。混凝土的浇筑工作包括布料、摊平、捣实和抹面修整等工序。

（1）混凝土浇筑的一般规定：

1）浇筑混凝土前，应清除模板内或垫层上的杂物。表面干燥的地基、垫层、模板上应洒水湿润；现场环境温度高于35℃时宜对金属模板进行洒水降温；洒水后不得留有积水。

2）混凝土浇筑应保证混凝土的均匀性和密实性。混凝土宜一次连续浇筑；当不能一次连续浇筑时，可留设施工缝或后浇带分块浇筑。

3）混凝土浇筑过程应分层进行，分层浇筑应符合表2-26规定的分层振捣厚度要求，上层混凝土应在下层混凝土初凝之前浇筑完毕。

表2-26　混凝土分层振捣的最大厚度

振捣方法	混凝土分层振捣最大厚度
振动棒	振动棒作用部分长度的1.25倍
表面振动器	200mm
附着振动器	根据设置方式，通过试验确定

4）混凝土运输、输送入模的过程宜连续进行，从运输到输送入模的延续时间不宜超过表2-27的规定，且不应超过表2-28的限值规定。掺早强型减水外加剂、早强剂的混凝土以及有特殊要求的混凝土，应根据设计及施工要求，通过试验确定允许时间。

表2-27　运输到输送入模的延续时间　单位：min

条件	气温	
	≤25℃	＞25℃
不掺外加剂	90	60
掺外加剂	150	120

表2-28　运输、输送入模及其间歇总的时间限值　单位：min

条件	气温	
	≤25℃	＞25℃
不掺外加剂	180	150
掺外加剂	240	210

5）混凝土浇筑的布料点宜接近浇筑位置，应采取减少混凝土下料冲击的措施，并应符合下列规定：

①宜先浇筑竖向结构构件，后浇筑水平结构构件。

②浇筑区域结构平面有高差时，宜先浇筑低区部分再浇筑高区部分。

6）柱、墙模板内的混凝土浇筑倾落高度应符合表2-29的规定；当不能满足表2-29的要求时，应加设串筒、溜管、溜槽等装置。

表2-29　柱、墙模板内混凝土浇筑倾落高度限值　单位：m

条件	浇筑倾落高度限值
粗骨料粒径大于25mm	≤3
粗骨料粒径小于等于25mm	≤6

7）混凝土浇筑后，在混凝土初凝前和终凝前宜分别对混凝土裸露表面进行抹面处理。

8）柱、墙混凝土设计强度等级高于梁、板混凝土设计强度等级时，混凝土浇筑应符合下列规定：

①柱、墙混凝土设计强度比梁、板混凝土设计强度高一个等级时，柱、墙位置梁、板高度范围内的混凝土经设计单位同意，可采用与梁、板混凝土设计强度等级相同的混凝土进行浇筑。

②柱、墙混凝土设计强度比梁、板混凝土设计强度高两个等级及以上时，应在交界区域采取分隔措施。分隔位置应在低强度等级的构件中，且距高强度等级构件边缘不应小于500mm。

③宜先浇筑高强度等级混凝土，后浇筑低强度等级混凝土。

（2）施工缝或后浇带。施工缝或后浇带的留设位置应在混凝土浇筑之前确定。施工缝或后浇带宜留设在剪力较小且便于施工位置。受力复杂的结构构件或防水抗渗要求的结构构件，施工缝留设位置应经设计单位确认。

1）水平施工缝的留设位置：

①柱、墙施工缝可留设在基础、楼层结构顶面，柱施工缝与结构上表面的距离宜为0～100mm，墙施工缝与结构上表面距离宜为0～300mm。

②柱、墙施工缝也可留设在楼层结构底面，施工缝与结构下表面的距离宜为0～50mm；当板下有梁托时，可留设在梁托下0～20mm。

③高度较大的柱、墙、梁以及厚度较大的基础可根据施工需要，在其中部留设水平施工缝；必要时，可对配筋进行调整，并应征得设计单位认可。

④特殊结构部位留设水平施工缝应征得设计单位同意。

2）垂直施工缝和后浇带的留设：

①有主次梁的楼板施工缝应留设在次梁跨度中间的1/3范围内。

②单向板施工缝应留设在平行于板短边的任何位置。

③楼梯梯段施工缝宜设置在梯段板跨度端部的1/3范围内。

④墙的施工缝宜设置在门洞口过梁跨中1/3范围内，也可留设在纵横交接处。

⑤后浇带留设位置应符合设计要求。

⑥特殊结构部位留设垂直施工缝应征得设计单位同意。

3）施工缝或后浇带的处理。施工缝或后浇带处浇筑混凝土应符合下列规定：

①结合面应采用粗糙面；结合面应清除浮浆、疏松石子、软弱混凝土层，并应清理干净。

②结合面处应采用洒水方法进行充分湿润，并不得有积水。

③施工缝处已浇筑混凝土的强度不应小于1.2MPa。

④柱、墙水平施工缝水泥砂浆接浆层厚度不应大于30mm，接浆层水泥砂浆应与混凝土浆液同成分。

⑤后浇带混凝土强度等级及性能应符合设计要求；当设计无要求时，后浇带混凝土强度等级宜比两侧混凝土提高一级，并宜采用减少收缩的技术措施进行浇筑。

（三）混凝土振捣

混凝土振捣应能使模板内各个部位混凝土密实、均匀，不应漏振、欠振、过振。混凝土振捣应采用插入式振动棒、平板振动器或附着振动器，必要时可采用人工辅助振捣。

（1）振动棒振捣混凝土应符合下列规定：

1）应按分层浇筑厚度分别进行振捣，振动棒的前端应插入前一层混凝土中，插入深度不应小于50mm。

2）振动棒应垂直于混凝土表面并快插慢拔均匀振捣；当混凝土表面无明显塌陷、有水泥浆出现、不再冒气泡时，可结束该部位振捣。

3）振动棒与模板的距离不应大于振动棒作用半径的0.5倍；振捣插点间距不应大于振动棒的作用半径的1.4倍。

（2）表面振动器振捣混凝土应符合下列规定：

1）表面振动器振捣应覆盖振捣平面边角。

2）表面振动器移动间距应覆盖已振实部分混凝土边缘。

3）倾斜表面振捣时，应由低处向高处进行振捣。

（3）附着振动器振捣混凝土应符合下列规定：

1）附着振动器应与模板紧密连接，设置间距应通过试验确定。

2）附着振动器应根据混凝土浇筑高度和浇筑速度，依次从下往上振捣。

3）模板上同时使用多台附着振动器时应使各振动器的频率一致，并应交错设置在相对面的模板上。

（4）特殊部位的混凝土应采取下列加强振捣措施：

1）宽度大于0.3m的预留洞底部区域应在洞口两侧进行振捣，并应适当延长振捣时间；宽度大于0.8m的洞口底部，应采取特殊的技术措施。

2）后浇带及施工缝边角处应加密振捣点，并应适当延长振捣时间。

3）钢筋密集区域或型钢与钢筋结合区域应选择小型振动棒辅助振捣、加密振捣点，并应适当延长振捣时间。

4）基础大体积混凝土浇筑流淌形成的坡顶和坡脚应适时振捣，不得漏振。

（四）混凝土养护

混凝土浇筑后应及时进行保湿养护，保湿养护可采用洒水、覆盖、喷涂养护剂等方式。选择养护方式应考虑现场条件、环境温湿度、构件特点、技术要求、施工操作等因素。

（1）混凝土的养护方法主要有：

1）标准养护。混凝土的标准养护是指混凝土试件在温度为20℃±2℃和相对湿度95%以上的潮湿环境中养护28d。

2）自然养护。对混凝土自然养护，是指在平均气温高于5℃的条件下使混凝土保持湿润状态。自然养护常见的方式为洒水覆盖养护。

3）蒸汽养护。是指将构件放置在有饱和蒸汽或蒸汽空气混合物的养护室内，在较高的温度和相对湿度的环境中进行养护，以加速混凝土的硬化，使混凝土在较短时间内达到规定的强度标准值。

（2）混凝土养护应符合下列规定：

1）混凝土的养护时间应符合下列规定：

①采用硅酸盐水泥、普通硅酸盐水泥或矿渣硅酸盐水泥配制的混凝土，不应少于7d；采用其他品种的水泥时，养护时间应根据水泥性能确定。

②采用缓凝型外加剂、大掺量矿物掺合料配制的混凝土，不应少于14d。

③抗渗混凝土、强度等级C60及以上的混凝土，不应少于14d。

④后浇带混凝土的养护时间不应少于14d。

⑤地下室底层墙、柱和上部结构首层墙、柱宜适当增加养护时间。

⑥基础大体积混凝土养护时间应根据施工方案确定。

2）洒水养护应符合下列规定：

①洒水养护宜在混凝土裸露表面覆盖麻袋或草帘后进行，也可采用直接洒水、蓄水等养护方式；洒水养护应保证混凝土处于湿润状态。

②洒水养护用水应符合相关规定。

③当日最低温度低于5℃时，不应采用洒水养护。

3）覆盖养护应符合下列规定：

①覆盖养护宜在混凝土裸露表面覆盖塑料薄膜、塑料薄膜加麻袋、塑料薄膜加草帘等。

②塑料薄膜应紧贴混凝土裸露表面，塑料薄膜内应保持有凝结水。

③覆盖物应严密，覆盖物的层数应按施工方案确定。

4）混凝土强度达到1.2N/mm^2前，不得在其上踩踏、堆放荷载、安装模板及支架。

（五）大体积混凝土施工

混凝土结构物实体最小几何尺寸不小于1m的大体量混凝土，或预计会因混凝土中胶凝材料水化引起的温度变化和收缩而导致有害裂缝产生的混凝土，称为大体积混凝土。

（1）大体积混凝土结构裂缝产生的原因及形式。

大体积混凝土结构中，施工过程形成的温度收缩应力是导致钢筋混凝土产生裂缝的主要原因。裂缝形式主要有表面裂缝和贯通裂缝两种。

1）表面裂缝是由于混凝土表面和内部的散热条件不同，温度外低内高，使混凝土内部产生压应力，表面产生拉应力，表面的拉应力超过混凝土抗拉强度而引起的。

2）贯通裂缝是由于大体积混凝土在强度发展到一定程度，混凝土逐渐降温，这个降温差引起的变形加上混凝土失水引起的体积收缩变形，受到地基和其他结构边界条件的约束时引起的拉应力，超过混凝土抗拉强度时所可能产生的贯通整个截面的裂缝。

（2）防止大体积混凝土表面裂缝的措施。根据大量的工程实践经验，当混凝土内部和表面温差控制在一定范围内时，混凝土不致产生表面裂缝（在我国一般按照25℃执行）。

施工中为防止产生表面裂缝应采取的措施主要有：

1）降低混凝土成型时的温度。如施工时采取措施降低石子、砂、水的温度，使混凝土入模温度不宜大于 30℃。

2）降低水泥水化热。选用水化热低的水泥，并宜掺加粉煤灰、矿渣粉和高性能减水剂，控制水泥用量。

3）提高混凝土的表面温度。对大体积混凝土表面实行保温潮湿养护，使其保持一定的温度，防止内外温差过大产生裂缝。

（3）防止大体积混凝土贯通裂缝的措施。浇筑大体积混凝土时收缩产生的裂缝主要取决于混凝土浇筑后在降温阶段及硬化收缩中温度应力有多大。一般混凝土降温速率不宜大于 2.0℃/d。

（4）大体积混凝土的浇筑方案。

1）全面分层。当结构平面面积不大时，可将整个结构分为若干层进行浇筑，即第一层全部浇筑完毕后，再浇筑第二层，逐层连续浇筑，直到结束。为保证结构的整体性，要求次层混凝土在前层混凝土初凝前浇筑完毕，如图 2-75（a）所示。

2）分段分层。当结构平面面积较大时，全面分层已不适应，这时可采用分段分层浇筑方案。即将结构分为若干段落，每段又分为若干层，先浇筑第一段各层，然后浇筑第二段各层，逐段逐层连续浇筑，直至结束。为保证结构的整体性，要求次段混凝土应在前段混凝土初凝前浇筑并与之捣实成整体，如图 2-75（b）所示。

3）斜面分层。当结构的长度超过厚度的三倍时，可采用斜面分层的浇筑方案。这时，振捣工作应从浇筑层斜面下端开始，逐渐上移，且振动器应与斜面垂直，如图 2-75（c）所示。

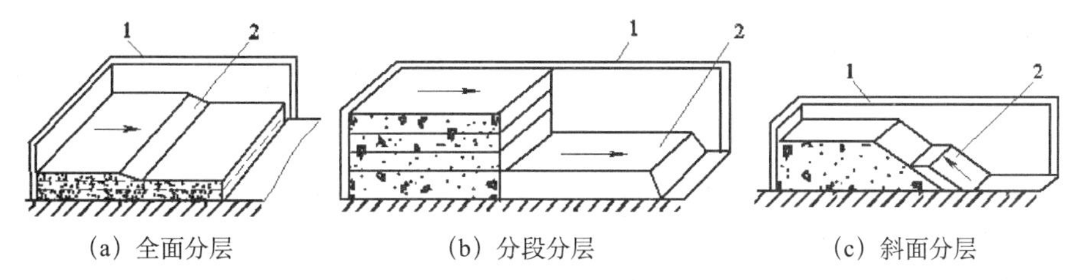

图 2-75　大体积混凝土浇筑方案

1-模板；2-新浇筑的混凝土

五、现浇混凝土结构质量验收与安全技术

（一）混凝土原材料的质量验收

1. 主控项目

（1）水泥进场时，应对其品种、代号、强度等级、包装或散装仓号、出厂日期等进行检查，并对水泥的强度、安定性和凝结时间进行检验，检查结果应符合国家现行标准的规定。

检查数量：按同一厂家、同一品种、同一代号、同一强度等级、同一批号且连续进场的水泥，袋装不超过 200t 为一批，散装不超过 500t 为一批，每批抽样数量不应少于一次。

检验方法：检查质量证明文件和抽样检测报告。

(2) 混凝土外加剂进场时，应对其品种、性能、出厂日期等进行检查，并应对外加剂的相关性能指标进行检验，检查结果应符合国家现行标准的规定。

检查数量：按同一厂家、同一品种、同一性能、同一批号其连续进场的混凝土外加剂，不超过 50t 为一批，每批抽样数量不应少于一次。

检验方法：检查质量证明文件和抽样检测报告。

(3) 水泥、外加剂进场检验，当满足下列条件之一时，其检验批容量可扩大一倍：

1) 获得认证的产品。

2) 同一厂家、同一品种、同一规格的产品，连续三次进场检验均一次检验合格。

2. 一般项目

(1) 混凝土用矿物掺合料进场时，应对其品种、性能、出厂日期等进行检查，并应对矿物掺合料的相关性能指标进行检验，检验结果应符合国家现行标准的规定。

检查数量：按同一厂家、同一品种、同一批号其连续进场的矿物掺合料，粉煤灰、矿渣粉、磷渣粉、钢铁渣粉和复合矿物掺合料不超过 200t 为一批，沸石粉不超过 120t 为一批，硅灰不超过 30t 为一批，每批抽样数量不应少于一次。

检验方法：检查质量证明文件和抽样检测报告。

(2) 混凝土原材料中的粗骨料、细骨料质量应符合国家现行的相关规定。

检查数量：按现行行业标准的规定确定。

检验方法：检查抽样检验报告。

(3) 混凝土拌制及养护用水应符合现行行业标准的规定。采用饮用水作为混凝土用水时，可不用检验；采用中水、搅拌站清洗水、施工现场循环水等其他水源时，应对其成分进行检验。

检查数量：同一水源检查不应少于一次。

检验方法：检查水质检验报告。

(二) 混凝土拌合物的质量验收

1. 主控项目

(1) 预拌混凝土进场时，其质量应符合现行国家相关标准的规定。

检查数量：全数检查。

检验方法：检查质量证明文件。

(2) 混凝土拌合物不应离析。

检查数量：全数检查。

检验方法：观察。

(3) 混凝土中氯离子含量和碱总含量应符合现行国家相关标准的规定和设计要求。

检查数量：同一配合比的混凝土检查不应少于一次。

检验方法：检查原材料试验报告和氯离子、碱的总含量计算书。

(4) 首次使用的混凝土配合比应进行开盘鉴定，其原材料、强度、凝结时间、稠度等应满足设计配合比的要求。

检查数量：同一配合比的混凝土检查不应少于一次。

检验方法：检查开盘鉴定资料和强度试验报告。

2. 一般项目

（1）混凝土拌合物稠度应满足施工方案的要求。

检查数量：对同一配合比混凝土，取样应符合下列规定：

1）每拌制100盘且不超过100m^3时，取样不得少于一次。

2）每工作班拌制不足100盘时，取样不得少于一次。

3）每次连续浇筑超过1000m^3，每200m^3取样不得少于一次。

4）每一楼层取样不得少于一次。

检验方法：检查稠度抽样检验记录。

（2）混凝土有耐久性指标要求时，应在施工现场随机抽取试件进行耐久性检验，其检验结果应符合国家现行有关标准的规定和设计要求。

检查数量：同一配合比的混凝土，取样不应少于一次，留置时间数量应符合国家现行相关标准的规定。

检验方法：检查试件耐久性试验报告。

（3）混凝土有抗冻性要求时，应在施工现场进行混凝土含气量检验，其检验结果应符合国家现行相关标准的规定和设计要求。

检查数量：同一配合比的混凝土，取样不应少于一次，取样数量应符合现行国家相关标准的规定。

检验方法：检查混凝土含气量检验报告。

（三）混凝土施工的质量验收

1. 主控项目

混凝土的强度等级必须符合设计要求。用于检验混凝土强度的试件应在浇筑地点随机抽取。

检查数量：对同一配合比混凝土，取样与试件留置应符合下列规定：

（1）每拌制100盘且不超过100m^3时，取样不得少于一次。

（2）每工作班拌制不足100盘时，取样不得少于一次。

（3）每次连续浇筑超过1000m^3，每200m^3取样不得少于一次。

（4）每一楼层取样不得少于一次。

（5）每次取样应至少留置一组试件。

检验方法：检查施工记录及混凝土强度试验报告。

2. 一般项目

（1）后浇带的留设位置应符合设计要求，后浇带和施工缝的留设及处理方法应符合施工方案要求。

检查数量：全数检查。

检验方法：观察。

（2）混凝土浇筑完毕后应及时进行养护，养护时间及养护方法应符合施工方案要求。

检查数量：全数检查。

检验方法：观察，检查混凝土养护记录。

（四）现浇混凝土结构的质量验收

1. 混凝土结构外观质量验收

（1）主控项目。

现浇结构的外观质量不应有严重缺陷。

对已经出现的严重缺陷，应由施工单位提出技术处理方案，并经监理单位认可后进行处理；对裂缝、连接部位出现的严重缺陷及其他影响结构安全的严重缺陷，技术处理方案应经设计单位认可。对经处理的部位应重新验收。

检查数量：全数检查。

检验方法：观察，检查处理记录。

（2）一般项目。

现浇结构的外观质量不应有一般缺陷。

对已经出现的一般缺陷，应由施工单位按技术处理方案进行处理。对经处理的部位应重新验收。

检查数量：全数检查。

检验方法：观察，检查处理记录。

2. 混凝土结构位置和尺寸偏差验收

（1）主控项目。

现浇结构不应有影响结构性能或使用功能的尺寸偏差；混凝土设备基础不应有影响结构性能和设备安装的尺寸偏差。

对超过尺寸允许偏差且影响结构性能和安装、使用功能的部位，应由施工单位提出技术处理方案，经监理、设计单位认可后进行处理。对经处理的部位应重新验收。

检查数量：全数检查。

检验方法：量测，检查处理记录。

（2）一般项目。

现浇结构的位置、尺寸偏差及检验方法应符合表 2-30 的规定。

表 2-30　现浇结构位置、尺寸允许偏差及检验方法

<table>
<tr><th colspan="3">项目</th><th>允许偏差/mm</th><th>检验方法</th></tr>
<tr><td rowspan="3">轴线位置</td><td colspan="2">整体基础</td><td>15</td><td>经纬仪及尺量</td></tr>
<tr><td colspan="2">独立基础</td><td>10</td><td>经纬仪及尺量</td></tr>
<tr><td colspan="2">柱、墙、梁</td><td>8</td><td>尺量</td></tr>
<tr><td rowspan="4">垂直度</td><td rowspan="2">柱、墙层高</td><td>≤6m</td><td>10</td><td>经纬仪或吊线、尺量</td></tr>
<tr><td>>6m</td><td>12</td><td>经纬仪或吊线、尺量</td></tr>
<tr><td colspan="2">全高（H）≤300m</td><td>H/30000+20</td><td>经纬仪、尺量</td></tr>
<tr><td colspan="2">全高（H）>300m</td><td>H/10000 且≤80</td><td>经纬仪、尺量</td></tr>
<tr><td rowspan="2">标高</td><td colspan="2">层高</td><td>±10</td><td>水准仪或拉线、尺量</td></tr>
<tr><td colspan="2">全高</td><td>±30</td><td>水准仪或拉线、尺量</td></tr>
<tr><td rowspan="3">截面尺寸</td><td colspan="2">基础</td><td>+15，−10</td><td>尺量</td></tr>
<tr><td colspan="2">柱、梁、板、墙</td><td>+10，−5</td><td>尺量</td></tr>
<tr><td colspan="2">楼梯相邻踏步高差</td><td>±6</td><td>尺量</td></tr>
</table>

续表

项目		允许偏差/mm	检验方法
电梯井洞	中心位置	10	尺量
	长、宽尺寸	+25，0	尺量
表面平整度		8	2m靠尺和塞尺量测
预埋件中心位置	预埋板	10	尺量
	预埋螺栓	5	尺量
	预埋管	5	尺量
	其他	10	尺量
预留洞、孔中心线位置		15	尺量

注：1. 检查轴线、中心线位置时，沿纵、横两个方向测量，并取其中偏差的较大值。
2. H 为全高，单位为mm。

检查数量：按楼层、结构缝或施工段划分检验批。在同一检验批内，对梁、柱和独立基础，应抽查构件数量的10%，且不应少于3件；对墙和板，应按有代表性的自然间抽查10%，且不应少于3间；对大空间结构，墙可按相邻轴线间高度5m左右划分检查面，板可按纵、横轴线划分检查面，抽查10%，且均不应少于3面；对电梯井，应全数检查。

（五）现浇混凝土工程安全技术

1. 模板施工安全措施

（1）经医生检查认为不适合高空作业的人员，不得从事模板等高空作业。

（2）进入施工现场的所有人员必须戴好安全帽，高空操作时必须按要求系好安全带。

（3）安装与拆除5m以上的模板，应搭设脚手架，并设防护栏，上下操作不得在同一垂直面进行。

（4）支撑过程中，如需中途停歇，应将支撑、搭头、柱头板等钉牢，工作中应防止工具落下伤人。

（5）高空、复杂结构的模板安装与拆除，应具有切实可行的安全措施。

（6）六级以上大风时，应停止高空作业；雨、雪、霜后应清扫施工现场，略干不滑时再进行工作。

（7）不得在脚手架上堆放大批模板等材料。

（8）两人抬运模板时要相互配合、协同工作。传递模板、工具应用运输工具系牢，不得乱扔。装拆时，上下有人接应，严禁从高处掷下。应有专人指挥，并在工作区暂停人员过往。

（9）模板上有预留洞者，应在安装后将空洞口盖好。

（10）在组合钢模板上架设的电线和使用电动工具，应用36V低压电源或采取其他有效措施。

2. 钢筋施工的安全措施

（1）加工较长的钢筋时，应有专人帮扶，要听从操作人员的指挥。

（2）钢筋加工机械安装应稳固，外作业应设置机棚，应有堆放原料、半成品的场地。

（3）钢筋加工完毕，应堆放好成品，清理好场地，并切断电源，锁好电闸。

（4）钢筋焊接闪光区域，须设隔挡，以防烫伤或弧光刺伤眼睛。

3. 混凝土垂直运输设备的安全规定

（1）垂直运输设备安装完毕后，应按出厂说明进行无负荷、静负荷、动负荷试验及安全保护装置的可靠性试验。严禁使用安全保护装置不完善的垂直运输设备。

（2）操作垂直运输设备的司机，必须通过专业培训。考核合格后持证上岗。

（3）对垂直运输设备应建立定期检修和保养责任制。

（4）操作设备时应严格按照相关操作规程进行。

4. 混凝土搅拌机的安全规定

（1）进料时，严禁将头或手伸入料斗与机架之间查看或探摸进料情况，运转中不得用手或工具伸入搅拌筒内扒料。

（2）料斗升起时，严禁在其下方工作或穿行。料坑底部要设料斗枕垫，清理料坑时必须将料斗用链条扣牢。

（3）向搅拌筒内加料应在运转中进行，添加新料必须先将搅拌机内原有的混凝土全部卸出来才能进行，不得中途停机或在满荷载时启动搅拌机。

（4）作业中，如发生故障不能继续运转时，应立即切断电源、将筒内的混凝土清除干净，然后进行检修。

5. 混凝土泵送设备作业的安全事项

（1）支腿应全部伸出并固定后，才可以启动布料杆。布料杆升离支架后方可回转；布料杆伸出时应按顺序进行。严禁用布料杆起吊或拖拉物件。

（2）当布料杆处于全伸状态时，严禁移动车身。布料杆不得使用超过规定直径的配管，装接的软管应系防脱安全绳带。

（3）泵送作业应连续进行，必须暂停时应每隔 5～10min 泵送一次。泵送时料斗内应保持一定量的混凝土，不得空吸。

（4）应随时监视各种仪表和指示灯，发现不正常应及时调整或处理。

（5）泵送系统受压力时，不得开启任何输送管道和液压管道。

6. 混凝土振捣器的施工规定

（1）使用前应检查各部件是否连接牢固，旋转方向是否正确。

（2）振捣器不得放在初凝的混凝土上，不能在地板、脚手架、道路和干硬的地面上试振。维修或作业间断时，应切断电源。

（3）振动棒应自然垂直沉入混凝土，不得用力硬插、斜推或使钢筋夹住棒头，也不得全部插入混凝土中。

（4）振动棒应保持清洁，不得有混凝土粘结在电动机外壳上妨碍散热。

（5）作业转移时，电动机的导线应保持有足够的长度和松度。严禁用电源线拖拉振捣器。

（6）用绳拉平板振捣器时，绳应干燥绝缘，移动或转向时不得用脚踢电动机。

（7）振捣器与平板应保持紧固，电源线必须固定在平板上，电器开关应装在手把上。

（8）在一个构件上同时使用几台附着式振捣器时，所有振捣器的频率应相同。

（9）操作人员必须穿戴绝缘手套。

（10）作业后，必须做好清洗、保养工作。振捣器要放在干燥处。

第六节 预应力钢筋混凝土工程

一、预应力钢筋混凝土结构的概念

预应力混凝土工程是在1928年由法国弗来西奈首先研究成功的。所谓预应力混凝土结构就是在结构受拉区预先施加压力产生预压应力，使结构在使用阶段产生的拉应力首先抵消预压应力，从而推迟了裂缝的出现和限制裂缝的开展，提高了结构的抗裂度和刚度。这种施加预应力的混凝土，成为预应力混凝土。

与普通混凝土相比，预应力混凝土除了提高构件的抗裂度和刚度外，还具有减轻自重、增加构件的耐久性、降低造价等优点。

预应力混凝土按施工方法的不同可分为先张法和后张法两大类。

二、先张法施工

先张法是在浇筑混凝土之前在台座上张拉预应力筋，并用夹具将其临时固定在台座上，然后浇筑混凝土，养护混凝土至规定强度后放张或切断预应力筋，预应力筋由于弹性回缩，对构件受拉区的混凝土产生预压应力，如图2-76所示。先张法一般用于预制构件厂生产定型的中小型构件，如楼板、屋面板、檩条及吊车梁等。

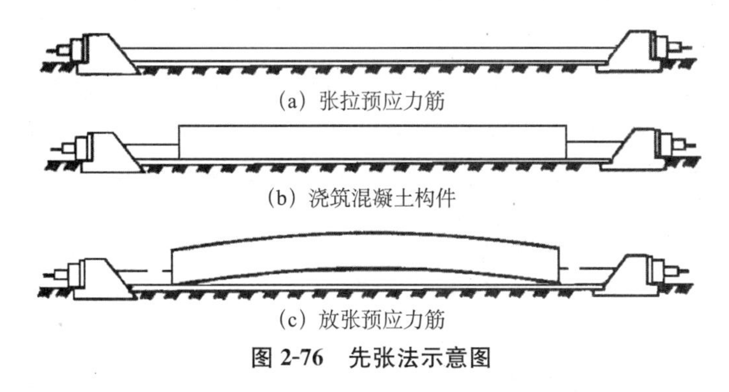

（a）张拉预应力筋

（b）浇筑混凝土构件

（c）放张预应力筋

图2-76 先张法示意图

1. 先张法施工设备

（1）台座。台座由台面、横梁和承力结构组成，是先张法生产的主要设备。预应力筋张拉、锚固，混凝土浇筑、振捣和养护及预应力筋放张等全部施工过程都在台座上完成；预应力筋放松前，台座承受全部预应力筋的拉力。因此，台座应有足够的强度、刚度和稳定性。台座一般采用墩式台座和槽式台座。

（2）夹具。夹具是先张法构件施工时保持预应力筋拉力，并将其固定在张拉台座上的临时性锚固装置。按其工作用途不同分为锚固夹具和张拉夹具。

（3）张拉设备。钢丝张拉分单根张拉和成组张拉。用钢模以机组流水或传送带法生产构件时，常采用成组钢丝张拉。在台座上生产构件一般采用单根钢丝张拉，可采用电动卷扬机、电动螺杆张拉机、千斤顶进行张拉。

2. 先张法施工工艺

先张法施工工艺流程：清理台座、涂刷隔离剂→预应力筋、非预应力筋安装→张拉预应力筋→安装模板→浇筑、养护混凝土、拆模→放张预应力筋→构件起吊堆放→继续养护。

3. 先张法施工要点

（1）预应力钢筋的铺设。台座表面在铺放预应力钢筋前应涂刷隔离剂，隔离剂不得污染预应力筋。在生产过程中，应防止雨水冲刷掉台面上的隔离剂。应按设计要求铺好预应力钢筋。

（2）预应力钢筋的张拉。预应力钢筋的张拉应符合以下要求：

1）张拉前，应对台座、横梁及各项张拉设备进行详细检查，符合要求后方可进行操作。

2）预应力钢筋张拉设备及油压表应定期维护和标定。张拉设备和油压表应配套标定和使用，标定期限不应超过半年。当使用过程中出现反常现象或张拉设备检修后，应重新标定。

3）预应力钢筋的张拉控制应力应符合设计及专项施工方案的要求。

4）采用应力控制方法张拉时，应校核张拉力下预应力钢筋伸长值。实测伸长值与计算伸长值的偏差不应超过±6%，否则应查明原因并采取措施后再张拉。

5）预应力钢筋张拉中应避免预应力筋断裂或滑脱。当发生断裂或滑脱时，在浇筑混凝土前发生断裂或滑脱的预应力钢筋必须予以更换。

6）预应力钢筋张拉和放张时，应采取有效的安全防护措施，预应力钢筋两端正前方不得站人或穿越。

（3）混凝土浇筑和养护。预应力混凝土浇筑和养护应符合下列要求：

1）为减少混凝土收缩徐变引起的预应力损失，其水灰比应低，应控制水泥用量和采用良好的砂石级配，应保证混凝土振捣密实，特别是构件端部。

2）浇筑时，振捣器不应碰撞预应力钢筋。

3）当叠层生产时，下层构件混凝土强度达到 $8\sim10N/mm^2$ 后，方可浇筑上层构件混凝土。

4）预应力混凝土可采用自然养护或蒸汽养护。

（4）预应力钢筋的放张。预应力钢筋放张时，混凝土的强度必须符合设计要求，设计无规定时，其强度不得低于设计强度标准值的75%，且不应低于30MPa。其放张顺序应符合下列规定：

1）宜采取缓慢放张工艺进行逐根或整体放张。

2）对轴心受压构件，所有预应力钢筋宜同时放张。

3）对受弯或偏心受压的构件，应先同时放张预压应力较小区域的预应力钢筋，再同时放张预压应力较大区域的预应力钢筋。

4）当不能按上述规定放张时，应分阶段、对称、相互交错放张。

5）放张后，预应力钢筋的切断顺序，宜从张拉端开始逐次切向另一端。

预应力钢筋放张后，可以乙炔—氧气火焰切割，但应采用措施防止烧坏钢筋端部；预应力钢丝放张后，可用切割、锯断或剪切的方法切断；钢绞线放张后，可用砂轮切断。长线台座上预应力钢筋的切断顺序，应由放张端开始，逐次切向另一端。

三、后张法施工

后张法预应力是在混凝土浇筑的过程中，预留孔道，待混凝土构件达到设计强度后，在孔道内穿预应力筋，并张拉锚固建立预压应力，最后在孔道内进行压力灌浆，用水泥浆包裹保护预应力钢筋。后张法主要用于制作大型吊车梁、屋架以及用于提高闸墩的承载能力。其工艺流程如图 2-77 所示。

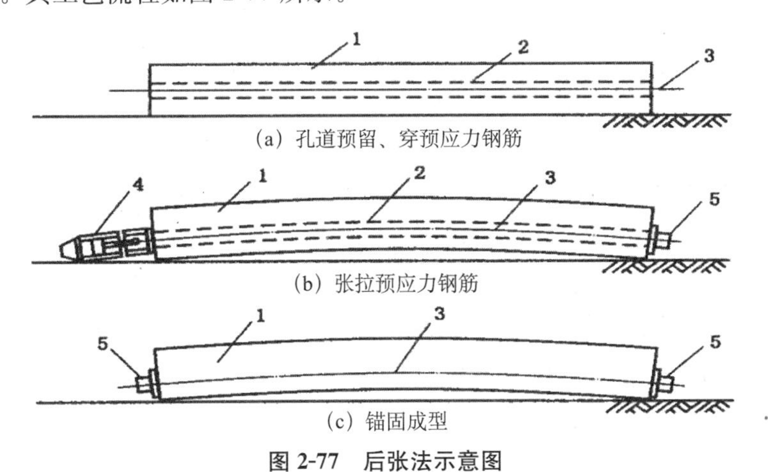

图 2-77 后张法示意图

1-混凝土；2-预留孔道；3-预应力钢筋；4-千斤顶；5-锚具

1. 后张法施工工艺

后张法施工工艺流程：安装模板、非预应力钢筋→预埋芯管及铁件→混凝土浇筑→抽芯管→构件养护、拆模→清理孔道→穿入预应力钢筋→施加预应力→孔道灌浆→起吊、运输、就位。

2. 后张法施工要点

（1）孔道留设。孔道留设可采用钢管抽芯法、胶管抽芯法及金属伸缩套管抽芯等方法。用这几种方法预留孔道时应留设灌浆孔，还应在最高点设排气孔及需要时在最低点设排水孔。

（2）预应力钢筋的制作和安装。预应力钢筋的制作安装应符合以下规定：

1）预应力钢筋的下料长度应经计算确定，并应采用砂轮锯或切断机等机械方法切断。预应力钢筋制作或安装时，应避免焊渣或接地电火花损伤预应力筋。

2）孔道成型所用管道的连接接头处应密封。

3）凡施工时需要预先起拱的构件，预应力钢筋或成孔管道宜随构件同时起拱。

4）对采用蒸汽养护的预制构件，预应力钢筋应在蒸汽养护结束后穿入孔道。

5）预应力钢筋等安装完成后，应做好成品保护工作。

6）当采用减摩材料降低孔道摩擦阻力时，减摩材料不应对预应力钢筋、管道及混凝土产生不利的影响，且灌浆前应将减摩材料清除干净。

(3) 预应力钢筋张拉。预应力钢筋的张拉应符合以下要求：

1）预应力钢筋张拉时，构件的混凝土强度应符合设计要求，如设计无规定，不应低于设计强度标准值的75%；对后张法预应力梁和板，现浇结构混凝土的龄期分别不宜小于7d和5d。

2）预应力钢筋应根据设计和专项施工方案的要求采用一端或两端张拉。有粘结预应力钢筋长度不大于20m时可一端张拉，大于20m时宜两端张拉；预应力钢筋为直线形时，一端张拉的长度可延长至35m。

3）有粘结预应力钢筋应整束张拉；对直线形或平行编排的有粘结预应力钢绞线束，当各根钢绞线不受叠压影响时，也可逐根张拉。

4）预应力钢筋张拉时，应从零拉力加载至初拉力后，量测伸长值初读数，再以均匀速率加载至张拉控制力。同时应对张拉力、压力表读数、张拉伸长值及异常情况等做详细记录。

5）预应力钢筋张拉中应避免预应力筋断裂或滑脱。当发生断裂或滑脱时，对后张法预应力结构构件，断裂或滑脱的数量严禁超过同一截面预应力钢筋总根数的3%，且每束钢丝不得超过一根；对多跨双向连续板，其同一截面应按每跨计算。

6）预应力钢筋张拉锚固后，如遇特殊情况需卸锚时，应采用专门的设备和工具。

(4) 孔道灌浆与封锚。预应力钢筋张拉后，应进行及时孔道灌浆和对锚具进行密封保护，孔道灌浆和封锚应符合以下要求：

1）预应力钢筋锚固后的外露部分宜采用机械方法切割，也可采用氧—乙炔焰方法切割，其外露长度不宜小于预应力钢筋直径的1.5倍，且不宜小于30mm。

2）灌浆水泥宜采用强度等级不低于42.5的普通硅酸盐水泥；水泥浆中氯离子含量不应超过水泥重量的0.06%；拌合用水和外加剂中不应含有对预应力钢筋或水泥有害的成分。

3）灌浆材料宜采用水泥浆，水泥浆的抗压强度应符合设计规定，设计无具体规定时，应不低于30MP。

4）灌浆应连续进行，直至排气管排除的浆体稠度与注浆孔处相同且没有出现气泡后，再顺浆体流动方向将排气孔依次封闭；全部封闭后，宜继续加压0.5MPa～0.7MPa，并稳压1min～2min后封闭灌浆口。灌浆时宜先灌注下层孔道，后灌注上层孔道。孔道灌浆时应填写灌浆记录。

5）外露锚具及预应力钢筋应按设计要求采取可靠的防止损伤或腐蚀的保护措施。对需封锚的锚具，灌浆后应先将其周围冲洗干净并对两端混凝土凿毛，然后设置钢筋网浇筑封锚混凝土。封锚混凝土的强度应符合设计要求，一般不宜低于构件混凝土强度等级的80%。

6）预应力钢筋穿入孔道后至灌浆的时间间隔：当环境相对湿度大于60%或近海环

境时，不宜超过 14d；当环境相对湿度不大于 60％时，不宜超过 28d。

3. 无粘结预应力混凝土施工

无粘结预应力混凝土就是先在预应力钢筋表面覆盖一层涂塑层，然后铺放在支好的模板内，再进行混凝土浇筑，待混凝土达到设计强度后，用张拉机具进行张拉，当张拉达到设计的应力后，两端用特制的锚具锚固。无粘结预应力实质就是预应力钢筋与混凝土没有粘结，张拉力全靠两端的锚具传到构件上，它属于后张法施工。

（1）无粘结预应力钢筋。无粘结预应力钢筋由预应力筋、涂料层、外包层及锚具组成，如图 2-78 所示。

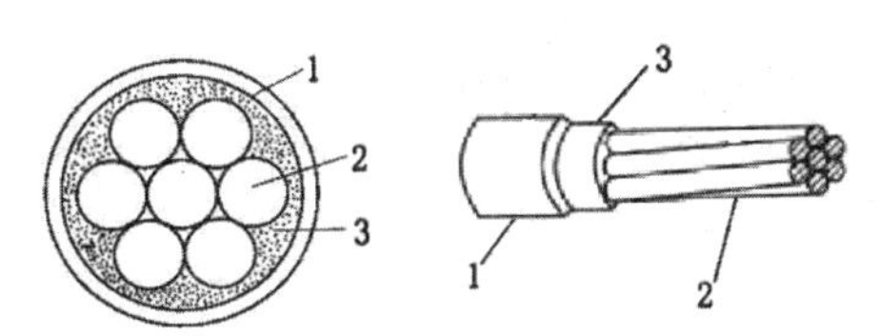

图 2-78　无粘结预应力钢筋示意图

1-塑料管；2-钢筋；3-防腐润滑油脂

（2）无粘结预应力钢筋的制作。涂料层的涂数和外包层的制作应一次完成，涂料层防腐油脂应完全填充预应力钢筋与外包层之间的环形空间。外包层的制作有缠绕水密性胶带、外套聚乙烯套管、热封塑料包裹层及挤塑成型工艺等方法，其中较常用的是挤塑成型工艺，由专业化工厂生产。

（3）无粘结预应力施工要点：

1）无粘结预应力钢筋在现场搬运和铺设过程中，不应损伤其塑料护套。当出现轻微破损时，应及时封闭。

2）预应力钢筋应根据设计和专项施工方案的要求采用一端或两端张拉。无粘结预应力钢筋长度不大于 40m 时可一端张拉，大于 40m 时宜两端张拉。

3）无粘结预应力钢筋铺放前应确定其位置，其垂直高度宜采用支撑钢筋控制，也可与其他钢筋绑扎，无粘结预应力钢筋铺设时宜保持顺直。

4）铺放双向配筋的无粘结预应力钢筋，应先铺放标高低的预应力钢筋，再铺放标高较高的预应力钢筋。当无粘结筋为竖向、环向或螺旋形铺放时，应有定位支架或其他构造措施控制位置。

5）预应力钢筋张拉。张拉时混凝土的强度值应符合设计要求，当设计无规定时，不宜低于混凝土强度设计标准的 75％。

6）张拉中，要严防钢丝发生滑脱或拉断。张拉的顺序应符合设计要求，如设计无规定时，可采用分批、分阶段对称张拉。也可以根据铺放顺序，先铺放的先张拉，后铺放的后张拉。

7）张拉完毕后，应及时对锚固区进行保护。可用膨胀混凝土、低收缩防水砂浆和环氧砂浆密封。用砂浆前，宜在槽内壁涂以环氧树脂类粘结剂。锚固区也可用后浇的外包钢筋混凝土圈梁进行封闭，但外包圈梁不宜凸出墙面以外。

8）不能使用混凝土或砂浆包裹时，应对锚具涂以与无粘结预应力钢筋涂料层的防腐油脂，并用具有防腐蚀和防火性能的保护套将锚具完全密封。

四、预应力混凝土工程的质量验收与安全技术

（一）预应力混凝土工程材料验收

1. 主控项目

（1）预应力钢筋进场时，应按国家现行标准抽取试件作抗拉强度、伸长率检验，其检验结果应符合相应标准的规定。

检查数量：按进场的批次和产品的抽样检验方案确定。

检验方法：检查质量证明文件和抽样检验报告。

（2）无粘结预应力钢绞线进场时，应进行防腐润滑脂量和护套厚度的检验，检验结果应符合现行行业标准的规定。

经观察认为涂包质量有保证时，无粘结预应力钢筋可不作油脂量和护套厚度的抽样检验。

检查数量：按现行行业标准规定确定。

检验方法：观察，检查质量证明文件和抽样检验报告。

（3）预应力筋用锚具应和锚垫板、局部加强钢筋配套使用，锚具、夹具和连接器进场时，应按现行行业标准的相关规定对其性能进行检验，检验结果应符合该标准的规定。

锚具、夹具和连接器用量不足检验批规定数量的50%，且供货方提供有效的实验报告时，可不作静载锚固性能试验。

检查数量：按现行行业标准的规定确定。

检验方法：检查质量证明文件、锚固区传力性能试验报告和抽样检验报告。

（4）处于三a类、三b类环境条件下的无粘结预应力钢筋用锚具系统，应按现行行业标准的相关规定检验其防水性能，检验结果应符合行业标准的规定。

检查数量：同一品种、同一规格的锚具系统为一批，每批抽取3套。

检验方法：检查质量证明文件和抽样检验报告。

（5）孔道灌浆用水泥应采用硅酸盐水泥或普通硅酸盐水泥，水泥、外加剂和成品灌浆材料的质量应符合国家标准的相关规定。

检查数量：按进场批次和产品的抽样检验方案确定。

检验方法：检查质量证明文件和抽样检验报告。

2. 一般项目

（1）预应力钢筋进进场时，应进行外观检查，其外观质量应符合下列规定：

1）有粘结预应力钢筋的表面不应有裂纹、小刺、机械损伤、氧化铁皮和油污等，展开后应平顺、不应有弯折。

2）无粘结预应力钢绞线护套应光滑、无裂纹，无明显褶皱，轻微破损处应外包防水塑料胶带修补，严重破损者不得使用。

检查数量：全数检查。

检验方法：观察。

（2）预应力钢筋用锚具、夹具和连接器进场时，应进行外观检查，其表面应无污物、锈蚀、机械损伤和裂纹。

检查数量：全数检查。

检验方法：观察。

（3）预应力成孔管道进场时，应进行管道外观质量检查、径向刚度和抗渗漏性能检验，其检验结果应符合下列规定：

1）金属管道外观应清洁，内外表面应无锈蚀、油污、附着物、孔洞；波纹管不应有不规则褶皱，咬口应无开裂、脱扣；钢管焊缝应连续。

2）塑料波纹管的外观应光滑、色泽均匀，内外壁不应有气泡、裂口、硬块、油污、附着物、孔洞及影响使用的划伤。

3）径向刚度和抗渗漏性能应符合现行行业标准的规定。

检查数量：外观应全数检查；径向刚度和抗渗漏性能的检查数量应按进场的批次和产品的抽样检验方案确定。

检验方法：观察，检查质量证明文件和抽样检验报告。

（二）预应力混凝土工程制作安装验收

1. 主控项目

（1）预应力安装时，其品种、规格、级别和数量必须符合设计要求。

检查数量：全数检查。

检验方法：观察，尺量。

（2）预应力钢筋的安装位置应符合设计要求。

检查数量：全数检查。

检验方法：观察，尺量。

2. 一般项目

（1）预应力钢筋端部锚具的制作质量应符合下列规定：

1）钢绞线挤压锚具挤压完成后，预应力筋外端露出挤压套筒的长度不应小于1mm。

2）钢绞线压花锚具的梨形头尺寸和直线锚固段长度不应小于设计值。

3）钢丝镦头不应出现横向裂纹，镦头的强度不得低于钢丝强度标准值的98%。

检查数量：对挤压锚，每工作班抽查5%，且不应少于5件；对压花锚，每工作班抽查3件。对钢丝镦头强度，每批钢丝检查6个镦头试件。

检验方案：观察，尺量，检查镦头强度试验报告。

（2）预应力钢筋或成孔管道的安装质量应符合下列规定：

1）成孔管道的连接应密封。

2）预应力钢筋或成孔管道应平顺，并应与定位支撑钢筋绑扎牢固。

3）锚垫板的承压面应与预应力钢筋或孔道曲线末端垂直，预应力钢筋或孔道曲线末端直线段长度应符合表2-31的规定。

4）当后张有粘结预应力钢筋曲线孔道波峰和波谷的高差大于300mm，且采用普通灌浆工艺时，应在孔道波峰设置排气孔。

表 2-31　预应力钢筋曲线起始点与张拉锚固点之间直线段最小长度

预应力钢筋张拉控制力 N/kN	$N \leqslant 1500$	$1500 < N \leqslant 6000$	$N > 6000$
直线段最小长度/mm	400	500	600

检查数量：全数检查。

检验方法：观察，尺量。

（3）预应力钢筋或成孔管道定位控制点的竖向位置偏差应符合表 2-32 的规定，其合格点率应达到 90%及以上，且不得有超过表 2-32 中数值 1.5 倍的尺寸偏差。

表 2-32　预应力钢筋或成孔管道定位控制点的竖向位置允许偏差

构件截面高（厚）度/mm	$h \leqslant 300$	$300 < h \leqslant 1500$	$h > 1500$
允许偏差/mm	±5	±10	±15

检查数量：在同一检验批内，应抽查各类构件总数的 10%，且不少于 3 个构件，每个构件不应少于 5 处。

检验方案：尺量。

（三）预应力混凝土工程张拉和放张验收

1. 主控项目

（1）预应力钢筋张拉或放张前，应对构件混凝土强度进行检验。同条件养护的混凝土立方体试件抗压强度应符合设计要求，当设计无要求时，应符合下列规定：

1）应符合配套锚固产品技术要求的混凝土最低强度且不应低于设计混凝土强度等级值的 75%。

2）对采用消除应力钢丝或钢绞线作为预应力钢筋的先张法构件，不应低于 30MPa。

检查数量：全数检查。

检验方法：检查同条件养护试件试验报告。

（2）对后张法预应力结构构件，钢绞线出现断裂或滑脱的数量不应超过同一截面钢绞线总根数的 3%，且每根断裂的钢绞线断丝不得超过一丝；对多跨双向连续板，其同一截面应按每跨计算。

检查数量：全数检查。

检验方法：观察，检查张拉记录。

（3）先张法预应力钢筋张拉锚固后，实际建立的预应力值与工程设计规定检验值的相对允许偏差为±5%。

检查数量：每工作班抽查预应力钢筋总数的 1%，且不应少于 3 根。

检验方法：检查预应力钢筋应力检查记录。

2. 一般项目

（1）预应力钢筋张拉质量应符合下列规定：

1）采用应力控制方法张拉时，张拉力下预应力钢筋的实测伸长值与计算伸长值的相对允许偏差为±6%。

2）最大张拉应力不应大于现行国家标准的规定。

检查数量：全数检查。

检验方法：检查张拉记录。

（2）先张法预应力构件，应检查预应力钢筋张拉后的位置偏差，张拉后预应力钢筋的位置与设计位置的偏差不应大于5mm，且不应大于构件截面短边边长的4％。

检查数量：每工作班抽查预应力钢筋总数的3％，且不应少于3束。

检验方法：尺量。

（四）预应力混凝土工程灌浆及封锚验收

1. 主控项目

（1）预留孔道灌浆后，孔道内水泥浆应饱满、密实。

检查数量：全数检查。

检验方法：观察，检查灌浆记录。

（2）现场搅拌的灌浆用水泥浆的性能应符合下列规定：

1）3h自由泌水率宜为0，且不应大于1％，泌水应在24h内全部被水泥浆吸收。

2）水泥浆中氯离子含量不应超过水泥重量的0.06％。

3）当采用普通灌浆工艺时，24h自由膨胀率不应大于6％；当采用真空灌浆工艺时，24h自由膨胀率不应大于3％。

检查数量：同一配合比检查一次。

检验方法：检查水泥浆配合比性能实验报告。

（3）现场留置的孔道灌浆试件的抗压强度不应低于30MPa。

试件抗压强度检验应符合下列规定：

1）每组应留取6个边长为70.7mm的立方体试件，并应标准养护28d。

2）试件抗压强度应取6个试件的平均值；当一组试件中抗压强度最大值或最小值与平均值相差超过20％时，应取中间4个试件强度的平均值。

检查数量：每个工作班留置一组。

检验方法：检查试件强度试验报告。

（4）锚具的封闭保护措施应符合设计要求。当设计无要求时，外露锚具和预应力筋的混凝土保护层厚度不应小于：一类环境时20mm，二a类、二b类环境时50mm，三a类、三b类环境时80mm。

检查数量：在同一检验批内，抽查预应力钢筋总数的5％，且不应少于5处。

检验方法：观察，尺量。

2. 一般项目

后张法预应力钢筋锚固后的锚具外露长度不应小于预应力钢筋直径的1.5倍，且不应小于30mm。

检查数量：在同一检验批内，抽查预应力钢筋总数的3％，且不应少于5束。

检验方法：观察，尺量。

（五）预应力混凝土工程的安全技术

（1）所用张拉设备仪表，应由专人负责使用与管理，并定期进行维护与检验，设备的测定期不应超过半年，否则必须及时重新测定。施工时，根据预应力钢筋的种类等合理选择张拉设备，预应力钢筋的张拉力不应大于设备额定张拉力，严禁在负荷时拆换油管或压力表。接电源时，机壳必须接地，经检查绝缘可靠后，才能试运转。

（2）先张法施工中，张拉机具与预应力钢筋应在一条直线上；顶紧锚塞时，用力不要过猛，以防钢丝折断。台座法生产，其两端应设有防护设施，并在张拉预应力钢筋时，沿台座长度方向每隔 4～5m 设置一个防护架，两端严禁站人，更不准进入台座。

（3）后张法施工中，张拉预应力钢筋时，任何人不得站在预应力钢筋两端，同时在千斤顶后面设立防护装置。操作千斤顶的人员应严格遵守操作规程，应站在千斤顶侧面工作。在油泵开动过程中，不得擅自离开岗位，如需离开，应将油阀全部松开或切断电路。

第七节　常用施工机械设备

一、起重机械

在实际施工中，应根据建筑结构的特点、现场施工条件以及吊装的施工方法等合理选用起重机械，以充分发挥机械的生产率、保证工程质量、加快施工进度。

（一）履带式起重机

履带式起重机主要由动力装置、传动机构、行走机构（履带）、工作机构（起重杆、滑轮组、卷扬机）以及平衡重等组成，如图 2-79 所示。它是一种 360°全回转的起重机，操作灵活，行走方便，能负载行驶。但稳定性较差，对路面破坏较大，行走速度慢，在城市中和长距离转移时，需用拖车进行运输。目前它是结构吊装工程中常用的机械之一。

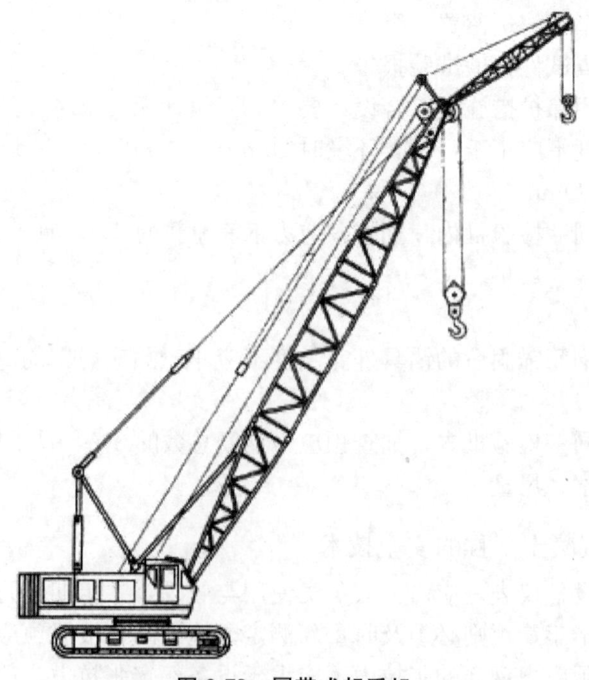

图 2-79　履带式起重机

履带式起重机的起重能力常用起重量、起重高度和起重半径三个参数表示。这三个工作参数是相互制约的关系，其取值大小取决于起重臂长度及其仰角。当起重臂达到一定长度时，随着仰角增大，起重量和起重高度增加，而起重半径减小；当起重臂的仰角不变时，随着起重臂长度的增加，起重半径和起重高度增加，而起重量减小。

（二）汽车式起重机

汽车式起重机是将起重机构安装在普通载重汽车或专用汽车底盘上的一种自行式回转起重机，如图 2-80 所示。它具有行驶速度快、能迅速转移、对路面破坏性很小。缺点是吊重物时必须支腿，因而不能负载行驶。

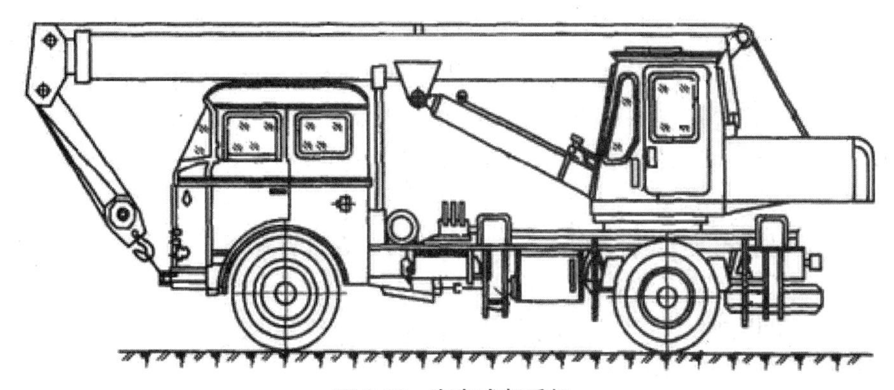

图 2-80　汽车式起重机

（三）轮胎式起重机

轮胎式起重机是将起重机构安装在加重型轮胎和轮轴组成的特制底盘上的全回转起重机，如图 2-81 所示。吊装时一般用四个支腿支撑以保证机身的稳定性。

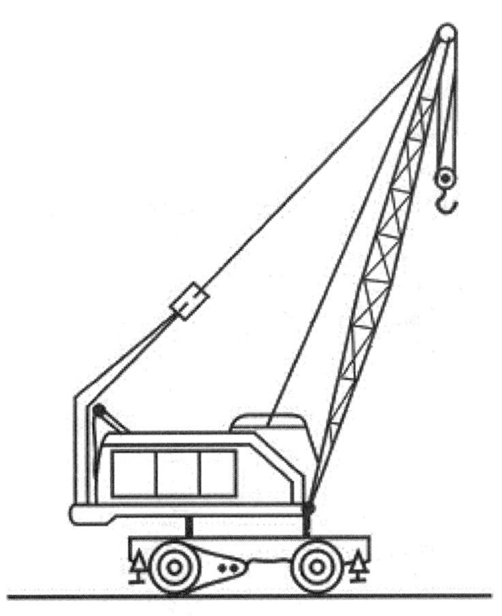

图 2-81　轮胎式起重机

（四）塔式起重机

塔式起重机的起重臂安装在塔身上部，具有较大的起重高度和工作幅度，工作速度快，生产效率高，广泛用于多层和高层的工业与民用建筑施中。

1. 塔式起重机的分类

（1）按起重机能力可分为：

1）轻型塔式起重机：起重量为 0.5～3t，一般用于六层以下民用建筑施工。

2）中型塔式起重机：起重量为 3～15t，适用于一般工业建筑与高层民用建筑施工。

3）重型塔式起重机：起重量为 20～40t，一般用于大型工业厂房和高炉等设备的吊装。

（2）按回转方式可分为：

1）下回转式塔式起重机。回转支撑安装在塔身底部，介于回转平台与底架之间，塔身旋转时，回转平台以上的塔身、吊臂等都能相对底架全回转，如图 2-82（a）所示。

2）上回转式塔式起重机。回转支撑安装在塔身上部，塔机旋转时，塔身及以下装置不转动，而回旋支承以上的吊臂、平衡臂等绕塔身中心线回转，如图 2-82（b）所示。

（3）按变幅方式可分为：

1）小车变幅塔式起重机。利用起重小车沿水平起重臂运行实现变幅的塔式起重机，如图 2-83（a）所示。

2）动臂变幅塔式起重机。利用起重臂的仰俯实现变幅的塔式起重机，如图 2-83（b）所示。

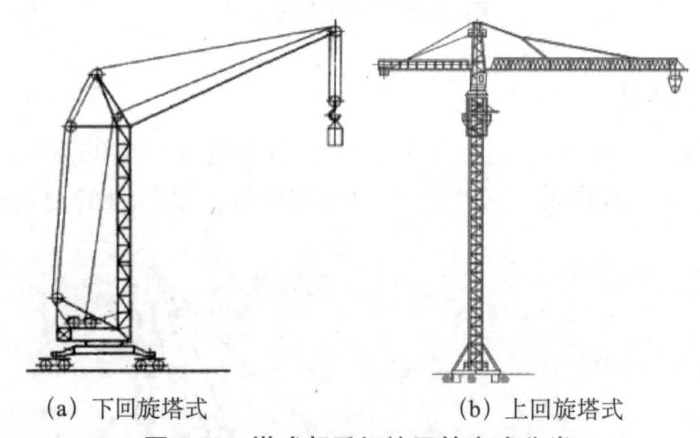

（a）下回旋塔式　　（b）上回旋塔式

图 2-82　塔式起重机按回转方式分类

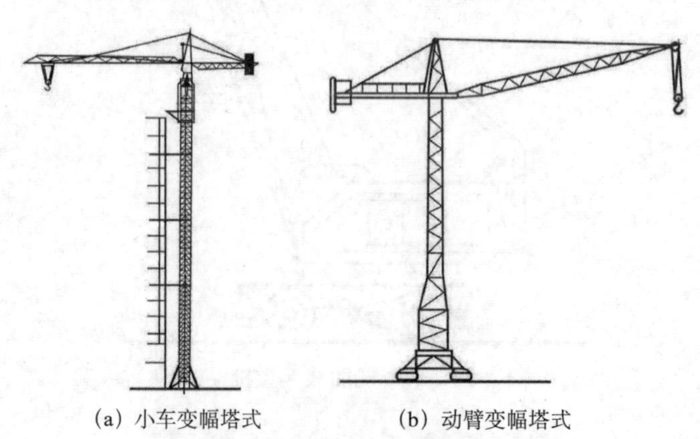

（a）小车变幅塔式　　（b）动臂变幅塔式

图 2-83　塔式起重机按变幅方式分类

（4）按架设方式可分为：

1）非自行架设塔式起重机。在塔式起重机安装或拆运时，必须依靠其他起重设备进行整机的安装和拆运。

2）自行架设塔式起重机。在塔式起重机安装或拆运时，主要依靠自身的动力装置和机构实现工作状态与运输状态相互转换的塔式起重机。

（5）按构造性能可分为：

1）轨道式起重机。轨道式塔式起重机是可在轨道上行走的起重机械，其工作范围大，适用于工业与民用建筑的结构吊装或材料仓库装卸工作，如图 2-84（a）所示。

2）爬升式塔式起重机。爬升式塔式起重机主要安装在建筑物内部框架或电梯间结构上，每隔 1～2 层楼爬升一次。其特点是机身体积小，安装简单，适用于现场狭窄的高层建筑结构安装，如图 2-84（b）所示。

3）附着式塔式起重机。附着式塔式起重机是固定在建筑物附近钢筋混凝土基础上的起重机，它随着建筑物的升高，利用液压自升系统逐步将塔顶顶升，塔身接高。为了减少塔身的计算长度应每隔 20m 左右将塔身与建筑用锚固装置联结起来，如图 2-84（c）所示。

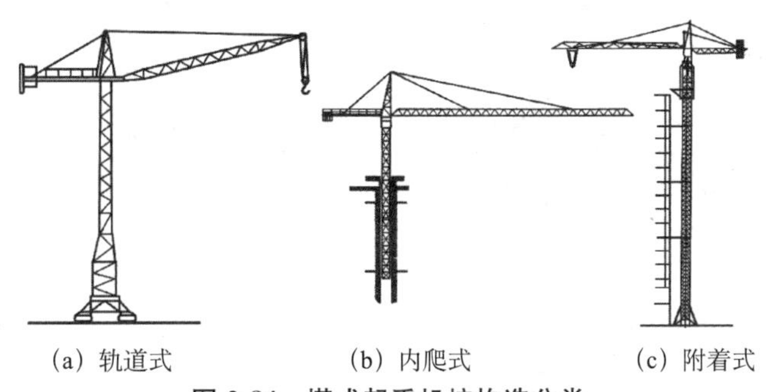

（a）轨道式　（b）内爬式　（c）附着式

图 2-84　塔式起重机按构造分类

2. 塔式起重机的构造

塔式起重机主要由钢结构、工作机构、电气控制系统、液压顶升系统、安全装置及附着装置等组成。

（1）钢结构。主要由塔身、起重臂、平衡臂、底架、塔尖等组成。其主要特点是结构简单、标准化强。

（2）工作机构。塔式起重机的工作机构主要包括起升机构、变幅机构、小车牵引机构、回转机构、顶升机构和大车走行机构（行走式的塔机）。

（3）电气控制系统。塔式起重机的主要电气设备包括电缆卷筒、电动机、操作电器、保护电器、主副回路中的控制电器、辅助电气设备等。

（4）液压顶升系统。塔式起重机的液压系统主要包括液压泵、液压油缸、控制元件、油管和接头、油箱和液压油滤清器等。

（5）安全装置。安装装置主要有限位开关、超负荷保险器、缓冲止挡装置、钢丝绳防脱装置、风速计、紧急安全开关、安全保护音响信号等。它是塔式起重机必不可少的设备之一。

其中限位开关按功能主要又分为吊钩行程限位开关、回转限位开关、小车行程限位开关、大车行程限位开关。

（五）桅杆式起重机

桅杆式起重机可分为独脚拔杆、人字拔杆、悬臂拔杆和牵缆桅杆式起重机等。这种机械的特点是制作简单，装拆方便，起重量可达 100t 以上，但其中半径小，移动较困难，需要设置较多的缆风绳。它适用于安装工程量集中，结构重量大，安装高度大以及施工现场狭窄的情况。

（1）独脚拔杆。独脚拔杆由拔杆、起重滑轮组、卷扬机、缆风绳和地锚等组成，如图 2-85 所示。根据独脚拔杆的制作材料不同可分为木独脚拔杆、钢管独脚拔杆和金属格构式拔杆等。

木独脚拔杆由圆木制成、圆木梢径为 200～300mm，起重高度在 15m 以内，起重量 10t 以下；钢管独脚拔杆起重量 30t 以下，起重高度在 20m 以内；金属格构式独脚拔杆起重高度可达 70m，起重量可达 100t。

独脚拔杆在使用时应保持一定的倾角（不宜大于 10°）。以便在吊装时，构件不致撞碰拔杆。拔杆的稳定主要依靠缆风绳，缆风绳一般为 6～12 根，根据起重量，起重高度和绳索强度而定，但不能少于 4 根。缆风绳与地面夹角一般为 30°～45°，角度过大则对拔杆会产生过大的压力。

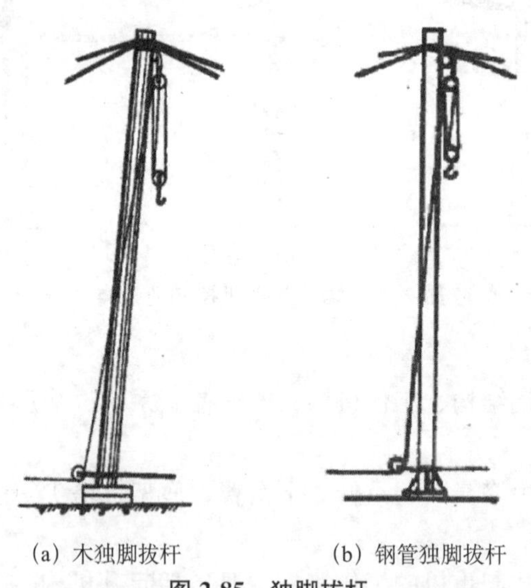

(a) 木独脚拔杆　　(b) 钢管独脚拔杆

图 2-85　独脚拔杆

（2）人字拔杆。人字拔杆由两根圆木、钢管或格构式构件，用钢丝绳绑扎或铁件铰接成人字形，如图 2-86 所示。拔杆的顶部夹角以 30°为宜。拔杆的前倾角，每高 1m 不得超过 10cm。两杆下端要用钢丝绳或钢杆拉住。缆风绳的数量，根据起重量和起吊高度决定。

（3）悬臂拔杆。在独脚拔杆的中部 2/3 高处，装上一根起重杆，即成悬臂拔杆。悬臂起重杆可以顺转和起伏，因此有较大的起重高度和相应的起重半径，悬臂起重杆，能左右摆动（120°～270°），但起重量较小，多用于轻型构件安装，如图 2-87 所示。

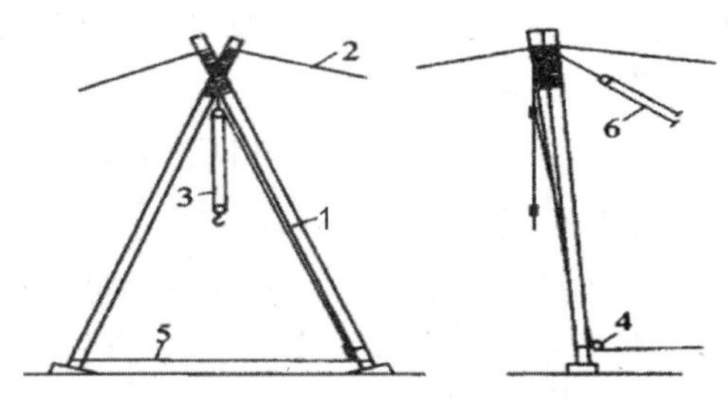

图 2-86　人字拔杆

1-圆木或钢管；2-缆风绳；3-起重滑车组；4-导向滑车；5-拉索；6-主缆风绳

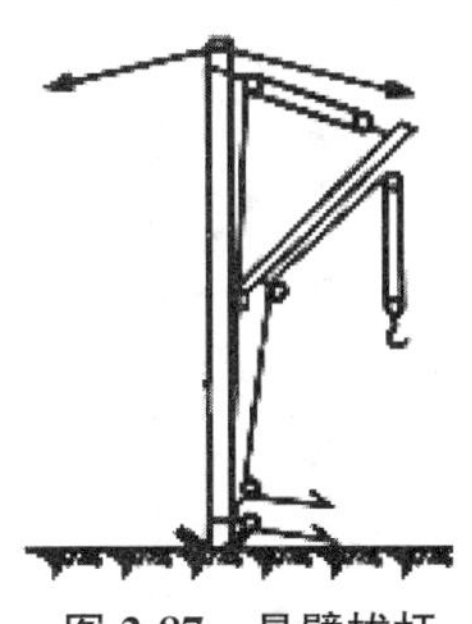

图 2-87　悬臂拔杆

(4) 牵缆式桅杆起重机。牵缆式桅杆起重机是独脚拔杆的根部装一根可以回转和起伏的吊杆而成，如图 2-88 所示。这种起重机的起重臂不仅可以起伏，而且整个机身可做全回转，因此工作范围大，机动灵活。由钢管做成的牵缆式起重机起重量在 10t 左右，起重高度达 25m；由格构式结构组成的牵缆式起重机起重量 60t，起重高度可达 80m。但这种起重机使用缆风绳较多，移动不便，用于构件多且集中的结构安装工程或固定的起重作业（如高炉安装）。

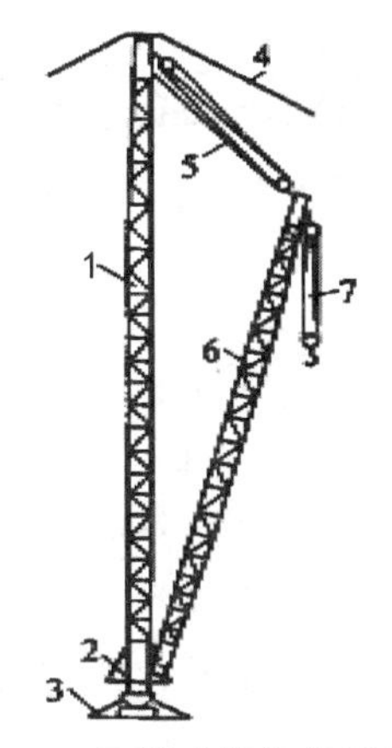

图 2-88　牵缆式桅杆起重机

1-桅杆；2-转盘；3-底盘；4-缆风绳；5-起伏吊杆滑车组；6-吊杆；7-起重滑车组

（六）井架

井架是砌筑工程垂直运输的常用设备之一，由四边杆件和井架内吊盘组成，架体截面形如“井”字，提升货物的吊篮在架体中间上下运行，如图 2-89 所示。其稳定性好、运输量大，可以搭设较大的高度。井架上可根据需要设置拔杆，供吊运长度较大的构件，其起重量为5～15kN，工作幅度可达10m。

井架搭设高度可达50m以上。用角钢搭设的单孔四柱井架主要由立柱、平撑和斜撑等杆件组成。井架搭设应垂直，支承地面应平整，各连接件螺栓须拧紧。为确保井架的稳定，应沿架体高度设置附墙架或缆风绳，当架高在20m以下时，需设置缆风绳不少于一组，向上每增高10m加设一组。每组缆风绳设置在井架的四角，每角一根，与地面夹角为45°～60°。安装好的井架应有避雷和接地装置。

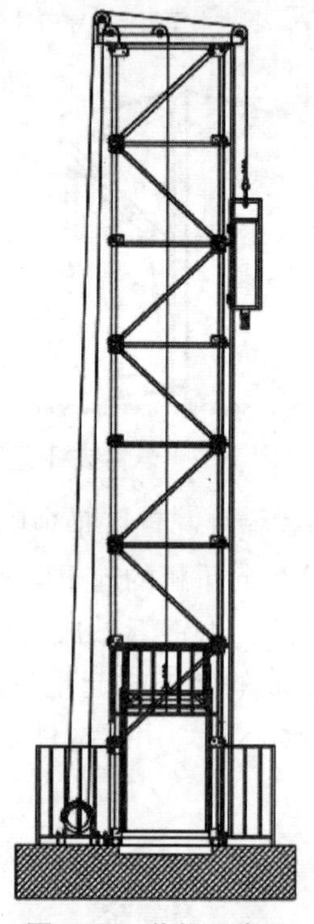

图2-89　井架示意图

（七）龙门架

龙门架是建筑施工中常用的一种提升设备，构造简单、制作容易、用料少、拆装方便。它由天轮梁及两根立杆组成，形如门框，如图2-90所示。龙门架上装有滑轮、导轨、吊盘、缆风绳等。门架由若干节格构式金属标准节与横梁组成，底部安装在靠近建筑物专设的混凝土基础上，并分段与建筑物用拉杆锚固或拉设多根缆风绳，以保证门架工作时的稳定。起重平台是用型钢焊接而成，两边设有滚轮可沿门架轨道上、下运行。平台铺有木板、两侧有围栏以保证安全。

龙门架宜用于材料、机具及小型预制构件的垂直运输。其起升高度为15～30m，起重量为5～12kN，适用于中小型工程。

（八）施工电梯

施工升降机是高层建筑施工中主要的垂直运输设备，又称为施工电梯，如图2-91所示。它附着在外墙或其他结构部位上，随建筑物升高，架设高度可达200m以上。其主要用于工业、民用高层建筑的施工，桥梁、矿井、水塔的高层物料和人员的垂直运输。

施工电梯按其驱动方式，可分为齿轮驱动式和绳轮驱动式两种。

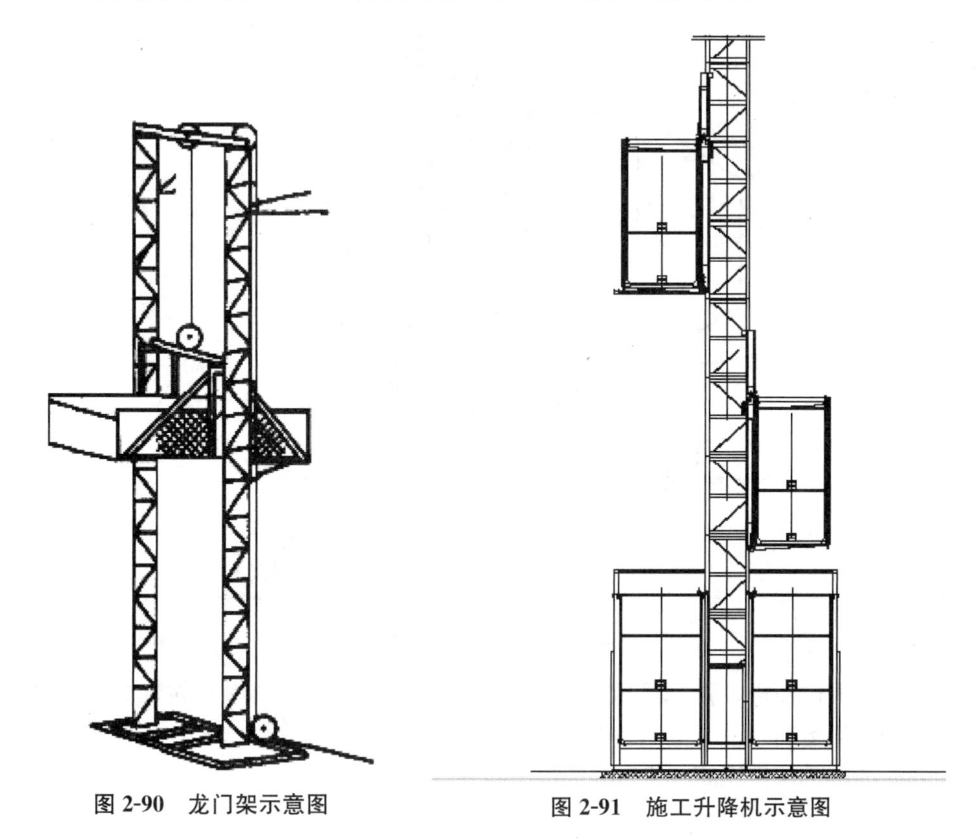

图 2-90　龙门架示意图　　　　图 2-91　施工升降机示意图

（1）齿轮驱动式施工电梯。主要是利用安装在吊箱上的齿轮与安装在塔架上的齿条相咬合，经电动变速机构带动齿轮转动使吊箱沿塔架升降。齿轮驱动式电梯按吊箱数量可分为单吊箱式和双吊箱式。该电梯装有高性能的限速装置，具有安全可靠、能自升接高的特点，作为货梯可载重 10kN，也可乘 12～25 人。其高度可达 100～150m 以上，其适用于建造 25 层特别是 30 层以上的高层建筑。

（2）绳轮驱动式施工电梯。主要是利用卷扬机、滑轮组，通过钢丝绳悬吊箱升降。该电梯为单吊箱，具有安全可靠、构造简单、结构轻巧、造价低的特点。其适用于建造 20 层以下的高层建筑使用。

二、混凝土机械

（一）混凝土搅拌机

（1）自落式搅拌机。自落式搅拌机的搅拌内壁焊有弧形叶片，当搅拌筒绕水平轴旋转时，叶片不断将物料提升到一定高度，利用重力的作用，自由落下，如图 2-92 所示。由于各物料颗粒下落的时间、速度、落点和滚动距离不同，从而使物料颗粒达到混合的目的。自落式搅拌机宜于搅拌塑性混凝土和低流动性混凝土。

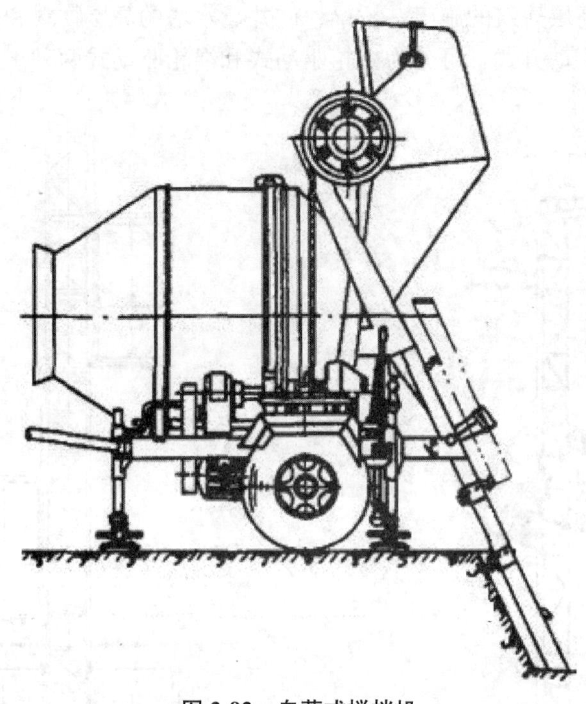

图 2-92　自落式搅拌机

（2）强制式搅拌机。强制式搅拌机利用运动着的叶片强迫物料颗粒环向、径向和竖向各个方面产生运动，使各物料均匀混合，如图 2-93 所示。强制式搅拌机作用比自落式强烈，宜于搅拌干硬性混凝土和轻骨料混凝土。

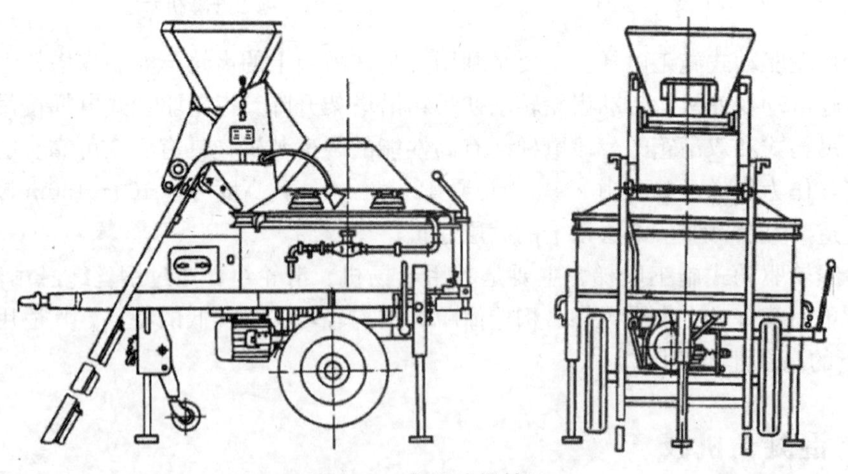

图 2-93　强制式搅拌机

（二）混凝土搅拌运输车

对于集中拌制混凝土或商品混凝土，输送到浇筑现场不但距离较远，而且输送量也较大时，较理想的混凝土输送机械，就是选择混凝土搅拌运输车。

根据混凝土运距的长短和材料供应条件的不同，搅拌运输车可以采用成品混凝土输送、湿料搅拌输送和干料输送途中注水搅拌等输送方式。

混凝土搅拌输送车，如图 2-94 所示。它由载重汽车底盘与搅拌装置两部分组成。因此，搅拌运输车能按汽车行驶条件运行，并用搅拌装置来满足混凝土的输送过程中的要求。

图 2-94　混凝土搅拌运输车

（三）混凝土输送泵

混凝土泵包括混凝土输送泵和混凝土搅拌输送车，它们以泵为动力，沿管道连续输送混凝土，可以一次性完成水平和垂直运输，将混凝土直接送到浇筑地点。中间环节少，生产效率高，特别是对施工场地狭窄，工作面小，或配筋密集的混凝土浇筑，是一种有效而经济的输送机械。常用的混凝土泵输送量为 30～90m^3/h，水平运距 200～500m，垂直运距为 50～100m。

混凝土输送管道多采用多节薄壁低合金钢管，以减轻重量、减少磨损，另有橡胶软管装在输送管道末端，用于直接向浇筑点摊铺混凝土。输送管管径改变时要用到锥形管接头，转弯处要用弯管接头。这些地方的流动阻力大，计算输送距离时要换成水平计算长度。在垂直输送时，为防止停泵时立管中的混凝土因自重倒流，在垂直管的底部设有逆流防止阀。

混凝土泵车（混凝土搅拌输送车）是在固定式混凝土输送泵基础上发展起来的具有自行、泵送和浇筑摊铺混凝土综合能力的高效能的专用混凝土施工机械。其形式结构如图 2-95 所示。

混凝土泵车与一般混凝土输送泵相比，由于混凝土泵及布料输送管道均装在汽车低盘上，机动性高。可折叠的臂架系统使泵车的长度和高度减小，能在拥挤的地方出入，使用灵活。现场准备工作量少，布料臂架伸出对位后，泵送工作即可开始。应用范围广，能浇筑较高的建筑物、构筑物、铺筑路面和基础混凝土。泵车上的泵尚可与固定安装在建筑物上的输送管道连接使用，或与其他泵接力使用，其水平和垂直输送距离可进一步扩大。将泵车与混凝土搅拌输送车配套使用尤为方便。目前该方法正逐步发展成为大中型预拌混凝土工程机械化施工的一种主要作业方式。

管道堵塞是泵送混凝土常发生的故障。其原因一般是由于操作不当，混凝土物料的组成不符合要求或管路铺设问题等。一旦出现排料不畅，应及时进行反泵处理，使初期形成的骨料集结松散后，再恢复正常泵送，不宜强行压送，以免造成完全堵塞。如发生堵塞后，应及时检查原因，判断堵塞部位，尽快加以排除。

（四）混凝土振捣器

混凝土的振捣方式分为人工振捣和机械振捣两种。人工振捣是利用捣锤或插钎等工具的

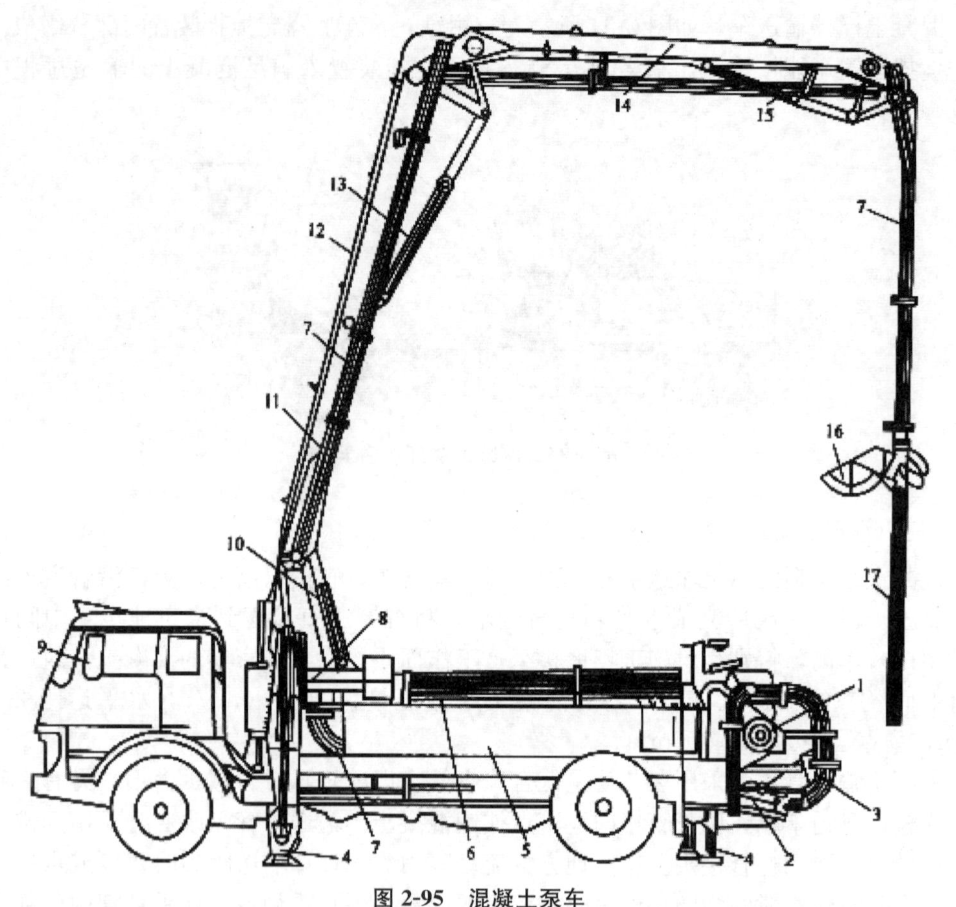

图 2-95　混凝土泵车

1-料斗和搅拌器；2-混凝土泵；3-Y 形出料管；4-液压外伸支腿；5-水箱；6-备用管段；7-输送管道；8-支撑旋转台；9-驾驶室；10、13、15-折叠臂油缸；11、14-臂杆；12-油箱；16-软管支架；17-软管

冲击力来使混凝土密实成型，其效率低、效果差；机械振捣是将振动器的振动力传给混凝土，使之发生强迫振动而密实成型，其效率高、质量好。常见混凝土振动机械如图 2-96 所示。

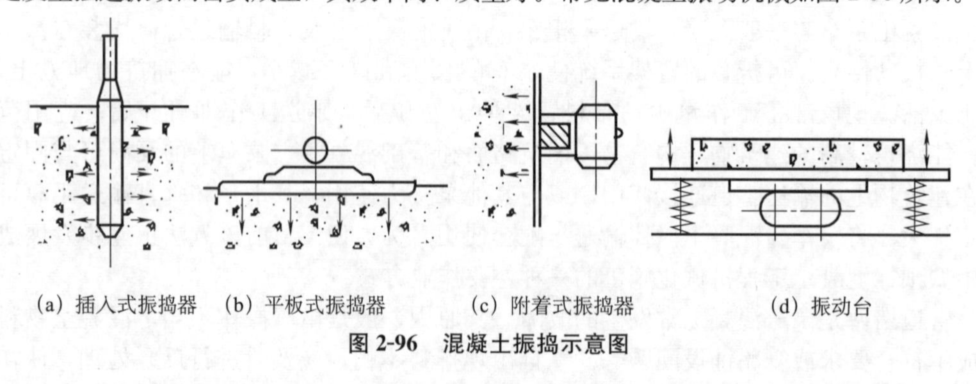

(a) 插入式振捣器　(b) 平板式振捣器　(c) 附着式振捣器　(d) 振动台

图 2-96　混凝土振捣示意图

(1) 插入式振捣器。插入式振捣器又称为内部振动器，如图 2-97 所示。插入式振捣器适用于振捣梁、柱、墙等构件和大体积混凝土，其主要操作要点如下：

1) 插入式振捣器的操作要做到快插慢拔、插点均匀、逐点移动、顺序进行、不得遗漏，达到均匀振实。

2）混凝土分层浇筑时，应将振动棒上下来回抽动50～100mm；同时，还应将振动棒深入下层混凝土中50mm左右，插入式振动器移动间距，不宜大于作用半径的1.5倍。捣实轻骨料混凝土的间距，不宜大于作用半径的1倍，如图2-98所示。

3）每一振捣点的振捣时间一般为20～30s。

4）使用振动器时，不允许将其支承在结构钢筋上或碰撞钢筋，不宜紧靠模板振捣。

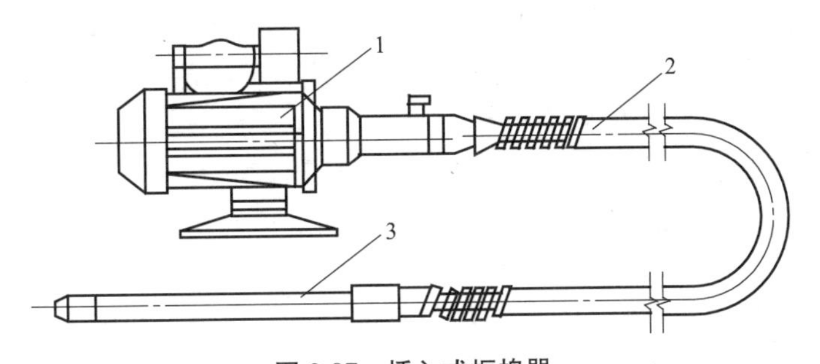

图2-97　插入式振捣器

1-电动机；2-软轴；3-振动棒

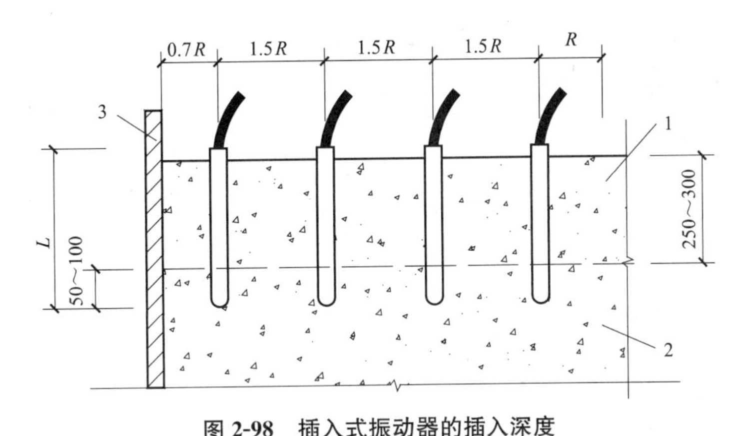

图2-98　插入式振动器的插入深度

1-新浇注的混凝土；2-下层已经振捣但尚未初凝的混凝土；3-模板

（2）平板式振捣器。平板式振捣器又称为表面振捣器，是由电动机轴上装有左、右两个偏心块的振动器固定在一块平板上而成的。其振动作用可直接传递于混凝土面层上。这种振动器适用于振捣楼板、空心板、地面和薄壳等薄壁结构。

（3）附着式振捣器。附着式振捣器又称为外部的振动器，它是直接安装在模板上进行振捣，利用偏心块旋转时产生的振动力通过模板传给混凝土，达到振实的目的。外部振动器适用于振捣断面较小或钢筋较密的柱子、梁、板等构件。

（4）振动台。振动台一般在预制厂用于振实干硬性混凝土和轻骨料混凝土。振动台宜采用加压振动的方法，施加压力为1～3kN/m²。

（五）混凝土布料机

混凝土布料机是为了扩大混凝土浇注范围，提高泵送施工机械化水平而开发研制的新产品，是泵送混凝土的末端设备，其作用是与混凝土输送泵连接，将泵压来的混凝土通过管道送到要浇筑构件的模板内，如图2-99所示。它扩大了混凝土泵送范围，有效地解决了墙体浇注布料的难题，对提高施工效率、减轻劳动强度，发挥了重要作用。

（1）手动式混凝土布料机。这种布料机设计合理，结构稳定可靠，采用360°全回转臂架式布料结构，整机操作简便、旋转灵活，具有高效、节能、经济、实用等特点。

（2）固定式混凝土布料机。固定式混凝土布料机是专门为铁路制梁场、核电等工程施工设计生产的专用混凝土浇注布料设备。

（3）移动式混凝土布料机。为“Z”形三节折叠臂，360°回转，能俯仰和展折变幅，在臂架长度范围内实现三维立体空间的全方位浇注，无浇注死角，能方便地实现墙体、管、柱、桩等各种施工作业的混凝土浇注。

（4）内爬式混凝土布料机。这种布料机是高层建筑混凝土施工的布料设备。布料机固定在电梯井内，配置自动爬升机构，利用液压油缸顶升，在电梯井内自动爬升，使布料机随着楼层的升高而升高，省时省力，效率高。

（5）船载式混凝土布料机。这种布料机是港湾、码头等工程施工设计生产的专用船载布料设备。

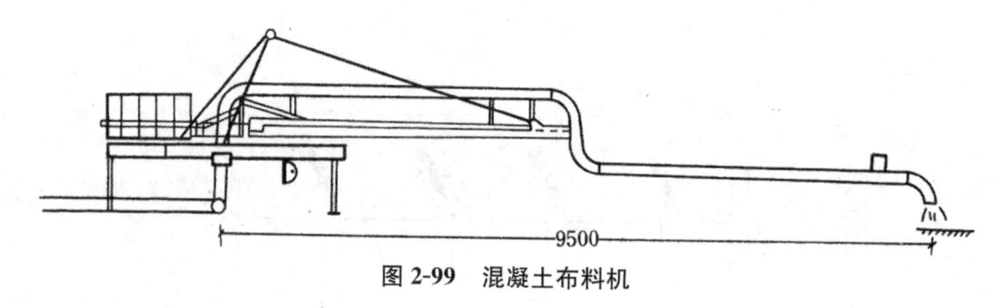

图 2-99　混凝土布料机

三、钢筋加工机械

（一）钢筋调直切断机

1. 构造组成

GT4/8 型钢筋调直切断机主要由放盘架、调直筒、传动箱、切断机构、承受架及机座等组成，其构造如图 2-100 所示。

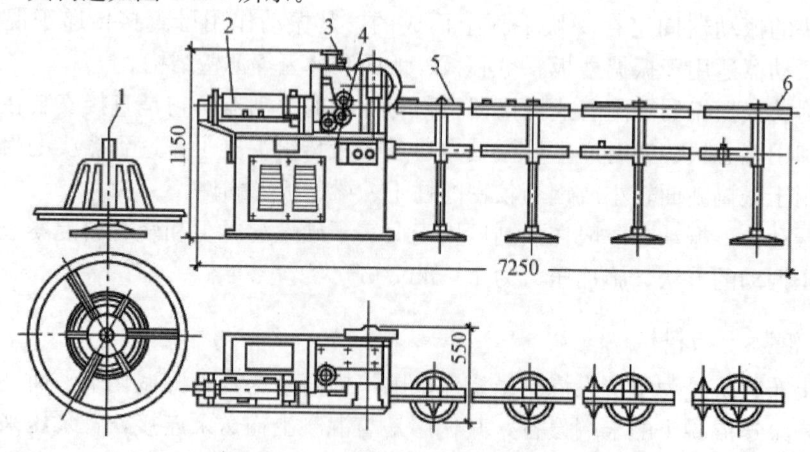

图 2-100　GT4/8 钢筋调直切断机结构

1-放盘架；2-调直筒；3-传动箱；4-机座；5-承受架；6-定尺板

2. 工作原理

电动机经胶带轮驱动调直筒和上、下压辊旋转，从而实现调直和曳引运动。偏心轴通过双滑块机构，带动锤头上下运动，实现切断作业。

3. 安全操作要点

（1）料架、料槽应安装平直，并应对准导向筒、调直筒和下切刀孔的中心线。

（2）用手转动飞轮，检查传动机构和工作装置，调整间隙，紧固螺栓，确认正常后，启动空运转，并应检查轴承无异响、齿轮啮合良好、运转正常后方可作业。

（3）应按调直钢筋的直径，选用适当的调直块及传动速度。调直块的孔径应比钢筋直径大 2～5mm，传动速度应根据钢筋直径选用，直径大的宜选用慢速，经调试合格，方可送料。

（4）调直块未固定，防护罩未盖好前，不得穿入钢筋，以防止开动机器后调直块飞出伤人。

（5）导向筒前部，应安装一根长度为 1m 左右的钢管。需调直的钢筋应先穿过该钢管，然后穿入导向筒和调直筒内，以防止每盘钢筋接近调直完毕时其端头弹出伤人。

（二）钢筋弯曲机

钢筋弯曲机是将调直、切断后的钢筋弯曲成所要求的尺寸和形状的专用设备。在建筑工地广泛使用的钢筋弯曲机按传动方式可分为机械式和液压式两类。以下主要介绍在建筑工地使用较为广泛的 GW40 型蜗轮蜗杆式钢筋弯曲机。

1. 构造组成

蜗轮蜗杆式钢筋弯曲机主要由机架、电动机、传动系统、工作机构（工作盘、插入座、夹持器、转轴等）及控制系统等组成，如图 2-101 所示。

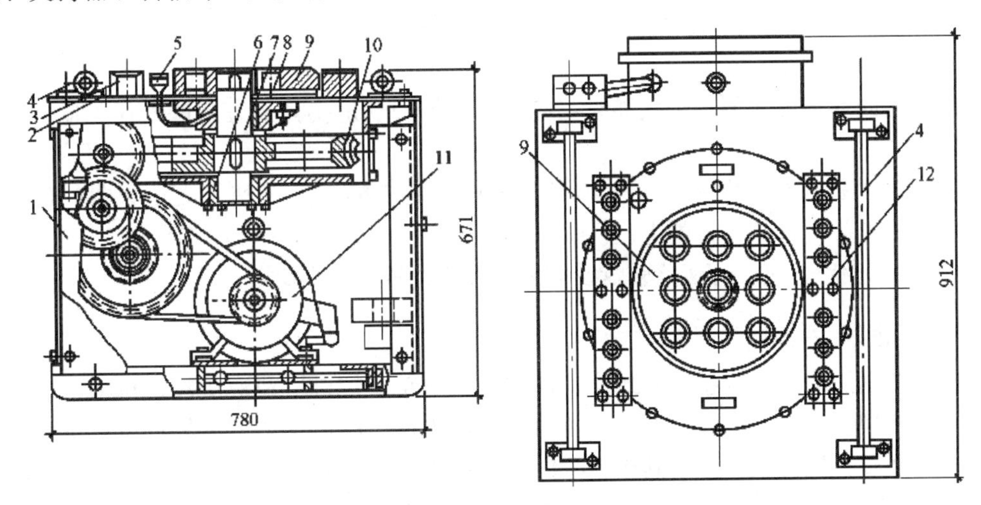

图 2-101　蜗轮蜗杆式钢筋弯曲机构造示意图

1-机架；2-工作台；3-插入座；4-转轴；5-油杯；6-涡轮箱；7-工作主轴；8-立轴承；9-工作盘；10-涡轮；11-电动机；12-孔眼条板

2. 工作原理

钢筋弯曲机的工作过程，如图 2-102 所示。首先将钢筋放到工作盘的芯轴和成形轴之间，开动弯曲机使工作盘转动，由于钢筋一端被挡铁轴挡住，因而钢筋被成形轴推压，绕芯轴进行弯曲。当达到所要求的角度时，自动或手动使工作盘停止，然后使工作盘反转复位。如要改变钢筋弯曲的曲率，可以更换不同直径的芯轴。

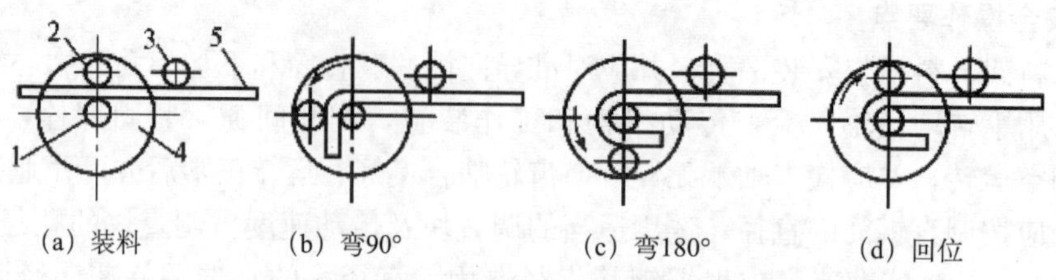

(a) 装料　(b) 弯90°　(c) 弯180°　(d) 回位

图 2-102　钢筋弯曲机工作原理图

1-芯轴；2-形成轴；3-挡铁轴；4-工作盘；5-钢筋

3. 安全操作要点

(1) 工作台和弯曲机台面应保持水平，作业前应准备好各种芯轴及工具。

(2) 应按加工钢筋的直径和弯曲半径的要求，装好相应规格的芯轴和成形轴、挡铁轴。芯轴直径应为钢筋直径的 2.5 倍。挡铁轴应有轴套。

(3) 挡铁轴的直径和强度不得小于被弯钢筋的直径和强度。不直的钢筋，不得在弯曲机上弯曲。

(4) 应检查并确认芯轴、挡铁轴、转盘等无裂纹和损伤，防护罩坚固可靠，空载运转正常后方可作业。

(5) 作业时，应将钢筋需弯一端插入在转盘固定销的间隙内，另一端紧靠机身固定销，并用手压紧；应检查机身固定销并确认安放在挡住钢筋的一侧，方可开动。

(6) 作业中，严禁更换轴芯、销子和变换角度以及调速，也不得进行清扫和加油。

(7) 对超过机械铭牌规定直径的钢筋严禁进行弯曲。在弯曲未经冷拉或带有锈皮的钢筋时，应戴防护镜。

(8) 弯曲高强度或低合金钢筋时，应按机械铭牌规定换算最大允许直径并应调换相应的芯轴。

(9) 在弯曲钢筋的作业半径内和机身不设固定销的一侧严禁站人。弯曲好的半成品，应堆放整齐，弯钩不得朝上。

(10) 作业后，应及时清除转盘及插入座孔内的铁锈、杂物等。

(三) 钢筋冷拉机

常用的钢筋冷拉机有卷扬机式冷拉机械、阻力轮冷拉机械和液压冷拉机械等。其中卷扬机式冷拉机械具有适应性强、设备简单、成本低、制造维修容易等特点。下面以卷扬机式钢筋冷拉机为例，介绍其构造组成、工作原理及安全操作。

1. 构造组成

卷扬机式钢筋冷拉机主要由电动卷扬机、钢筋滑轮组（定滑轮组、动滑轮组）、地锚、导向滑轮、夹具（前夹具、后夹具）和测力器等组成，如图 2-103 所示。

2. 工作原理

当卷扬机旋转时，夹持钢筋的一组动滑轮被拉向卷扬机，使钢筋被拉伸；而另一组动滑轮则被拉向导向滑轮，等下一次冷拉时交替使用。钢筋所受的拉力经传力杆、活动

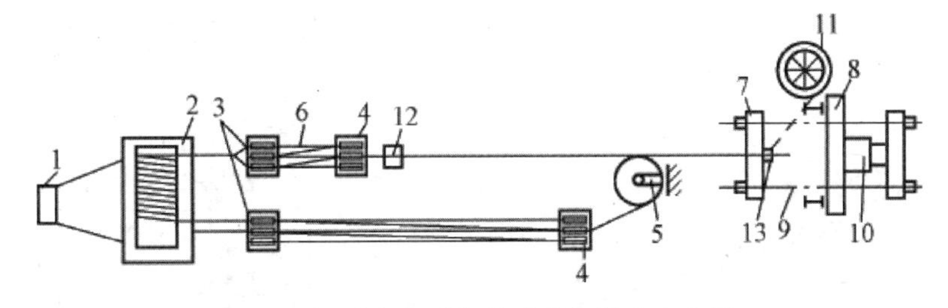

图 2-103 卷扬机式钢筋冷拉机构造示意图

1-地锚；2-卷扬机；3-定滑轮组；4-动滑轮组；5-导向滑轮；6-钢丝绳；7-活动横梁；8-固定横梁；9-传力杆；10-测力器；11-放盘架；12-前夹具；13-后夹具

横梁传给测力装置，从而测出拉力的大小。拉伸长度可通过标尺测出。

3. 安全操作要点

（1）卷扬钢丝绳应经过封闭式导向滑轮并和被拉钢筋水平方向成直角。卷扬机的位置应使操作人员能见到全部冷拉场地，卷扬机与冷拉中线距离不得少于 5m。

（2）冷拉场地应在两端地锚外侧设置警戒区，并应安装防护栏及警告标志。无关人员不得在此停留。操作人员在作业时必须在钢筋 2m 以外。

（3）用配重控制的设备应与滑轮匹配，并应有指示起落的记号，没有指示记号时应有专人指挥。配重框提起时高度应限制在离地面 300m 以内，配重架四周应有栏杆及警告标志。

（4）作业前，应检查冷拉夹具，夹齿应完好，滑轮、拖拉小车应润滑灵活，拉钩、地锚及防护装置均应齐全牢固。确认其良好后方可作业。

（5）卷扬机操作人员必须看到指挥人员发出信号，并待所有人员离开危险区后方可作业。当有停车信号或见到有人进入危险区时，应立即停拉，并稍稍放松钢丝绳。

（6）用延伸率控制的装置，应装设明显的限位标志，并应有专人负责指挥。

（7）夜间作业的照明设施，应装设在张拉危险区外。当需要装设在场地上空时，其高度应超过 5m。灯泡应加防护罩，导线严禁采用裸线。

（8）作业后，应放松卷扬钢丝绳，落下配重，切断电源，锁好开关箱。

（四）钢筋冷拔机

1. 构造组成

立式单筒冷拔机由电动机、支架、拔丝模、卷筒、阻力轮、盘料架等组成，如图 2-104所示。卧式双筒冷拔机的卷筒是水平设置的，其构造如图 2-105 所示。

2. 工作原理

（1）立式单筒冷拔机的工作原理。电动机动力通过蜗轮、蜗杆减速后，驱动立轴旋转，使安装在立轴上的拔丝筒一起转动，卷绕着强行通过拔丝模的钢筋，完成冷拔工序。当卷筒上面缠绕的冷拔钢筋达到一定数量后，可用冷拔机上的辅助吊具将成卷钢筋卸下，再使卷筒继续进行冷拔作业。

（2）卧式双筒冷拔机的工作原理。电动机动力经减速器减速后驱动左右卷筒以 20r/min的转速旋转，卷筒的缠绕强力使钢筋通过拔丝模完成拉拔工序，并将冷拔后的钢筋缠绕在卷筒上，达到一定数量后卸下，使卷筒继续冷拔作业。

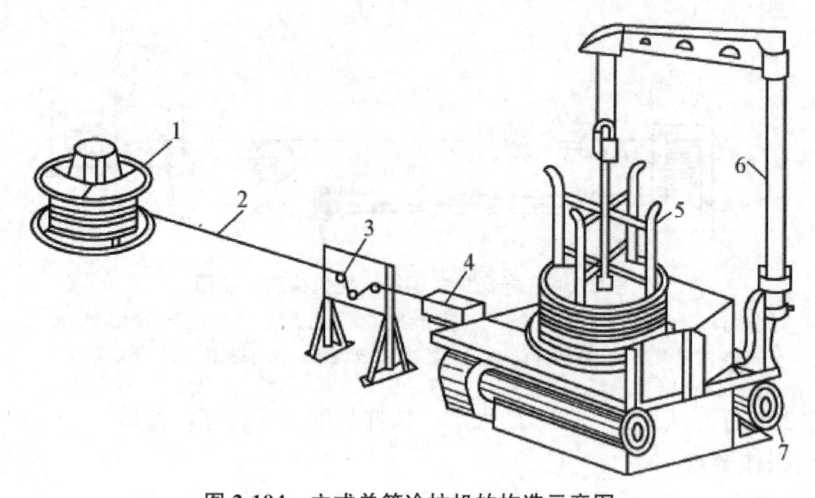

图 2-104　立式单筒冷拉机的构造示意图

1-盘料架；2-钢筋；3-阻力轮；4-拔丝模；5-卷筒；6-支架；7-电动机

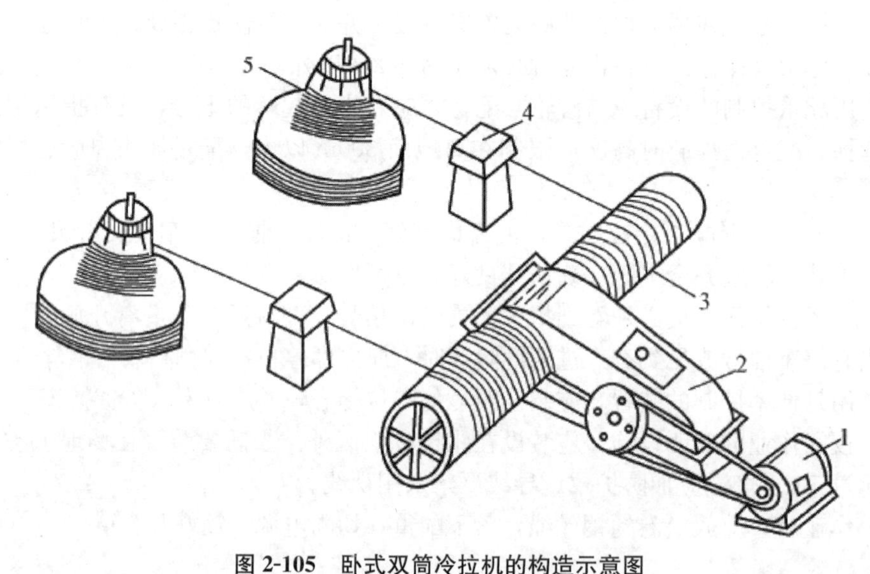

图 2-105　卧式双筒冷拉机的构造示意图

1-电动机；2-减速器；3-卷筒；4-拔丝模盒；5-承料架

3. 安全操作要点

（1）应检查并确认机械各连接件牢固，模具无裂纹，轧头和模具的规格配套，然后启动主机空运转，确认正常后方可作业。

（2）在冷拔钢筋时，每道工序的冷拔直径应按机械说明书规定进行，不得超量缩减模具孔径，无资料时，可按每次缩减孔径 0.5～1.0mm 进行。

（3）轧头时，应先使钢筋的一端穿过模具长度达 100～500mm，再用夹具夹牢。

（4）作业时，操作人员的手和轧辊应保持 300～500mm 的距离。不得用手直接接触钢筋的滚筒。

（5）冷拔模架中应随时加足润滑剂，润滑剂应采用石灰和肥皂水调和晒干后的粉末。钢筋通过冷拔模前，应抹少量润滑脂。

（6）当钢筋的末端通过冷拔模后，应立即脱开离合器，同时用手闸挡住钢筋末端。

（7）拔丝过程中，当出现断丝或钢筋打结乱盘时，应立即停机，处理完毕后，方可开机。

第八节　钢结构工程

一、钢结构制作

钢结构是由钢构件制成的工程结构，所用钢材主要是型钢和钢板。和其他结构相比，它具有强度高，材质均匀，自重小，抗震性能好，施工速度快，工期短，密闭性好，拆迁方便等优点；但其造价较高，耐腐蚀性和耐火性较差。

目前，钢结构在工业与民用建筑中使用越来越广泛，其主要用于厂房结构、大跨度结构、超高层结构等建筑。

（一）钢结构加工制作工艺

1. 开工前的准备工作

钢结构开工前的准备工作主要有：

（1）图纸审核。在开工前应审核设计文件是否齐全；构件的几何尺寸是否正确；节点是否清楚；构件的数量是否符合总数量，构件之间的连接形式是否合理；加工符号、焊接符号是否齐全；图纸的标准是否符合国家规定等。

（2）详图设计。一般设计院提供的设计图，不能直接用来加工制作钢结构，施工单位在考虑加工工艺、公差配合、加工余量、焊接控制等因素后，在原设计图的基础上绘制加工制作图，又称施工详图。加工制作图是最后沟通设计人员及施工人员意图的详图，是实际尺寸划线、剪切、坡口加工、制孔、弯制、拼装、焊接、涂装、产品检查、堆放、发送等各项作业的指示书。

（3）备料和核对。根据图纸材料表计算出各种材质、规格的材料净用量，再加一定数量的损耗提出材料预算计划。工程预算一般可按实际用量所需的数值再增加10%进行提料和备料。核对来料的规格、尺寸、重量和材质；材料代用必须经设计部门同意，并进行相应的修改。

（4）编制工艺流程。编制工艺流程的原则是能以最快的速度、最少的劳动量和最低的费用，可靠地加工出符合设计图纸要求的产品。

工艺流程编制的内容包括成品技术要求；关键零件的加工方法、精度要求、检查方法和检查工具；主要构件的工艺流程；工序质量标准、工艺措施（如组装次序、焊接方法等）；采用的加工设备和工艺设备。

（5）进行技术交底。技术交底按工程的实施阶段可分为开工前的技术交底和投料加工前进行的本厂施工人员技术交底两个阶段。

2. 钢结构加工制作工艺流程

钢结构加工制作的主要工艺流程有：

（1）样杆、样板的制作。样杆一般用薄钢板或扁钢制作，当长度较短时可用木尺杆。样板可采用厚度0.50～0.75mm的薄钢板或塑料板制作，其精度应符合规范要求。样杆、样板应注明工号、图号、零件号、数量及加工边、坡口部位、弯折线和弯折方向、孔径和滚圆半径等。制作的样杆、样板应妥善保存，直至工程结束后方可销毁。

（2）号料。号料是指利用样板、样杆、号料草图放样得出的数据，在板料或型钢上画出零件真实的轮廓和孔口的真实形状，以及与之连接构件的位置线、加工线等，并注出加工符号。

钢材如有较大弯曲等问题时应先进行校正。校正后的钢材表面，不应有明显的凹面和损伤。号料应尽可能节约材料，并有利于切割和保证零件质量。

（3）切割。钢材的切割包括气割、等离子切割等方法，也可使用剪切、切削等机械力的方法。主要根据切割能力、切割精度、切割面的质量及经济性来选择切割方法。

（4）边缘加工和端部加工。其方法主要有：铲边、刨边、铣边、碳弧气刨、气割和坡口机加工等。

（5）制孔。常用的打孔方法有机械打孔、气体开孔、钻模和板叠套钻制孔和数控钻孔四大类。螺栓孔的偏差超过规定的允许值时，允许采用与母材材质相匹配的焊条补焊后重新制孔，严禁采用钢块填塞。制孔后应用磨光机清除孔边毛刺，并不得损伤母材。

（6）组装。钢结构拼装必须按工艺要求的次序进行，当有隐蔽焊缝时，必须先施焊，经检验合格方可覆盖。为减少变形，尽量采用小件组焊，经矫正后再大件组装。组装的零件、部件应检验合格，其上面的铁锈、毛刺、污垢、冰雪、油迹等应清除干净。

板材、型材的拼接应在组装前进行。构件的组装应在部件组装、焊接、矫正后进行，以便减少构件的残余应力，保证产品的制作质量。构件的隐蔽部位应提前进行涂装。

（7）摩擦面的处理。高强度螺栓摩擦面处理后的抗滑移系数值应符合设计的要求。摩擦面的处理可采用喷砂、喷丸、酸洗、砂轮打磨等方法，一般应按设计要求进行，设计无要求时施工单位可采用适当的方法进行施工。采用砂轮打磨处理摩擦面时，打磨范围不应小于螺栓孔径的四倍，打磨方向与构件受力方向垂直。高强度螺栓的摩擦连接面不得涂装，高强度螺栓安装完后，应将连接板周围封闭，再进行涂装。

（8）涂装、编号。涂装前应对钢构件表面进行除锈处理，构件表面除锈方法和除锈等级应与设计采用的涂料相适应，并应符合规范的规定。涂料、涂装遍数、涂层厚度均应符合设计的要求。

涂装环境温度应符合涂料产品说明书的规定，无规定时，环境温度应在5～38℃，相对湿度不应大于85%，构件表面没有结露和油污等，涂装后4h内应保护免受雨淋。

施工图中注明不涂装的部位和安装焊缝处的30～50mm宽范围内以及高强度螺栓摩擦连接面不得涂装。

构件涂装后，应按设计图纸进行编号，编号的位置应符合便于堆放、便于安装、便于检查的原则。对于大型或重要的构件还应标注重量、吊装位置和定位标记等记号。编号的汇总资料与运输文件、施工组织设计文件、质检文件等统一起来，编号可在竣工验收后加以复涂。

（二）构件的运输与堆放

1. 钢构件的运输

钢构件的运输应符合以下要求：

（1）大型或重型构件的运输应根据行车路线、运输车辆的性能、码头状况、运输船只的情况编制运输方案。运输方案中着重考虑吊装工程的堆放条件、工期要求、运输顺序。

（2）构件重量单件超过 3t 的，宜在易见部位用油漆标上重量及重心位置，避免在装、卸车和起吊过程中损坏构件；节点板、高强度螺栓连接面等要有适当的保护措施，零星的部件等都要按同一类别用螺栓和钢丝紧固成束或包装发运。

（3）构件运输时，应根据构件的长度、重量、断面形状选用车辆；构件在运输车辆上的支点、两端伸长的长度及绑扎方法均应保证构件不产生永久变形、不损伤涂层。构件起吊必须按设计吊点起吊。

（4）公路运输装运的高度极限为 4.5m，如需通过隧道时，则高度极限为 4m，构件长出车身不得超过 2m。

2. 钢构件的堆放

构件的堆放应符合以下要求：

（1）构件一般要堆放在工厂的堆放场或现场的堆放场。构件堆放场地应平整坚实，无水坑、冰层、地面平整干燥，并应排水通畅，有较好的排水设施，同时有车辆进出的回路。

（2）构件应按种类、型号、安装顺序划分区域，插竖标志牌。构件底层垫块要有足够的支承面，不允许垫块有大的沉降量，堆放的高度应有计算依据，以最下面的构件不产生永久变形为准，不得随意堆高。钢结构产品不得直接置于地上，要垫高 200mm。

（3）在堆放中，发现有变形不合格的构件，则应严格检查，并进行矫正，然后再堆放。不得把不合格的变形构件堆放在合格的构件中，否则会大大地影响安装进度。

（4）对于已堆放好的构件，要派专人汇总资料，建立完善的进出厂的动态管理，严禁乱翻、乱移。同时对已堆放好的构件进行适当保护，避免风吹雨打、日晒夜露。

（5）不同类型的钢构件一般不堆放在一起。同一工程的钢构件应分类堆放在同一地区，以便装车发运。

（三）构件的连接

钢结构的连接是指采用一定方式将各杆件连接成整体。钢结构的连接方法有焊接连接、铆钉连接、螺栓连接等，如图 2-106 所示。目前应用较多的是焊接连接和高强螺栓连接。

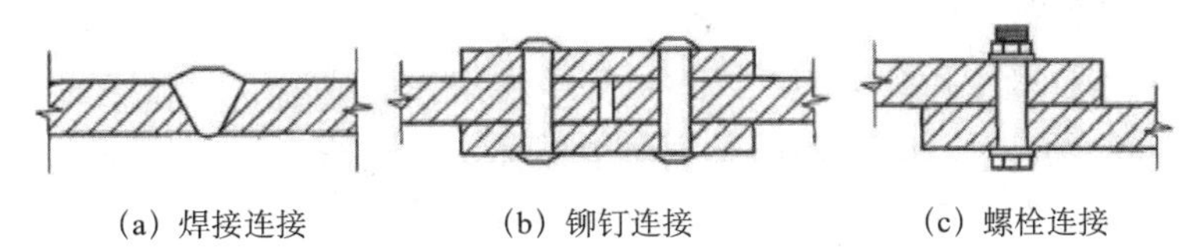

（a）焊接连接　　（b）铆钉连接　　（c）螺栓连接

图 2-106　钢结构连接方法

(1) 焊接连接。钢结构构件的主要焊接方法有手工电弧焊、气体保护焊、自保护电弧焊、埋弧焊、电渣焊、等离子焊、激光焊、电子束焊、栓焊等。在钢结构制作和安装领域中，广泛使用的是电弧焊。

(2) 铆钉连接。利用铆钉将两个以上的零构件（一般是金属板或型钢）连接为一个整体的连接方法称为铆钉连接。随着科学技术的发展和安装制作水平的不断提高，焊接及螺栓连接的应用范围在不断地扩大。因此，铆钉连接在钢结构制品中逐步地被焊接连接代替。铆钉连接有冷铆和热铆两种。

冷铆是铆钉在常温状态下进行的铆钉连接。

热铆是将铆钉加热后的铆钉连接。一般在铆钉材质的塑性较差或直径较大、铆钉连接力不足的情况下采用热铆。

(3) 螺栓连接。螺栓连接根据螺栓的种类又分为普通螺栓连接和高强螺栓连接两种。

①普通螺栓连接。普通螺栓作为永久性连接螺栓时，为增大承压面积，螺栓头和螺母下面应放置平垫圈。普通螺栓连接对螺栓紧固力没有具体要求。以施工人员紧固螺栓时的手感及连接接头的外形控制为准。为了保证连接接头中各螺栓受力均匀，螺栓的紧固次序宜从中间对称向两侧进行；对大型接头宜采用复拧方式，即两次紧固。

普通螺栓连接时螺栓的紧固检验一般采用锤击法，即用 0.3kg 小锤，一手扶螺栓头，另一手用锤敲击，如螺栓头不偏移、不颤动、不转动，锤声比较干脆，说明螺栓紧固质量良好，否则需要重新紧固。永久性普通螺栓紧固应牢固、可靠，外露丝扣应不少于 2 扣。

②高强度螺栓连接如图 2-107 所示。高强度螺栓从外形上可分为大六角高强度螺栓和抗剪型高强度螺栓两种类型。按性能等级分为 8.8 级、10.9 级、12.9 级，目前我国使用的大六角头高强度螺栓有 8.8 级和 10.9 级两种，抗剪型高强度螺栓只有 10.9 级一种。

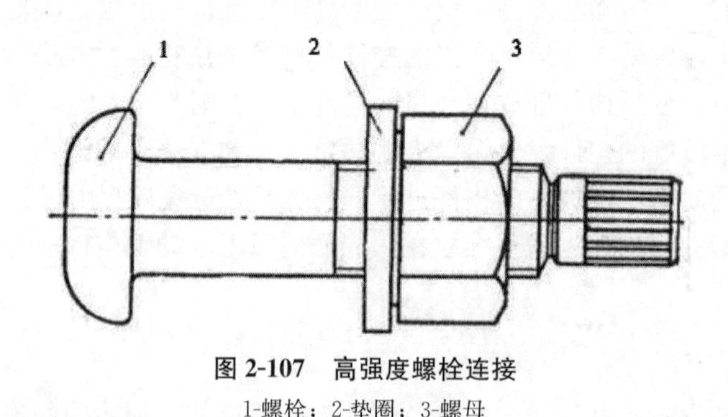

图 2-107　高强度螺栓连接

1-螺栓；2-垫圈；3-螺母

(四) 构件的防腐与涂装

钢结构工程所处的工作环境不同，自然界中酸雨介质或温度、湿度的作用可能会使钢结构产生不同的物理和化学作用而受到腐蚀破坏，严重的将影响其强度、安全性和使用年限，为了减轻并防止钢结构的腐蚀，目前国内外主要采用涂装方法进行防腐。

（1）钢结构构件防腐涂料的种类。防腐涂料是一种含油或不含油的胶体溶液，将它涂敷在钢结构构件的表面，可结成涂膜以防钢结构构件被锈蚀。施工中按其作用及先后顺序分为底涂料和饰面涂料两种。

1）底涂料：含粉料多，基料少，成膜粗糙，与钢材表面粘结力强，并与饰面涂料结合好。

2）饰面涂料：含粉料少，基料多，成膜后有光泽。主要功能是保护下层的防腐涂料。

（2）钢构件涂装前表面处理。钢材表面的处理是保证涂料防腐效果和钢构件使用寿命的关键。因此，涂装前不但要除去钢材表面的污垢、油脂、铁锈、氧化皮、焊渣和已失效的旧漆膜，还要使钢材表面形成一定的粗糙度。

（3）涂装施工。涂装施工前，钢结构制作、安装、校正已完成并验收合格。涂装施工环境应通风良好、清洁和干燥，施工环境温度一般宜为15～30℃，具体应按涂料产品说明书的规定执行；施工环境相对湿度宜不大于85％；钢材表面的温度应高于空气露点温度3℃以上。

1）施涂方法。钢结构涂装工序主要有：刷防锈漆、局部刮腻子、涂装施工、漆膜质量检查。涂装施工方法有刷涂法、滚涂法、浸涂法、空气喷涂法、无气喷涂法、粉末涂装法。

①刷涂法。刷涂法是一种传统施工方法，它具有工具简单、施工方法简单、施工费用少、易于掌握、适应性强、节约涂料和溶剂等优点。但劳动强度大、生产效率低、施工质量取决于操作者的技能等。

涂刷顺序一般采用自上而下，从左到右，先里后外，先斜后直、先难后易的原则；最后一道涂料刷涂垂直表面时应自上而下进行，刷涂水平表面时应按光线照射方向进行。

②滚涂法。滚涂法是用多孔吸附材料制成的滚子进行涂料施工的方法。该方法施工用具简单，操作方便，施工效率高，但劳动强度大，生产效率低。只适合用于面积较大的构件。

③浸涂法。浸涂法是将被涂物放入漆槽内浸渍，经过一段时间后取出，滴净多余涂料后再晾干或烘干。其优点是效率高，操作简单，涂料损失少。适用于形状复杂构件，及烘烤型涂料。

④空气喷涂法。空气喷涂法是利用压缩空气的气流将涂料带入喷枪，经喷嘴吹散成雾状，并喷涂到物体表面上的涂装方法。其优点是可获得均匀、光滑的漆膜，施工效率高，缺点是消耗溶剂量大，污染现场，对施工人员有毒害。

⑤无气喷涂法。无气喷涂法是利用特殊的液压泵，将涂料增至高压，当涂料经喷嘴喷出时，高速分散在被涂物表面上并形成漆膜。其优点是喷涂效率高，对涂料适应性强，能获得厚涂层。缺点是如果改变喷雾幅度和喷出量必须更换喷嘴，也会损失涂料，对环境有一定的污染。

2）钢结构防火涂料施工。钢结构防火涂料按所用粘结剂的不同可分为有机类、无机类；按涂层的厚度可分为薄涂型（2～7mm）和厚涂型（8～50mm）两类；按施工环境不同分为室内、露天两类；按涂层受热后的状态分为膨胀型和非膨胀型两类。

钢结构涂装前表面杂物应清理干净并应除锈，其连接处的缝隙应用防火涂料或其他防火材料填补堵平。喷涂前应检查防火涂料品名、质量是否满足要求，是否有厂方的合格证，检测机构的耐火性能检测报告和理化性能检测报告。防火涂料中的底层和面层涂料应相互配套，且底层涂料不得腐蚀钢材。涂料施工及涂层干燥前，环境温度宜在 5～38℃，相对湿度不宜大于 90%。当风速大于 5m/s，雨天和构件表面有结露时，不宜施工。

钢结构防火涂料施工前应搅拌均匀。双组分涂料应按说明书规定的配比配制，随用随配。配制的涂料应在规定的时间内用完。对于薄涂型防火涂料施工时底层涂料宜采用喷涂，面层涂料可采用刷涂、喷涂或滚涂，局部修补及小面积施工可采用抹灰刀等工具手工涂抹。对于厚涂型防火涂料一般采用喷涂施工，喷涂时应在前遍基本干燥或固化后再进行下一遍施工。

二、钢结构单层厂房安装工艺

（一）吊装前准备工作

吊装前的准备工作主要有以下三方面：

（1）施工组织设计。在吊装前应进行钢结构工程的施工组织设计。其内容包括：计算钢结构构件和连接件数量；选择起重机械；确定构件吊装方法；确定吊装流水程序；编制进度计划；确定劳动组织；构件的平面布置；确定质量保证措施、安全措施等。

（2）基础的准备。钢柱基础的顶面通常设计为一平面，通过地脚螺栓将钢柱与基础连成整体。为保证基础顶面标高及地脚螺栓位置准确，基础施工可采用一次浇筑法或二次浇筑法。

1）一次浇筑法。先将基础混凝土浇灌到低于设计标高 40～60mm 处，然后用细石混凝土精确找平至设计标高，以保证基础顶面标高的准确。这种方法要求钢柱制作尺寸十分准确，且要保证细石混凝土与下层混凝土的紧密粘结，如图 2-108（a）所示。

2）二次浇筑法。钢柱基础分两次浇筑。第一次浇筑到比设计标高低 40～60mm 处，待混凝土有一定强度后，上面放钢垫板，精确校正钢板标高，然后吊装钢柱。当钢柱校正完毕后，在柱脚钢板下浇灌细石混凝土，如图 2-108（b）所示。这种方法校正柱子比较容易，多用于重型钢柱吊装。

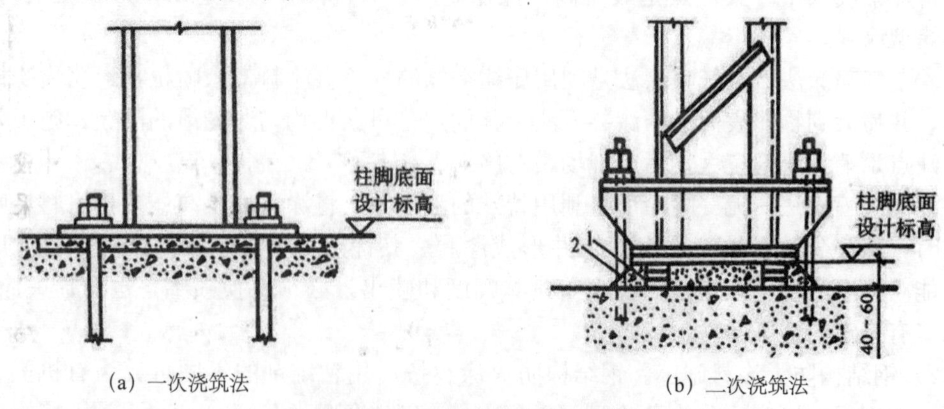

(a) 一次浇筑法　　(b) 二次浇筑法

图 2-108　钢柱基础施工方法

1-钢垫板；2-钢柱安装后浇筑的细石混凝土

（3）构件的检查与弹线。在吊装钢构件之前，应检查构件的外形和几何尺寸，并在钢柱的底部和上部标出两个方面的轴线，在底部适当高度标出标高准线，以便校正钢柱的平面位置、垂直度、屋架和吊车梁的标高等。对不易辨别上下、左右的构件，应在构件上加以标明，以免吊装时搞错。

（二）构件的吊装工艺

1. 钢柱的吊装

（1）钢柱的吊升。钢柱的吊升可采用自行式或塔式起重机，用旋转法或滑行法吊升。当钢柱较重时，可采用双机抬吊，用一台起重机抬钢柱的上吊点，一台起重机抬钢柱的下吊点，采用双机并立相对旋转法进行吊装。

（2）钢柱的校正与固定。钢柱的校正包括平面位置、标高、垂直度的校正。平面位置的校正应用经纬仪从两个方向检查钢柱的安装准线。在吊升前应安放标高控制块以控制钢柱底部标高。垂直度的校正用经纬仪检验，如超过允许偏差，用千斤顶进行校正。在校正过程中，随时观察柱底部和标高控制块之间是否脱空，以防校正过程中造成水平标高的误差。

为防止钢柱校正后的轴线位移，应在柱底板四边用 10mm 厚钢板定位，并电焊牢固。钢柱复校后，紧固地脚螺栓，并将承重垫块上下点焊固定，防止走动。

2. 钢吊车梁的吊装

（1）吊车梁的吊升。钢吊车梁可用自行式起重机吊装，也可以用塔式起重机、桅杆式起重机等进行吊装，对重量很大的吊车梁，可用双机抬吊。

吊车梁吊装时应注意钢柱吊装后的位移和垂直度的偏差，认真做好临时标高垫块工作，严格控制定位轴线，实测吊车梁搁置处梁高制作的误差。钢吊车梁均为简支梁，梁端之间应留有 10mm 左右的间隙并设钢垫板，梁和牛腿用螺栓连接，梁与制动架之间用高强螺栓连接。

（2）钢吊车梁的校正与固定。吊车梁校正的内容包括标高、垂直度、轴线、跨距的校正。标高的校正可在屋盖吊装前进行，其他项目校正可在屋盖安装完成后进行，因为屋盖的吊装可能引起钢柱变位。

吊车梁标高的校正，用千斤顶或起重机对梁作竖向移动，并垫钢板，使其偏差在允许的范围内。吊车梁轴线的校正可用通线法和平移轴线法，跨距的检验用钢尺测量，跨度大的车间用弹簧秤拉测（拉力一般为 100～200N），如超过允许偏差，可用撬棍、钢楔、花篮螺栓、千斤顶等纠正。

3. 钢屋架的吊装与校正

屋架吊装可采用自行式起重机、塔式起重机或桅杆式起重机等。根据屋架的跨度、重量和安装高度不同，选用不同的起重机械和吊装方法。钢屋架的翻身扶直、吊升时由于侧向刚度较差，必要时应绑扎几道杉木木杆，作为临时加固措施。

钢屋架的侧向稳定性差，如果起重机的起重量、起重臂的长度允许时，应先拼装两榀屋架及其上部的天窗架、檩条、支撑等成为整体，然后再一次吊装。这样可以保证吊装稳定性，同时也提高吊装效率。

钢屋架的校正内容主要包括垂直度和弦杆的正直度，垂直度用垂球检验，弦杆的正直度用拉紧的测绳进行检验。

屋架的临时固定可用临时螺栓和冲钉；最后固定应用电焊或高强度螺栓进行固定。

（三）构件的连接与固定

钢结构连接方法通常有焊接连接、铆钉连接和螺栓连接三种。钢构件的连接接头应经检查合格后方可紧固或焊接。焊接和高强螺栓并用的连接，当设计无特殊要求时，应按先栓后焊的顺序施工。下面主要介绍高强螺栓的施工方法。

（1）摩擦面的处理。高强螺栓连接，必须对构件摩擦面进行加工处理，在制造厂进行处理可用喷砂、喷（抛）丸、酸洗或砂轮打磨等。处理好的摩面应有保护措施，不得涂油漆或污损。制造厂处理好的摩擦面，安装前应逐个复验所附试件的抗滑移系数，合格后方可安装、抗滑移系数应符合设计要求。

（2）连接板不能有挠曲变形，安装前应认真检查，对变形的连接板应矫正平整。高强螺栓板面接触要平整。因被连接构件的厚度不同，或制作和安装偏差等原因造成连接面之间的间隙，小于1.0mm的间隙可不处理；1.0～3.0mm的间隙，应将高出的一侧磨成1∶10的斜面，打磨方向应与受力方向垂直；大于3.0mm的间隙应加垫板，垫板两面的处理方法应与构件相同。

（3）高强螺栓安装。

1）一般要求。高强螺栓安装时应满足以下要求：

①钢结构拼装前，应清除飞边、毛刺、焊接飞溅物。摩擦面应保持干燥、整洁、不得在雨中作业。

②高强螺栓连接副应按批号分别存放，并应在同批内配套使用。在储存、运输、施工过程中不得混放，要防止锈蚀、沾污和碰伤螺纹等可能导致扭矩系数变化的情况发生。

③选用的高强螺栓的形式、规格应符合设计要求。施工前，高强大六角头螺栓连接副应按出厂批号复验扭矩系数；扭剪高强螺栓连接副应按出厂批号复验预拉力。复验合格后方可使用。

④高强螺栓连接面的抗滑系数试验结果应符合设计要求，构件连接面与试件连接面表面状态相符。

2）安装施工。高强螺栓安装施工时，首先应使用冲钉或临时螺栓固定构件；其次在钢结构安装精度达到校准规定后便可安装高强螺栓，安装高强螺栓时应先安装接头中那些未装临时螺栓和冲钉的螺孔；最后在这些安装上的高强螺栓用普通扳手充分拧紧后，再逐个用高强螺栓换下冲钉和临时螺栓。

钢结构高强螺栓安装时应满足以下要求：

①每个螺栓一端不得垫2个及以上的垫圈，不得采用大螺母代替垫圈。

②在每个节点上应穿入的临时螺栓和冲钉数量不得少于安装总数的1/3且不得少于两个临时螺栓，冲钉穿入数量不宜多于临时螺栓的30％。

③不得用高强螺栓兼作临时螺栓，以防损伤螺纹。

④在安装过程中，连接副的表面如果涂有过多的润滑剂或防锈剂应使用干净的布轻轻揩拭掉多余的涂脂，不得用清洗剂清洗，否则会造成扭矩系数变化。

（4）高强螺栓的紧固。为了使每个螺栓的预拉力均匀相等，高强螺栓拧紧可分为初拧和终拧，对于大型节点应分初拧、复拧和终拧。初拧扭矩值一般为终拧扭矩的50%，复拧扭矩应等于初拧扭矩。

高强螺栓应按一定顺序施拧，宜由螺栓群中央顺序向两侧或四周拧紧。并应在当天终拧完毕，其外露丝扣不得少于3扣。高强螺栓多用电动扳手进行紧固，电动扳手不能使用的场合，用测力扳手进行紧固。紧固后用鲜明色彩的涂料在螺栓尾部涂上终拧标记备查。

对已紧固的高强螺栓，应逐个检查验收。对终拧用电动扳手紧固的扭剪型高强螺栓，应以目测尾部梅花拧掉为合格。对于用测力扳手紧固的高强螺栓，仍用测力扳手检查是否紧固到规定的终拧扭矩值。采用转角法施工时，初拧结束后应在螺母与螺杆端面同一处刻划出终拧角的起始线和终止线以待检查。大六角头高强螺栓采用扭矩法施工，检查时应将螺母回退30°～50°再拧至原位，测定终拧扭矩值其偏差不得大于±10%。欠拧、漏拧者应及时补拧，超拧者应予更换。欠拧、漏拧宜用0.3～0.5kg重的小锤逐个敲检。

三、结构安装工程质量与安全技术

（一）单层钢结构安装质量要求

（1）钢结构基础施工时，应注意保证基础顶面标高及地脚螺栓位置的准确。其偏差值应在允许偏差范围内。

（2）钢结构安装应按施工组织设计进行。安装程序必须保持结构的稳定性且不导致永久性变形。

（3）钢结构安装前，应按构件明细表核对进场的构件，查验产品合格证和设计文件；工厂预拼装过的构件在现场拼装时，应根据预拼装记录进行。

（4）钢结构安装偏差的检测，应在结构形成空间刚度单元并连接固定后进行，其偏差在允许偏差范围内。

（二）单层钢结构安装安全措施

1. 使用机械的安全要求

（1）吊装所用的钢丝绳，事先必须认真检查，表面磨损，若腐蚀达钢丝绳直径10%时，不准使用。

（2）起重机负重开行时，应缓慢行驶，且构件离地不得超过500mm。起重机在接近满荷时，不得同时进行两种操作动作。

（3）起重机工作时，严禁碰触高压电线。起重臂、钢丝绳、重物等与架空电线要保持一定的安全距离。

（4）发现吊钩、卡环出现变形或裂纹时，不得再使用。

（5）起吊构件时，吊钩的升降要平稳，避免紧急制动和冲击。

（6）对新到、修复或改装的起重机在使用前必须进行检查、试吊；要进行静、动负荷试验。试验时，所吊重物为最大起重量的125%，且离地面1m，悬空10min。

（7）起重机停止工作时，起动装置要关闭上锁。吊钩必须升高，防止摆动伤人，并不得悬挂物件。

2. 操作人员的安全要求

（1）从事安装工作人员要进行体格检查，对心脏病或高血压患者，不得进行高空作业。

（2）操作人员进入现场时，必须佩戴安全帽，手套，高空作业时还要系好安全带，所带的工具，要用绳子扎牢或放入工具包内。

（3）在高空进行电焊焊接，要系安全带，着防护罩；潮湿地点作业，要穿绝缘胶鞋。

（4）进行结构安装时，要统一用哨声，红绿旗、手势等指挥，所有作业人员，均应熟悉各种信号。

3. 现场安全设施

（1）吊装现场周围，应设置临时栏杆，禁止非工作人员入内。地面操作人员，尽量避免在高空作业面的下方停留或通过，也不得在起重机的起重臂或正在吊装的构件下停留或通过。

（2）配备悬挂或斜靠的轻便爬梯，供人上下。

（3）如需在悬空的屋架上弦行走时，应在其上设置安全栏杆。

（4）在雨期或冬期里，必须采取防滑措施。如扫除构件上的冰雪、在屋架上捆绑麻袋、在屋面板上铺垫草袋等。

第九节　防水工程

一、建筑屋面防水

防水工程应遵循“防排结合、刚柔并用、多道设防、综合治理”的原则进行，同时在屋面防水工程施工时应尽量避开冬季和雨季。

屋面防水工程应根据建筑物的类别、重要程度、使用功能要求确定防水等级，并按相应等级进行防水设防，对防水有特殊要求的建筑屋面，应进行专项防水设计。屋面防水等级和设防要求应符合表 2-33 的规定。

表 2-33　屋面防水等级和设防要求

防水等级	建筑类别	设防要求	防水做法
Ⅰ级	重要建筑和高层建筑	两道防水设防	卷材防水层和卷材防水层 卷材防水层和涂膜防水层 复合防水层
Ⅱ级	一般建筑	一道防水设防	卷材防水层 涂膜防水层 复合防水层

（一）卷材防水屋面

（1）卷材防水屋面构造。常见的卷材防水屋面构造如图 2-109 所示。

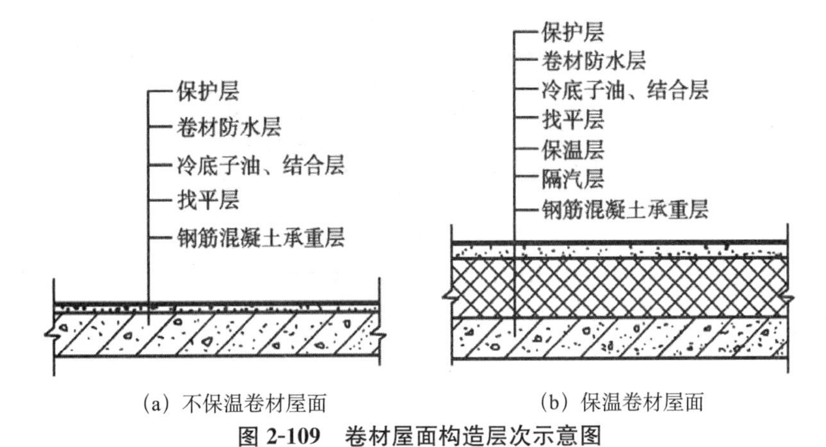

（a）不保温卷材屋面　　（b）保温卷材屋面

图 2-109　卷材屋面构造层次示意图

（2）对结构层的要求。对于预制混凝土结构屋面应有较好的刚度；对于现浇混凝土结构屋面板宜连续浇筑，不留施工缝，并应振捣密实，表面平整。屋面结构层表面应清理干净，排水坡度符合设计要求。如表面凹凸过大，应增设找平层。

（3）隔汽层施工。隔汽层是一种为了防止室内水蒸气渗入保温层，在屋面铺设的一层气密性、水密性防护材料。隔汽层设置应符合以下规定：

①隔汽层应设置在结构层以上、保温层以下。

②隔汽层应选用气密性、水密性好的材料。

③隔汽层应沿周边墙面向上连续铺设，高出保温层上表面不得小于 150mm。

（4）找坡层、找平层施工。混凝土结构层宜采用结构找坡，坡度不应小于 3%；当采用材料找坡时，宜采用质量轻、吸水率低和有一定强度的材料，坡度宜为 2%。找平层主要有水泥砂浆找平层、沥青砂浆找平层和细石混凝土找平层。常用的为水泥砂浆找平层，施工时，宜掺入微膨胀剂。沥青砂浆找平层适合于冬季、雨季和抢工期时采用。细石混凝土找平层一般适用于松散保温层上。

找平层设置及施工应符合下列规定：

①找平层的厚度和技术指标应符合表 2-34 的规定。

表 2-34　找平层厚度和技术要求

找平层分类	适用的基层	厚度/mm	技术要求
水泥砂浆	整体现浇混凝土板	15～20	1∶2.5 水泥砂浆
	整体材料保温层	20～25	
细石混凝土	装配式混凝土板	30～35	C20 混凝土，宜加钢筋网片
	板状材料保温层		C20 混凝土

②保温层上的找平层应留设分隔缝，缝宽为 5～20mm，纵横缝的间距不宜大于 6m。如图 2-110 所示。

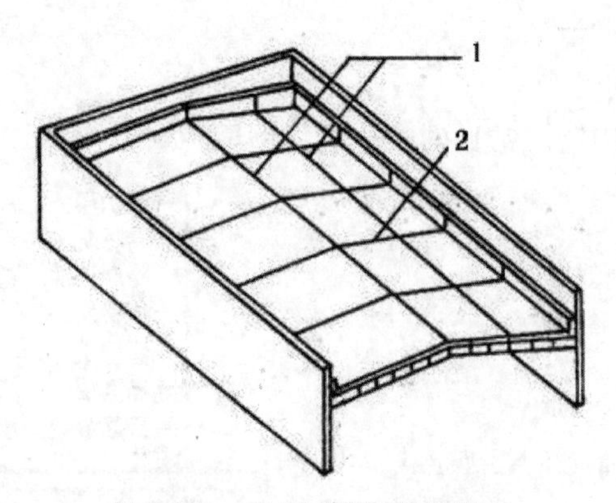

图 2-110　找平层分隔缝示意图

1-纵向分隔缝；2-横向分隔缝

③找平层应在水泥初凝前压实抹平，水泥终凝前完成收水后应二次压光，并应及时取出分隔条。养护时间不得少于 7d。

④卷材防水的基层与突出屋面结构的交接处，以及基层转角处，找平层均应做成圆弧形，且应整齐平顺，如图 2-111 所示，其圆弧半径应满足表 2-35 的规定。

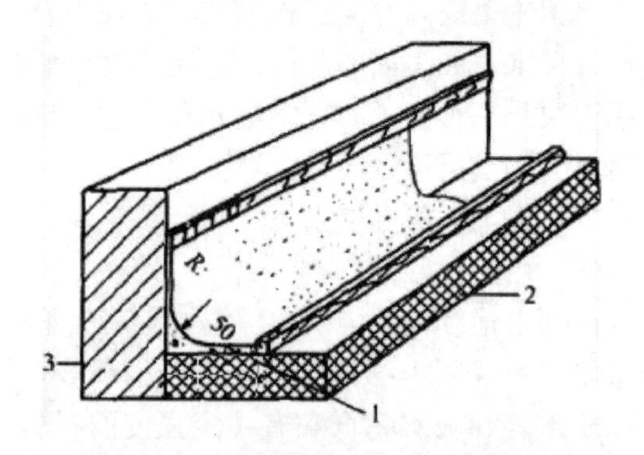

图 2-111　找平层交接处圆弧形示意图

1-找平层；2-保温层；3-墙体

表 2-35　找平层圆弧半径

卷材种类	圆弧半径/mm
高聚物改性沥青防水卷材	50
合成高分子防水卷材	20

⑤找平层施工环境温度不宜低于 5℃。

（5）结合层施工。结合层应采用喷涂或刷涂施工，喷、刷应均匀一致，如喷、刷两遍时，第二遍必须在第一遍干燥后进行，待最后一遍干燥后，方可铺贴卷材。喷、刷大面积基层处理剂前，应先施工屋面周边节点、拐角等处。

（6）防水层的施工。

1）卷材铺贴顺序和方向应符合下列规定：

①卷材防水层施工时，应先进行细部构造处理，然后由屋面最低标高向上铺贴；

②檐沟、天沟卷材施工时，宜顺檐沟、天沟方向铺贴，搭接缝应顺流水方向；

③卷材宜平行屋脊铺贴，上下层卷材不得相互垂直铺贴；

④立面或大坡面铺贴卷材时，应采用满粘法，并宜减少卷材短边搭接。

2）搭接要求。

①平行屋脊的搭接应顺流水方向，搭接缝宽度应符合表 2-36 的规定：

表 2-36　卷材搭接宽度

卷材类别		搭接宽度/mm
合成高分子防水卷材	胶黏剂	80
	胶黏带	50
	单缝焊	60，有效焊接宽度不小于 25
	双缝焊	80，有效焊接宽度 10×2+空腔宽
高聚物改性沥青防水卷材	胶黏剂	100
	自黏	80

②采用搭接法时，同一层相邻两幅卷材短边搭接缝应错开不小于 500mm，如图 2-112所示。

③上下层卷材长边搭接缝应错开，且不得小于幅宽的 1/3，如图 2-112 所示。

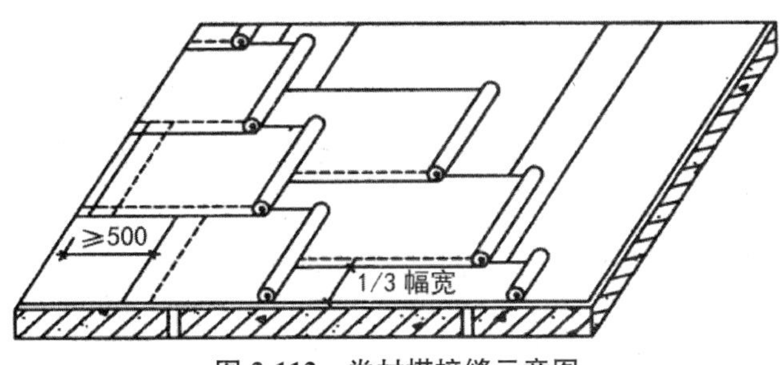

图 2-112　卷材搭接缝示意图

④叠层铺贴的各种卷材，在天沟与屋面的交接处，应采用叉接法搭接，搭接缝应错开；搭接缝宜留在屋面与天沟侧面，不宜留在沟底。

3）铺贴方法。卷材防水层的粘贴方法按其底层卷材是否与基层全部粘结，分为满粘法、空铺法、点粘或条粘法。

①沥青防水卷材的铺贴方法主要有浇油法、刷油法、刮油法和撒油法等。

②高聚物改性沥青防水卷材其铺贴方法有冷粘法、热熔法和自粘法。

③合成高分子防水卷材的铺贴方法一般有冷粘法、自粘法和热风焊接法。

4）屋面特殊部位铺贴要求。

①檐口。卷材防水屋面檐口 800mm 范围内的卷材应满粘，卷材收头应采用金属压条钉压，并应用密封材料封严。檐口下端应做鹰嘴和滴水槽，如图 2-113 所示。

②檐沟和天沟。檐沟和天沟的防水层下应增设附加防水层，附加层伸入屋面的宽度不应小于 250mm；檐沟防水层和附加层应由沟底翻上至外侧顶部，卷材收头用金属压条钉压，并用密封材料封严，如图 2-114 所示。

③女儿墙。女儿墙泛水处的防水层下应增设附加层，附加层在平面和里面的宽度均不应小于 250mm；低女儿墙泛水处的防水层可直接铺贴在压顶下，高女儿墙泛水出的防

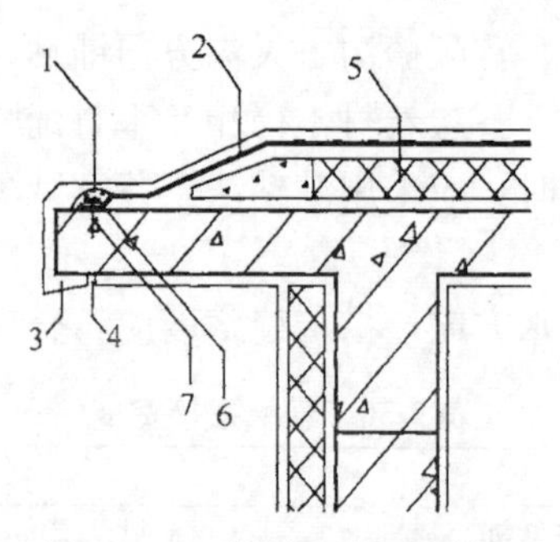

图 2-113　卷材防水屋面檐口

1-密封材料；2-卷材；3-鹰嘴；4-滴水槽；5-保温层；6-金属压条；7-水泥钉

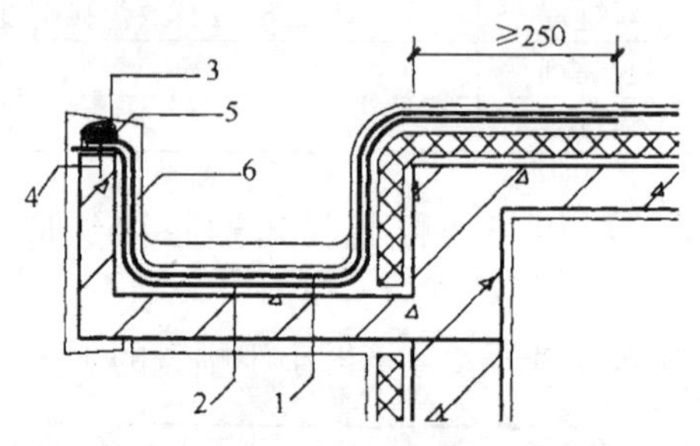

图 2-114　卷材防水屋面檐沟

1-防水层；2-附加层；3-密封材料；4-水泥钉；5-金属压条；6-保护层

水层泛水高度不应小于 250mm，泛水上部墙体应做防水处理，如图 2-115 所示。

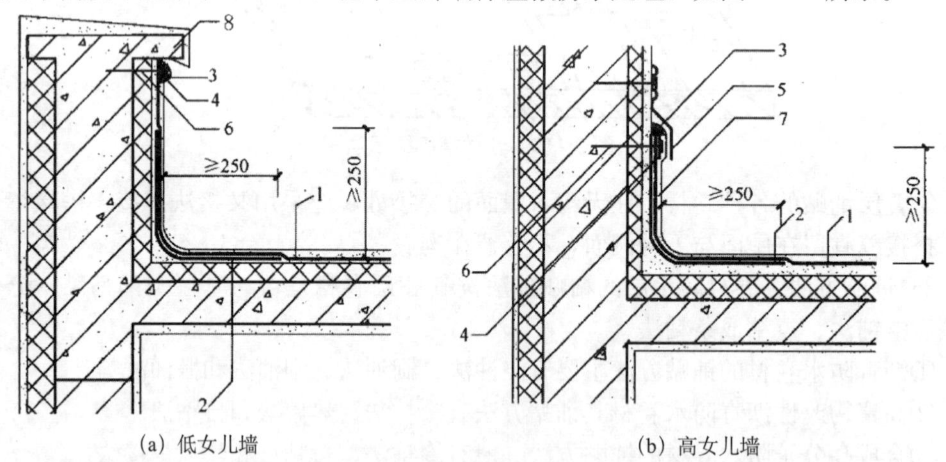

(a) 低女儿墙　　(b) 高女儿墙

图 2-115　女儿墙卷材防水构造

1-防水层；2-附加层；3-密封材料；4-金属压条；5-金属盖板；6-水泥钉；7-保护层；8-压顶

④水落口。水落口周围直径 500mm 范围内坡度不应小于 5%，防水层下应设涂膜附加层；防水层和附加层伸入水落口杯内不应小于 50mm，并应粘结牢固，如图 2-116 所示。

⑤变形缝。变形缝泛水处的防水层下应增设附加层，附加层在平面和立面的宽度不应小于 250mm；防水层应铺设至泛水墙顶部；变形缝内预填不燃保温材料，上部用防水卷材封盖，并放置衬垫材料，再在其上干铺一层卷材，如图 2-117 所示。

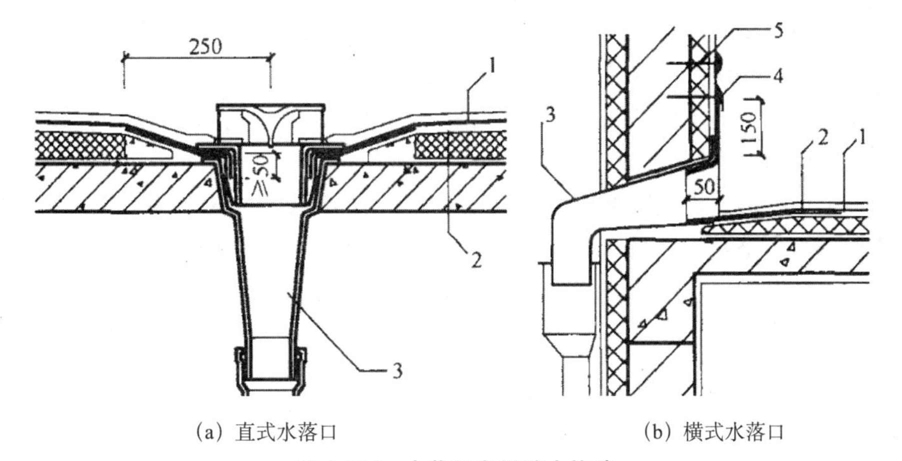

(a) 直式水落口　　　　　　(b) 横式水落口

图 2-116　水落口卷材防水构造

1-防水层；2-附加层；3-水落斗；4-密封材料；5-水泥钉

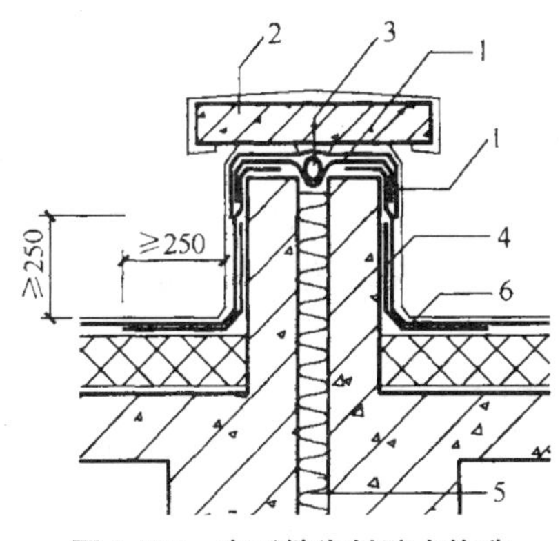

图 2-117　变形缝卷材防水构造

1-卷材封盖；2-混凝土盖板；3-衬垫材料；4-附加层；5-不燃保温材料；6-防水层

⑥伸出屋面的管道根。管道周围找平层应抹出高度不小于 30mm 的排水坡；管道泛水处防水层下增设附加层，附加层在平面和立面的宽度均不应小于 250mm；管道防水层泛水高度不应小于 250mm；卷材收头应用金属箍紧固和密封材料封严，如图 2-118 所示。

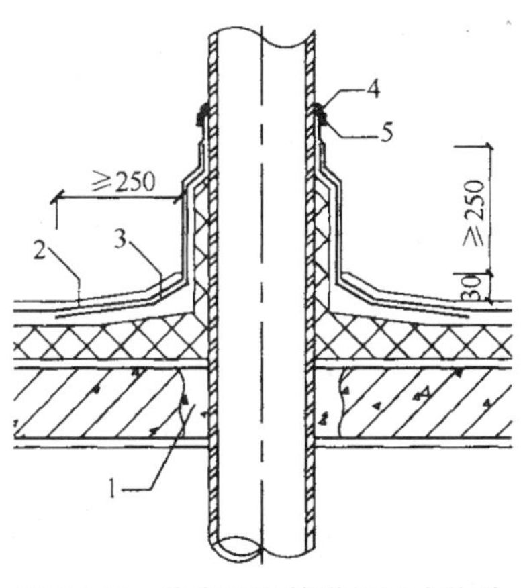

图 2-118　伸出屋面管道根防水构造

1-细石混凝土；2-卷材防水层；3-附加层；4-密封材料；5-金属箍

（7）保护层施工。卷材铺设完毕后，应进行雨后观察、淋水或蓄水试验，并在检查合格后，应立即进行保护层的施工。常用的保护层主要有以下几种：

①涂料保护层。施工前防水层表面应干净无杂物。涂刷方法与用量应按使用说明书操作。涂刷应均匀、不漏涂。

②混凝土预制板保护层。混凝土预制板保护层的结合层可采用砂或水泥砂浆。混凝土板的铺砌必须平整，并满足排水要求。

③水泥砂浆保护层。水泥砂浆保护层与防水层之间应设置隔离层。保护层用的水泥砂浆配合比一般为1∶2.5～1∶3（体积比）。

④细石混凝土保护层。施工前应在防水层上铺设隔离层，并按设计要求支设分隔缝木模，设计无要求时，纵横长度差不多时，每格面积不大于36m^2，分隔缝宽度为20mm。一个分格内混凝土应连续浇筑，不留施工缝。细石混凝土保护层浇筑后及时进行养护，养护时间不应少于7d。养护期满后分隔缝清理干净，再嵌填密封材料。

（二）涂膜防水屋面

涂膜防水屋面是在屋面基层上涂刷防水涂料，经固化后形成一层具有一定厚度和弹性的整体涂膜从而达到防水目的的防水屋面形式。这种防水屋面具有施工操作简便，无污染，冷操作，无接缝，能适应负载基层，防水性能好，温度适应性强，容易修补等特点。适用于Ⅰ级防水屋面多道防水中的一道或用于Ⅱ级防水屋面。

1. 主要材料

根据防水涂料成膜物质的主要成分，涂膜防水层的涂料可分为：高聚物改性沥青防水涂料和合成高分子防水涂料两类。根据防水涂料的形成液态的方式可以分为：溶剂型、反应型和水乳型三类。

2. 基层要求

涂膜防水层依附于基层，基层质量的好坏，直接影响防水涂膜的质量。在涂膜防水施工前，应对基层进行认真的检查和必要的处理。

基层的质量主要包括：

（1）基层应刚度大，空心板安装牢固，找平层有一定强度，表面平整、密实，不应有起砂、起壳、龟裂、爆皮等现象。

（2）基层与凸出屋面结构连接处及基层转角处应做成圆弧。

（3）按设计要求做好排水坡度，不得有积水现象。

（4）施工前应将分隔缝清理干净，不得有异物和浮灰。

（5）屋面板缝处理应符合有关规定，基层干燥后方可进行涂膜施工。

3. 施工工艺

涂膜防水施工的一般工艺流程为：基层表面清理、修理→喷涂基层处理剂→特殊部位附加增强处理→涂布防水涂料及铺贴胎体增强材料→清理与检查修理→保护层施工。

4. 施工要点

（1）防水涂料应多遍均匀涂布，涂膜总厚度应符合设计要求。

（2）涂层间夹铺胎体增强材料时，宜边涂边铺胎体；胎体应铺贴平整，应排除气泡，并应与涂料粘结牢固。在胎体上涂布涂料时，应使涂料浸透胎体，并应覆盖完全，不得有胎体外露现象。最上面的涂膜厚度不应小于 1.0mm。

(3) 涂膜施工应先做好细部处理，再进行大面积涂布。

(4) 屋面转角及立面的涂层，应薄涂多遍，不得有流淌和堆积。

如采用水乳型及溶剂型防水涂料宜选用滚涂或喷涂施工；反应固化型防水涂料宜选用刮涂或喷涂施工；热熔型防水涂料宜选用刮涂施工；聚合物水泥防水涂料宜选用刮涂法施工；在细部构造施工时，不管采用什么防水涂料，宜选用刷涂或喷涂施工。

5. 保护层施工

涂膜防水应设置保护层。保护层材料可采用细砂、云母、蛭石、浅色涂料、水泥砂浆或块材等。采用水泥砂浆或块材时，应在涂膜与保护层之间设置隔离层；水泥砂浆保护层厚度不宜小于 20mm；当采用细砂、云母或蛭石等撒布材料做保护层时，应筛去粉料，在涂刮最后一遍涂料时，边涂边撒布均匀，不得露底，当涂料干燥后，将多余的撒布料清除；当采用浅色涂料做保护层时，应在涂膜固化后进行。

二、地下防水工程

地下工程的防水等级分为四级，各等级的防水标准和适用范围见表 2-37：

表 2-37　地下工程防水等级及适用范围

防水等级	防水标准	适用范围
一级	不允许渗水，结构表面无湿渍	人员长期停留的场所；因有少量湿渍会使物品变质、失效的储物场所及严重影响设备正常运转和危及工程安全运营的部位；极重要的战备工程、地铁车站
二级	不允许漏水，结构表面可有少量湿渍； 工业与民用建筑：总湿渍面积不应大于总防水面积（包括顶板、墙面、地面）的 1/1000；任意 100m^2 防水面积上的湿渍不超过 2 处，单个湿渍的最大面积不大于 0.1m^2； 其他地下工程：总湿渍面积不应大于总防水面积的 2/1000；任意 100m^2 防水面积上的湿渍不超过 3 处，单个湿渍的最大面积不大于 0.2m^2；其中，隧道工程还要求平均渗水量不大于 0.05L/（m^2·d），任意 100m^2 防水面积上渗水量不大于 0.15L/（m^2·d）	人员经常活动的场所；在有少量湿渍的情况下不会使物品变质、失效的储物场所及基本不影响设备正常运转和工程安全运营的部位；重要的战备工程
三级	有少量漏水点，不得有线流和漏泥砂； 任意 100m^2 防水面积上的漏水或湿渍点数不超过 7 处，单个漏水点的最大漏水量不大于 2.5L/d，单个湿渍的最大面积不大于 0.3m^2	人员临时活动的场所；一般战备工程
四级	有漏水点，不得有线流和漏泥砂； 整个工程平均漏水量不大于 2L/（m^2·d）；任意 100m^2 防水面积上的平均漏水量不大于 4L/（m^2·d）	对渗漏水无严格要求的工程

地下防水工程常用的防水方案主要包括以下三类：

（1）防水混凝土结构自防水。依靠防水混凝土本身的抗渗性和密实性来进行防水。结构本身既是承重围护结构，又是防水层。

（2）附加防水层。在结构物的外侧增加防水层，以达到防水的目的。常用的防水层有水泥砂浆、卷材、沥青胶结料和金属防水层。

（3）防排结合。除按要求做防水外，利用盲沟、渗排水层等措施来排除附近的水源以达到防水目的。主要适用于形状复杂、受高温影响、地下水为上层滞水且防水要求较高的地下建筑。

（一）防水混凝土施工

1. 防水混凝土分类

防水混凝土可以分为：

（1）普通防水混凝土。以调整和控制配合比的方法，达到提高混凝土密实性和抗渗性要求。

（2）外加剂防水混凝土。掺入适量的外加剂（减水剂、氯化铁、引气剂、三乙醇氨等），改善混凝土的内部组织结构，以增加混凝土密实性和抗渗性。

（3）补偿收缩混凝土。采用膨胀水泥或加入微膨胀剂配制混凝土。

2. 防水混凝土施工

防水混凝土施工中的各个主要环节，如模板工程、钢筋工程、混凝土工程等，均应严格遵循规范和操作规程的各项规定和要求。

（1）模板工程。防水混凝土所用模板，除满足一般要求外，应特别注意模板拼缝严密，支撑牢固。在浇筑防水混凝土前，应将模板内部清理干净。一般不宜用螺栓或铁丝贯穿混凝土墙来固定模板，以防由引水作用引起墙面渗漏水。特殊情况下需要用对拉螺栓贯穿混凝土墙来固定模板时，应采取可靠的止水措施，如图 2-119 所示。

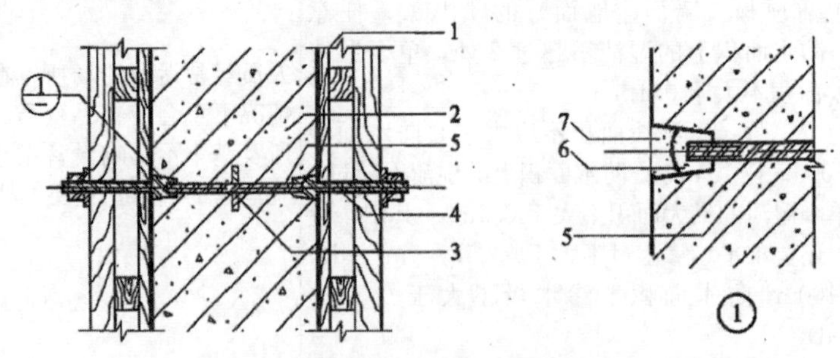

图 2-119　固定模板用螺栓的防水构造

1-模板；2-结构混凝土；3-止水环；4-工具式螺栓；5-固定模板用螺栓；6-密封材料；7-聚合物水泥砂浆

（2）钢筋工程。钢筋不得用铁丝或铁钉固定在模板上，必须采用相同配合比的细石混凝土块或砂浆块做垫块，并确保钢筋保护层厚度符合规定要求。如结构内置的钢筋需要铁丝绑在时，均不得接触模板。

（3）混凝土工程。防水混凝土工程施工时应符合下列规定：

①防水混凝土的配合比应通过试验确定，其抗渗等级应比设计要求提高 0.2MPa，抗渗等级不得小于 P6。

②防水混凝土拌合物应采用机械搅拌，搅拌时间不宜小于 2min。掺有外加剂时，搅拌时间应根据外加剂的技术要求确定。

③防水混凝土拌合物运输后如出现离析，必须进行二次搅拌。当坍落度损失后不能满足施工要求时，应加入原水胶比的水泥浆或掺加同品种的减水剂进行搅拌，严禁直接加水。

④防水混凝土应采用机械振捣，避免漏振、欠振和超振。

⑤防水混凝土应连续浇筑，宜少留施工缝。当留设施工缝时，墙体水平施工缝应留在高出底板表面不小于 300mm 的墙体上；拱（墙）结合的水平施工缝，宜留设在拱（板）墙接缝线以下 150～300mm 处；墙体有预留孔洞时，施工缝距孔洞边缘不应小于 300mm；垂直施工缝应避开地下水和裂隙水较多的地段，并宜与变形缝相结合。施工缝处防水构造形式如图 2-120 所示。

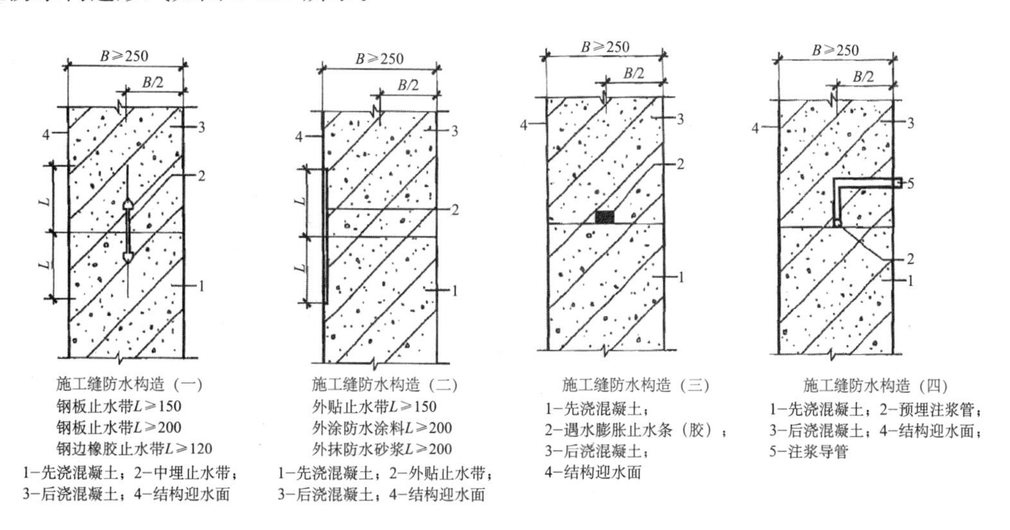

图 2-120　施工缝处防水构造

⑥施工缝浇筑混凝土前，应将其表面浮浆和杂物清除，然后铺设净浆或涂刷混凝土界面处理剂、水泥基渗透结晶型防水涂料等材料，再铺 30～50mm 厚的 1∶1 水泥砂浆，并应及时浇筑混凝土，垂直施工缝处可不铺水泥砂浆。选用的遇水膨胀止水条应与接缝表面密贴，如采用中埋式止水带时，应位置准确，固定可靠。

⑦防水混凝土浇筑后应及时开始覆盖浇水养护，养护时间不得少于 14d。

⑧防水混凝土结构达到混凝土设计强度 40％以上时方可在其上面继续施工，达到设计强度 70％以上时方可拆模。拆模时混凝土表面温度与环境温度之差不得超过 15℃，以防混凝土表面出现裂缝。

（4）细部构造。防水混凝土其变形缝、后浇带、穿墙管道和预埋件等设置和构造要符合设计要求，严禁渗漏。

①变形缝。变形缝处主要设置止水带等构造措施防止漏水，如图 2-121 所示。变形缝两侧应平整、清洁、无渗水，并涂刷与嵌缝材料相容的基层处理剂，然后以沥青麻丝等密封材料嵌缝。

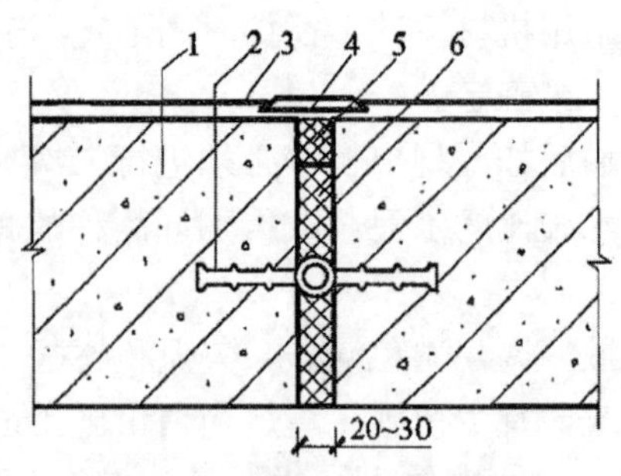

图 2-121　中埋式止水带构造

1-混凝土结构；2-中埋式止水带；3-防水层；4-隔离层；5-密封材料；6-填缝材料

②后浇带。混凝土后浇带留设的位置、形式及宽度应符合设计要求。其断面形式可留成平直缝或阶梯缝，但结构钢筋一般不能断开，如图 2-122 所示。

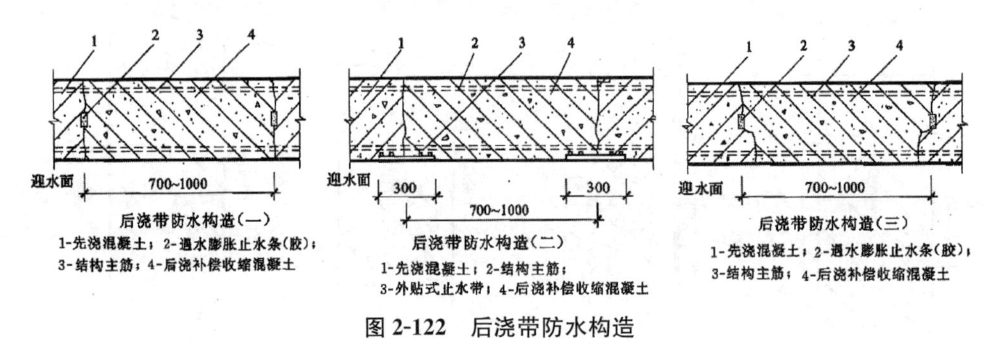

图 2-122　后浇带防水构造

后浇带处混凝土应在其两侧混凝土龄期达到 42d 后再施工；高层建筑的后浇带施工应按规定时间进行。浇筑前应将接缝处混凝土表面凿毛并清洗干净，保持湿润，并刷水泥净浆，然后再依次连续浇筑振捣密实。后浇带养护时间不应少于 28d。

③预埋件、穿墙管道。在预埋件的端部应加焊止水钢板，在穿墙管道外加焊止水环进行防水处理。预埋件、穿墙管道均应预先固定、周围混凝土应仔细浇捣密实，保证质量。穿墙管道的防水做法如图 2-123 所示。

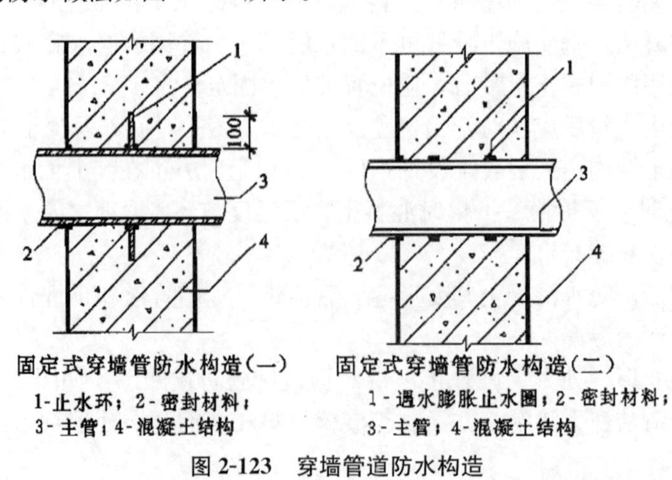

图 2-123　穿墙管道防水构造

（二）水泥砂浆防水层施工

水泥砂浆防水层主要包括聚合物水泥防水砂浆、掺外加剂或掺合料的防水砂浆，施工时宜采用多层抹压法。水泥砂浆防水层可用于地下工程主体结构的迎水面或背水面，不应用于受持续振动或温度高于80℃的地下工程防水。

1. 材料要求

水泥砂浆的品种和配合比设计应根据防水工程要求确定。用于水泥砂浆防水层的材料应符合下列规定：

（1）应使用硅酸盐水泥、普通硅酸盐水泥或特制水泥，不得使用过期或受潮结块的水泥。

（2）砂宜采用中砂，含泥量不应大于1%，硫化物和硫酸盐含量不应大于1%。

（3）拌制水泥用水，应符合国家现行标准规定。

（4）外加剂的技术性能应符合现行国家标准的质量要求。

2. 水泥砂浆防水层施工

在此主要介绍刚性多层防水层的施工。刚性多层抹面防水层通常采用四层或五层抹面做法。一般在防水工程的迎水面采用五层抹面做法，在背水面采用四层抹面做法。一般施工顺序为先平面后立面。分层做法如下：

（1）第一层为素灰层，厚2mm。在浇水湿润的基层上先抹一层1mm厚的素灰，用铁抹子往返抹压5～6遍，使素灰填实混凝土表面的空隙，以增强粘结力。随后再抹1mm厚素灰均匀找平。

（2）第二层为水泥砂浆层，厚4～5mm。在素灰层初凝后终凝前进行，使砂浆压入素灰层0.5mm并扫出横纹。

（3）第三层为素灰层，厚2mm。应在第二层凝固后进行，其操作方法与第一层相同。

（4）第四层为水泥砂浆层，厚2mm。操作方法与第二层相同。在水泥砂浆硬化过程中，用铁抹子分次抹压5～6遍，以增强密实性，最后再压光。

（5）第五层为水泥砂浆层，厚1mm。当防水层在迎水面时，则需在第四层水泥砂浆抹压两遍后，用毛刷均匀涂刷水泥浆一道，随第四层一并压光。

3. 施工要点

水泥砂浆防水层在施工时应符合以下要求：

（1）基层表面应平整、坚实、清洁，并应充分湿润、无明水。

（2）基层表面的孔洞、缝隙，应采用与防水层相同的防水砂浆堵塞并抹平。

（3）施工前应将预埋件、穿墙管预留凹槽内嵌填密封材料后，再施工水泥砂浆防水层。

（4）防水砂浆的配合比和施工方法应符合所掺材料的规定，其中聚合物水泥防水砂浆的用水量应包括乳液中的含水量。

（5）水泥砂浆防水层应分层铺抹或喷射，铺抹时应压实、抹平，最后一层表面应提浆压光。

（6）聚合物水泥防水砂浆拌和后应在规定时间内用完，施工中不得任意加水。

（7）水泥砂浆防水层各层应紧密粘合，每层宜连续施工；必须留设施工缝时，应采用阶梯坡形槎，但离阴阳角处的距离不得小于200mm。

（8）水泥砂浆防水层不得在雨天、五级及以上大风中施工。冬期施工时，气温不应低于 5℃。夏季不宜在 30℃以上或烈日照射下施工。

（9）水泥砂浆防水层终凝后，应及时进行养护，养护温度不宜低于 5℃，并应保持砂浆表面湿润，养护时间不得少于 14d。

聚合物水泥防水砂浆未达到硬化状态时，不得浇水养护或直接接受雨水冲刷，硬化后应采用干湿交替的养护方法。潮湿环境中，可在自然条件下养护。

（三）地下卷材防水施工

地下卷材防水施工主要将卷材防水层铺贴在地下围护结构的外侧，又称为外防水。外防水的卷材按其与地下围护结构施工的先后顺序分为外防外贴法与外防内贴法。

1. 外防外贴法

在地下建筑墙体做好后，直接将卷材防水层铺贴在墙上，然后再砌筑保护墙，如图 2-124 所示。

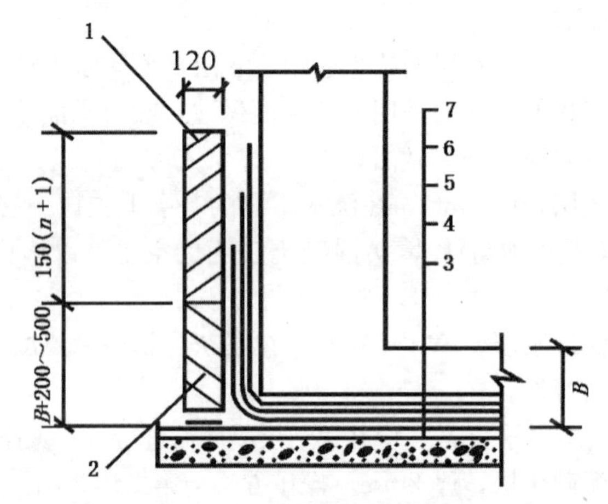

图 2-124　外防外贴法示意图

1-临时保护墙；2-永久保护墙；3-垫层；4-找平层；5-卷材防水层；6-保护层；7-构筑物

外防外贴法主要施工工序为：

（1）浇筑防水结构的底面混凝土垫层。垫层的厚度和混凝土强度等级应满足设计要求，应控制好其平整度。

（2）垫层上砌保护墙。保护墙分为上、下两部分，下部为永久性保护墙，用水泥砂浆砌筑，其高度不少于 $B+200\sim500$mm（B 为结构底板厚度），墙厚应满足设计要求。上部为临时性保护墙，用石灰砂浆砌筑，其高度一般为 $150(n+1)$ mm（n 为卷材层数），墙厚同永久保护墙。

（3）垫层和保护墙上做找平层。在垫层和永久性保护墙上用 1∶3 水泥砂浆找平，临时性保护墙上用石灰砂浆找平，转角处应做成圆弧。

（4）涂刷基层处理剂。在找平层基本干燥后，即可涂刷。基层处理剂应与卷材和胶黏剂材料相容，其选择和涂刷方法与屋面施工相同。临时性保护墙可不刷。

（5）铺贴卷材防水层。首先在转角处铺贴卷材附加层，然后按先底面后立面的顺序在垫层和永久性保护墙上铺贴卷材。并在临时性保护墙上分层临时固定。

（6）施工保护层。防水层做好后，应做保护层。底板垫层上可用 30～50mm 的水泥砂浆或细石混凝土做保护层，立面上可用10～20mm厚的水泥砂浆或用点粘法粘贴聚苯乙烯泡沫塑料片做保护层。

（7）防水混凝土结构底板和墙身施工。混凝土施工时，保护墙可作为墙体外侧的部分模板，但应支撑牢固。

（8）拆除临时性保护墙、清理卷材。混凝土防水结构拆模并经检查验收后，应拆除临时性保护墙，并清理甩槎接头的卷材，如有损坏，应进行修补。

（9）结构墙身找平并涂刷基层隔离剂。在结构墙身上用20～25mm厚的1∶3水泥砂浆找平，待找平层基本干燥后，按要求涂刷基层处理剂。

（10）铺贴卷材防水层。墙身卷材应与永久性保护墙上先铺的卷材分层错槎搭接，上层卷材盖过下层卷材150mm。

（11）砌筑永久性保护墙。卷材防水铺贴完毕后，立即进行渗漏检验，合格后继续砌筑永久性保护墙至设计高度，保护墙与卷材防水层之间的缝隙，应边砌边用1∶3水泥砂浆嵌填密实。

2. 外防内贴法

在地下建筑墙体施工前先砌筑保护墙，然后将卷材防水层铺贴在保护墙上，最后施工并浇筑地下建筑墙体，如图2-125所示。

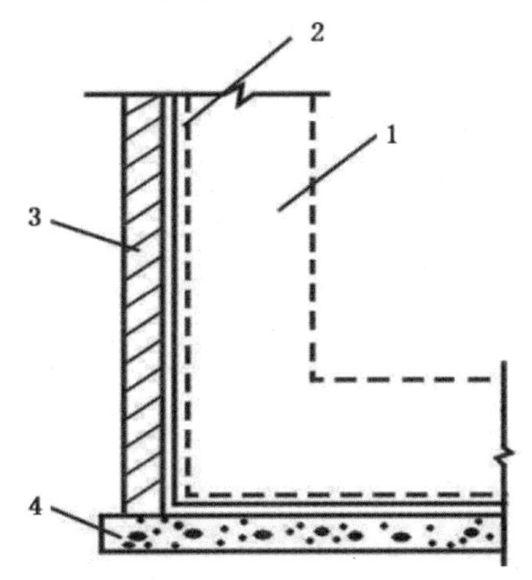

图2-125　外防内贴法示意图

1-尚未施工的构筑物；2-卷材防水层；3-永久保护墙；4-垫层

外防内贴法主要施工工序为：

（1）浇筑防水结构的底面混凝土垫层。

（2）垫层上砌筑保护墙。应按设计要求一次砌筑完成。

（3）垫层和保护墙上做找平层。

（4）涂刷基层处理剂。

（5）铺贴卷材防水层。一次性铺贴完垫层和保护墙上的卷材。

（6）施工保护层。直接在卷材防水层内侧，粘贴40mm厚的聚苯乙烯泡沫塑料板，对沥青防水卷材，也可在涂刷防水层的最后一层胶结料时，随即粘上麻丝或金属网，防水层表面应粗糙，冷却后随即铺抹一层10～20mm厚的1∶3水泥砂浆保护层。

（7）防水混凝土结构底板和墙身施工。

三、室内防水工程

建筑室内卫生间、厨房及有配水点的封闭阳台等均是不可忽视的防水工程部位，这些部位施工面积小，穿墙管道多，用水设备多，阴阳转角复杂，房间长期处于潮湿受水状态等不利条件。建筑室内常用的防水材料主要有防水涂料、防水卷材、防水砂浆和防水混凝土等。

（一）住宅防水材料

1. 防水涂料

住宅室内防水工程宜使用聚氨酯防水涂料，聚合物乳液防水涂料、聚合物水泥防水涂料和水乳型沥青防水涂料等水性或反应型防水涂料。不得使用溶剂型防水涂料；对于长期浸水的部位，不宜使用遇水产生溶胀的防水涂料。用于附加层的胎体材料宜选用（30～50）g/m^2 聚酯纤维无纺布、聚丙烯纤维无纺布或耐碱玻璃纤维网格布等。

2. 防水卷材

住宅室内防水工程可选用自粘聚合物改性沥青防水卷材和聚乙烯丙纶复合防水卷材。防水卷材应具有良好的耐水性、耐腐蚀性和耐霉变性；施工时宜采用冷粘法，胶黏剂应与卷材相容，并应与基层粘结牢靠。

3. 防水砂浆

防水砂浆厚度应符合表 2-38 的规定。

表 2-38　防水砂浆的厚度

防水砂浆		砂浆层厚度/mm
掺防水剂的防水砂浆		≥20
聚合物水泥防水砂浆	涂刮型	≥3.0
	抹压型	≥15

4. 防水混凝土

用于配制防水混凝土的水泥宜采用硅酸盐水泥、普通硅酸盐水泥，不得使用过期或受潮结块的水泥，不同品种或强度等级的水泥不得混合使用。用于配制防水混凝土的化学外加剂、矿物掺合料、砂、石及拌合用水等应符合国家现行有关标准的规定。

5. 密封材料

住宅室内防水工程的密封材料宜采用丙烯酸酯建筑密封胶、聚氨酯建筑密封胶或硅酮建筑密封胶。对于地漏、大便器、排水立管等穿越楼板的管道根部，宜使用丙烯酸酯建筑密封胶或聚氨酯建筑密封胶嵌填；对于热水管管根部、套管与穿墙管间隙及长期浸水部位，宜使用硅酮建筑密封胶嵌填，并符合相应性能指标的要求。

6. 防潮材料

墙面、顶棚宜采用防水砂浆、聚合物水泥防水涂料做防潮层；无地下室的地面可采用聚氨酯防水涂料、聚合物乳液防水涂料、水乳型沥青防水涂料和防水卷材做防潮层。

（二）住宅防水构造要求

1. 一般规定

住宅防水工程构造设置应符合以下规定：

（1）排水立管不应穿越下层住户的居室；当厨房设有地漏时，地漏的排水支管不应穿越楼板进入下层住户的居室。

（2）楼面防水时，楼面基层宜为现浇混凝土楼板，当为预制钢筋混凝土条板时，板缝间应采用防水砂浆抹平，并沿通缝涂刷管道不小于 300mm 的防水涂料形成防水涂膜带。

（3）当防水层需要采取保护措施时，可采用 20mm 后 1：3 水泥砂浆做保护层。

（4）卫生间、浴室和设有配水点的封闭阳台等墙面应设置防水层时，防水层高度宜距楼、地面面层 1.2m；当卫生间有非封闭式洗浴设施时，花洒处邻近墙面防水层高度不应低于 1.8m。

2. 细部构造

住宅防水细部构造应符合以下规定：

（1）楼、地面的防水层在门口处应水平延展，且向外延展的长度不应小于 500mm，向两侧延展的宽度不应小于 200mm，如图 2-126 所示。

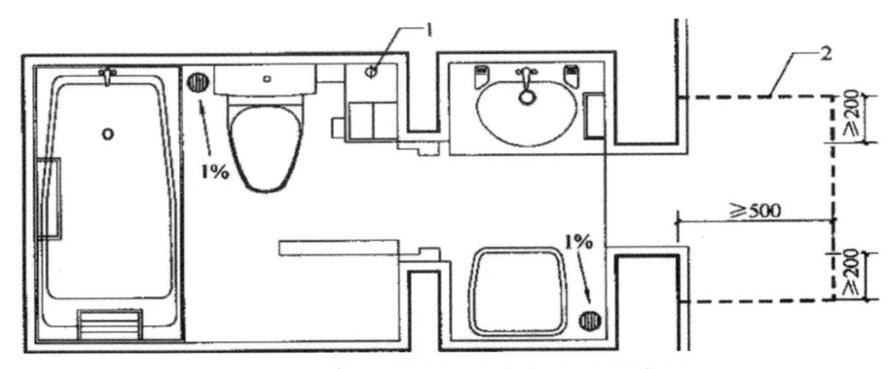

图 2-126　楼、地面门口处防水层延展示意图

1-穿越楼板的管道及其防水套管；2-门口处防水层延展范围

（2）穿越楼板的管道应设置防水套管，高度应高出装饰层完成面 20mm 以上；套管与管道间应采用防水密封材料嵌填压实，如图 2-127 所示。

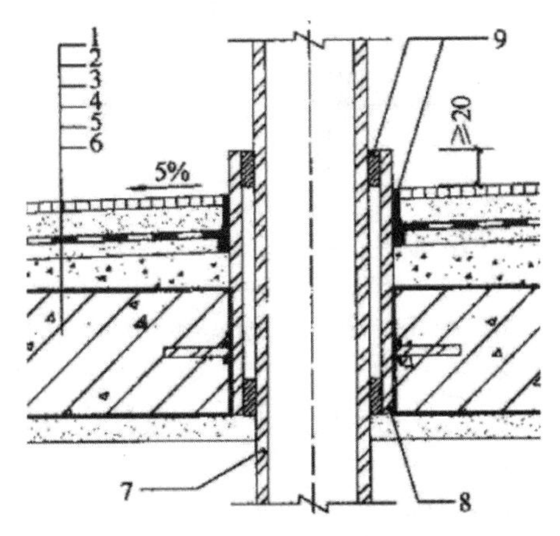

图 2-127　管道穿越楼板的防水构造示意图

1-楼、地面面层；2-粘结层；3-防水层；4-找平层；5-垫层或找坡层；
6-混凝土楼板；7-排水立管；8-防水套管；9-密封膏

（3）地漏、大便器、排水立管等管道根部应用密封材料嵌填压实，如图 2-128 所示。

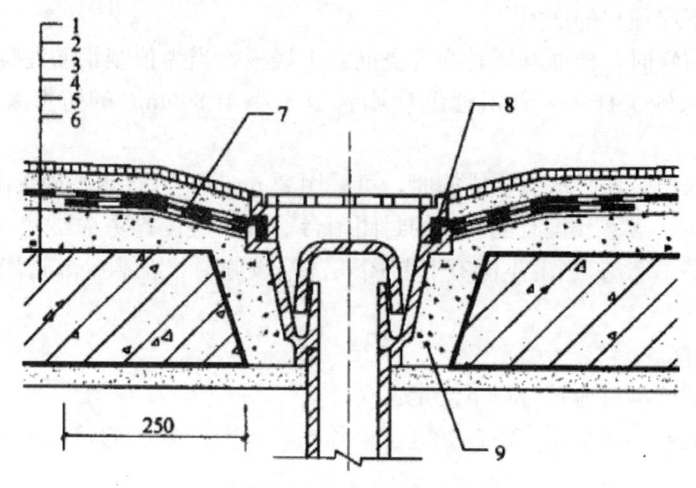

图 2-128　地漏防水构造

1-楼、地面面层；2-粘结层；3-防水层；4-找平层；5-垫层或找坡层；6-混凝土楼板；7-防水附加层；8-密封膏；9-C20 混凝土掺聚合物嵌填

（4）水平管道在下降楼板上采用同层排水措施时，楼板、楼面应做双层防水设防。对降板后可能出现的管道渗水，应有密闭措施，且宜在贴临下降楼板上表面设泄水管，并宜采取增设独立的泄水立管的措施，如图 2-129 所示。

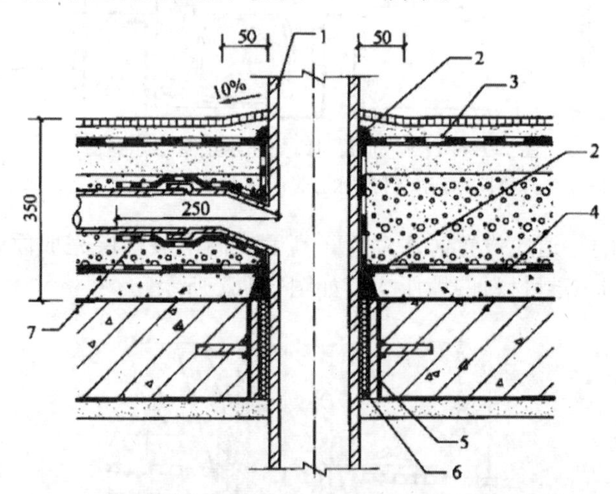

图 2-129　同层排水时管道穿越楼板的防水构造示意图

1-排水立管；2-密封膏；3-装修面层下的防水层；4-混凝土楼板基层上的防水层；5-防水套管；6-管壁间填充材料塞实；7-附加层

（5）对于同层排水的地漏，其旁通水平支管宜与下降楼板上表面处的泄水管联通，并接至增设的独立泄水立管上，如图 2-130 所示。

（6）当墙面设置防潮层时，楼、地面防水层应沿墙面上翻，且至少应高出饰面层 200mm。当卫生间、厨房采用轻质隔墙时，应做全防水墙面，其四周根部除门洞外，应做 C20 细石混凝土坎台，并应至少高出相连房间的楼、地面饰面层 150mm，如图 2-131 所示。

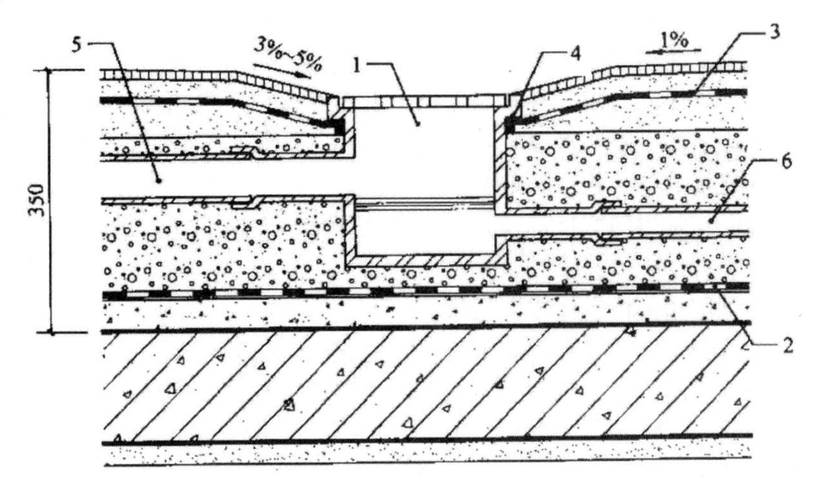

图 2-130　同层排水时的地漏防水构造示意图

1-多通道地漏；2-混凝土楼板基层上的防水层；3-房间装饰面层下的防水层；
4-密封膏；5-排水支管接至排水立管；6-旁通水平支管接至增设的独立泄水立管

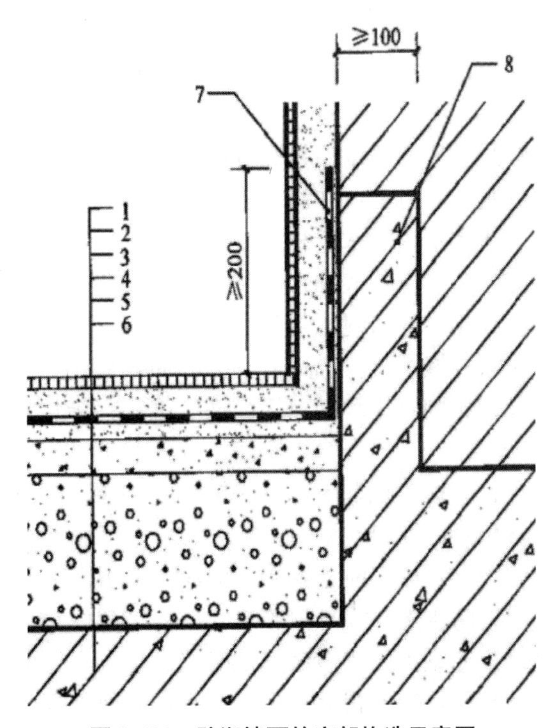

图 2-131　防潮墙面的底部构造示意图

1-楼、地面面层；2-粘结层；3-防水层；4-找平层；5-垫层或找坡层；6-混凝土楼板；
7-防水层翻起高度；8-C20 细石混凝土翻边

（三）住宅防水施工

住宅室内防水工程施工单位应有专业施工资质，作业人员应持证上岗。防水材料及防水施工过程不得对环境造成污染。穿越楼板、防水墙面的管道和预埋件等，应在防水施工前完成安装，施工时环境温度宜为5～35℃。住宅防水工程施工工艺流程同屋面防水工程相似，现主要介绍住宅防水施工的施工要点：

（1）基层处理。住宅防水工程基层应满足下列要求：

①基层表面应坚实平整，无浮浆，无起砂，裂缝等现象，基层表面不得有积水。

②与基层相连接的各类管道、地漏、预埋件、设备支座等应安装牢固。

③管道、地漏与基层的交接部位，应预留宽10mm，深10mm的环形凹槽，槽内应嵌填密封材料。

④基层的阴、阳角部位宜做成圆弧形。

（2）防水涂料施工。住宅室内防水涂料施工时应满足下列要求：

①防水涂料施工时，应采用与涂料配套的基层处理剂，基层处理剂涂刷应均匀、不流淌、不堆积。

②防水涂料在大面积施工前，应先在阴阳角、管根、地漏、排水口、设备基础根等部位做附加层，并应夹铺胎体增强材料。

③双组分涂料应按配比要求在现场配置，并应使用机械搅拌均匀，不得有颗粒悬浮物。

④防水涂料应薄涂、多遍施工，前后两遍的涂刷方向应相互垂直，涂层厚度应均匀，不得有漏刷或堆积现象。

⑤施工时宜先涂刷立面，后涂刷平面。防水涂料应在前一遍涂层实干后，再涂刷下一遍涂料。

⑥夹铺胎体增强材料时，应使防水涂料充分浸透胎体层，不得有褶皱、翘边现象。

⑦防水涂膜在最后一遍施工时，可在涂层表面撒砂。

（3）防水卷材施工。住宅室内防水卷材施工时应满足下列要求：

①防水卷材与基层应满粘施工，表面应平整、顺直，不得有空鼓、起泡、褶皱；防水卷材搭接缝应采用与基材相容的密封材料封严。

②当基层潮湿时，应涂刷湿固化胶黏剂或潮湿界面隔离剂；基层处理剂不得在施工现场配制或添加溶剂稀释；涂刷时应均匀，无露底、堆积；干燥后应立即进行下道工序施工。

③防水卷材在阴阳角、管根、地漏等部位先铺设附加层，附加层材料可采用与防水层同品种的卷材或与卷材相容的涂料。

④聚乙烯丙纶复合防水卷材施工时，基层应湿润，但不得有明水。

⑤自黏聚合物改性沥青防水卷材在低温施工时，搭接部位宜采用热风加热。

（4）防水砂浆施工。住宅室内防水砂浆施工时应满足下列要求：

①施工前应洒水湿润基层，但不得有明水，并宜做界面处理。

②防水砂浆应用机械搅拌均匀，并随拌随用。

③防水砂浆宜连续施工。当需留施工缝时，应采用坡形接槎，相邻两层接槎应错开100mm以上，距转角处不得小于200mm。

④水泥砂浆防水层终凝后，应及时进行保湿养护，养护温度不宜低于5℃；聚合物防水砂浆，应按产品的使用要求进行养护。

（5）密封施工。密封材料嵌填施工应满足以下要求：

①基层应干净、干燥，可根据需要涂刷基层处理剂。

②密封施工宜在卷材、涂料防水层施工之前、刚性防水层施工之后完成。

③双组分密封材料应配合比准备，混合均匀。密封材料施工宜采用胶枪挤注，也可用腻子刀等嵌填压实。施工时应根据预留凹槽的尺寸、形状和材料的性能采用一次或多次嵌填。

④密封材料嵌填完成后，在硬化前应避免灰尘、破损及污染等。

四、防水工程施工质量验收与安全措施

（一）屋面防水工程施工质量验收

屋面工程所用的防水应有产品合格证书和性能检测报告，材料的品种、规格、性能等必须符合国家现行产品标准和设计要求。屋面防水工程完工后，应进行观感质量检查和雨后观察或淋水、蓄水试验，不得有渗漏和积水现象。

屋面工程各分项工程宜按屋面面积每 500～1000m^2 划分为一个检验批，不足 500m^2 应按一个检验批。按每 100m^2 抽检一处，每处应为 10m^2，且不得少于 3 处，接缝密封防水应按每 50m 抽查一处，每处应为 5m，且不得少于 3 处，细部构造工程各分项工程每个检验批应全数进行检验。

1. 卷材防水层质量验收

（1）主控项目。

①防水卷材及其配套材料的质量，应符合设计要求。

检验方法：检查出厂合格证、质量检验报告和进场检验报告。

②卷材防水层不得有渗漏和积水现象。

检验方法：雨后观察或淋水、蓄水试验。

③卷材防水层在檐口、檐沟、天沟、水落口、泛水、变形缝和伸出屋面管道的防水构造，应符合设计要求。

检验方法：观察检查。

（2）一般项目。

①卷材的搭接缝应粘结或焊接牢固，密封应严密，不得扭曲、皱折和翘边。

检验方法：观察检查。

②卷材防水层的收头应与基层粘结，钉压应牢固，密封应严密。

检验方法：观察检查。

③卷材防水层的铺贴方向应正确，卷材搭接宽度的允许偏差为－10mm。

检验方法：观察和尺量检查。

④屋面排汽构造的排汽道应纵横贯通，不得堵塞；排汽管应安装牢固，位置应正确，封闭应严密。

检验方法：观察检查。

2. 涂膜防水层质量验收

（1）主控项目。

①防水涂料和胎体增强材料的质量，应符合设计要求。

检验方法：检查出厂合格证、质量检验报告和进场检验报告。

②涂膜防水层不得有渗漏和积水现象。

检验方法：雨后观察或淋水、蓄水试验。

③涂膜防水层在檐口、檐沟、天沟、水落口、泛水、变形缝和伸出屋面管道的防水构造，应符合设计要求。

检验方法：观察检查。

④涂膜防水层的平均厚度应符合设计要求，且最小厚度不得小于设计厚度的80%。

检验方法：针测法或取样量测。

（2）一般项目。

①涂膜防水层与基层应粘结牢固，表面应平整，涂布应均匀，不得有流淌、皱折、起泡和露胎体等缺陷。

检验方法：观察检查。

②涂膜防水层的收头应用防水涂料多遍涂刷。

检验方法：观察检查。

③铺贴胎体增强材料应平整顺直，搭接尺寸应准确，应排除气泡，并应与涂料粘结牢固；胎体增强材料搭接宽度的允许偏差为－10mm。

检验方法：观察和尺量检查。

（二）地下防水工程施工质量验收

1. 防水混凝土施工质量验收

防水混凝土分项工程检验批的抽样检验数量，应按混凝土外露面积每100m² 抽查1处，每处10m²，且不得少于3处。

（1）主控项目。

①防水混凝土的原材料、配合比及坍落度必须符合设计要求。

检验方法：检查产品合格证、产品性能检测报告、计量措施和材料进场检验报告。

②防水混凝土的抗压强度和抗渗性能必须符合设计要求。

检验方法：检查混凝土抗压强度、抗渗性能检验报告。

③防水混凝土结构的变形缝、施工缝、后浇带、穿墙管、埋设件等设置和构造必须符合设计要求。

检验方法：观察检查和检查隐蔽工程验收记录。

（2）一般项目。

①防水混凝土结构表面应坚实、平整，不得有露筋、蜂窝等缺陷；埋设件位置应准确。

检验方法：观察检查。

②防水混凝土结构表面的裂缝宽度不应大于0.2mm，且不得贯通。

检验方法：用刻度放大镜检查。

③防水混凝土结构厚度不应小于250mm，其允许偏差应为＋8mm、－5mm；主体结构迎水面钢筋保护层厚度不应小于50mm，其允许偏差为±5mm。

检验方法：尺量检查和检查隐蔽工程验收记录。

2. 水泥砂浆防水层施工质量验收

水泥砂浆防水层分项工程检验批的抽样检验数量，应按施工面积每100m² 抽查1

处，每处 $10m^2$，且不得少于 3 处。

（1）主控项目。

①防水砂浆的原材料及配合比必须符合设计规定。

检验方法：检查产品合格证、产品性能检测报告、计量措施和材料进场检验报告。

②防水砂浆的粘结强度和抗渗性能必须符合设计规定。

检验方法：检查砂浆粘结强度、抗渗性能检测报告。

③水泥砂浆防水层与基层之间应结合牢固，无空鼓现象。

检验方法：观察和用小锤轻击检查。

（2）一般项目。

①水泥砂浆防水层表面应密实、平整，不得有裂纹、起砂、麻面等缺陷。

检验方法：观察检查。

②水泥砂浆防水层施工缝留槎位置应正确，接槎应按层次顺序操作，层层搭接紧密。

检验方法：观察检查和检查隐蔽工程验收记录。

③水泥砂浆防水层的平均厚度应符合设计要求，最小厚度不得小于设计值的 85%。

检验方法：用针测法检查。

④水泥砂浆防水层表面平整度的允许偏差应为 5mm。

检查方法：用 2m 靠尺和楔形塞尺检查。

3. 卷材防水层施工质量验收

卷材防水层分项工程检验批的抽检数量，应按铺贴面积每 $100m^2$ 抽查 1 处，每处 $10m^2$，且不得少于 3 处。

（1）卷材防水层施工质量验收主控项目。

①卷材防水层所用卷材及其配套材料必须符合设计要求。

检验方法：检查产品合格证、产品性能检测报告和材料进场检验报告。

②卷材防水层在转角处、变形缝、施工缝、穿墙管等部位做法必须符合设计要求。

检验方法：观察检查和检查隐蔽工程验收记录。

（2）一般项目。

①卷材防水层的搭接缝应粘贴或焊接牢固，密封严密，不得有扭曲、皱折、翘边和起泡等缺陷。

检验方法：观察检查。

②采用外防外贴法铺贴卷材防水层时，立面卷材接槎的搭接宽度，高聚物改性沥青类卷材应为 150mm，合成高分子类卷材应为 100mm，且上层卷材应盖过下层卷材。

检验方法：观察和尺量检查。

③侧墙卷材防水层的保护层与防水层应结合紧密、保护层厚度应符合设计要求。

检验方法：观察和尺量检查。

④卷材搭接宽度的允许偏差应为－10mm。

检验方法：观察和尺量检查。

（三）室内防水工程施工质量验收

1. 基层施工质量验收

（1）基层施工质量验收主控项目。

①防水基层所用材料的质量及配合比，应符合设计要求。

检验方法：检查出厂合格证、质量检验报告和计量措施。

检验数量：按材料进场批次为一个检验批。

②防水基层的排水坡度，应符合设计要求。

检验方法：用坡度尺检查。

检验数量：全数检验。

（2）基层施工质量验收一般项目。

①防水基层应抹平、压光，不得有疏松、起砂、裂缝。

检验方法：观察检查。

检验数量：全数检验。

②阴、阳角处宜按设计要求做成圆弧形，且应整齐平顺。

检验方法：观察和尺量检查。

检验数量：全数检验。

③防水基层表面平整度的允许偏差不宜大于 4mm。

检验方法：用 2m 靠尺和楔形塞尺检查。

检验数量：全数检验。

2. 防水和密封施工质量验收

（1）主控项目。

①防水材料、密封材料、配套材料的质量应符合设计要求，计量、配合比应准确。

检验方法：检查出厂合格证、计量措施、质量检测报告和现场抽样复验报告。

检验数量：进场检验按材料进场批次为一检验批；现场抽样复验。

②在转角、地漏、伸出基层的管道等部位，防水层的细部构造应符合设计要求。

检验方法：观察检查和检查隐蔽工程验收记录。

检验数量：全数检验。

③防水层的平均厚度应符合设计要求，最小厚度不应小于设计厚度的 90%。

检验方法：用涂层测厚仪量测或现场取 20mm×20mm 的样品，用卡尺测量。

检验数量：每一个自然间的楼、地面及墙面各取一处；在每一个独立水容器的水平面及立面各取一处。

④密封材料的嵌填宽度和深度应符合设计要求。

检验方法：观察和尺量检查。

检验数量：全数检验。

⑤密封材料嵌填应密实、连续、饱满，粘结牢固，无气泡、开裂、脱落等缺陷。

检验方法：观察检查。

检验数量：全数检验。

⑥防水层不得渗漏。

检验方法：在防水层完成后进行蓄水试验，楼、地面蓄水高度不应小于 20mm，蓄水时间不应少于 24h；独立水容器应满池蓄水，蓄水时间不应少于 24h。

检验数量：每一自然间或每一独立水容器逐一检验。

（2）一般项目。

①涂膜防水层与基层应粘结牢固，表面平整，涂刷均匀，不得有流淌、皱折、鼓

泡、露胎体和翘边等缺陷。

检验方法：观察检查。

检验数量：全数检验。

②涂膜防水层的胎体增强材料应铺贴平整，每层的短边搭接缝应错开。

检验方法：观察检查。

检验数量：全数检验。

③防水卷材的搭接缝应牢固，不得有皱折、开裂、翘边和鼓泡等缺陷；卷材在立面上的收头应与基层粘结牢固。

检验方法：观察检查。

检验数量：全数检验。

④防水砂浆各层之间应结合牢固，无空鼓；表面应密实、平整、不得有开裂、起砂、麻面等缺陷；阴阳角部位应做圆弧状。

检验方法：观察和用小锤轻击检查。

检验数量：全数检验。

⑤密封材料表面应平滑，缝边应顺直，周边无污染。

检验方法：观察检查。

检验数量：全数检验。

⑥密封接缝宽度的允许偏差应为设计宽度的±10%。

检验方法：尺量检查。

检验数量：全数检验。

3. 保护层施工质量验收

（1）主控项目。

①防水保护层所用材料的质量及配合比应符合设计要求。

检验方法：检查出厂合格证、质量检验报告和计量措施。

检验数量：按材料进场批次为一检验批。

②水泥砂浆、混凝土的强度应符合设计要求。

检验数量：按材料进场批次为一检验批。

检验方法：检查砂浆、混凝土的抗压强度试验报告。

③防水保护层表面的坡度应符合设计要求，不得有倒坡或积水。

检验方法：用坡度尺检查和淋水检验。

检验数量：全数检验。

④防水层不得渗漏。

检验方法：在保护层完成后应再次作蓄水试验，楼、地面蓄水高度不应小于20mm，蓄水时间不应少于24h；独立水容器应满池蓄水，蓄水时间不应少于24h。

检验数量：每一自然间或每一独立水容器逐一检验。

（2）一般项目。

①保护层应与防水层粘结牢固，结合紧密，无空鼓。

检验方法：观察检查，用小锤轻击检查。

检验数量：全数检验。

②保护层应表面平整，不得有裂缝、起壳、起砂等缺陷；表面平整度不应大于5mm。

检验方法：观察检查，用2m靠尺和楔形塞尺检查。

检验数量：全数检验。

③保护层厚度的允许偏差应为设计厚度的±10%，且不应大于5mm。

检验方法：用钢针插入和尺量检查。

检验数量：在每一自然间的楼、地面及墙面各取一处；在每一个独立水容器的水平面及立面各取一处。

（四）防水工程施工安全措施

（1）屋面工程是高空作业，防水层使用的沥青、涂膜、防水剂等材料有一定的毒性，施工过程中有时又涉及高温作业，所以施工中容易发生坠落、中毒、烫伤等事故，要特别注意安全技术，严格按操作规程执行。

（2）屋面的檐口、孔洞周围应设置安全栏，工人在屋面施工时，必要时应佩戴安全带。高空作业人员不得过分集中。

（3）操作人员应穿戴工作服、安全帽、口罩、手套、劳保鞋等保护用品。对皮肤病、眼病、刺激过敏症等患者，不许参加沥青、涂膜等操作。在施工时如发生恶心、头晕等情况时，应立即停止操作，离开作业现场。

（4）油毡铺贴等应符合安全操作规程，附近不得有易燃、易爆品，并应注意风向。

第十节　装饰装修工程

一、抹灰工程施工及质量验收

将抹面砂浆涂抹在基底材料的表面，兼有保护基层和增加美观作用及为建筑物提供特殊功能的施工过程称为抹灰工程。

抹灰工程主要有两大功能，一是防护功能，保护墙体不受风、雨、雪的侵蚀，增加墙面防潮、防风化、隔热的能力，提高墙身耐久性能，热工性能；二是美化功能，改善室内卫生条件，净化空气、美化环境，提高居住舒适度。

（一）抹灰工程施工

1. 抹灰的分类

抹灰工程是最初始和最直接的装饰工程，是建筑装饰的重要组成部分。抹灰工程按使用的材料及其装饰效果分为一般抹灰和装饰抹灰。

一般抹灰可分为普通抹灰和高级抹灰，所使用的材料有水泥砂浆、石灰砂浆、水泥混合砂浆、聚合物水泥砂浆、膨胀珍珠岩水泥砂浆等。

装饰抹灰的底层和中层与一般抹灰相同，但其面层材料往往有较大区别，装饰抹灰的面层材料主要有水泥石子浆、水泥色浆、聚合物水泥砂浆等。

抹灰应分层进行。抹灰层分为底层、中层、面层。底层主要起粘结作用和初步找平作用，厚5～7mm。中层主要起找平和传递荷载的作用，厚5～12mm。面层主要起装饰作用，厚2～5mm。

2. 一般抹灰施工

（1）基层处理。抹灰前应清除基层表面的灰尘、污垢、油渍、碱膜等并浇水湿润墙体；凡管道穿越的洞口处、表面凹凸不平处等应用1∶3水泥砂浆填实补平；不同材料基体交界处表面的抹灰，应采取防止开裂的加强措施，当采用加强网时，加强网与各基体的搭接宽度不应小于100mm。

（2）弹准线。弹线时应将房间用角尺规方，在距墙阴角100mm处用线锤吊直，弹出竖线后，再按规方的线及抹灰层厚度向里反弹出墙角准线，挂上白线。

（3）抹灰饼、冲筋。做灰饼是在墙角的一定位置上抹上砂浆块，以控制抹灰层的平整度、垂直度和厚度。具体做法是从阴角处开始，在距顶棚约200mm处先做两个灰饼（上灰饼），然后对应在踢脚线上方200～250mm处做两个下灰饼，再在中间按1200～1500mm间距做中间灰饼。灰饼的大小一般以40～50mm为宜。灰饼的厚度为抹灰层厚度减去面层灰厚度。

冲筋也称标筋，是在上下灰饼之间抹上砂浆带，同样起控制平整度和垂直度的作用。标筋宽度一般为80～100mm，厚度同灰饼。标筋应抹成八字形（底宽面窄）。要检查标筋的平整度和垂直度。

（4）抹底层灰。标筋达到七八成干即可抹底层灰。抹底层灰时可用托灰板盛砂浆，用力将砂浆推抹到墙上，一般应从上而下进行。在两标筋之间抹满后，即用刮尺从上而下进行刮灰，使底层灰刮平刮实并与标筋面相平。操作中用木抹子配合去高补低，最后用铁抹子压平。

（5）抹中层灰。底层灰七八成干时即可抹中层灰。操作时一般按自上而下、从左向右的顺序进行。先在底层灰上洒水，待其收水后在标筋之间装满砂浆，用刮尺刮平，并用木抹子来回搓抹，去高补低。搓平后用2m靠尺检查，超过质量标准允许偏差时，应修整至合格。

（6）抹面层灰。在中层灰七八成干后即可抹罩面灰。先在中层灰上洒水，然后将面层砂浆分遍均匀抹涂上去。一般也应按从上而下、从左向右的顺序。抹满后用铁抹子分遍压实压光。铁抹子各遍的运行方向应相互垂直，最后一遍宜垂直方向。

（7）阴阳角处理。墙、柱间的阳角应在墙、柱面抹灰前用水泥砂浆做护角，高度不低于2m，护角宽每边不小于50mm，阴阳角处抹灰时应注意：

①用阴阳角方尺检查阴阳角的直角度，并检查垂直度，然后确定其抹灰厚度。

②用阴角器和阳角器分别进行阴阳角处抹灰，先抹底层灰，使其达到基本垂直，再抹中层灰，使阴阳角方正。

③阴阳角找方应与墙面抹灰同时进行。

3. 装饰抹灰施工

装饰抹灰的做法很多，下面介绍一些常用的装饰抹灰做法。

（1）水刷石施工。水刷石主要的施工工艺包括以下几个方面：

①弹线、粘分格条。待中层灰六七成干并经验收合格后，按设计要求进行弹线分

格，并粘贴好分格条。

②抹水泥石子浆。浇水湿润后，刷一道水泥浆，随即抹水泥石子浆。配制水泥石子浆时应注意石粒颗粒均匀、洁净、色泽一致，水泥石子浆稠度以50～70mm为宜。抹水泥石子浆应一次成活，用铁抹子压紧揉平，但不应压得过死。每一分格内抹石子浆应按自下而上的顺序。阳角处应保证线条垂直、挺拔。

③冲洗。冲洗是确保水刷石施工质量的重要环节。冲洗可分两遍进行，第一遍先用软毛刷刷掉面层水泥浆露出石粒；第二遍用喷雾器从上往下喷水，冲去水泥浆使石粒露出1/3～1/2粒径，达到显露清洗的效果。

冲洗一般以能刷洗掉水泥浆而又不掉石粒为宜。冲洗应快慢适度。冲洗按照自上而下的顺序，冲洗时还应做好排水工作。

④起分格条、修整。冲洗后随即起出分格条，起条应小心仔细。对局部破损可用水泥素浆修补。起条后要及时对面层进行养护。

（2）干粘石施工。干粘石主要的施工工艺包括以下几个方面：

①抹粘结层砂浆。中层灰验收合格后浇水湿润，刷水泥素浆一道，抹水泥砂浆粘结层。粘结层砂浆厚度4～5mm，稠度以60～80mm为宜。粘结层应平整，阴阳角方正。

②撒石粒、拍平。在粘结层砂浆干湿适宜时可用手甩石粒，然后用铁抹子将石粒均匀拍入砂浆中。甩石粒应遵循“先边角后中间，先上面后下面”的原则。在阳角处应同时进行。甩石粒应尽量使石粒分布均匀，当出现过密或过稀时一般不宜补甩，应剔除或补粘。甩石粒应用力合适，一般以石粒进入砂浆不小于其粒径的一半为宜。

③修整。如局部有石粒不均匀、表面不平、石粒外露太多或石粒下坠等情况，应及时进行修整。起分格条时，如局部出现破损也应用水泥浆修补，以使整个墙面平整、色泽均匀、线条顺直清晰。

（二）抹灰工程质量验收

（1）各分项工程的检验批应按下列规定划分：

1）相同材料、工艺和施工条件的室外抹灰工程每500～1000m^2应划分为一个检验批，不足500m^2也应划分为一个检验批。

2）相同材料、工艺和施工条件的室内抹灰工程每50间（大面积房间和走廊按抹灰面积30m^2为一间）应划分为一个检验批，不足50间也应划分为一个检验批。

（2）检查数量应符合下列规定：

1）室内每个检验批应至少抽查10%，并不得少于3间；不足3间时应全数检查。

2）室外每个检验批每100m^2应至少抽查一处，每处不得小于10m^2。

（3）一般抹灰工程质量验收。

1）主控项目。

①抹灰前基层表面的尘土、污垢、油渍等应清除干净，并应洒水润湿。

检验方法：检查施工记录。

②一般抹灰所用材料的品种和性能应符合设计要求。水泥的凝结时间和安定性复验应合格。砂浆的配合比应符合设计要求。

检验方法：检查产品合格证书、进场验收记录、复验报告和施工记录。

③抹灰工程应分层进行。当抹灰总厚度大于或等于35mm时，应采取加强措施。不同材料基体交接处表面的抹灰，应采取防止开裂的加强措施，当采用加强网时，加强网与各基体的搭接宽度不应小于100mm。

检验方法：检查隐蔽工程验收记录和施工记录。

④抹灰层与基层之间及各抹灰层之间必须粘结牢固，抹灰层应无脱层、空鼓，面层应无爆灰和裂缝。

检验方法：观察；用小锤轻击检查；检查施工记录。

2）一般项目。

①一般抹灰工程的表面质量应符合下列规定：普通抹灰表面应光滑、洁净、接槎平整，分格缝应清晰；高级抹灰表面应光滑、洁净、颜色均匀、无抹纹，分格缝和灰线应清晰美观。

检验方法：观察手摸检查。

②护角、孔洞、槽盒、周围的抹灰表面应整齐、光滑；管道后面的抹灰表面应平整。

检验方法：观察。

③抹灰层的总厚度应符合设计要求；水泥砂浆不得抹在石灰砂浆层上；罩面石膏灰不得抹在水泥砂浆层上。

检验方法：检查施工记录。

④抹灰分格缝的设置应符合设计要求，宽度和深度应均匀，表面应光滑，棱角应整齐。

检验方法：观察；尺量检查。

⑤有排水要求的部位应做滴水线（槽）。滴水线（槽）应整齐顺直，滴水线应内高外低，滴水槽的宽度和深度均不应小于10mm。

检验方法：观察；尺量检查。

⑥一般抹灰工程质量的允许偏差和检验方法应符合表2-39的规定。

表2-39　一般抹灰的允许偏差和检验方法

项次	项目	允许偏差/mm		检验方法
		普通抹灰	高级抹灰	
1	立面垂直度	4	3	用2m垂直检测尺检查
2	表面平整度	4	3	用2m靠尺和塞尺检查
3	阴阳角方正	4	3	用直角检测尺检查
4	分格条（缝直线度）	4	3	拉5m线，不足5m拉通线，用钢直尺检查
5	墙裙、勒脚上口直线度	4	3	拉5m线，不足5m拉通线，用钢直尺检查

（4）装饰抹灰工程质量验收。

1）主控项目。

①抹灰前基层表面的尘土、污垢、油渍等应清除干净，并应洒水润湿。

检验方法：检查施工记录。

②装饰抹灰工程所用材料的品种和性能应符合设计要求。水泥的凝结时间和安定性复验应合格。砂浆的配合比应符合设计要求。

检验方法：检查产品合格证书、进场验收记录、复验报告和施工记录。

③抹灰工程应分层。

检验方法：检查隐蔽工程验收记录和施工记录。

④各抹灰层之间及抹灰层与基体之间必须粘接牢固，抹灰层应无脱层、空鼓和裂缝。

检验方法：观察；用小锤轻击检查；检查施工记录。

2）一般项目。

①装饰抹灰工程的表面质量应符合下列规定：水刷石表面应石粒清晰、分布均匀、紧密平整、色泽一致，应无掉粒和接槎痕迹。斩假石表面剁纹应均匀顺直、深浅一致，应无漏剁处；阳角处应横剁并留出宽窄一致的不剁边条，棱角应无损坏。干粘石表面应色泽一致、不漏浆、不漏黏，石粒应粘结牢固、分布均匀，阳角处应无明显黑边。假面砖表面应平整、沟纹清晰、留缝整齐、色泽一致，应无掉角脱皮、起砂等缺陷。

检验方法：观察；手摸检查。

②装饰抹灰分格条（缝）的设置应符合设计要求，宽度和深度应均匀，表面应平整光滑，棱角应整齐。

检验方法：观察。

③有排水要求的部位应做滴水线（槽），滴水线（槽）应整齐顺直内，内高外低，滴水槽的宽度和深度均不应小于10mm。

检验方法：观察；尺量检查。

④装饰抹灰工程质量的允许偏差和检验方法应符合表2-40的规定。

表2-40 装饰抹灰的允许偏差和检验方法

项次	项目	允许偏差/mm				检验方法
		水刷石	斩假石	干粘石	假面砖	
1	立面垂直度	5	4	5	5	用2m垂直检测尺检查
2	表面平整度	3	3	5	5	用2m靠尺和塞尺检查
3	阴阳角方正	3	3	4	4	用直角检测尺检查
4	分格条（缝直线度）	3	3	3	3	拉5m线，不足5m拉通线，用钢直尺检查
5	墙裙、勒脚上口直线度	3	3	—	—	拉5m线，不足5m拉通线，用钢直尺检查

二、饰面工程施工及质量验收

（一）饰面工程施工

（1）石材面板施工。石材面板主要有大理石、花岗石等，其施工方法主要有粘贴法和干挂法两种。

①粘贴法。对于边长小于400mm的小规格石材（或厚度小于10mm的薄板），可采

用粘贴方法安装。

②干挂法。即在饰面板材上直接打孔或开槽，用连接件将薄型石材面板直接或间接挂在建筑结构表面称为干挂法，如图 2-132 所示。

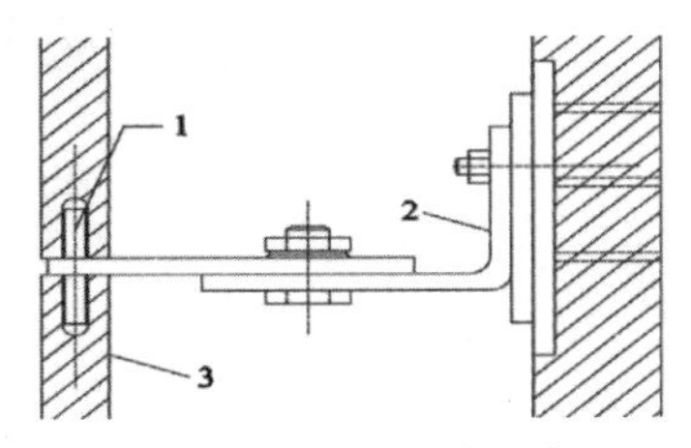

图 2-132　干挂安装示意图

1-钢针；2-L 形不锈钢固定件；3-饰面石板

（2）饰面砖镶贴。饰面砖根据镶贴位置的不同可以分为室内贴砖和室外贴砖；根据饰面砖的种类又可分为无釉面砖和有釉面砖。在此主要介绍室内镶贴釉面砖的施工工序：

1）抹灰层检查。抹灰层应刮平抹实、搓毛。

2）排砖、弹线。底层灰六七成干时，根据镶贴大样图及墙面尺寸进行横竖向排砖，以保证砖缝隙均匀。应注意大面墙、柱子和垛要排整砖，以及在同一墙面上的横竖排列，均不得有小于 1/4 砖的非整砖。

3）贴标准点。可用瓷砖贴标准点，控制贴釉面砖的平整度。

4）浸泡面砖。面砖应按颜色、规格挑选，并清扫干净，放入水中浸泡，取出晾干。

5）粘贴。面砖的粘贴应自下而上进行。粘贴时要求灰浆饱满，随时用靠尺检查平整度，同时应保证缝隙宽度一致。

6）勾缝。面砖镶贴完成后应及时清理墙面，用勾缝胶、白水泥勾缝。

（二）饰面工程质量验收

（1）各分项工程的检验批应按下列规定划分：

1）相同材料、工艺和施工条件的室内饰面板（砖）工程每 50 间（大面积房间和走廊按施工面积 $30m^2$ 为一间）应划分为一个检验批，不足 50 间也应划分为一个检验批。

2）相同材料、工艺和施工条件的室外饰面板（砖）工程每 $500 \sim 1000m^2$ 应划分为一个检验批，不足 $500m^2$ 也应划分为一个检验批。

（2）检查数量应符合下列规定：

1）室内每个检验批应至少抽查 10%，并不得少于 3 间；不足 3 间时应全数检查。

2）室外每个检验批每 $100m^2$ 应至少抽查一处，每处不得小于 $10m^2$。

（3）饰面板安装工程质量验收。

1）主控项目。

①饰面板的品种、规格、颜色和性能应符合设计要求，木龙骨、木饰面板和塑料饰面板的燃烧性能等级应符合设计要求。

检验方法：观察；检查产品合格证书、进场验收记录和性能检测报告。

②饰面板孔、槽的数量、位置和尺寸应符合设计要求。

检验方法：检查进场验收记录和施工记录。

③饰面板安装工程的预埋件（或后置埋件）、连接件的数量、规格、位置、连接方法和防腐处理必须符合设计要求。后置埋件的现场拉拔强度必须符合设计要求。饰面板安装必须牢固。

检验方法：手扳检查；检查进场验收记录、现场拉拔检测报告、隐蔽工程验收记录和施工记录。

2）一般项目。

①饰面板表面应平整、洁净、色泽一致，无裂痕和缺损。石材表面应无泛碱等污染。

检验方法：观察。

②饰面板嵌缝应密实、平直，宽度和深度应符合设计要求，嵌填材料色泽应一致。

检验方法：观察；尺量检查。

③采用湿作业法施工的饰面板工程，石材应进行防碱背涂处理。饰面板与基体之间的灌注材料应饱满、密实。

检验方法：用小锤轻击检查；检查施工记录。

④饰面板上的孔洞应套割吻合，边缘应整齐。

检验方法：观察。

⑤饰面板安装的允许偏差和检验方法应符合表2-41的规定。

表2-41　饰面板安装的允许偏差和检验方法

项次	项目	允许偏差/mm							检验方法
		石材			瓷板	木材	塑料	金属	
		光面	剁斧石	蘑菇石					
1	立面垂直度	2	3	3	2	1.5	2	2	用2m垂直检测尺检查
2	表面平整度	2	3	—	1.5	1	3	3	用2m靠尺和塞尺检查
3	阴阳角方正	2	4	4	2	1.5	3	3	用直角检测尺检查
4	接缝直线度	2	4	4	2	1	1	1	拉5m线，不足5m拉通线，用钢直尺检查
5	墙裙、勒脚上口直线度	2	3	3	2	2	2	2	拉5m线，不足5m拉通线，用钢直尺检查
6	接缝高低差	0.5	3	—	0.5	0.5	1	1	用钢直尺和塞尺检查
7	接缝宽度	1	2	2	1	1	1	1	用钢直尺检查

（4）饰面砖粘贴工程质量验收。

1）主控项目。

①饰面砖的品种、规格、图案、颜色和性能应符合设计要求。

检验方法：观察；检查产品合格证书、进场验收记录、性能检测报告和复验报告。

②饰面砖粘贴工程的找平、防水、粘结和勾缝材料及施工方法应符合设计要求及国家现行产品标准和工程技术标准的规定。

检验方法：检查产品合格证书、复验报告和隐蔽工程验收记录。

③饰面砖粘贴必须牢固。

检验方法：检查样板件粘结强度检测报告和施工记录。

④满粘法施工的饰面砖工程应无空鼓、裂缝。

检验方法：观察；用小锤轻击检查。

2）一般项目。

①饰面砖表面应平整、洁净、色泽一致，无裂痕和缺损。

检验方法：观察。

②阴阳角处搭接方式、非整砖使用部位应符合设计要求。

检验方法：观察。

③墙面突出物周围的饰面砖应整砖套割吻合，边缘应整齐。墙裙、贴脸凸出墙面的厚度应一致。

检验方法：观察；尺量检查。

④饰面砖接缝应平直、光滑，填嵌应连续、密实；宽度和深度应符合设计要求。

检验方法：观察；尺量检查。

⑤有排水要求的部位应做滴水线（槽）。滴水线（槽）应顺直，流水坡向应正确，坡度应符合设计要求。

检验方法：观察；用水平尺检查。

⑥饰面砖粘贴的允许偏差和检验方法应符合表 2-42 的规定。

表 2-42　饰面砖粘贴的允许偏差和检验方法

项次	项目	允许偏差/mm		检验方法
		外墙面砖	内墙面砖	
1	立面垂直度	3	2	用 2m 垂直检测尺检查
2	表面平整度	4	3	用 2m 靠尺和塞尺检查
3	阴阳角方正	3	3	用直角检测尺检查
4	接缝直线度	3	2	拉 5m 线，不足 5m 拉通线，用钢直尺检查
5	接缝高低差	1	0.5	用钢直尺和塞尺检查
6	接缝宽度	1	1	用钢直尺检查

三、涂料工程施工及质量验收

（一）涂料工程施工

1. 涂料工程施工方法

（1）喷涂。喷涂时利用压力或压缩空气将涂料布于墙面的机械施工方法。其特点为：涂膜外观质量好、工效高、适合大面积施工，并可通过调整涂料黏度、喷嘴大小及排气量而获得不同的质感。

（2）刷涂。刷涂为手工操作，可使用排笔、排刷。刷涂应勤蘸短刷，初干后不可反复涂刷。涂刷方向、长短应一致，要求接头严密，不流坠，不显接槎且颜色均匀一致。刷涂一般不少于两遍，应在前一道涂料表面干燥后再涂刷下一道。

（3）滚涂。滚涂时利用辊子蘸上涂料在物件表面上下来回滚动施工。边角不易滚到处，可用阴阳角辊子或刷子补刷。

(4) 抹涂。抹涂是用钢抹子将涂料抹压到各类物面上的施工方法。抹涂涂料时，不得回收落地灰，不得反复抹压。

2. 基层要求

涂料工程对于基层的要求主要有：

(1) 混凝土和抹灰表面必须坚实，无酥板、脱层、起砂、粉化等现象，否则应铲除。基层表面应平整，如有孔洞、裂缝，应用同种涂料配制的腻子补嵌，然后除去表面的油污、灰尘、泥土等，清洗干净。对于施工溶剂型涂料的基层，其含水率应控制在8%以内，对于施工乳液型涂料的基层，其含水率应控制在10%以内。

(2) 木材基层表面应先将木材表上的灰尘、污垢清除，并把木材表面的缝隙、毛刺等用腻子填补磨光，木材基层的含水率不得大于12%。

(3) 金属基层表面应将灰尘、油渍、锈斑、毛刺等清除干净。

3. 内墙涂料施工

对于内墙混凝土及抹灰基层的涂料的施工工序主要有：

基层处理→第一遍满刮腻子、磨光→第二遍满刮腻子→复补腻子、磨光→第一遍涂料、磨光→第二遍涂料。

4. 外墙涂料施工

对于外墙混凝土及抹灰基层的涂料的施工工序主要有：

基层处理→涂刷封底漆→局部补腻子→满刮腻子→刷底层涂料→刷面层涂料→清理保洁→检查验收。

5. 木材面涂料施工

对于木材基层的涂料的施工工序主要有：

基层处理→干性油打底→局部刮腻子、磨光→腻子处涂干性油→第一遍满刮腻子、磨光→施工底层涂料→第一遍涂料→复补腻子、磨光→湿布擦净→第二遍涂料、磨光→第二遍满刮腻子、磨光→第三遍涂料。

6. 金属基层涂料施工

对于金属基层的涂料的施工工序主要有：

基层处理→施工防锈涂料→局部刮腻子、磨光→第一遍满刮腻子、磨光→第二遍满刮腻子、磨光→第一遍涂料→复补腻子、磨光→第二遍涂料、磨光→湿布擦净→第三遍涂料、磨光→湿布擦净→第四遍涂料。

（二）涂料涂饰工程质量验收

(1) 各分项工程的检验批应按下列规定划分：

①室外涂饰工程每一栋楼的同类涂料涂饰的墙面每500～1000m^2应划分为一个检验批，不足500m^2也应划分为一个检验批。

②室内涂饰工程同类涂料涂饰墙面每50间（大面积房间和走廊按涂饰面积30m^2为一间）应划分为一个检验批，不足50间也应划分为一个检验批。

(2) 检查数量应符合下列规定：

①室外涂饰工程每100m^2应至少检查一处，每处不得小于10m^2。

②室内涂饰工程每个检验应至少抽查10%，并不得少于3间；不足3间时应全数检查。

(3) 水性涂料涂饰工程质量验收。

1) 主控项目。

①水性涂料涂饰工程所用涂料的品种、型号和性能应符合设计要求。

检验方法：检查产品合格证书、性能检测报告和进场验收记录。

②水性涂料涂饰工程的颜色、图案应符合设计要求。

检验方法：观察。

③水性涂料涂饰工程应涂饰均匀、粘结牢固，不得漏涂、透底、起皮和掉粉。

检验方法：观察；手摸检查。

④水性涂料涂饰工程的基层处理应符合现国家现行规范的要求。

检验方法：观察；手摸检查；检查施工记录。

2) 一般项目。

①薄涂料的涂饰质量和检验方法应符合表2-43的规定。

表2-43　薄涂料的涂饰质量和检验方法

项次	项目	普通涂饰	高级涂饰	检验方法
1	颜色	均匀一致	均匀一致	观察
2	泛碱、咬色	允许少量轻微	不允许	
3	流坠、疙瘩	允许少量轻微	不允许	
4	砂眼、刷纹	允许少量轻微砂眼、刷纹通顺	无砂眼，无刷纹	
5	装饰线、分色线直线度允许偏差/mm	2	1	拉5m线，不足5m拉通线，用钢直尺检查

②厚涂料的涂饰质量和检验方法应符合表2-44的规定。

表2-44　厚涂料的涂饰质量和检验方法

项次	项目	普通涂饰	高级涂饰	检验方法
1	颜色	均匀一致	均匀一致	观察
2	泛碱、咬色	允许少量轻微	不允许	
3	点状分布	—	疏密均匀	

③复合涂料的涂饰质量和检验方法应符合表2-45的规定。

表2-45　复合涂料的涂饰质量和检验方法

项次	项目	质量要求	检验方法
1	颜色	均匀一致	观察
2	泛碱、咬色	不允许	
3	喷点疏密程度	均匀，不允许连片	

④其他装修材料和设备衔接处应吻合，界面应清晰。

检验方法：观察。

(4）溶剂型涂料涂饰工程质量验收。

1）主控项目。

①溶剂型涂料涂饰工程所选用涂料的品种、型号和性能应符合设计要求。

检验方法：检查产品合格证书、性能检测报告和进场验收记录。

②溶剂型涂料涂饰工程的颜色、光泽、图案应符合设计要求。

检验方法：观察。

③溶剂型涂料涂饰工程应涂饰均匀、粘结牢固，不得漏涂、透底、起皮和反锈。

检验方法：观察；手摸检查。

④溶剂型涂料涂饰工程的基层处理应符合本国家现行规范的要求。

检验方法：观察；手摸检查；检查施工记录。

2）一般项目。

①色漆的涂饰质量和检验方法应符合表2-46的规定。

表2-46　色漆的涂饰质量和检验方法

项次	项目	普通涂饰	高级涂饰	检验方法
1	颜色	均匀一致	均匀一致	观察
2	光泽、光滑	光泽基本均匀 光滑无挡手感	光泽均匀 一致、光滑	观察、手摸检查
3	刷纹	刷纹通顺	无刷纹	观察
4	裹棱、流坠、皱皮	明显处不允许	不允许	观察
5	装饰线、分色线直线度允许偏差/mm	2	1	拉5m线，不足5m拉通线，用钢直尺检查

②清漆的涂饰质量和检验方法应符合表2-47的规定。

表2-47　清漆的涂饰质量和检验方法

项次	项目	普通涂饰	高级涂饰	检验方法
1	颜色	基本一致	均匀一致	观察
2	木纹	棕眼刮平、木纹清楚	棕眼刮平、木纹清楚	观察
3	光泽、光滑	光泽基本均匀、光滑	光泽均匀一致、光滑	观察、手摸
4	刷纹	无刷纹	无刷纹	观察
5	裹棱、流坠、皱皮	明显处不允许	不允许	观察

③涂层与其他装修材料和设备衔接处应吻合，界面应清晰。

检验方法：观察。

四、裱糊工程施工及质量验收

(一）裱糊工程施工

裱糊工程是目前国内使用较为广泛的施工方法，可在墙面、顶棚、梁柱等作贴面装饰。裱糊工程常用的墙纸种类较多，工程中常用的有铺普通墙纸、塑料墙纸和玻璃纤维墙纸等。从表面装饰效果看，有仿锦缎、静电植绒、印花、压花、仿木、仿石等墙纸。

墙纸工程的施工工序主要包括以下几方面：

（1）基层处理。裱糊工程要求基层平整、洁净，有足够的强度与墙纸牢固粘贴。基层应基本干燥，混凝土和抹灰层含水量不高于8%，木制品含水量不高于12%。对局部有麻点、凹坑须先用腻子找平，再满刮腻子，砂纸磨平；然后在表面满刷一遍底胶或底油，作为对基体表面的封闭，以免基层吸水太快，引起胶黏剂脱水，影响墙纸粘贴。

（2）弹分格线。底胶干燥后，在墙面基层上弹水平、垂直线，作为操作时的标准。为使墙纸花纹对称，应在窗口弹中心线，由中心线向两边分线，如窗口不在中间，应弹窗间墙中心线，再向两侧分格弹线。在墙纸粘贴前，应先预拼试贴，观察其接缝效果，以决定裁纸尺寸及对好花纹图案。

（3）裁纸。裁纸时应根据墙纸规格及墙面尺寸统筹规划裁纸，纸幅应编号，按顺序粘贴。当墙纸有花纹、图案时，要预先考虑完工后的花纹、图案、光泽，且应对接无误，不要随便裁割。同时还应根据墙纸花纹、纸边情况采用对口或搭口裁割接缝。

（4）焖水。纸基塑料墙纸遇水或胶液，开始自由膨胀，干后自行收缩，干纸刷胶立即上墙裱糊必定会出现大量气泡，皱折。因此必须先将墙纸在水槽中浸泡几分钟，或在墙纸背后刷清水一道使墙纸湿润，然后再裱糊。

（5）刷胶。墙面和墙纸各刷粘结剂一道，阴阳角处应增刷1～2遍，刷胶时应满而匀，不得漏刷。墙面刷粘结剂的宽度应比墙纸宽20～30mm。墙纸背面刷胶后，应将胶面与胶面反复对迭，以免胶干太快，也便于上墙，使裱糊的墙面整洁平整。

（6）裱贴。

①裱贴墙纸时，首先要垂直，后对花纹拼缝，再用刮板刀抹压平整。先贴长墙面，后贴短墙面。每个墙面从显眼的墙角处以整幅纸开始，将窄条纸的裁边留在不明显的阴角处。墙面裱糊的原则是先垂直面后水平面，先细部后大面。贴垂直面时先上后下，贴水平面时先高后低。

②裱糊墙纸时，阳角处不得拼缝，包角要压实，阴角墙纸搭接时，应先裱糊压在里面的转角墙纸，再粘贴非转角的墙纸。

③粘贴墙纸应与挂镜线、门窗贴脸板和踢脚板等紧接，不得有缝隙。

④在吊顶上粘贴墙纸时，第一贴通常要靠近主窗与墙壁平行的部位。

⑤墙纸粘贴后，若发现空鼓、气泡时，可用针刺放气，再注射粘结剂，也可用墙纸刀划开泡面，加涂粘结剂后用刮板压平密实。

（7）成品保护。为避免墙纸污染、损坏，裱糊墙纸应为装饰施工的最后一道工序。粘贴墙纸时应在白天进行，加强通风，夜晚关闭门窗，防止潮湿气体侵蚀。

（二）裱糊工程质量验收

（1）各分项工程的检验批应按下列规定划分：同一品种的裱糊工程每50间（大面积房间和走廊按施工面积30m^{2}为一间）划分为一个检验批，不足50间也应划分为一个检验批。

（2）检查数量应符合下列规定：裱糊工程每个检验批应至少抽查10%，并不得少于3间，不足3间时应全数检查。

（3）裱糊工程质量验收。

1）主控项目。

①壁纸、墙布的种类、规格、图案、颜色和燃烧性能等级必须符合设计要求及国家

现行标准的有关规定。

检验方法：观察；检查产品合格证书、进场验收记录和性能检测报告。

②裱糊工程基层处理质量应符合国家现行规范的要求。

检验方法：观察；手摸检查；检查施工记录。

③裱糊后各幅拼接应横平竖直，拼接处花纹、图案应吻合，不离缝，不搭接，不显拼缝。

检验方法：观察；拼缝检查距离墙面 1.5m 处正视。

④壁纸、墙布应粘贴牢固，不得有漏贴、补贴、脱层、空鼓和翘边。

检验方法：观察；手摸检查

2）一般项目。

①裱糊后的壁纸、墙布表面应平整，色泽应一致，不得有波纹起伏、气泡、裂缝、皱折及斑污，斜视时应无胶痕。

检验方法：观察；手摸检查。

②复合压花壁纸的压痕及发泡壁纸的发泡层应无损坏。

检验方法：观察。

③壁纸、墙布与各种装饰线、设备线盒应交接严密。

检验方法：观察。

④壁纸、墙布边缘应平直整齐，不得有纸毛、飞刺。

检验方法：观察。

⑤壁纸、墙布阴角处搭接应顺光，阳角处应无接缝。

检验方法：观察。

五、门窗工程施工及质量要求

门窗按材料分为木门窗、钢门窗、铝合金门窗和塑料门窗四大类。木门窗应用最早且最普通，但越来越多地被钢门窗、铝合金门窗和塑料门窗代替。

1. 木门窗

木门窗大多在木材加工厂内制作。施工现场一般以安装门窗框及内扇为主要施工内容。安装前应按设计图纸检查核对好型号，按图纸对号分发到位。木门窗的安装一般有立框安装和塞框安装两种方法，现在施工多以成品木门窗塞框安装为常见。

（1）立框安装。即在砌墙时，先立好门窗框，再砌筑两边的墙。立框时先在地面划出门窗框的中线及边线，而后按线将门窗框立上，用临时支撑撑牢，并校正门窗框的垂直度及上、下槛水平。

（2）塞框安装。即砌墙时先留出门窗洞口，然后塞入门窗框。洞口尺寸要比门窗框尺寸每边大 20mm。门窗框塞入后，先用木楔临时塞住，校正无误后，将门窗框钉牢在两侧墙体上。

（3）门窗扇的安装。安装前要先测量一下门窗樘洞口净尺寸，根据测得的准确尺寸来修刨门窗扇。修刨时应注意留出风缝，一般门窗扇的对口处及扇与樘之间的风缝需留出 20mm 左右。门窗扇安装时，应保持冒头、窗芯水平，双扇门窗的冒头要对齐，开关灵活，但不准出现自开或自关的现象。

(4) 玻璃安装。一般玻璃裁口在走廊内，厨、卫玻璃的裁口在室内。

(5) 木门窗安装的留缝限值、允许偏差和检验方法应符合表 2-48 的规定。

表 2-48　木门窗安装的留缝限值、允许偏差和检验方法

项次	项目		留缝限值/mm		允许偏差/mm		检验方法
			普通	高级	普通	高级	
1	门窗槽口对角线长度差		—	—	3	2	用钢尺检查
2	门窗框的下、侧面垂直度		—	—	2	1	用 1m 垂直检测尺检查
3	框与扇、扇与扇接缝高低差		—	—	2	1	用钢直尺和塞尺检查
4	门窗扇对口缝		1～2.5	1.5～2	—	—	用塞尺检查
5	工业厂房双扇大门对口缝		2～5	—	—	—	
6	门窗扇与上框间留缝		1～2	1～1.5	—	—	
7	门窗扇与侧框间留缝		1～2.5	1～1.5	—	—	
8	窗扇与下框间留缝		2～3	2～2.5	—	—	
9	门扇与下框间留缝		3～5	3～4	—	—	
10	双层门窗内外框间缝		—	—	4	3	用钢尺检查
11	无下框时门扇与地面间留缝	外门	4～7	5～6	—	—	用塞尺检查
		内门	5～8	6～7	—	—	
		卫生间门	8～12	8～10	—	—	
		厂房大门	10～20	—	—	—	

2. 钢门窗

建筑中应用较多的钢门窗有薄壁空腹钢门窗和实腹钢门窗。钢门窗在工厂加工制作后整体运到现场进行安装。钢门窗现场安装前应按照设计要求，核对型号、规格、数量、开启方向及所带五金零件是否齐全，凡有翘曲、变形者，应调直修复后方可安装。

钢门窗的安装要点：

(1) 钢门窗采用后塞口方法安装。砌墙时门窗洞口应比钢门窗框每边大 15～30mm，作为嵌填砂浆的留量。其中清水墙砖不小于 15mm；水泥砂浆抹面混水墙不小于 20mm；水刷石墙不小于 25mm；贴面砖或板材墙不小于 30mm。

(2) 门窗就位固定。钢门窗可在洞口四周墙体预留孔埋设铁脚连接，或在结构内预埋铁件，安装时将铁脚焊在预埋件上。钢门窗制作时将框与扇连成一体，安装时用木楔临时固定。然后用线锤和水准尺校正垂直水平，做到横平竖直，成排门窗应上、下高低一致，进出一致。

(3) 填缝。门窗位置确定后，将铁脚与预埋件焊接或埋入预留墙洞内，用 1∶2 水泥砂浆或细石混凝土将洞口缝隙填实。铁脚尺寸及间隙按设计要求留设，但每边不得少于两个，铁脚离端角距离约 180mm。大面组合钢窗可在地面上先拼装好，为防止吊运过程中变形，可在钢窗外侧用木方或钢管加固。

(4) 玻璃安装。清理槽口，先在槽口内涂小于 4mm 厚的底灰，用双手将玻璃揉平放正，挤出油灰，然后将油灰与槽口、玻璃接触的边缘刮平、刮齐。安卡子间距不小于 300mm，且每边不小于两个，卡脚长短适当，用油灰填实抹光，卡脚以不露出油灰表面为准。

（5）钢门窗安装的留缝限制、允许偏差和检查方法应符合表 2-49 的规定。

表 2-49　钢门窗安装的留缝限值、允许偏差和检验方法

项次	项目		留缝限值/mm	允许偏差/mm	检验方法
1	门窗槽口宽度、高度	≤1500mm	—	2.5	用钢尺检查
		>1500mm	—	3.5	
2	门窗槽口对角线长度差	≤2000mm	—	5	用钢尺检查
		>2000mm	—	6	
3	门窗框的正、侧面垂直度		—	3	用 1m 垂直检测尺检查
4	门窗横框的水平度		—	3	用 1m 水平尺和塞尺检查
5	门窗横框标高		—	5	用钢尺检查
6	门窗竖向偏离中心		—	4	用钢尺检查
7	双层门窗内外框间距		—	5	用钢尺检查
8	门窗框、扇配合间隙		≤2	—	用塞尺检查
9	无下框时门扇与地面间留缝		4～8	—	用塞尺检查

3. 铝合金门窗

铝合金门窗是用经过表面处理的型材，通过下料、打孔、铣槽、攻丝和制窗等加工过程而制成的门窗框料构件，再与连接件、密封件和五金配件一起组装而成。

铝合金门窗安装要点：

（1）弹线。铝合金门、窗框一般是用后塞口方法安装。在结构施工期间，应根据设计将洞口尺寸留出。门窗框加工的尺寸应比洞口尺寸略小，门窗框与结构之间的间隙，应视不同的饰面材料而定。抹灰面一般为 20mm；大理石、花岗石等板材，厚度一般为 50mm。以饰面层与门窗框边缘正好吻合为准，不可让饰面层盖住门窗框。

（2）门窗框就位和固定。按弹线确定的位置将门窗框就位，先用木楔临时固定，待检查立面垂直、左右间隙、上下位置等符合要求后，用射钉将铝合金门窗框上的铁脚与结构固定。

（3）填缝。铝合金门窗安装固定后，应按设计要求及时处理窗框与墙体缝隙。若设计未规定具体堵塞材料时，应采用矿棉或玻璃棉毡分层填塞缝隙，外表面留 5～8mm 深槽口，槽内填嵌缝油膏或在门窗两侧作防腐处理后填 1∶2 水泥砂浆。

（4）门、窗扇安装。门、窗扇的安装，需在土建施工基本完成后进行，框装上扇后应保证框扇的立面在同一平面内，窗扇就位准确，启闭灵活。平开窗的窗扇安装前应先固定窗，然后再将窗扇与窗铰固定在一起；推拉式门窗扇，应先装室内侧门窗扇，后装室外侧门窗扇；固定扇应装在室外侧，并固定牢固，确保使用安全。

（5）安装玻璃。平开窗的小块玻璃用双手操作就位。若单块玻璃尺寸较大，可使用玻璃吸盘就位。玻璃就位后，即以橡胶条固定。型材凹槽内装饰玻璃，可用橡胶条挤紧，然后再在橡胶条上注入密封胶；也可以直接用橡胶衬条封缝、挤紧，表面不再注胶。

为防止因玻璃的胀缩而造成型材的变形，型材下凹槽内可先放置橡胶垫块，以免因玻璃自重而直接落在金属表面上，并且也要使玻璃的侧边及上部不得与框、扇及连接件相接触。

（6）清理。铝合金门窗交工前，将型材表面的保护胶纸撕掉，如有胶迹，可用香蕉水清理干净。擦净玻璃。

（7）铝合金门窗安装的允许偏差和检验方法应符合表 2-50 的规定。

表 2-50　铝合金门窗安装的允许偏差和检验方法

项次	项目		允许偏差/mm	检验方法
1	门窗槽口 宽度、高度	≤1500mm	1.5	用钢尺检查
		>1500mm	2	
2	门窗槽口对角线长度差	≤2000mm	3	用钢尺检查
		>2000mm	4	
3	门窗框的正、侧面垂直度		2.5	用垂直检测尺检查
4	门窗横框的水平度		2	用 1m 水平尺和塞尺检查
5	门窗横框标高		5	用钢尺检查
6	门窗竖向偏离中心		5	用钢尺检查
7	双层门窗内外框间距		4	用钢尺检查
8	推拉门窗扇与框搭接量		1.5	用钢直尺检查

4. 塑料门窗

塑料门窗及其附件应符合国家标准，按设计选用。塑料门窗不得有开焊、断裂等损坏现象，如有损坏，应予以修复或更换。塑料门窗进场后应存放在有靠架的室内并与热源隔开，以免受热变形。

塑料门窗在安装前，先装五金配件及固定件。由于塑料型材是中空多腔的，材质较脆，因此，不能用螺丝直接锤击拧入，应先用手电钻钻孔，后用自攻螺丝拧入。钻头直径应比所选用自攻螺丝钉直径小 0.5～1.0mm，这样可以防止塑料门窗出现局部凹隐、断裂和螺丝松动等质量问题，保证零附件及固定件的安装质量。

与墙体连接的固定件应用自攻螺钉等紧固于门窗框上。将五金配件及固定件安装完工并检查合格的塑料门窗框放入洞口内，调整至横平竖直后，用木楔将塑料框料四角塞牢作临时固定，但不宜塞得过紧以免框变形。然后用尼龙胀管螺栓将固定件与墙体连接牢固。

塑料门窗与洞口墙体的缝隙，用软质保温材料填充饱满，如泡沫塑料条、泡沫聚氨酯条、油毡卷条等。但不能填塞过紧，因门窗周围形成冷热交换区发生结露现象，影响门窗防寒、防风的正常功能和墙体寿命。最后将门窗框四周的内外接缝用密封材料嵌缝严密。

塑料门窗安装的允许偏差和检验方法应符合表 2-51 的规定。

表 2-51　塑料门窗安装的允许偏差和检验方法

项次	项目		允许偏差/mm	检验方法
1	门窗槽口宽度、高度	≤1500mm	2	用钢尺检查
		>1500mm	3	
2	门窗槽口对角线长度差	≤2000mm	3	用钢尺检查
		>2000mm	5	
3	门窗框的正、侧面垂直度		3	用 1m 垂直检测尺检查
4	门窗横框的水平度		3	用 1m 水平尺和塞尺检查

续表

项次	项目	允许偏差/mm	检验方法
5	门窗横框标高	5	用钢尺检查
6	门窗竖向偏离中心	5	用钢直尺检查
7	双层门窗内外框间距	4	用钢尺检查
8	同樘平开门窗相邻扇高度差	2	用钢尺检查
9	平开门窗铰链部位配合间隙	+2；−1	用塞尺检查
10	推拉门窗扇与框搭接量	+1.5；−2.5	用钢尺检查
11	推拉门窗扇与竖框平等度	2	用1m水平尺和塞尺检查

第十一节　建筑节能工程

一、墙体节能工程

墙体节能工程是建筑节能工程的重要组成部分，节能墙体的类型主要分为单一材料墙体和复合墙体两类。单一材料墙体主要包括空心砖墙、加气混凝土墙和轻骨料混凝土墙，复合墙体主要包括外墙外保温、外墙内保温、夹心复合墙保温三种类型。本节主要介绍EPS板薄抹灰外墙外保温墙体和胶粉聚苯颗粒外墙外保温的施工要点，以这两种工艺分别代表板材施工和颗粒材料的施工工艺，实际工程中采用保温类型需遵守国家和地方的相关规定并满足消防防火要求。

（一）EPS板薄抹灰外墙外保温

1. EPS板薄抹灰外墙外保温构造

EPS板薄抹灰外墙外保温系统是由EPS板（阻燃型模塑聚苯乙烯泡沫塑料板）、聚合物粘结砂浆（必要时使用锚栓辅助固定）、耐碱玻璃纤维网格布（简称玻纤网）及外墙装饰面层组成，如图2-133所示。

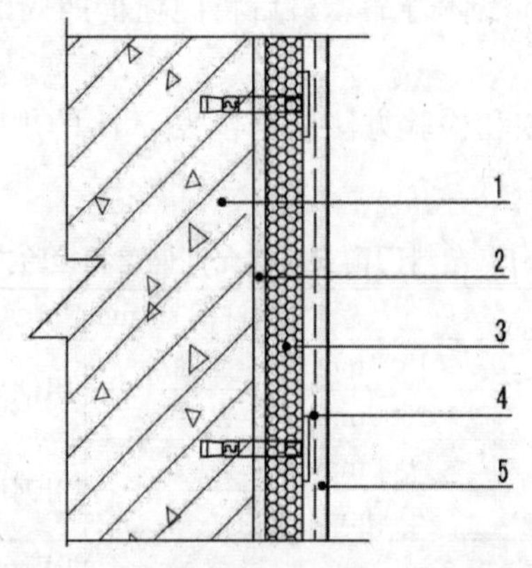

图2-133　EPS板外墙保温系统构造图

1-墙体；2-胶黏剂；3-EPS板；4-抹灰面；5-饰面层

2. EPS 板薄抹灰外墙外保温施工条件

（1）墙体基层的质量。

1）EPS 外墙外保温系统的墙面应经过验收达到质量标准。要确保外墙外表面不能有空鼓和开裂，要确保基层有良好的附着力。如果基层墙体的附着力不能满足上述要求，必须对墙面做彻底的清理，如增加粘结面积或设锚栓等。

2）墙体的基层表面应清洁、干燥、平整、坚固，无污染、油渍、油漆或其他有害的材料。墙体的阴、阳角须方正；局部不平整的部位可用 1∶2 水泥砂浆找平。

3）墙体的门窗洞口要经过验收，墙外的消防梯、水落管、防盗窗预埋件或其他预埋件、入口管线或其他预留洞口，应按设计图纸或施工验收规范要求提前施工。

4）建筑物中的伸缩缝在外墙外保温系统中必须留有相应的伸缩缝。

（2）施工中的天气条件。

1）施工时温度不应低于 5℃，而且施工完成后，24h 气温应高于 5℃。夏季高温时，不宜在强光下施工，必要时可在脚手架上搭设防晒布，遮挡墙壁。

2）五级风以上或雨天不能施工，如施工时遇降雨，应采取有效措施，防止雨水冲刷墙壁。

（3）施工材料准备。

材料进场后，应按各种材料的技术要求进行验收，并分类挂牌存放。EPS 板应成捆平放，注意防雨防潮；玻纤网要防潮存放，聚合物水泥基应存放于阴凉干燥处，防止过期硬化。

3. EPS 板薄抹灰外墙外保温施工工艺

EPS 板薄抹灰外墙外保温施工一般采用自下往上、先大面后局部的施工顺序。其主要施工工艺如下：

墙体基层处理→弹线→基层墙体湿润→配制聚合物粘结砂浆→粘贴 EPS 板→铺设玻纤网→面层抹聚合物砂浆→找平修补→成品保护→外饰面施工。

4. EPS 板薄抹灰外墙外保温施工要点

（1）墙体基层处理。在墙体保温施工前，墙体基层应符合以下要求：

1）墙体基层必须清洁、平整、坚固，若有凸起、空鼓和疏松部位应剔除，并用 1∶2水泥砂浆进行修补找平。

2）墙面应无油渍、涂料、泥土等污物或有碍粘结的材料，若有上述现象存在，必要时可用高压水冲洗，或化学清洗、打磨、喷砂等进行清除污物和涂料。

3）若墙体基层过干时，应先喷水湿润。喷水应在贴聚苯板前根据不同的基层材料适时进行，可采用喷浆泵或喷雾器喷水，不能喷水过量，不准向墙体泼水。

4）对于表面过干或吸水较高的基层，必须先做粘贴试验。用聚合物粘结砂浆粘结 EPS 板，5min 后取下聚苯板，并重新贴回原位，若能用手揉动则视为合格，否则表明基层过干或吸水性过高。

5）抹灰基层应在砂浆充分干燥和收缩稳定后，再进行保温施工，对于混凝土墙面必要时应采用界面剂进行界面处理。

（2）弹线。根据设计图纸的要求，在经过验收处理的墙面上沿散水标高，用墨线弹出散水及勒脚水平线。当图纸设计要求需设置变形缝时，应在墙面相应位置，弹出变形缝及宽度线，标出 EPS 板的粘贴位置。粘贴 EPS 板前，要挂水平和垂直通线。

（3）配制聚合物粘结砂浆。聚合物砂浆的配制应满足以下要求：

1）配制聚合物粘结砂浆必须有专人负责，以确保搅拌质量。

2）搅拌聚合物粘结砂浆时，要用搅拌器或其他工具将胶粘剂重新搅拌，避免胶粘剂出现分离现象，以免出现质量问题。

3）将水泥、砂子用量桶称好后倒入灰槽中进行混合，搅拌均匀后按配合比加入胶粘剂，搅拌必须均匀，避免出现离析。根据和易性可适当加水，加水量一般为胶粘剂的 5%。

4）聚合物粘结砂浆应随时随配，配好的聚合物砂浆最好在 1h 之内用光。聚合物粘结砂浆应于阴凉处旋转，避免阳光暴晒。

（4）粘贴 EPS 板。EPS 板的施工应符合以下要求：

1）EPS 板应是无变形、翘曲，无污染、破损，表面无变质的整板；EPS 板的切割应采用适合的专用工具切割，切割面应垂直。

2）EPS 板应从外墙阳角及勒脚部位开始，自下而上，沿水平方向横向铺贴，竖缝应逐行错缝 1/2 板长，在墙角处要交错拼接，同时应保证墙角垂直度，如图 2-134 所示。

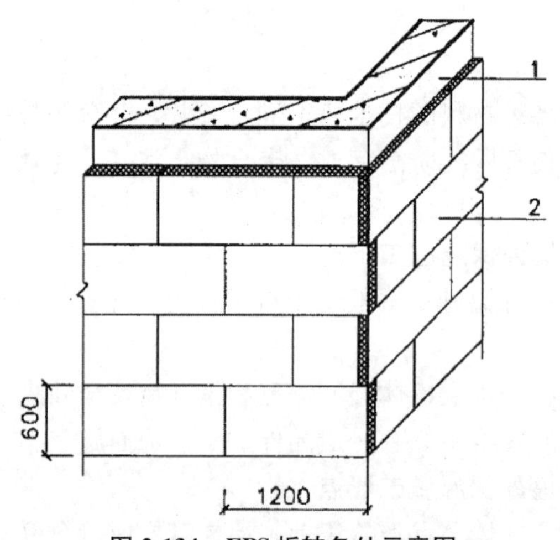

图 2-134　EPS 板转角处示意图

1-墙体基层；2-EPS 板

3）EPS 板粘贴可采用粘法和点粘法施工，如图 2-135 所示。无论采用条粘法还是点粘法进行铺贴施工，其涂抹的面积与 EPS 板的面积之比都不得小于 40%。粘结浆应涂抹在 EPS 板上，粘结点应按面积均布，且板的侧边不能涂浆。

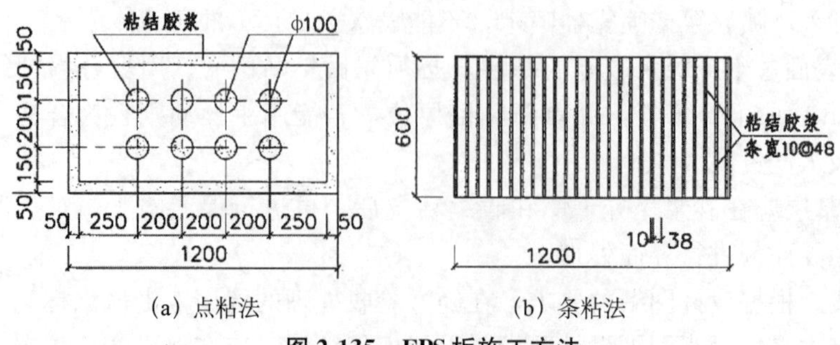

（a）点粘法　　（b）条粘法

图 2-135　EPS 板施工方法

4）将EPS板抹完粘砂浆后，应立即将板平贴在墙体基层上，滑动就位。粘贴时，动作要轻柔，不能局部按压、敲击，应均匀挤压。为了保持墙面的平整度，应随时用一根长度为2m的铝合金靠尺进行整平操作，贴好后应立即刮除板缝和侧板面残留的粘结浆。

5）EPS板与板之间挤压紧密，当板缝间隙大于2mm，应用EPS板条将缝塞满，板条不用粘结；当板间高差大于1mm，应使用专用工具在粘贴完工24h后打磨平整，并随时清理干净泡沫碎屑。

6）EPS板在门窗洞口四角处不允许接缝，接缝处四角应至少200mm，如图2-136所示。

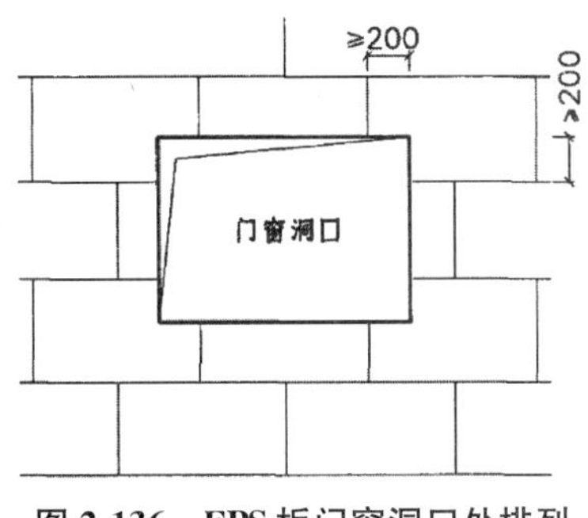

图2-136　EPS板门窗洞口处排列

7）当饰面层为贴面砖时，在粘贴EPS板前应先在底部安装托架，并采用膨胀螺栓与墙体连接，每个托架不得少于两个直径为10mm的膨胀螺栓，螺栓嵌入墙壁内不少于60mm。

（5）铺设玻纤网。铺设玻纤网应符合以下要求：

1）铺设玻纤网前，应先检查EPS板表面是否平整、干燥，同时应去除板面的杂物，如泡沫碎屑或表面变质部分。

2）玻纤网抹面粘结浆的配制过程应计量准确，采用机械搅拌，确保搅拌均匀。每次配制的粘结浆不得过多，并在1h内用完，同时要注意防晒、避风，以免水分蒸发过快，引起表面结皮、干裂。

3）施工时用抹刀在EPS板表面均匀涂抹一道厚度为2～3mm的抹面浆，立即将玻纤网压入粘结浆中，不得有空鼓、翘边等现象。在第一遍粘结浆八成干燥时，再抹上第二遍粘结浆，直至全部覆盖玻纤网，使玻纤网处在两道粘结浆中间的位置，两遍抹浆总厚度不宜超过5mm。

4）铺设玻纤网应自上而下，沿外墙一圈一圈铺设。当遇到洞口时，应在洞口四角处沿45°方向补贴一块标准网，尺寸约200mm×300mm，以防止开裂，如图2-137所示。

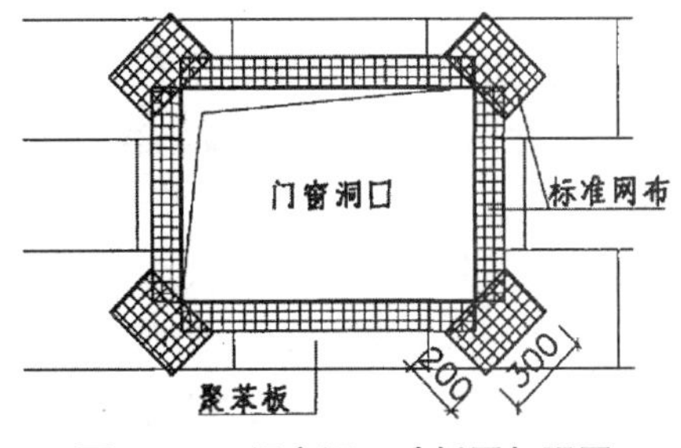

图2-137　门窗洞口玻纤网加强图

5）不得在雨中铺设玻纤网。

6）标准玻纤网间应相互搭接至少 65mm，但加强网布间须对接，其对接边缘应紧密。

7）在拐角处，标准网布应使连续的，并每边双向绕角后包墙的宽度不小于 200mm，加强网布应顶角边对接布置，如图 2-138 所示。

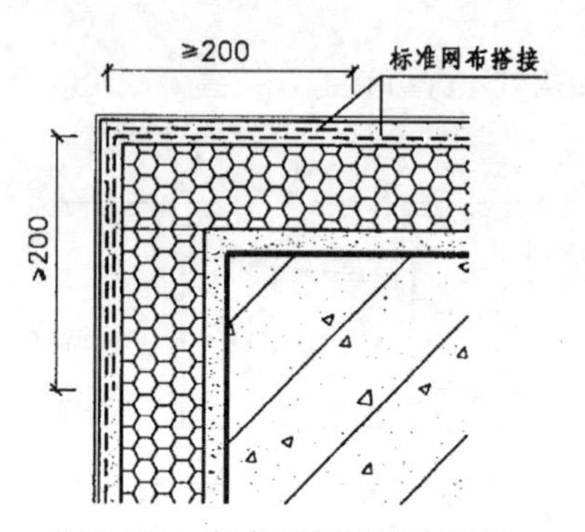

图 2-138　拐角处标准网布做法

8）玻纤网铺设完毕后，应静置养护不少于 24h，方可进行下一道工序的施工。

（6）找平修补。保温墙面的修补应按以下方法施工：

1）修补时应用同类的 EPS 板和玻纤网按照损坏部位的大小、形状和厚度切割成形，并在损坏处划定修补范围。

2）割除损坏范围内的保温层，使其露出与割口表面相同大小的洁净的墙体基层面。并在割口周边外 75mm 宽范围内磨去面层，直至露出原有的玻纤网。

3）在修补范围外侧贴盖防污胶带后，再粘贴修补 EPS 板和玻纤网。修补面整平后，应经过 24h 养护方可进行外墙装饰层的施工。

（7）成品保护。玻纤网粘完后应防止雨水冲刷，保护面层施工后 4h 内不能被雨淋；容易碰撞的阳角、门窗应采取保护措施，上料口等部位采取防污染措施，发生表面损坏或污染必须立即处理。保护层终凝后要及时喷水养护，当昼夜平均气温高于 15℃时不得少于 48h，低于 15℃时不得少于 72h。

（8）饰面层的施工。施工前，应先检查抹面粘结浆上玻纤网是否全部嵌入，修补抹面凹陷过大的部位时应再铺贴玻纤网，然后抹灰。在抹面粘结浆表层干后，即可进行柔性腻子和涂料施工，做法同普通墙面涂料施工，按设计及施工规范要求进行。

（二）胶粉聚苯颗粒外墙保温

胶粉聚苯颗粒外墙保温采用胶粉聚苯颗粒保温浆料，抹在基层墙体表面，保温浆料的防护层为嵌埋玻璃纤维网格布增强的聚合物抗裂砂浆，属薄型抹灰面层。

1. 胶粉聚苯颗粒外墙外保温施工工艺

胶粉聚苯颗粒外墙外保温施工工艺：基层墙体处理→涂刷界面剂→吊垂、套方、弹控制线→贴饼、冲筋、作口→抹第一遍聚苯颗粒保温浆料→（24h 后）抹第二遍聚苯颗粒保温浆料→（晾干后）划分格线、开分格槽、粘贴分格条、滴水槽→抹抗裂砂浆→铺压玻纤网格布→抗裂砂浆找平、压光→涂刷防水弹性底漆→刮柔性耐水腻子→验收。

2. 胶粉聚苯颗粒外墙外保温施工要点

(1) 基层墙体表面应清理干净，无油渍、浮尘，大于10mm的突起部分应铲平。经过处理符合要求的基层墙体表面，均应涂刷界面砂浆，如为黏土砖可浇水淋湿。

(2) 保温隔热层的厚度，不得出现负偏差。保温浆料每遍抹灰厚度不宜超过25mm，需分多遍抹灰时，施工的时间间隔应在24h以上，抗裂砂浆防护层施工，应在保温浆料充分干燥固化后进行。

(3) 抗裂砂浆中铺设耐碱玻璃纤维网格布时，其搭接长度不小于100mm，采用加强网格布时，只对接，不搭接（包括阴、阳墙角部分）。网格布铺贴应平整、无褶皱。砂浆饱满度应为100%，严禁干搭接。

(4) 饰面如为面砖时，则应在保温层表面铺设一层与基层墙体拉牢的四角钢镀锌丝网，再抹抗裂砂浆作为防护层，面砖用胶黏剂粘贴在防护层上。涂料饰面时，保温层分为一般型和加强型。加强型用于建筑物高度大于30m而且保温层厚度大于60mm，加强型的做法是在保温层中距外表面20mm铺设一层六角镀锌钢丝网与基层墙体拉牢。

(5) 墙面分格缝可根据设计要求设置，施工时应符合现行的国家和行业标准、规范、规程的要求。

(6) 变形缝盖板可采用1mm厚铝板或0.7mm厚镀锌薄钢板。凡盖缝板外侧抹灰时，均应在与抹灰层相接触的盖缝板部位钻孔，钻孔面积应占接触面积的25%左右，增加抹灰层与基础的咬合作用。

(7) 抹灰、抹保温浆料及涂料的环境温度应大于5℃，严禁在雨中施工，遇雨或雨期施工应有可靠的保证措施，抹灰、抹保温浆料应避免阳光暴晒和五级以上大风天气施工。

(8) 施工人员应经过培训考核合格。施工完工后，应做好成品保护工作，防止施工污染；拆卸脚手架或升降外挂架时，应保护墙面免受碰撞；严禁踩踏窗台、线脚；损坏部位的墙面应及时修补。

(三) 墙体节能工程验收

1. 主控项目

(1) 用于墙体节能工程的材料、构件等，其品种、规格应符合设计要求和相关标准的规定。

检验方法：观察、尺量检查；核查质量证明文件。

检查数量：按进场批次，每批随机抽取三个试样进行检查；质量证明文件应按照其出厂检验批进行核查。

(2) 墙体节能工程使用的保温隔热材料，其导热系数、密度、抗压强度或压缩强度、燃烧性能应符合设计要求。

检验方法：核查质量证明文件及进场复验报告。

检查数量：全数检查。

(3) 墙体节能工程采用的保温材料和粘结材料等，进场时应对其下列性能进行复验，复验应为见证取样送检：

1) 保温材料的导热系数、密度、抗压强度或压缩强度。

2）粘结材料的粘结强度。

3）增强网的力学性能、抗腐蚀性能。

检验方法：随机抽样送检，核查复验报告。

检查数量：同一厂家同一品种的产品，当单位工程建筑面积在 20000m^2 以下时各抽查不少于三次；当单位工程建筑面积在 20000m^2 以上时各抽查不少于六次。

（4）严寒和寒冷地区外保温使用的粘结材料，其冻融试验结果应符合该地区最低气温环境的使用要求。

检验方法：核查质量证明文件。

检查数量：全数检查。

（5）墙体节能工程施工前应按照设计和施工方案的要求对基层进行处理，处理后的基层应符合保温层施工方案的要求。

检验方法：对照设计和施工方案观察检查；核查隐蔽工程验收记录。

检查数量：全数检查。

（6）墙体节能工程各构造层做法应符合设计要求，并应按照经过审批的施工方案施工。

检验方法：对照设计和施工方案观察检查；核查隐蔽工程验收记录。

检查数量：全数检查。

（7）墙体节能工程的施工，应符合下列规定：

1）保温隔热材料的厚度必须符合设计要求。

2）保温板材与基层及各构造层之间的粘结或连接必须牢固。粘结强度和连接方式应符合设计要求。保温板材与基层的粘结强度应作现场拉拔试验。

3）保温浆料应分层施工。当采用保温浆料做外保温时，保温层与基层及各层之间的粘结必须牢固，不应脱层、空鼓和开裂。

4）当墙体节能工程的保温层采用预埋或后置锚固件固定时，锚固件数量、位置、锚固深度和拉拔力应符合设计要求。后置锚固件应进行锚固力现场拉拔试验。

检验方法：观察；手扳检查；保温材料厚度采用钢针插入或剖开尺量检查；粘结强度和锚固力核查试验报告；核查隐蔽工程验收记录。

检查数量：每个检验批抽查不少于 3 处。

（8）外墙采用预置保温板现场浇筑混凝土墙体时，保温板的验收应符合国家现行相关规定；保温板的安装位置应正确、接缝严密，保温板在浇注混凝土过程中不得移位、变形，保温板表面应采取界面处理措施，与混凝土粘结应牢固。

检验方法：观察检查；核查隐蔽工程验收记录。

检查数量：全数检查。

（9）当外墙采用保温浆料作保温层时，应在施工中制作同条件养护试件，检测其导热系数、干密度和压缩强度。保温浆料的同条件养护试件应见证取样送检。

检验方法：核查试验报告。

检查数量：每个检验批应抽样制作同条件养护试块不少于 3 组。

（10）墙体节能工程各类饰面层的基层及面层施工应符合下列规定：

1）饰面层施工的基层应无脱层、空鼓和裂缝，基层应平整、洁净，含水率应符合饰面层施工的要求。

2）外墙外保温工程不宜采用粘贴饰面砖做饰面层；当采用时，其安全性与耐久性必须符合设计要求。饰面砖应作粘结强度拉拔试验，试验结果应符合设计和有关标准的规定。

3）外墙外保温工程的饰面层不得渗漏。当外墙外保温工程的饰面层采用饰面板开缝安装时，保温层表面应具有防水功能或采取其他防水措施。

4）外墙外保温层及饰面层与其他部位交接的收口处，应采取密封措施。

检验方法：观察检查；核查试验报告和隐蔽工程验收记录。

检查数量：全数检查。

(11) 保温砌块砌筑的墙体，应采用具有保温功能的砂浆砌筑。砌筑砂浆的强度等级应符合设计要求。砌体的水平灰缝饱满度不应低于90%，竖直灰缝饱满度不应低于80%。

检验方法：对照设计核查施工方案和砌筑砂浆强度试验报告。用百格网检查灰缝砂浆饱满度。

检查数量：每楼层的每个施工段至少抽查一次，每次抽查5处，每处不少于3个砌块。

(12) 采用预制保温墙板现场安装的墙体，应符合下列规定：

1）保温板应有型式检验报告，型式检验报告中应包含安装性能的检验。

2）保温墙板的结构性能、热工性能及与主体结构的连接方法应符合设计要求，与主体结构连接必须牢固。

3）保温墙板的板缝处理、构造节点及嵌缝做法应符合设计要求。

4）保温墙板板缝不得渗漏。

检验方法：核查型式检验报告、出厂检验报告、对照设计观察和淋水试验检查；核查隐蔽工程验收记录。

检查数量：型式检验报告、出厂检验报告全数核查；其他项目每个检验批抽查5%，并不少于3块（处）。

(13) 当设计要求在墙体内设置隔汽层时，隔汽层的位置、使用的材料及构造做法应符合设计要求和相关标准的规定。隔汽层应完整、严密，穿透隔汽层处应采取密封措施。隔汽层冷凝水排水构造应符合设计要求。

检验方法：对照设计观察检查；核查质量证明文件和隐蔽工程验收记录。

检查数量：每个检验批抽查5%，并不少于3处。

(14) 外墙或毗邻不采暖空间墙体上的门窗洞口四周的侧面，墙体上凸窗四周的侧面，应按设计要求采取节能保温措施。

检验方法：对照设计观察检查，必要时抽样剖开检查；核查隐蔽工程验收记录。

检查数量：每个检验批抽查5%，并不少于5个洞口。

(15) 严寒和寒冷地区外墙热桥部位，应按设计要求采取节能保温等隔断热桥措施。

检验方法：对照设计和施工方案观察检查；核查隐蔽工程验收记录。

检查数量：按不同热桥种类，每种抽查20%，并不少于5处。

2. 一般项目

(1) 进场节能保温材料与构件的外观和包装应完整无破损，符合设计要求和产品标准的规定。

检验方法：观察检查。

检查数量：全数检查。

(2) 当采用加强网作为防止开裂的措施时，加强网的铺贴和搭接应符合设计和施工方案的要求。砂浆抹压应密实，不得空鼓，加强网不得皱折、外露。

检验方法：观察检查；核查隐蔽工程验收记录。

检查数量：每个检验批抽查不少于 5 处，每处不少于 $2m^2$。

(3) 设置空调的房间，其外墙热桥部位应按设计要求采取隔断热桥措施。

检验方法：对照设计和施工方案观察检查；核查隐蔽工程验收记录。

检查数量：按不同热桥种类，每种抽查 10%，并不少于 5 处。

(4) 施工产生的墙体缺陷，如穿墙套管、脚手眼、孔洞等，应按照施工方案采取隔断热桥措施，不得影响墙体热工性能。

检验方法：对照施工方案观察检查。

检查数量：全数检查。

(5) 墙体保温板材接缝方法应符合施工方案要求。保温板接缝应平整严密。

检验方法：观察检查。

检查数量：每个检验批抽查 10%，并不少于 5 处。

(6) 墙体采用保温浆料时，保温浆料层宜连续施工；保温浆料厚度应均匀、接茬应平顺密实。

检验方法：观察、尺量检查。

检查数量：每个检验批抽查 10%，并不少于 10 处。

(7) 墙体上容易碰撞的阳角、门窗洞口及不同材料基体的交接处等特殊部位，其保温层应采取防止开裂和破损的加强措施。

检验方法：观察检查；核查隐蔽工程验收记录。

检查数量：按不同部位，每类抽查 10%，并不少于 5 处。

(8) 采用现场喷涂或模板浇筑的有机类保温材料做外保温时，有机类保温材料应达到陈化时间后方可进行下道工序施工。

检验方法：对照施工方案和产品说明书进行检查。

检查数量：全数检查。

二、屋面节能工程

(一) 屋面节能工程简介

建筑屋面保温效果，可以通过在屋面系统中设置保温材料层，增加屋面系统的热阻来达到，包括采用保温材料、现浇保温材料、喷涂保温材料、板材、块材等。屋面隔热可结合保温层一起考虑，也可采用如架空隔热的方式来达成。屋面保温隔热工程的施工，应在基层质量验收合格后进行。施工过程中应及时进行质量检测、隐蔽工程验收和检验批验收，施工完成后应进行屋面节能分项工程验收。

屋面保温隔热工程应对下列部位进行隐蔽工程验收，并有详细的文字记录和必要的图像资料：

（1）基层；

（2）保温层的敷设方式、厚度；板材缝隙填充质量；

（3）屋面热桥部位；

（4）隔汽层。

屋面保温隔热层施工完成后，应及时进行找平层和防水层施工，避免保温隔热层受潮，浸泡或受损。

（二）屋面节能工程验收

1. 主控项目

（1）用于屋面节能工程的保温隔热材料，其品种、规格应符合设计要求和相关标准的规定。

检验方法：观察，尺量检查；核查质量证明文件。

检查数量：按进场批次，每批随机抽取 3 个试样进行检查；质量证明文件应按照其出厂检验批进行核查。

（2）屋面节能工程使用的保温隔热材料，其导热系数、密度、抗压强度或压缩强度、燃烧性能应符合设计要求。

检验方法：核查质量证明文件及进场复验报告。

检查数量：全数检查。

（3）屋面节能工程使用的保温隔热材料，进场时应对其导热系数、密度、抗压强度或压缩强度、燃烧性能进行复验，复验应为见证取样送检。

检验方法：随机抽样送检，核查复验报告。

检查数量：同一厂家同一品种的产品各抽查不少于 3 组。

（4）屋面保温隔热层的敷设方式、厚度、缝隙填充质量及屋面热桥部位的保温隔热做法，必须符合设计要求和有关标准的规定。

检验方法：观察、尺量检查。

检查数量：每 $100m^2$ 抽查一处，每处 $10m^2$，整个屋面抽查不得少于 3 处。

（5）屋面的通风隔热架空层，其架空高度、安装方式、通风口位置及尺寸应符合设计及有关标准要求。架空层内不得有杂物。架空面层应完整，不得有断裂和露筋等缺陷。

检验方法：观察、尺量检查。

检查数量：每 $100m^2$ 抽查一处，每处 $10m^2$，整个屋面抽查不得少于 3 处。

（6）采光屋面的传热系数、遮阳系数、可见光透射比、气密性应符合设计要求。节点的构造做法应符合设计和相关标准的要求。采光屋面的可开启部分应按相关要求验收。

检验方法：核查质量证明文件；观察检查。

检查数量：全数检查。

（7）采光屋面的安装应牢固，坡度正确，封闭严密，嵌缝处不得渗漏。

检验方法：观察、尺量检查；淋水检查；核查隐蔽工程验收记录。

检查数量：全数检查。

（8）屋面的隔汽层位置应符合设计要求，隔汽层应完整、严密。

检验方法：对照设计观察检查；核查隐蔽工程验收记录。

检查数量：每 100m^2 抽查一处，每处 10m^2，整个屋面抽查不得少于 3 处。

2. 一般项目

（1）屋面保温隔热层应按施工方案施工，并应符合下列规定：

1）松散材料应分层敷设、按要求压实、表面平整、坡向正确。

2）现场采用喷、浇、抹等工艺施工的保温层，其配合比应计量正确，搅拌均匀、分层连续施工，表面平整，坡向正确。

3）板材应粘贴牢固、缝隙严密、平整。

检验方法：观察、尺量、称重检查。

检查数量：每 100m^2 抽查一处，每处 10m^2，整个屋面抽查不得少于 3 处。

（2）金属板保温夹芯屋面应铺装牢固、接口严密、表面洁净、坡向正确。

检验方法：观察、尺量检查；核查隐蔽工程验收记录。

检查数量：全数检查。

（3）坡屋面、内架空屋面当采用敷设于屋面内侧的保温材料作保温隔热层时，保温隔热层应有防潮措施，其表面应有保护层，保护层的做法应符合设计要求。

检验方法：观察检查；核查隐蔽工程验收记录。

检查数量：每 100m^2 抽查一处，每处 10m^2，整个屋面抽查不得少于 3 处。

第三章　施工组织及专项施工方案

第一节　施工组织设计概述

施工组织设计就是指建筑施工前对参与施工的各生产要素的计划安排。其中包括施工条件的调查研究、施工准备、施工方案的确定，施工进度计划的编制，施工场地平面布置等。就狭义而言，施工组织设计仅指建筑施工中组织实施和具体施工过程中进行的指挥调度活动，其中也包括施工过程中对各项工作的检查、监督、控制与调整等。若就广义而言，通常施工组织设计这个概念是指既包括上述的施工管理，也包括施工组织所组成的全部建筑施工活动的内容。

一、施工组织设计的类型和编制依据

1. 施工组织设计的类型

施工组织设计是一个总的概念，根据建设项目的类别、工程规模、编制阶段、编制对象和范围的不同，在编制的深度和广度上也有所不同。

（1）按编制阶段分类。

施工组织设计按照编制阶段的不同，分为投标阶段施工组织设计（简称标前设计）和实施阶段施工组织设计（简称标后设计）。在实际操作中，编制投标阶段施工组织设计，强调的是符合招标文件要求，以中标为目的；编制实施阶段施工组织设计，强调的是可操作性。

（2）按编制对象分类。

施工组织设计按编制对象可分为施工组织总设计、单位工程施工组织设计和（分部分项工程）施工方案三种。

1）施工组织总设计。

施工组织总设计是以一个建筑群或一个建设项目为编制对象，用于指导整个建筑群或建设项目施工全过程的各项施工活动的综合技术经济性文件。施工组织总设计一般在初步设计或扩大初步设计被批准之后，在总承包企业的总工程师的主持下进行编制。

2）单位工程施工组织设计。

单位工程施工组织设计是以一个单位工程为编制对象，用于指导其施工全过程各项施工活动的综合性技术经济文件。单位工程施工组织设计一般在施工图设计完成后，在拟建工程开工之前，由工程处的技术负责人主持进行编制。

3)（分部分项工程）施工方案。

（分部分项工程）施工方案在某些时候也被称为分部（分项）工程或专项工程施工组织设计，它是以分部（或分项）工程为编制对象，由单位工程的技术人员负责编制，用于具体实施其分部（或分项）工程施工全过程各项施工活动的技术、经济和组织的综合性文件。一般对于工程规模大、技术复杂或施工难度大的建筑物或构筑物，在编制单位工程施工组织设计之后，常需对某些重要的，但又缺乏经验的分部（或分项）工程再深入编制施工组织设计（如深基础工程、大型结构安装工程、高层钢筋混凝土主体结构工程、地下防水工程等）。通常情况下（分部分项工程）施工方案是施工组织设计的进一步细化，是施工组织设计的补充，施工组织设计的某些内容在（分部分项工程）施工方案中无须赘述。

施工组织总设计、单位工程施工组织设计和（分部分项工程）施工方案，是同一工程项目，不同广度、深度和作用的三个层次。施工组织总设计是对整个建设项目管理的总体构想（全局性战略部署），其内容和范围比较概括；单位工程施工组织设计是在施工组织总设计的控制下，以施工组织总设计为依据且针对具体的单位工程编制的，是施工组织总设计的深化与具体化；（分部分项工程）施工方案是以施工组织总设计，单位工程施工组织设计为依据且针对具体的分部分项工程编制的，它是单位工程施工组织设计的深化与具体化，是专业工程组织管理施工的具体设计。

2. 施工组织设计的编制依据

（1）国家、行业及地方现行的有关工程建设法律、法规、规范、规章、标准、条例等。

（2）施工企业的管理手册、程序文件。

（3）工程承包合同、投标书及指导性施工组织设计。

（4）工程设计文件、建设单位或监理单位下达的施工组织安排、监理规划、投资计划、施工计划及有关要求等。

（5）现场各种资源、环境的调查资料。

（6）同类工程施工资料及相关工法。

（7）施工企业可投入本工程的施工队伍，机械装备情况。

（8）使用的新技术、新工艺、新材料、新设备、新检测方法资料。

二、施工组织设计的内容

一般来说，施工组织设计的内容应符合以下要求：施工组织设计的内容应具有真实性，能够客观反映实际情况；施工组织设计的内容应涵盖项目的施工全过程，做到技术先进、部署合理、工艺成熟，针对性、指导性、可操作性强；施工组织设计中大型施工方案的可行性在投标阶段应经过初步论证，在实施阶段应进行细化并审慎详细论证；施工组织设计中分部分项工程施工方法应在实施阶段细化，必要时可单独编制；施工组织设计涉及的新技术、新工艺、新材料和新设备应用，应通过有关部门组织的鉴定；施工组织设计的内容应根据工程实际情况和企业素质适时调整。

根据《建筑施工组织设计规范》(GB/T 50502—2009)，施工组织设计的内容由它的任务和作用决定。因此，它必须能够根据不同建筑产品的特点和要求，决定所需人工、机具、材料等的种类与数量及其取得的时间与方式；能够根据现有的和可能争取到的施工条件，从实际出发，决定各种生产要素在时间和空间关系上的基本结合方式。否则，就不可能进行任何生产。由此可见，任何施工组织设计必须具有以下相应的基本内容：

(1) 主要施工方法或施工方案；

(2) 施工进度计划；

(3) 施工现场平面布置；

(4) 各种资源需要量及其供应。

在这四项基本内容中，第(1)、(2)两项内容主要指导施工过程的进行，规定整个的施工活动；第(3)、(4)项主要用于指导准备工作的进行，为施工创造物质技术条件。人力、物力的需要量是决定施工平面布置的重要因素之一，而施工平面布置又反过来指导各项物质的因素在现场的安排。施工的最终目的是要按照国家和合同规定的工期，优质、低成本地完成基本建设工程，保证按期投产和交付使用。进度计划在组织设计中具有决定性的意义，是决定其他内容的主导因素，其他内容的确定首先要满足其要求、为需要服务，因此，进度计划是施工组织设计的中心内容。从设计的顺序上看，施工方案又是根本，是决定其他所有内容的基础。它虽以满足进度的要求作为选择的首要目标，但进度最终也仍然要受到其制约，并建立在这个基础之上。另外也应该看到，人力、物力的需要与现场的平面布置也是施工方案与进度得以实现的前提和保证，并对施工方案和进度产生影响。因为进度安排与方案的确定必须从合理利用客观条件出发，进行必要的选择。所以，施工组织设计的四项内容是有机地联系在一起的，互相促进、互相制约、密不可分。

至于每个施工组织设计的具体内容，将因工程的情况和使用的目的等差异，而有所区别。在确定每个组织设计文件的具体内容与章节时，必须从实际出发，以适用为主，做到具有针对性和指导性。

第二节　单位工程施工组织设计

单位工程施工组织设计是承包人为全面完成工程的施工任务而编制的，用于指导拟建工程从施工准备到竣工验收全过程施工活动的综合性文件。其目的是从整个建筑物或构筑物施工的全局出发，选择合理的施工方案，确定各分部分项工程之间科学合理的搭接、配合关系并设计出符合施工现场情况的平面布置图，从而以最少的投入，在规定的工期内，生产出优质的建筑产品。

一、工程概况的编制

单位工程施工组织设计中的工程概况是对拟建工程的工程特点、建设地点特征和施工条件等所做的一个简要、突出重点的文字介绍或描述，在描述时也可加入图表进行补充说明。

工程建设概况。主要介绍：拟建工程的建设单位，工程名称、性质、用途、作用和建设目的，资金来源及工程造价，开竣工日期，设计、监理、施工单位，施工图纸情况，施工合同及主管部门的有关文件等。还应介绍：

（1）建筑设计特点。拟建工程的建筑面积、平面形状和平面组合情况，层数、层高、总高度、总长度和总宽度等尺寸及室内外装饰要求的情况，并附有拟建工程的平、立、剖面简图。

（2）结构设计特点。基础构造特点及埋置深度，桩基础的根数及深度，主体结构的类型，墙、柱、梁、板的材料及截面尺寸，预制构件的类型及安装位置，抗震设防情况等。

（3）施工条件。拟建工程的水、电、道路、场地平整等情况，建筑物周围环境，材料、构件、半成品构件供应能力和加工能力，施工单位的建筑机械和运输能力、施工技术、管理水平等。

（4）工程施工特点。主要介绍工程施工的重点所在，以便在选择施工方案、组织各种资源供应和技术力量配备，以及在施工准备工作上采取相应措施。不同类型或不同条件下的工程施工，均有其不同的施工特点。如砖混结构建筑的施工特点是砌砖的工程量大；框架结构建筑的施工特点是模板和混凝土工程量大。

二、施工方案的编制

正确地选择施工方法和选择施工机械，是合理组织施工的重要内容，也是施工方案中的关键问题，它直接影响着工程的施工进度、工程质量、工程成本和施工安全。因此，在编制施工方案时，必须根据工程特点，制订出可行的施工方案，并进行技术经济比较，确定施工方法和施工机械的最优方案。

1. 施工工艺流程

施工工艺流程体现了施工工序步骤上的客观规律性，组织施工时符合这个规律，对保证质量，缩短工期，提高经济效益均有很大意义。施工条件、工程性质、使用要求等均对施工程序产生影响。一般来说，安排合理的施工程序应考虑以下几点：一般组织施工时对于主要的工序之间的流水安排，在施工组织设计中已经做了分析和策划，但对于单个方案来讲，主要是要说明单个工序的工艺流程。在实际编制中要有合理的施工流向。合理的施工流向是指平面和立面上都要考虑施工的质量保证与安全保证，考虑使用的先后；要适应分区分段，要与材料、构件的运输方向不发生冲突，要适应主导工程的合理施工顺序。在施工程序上要注意施工最后阶段的收尾、调试，生产和使用前的准备，以便交工验收。前有准备，后有收尾，这才是周密的安排。

2. 划分流水段

划分流水段的目的是适应工序流水施工的要求，将单一而庞大的建筑物（或建筑群）划分成多个部分以形成“假定产品批量”。划分流水段应考虑以下几个主要问题：

（1）有利于施工的整体性和下道工序的连续性，尽量利用伸缩缝或沉降缝、在平面上有变化处以及留槎而不影响质量处。住宅可按单元，楼层划分，厂房可按跨、按生产线划分，线性工程可依主导施工过程的工程量为平衡条件，按长度、比例分段，建筑也可按区、栋分段。

（2）分段应尽量使各段工程量大致相等，以便组织等节奏流水，使施工均衡、连续、有节奏。

（3）段数的多少应与主要施工过程相协调，以主导施工过程为主形成工艺组合。工艺组合数应等于或小于施工段数。因此分段不宜过多，过多则可能延长工期或使工作面狭窄；过少则因无法流水而使劳动力或机械设备停歇窝工。

（4）分段的大小应与劳动组织相适应，有足够的工作面。以机械为主的施工对象还应考虑机械的台班能力，使其能力得以发挥。混合结构、大模板现浇混凝土结构、全装配结构等工程的分段大小，都应考虑吊装机械的能力（工作面）。

3. 选择施工方法

选择施工方法时，应着重考虑影响整个单位工程施工的分部分项工程的施工方法。一个分部分项工程，可以采用多种不同的施工方法，会获得不同的效果。按常规做法和工人熟悉的操作方法施工的分部分项工程，编制内容应较为简要，而要着重拟定结构复杂的、工程量大且在单位工程中占重要地位的分部分项工程的施工方法。施工技术复杂或采用新工艺、新技术、新材料的分部分项工程，不熟悉的特殊结构工程或由专业施工单位施工的特殊专业工程等，应详细而具体地说明，提出质量要求以及相应的技术措施和安全措施，必要时可编制单独的施工作业设计（施工技术参见本教材第二章的相关内容）。

4. 选择施工机械

施工机械选择的内容主要包括：机械的类型、型号与数量。机械化施工是当今的发展趋势，是改变建设业落后面貌的基础，是施工方法选择的中心环节。在选择施工机械时，应着重考虑以下几个方面：

（1）结合工程特点和其他条件，确定最合适的主导工程施工机械。例如，装配式单层工业厂房结构安装起重机械的选择，当吊装工程量较大且又比较集中时，宜选择生产率较高的塔式起重机；当吊装工程量较小或较大但比较分散时，宜选用自行式起重机较为经济。无论选择何种起重机械，都应当满足起重量、起重高度和起重半径的要求。

（2）各种辅助机械或运输工具，应与主导施工机械的生产能力协调一致，使主导施工机械的生产能力得到充分发挥。例如，在土方工程开挖施工中，若采用自卸汽车运土，汽车的容量一般应是挖掘机铲斗容量的整倍数，汽车的数量应保证挖掘机能连续工作。

（3）在同一建筑工地上，尽量使选择的施工机械的种类较少，以便利用、管理和维修。在工程量较大、适宜专业化生产的情况下，应该采用专业机械；在工程量较小且又分散时，尽量采用一机多能的施工机械，使一种施工机械能满足不同分部工程施工的需要。例如，挖土机不仅可以用于挖土，经工作装置改装后也可用于装卸、起重和打桩。

(4) 施工机械选择应考虑到施工企业工人的技术操作水平，尽量利用施工单位现有的施工机械，在减少施工的投资额的同时提高现有机械的利用率，降低工程造价。当不能满足时，再根据实际情况，购买或租赁新型机械或多用途机械。

三、施工进度计划的编制

编制单位工程施工进度计划可采用横道图也可采用网络图，其编制步骤如下。

1. 划分施工过程

编制施工进度计划时，首先按施工图纸和施工顺序把拟建单位工程的各个施工过程（分部分项工程）列出，并结合施工方法、施工条件、劳动组织等因素，加以适当调整，使其成为编制施工进度计划所需的施工过程。再逐项填入施工进度计划表的分部分项工程名称栏中。

2. 计算工程量

单位工程的工作量应根据施工图纸、有关计算规则及相应的施工方法进行计算，是一项十分烦琐的工作，但一般在工程概算、施工图预算、投标报价、施工预算等文件中，已有详细的计算，数值是比较准确的，故在编制单位工程施工进度计划时不需要重新计算，只要将预算中的工程量总数根据施工组织要求，按施工图上的工程量比例加以划分即可。

施工进度计划中的工程量，仅是作为计算劳动力、施工机械、建筑材料等各种施工资源需要的依据，而不能作为计算工资或进行工程结算的依据。

3. 套用施工定额或采用工程量清单计量

根据所划分的施工项目和施工方法，即可套用施工定额（当地实际采用的劳动定额及机械台班定额），以确定劳动量和机械台班量。

4. 确定劳动量和机械台班数量

劳动量和机械台班数量的确定，应当根据各分部分项工程的工程量、施工方法、机械类型和现行的施工定额等资料，并结合当地的实际情况进行计算。

5. 确定各施工过程的施工持续时间

计算出本单位工程各分部分项工程的劳动量和机械台班数量后，就可以确定各施工过程的施工持续时间。施工持续时间的计算方法参见流水节拍值的计算方法。

6. 编制施工进度计划的初始方案

流水施工是组织施工、编制施工进度计划的主要方式。编制单位工程施工进度计划时，必须考虑各分部分项工程的合理施工顺序，尽可能组织流水施工，力求主要工种的施工队连续施工。

7. 施工进度计划的检查与调整

初始施工进度计划编制后，不可避免会存在一些不足之处，必须进行检查与调整。目的在于经过一定修改使初始方案满足规定的计划目标。

初始方案经过检查，对不符合要求的部分需进行调整。调整方法一般有增加或缩短某些施工过程的施工持续时间；在符合工艺关系的条件下，将某些施工过程的施工时间向前或向后移动。必要时，还可以改变施工方法。

应当指出，上述编制施工进度计划的步骤不是孤立的，而是互相依赖、互相联系的，有的可以同时进行。由于建筑施工是一个复杂的生产过程，受周围客观条件影响的因素很多，在施工过程中，由于劳动力和机械、材料等物资的供应及自然条件等因素的影响，使其经常不符合原计划的要求，故应经常检查，不断调整。

四、施工准备工作计划和资源计划的编制

1. 施工准备工作计划的内容及要求

施工准备工作是为各个施工环节在事前创造必需的施工条件，是确保工程施工和安装顺利进行的重要环节。施工准备贯穿于工程建设的全过程，它不是一次性的，而是分阶段进行的，每个阶段都有不同的内容和要求。总体来看，施工准备包括技术准备、现场准备和资金准备等。施工准备工作应满足不同阶段项目施工的需要。

2. 施工资源计划的编制及优化

（1）施工资源的特征及分类。

施工资源是指一切直接为工程施工生产所需要并构成生产要素的、具有一定开发利用选择性的资源。施工资源具有以下特征：

有用性：施工资源必须是直接为施工生产活动所需的资源，是形成生产力的各种要素。

稀缺性：施工资源必须是稀缺的，其需求量与供求量之间存在着一定的差距，并非取之不尽、用之不竭。

替代性：施工资源必须是可以选择的，具有一定程度上相应替代性。如劳动力和机械设备之间，各种机械设备之间等存在一定的替代效应。

施工资源按其内容可分为人力资源、物资资源、资金资源和技术资源。

劳动力资源是工程施工第一资源，其配置计划包括技术人员、管理人员的配置和生产队伍的组织。

物资资源是施工的物质基础，一般可分为材料物资和机械设备两类。物资配置计划是组织建筑工程施工所需各种物资进、退场的依据，科学合理的物资配置计划既可保证工程建设的顺利进行，又可降低工程成本。物资配置计划包括主要工程材料和设备的配置计划和工程施工主要周转材料和施工机具的配置计划两部分。

资金资源是工程建设的基本保障，施工生产过程，一方面表现为实物形式的物资活动，另一方面表现为价值形式的资金运动。

技术资源是工程项目达到预定施工目标的有力手段，包括操作技能、劳动手段、劳动者素质、生产工艺、试验检验、管理程序和方法等。

（2）施工资源计划的编制。

施工资源计划一般可以用资源曲线来表示。资源曲线是反映计划资源配置情况的图形，也就是与时间计划相应的资源使用计划。对于每一种资源，可根据横道图或时标网络计划画出相应的资源曲线。常用的资源曲线有资源需用量曲线和资源累计曲线两种。

施工资源计划的编制步骤如下：

①根据设计文件、施工方案、工程合同、技术措施等计算或套用定额，确定各分部分项工程量；

②套用相关资源消耗定额，并结合工程特点，求得各分部、分项工程各类资源的需求量；

③根据以确定的施工进度计划，分解各个时段内的各种资源需求量；

④汇总各个时段内各种不同资源的需求量，形成各类资源总需求量，并以资源曲线或资源计划的表格形式表达。

其中，劳动力配置计划应按照各工程项目工程量，根据施工进度计划，参照概（预）算定额或者有关资料确定。

物资配置计划应根据总体施工部署（施工方案）和施工进度计划确定主要物资的计划种类和数量及进、退场时间。其中，主要工程材料和设备的配置计划应根据施工进度计划确定，包括各施工阶段所需主要工程材料、设备的种类和数量及进、退场时间；工程施工主要周转材料和施工机具的配置计划应根据施工部署和施工进度计划确定，包括各施工阶段所需主要周转材料、施工机具的种类和数量。

五、单位工程施工平面图设计

单位工程施工平面图，是对拟建工程的施工现场，根据施工需要的有关内容，按一定的规则做出的平面和空间的规划。它是单位工程施工组织设计的重要组成部分。

1. 单位工程施工平面图设计的意义和内容

（1）单位工程施工平面图设计的意义。

①单位工程施工平面图设计是安排和布置施工现场的基本依据；

②单位工程施工平面图设计是实现有组织、有计划、顺利进行施工的重要条件；

③单位工程施工平面图设计是施工现场文明施工的重要保证；

④做好单位工程施工平面图设计能够提高施工效率和经济效益。

（2）单位工程施工平面图设计的内容。

需要指出，单位工程施工平面图设计并不存在放之四海而皆准的所谓“模板”。因为不同的工程，施工现场要规划和布置的内容也不同；在工程的不同施工阶段，施工现场布置的内容也各有侧重且不断变化。工程规模较大，结构复杂、工期较长的单位工程，应当按不同的施工阶段设计施工平面图；规模不大的工程，一般是考虑主体结构施工阶段的施工平面布置，兼顾其他施工阶段的需要。

总的来说，单位工程施工平面图一般包括但不局限于以下内容：

①单位工程施工区域范围内，已建的和拟建的地上、地下建筑物及构筑物的平面尺寸、位置，河流、湖泊等的位置和尺寸以及指北针、风玫瑰图等；

②拟建工程所需的起重机械、垂直运输设备、搅拌机械及其他机械的布置位置，起重机械开行的线路及方向等；

③施工道路的布置、现场出入口位置等；

④各种预制构件堆放及预制场地所需面积和位置；大宗材料堆场的面积和位置；仓

库的面积和位置；装配式结构构件的就位位置；

⑤生产性及非生产性临时设施的名称、面积和位置；

⑥临时供电、供水、供热等管线的布置；水源、电源、变压器位置确定；现场排水沟渠及排水方向的考虑；

⑦土方工程的弃土、取土地点等有关说明；

⑧劳动保护、安全、防火及防洪设施布置以及其他需要的布置内容。

2. 单位工程施工平面图设计依据和原则

（1）设计依据

①自然条件调查资料；

②技术经济条件调查资料；

③拟建工程施工图纸及有关资料；

④一切已有和拟建的地上、地下的管道位置；

⑤建筑区域的竖向设计资料和土方平衡图；

⑥施工方案与进度计划；

⑦资源需要量计划；

⑧建设单位能提供的已建房屋及其他生活设施的面积等有关情况；

⑨现场必须搭建的有关生产作业场所的规模要求；

⑩其他需要掌握的有关资料和特殊要求。

（2）设计原则

①在确保安全施工以及使现场施工能比较顺利进行的条件下，要布置紧凑，少占或不占农田，尽可能减少施工占地面积；

②最大限度缩短场内运距，尽可能减少二次搬运；

③在保证工程施工顺利进行的条件下，尽量减少临时设施的搭设；

④各项布置内容，应符合劳动保护、技术安全、防火和防洪的要求。

根据上述原则及施工现场的实际情况，尽可能进行多方案施工平面图设计。经过分析比较，选择出合理、安全、经济、可行的布置方案。

3. 单位工程施工平面设计步骤

单位工程施工平面布置的步骤如图 3-1 所示。

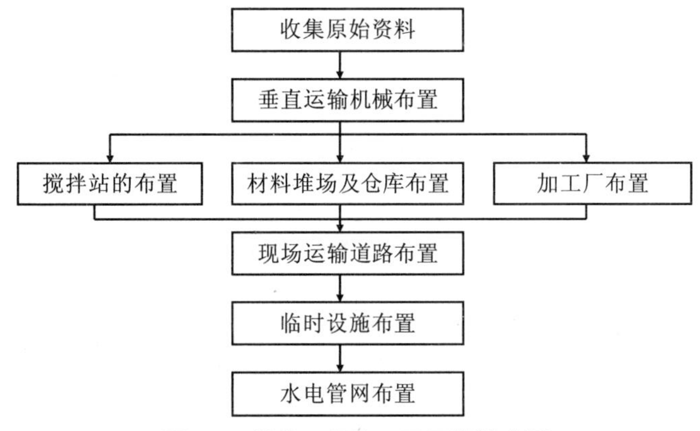

图 3-1　单位工程施工平面设计步骤

图 3-2 给出某高层建筑结构施工阶段总平面图作为参考。

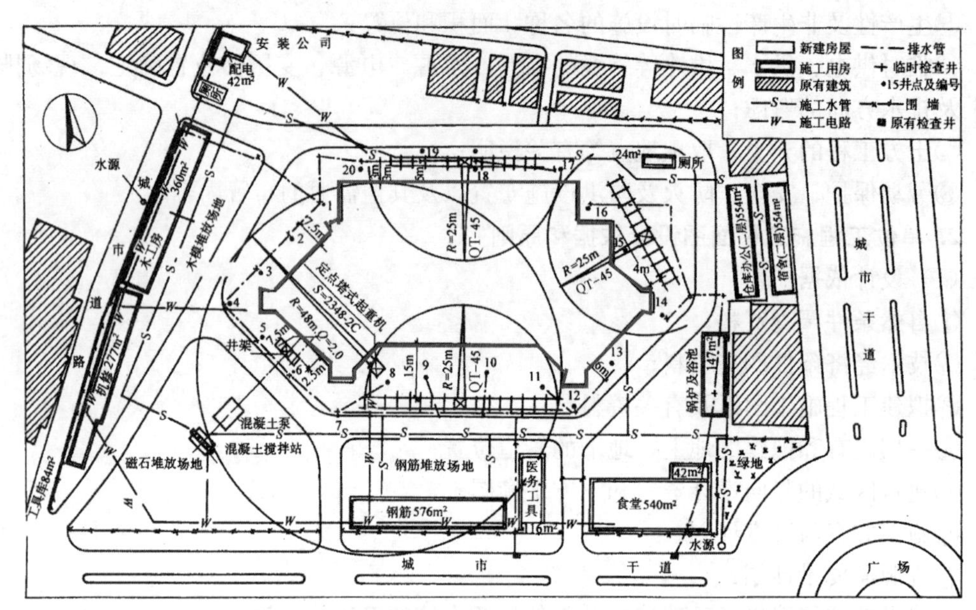

图 3-2　某高层建筑结构施工阶段总平面图

六、施工技术与组织措施的制定

从施工组织管理角度看，它体现科学的组织与管理施工过程中的资源，降低了施工成本。从施工技术角度看，它可使技术要求更深化、更具体，从而保证工程质量和施工安全。施工技术组织措施得力，能加速施工进度、保证合同工期。编制施工技术组织措施，能使参加项目的全体施工人员的施工行为标准化、程序化、规范化。技术和组织措施明确项目各个层次人员的岗位责任，能够使项目领导、管理人员及生产一线职工有明确的目标，更好地落实施工组织设计的要求，保证项目始终按照施工组织设计的要求和规定去做。施工进度技术组织措施一般包括：

1. 保证质量措施

（1）做好技术交底工作；严格执行现行施工及验收规范，按质量检验评定标准对工程质量检测验收。

（2）施工中坚持严防为主的原则，对每个分项工程施工前都必须制定相应的预防措施，进行质量交底，做出样板，经验收达到优良标准后再全面开展施工。

（3）加强现场技术管理工作，对工程质量进行动态控制，严格按照质量控制程序进行质量控制。

（4）施工中坚持“三检制”和“隐蔽工程验收制”，上道工序未经检验合格，不允许下道工序施工。

（5）建立工程质量奖罚制度，每周组织一次评比，对工程质量好的进行奖励，对工程质量差的进行处罚。

2. 保证安全措施

（1）实行三级安全生产教育，建立安全生产责任制。

（2）施工前要做好安全交底，进入施工现场必须戴好安全帽。

（3）施工现场悬挂各种安全标志牌，随时提醒工人注意安全。

（4）坚持预防为主，对安全事故处理按“四不放过”的原则办理。

（5）严格按规定的要求对施工现场进行安全检查，并做好记录。

（6）做好雨期施工的安全教育，使员工掌握防雷电、防滑知识。

3. 保证工期措施

（1）编制各分部分项工程最佳且可行的施工方案和进度计划，合理安排施工顺序，组织流水施工。

（2）确保工程所需各种材料的正常供应，杜绝“停工待料”现象。

（3）施工过程中，充分利用时间、空间及工作面，组织立体交叉作业。

（4）实行工期目标管理，设立工期奖罚制度，按计划提前工期者奖，拖延工期者罚。

（5）做好与设计、监理、业主等的协调工作，定期召开施工现场会议，解决施工中出现的各种问题，确保施工顺利进行。

4. 季节性施工措施

（1）雨期施工：要根据当地的雨量、雨期及雨期施工的工程部位和特点制定措施。要在防淋、防潮、防泡、防淹、防质量安全事故、防拖延工期等方面，分别采用遮盖、疏导、堵挡、排水、防雷、合理储存、改变施工顺序、避雨施工、加固防陷等措施。

（2）冬期施工：要根据当地的气温、降雪量、工程部位、施工内容及施工单位的条件，按有关规范及《冬期施工手册》等有关资料，制定保温、防冻、改善操作环境、保证质量、控制工期、安全施工、减少浪费的有效措施。

5. 环境保护及文明施工措施

（1）建立文明工地管理体系；

（2）认真搞好场容场貌；

（3）进场材料堆放应规范化；

（4）生产区文明施工管理；

（5）生活区文明工地管理；

（6）防噪声措施。

七、技术经济指标

一般的技术经济指标反映在施工组织设计文件中，作为考核的依据。常见的技术经济指标有：

（1）工期指标，如总工期；

（2）劳动指标，如单位建筑面积用工量；

（3）质量指标，如质量优良品率（%）；

（4）主要材料节约指标，如：

主要材料节约率（%）＝主要材料计划节约额/主要材料预算金额；

（5）机械使用指标，如大型机械单方耗用量（台班/m^2），反映机械化程度和机械利用率；

（6）降低成本指标，如：

降低成本额（元）＝预算成本－施工组织设计计划成本；

降低成本率（％）＝降低成本额（元）/预算成本（元）。

第四章　施工进度计划

第一节　流水施工的基本概念

一、建筑施工生产的三种作业组织方式

建筑工程的施工是由许多个施工过程组成的，流水施工是指所有的施工过程按一定的时间间隔依次投入施工，各个施工过程陆续开工，陆续竣工，使同一施工过程的专业队保持连续、均衡施工，相邻两专业队能最大限度地搭接施工。

考虑工程项目的施工特点、工艺流程、资源利用等要求，建筑施工方式除上述流水施工外，还有依次施工、平行施工等方式。后两种方式是最基本的施工方式，学习流水施工需要先做了解。

为说明三种施工方式，现设某住宅区拟建某四幢相同的混合结构房屋的基础工程，划分为基槽挖土、混凝土垫层、砌砖基础、回填土四个施工过程。每个施工过程安排一个施工队组，一班制施工，其中每幢楼挖土方工作由16人组成，2d完成；垫层工作队由30人组成，1d完成，砖砌基础工作队由20人组成，3d完成；回填土工作队由10人组成，1d完成。

1. 依次施工

依次施工是施工对象一个接一个地按顺序组织施工的方法，各专业队按顺序依次在各施工对象上工作。这种方式的施工进度安排，总工期及劳动力需求曲线如图4-1所示。

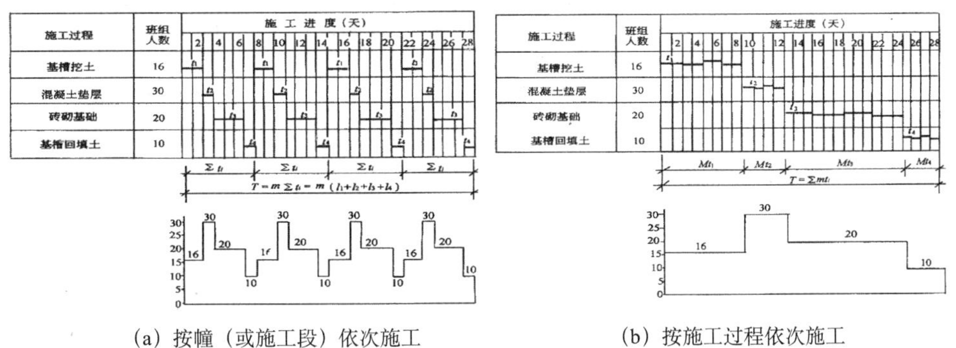

(a) 按幢（或施工段）依次施工　　(b) 按施工过程依次施工

图4-1　依次施工

依次施工比较简单，投入的劳动力较少，资源需要量不大，适用于规模较小，工作面有限的工程。缺点是各专业队不能连续工作，施工工期长。

2. 平行施工

平行施工是所有施工对象同时开工同时完工的施工方法，各专业队同时在各施工对象上工作。这种方式的施工进度安排，总工期及劳动力需求曲线如图 4-2 所示。

平行施工所需工期最短，适用于工期要求紧，且工作面允许及资源保证供应的工程。缺点是劳动力和资源需要量集中。

3. 流水施工

流水施工是各专业队按顺序依次连续、均衡、有节奏地在各施工对象上工作，就像流水一样从一个施工对象转移到另一个施工对象。这种方式的施工进度安排，总工期及劳动力需求曲线如图 4-3 所示。

流水施工综合了依次施工和平行施工的优点，消除了它们的缺点。流水施工的实质是充分利用时间和空间，从而达到连续、均衡有节奏的施工目的，缩短了工期，提高了劳动生产率，降低了工程成本。

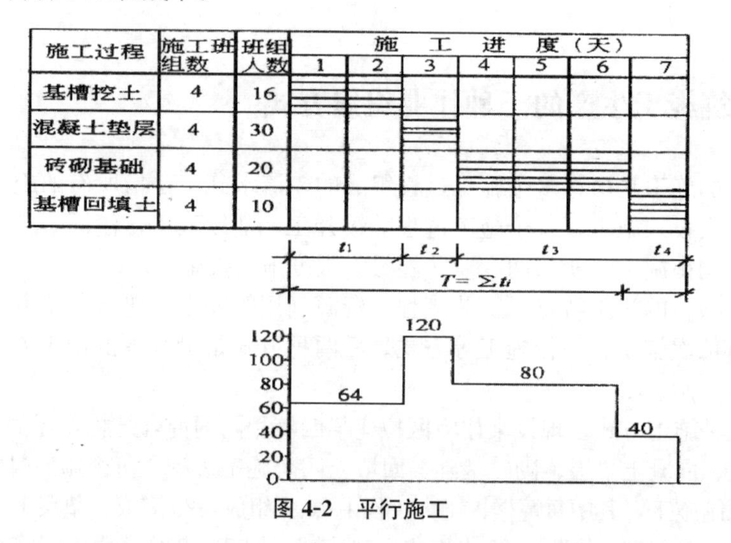

图 4-2 平行施工

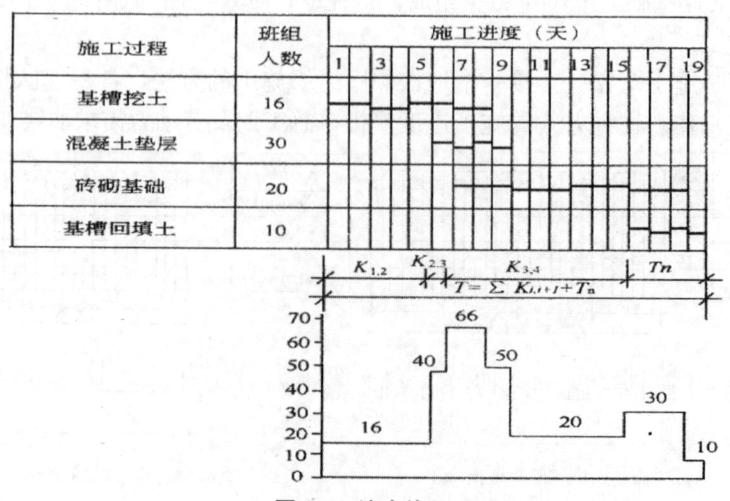

图 4-3 流水施工

二、流水施工的技术经济效益分析

流水施工在工艺划分、时间排列和空间布置上的统筹安排，必然会给工程带来显著的经济效果，具体可归纳为以下几点：

(1) 由于流水施工的连续性，减少了专业工作的间隔时间，达到了缩短工期的目的，可使拟建工程项目尽早竣工，交付使用，发挥投资效益；

(2) 便于改善劳动组织，改进操作方法和施工机具，有利于提高劳动生产率；

(3) 专业化的生产可提高工人的技术水平，使工程质量相应提高；

(4) 工人技术水平和劳动生产率的提高，可以减少用工量和施工暂设建造量，降低工程成本，提高利润水平；

(5) 可以保证施工机械和劳动力得到充分、合理的利用；

(6) 由于工期短、效率高、用人少、资源消耗均衡，可以减少现场管理费和物资消耗，实现合理储存与供应，有利于提高项目经理部的综合经济效益。

三、流水施工参数

在组织工程项目流水施工时，用于表达流水施工在工艺流程、空间布置和时间排列方面开展状态的参数，称为流水参数。包括工艺参数、空间参数和时间参数三类。

(一) 工艺参数

在组织流水施工时，用于表达流水施工在施工工艺上开展顺序及其特征的参数，称为工艺参数，包括施工过程和流水强度。

1. 施工过程

组织建设工程流水施工时，根据施工组织及计划安排需要而将计划任务划分成的子项称为施工过程。施工过程的数目通常用 n 表示。

施工过程划分的数目多少、粗细程度一般与施工计划的性质和作用、施工方法及工程结构、劳动组织和劳动量大小、劳动内容范围等因素有关。

2. 流水强度

某施工过程在单位时间内所完成的工程量，称为该施工过程的流水强度。

流水强度可用下式计算求得：

$$V_i = \sum_{i=1}^{n} R_i S_i$$

式中，V_i——某施工过程的流水强度；

R_i——投入施工过程的某施工机械的台数（工作队人数）；

S_i——投入施工过程的某施工机械的台班（工作队）的产量定额；

n——投入施工过程的资源种类数。

(二) 空间参数

在组织流水施工时，用于表达流水施工在空间布置上开展状态的参数，称为空间参数。包括工作面、施工段和施工层。

（1）工作面。工作面是指供专业工种的工人或某施工机械进行施工的活动空间。工作面的大小，表明能安排施工人数或机械台数的多少。每个作业的工人或每台施工机械所需工作面的大小，取决于单位时间内完成的工程量和安全施工的要求。工作面确定的合理与否，直接影响专业工作队的生产效率，因此必须合理确定工作面。

（2）施工段。将施工对象在平面或空间上划分成若干个劳动量大致相等的施工段落，称为施工段或流水段。施工段的数目通常用 m 表示，它是流水施工的基本参数之一。

划分施工段的目的就是组织流水施工。由于建筑产品体形庞大，可以将期权划分成具有若干个施工段、施工层的“批量产品”，使其满足流水施工的基本要求。在保证工程质量的前提下，为专业工作队确定合理的空间活动范围，使其按流水施工的原理，集中人力和物力，迅速、依次、连续地完成各段的任务，为相邻专业工作队尽早地提供工作面，达到缩短工期的要求。

一般来讲，划分施工段的原则包括但不局限于以下方面：

1）同一专业工作队在各个施工段上的劳动量应大致相等，其相差幅度不宜超过10％～15％；

2）每个施工段内要有足够的工作面，以保证相应数量的工人、主导施工机械的生产效率，满足合理的劳动组织要求；

3）施工段的界限应尽可能与结构界限（如沉降缝、伸缩缝等）相吻合，或设在对建筑结构整体性影响小的部位，以保证建筑结构的整体性；

4）施工段的数目要满足合理组织流水施工的要求。施工段过多，会降低施工速度，延长工期；施工段过少，不利于充分利用工作面，可能会造成窝工；

5）当组织楼层结构施工时，为使各班组能连续施工，上一层的施工必须在下一层对应部位完成后才开始。

当 $m \geqslant n$ 时，各专业工作队仍是连续施工，虽然有停歇的工作面，但不一定是不利的，有时还是必要的。如利用停歇的时间做养护、备料、弹线等工作；

当 $m < n$ 时，各个专业工作队不能连续施工，这是组织流水作业不能允许的。当然，如果工程是一层，不管 m 和 n 的关系如何均可组织流水施工。

（3）施工层。

在组织流水施工时，为了满足专业工种对操作高度和施工工艺的要求，将拟建工程项目在竖向上划分为若干个操作层，这些操作层被称为施工层。

施工层的划分：要按工程项目的具体情况，根据建筑物的高度、楼层确定。如砌筑工程的施工层高度一般为1.2m，内抹灰、木装饰、油漆、玻璃和水电安装等，可按楼层进行施工层划分。

就一个常规的房屋建筑工程而言，施工层相当于对工程作“纵向”的划分，而施工段 m 相当于对工程作“横向”的划分。

（三）时间参数

在组织流水施工时，用于表达流水施工在时间安排上所处状态的参数，称为时间参数。包括流水节拍、流水步距、技术间歇、组织间歇和平行搭接时间。

1. 流水节拍

流水节拍是指某个专业工作队在一个施工段上的施工时间。流水节拍通常以 t_i 表示。

流水节拍的大小，可能反映流水速度快慢、资源供应量大小，同时，流水节拍也是区别流水施工组织方式的特征参数。影响流水节拍的主要因素有：采用的施工方法、投入的劳动力或施工机械的多少以及所采用的工作班次。

流水节拍可按下列两种方法确定：

（1）定额计算法。

$$t_i = \frac{Q_i H_i}{R_i N_i} = \frac{P_i}{R_i N_i}$$

或

$$t_i = \frac{Q_i}{S_i R_i N_i} = \frac{P_i}{R_i N_i}$$

式中，t_i——某施工工程的流水节拍；

Q_i——某施工过程在某施工段上的工程量或工作量；

P_i——某施工过程在某施工段上的劳动量或机械台班数量；

S_i——某施工过程每一工日或台班的产量定额；

H_i——某施工过程的时间定额；

R_i——某施工过程的施工班组人数或机械台数；

N_i——某施工过程每天的工作班次。

如果根据工期要求采用倒排进度的方法确定流水节拍时，可采用上式反算出所需要的工人数或机械台数，但在此时，必须检查劳动力、材料和施工机械供应的可能性，以及工作面是否足够等，否则就需采用增加班次来调整解决。

（2）经验估算法。是根据以往的施工经验进行估算。一般为了提高其准确程度，往往先估算出该流水节拍的最长、最短、正常（即最可能）三种时间，然后据此求出期望时间作为某专业工作队在某施工段上的流水节拍，又称三时估算法。

$$t_i = \frac{a + 4c + b}{6}$$

这种方法适用于没有定额可循的工程或项目。

2. 流水步距

流水步距是组织流水施工时，相邻两个施工过程（或专业工作队）先后开始同一施工段的合理时间间隔。流水步距通常以 $K_{i,i+1}$ 表示。

流水步距的数目取决于参加流水的施工过程数。如果施工过程数为 n 个，则流水步距的个数为 $n-1$ 个。在施工段不变的情况下，流水步距越大，工期越长；流水步距越小，则工期越短。

确定流水步距的基本要求是：

（1）各专业工作队尽可能保持连续施工；

（2）各施工过程按各自流水速度施工，始终保持工艺先后顺序；

（3）相邻两个施工过程（或专业工作队）在满足连续施工的条件下，能最大限度地实现合理搭接。

3. 技术间歇

技术间歇是由建筑材料或现浇构件性质决定的间歇时间，如现浇混凝土构件养护时间以及砂浆抹面和油漆面的干燥时间。技术间歇通常以 $Z_{i,i+1}$ 表示。

4. 组织间歇

组织间歇是施工组织原因而造成的间歇时间，如砌砖墙前墙身位置弹线，回填土前地下管道检查验收，以及其他作业前的准备工作。组织间歇通常以 $G_{i,i+1}$ 表示。

5. 平行搭接

为了缩短工期，在工作面允许的条件下，有时在同一施工段中，当前一个专业工作队完成部分施工任务后，后一个专业工作队可以提前进入，两者形成平行搭接施工，这个搭接的时间称为平行搭接时间，平行搭接通常以 $C_{i,i+1}$ 表示。

6. 流水工期

流水工期是指从第一个专业工作队投入流水施工开始，到最后一个专业工作队完成流水施工为止的整个持续时间。下式为基本计算公式。

$$T=\sum K_{i,i+1}+T_n+\sum Z_{i,i+1}+\sum G_{i,i+1}-\sum C_{i,i+1}$$

式中，$\sum K_{i,i+1}$ ——流水施工中，相邻施工过程之间的流水步距之和；

T_n——流水施工中，最后一个施工过程在所有施工段上完成施工任务所花的时间。

第二节　流水施工组织方式

流水施工方法根据流水施工节拍的特征不同，可分为有节奏流水施工和无节奏流水施工两种。

一、有节奏流水施工

有节奏流水施工是指同一施工过程在各施工段上的流水节拍都相等的一种流水施工方式。有节奏流水施工又分为等节奏流水施工和异节奏流水施工。异节奏流水施工又可以进一步分为等步距异节拍流水施工（成倍节拍流水）和异步距异节拍流水施工。流水施工组织方式的分类可参见图 4-4。

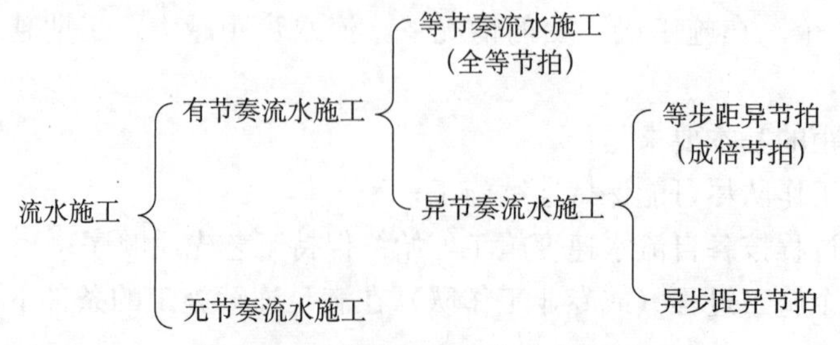

图 4-4　流水施工组织方式分类图

（一）全等节拍流水施工

在组织流水施工时，如果各个施工过程在各个施工段上的流水节拍均相等，这种流水施工组织方式就称为全等节拍流水，也称为等节拍流水或固定节拍流水。

1. 基本特点

（1）各个施工过程在各个施工段上的流水节拍彼此相等，即 $t_i=t$（t 为常数）；

（2）各施工过程之间的流水步距彼此相等，且等于流水节拍，即 $K_{i,i+1}=K=t$；

（3）每个施工过程在每个施工段上均由一个专业工作队独立完成作业，即专业工作队数目等于施工过程数；

（4）专业工作队能够连续作业，没有闲置的施工段，使得流水施工在时间和空间上都连续。

2. 适用范围

全等节拍流水施工比较适用于分部工程流水（专业流水），不适用于单位工程，特别是大型的建筑群。因为全等节拍流水施工虽然是一种比较理想的流水施工方式，它能保证专业班组的工作连续，工作面充分利用，实现均衡施工。但由于它要求划分的各分部、分项工程都采用相同的流水节拍，这对一个单位工程或建筑群来说，往往十分困难且不容易达到。因此，实际应用范围不是很广泛。

3. 施工工期

全等节拍流水施工的工期公式见下式：

$$T=(m+n-1)\times K+\sum Z_{i,i+1}+\sum G_{i,i+1}-\sum C_{i,i+1}$$

式中，T——流水施工工期；

t——流水节拍；

K——流水步距；

m——施工段数目；

n——施工过程数目；

$\sum Z_{i,i+1}$——技术间歇时间总和；

$\sum G_{i,i+1}$——组织间歇时间总和；

$\sum C_{i,i+1}$——搭接时间总和。

例 1　某分部工程由Ⅰ、Ⅱ、Ⅲ、Ⅳ四个施工过程组成，划分为 4 个施工段，流水节拍均为 3d，施工过程Ⅱ、Ⅲ有技术间歇时间 2d，施工过程Ⅲ、Ⅳ之间相互搭接 1d，试确定流水步距，计算工期，并绘制流水施工进度计划表。

解：因流水节拍均等，属于全等节拍流水施工。$m=n=4$

确定流水步距：

$$K=t=3\text{d};$$

计算工期：

$$\sum Z_{i,i+1}=2,\sum C_{i,i+1}=1;$$

则工期为：

$$T=(m+n-1)\cdot K+\sum Z_{i,i+1}+\sum G_{i,i+1}-\sum C_{i,i+1}=(4+4-1)\times 3+2-1=22\text{d}。$$

绘制流水施工进度计划图，如图 4-5 所示。

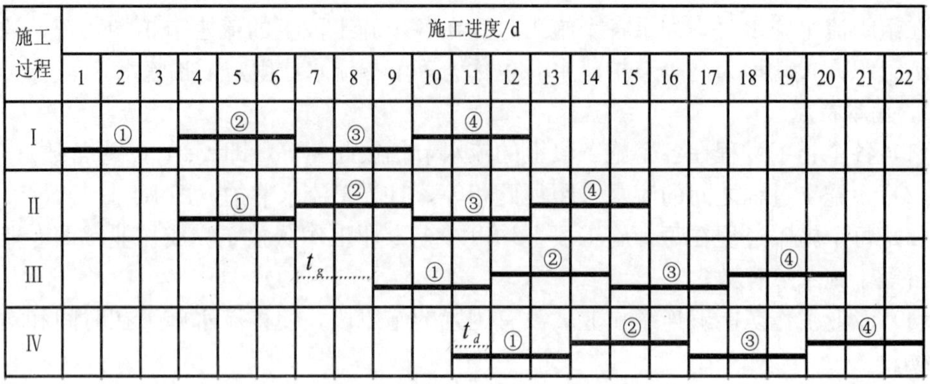

施工过程	施工进度/d																					
	1	2	3	4	5	6	7	8	9	10	11	12	13	14	15	16	17	18	19	20	21	22
Ⅰ		①			②			③			④											
Ⅱ					①			②			③			④								
Ⅲ							t_g			①			②			③			④			
Ⅳ											t_d	①			②			③			④	

图 4-5　流水施工进度计划图

（二）成倍节拍流水施工

在组织流水施工时，如果同一个施工过程在各个施工段上的流水节拍均相等，不同施工过程在同一个施工段上的流水节拍可以不相等但互为倍数，这种流水施工组织方式称为成倍节拍流水。

1. 基本特点

（1）同一施工过程在各个施工段的流水节拍均相等，不同施工过程的流水节拍不等，但其值为倍数关系；

（2）流水步距彼此相等，且等于流水节拍的最大公约数 K_b；

（3）每个专业工作队都能够连续工作，施工段没有空闲时间；

（4）专业工作队总数 n_1 大于施工过程数 n。

2. 适用范围

成倍节拍流水施工比较适用于一般房屋建筑工程的施工，也适用于线性工程（如道路、管道等）的施工。只需满足同一施工过程在各个施工段上的流水节拍相等，不同施工过程之间的流水节拍不完全相等，但各个施工过程的流水节拍均为其中最小流水节拍的整数倍，即各个流水节拍之间存在一个最大公约数就可以安排。

3. 施工工期

每个施工过程组建的专业工作队数可按以下公式计算：

$$b_j = \frac{t_j}{K_b}$$

式中，b_j—第 j 个施工过程的专业工作队数；

t_j——第 j 个施工过程的流水节拍；

K_b——流水节拍的最大公约数。

专业工作队总数：$n_1 = \sum b_j$

流水施工工期 T 可按以下公式计算：

$$T = (m + n_1 - 1)K_b + \sum Z + \sum G - \sum C$$

式中，T——流水施工工期；

n_1——专业工作队总数。

其余符号如前所示。

例 2　某建设工程需建造四幢定型设计的装配式大板住宅，每幢房屋的主要施工过程及其作业时间为：基础工程 5 周、结构安装 10 周、室内装修 10 周、室外工程 5 周。试组织成倍节拍流水施工。

解：(1) 计算流水步距：

$$K_b = 最大公约数 \{5,10,10,5\} = 5 周$$

(2) 确定专业工作队总数：

各个施工过程的专业工作队数分别为：

Ⅰ——基础工程：$b_Ⅰ = t_Ⅰ / K = 5/5 = 1$ 队；

Ⅱ——结构安装：$b_Ⅱ = t_Ⅱ / K = 10/5 = 2$ 队；

Ⅲ——室内装修：$b_Ⅲ = t_Ⅲ / K = 10/5 = 2$ 队；

Ⅳ——室外工程：$b_Ⅳ = t_Ⅳ / K = 5/5 = 1$ 队；

则：$n_1 = \sum b_j = 1+2+2+1 = 6$ 队。

(3) 确定流水施工工期

$$T = (m + m - 1)K_b = (4+6-1) \times 5 = 45 周$$

(4) 绘制流水施工进度计划图，如图 4-6 所示。

施工过程	工作队	施工进度								
		5	10	15	20	25	30	35	40	45
基础工程	Ⅰ	①	②	③	④					
结构安装	Ⅱa		①		③					
	Ⅱb			②		④				
室内装修	Ⅲa				①		③			
	Ⅲb					②		④		
室外工程	Ⅳ						①	②	③	④

图 4-6　流水施工进度计划图

(三) 异节拍流水施工

在组织流水施工时，如果同一个施工过程在各个施工段上的流水节拍相等，不同施工过程之间的流水节拍不一定相等，这种流水施工方式称为异节拍流水。

1. 基本特点

(1) 同一施工过程流水节拍相等，不同施工过程流水节拍不一定相等；

(2) 相邻施工过程的流水步距不一定相等；

(3) 每个专业工作队都能够连续施工，施工段可能有空闲时间；

(4) 专业工作队数 n_1 等于施工过程数。

2. 流水步距的确定及工期的计算

异节拍流水施工流水步距的确定可以采用所谓的“潘特考夫斯基法”，同下文中讲述的内容相近，故合并至下文“无节奏流水施工”介绍。

二、无节奏流水施工

无节奏流水施工是指各施工过程的流水节拍随施工段的不同而改变，不同施工过程之间的流水节拍也有很大的差异。有些工程由于结构比较复杂，平面轮廓不规则，不易划分劳动量大致相等的施工段，不利于组织全等节拍、成倍节拍施工方式。在这种情况下，只能组织无节奏流水施工。无节奏流水施工本身没有规律性；只是在保持工作均匀和连续的基础上进行施工安排。无节奏流水施工方式是建设工程流水施工的普遍方式。

1. 基本特点

（1）各施工过程在各施工段的流水节拍不全等。

（2）流水步距与流水节拍之间存在某种函数关系，流水步距也多数不相等。

（3）每个专业工作队都能够连续施工，施工段可能有间歇时间。

2. 流水步距的确定

在无节奏流水施工中，通常采用累加数列错位相减取大差法（即前文说的“潘特考夫斯基法”）计算流水步距。这种方法简捷、准确，便于掌握。计算步骤如下：

（1）根据各施工过程在各施工段上的流水节拍，求累加数列；

（2）将相邻两施工过程的累加数列，错位相减；

（3）取差数较大者作为该两个施工过程的流水步距。

例 3 某工程包括Ⅰ、Ⅱ、Ⅲ、Ⅳ、Ⅴ五个施工过程，划分为四个施工段组织流水施工，分别由五个专业工作队负责施工，每个施工过程在各个施工段上的工程量、定额与专业工作队人数如下表所示。按规定，施工过程Ⅱ完成后，至少要养护 2d 才能进行下一个过程施工，施工过程Ⅳ完成后，其相应施工段要留 1d 的时间做准备工作。为了早日完工，允许施工过程Ⅰ、Ⅱ之间搭接施工 1d。试编制流水施工组织方案，并绘制流水施工进度计划表（见表 4-1）。

表 4-1　流水施工进度计划表

施工过程	劳动定额	各施工段的工程量					工作队人数
		单位	第一段	第二段	第三段	第四段	
Ⅰ	$8m^2$/工日	m^2	238	160	164	315	10
Ⅱ	$15m^3$/工日	m^3	23	68	118	66	15
Ⅲ	0.4t/工日	t	6.5	3.3	9.5	16.1	8
Ⅳ	$1.3m^3$/工日	m^3	51	27	40	38	10
Ⅴ	$5m^3$/工日	m^3	148	203	97	53	10

解：根据已知的流水节拍，确定采取无节奏流水施工组织方式。

（1）计算每个施工过程在各施工段上的流水节拍。

第Ⅰ个施工过程：

$$t_1^1=\frac{Q_j^i}{S_j^iR_j^iN_j^i}=\frac{238}{8\times10\times1}\approx3$$

$$t_1^2=\frac{Q_j^i}{S_j^iR_j^iN_j^i}=\frac{160}{8\times10\times1}=2$$

$$t_1^3=\frac{Q_j^i}{S_j^iR_j^iN_j^i}=\frac{164}{8\times10\times1}\approx2$$

$$t_1^4=\frac{Q_j^i}{S_j^iR_j^iN_j^i}=\frac{315}{8\times10\times1}\approx4$$

同理可求出各个过程所有的流水节拍，见表 4-2。

表 4-2　各个过程所有的流水节拍表

施工过程 \ 流水节拍 \ 施工段	①	②	③	④
Ⅰ	3	2	2	4
Ⅱ	1	3	5	3
Ⅲ	2	1	3	5
Ⅳ	4	2	3	3
Ⅴ	3	4	2	1

（2）确定流水步距。

每个施工过程的流水节拍累加数列如下（下列算式中 $a_{j,i}=\sum_{i=1}^{n}t_j^i$ ，表示第 j 个施工工程的 n 个施工段上的流水节拍之和）：

$a_{\text{Ⅰ},i}$：3，5，7，11

$a_{\text{Ⅱ},i}$：1，4，9，12

$a_{\text{Ⅲ},i}$：2，3，6，11

$a_{\text{Ⅳ},i}$：4，6，9，12

$a_{\text{Ⅴ},i}$：3，7，9，10

两个相邻累加数列的差罗列如下：

Ⅰ与Ⅱ：3，5，7，11

—）　1，4，9，12

$\angle a^{i}_{\text{Ⅰ},\text{Ⅱ}}$：3，4，3，2，−12

Ⅱ与Ⅲ：1，4，9，12

—）　2，3，6，11

$\angle a^{i}_{\text{Ⅱ},\text{Ⅲ}}$：1，2，6，6，−11

Ⅲ与Ⅳ：2，3，6，11

—）　4，6，9，12

$\angle a^{i}_{\text{Ⅲ},\text{Ⅳ}}$：2，−1，0，2，−12

Ⅳ与Ⅴ：4，6，9，12

—）　3，7，9，10

$\angle a^{i}_{\text{Ⅳ},\text{Ⅴ}}$：4，3，2，3，−10

确定流水步距如下：

$$K_{\text{I},\text{II}}=\max\{3,4,3,2,-10\}=4\text{d}$$
$$K_{\text{II},\text{III}}=\max\{1,2,6,6,-11\}=6\text{d}$$
$$K_{\text{III},\text{IV}}=\max\{2,-1,0,2,-12\}=2\text{d}$$
$$K_{\text{IV},\text{V}}=\max\{4,3,2,3,-10\}=4\text{d}$$

（3）计算工期。

$$\begin{aligned}T&=\sum_{j=1}^{n-1}K_{j,j+1}+\sum_{i=1}^{m}t_n^i+\sum Z_{i,i+1}+\sum G_{i,i+1}-\sum C_{i,i+1}\\&=(4+6+2+4)+(3+4+2+1)+2+1-1\\&=28\text{d}\end{aligned}$$

（4）绘制流水施工进度计划图，见图 4-7：

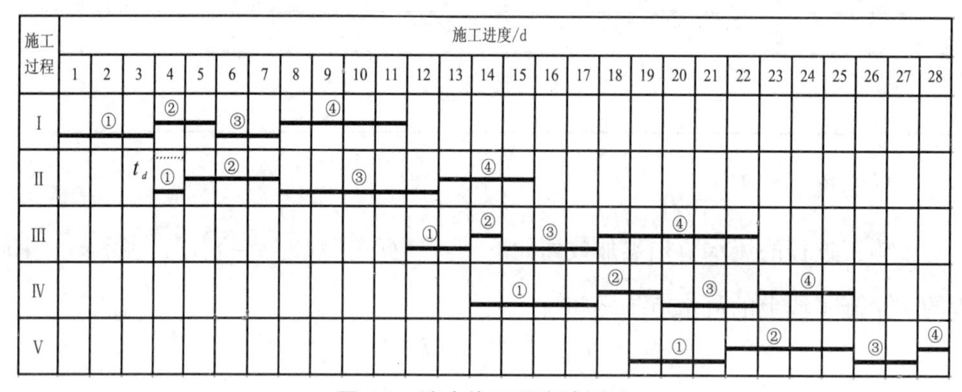

图 4-7　流水施工进度计划图

第三节　双代号网络计划

随着建筑业的发展，为了使施工组织做到有条不紊并具有较好的经济效益，一种有效的施工组织方法就是采用网络计划技术。这种方法是采用系统工程的原理，运用网络表达的形式，来设计和表达一项计划中各个工作的先后顺序和逻辑关系，通过计算找到关键线路和关键工作，然后不断优化网络计划，选择最佳方案付诸实施。20 世纪 80 年代以来，随着计算机在我国建筑业的推广和应用，网络计划及其电算技术得到了进一步的发展。如今，网络计划已发展成为现代施工组织的重要手段。

网络计划技术的基本原理是：首先应用网络图形来表示一项计划（或工程）中各项工作的开展顺序及其相互之间的关系，然后通过对网络图进行时间参数的计算，找出计划中的关键工作和关键路线。通过不断改进网络计划，寻求最佳方案，以求在计划执行过程中对计划进行有效的控制和监督。在建筑施工中，这种方法主要用于进行规划、计划和实施控斜，以达到缩短工期、提高工效、降低造价和提高生产管理水平的目的。

网络计划按绘图方式的不同可以分为双代号网络计划和单代号网络计划。

一、双代号网络图的组成

双代号网络图是以箭线及其两端节点的编号表示工作的网络图。

1. 箭线

在双代号网络图中，一条箭线与其两端的节点表示一项工作，如图 4-8 所示。

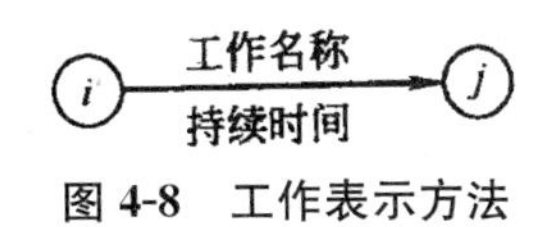

图 4-8　工作表示方法

（1）工作的名称或内容写在箭线的上面，工作的持续时间工作是指计划任务按需写在箭线的下面；

（2）箭头方向表示工作进行的方向（从左向右），箭尾 i 表示工作的开始，箭头 j 表示工作的结束；

（3）在无时标网络图中，箭线的长短与时间无关，可以任意画。

工作通常可以分为三种：需要消耗时间和资源；只消耗时间而不消耗资源（如混凝土养护）；既不消耗时间，也不消耗资源。前两种是实际存在的工作，称为“实工作”，后一种是人为虚设的工作，只表示相邻两项工作之间的逻辑关系，通常称其为“虚工作”，表示工作之间的先后顺序关系，本身无实际工作内容，并且用虚线表示。

与某工作有关的其他工作，可以根据它们之间的相互关系，分为紧前工作、紧后工作和平行工作，如图 4-9 所示。

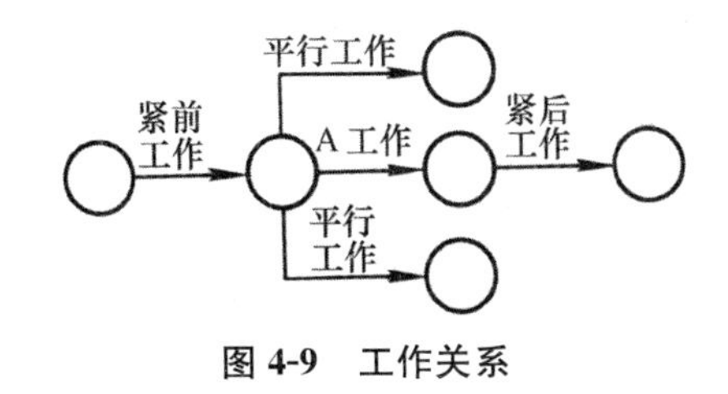

图 4-9　工作关系

2. 节点

（1）节点在双代号网络图中表示一项工作的开始或结束，用圆圈表示；

（2）节点只是一个“瞬间”，即不消耗时间；

（3）所有节点圆圈中均应编上正整数号码，一般应满足箭尾节点号码小于箭头节点号码；

（4）网络图中第一个节点叫起点节点，它意味着一项工程或任务的开始；最后一个节点叫终点节点，它意味着一项工程或任务的完成，网络图中的其他节点称为中间节点。

3. 线路

网络图中从起点节点开始，沿箭头方向顺序通过一系列箭线与节点，最后到达终点节点的通路称为线路。在一个网络图中可能有很多条线路，线路上所有工作的持续时间之和为该线路的总持续时间。

持续时间最长的称为关键线路。关键线路的长度就是网络计划的总工期。在网络计划中，关键线路可能不止一条，而且在网络计划执行过程中，关键线路可能发生转移。关键线路上的工作称为关键工作。关键工作完成的快慢，均会对总工期产生影响。

二、双代号网络图的绘制规则

在绘制双代号网络图时，一般应遵循以下基本规则：

（1）网络图必须正确表达已定的逻辑关系。网络图中的逻辑关系是指工作之间相互制约或依赖的关系。逻辑关系包括工艺关系和组织关系。工艺关系是指生产工艺上客观存在的先后顺序。组织关系是指在不违反工艺关系的前提下，人为安排的工作先后顺序关系。

（2）在网络图中，严禁出现循环回路。如图 4-10 所示存在循环进行的工作，在逻辑关系上是错误的，在时间计算上是不可能的，节点编号也是错误的。

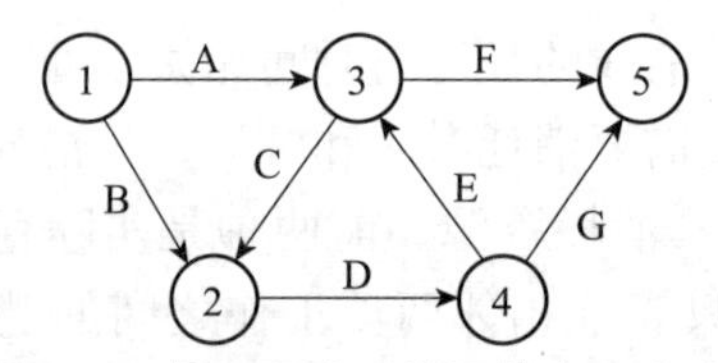

图 4-10　循环回路（错误的表示方法）

（3）在网络图中，节点之间严禁出现带双向箭头或无箭头的连线，在节点之间严禁出现无箭头节点或箭尾节点的箭线，如图 4-11 所示即为错误的工作箭线画法。

（4）当网络图的某些节点有多条外向箭线或多条内向箭线时，在保证一项工作有唯一的一条箭线和相应的一对节点编号前提下，允许使用母线法绘制。当箭线线形不同时，可在母线上引出的支线上标出，如图 4-12 所示。

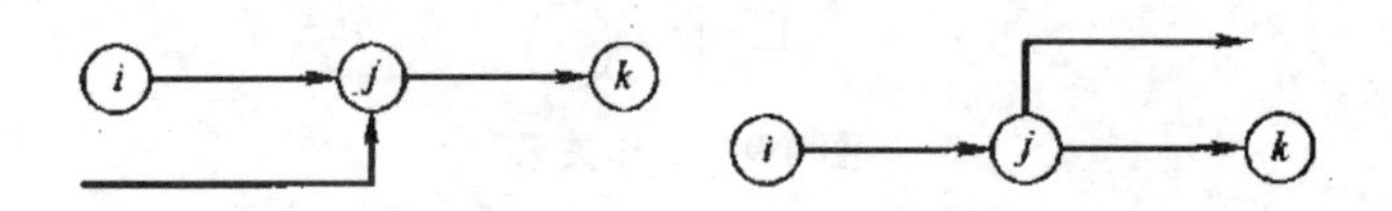

（a）存在没有箭尾节点的箭线　　（b）存在没有箭头节点的箭线

图 4-11　错误的工作箭线画法

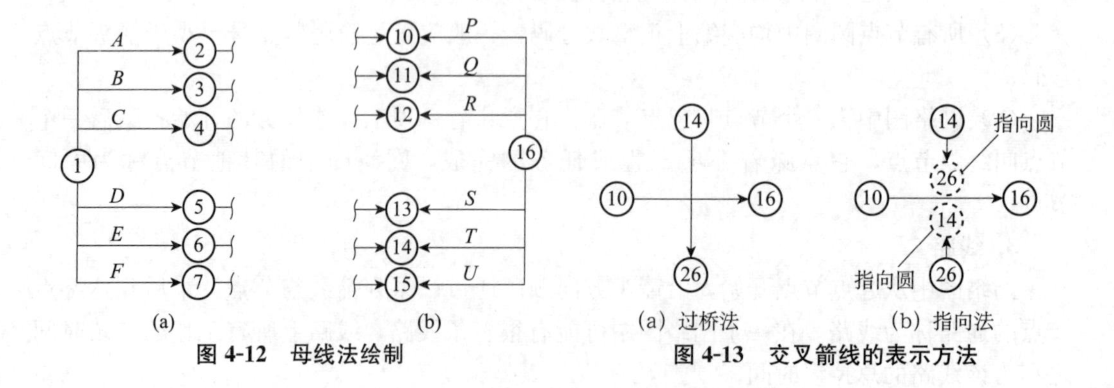

(a)　　(b)

图 4-12　母线法绘制

（a）过桥法　　（b）指向法

图 4-13　交叉箭线的表示方法

（5）绘制网络图时，箭线不宜交叉，当交叉不可避免时，可用过桥法或指向法，如图 4-13 所示。

（6）网络图中一般只应有一个起点节点和一个终点节点，如图 4-14 所示。

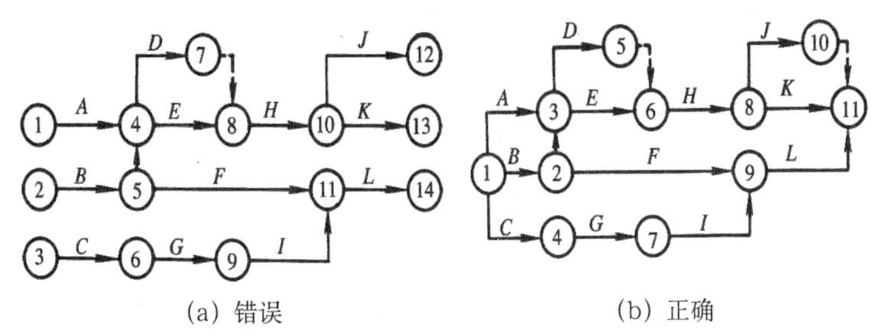

(a) 错误　　　　(b) 正确

图 4-14　一个起点节点和一个终点节点表示方法

（7）正确应用虚箭线。绘制双代号网络图时，正确应用虚箭线可以使网络计划中的逻辑关系更加明确、清楚，它起到“连接”“断路”和“区分”的作用。

图 4-15（a）中 C 工作的紧前工作是 A 工作，D 工作的紧前工作是 B 工作。若 D 工作的紧前工作不仅有 B 工作而且还有 A 工作，那么 A、D 两项工作就要用虚箭线连接，如图 4-15（b）所示。

如图 4-16（a）所示，A、B 工作的紧后工作是 C、D 工作，如果 A 不是 D 的紧前工作，那么就要增加虚箭线切断 A 工作与 D 工作的联系，此时就要增加节点，如图 4-16（b）所示。

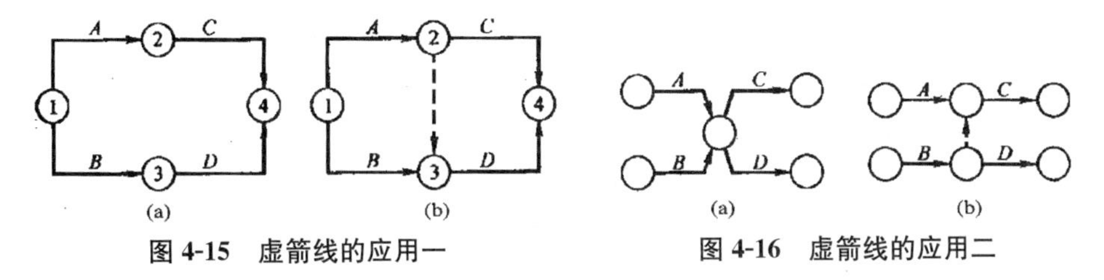

图 4-15　虚箭线的应用一　　　　**图 4-16　虚箭线的应用二**

再如图 4-17（a）中用虚箭线将节点①到节点④的三项工作从开始节点区分开来；图 4-17（b）中用虚箭线将节点①到节点④的三项工作从结束节点区分开来，以避免同时开始或同时结束的工作出现相同编号的情况。

网络计划是用来指导实际工作的，所以网络图除了要符合逻辑，图面还必须清晰，要进行周密合理的布置。在正式绘制网络图之前，最好先绘制草图，然后再加以整理。图 4-18（a）所示的网络图显得十分零乱，经整理，逻辑关系不变，绘制成图 4-18（b）就显得条理清楚，布局也比较合理了。

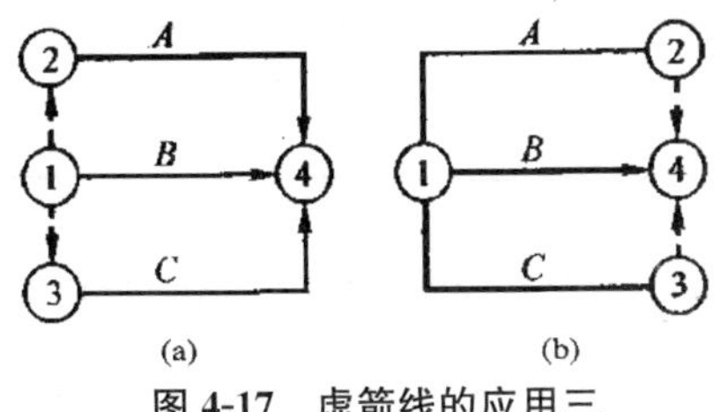

图 4-17　虚箭线的应用三

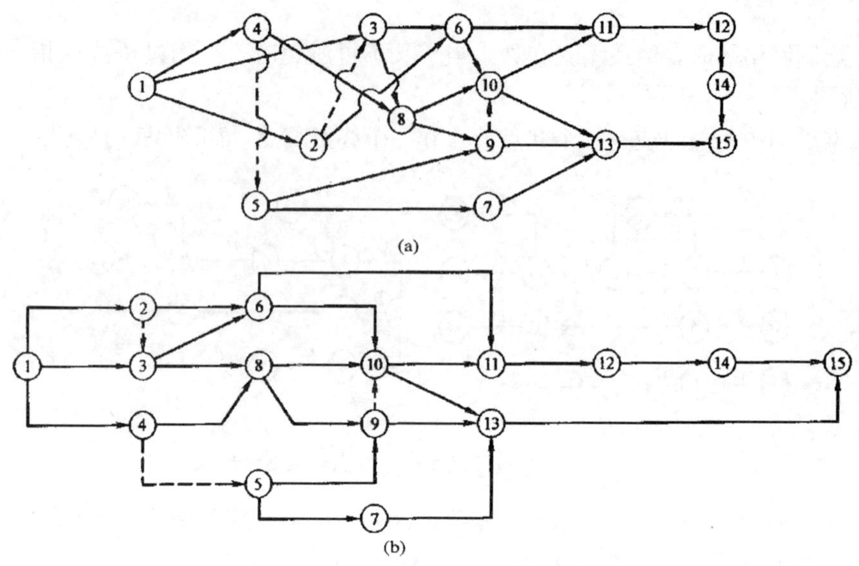

图 4-18　网络图布置示意图

例 4　某工程各工作的逻辑关系见表 4-3，试绘制双代号网络图。

表 4-3　某工程各工作的逻辑关系

工作	*A*	*B*	*C*	*D*	*E*	*F*	*G*	*H*	*I*	*J*	*K*
紧前工作	—	*A*	*A*	*A*	*B*	*C*	*D*	*CB*	*H*	*DFH*	*IJ*

解：(1) 从起点节点连工作 A，A 为第一项工作。

(2) 自 A 连出 B、C、D 三项并行工作（三项或三项以上平行工作的排列，要注意使后续工作避免发生交叉）。

(3) 自 B、C、D 分别连出 E、F、G。

(4) 自 B、C 连出 H，需要使用虚箭线，自 H 连出 I。

(5) 自 D、F、H 连出 J，需要使用虚箭线。

(6) 自 J、J 连出 K。

(7) 将 E、K、G 三项工作汇集到一个结束节点上。

(8) 最后进行节点编号。

双代号网络计划图如图 4-19 所示。

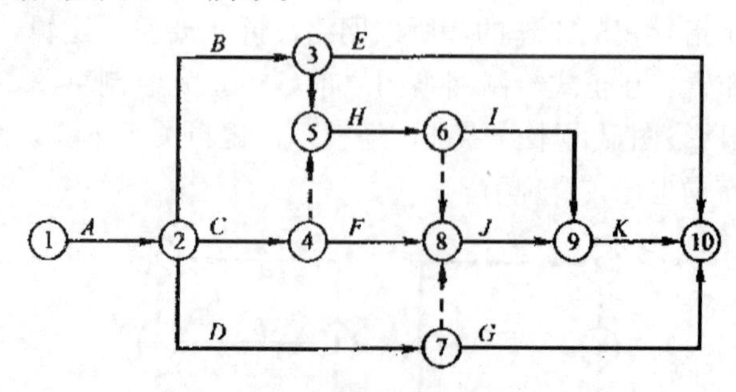

图 4-19　某工程双代号网络计划图

三、时间参数及标注规定

绘制网络计划图，不但要根据绘图规则正确表达工作之间的逻辑关系，还要确定图上工作和各个节点的时间参数，确定网络计划的关键工作和关键线路、确定计算工期、确定非关键工作的机动时间（时差），为网络计划的调整、优化和执行提供明确的时间参数依据。

双代号网络计划的时间参数包括工作的最早开始时间和最早完成时间、工作的最迟开始时间和最迟完成时间、工作的总时差和自由时差。标注方法如图 4-20 所示。

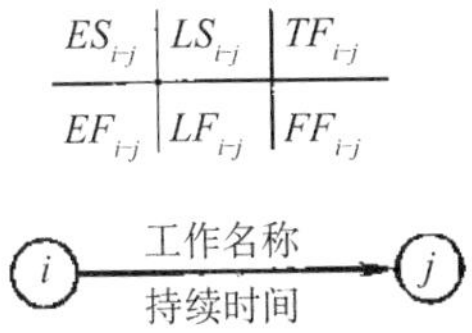

$ES_{i\text{-}j}$	$LS_{i\text{-}j}$	$TF_{i\text{-}j}$
$EF_{i\text{-}j}$	$LF_{i\text{-}j}$	$FF_{i\text{-}j}$

i —工作名称／持续时间→ j

图 4-20　双代号网络计划的时间参数标注方式

1. 工作持续时间

工作持续时间是指一项工作从开始到完成的时间，一般用 D_{i-j} 表示。

2. 工期

工期是泛指完成任务所需要的时间，一般有以下三种：

（1）计算工期：根据网络计划的时间参数计算出来的工期，用 T_c 表示。

（2）要求工期：任务委托人提出的所要求的工期，用 T_r 表示。

（3）计划工期：在要求工期和计算工期的基础上综合考虑需要和可能而确定的工期，用 T_p 表示。

3. 工作最早时间

工作最早时间包括工作最早开始时间和工作最早完成时间两个时间参数。

最早开始时间：是指在紧前工作的约束条件下，本工作可能开始的最早时刻，用 ES_{i-j} 表示。

最早完成时间：是指在紧前工作的约束条件下，本工作可能完成的最早时刻，用 EF_{i-j} 表示。

4. 工作最迟时间

工作最迟时间包括工作最迟开始时间和工作最迟完成时间两个时间参数。

最迟开始时间：是指在不影响整个任务按期完成的前提下，本工作最迟必须开始的时刻，用 LS_{i-j} 表示。

最迟完成时间：是指在不影响整个任务按期完成的前提下，本工作最迟必须完成的时刻，用 LF_{i-j} 表示。

5. 工作的时差

工作的时差包括总时差、自由时差等。

总时差（Total Float Time）：在不影响总工期的前提下，本工作可以利用的机动时间，用 TF_{i-j} 表示。

自由时差（Free Float Time）：在不影响紧后工作最早开始时间的前提下，本工作可以利用的机动时间，用 FF_{i-j} 表示。

四、时间参数的计算

网络计划的时间参数计算方法有很多，常用的方法有图上计算法，分析计算法、表上计算法、矩阵计算法和电算法，这些计算方法的原理完全相同，只是表达形式不同。

1. 工作的最早开始时间和最早完成时间

工作 $i-j$ 的最早开始时间 ES_{i-j} 应从网络计划的起点节点开始，顺着箭线方向逐项计算，并符合下列规定（如图 4-21 所示）：

（1）没有紧前工作的工作 $i-j$（以起点节点为箭尾节点的工作），当未规定其最早开始时间 ES_{i-j} 时，其值应等于 0，即

$$ES_{i-j}=0$$

式中，ES_{i-j}（Earliest Starting Time）——工作 $i-j$ 的最早开始时间。

（2）有紧前工作的工作 $i-j$，当工作 $i-j$ 只有一项紧前工作 $h-i$ 时，其最早开始时间 ES_{i-j} 为：

$$ES_{i-j}=ES_{h-i}+D_{h-i}$$

式中，ES_{h-i}——工作 $i-j$ 的紧前工作 $h-i$ 的最早开始时间；

D_{h-i}——工作 $i-j$ 的紧前工作 $h-i$ 的持续时间。

（3）当工作 $i-j$ 有多项紧前工作时，其最早开始时间 ES_{i-j} 应为：

$$ES_{i-j}=\max(ES_{h-i}+D_{h-i})$$

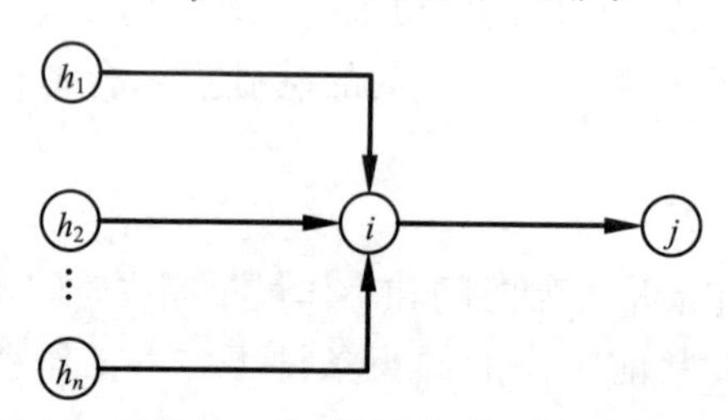

图 4-21　有紧前工作的最早开始时间计算示意图

工作 $i-j$ 的最早完成时间 EF_{i-j} 应按下式计算：

$$EF_{i-j}=ES_{i-j}+D_{i-j}$$

式中，EF_{i-j}——工作 $i-j$ 的最早可能结束时间。

简言之，ES_{i-j} 的计算遵循"沿线累加、逢圈取大"的原则。

2. 网络计划工期的计算

（1）网络计划的计算工期

当终点节点为 n 时，箭头指向终点节点的所有工作的最早完成时间的最大值即为网络计划的计算工期 T_c，其计算公式为：

$$T_c=\max(EF_{m-n})$$

（2）网络计划的计划工期

网络计划的计划工期 T_p 的确定应按下述规定：

当已规定了要求工期 T_r 时：

$$T_p \leqslant T_r$$

当未规定要求工期时，可令计划工期等于计算工期：$T_p = T_c$

3. 工作的最迟完成时间和最迟开始时间（如图 4-22 所示）

工作 $i-j$ 的最迟完成时间 LF_{i-j} 应从网络计划的终点节点开始，逆着箭线方向逐项计算，并符合下列规定：

（1）没有紧后工作的工作 $m-n$（以终点节点为箭头节点的工作），其最迟必须完成时间 LF_{m-n} 应按网络计划的计划工期 T_p 确定，即

$$LF_{m-n} = T_p$$

（2）有紧后工作的工作，当工作 $i-j$ 只有一项紧后工作 $j-k$ 时，其最迟必须完成时间 LF_{i-j} 为

$$LF_{i-j} = LF_{j-k} - D_{j-k}$$

式中，LF_{j-k}——工作 $i-j$ 的紧后工作 $j-k$ 的最迟必须完成时间；

D_{j-k}——工作 $i-j$ 的紧后工作 $j-k$ 的持续时间。

简言之，LF_{i-j} 的计算遵循“逆线相减、逢圈取小”的原则。

（3）当工作 $i-j$ 有多项紧后工作 $j-k$ 时，其最迟必须完成时间 LF_{i-j} 应为：

$$LF_{i-j} = \min\ (LF_{j-k} - D_{j-k})$$

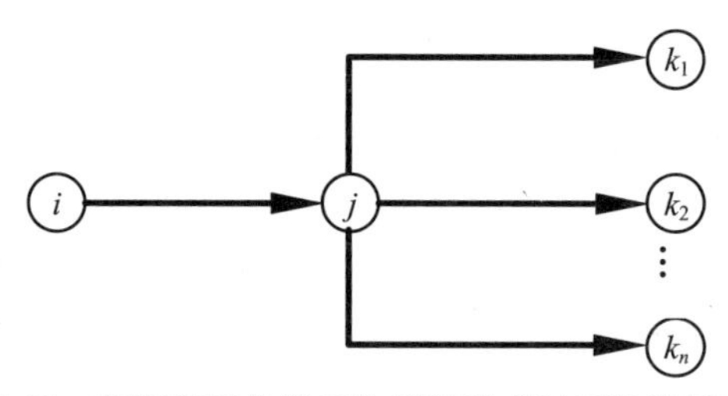

图 4-22　有紧前工作的工作最迟完成时间计算示意图

工作 $i-j$ 的最迟必须开始时间 LS_{i-j} 应按下式计算：

$$LS_{i-j} = LF_{i-j} - D_{i-j}$$

式中，LS_{i-j}——工作 $i-j$ 的最迟必须开始时间。

4. 工作的总时差（如图 4-23 所示）

根据总时差 TF_{i-j} 的定义，则总时差应按下式计算：

$$TF_{i-j} = LS_{i-j} - ES_{i-j}$$

或

$$TF_{i-j} = LF_{i-j} - EF_{i-j}$$

总时差的计算结果，因计划工期的取值不同会出现下列三种情形：

（1）当计划工期 T_p 等于网络计划的计算工期 T_c 时，工作 $i-j$ 的总时差的值大于或等于 0；

（2）当计划工期 T_p 大于网络计划的计算工期 T_c 时，工作 $i-j$ 的总时差的值大于 0；

（3）当计划工期 T_p 小于网络计划的计算工期 T_c 时，工作 $i-j$ 的总时差的值可能大于或等于 0，也可能小于 0。但是，一旦出现计划工期 T_p 小于网络计划的计算工期 T_c 时，一般无须计算该网络计划的其他时间参数，而应对网络计划进行调整或优化，使网络计划的计算工期 T_c 小于计划工期 T_p。

工作 $i-j$ 的总时差不但属于 $i-j$ 工作本身，而且与紧后工作都有关系，它为一条

线路或线路段所共有。

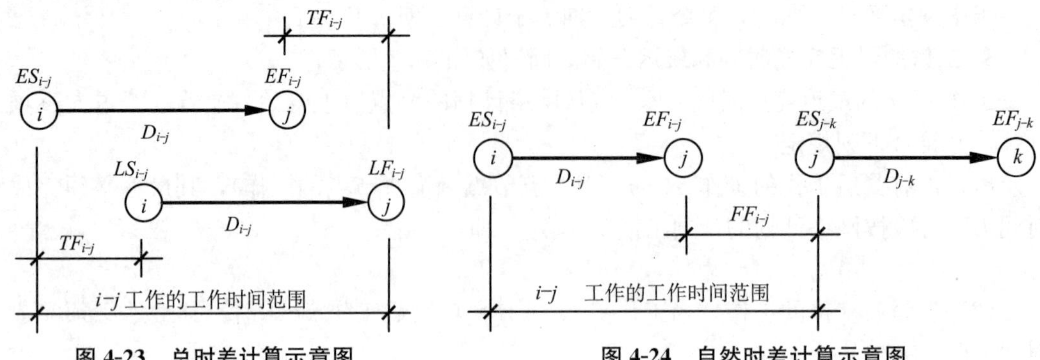

图 4-23 总时差计算示意图　　图 4-24 自然时差计算示意图

5. 工作的自由时差（如图 4-24 所示）

（1）根据自由时差 FF_{i-j} 的定义，当工作 $i-j$ 有紧后工作 $j-k$ 时，其自由时差应按下式计算：

$$FF_{i-j}=ES_{j-k}-EF_{i-j}$$

式中，ES_{j-k}——工作 $i-j$ 的紧后工作 $j-k$ 的最早开始时间。

（2）当工作 $m-n$ 没有紧后工作时，其自由时差应按网络计划的计划工期 T_p 确定，即

$$FF_{m-n}=T_p-EF_{m-n}$$

FF_{i-j} 的计算可以简化为 $FF_{本}=ES_{紧后}-EF_{本}=ES_{紧后}-ES_{本}-D_{本}$。

由总时差和自由时差的定义可知，自由时差小于或等于总时差。工作 $i-j$ 的自由时差属于 $i-j$ 工作本身，利用自由时差对其紧后工作的最早开始时间没有影响。

例 5 某工程的工作逻辑关系经整合见表 4-4，根据表中数据，解决如下问题：

（1）绘制双代号网络图。

（2）填写紧后工作。

（3）计算各工作的六个时间参数并确定其关键线路。

表 4-4 某工程的工作逻辑关系表　　单位：天

工作代号	A	B	C	D	E	F	G	I	K
紧前工作	C	AI	—	—	C	ED	EDK	ED	—
紧后工作									
持续时间	3	5	2	4	3	2	4	3	2

解：（1）根据题目给出的工作之间的逻辑关系，绘制双代号网络图如图 4-25 所示：

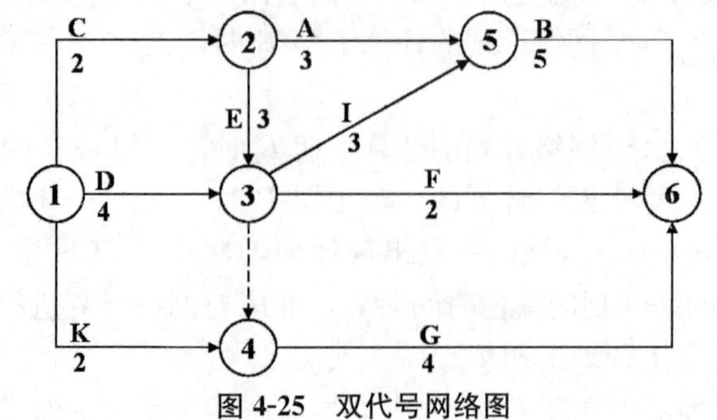

图 4-25 双代号网络图

（2）根据绘制的双代号网络计划图，可以得出相应工作的紧后工作，见表 4-5。

表 4-5　双代号网络计划表

工作代号	A	B	C	D	E	F	G	I	K
紧前工作	C	AI	—	—	C	ED	EDK	ED	—
紧后工作	B	—	AE	FGI	FGI	—	—	B	G
持续时间	3	5	2	4	3	2	4	3	2

（3）计算网络计划的时间参数并判断该网络计划图的关键线路。

根据图 4-26 的计算结果，可以确定该网络计划的关键线路是：$1 \xrightarrow{C} 2 \xrightarrow{E} 3 \xrightarrow{I} 5 \xrightarrow{B} 6$。

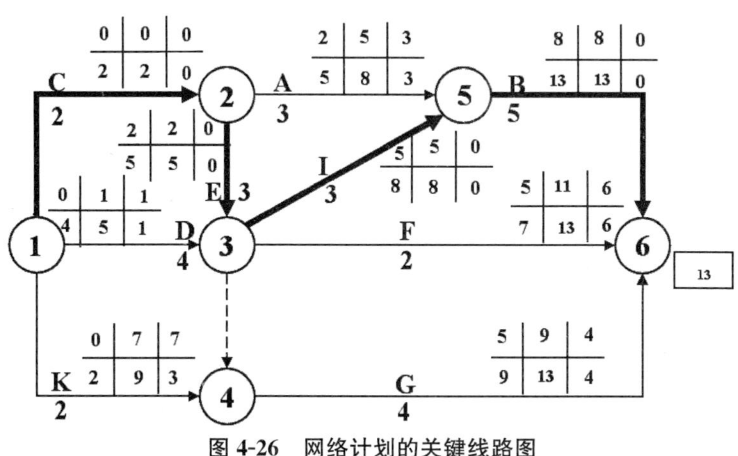

图 4-26　网络计划的关键线路图

五、双代号时标网络图简介

双代号时标网络计划简称时标网络计划，实质上是在一般网络图上加注时间坐标，它所表达的逻辑关系与原网络计划完全相同，但箭线的长度不能任意画，与工作的持续时间相对应。时标网络计划既有一般网络计划的优点，又有横道图直观易懂的优点。

在时标网络计划中，网络计划的各个时间参数可以直观地表达出来，因此，可直观地进行判读。利用时标网络计划，可以很方便地绘制出资源需要曲线，便于进行优化和控制。在时标网络计划中，可以利用前锋线方法对计划进行动态跟踪和调整。

时标网络计划可按最早时间和最迟时间两种方法绘制，使用较多的是最早时标网络计划。

在绘制前，首先应根据确定的时间单位绘制出一个时间坐标表，时间坐标单位可根据计划期的长短确定（可以是小时、天、周、旬、月或季等）；时标一般标注在时标表的顶部或底部（也可在顶部和底部同时标注，特别是大型的、复杂的网络计划），要注明时标单位。有时在顶部或底部还加注相对应的日历坐标和计算坐标。时标表中的刻度线应为细实线，为使图面清晰，此线一般不画或少画。

时标形式有以下三种：

计算坐标主要用作网络计划时间参数的计算，但不够明确。如网络计划表示的计划任务从第 0 天开始，就不易理解。

日历坐标可明确表示整个工程的开工日期和完工日期以及各项工作的开始日期和完成日期，同时还可以考虑扣除节假日休息时间。

工作日坐标可明确表示各项工作在工程开工后第几天开始和第几天完成，但不能表示工程的开工日期和完工日期以及各项工作的开始日期和完成日期。

在时标网络计划中，以实线表示工作，实线后不足部分（与紧后工作开始节点之间的部分）用波形线表示（如图 4-27 所示），波形线的长度表示该工作与紧后工作之间的时间间隔；由于虚工作的持续时间为 0，所以，应垂直于时间坐标（画成垂直方向），用虚箭线表示，如果虚工作的开始节点与结束节点不在同一时刻上，水平方向的长度用波形线表示，垂直部分仍应画成虚箭线。

在绘制时标网络计划时，应遵循以下规定：

（1）代表工作的箭线长度在时标表上的水平投影长度，应与其所代表的持续时间相对应；

（2）节点的中心线必须对准时标的刻度线；

（3）在箭线与其结束节点之间有不足部分时，应用波形线表示；

（4）在虚工作的开始与其结束节点之间，垂直部分用虚箭线表示，水平部分用波形线表示。

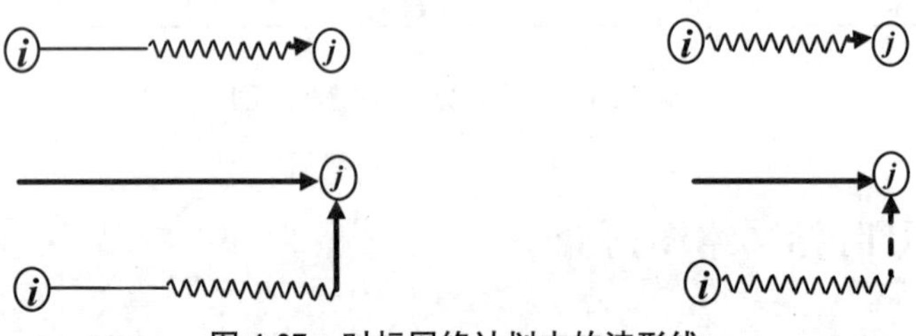

图 4-27　时标网络计划中的波形线

绘制时标网络计划应先绘制出无时标网络计划（逻辑网络图）草图，然后，再按间接绘制法或直接绘制法绘制。绘制时标网络计划可以先计算无时标网络计划草图的时间参数（主要是算出其最早时间），再按每项工作的最早开始时间将其箭尾节点定位在时标表上，最后用规定线型绘出工作及其自由时差，即形成时标网络计划。绘制时，一般先绘制出关键线路，然后再绘制非关键线路。

第四节　单代号网络计划

单代号网络计划即用单代号网络图表示的网络计划。单代号网络图是以节点及其编号表示工作，以箭线表示工作之间逻辑关系的网络计划。

（一）单代号网络图的基本要素

单代号网络图由节点、箭线、线路三个基本要素组成。

1. 节点

在单代号网络图中，节点表示一项工作，应用圆圈或方框表示。节点所表示的工作名称、持续时间和工作代号均标注在节点内，如图 4-28 所示。

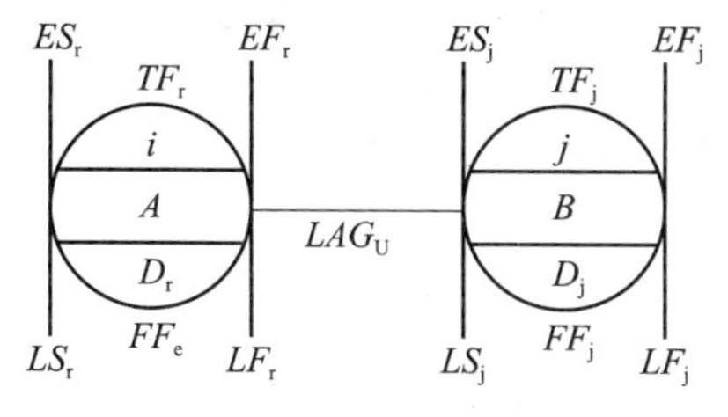

（a）用圆圈表示

i	A	D_r
ES_r	EF_r	TF_r
LS_r	LF_r	FF_e

LAG_U

j	B	D_j
ES_j	EF_j	TF_j
LS_j	LF_j	FF_j

（b）用方框表示

图 4-28　单代号网络图中节点的表示方法

2. 箭线

单代号网络图中的箭线表示紧邻工作之间的逻辑关系，箭线应画成水平直线、折线或斜线，箭线水平投影的方向应自左向右，表示工作的进行方向。单代号网络图中不设虚箭线，如图 4-29 所示。

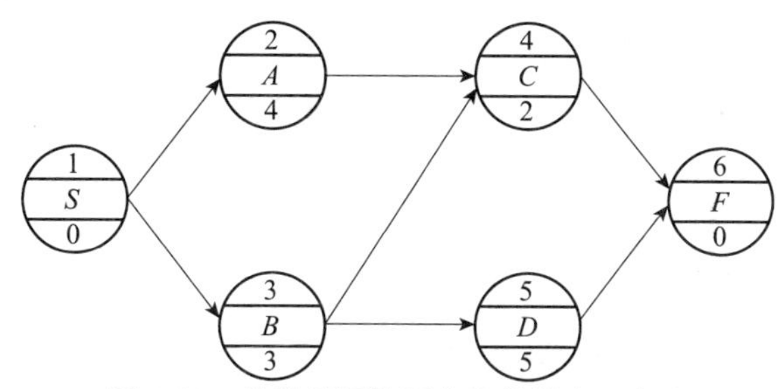

图 4-29　单代号网络图中箭线的表示方法

3. 线路

单代号网络图的线路同双代号网络图的线路含义是相同的。即从起点节点到终点节点通过箭线连接而成，线路上总的工作持续时间最长的线路叫关键线路。

（二）单代号网络图的绘制规则

单代号网络图的绘图规则与双代号网络图的绘图规则基本相同，主要区别在于：

当网络图中有多项开始工作时，应增设一项虚拟的工作，作为该网络图的起点节点；当网络图中有多项结束工作时，应增设一项虚拟的工作，作为该网络图的终点节点，如图 4-30 所示。

单代号网络图用节点表示工作，没有长度概念，与双代号网络圈相比不够形象，不便于绘制带时间坐标网络计划，因而对它的推广和使用有一定的影响。

（三）单代号网络图时间参数的计算

同双代号网络图类似，单代号网络图时间参数的计算方法也可采用分析计算法、图上计算法、表上计算法等。各参数及其位置如图 4-31 所示。

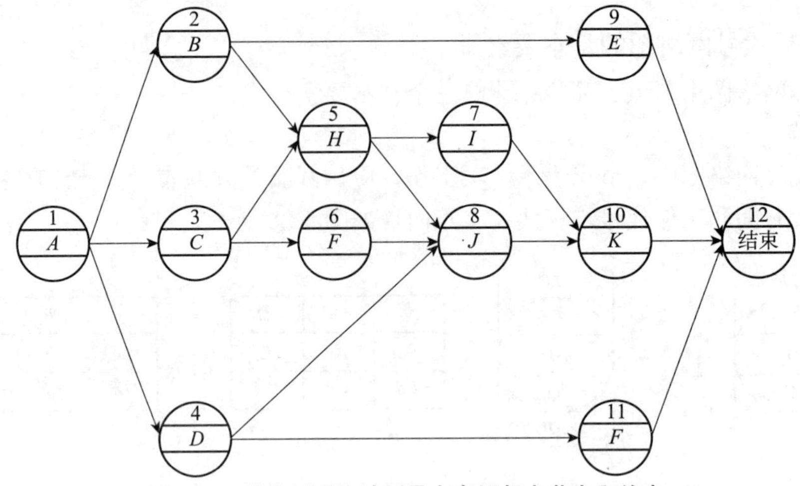

图 4-30　单代号网络计划具有虚拟起点节点和终点

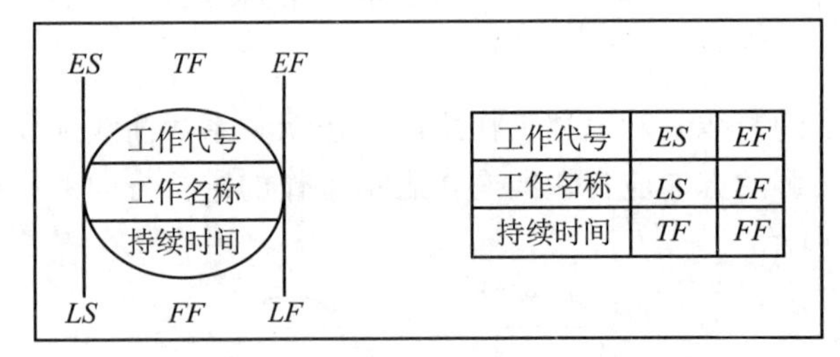

工作代号	ES	EF
工作名称	LS	LF
持续时间	TF	FF

图 4-31　采用“图上计算法”时，工作时间参数的标注形式

图中，EF_i—工作 i 的最早完成时间；

ES_i—工作 i 的最早开始时间；

LF_i—工作 i 的最迟完成时间；

LS_i—工作 i 的最迟开始时间；

FF_i—工作 i 的自由时差；

TF_i—工作 i 的总时差；

$LAG_{i,j}$—工作 i 和工作 j 之间的时间间隔；

D_i—工作 i 的持续时间。

例 6　已知网络计划如图 4-32 所示，试用图上计算法计算各项工作的六个时间参数，并确定工期，标出关键线路。

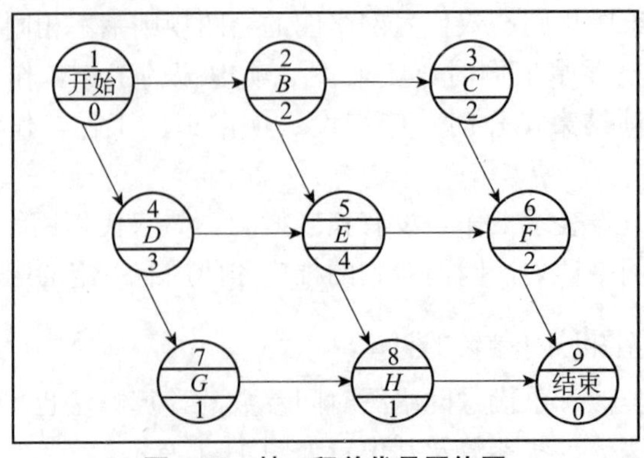

图 4-32　某工程单代号网络图

解：(1) 计算工作的最早可能开始和完成时间。

当起点节点 i 的最早开始时间无规定时，$ES_i = 0$

其他工作 i 的最早开始时间，$ES_i = \max(ES_h + D_h) = \max(EF_h)$

工作 i 的最早完成时间，$EF_i = ES_i + D_i$

(2) 网络计划计算工期，$T_c = EF_n$ 。

(3) 计算相邻工作 i 和 j 之间的时间间隔。

当终点节点为虚拟节点时，$LAG_{i,n} = T_p - EF_i$

其他节点之间的时间间隔，$LAG_{i,j} = ES_j - EF_i$ 。

(4) 工作总时差。

终点节点 n 总时差，$TF_n = T_p - EF_n$

其他工作 i 的总时差，$TF_i = \min(TF_j + LAG_{i,j})$

计算工作的总时差，标出关键线路“开始—C—D—E—结束”。

(5) 工作自由时差。

终点节点 n 自由时差，$FF_n = T_p - EF_n$

其他工作 i 的自由时差，$FF_i = \min(LAG_{i,j})$

(6) 工作的最迟完成时间。

终点节点 n 的最迟完成时间，$LF_n = T_p$

其他工作 i 的最迟完成时间，$LF_i = \min(LS_j)$ 或 $LF_i = EF_i + TF_i$

(7) 工作的最迟开始时间。

工作 i 的最迟开始时间，$LS_i = LF_i - D_i$ 或 $LS_i = ES_i + TF_i$

计算结果如图 4-33 所示。

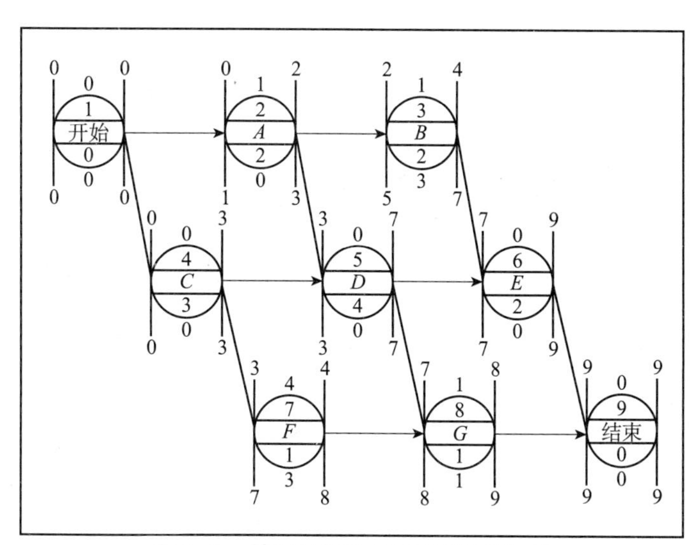

图 4-33　某工程单代号网络图计算结果

第五节　网络计划优化简介

网络计划的优化是指在满足既定的约束条件下，按某一目标，通过不断调整，寻求最优网络计划方案的过程。网络计划优化包括工期优化、资源优化及费用优化。

（1）工期优化，是指网络计划的计算工期不满足要求工期时，在不改变网络计划各工作之间逻辑关系的前提下，通过压缩关键工作的持续时间以满足要求工期目标的过程。

缩短关键工作的持续时间应考虑的因素：缩短持续时间对质量和安全影响不大的工作；有充足备用资源的工作；缩短持续时间所需增加的费用最少的工作。

（2）资源优化的目的是通过改变工作的开始时间和完成时间，使资源按照时间的分布符合优化目标。资源是指为完成一项计划任务所需的人力、材料、机械设备和资金等的统称。完成一项工程任务所需的资源量基本上是不变的，不可能通过资源优化将其减少。

资源优化主要有“资源有限，工期最短”和“工期固定，资源均衡”两种。前者是资源有限使工期最短的优化是指在资源供应有限的前提下，保持各个工作的每日资源需求量（强度）是常数，合理地安排资源分配，寻找最短计划工期的过程；而后者是通过调整计划安排，在工期保持不变的条件下，使资源需用量尽可能均衡的过程。

（3）费用优化又称工期成本优化，是指寻求工程总成本最低时的工期安排，或按要求工期寻求最低成本的计划安排的过程。

工程总费用由直接费和间接费组成。它们与工期之间的关系，如图4-34所示。缩短工期，会引起直接费用的增加和间接费用的减少；延长工期会引起直接费用的减少。

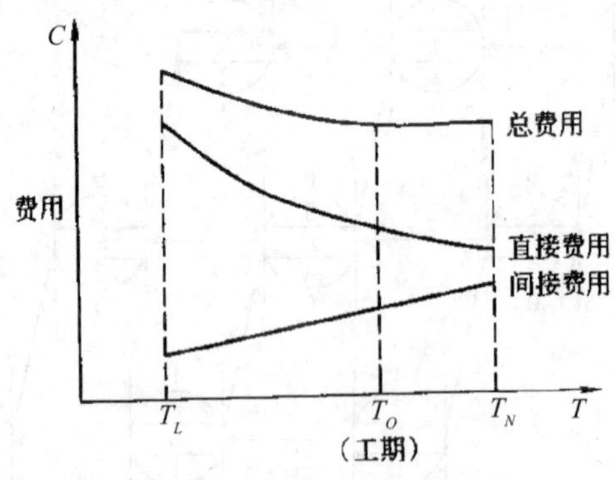

T_L-最短工期；T_o-最优工期；T_N-正常工期

图4-34　工期-费用曲线

总费用曲线为U形曲线，工期长，总费用则提高；工期短，总费用也提高。U形曲线的最低点相对应的工期即为最优工期。

第五章　建设工程计量

第一节　建设工程造价构成

一、我国建设项目投资及工程造价的构成

工程造价是按照确定的建设内容、建设规模、建设标准、功能要求和使用要求等，在建设期预计或实际支出的建设费用。工程造价中的主要构成部分是建设投资，建设投资是为完成工程项目建设，在建设期内投入且形成现金流出的全部费用。

一般来说，建设投资包括工程费用、工程建设其他费用和预备费。工程费用是指建设期内直接用于工程建造、设备购置及其安装的建设投资，可以分为建筑安装工程费和设备及工器具购置费；工程建设其他费用是指建设期发生的与土地使用权取得、整个工程项目建设以及未来生产经营有关的构成建设投资但不包括在工程费用中的费用；预备费是在建设期内为各种不可预见因素的变化而预留的可能增加的费用，包括基本预备费和价差预备费。

建设投资的具体构成如图 5-1 所示。

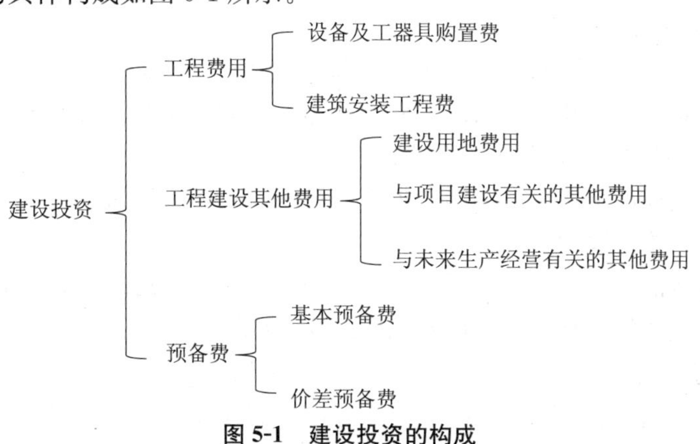

图 5-1　建设投资的构成

二、设备及工器具购置费用的构成

设备及工器具购置费用是由设备购置费和工具、器具及生产家具购置费组成的，它是固定资产投资中的积极部分。在生产性工程建设中，设备及工器具购置费用占工程造价比例较大，并且随着技术进步以及资本有机构成的提高，其比重会加大。

设备购置费是指购置或自制地达到固定资产标准的设备、工器具及生产家具等所需的费用，由设备原价和设备运杂费构成。

设备原价指国产设备或进口设备的原价，设备运杂费是指设备原价之外的关于设备采购、运输、途中包装及仓库保管等方面支出费用的总和。

国产设备原价一般是指设备制造厂的交货价或订货合同价，它一般是根据生产厂家或供应商的询价、报价、合同价确定，或采用一定的方法计算确定。进口设备的原价是指进口设备的抵岸价，即设备抵达买方边境、港口或车站，交纳完各种手续费、税费后形成的价格。

设备运杂费是指国内采购设备自来源地、国外采购设备自到岸港运至工地仓库或指定堆放地点发生的采购、运输、运输保险、保管、装卸等费用。由下列四项组成：运费和装卸费；包装费（在设备原价中没有包含的，为运输而进行的包装支出的各种费用）；设备供销部门的手续费；采购与仓库保管费。

工器具购置费一般是指新建或扩建项目，为保证初期正常生产必须购置的，没有达到固定资产标准的设备、仪器、生产家具等的购置费用，一般以设备购置费为计算基数，按照规定的费率计算。

三、建筑安装工程费用构成

（一）建筑安装工程费用的构成

建筑安装工程费是指为完成工程项目建造、生产性设备及配套工程安装所需的费用。一般包括建筑工程费用和安装工程费用。

1. 建筑工程费用内容

各类房屋建筑工程和列入房屋建筑工程预算的费用，例如，供水、供暖、卫生、通风、煤气等设备费用及其装设、油饰工程的费用，例如，建筑工程预算的各种管道、电力、电信和电缆导线敷设工程的费用。

设备基础、支柱、工作台、烟囱、水塔、水池、灰塔等建筑工程，以及各种炉窑的砌筑工程和金属结构工程的费用。

为施工而进行的场地平整，工程和水文地质勘察，原有建筑物和障碍物的拆除以及施工临时用水、电、气、路和完工后的场地清理，环境绿化、美化等工作的费用。

2. 安装工程费用

生产、动力、起重、传动和医疗、实验等各种需要安装的机械设备的装配费用，与设备相连的工作台、梯子、栏杆等设施的工程费用，附属于被安装设备的管线敷设工程费用，以及被安装设备的绝缘、防腐、保温、油漆等工作的材料和安装费。

为测定安装工程质量，对单台设备进行单机试运转，对系统设备进行系统联动无负荷试运转工作的调试费。

（二）我国现行建筑安装工程费用项目组成

我国现行建筑安装工程费用组成按照两种方式划分，即按费用构成要素划分和按造价形成划分。

1. 按费用构成要素划分

建筑安装工程费包括人工费、材料费、施工机具使用费、企业管理费、利润、规费和税金。

（1）人工费是指按照工资总额构成规定，支付给直接从事建筑安装工程施工作业的生产工人和附属单位工人的各项费用。计算人工费的基本要素是人工工日消耗量和人工工日工资单价。即人工费＝工日消耗量×日工资单价

（2）材料费是指工程施工中消耗的各种原材料、辅助材料、购配件、零件、半成品或成品、工程设备的费用。其中工程设备是构成或计划构成永久工程一部分的机电设备、金属结构设备、仪器装置及其他类似的设备和装置。计算材料费的基本要素是材料消耗量和材料单价。即材料费＝材料消耗量×材料单价。

（3）施工机具使用费是指施工作业所发生的施工机械、仪器仪表使用费或其租赁费。即施工机械使用费＝施工机械台班消耗量×机械台班单价；仪器仪表使用费＝工程使用的仪器仪表摊销费＋维修费。

（4）企业管理费是指建筑安装企业组织施工生产和经营管理所需的费用，包括管理人员工资、办公费、差旅交通费、固定资产使用费、工具用具使用费、劳动保险和职工福利费、劳动保护费、检验试验费、工会费用、职工教育经费、财产保险费、财务费、税金和其他。

特别说明，这里的税金是指企业按规定缴纳的房产税、车船使用税、土地使用税、印花税等，要和企业建筑安装工程计入建筑安装工程费用的营业税（以后改为增值税）、城市维护建设税、教育费附加及地方教育费附加区分开。

其他项目包括技术转让费、技术开发费、投标费、业务招待费、绿化费、广告费、公证费、法律顾问费、审计费、咨询费、保险费等。

企业管理费的计算一般采用取费基数乘以费率的方法计算，取费基数分别有三种，分别是：以分部分项工程费为计算基础，以人工费和机械费合计为计算基础，以人工费为计算基础。

（5）利润是指施工企业完成所承包工程获得的盈利，由施工企业根据企业自身需求并结合建筑市场实际自主确定。

（6）规费是指按国家法律、法规规定，由省级政府和省级有关权力部门规定必须缴纳或计取的费用，主要包括社会保险费、住房公积金和工程排污费。其中社会保险费包括养老保险费、失业保险费、医疗保险费、生育保险费、工伤保险费五项，加上住房公积金就是我们常说的“五险一金”。

社会保险费和住房公积金的计算基础是定额人工费。工程排污费应按工程所在地环

境保护等部门规定的标准缴纳，按实计取列入。

(7) 税金。建筑安装工程税金是指国家税法规定的应计入建筑安装工程费用的营业税，城市维护建设税、教育费附加及地方教育费附加。

营业税按照国家的规定将改为增值税。

按照营业税的计税方式，我们一般讲将三种税合并为一个综合税率来计算应纳税额。其中营业税税率为3%，计算基础为计税营业额。城市维护建设税计算基础为应缴纳的营业税，纳税地点在市区的，税率为7%，县镇为5%，农村为1%。城市围护建设税、教育费附加和地方教育费附加的计算以应缴纳的营业税为基础，一般其税率为3%和2%。

综合税率在市区为3.48%，县镇为3.41%，农村为3.28%。含税营业额计算系数分别为1.0348、1.0341、1.0328。

例1 某建筑公司承建某县办公楼，工程税前造价为2000万元，求该工程应缴纳的营业税、城市维护建设税、教育费附加和地方教育费附加。

解：含税营业额＝2000×1.0341＝2068.2万元

应缴纳的营业税＝2068.2×3%＝62.046万元

应缴纳的城市维护建设税＝62.046×5%＝3.102万元

应缴纳的教育费附加＝62.046×3%＝1.861万元

应缴纳地方教育费附加＝62.046×2%＝1.241万元

(特别说明，如果只需要计算应缴纳税金总额＝2000×3.41%＝68.20万元，数字差异是由于“四舍五入”造成的。)

2. 按造价形成划分

建筑安装工程费按照工程造价形成由分部分项工程费、措施项目费、其他项目费、规费和税金组成。

(1) 分部分项工程费。通常用分部分项工程量乘以综合单价进行计算，综合单价包括人工费、材料费、施工机具使用费、企业管理费和利润以及一定范围的风险费用。

(2) 措施项目费。它是指为完成建设工程施工，发生于该工程施工前和施工过程中的技术、生活、安全、环境保护等方面的费用，措施项目按照《房屋建筑与装饰工程工程量计算规范》(GB 50854—2013) 的规定，可以归纳为以下几项：

1) 安全文明施工费通常由环境保护费、文明施工费、安全施工费、临时设施费组成，各项安全文明施工费的具体内容如表5-1所示。

表5-1 安全文明施工措施费的主要内容

项目名称	工作内容及包含范围
环境保护	施工现场机械设备降低噪声、防扰民措施费用
	水泥和其他易飞扬细颗粒建筑材料密闭存放或采取覆盖措施等费用
	工程扬尘洒水费用
	土石方、建渣外运车辆防护措施费用
	现场污染源的控制、生活垃圾清理外运、场地排水、排污措施费用
	其他环境保护措施费用

续表

项目名称	工作内容及包含范围
文明施工	“五牌一图”费用
	现场围挡的墙面美化、压顶装饰费用
	现场厕所便槽刷白、贴面砖，水泥砂浆地面或地砖，建筑物内临时便溺设施费用
	其他施工现场临时设施的装饰装修、美化措施费用
	现场生活卫生设施费用
	符合卫生要求的饮水设备、淋浴、消毒等设施费用
	生活用洁净燃料费用
	防煤气中毒、防蚊虫叮咬等措施费用
	施工现场操作场地的硬化费用
	现场绿化费用、治安综合治理费用
	现场配备医药保健器材，物品费用和急救人员培训费用
	现场工人的防暑降温、电风扇、空调等设备及用电费用
	其他文明施工措施费用
安全施工	安全资料、特殊作业专项方案的编制，安全施工标志的购置及安全宣传费用
	“三宝”（安全帽、安全带、安全网）、“四口”（楼梯口、电梯井口、通道口、预留洞口）、“五临边”（阳台围边、楼板围边、屋面围边、槽坑围边、卸料平台两侧），水平防护架，垂直防护架、外架封闭等防护费用
	施工安全用电的费用，包括配电箱三级配电、两级保护装置要求、外电防护措施费用
	起重机、塔吊等起重设备及外用电梯的安全防护措施及卸料平台的临边防护、层间安全门、防护棚等设施费用
	建筑工地起重机械的检验检测费用
	施工机具防护棚及其围栏的安全保护设施费用
	施工安全防护通道费用
	工人的安全防护用品、用具购置费用
	消防设施与消防器材的配置费用
	电气保护、安全照明设施费
	其他安全防护措施费用
临时设施	施工现场采用彩色、定型钢板，砖、混凝土砌块等围挡的安砌、维修、拆除费用
	施工现场临时建筑物、构筑物的搭设、维修、拆除，如临时宿舍、办公室、食堂、厨房、厕所、诊疗所、临时文化福利用房、临时仓库、加工场、搅拌台、临时简易水塔、水池等费用
	施工现场临时设施的搭设、维修、拆除，如临时供水管道、临时供电管线、小型临时设施等费用
	施工现场规定范围内临时简易道路铺设，临时排水沟、排水设施安砌、维修、拆除费用
	其他临时设施搭设、维修、拆除费用

2）夜间施工增加费是指在夜间施工所发生的夜班补助、夜间施工降效、夜间施工照明设备摊销及照明用电等费用。

3）非夜间施工照明费是指为保证工程施工正常进行，在地下室等特殊施工部位施工时所采用的照明设备的安拆、围护及照明用电等费用。

4）二次搬运费是指由于施工场地条件限制而发生的材料、成品、半成品等一次运输不能达到堆放地点，必须进行二次或多次搬运的费用。

5）冬雨季施工增加费是指在冬季或雨季施工需增加的临时设施、防滑、排除雨雪，人工及施工机械效率降低等费用。

6）地上、地下设施、建筑物的临时保护措施费是指在工程施工过程中，对已建成的地上、地下设施和建筑物进行的遮盖、封闭、隔离等必要措施所发生的费用。

7）已完工程及设备保护费是指在竣工验收前，对已完工程及设备采取的覆盖、包裹、封闭、隔离等必要保护措施所发生的费用。

8）脚手架费是指施工需要的各种脚手架搭、拆、运输费用以及脚手架购置费的摊销（或租赁）费用。

9）混凝土模板及支架（撑）费用是指混凝土施工过程中需要的各种钢模板、木模板、支架等的支拆、运输费用及模板、支架的摊销（或租赁）费用。

10）垂直运输费用是指现场所用材料、机具从地面运至相应高度以及职工人员上下工作面等所发生的运输费用。

11）超高施工增加费，当单层建筑物檐口高度超过 20m、多层建筑物超过 6 层时，可计算超高施工增加费。

12）大型机械设备进出场及安拆费是指机械整体或分体自停放场地运至施工现场或由一个施工地点运至另一个施工地点，所发生的机械进出场运输及转移费用及机械在施工现场进行安装、拆卸所需的人工费、材料费、机械费、试运转费和安装所需的辅助设施的费用。内容由安拆费和进出场费组成。

13）施工排降水费是指将施工期间有碍施工作业和影响工程质量的水排到施工场地以外，以及防止在地下水位较高的地区开挖深基坑出现基坑浸水，地基承载力下降，在动水压力作用下还可能引起流砂、管涌和边坡失稳等现象而必须采取的降水和排水措施费用。该项费用由成井和排水、降水两个独立的费用项目组成。

14）其他。根据项目的专业特点或所在地区不同，可能出现的诸如工程定位复测费和特殊地区施工增加费等。

措施项目费的计算按照专业计量规范规定计算，一般可分为应宜计量的措施项目（计算与分部分项工程费的计算方法基本相同）和不宜计量的措施项目（计算通常用计算基数乘以费率的方法进行）。

（3）其他项目费。

1）暂列金额是指建设单位在工程量清单中暂定并包括在工程合同价款中的一笔开支，用于施工合同签订时尚未确定或者不可预见的材料、设备、服务的采购，施工现场可能发生的工程变更、合同约定调整因素出现时的工程价款调整。以及发生的索赔、现场签证确认的费用。施工过程中由建设单位掌握使用，扣除合同价款调整后如有余额，归建设单位。

2）暂估价是指招标人在工程量清单中提供的用于支付必然发生但暂时不能确定价格的材料、工程设备的单价以及专业工程的金额，包括材料暂估单价、工程设备暂估单价和专业工程暂估价。

3）计日工是指施工过程中，施工企业完成建设单位提出的施工图纸以外的零星项目或工作所需的费用。计日工由建设单位和施工企业按施工过程中的签证计价。

4）总承包服务费是指总承包人为配合、协调建设单位进行的专业工程发包，对建设单位自行采购的材料、工程设备等进行保管以及施工现场管理、竣工资料汇总整理等服务所需的费用。由建设单位在招标控制价中根据总包服务范围和有关计价规定编制，施工企业投标时自行报价，施工过程中按签约合同价执行。

（4）规费和税金。其计算与按费用构成要素划分建筑安装工程费用项目组成部分是一样的。

四、工程建设其他费用的构成

工程建设其他费用是指从工程筹建起到工程竣工验收交付使用止的整个建设期间、除建筑安装工程费用和设备及工器具购置费用以外的，为保证工程建设顺利完成和交付使用后能够正常发挥效用而发生的各项费用。

1. 建设用地费

建设用地的取得，实质是依法获取国有土地的使用权，按照《房地产管理法》规定，获得国有土地的基本方式有两种：一是出让，二是划拨。

国有土地使用权出让，是指将国有土地使用权在一定年限内出让给土地使用者，由土地使用者向国家支付一定土地出让金的行为。一般来说，土地使用权出让最高年限按照用途规定为：居住用地70年；工业用地50年；教育、科技、文化、卫生、体育用地50年；商业、旅游、娱乐用地40年；综合或其他用地40年。

出让模式取得土地使用权的具体方式：一是通过招标、拍卖、挂牌等竞争方式获取土地使用权；二是通过协议出让方式获取国有土地使用权，以协议方式出让国有土地使用权的出让金不得低于按国家规定所确定的最低价，协议出让底价不得低于拟出让地块所在区域的协议出让最低价。

国有土地使用权划拨，是指县级以上人民政府依法批准，在土地使用者缴纳补偿、安置等费用后将该幅土地交付其使用，或者将土地使用权无偿交付给土地使用者使用的行为。可以采用划拨的土地形式有：国家机关用地和军事用地；城市基础设施用地和公益事业用地；国家重点扶持的能源、交通、水利等基础设施用地；法律、行政法规规定的其他用地。一般依法以划拨方式取得的土地使用权，没有使用期限的限制。因企业改制、土地使用权转让或者改变土地用途等，应当实行有偿使用。

（1）征地补偿费用。

1）土地补偿费。土地补偿费对农村集体经济组织因土地被征用而造成的经济损失的一种补偿。征用耕地的补偿费，为该耕地被征用前三年平均产值的6～10倍。征用其他土地的补偿费用标准，由省、自治区、直辖市参照征用耕地的补偿费用标准规定，该项费用归农村集体经济组织所有。

2）青苗补偿费和地上附着物补偿费是因征地对正在生长的农作物受到损害的一种补偿。地上附着物按照协商征地方案前地上附着物价值与折旧情况确定。按照“拆什么，补什么；拆多少，补多少，不低于原来水平”的原则确定。

3）安置补助费是指支付给被征地单位和安置劳动力的单位，作为劳动力安置与培训的支出，以及作为不能就业人员的生活补助。

4）新菜地开发建设基金是指征用城市郊区商品菜地时支付的费用，这项费用交给地方财政，作为开发建设新菜地的投资。

5）耕地占用税是对耕地建房或者从事其他非农业建设的单位和个人征收的一种税，目的是合理利用土地资源、节约用地，保护农用耕地。

6）土地管理费。该项费用主要作为在征地工作中所发生的办公、会议、培训、宣传、差旅、借用人员工资等必要的费用。

（2）拆迁补偿费用。在城市规划区国有土地上实施房屋拆迁，拆迁人应当对被拆迁人给予补偿、安置。一般含拆迁补偿和搬迁、安置补助费。

（3）出让金、土地转让金。土地使用权出让金为用地单位向国家支付的土地所有权收益，出让金标准一般参考城市基准地价并结合其他因素制定。

2. 与项目建设有关的其他费用

（1）建设管理费是指建设单位为组织完成工程项目建设，在建设期内发生的各类管理性费用，一般由建设单位管理费、工程监理费组成。

（2）可行性研究费是指工程项目投资决策阶段，依据调研报告对有关建设方案、技术方案或生产经营方案进行的技术经济论证，以及编制、评审可行性研究报告所需的费用。

（3）研究试验费是指为建设项目提供或验证设计数据、资料等进行必要的研究试验及按照相关规定在建设过程中必须进行实验、验证所需的费用。

（4）勘察设计费是指对工程项目进行工程水文地质勘察、工程设计所发生的费用。

（5）环境影响评价费在工程项目投资决策过程中，对其进行环境污染或影响评价所需的费用，包括编制环境影响报告书、环境影响报告表以及对环境影响报告书、报告表进行评估所需的费用。

（6）劳动安全卫生评价费是指在工程项目投资决策过程中，为编制劳动卫生安全卫士评价报告所需的费用。

（7）场地准备和临时设施费。建设项目场地准备费是指工程项目的建设场地为达到开工条件，由建设单位组织进行的场地平整等准备工作而发生的费用；建设单位临时设施费是指建设单位为满足工程项目建设、生活、办公的需要，用于临时设施建设、维修、租赁、使用所发生或摊销的费用。

（8）引进技术和引进设备其他费是指引进技术和设备发生的但未计入设备购置费中的费用。如引进项目图纸资料翻译费、备品备件测绘费、出国人员费用、来华人员费用等。

（9）工程保险费是指为转移工程项目建设的意外风险，在建设期内对建筑工程、安装工程、机械设备和人身安全进行投保而发生的费用，包括建筑安装工程一切保险，引进设备财产保险和人身意外伤害保险等。

3. 与未来生产经营有关的其他费用

该项费用一般包括联合试运转费、专利及专有技术使用费、生产准备及开办费。

五、预备费的构成

按照我国现行规定，预备费包括：基本预备费和价差预备费。

基本预备费是指针对项目实施过程中可能发生难以预料的支出而实现预留的费用，又称工程建设不可预见费，主要是设计变更及施工过程中可能增加工程量的费用。

价差预备费是指为在建设期内利率、汇率或价格等因素的变化而预留的可能增加的费用，也称为价格变动不可预见费。

第二节　工程计量概述

工程造价涵盖两方面的内容：一是工程计量；二是工程计价。

工程计量是指以物理计量单位或自然计量单位所表示的分部分项工程项目和措施项目的数量，对已完的分部分项工程项目以及已完成的措施项目的工程数量做出正确的计算，也可称为工程量的计算。

物理计量是指以公制度量表示的长度、面积、体积和重量等计量单位。自然计量是指建筑产品表现在自然状态下的简单点数所表示的个、条、樘、块、根等计量单位。

工程量是确定建筑安装工程造价的重要依据；是承包方生产经营管理的重要依据；是向建设发包方结算工程价款的重要依据；是发包方管理工程建设的重要依据。

一、工程量计算的依据

工程量是依据施工图及其相关说明，按照一定的工程量规则逐项进行计算并汇总得到的，其主要依据包括：

（1）经审定的施工图设计图纸及其说明。

（2）工程施工合同、招标文件的商务条款。

（3）经审定的施工组织设计或施工技术措施方案。

（4）工程量计算规则。目前我国的工程量计算规则主要有两类：一是与预算定额相配套的工程量计算规则；二是与清单计价相匹配的计算规则。

（5）经审定的其他有关技术经济文件。

二、工程量计算规范

工程量计算规范是工程量计算的主要依据之一，按照现行规定，对于建设工程采用工程量清单计价的，工程量计算应执行《房屋建筑与装饰工程工程量计算规范》（GB 50854—2013）、《仿古建筑工程工程量计算规范》（GB 50855—2013）、《通用安装工程工程量计算规范》（GB 50856—2013）、《市政工程工程量计算规范》（GB 50857—2013）、《园林绿化工程工程量计算规范》（GB 50858—2013）、《矿山工程工程量计算规范》（GB 50859—2013）、《构筑物工程工程量计算规范》（GB 50860—2013）、《城市轨道交通工程工程量计算规范》（GB 50861—2013）、《爆破工程工程量计算规范》（GB 50862—2013）等相关规定。

以上工程量计算规范一般均包括正文、附录和条文说明三部分。正文为总则、术语、工程计量和工程量清单编制四章。附录包括分部分项工程（实体项目）和措施项目（非实体项目）的项目设置与工程量计算规则。

1. 分部分项工程项目内容

分部工程是单位工程的组成部分，分项工程是分部工程的组成部分，是按不同施工方法、材料、工序及路线长度等分部工程划分成若干个分项工程。

工程量计算规范附录中分部分项工程项目的内容包括以下 6 大部分，在清单计算中应严格遵守。

（1）项目编码。工程量清单项目编码，应采用 12 位阿拉伯数字表示，1～9 位应按附录的规定设置，10～12 位应根据拟建工程的工程量清单项目名称设施，同一招标工程的编码不得出现重码。

各位数字的含义是：

1～2 位为专业代码：01 房屋建筑与装饰工程，02 仿古建筑工程，03 通用安装工程，04 市政工程，05 园林绿化工程，06 矿山工程，07 构筑物工程，08 城市轨道交通工程，09 爆破工程。

3～4 位为附录分类顺序码，如土石方工程为 01。那么房屋建筑与装饰工程中的土石方工程的编码为 0101。

5～6 位为分部工程顺序码，如土方工程为 01，石方工程为 02。那么房屋建筑与装饰工程中的土方工程相应的编码为 010101。

7～9 位为分项工程项目名称顺序码，如挖一般土方为 002，那么房屋建筑与装饰工程中的挖一般土方工程的相应编码为 010101002。

10～12 位为清单项目名称顺序码，同一分项工程由于特征不同，需要分别列项，这三位由清单编制人自 001 开始编制，当同一标段（合同段）的一份工程量清单中含有多个单位工程且工程量清单是以单位工程作为编制对象时，在编制工程量清单时应注意对项目编码的最后三位不得有重码。

（2）项目名称。项目名称的设置或划分一般以形成工程实体为原则进行命名，所谓实体是指形成生产或工艺作用的主要实体部分，对附属或次要部分一般不设置项目。项目名称应按计算规范中附录的名称结合拟建工程的实际确定。

（3）项目特征。项目特征是表示分部分项工程项目、措施项目自身价值的本质特征，是对体现分部分项工程量清单、措施项目清单价值的特有属性和本质特征的描述，在编制清单中要求对项目特征描述准确、全面，它是对分部分项工程的质量要求。项目特征是区分具体清单项目的依据，是确定综合单价的前提，是履行合同义务的基础。

（4）计量单位。分部分项工程量清单的计量单位应按相应专业的计算规范附录中规定的计量单位确定。规范中的计量单位均为基本单位，这与定额中所采用基本单位扩大一定的倍数是不同的。

不同计量单位汇总后的有效位数也不相同，有效位数的汇总应遵守下列规定：

1）以“t”为单位，应保留小数点后三位数字，第四位数字四舍五入。

2）以“m”“m^2”“m^3”“kg”为单位，应保留小数点后两位数字，第三位数字四舍五入。

3）以“个”“件”“根”“组”“系统”为单位，应取整数。

（5）工程量计算规则。工程量计算规范统一规定了分部分项工程项目的工程量计算规则，其原则是按施工图图示尺寸（或数量）计算工程实体工程数量的净值。而预算定额的工程量计算则要考虑一定的施工方法、施工工艺和施工现场的实际情况确定的。

（6）工作内容是指为完成分部分项工程项目或措施项目所需要发生的具体施工作业内容，它不同于项目特征，在清单编制中不需要描述，项目特征体现的是清单项目质量或特性的要求或标准，工作内容体现的是完成一个合格的清单项目需要具体做的施工作业，对于一项明确了分部分项工程项目或措施项目，工作内容确定了其工程成本。例如，“砂浆强度等级”是项目特征，“砂浆制作运输”是工作内容。

2. 措施项目

相对于工程实体的分部分项工程项目而言，措施项目是在实际施工中必须发生的施工准备和施工过程中技术、生活、安全、环保等方面的非工程实体项目的总称。在规范附录中列出两类措施项目：一类措施项目中列出了项目编码、项目名称、项目特征、计量单位、工程量计算规则的项目，编制工程量清单时，与分部分项工程项目的规定一致；另一类措施项目列出了项目编码、项目名称、未列出项目特征、计量单位和工程量计算规则。措施项目应根据拟建工程的实际情况列项，可根据工程实际情况补充。

第三节　建筑面积计算

一、建筑面积的概念

建筑面积是建筑物（包括墙体）所形成的楼地面面积。应按照自然层外墙结构外围水平面积之和计算，及外墙勒脚以上各层水平投影面积的总和，按照现行《建筑工程建筑面积计算规范》（GB/T 50353—2013）的规定，建筑物的外墙外保温层，应按其保温材料的水平投影截面积计算，并计入自然层建筑面积。建筑面积包括使用面积、辅助面积和结构面积。

使用面积是指建筑物各层平面布置中，可直接为生产或生活使用的净面积总和，例如，住宅中的居室、客厅、书房等。辅助面积是指建筑物各层平面布置中为辅助生产或生活所占净面积的总和，例如，住宅中的楼梯、走道、卫生间、厨房等。使用面积与辅助面积的总和称为“有效面积”。

结构面积是指建筑物各层平面布置中的墙体、柱等结构所占面积的总和（不含抹灰厚度）。

二、建筑面积的作用

建筑面积的计算是工程计量最基础的工作，其作用主要体现在以下几个方面：

（1）确定建设规模的重要指标。按照项目立项批准文件所核准的建筑面积，是初步设计的重要控制指标。对于国家投资项目，施工图的建筑面积不得超过初步设计的5%，否则必须重新报批。

（2）确定各项技术经济指标的基础。在计算工程的技术经济指标时，建筑面积是重要的基础数据。如

$$单位面积工程造价=\frac{工程造价}{建筑面积}$$

（3）评价设计方案的依据。在建筑规划和设计中，通常会用到一些控制性指标，与建筑面积有密切关系。

$$容积率=\frac{建筑面积}{建筑占地面积}\times 100\%$$

$$建筑密度=\frac{建筑物底层面积}{建筑占地面积}\times 100\%$$

在容积率计算中建筑面积不包括地下室、半地下室建筑面积，屋顶建筑面积不超过标准层建筑面积10%的也不计算。

（4）计算有关分项工程量的依据。在编制一般土建预算时，建筑面积是确定一些分项工程量的基本数据，应当统筹计算方法，根据底层建筑面积，就可以很方便地推算出室内回填土体积、楼地面面积和顶棚面积，另外，建筑面积也是脚手架、垂直运输机械费用的计算依据。

（5）选择概算指标和编制概算的基础数据。概算指标通常是以建筑面积为计量单位，用概算指标编制概算时，以建筑面积为计算基础。

三、建筑面积计算规则与方法

工业与民用建筑建筑面积计算总的原则是：凡在结构上，使用上形成具有一定使用功能的建筑物或构筑物（即一定是设计上加以利用的空间才会计算建筑面积），并能单独计算出其水平面积及其消耗的人工、材料和机械用量的，应计算建筑面积；反之，不应计算建筑面积。结构层高在2.20m及以上的，计算全面积，在2.20m以下的计算1/2面积。（以下没有特别指明的，均遵循结构层高2.20m的规则。）

（1）建筑物的建筑面积应按自然层外墙结构外围水平面积之和计算。当外墙结构本身在一个层高范围内不等厚时，以楼地面结构标高处的外围水平面积计算建筑面积。

（2）建筑物内有局部楼层时，对于局部楼层的二层及以上，有围护结构的应按其围护结构外围水平面积计算建筑面积，无围护结构的应按底板水平面积计算。

（3）建筑空间内的坡屋顶和场馆看台下的建筑空间，结构净高在2.10m（含）的部分计算全面积；结构净高在1.20m（含）至2.10m的部分计算1/2面积；结构净高在1.20m以下的部分不应计算建筑面积。场馆内单独设置的有围护结构的悬挑看台，应按看台结构底板水平投影面积计算建筑面积。有顶盖无围护结构的场馆看台应按其顶盖水平投影面积的1/2计算全面积。

（4）地下室、半地下室应按其结构外围书评面积计算。所谓的地下室是室内地平面低于室外地平面的高度超过室内净高的1/2的房间。半地下室是室内地平面低于室外地

平面的高度超过室内净高的 1/3，且不超过 1/2 的房间。

（5）地下室出入口坡道分为有顶盖和无顶盖坡道，有顶盖的计算 1/2 面积，顶盖以设计图纸为准，对后增加及建设单位自行增加的顶盖，不计入建筑面积。

（6）建筑物吊脚架空层、深基础架空层，住宅、教学楼等工程在底层架空或在二楼或以上某个或多个楼层架空，作为公共活动、停车、绿化等空间，应按其顶板水平投影计算建筑面积。所谓架空层是指仅有结构支撑而无围护结构的开敞空间层。

（7）建筑物的门厅、大厅应按一层计算建筑面积，门厅、大厅内设置的走廊应按走廊结构底板水平投影面积计算建筑面积。

（8）建筑物的架空走廊，有顶盖和围护结构的，应按围护结构外围水平面积计算全面积；无围护结构、有围护设施的，应按其结构底板水平投影面积计算 1/2 面积。

（9）附属在建筑物外墙的落地橱窗，应按其围护结构外围水平面积计算建筑面积。

（10）窗台与室内楼地面高差在 0.45m 以下且结构净高在 2.10m 及以上的凸（飘）窗，应按其围护结构外围水平面积计算 1/2 建筑面积。（注：本条款可以参考阳台计算规则理解。）

（11）有围护设施的室外走廊（挑廊），应按其结构底板水平投影面积计算 1/2 面积；有围护设施（或柱）的檐廊，应按其维护设施（或柱）外围水平面积计算 1/2 面积。（注：如没有围护设施的檐廊不计算建筑面积。）

（12）门斗应按其围护结构外围水平面积计算建筑面积。

（13）雨篷分为有柱雨篷和无柱雨篷。有柱雨篷，不管其出挑宽度的多少，也不管其在高度上跨越房屋几层，均应按其结构板水平投影面积的 1/2 计算建筑面积；无柱雨篷，其结构板不能跨层，是否计算建筑面积收到其出挑宽度的限制，无柱雨篷的结构外边线至外墙结构外边线的宽度在 2.10m 及以上的，应按雨篷结构板的水平投影面积的 1/2 计算建筑面积，否则不算面积。

（14）建筑物顶部，有围护结构的楼梯间、水箱间、电梯机房等，结构层高在 2.20m 及以上的计算全面积，以下的计算 1/2 面积。

（15）现今建筑物的设计越来越多样，围护结构不垂直于水平面的楼层，应按其底板面的外墙外围水平面积计算，按照结构净高分别计算，结构净高在 2.10m 及以上的，计算全面积；在 1.20m 及以上不到 2.10m 的部分计算 1/2 面积，低于 1.20m 部分不计算面积。

（16）建筑物内竖向贯通空间，分两种情况计算建筑面积，一种是建筑物内的楼梯、电梯井、提物井、管道井、通风排气竖井、烟道，按建筑物的自然层计算建筑面积，另一种是采光井，有顶盖的按照一层计算建筑面积。

（17）室外楼梯并入其所依附的建筑物自然层计算面积，应按其水平投影面积的 1/2 计算建筑面积。

（18）阳台计算分两种情况，如果位于主体结构内的阳台，均计算全面积；位于主体结构外的阳台，不管是凸、凹，不管封闭与否均计算 1/2 的建筑面积。

（19）有顶盖无围护结构的车棚、货棚、站台、加油站、收费站等，应按其顶盖水平投影面积的 1/2 计算建筑面积。

（20）幕墙的计算，如果将幕墙作为围护结构使用的，应归入自然层计算建筑面积，而作为装饰性的幕墙是不计算建筑面积的。

（21）与室内相通的变形缝，应按自然层合并在建筑物建筑面积内计算，对于高低连跨的建筑物，当高低跨内部连通时，其变形缝应计算在低跨面积内。

（22）建筑物内的设备层、管道层、避难层等有结构层的楼层，结构层高在 2.20m 及以上的，应计算全面积；结构层高在 2.20m 以下的，应计算 1/2 面积。在吊顶内设置管道的，吊顶空间部分不能被视为设备层、管道层。

（23）不计算建筑面积的项目：

1）与建筑物内不相连通的建筑部件，如依附于建筑物外墙不与户室开门相同，起装饰作用的敞开式挑台（廊）、平台等。

2）骑楼、过街楼底层的开放空间和建筑物通道。

3）舞台及后台悬挂幕布合布景的天桥、挑台等。

4）露台、露天游泳池、花架、屋顶的水箱及装饰性结构构件。

5）建筑物内的操作平台、上料平台、安装箱和罐体的平台。

6）勒脚、附墙柱、垛、台阶、墙面抹灰、装饰面、镶贴块料面层、装饰性幕墙，主体结构外的空调室外机搁板（箱）、构件、配件，挑出宽度在 2.10m 以下的无柱雨篷和顶盖高度达到或超过两个楼层的无柱雨篷。

7）窗台与室内地面高差在 0.45m 以下且结构净高在 2.10m 以下的凸（飘）窗，窗台与室内地面高差在 0.45m 及以上的凸（飘）窗。

8）室外爬梯、室外专用消防钢楼梯。

9）无围护结构的观光电梯。

10）建筑物以外的地下通道，独立的烟囱、烟道、地沟、油（水）罐、气柜、水塔、储油（水）池，储仓、栈桥等构筑物。

第六章　建设工程计价

第一节　工程计价概述

工程计价是在工程计量的基础上，按照规定的程序、方法和依据，对工程造价的构成内容进行估计或确定的行为。工程计价所要依据的内容是与计价内容、计价方法和价格标准相关的工程计量计价标准，工程计价定额及工程造价信息。

任何一个建设项目都需要按照业主的特定需要进行单独设计、单独施工，不能批量生产和按整个项目确定价格，只能将整个项目进行分解，划分为基本构造单元，这样就可以计算出基本构造单元的费用，一般来说，分解层次越多，基本子项也越细，计算也更精确。

建设项目一般可以分解为一个或几个单项工程，一个单项工程可以由一个或几个单位工程组成，一个单位工程可以由若干的分部工程组成，分部工程可以分解为分项工程。分解到分项工程后还可以根据需要进一步划分或组合为定额项目或清单项目，这样就可以得到基本构造单元了。

而工程计价就是从最基本的构造单元开始，首先确定适当的计量单位及单价，结合当时当地的单价，就可以采取一定的计价方法，进行分部组合汇总，计算出相应的工程造价，所以工程计价的基本原理就在于项目的分解与组合。其原理可由下列形式进行表达：

$$分部分项工程费=\sum[基本构造单元工程量(定额项目或清单项目)\times 相应单价]$$

工程造价的计价可分为工程计量和工程计价两个环节，工程计价包括工程单价的确定和总价的计算。

1. 工程计价方式

工程单价是指完成单位工程基本构造单元的工程量所需要的基本费用，包括工料单价和综合单价。

工料单价也称直接工程费单价，包括人工、材料、机械台班费用，是各种人工消耗量、各种材料消耗量、各类机械台班消耗量与其相应单价的乘积。其原理可用下式表示：

$$工料单价 = \sum(人材机消耗量 \times 人材机单价)$$

综合单价包括人工费、材料费、机械台班费，还包括企业管理费、利润和风险因素。综合单价可根据国家、地区、行业定额或企业定额消耗量和相应生产要素的市场价格来确定。

采用工料单价计价时，在工料单价确定后，乘以相应定额项目工程量并汇总，得出相应工程直接工程费，在根据相应的取费程序计算其他各项费用，汇总并形成相应工程造价。

采用综合单价计价时，在综合单价确定后，乘以相应项目工程量，经汇总即可得出分部分项工程费，再按相应的办法计取措施项目、其他项目、规费项目、税金项目，汇总并形成相应工程造价。

2. 工程计价标准和依据

工程计价标准和依据主要包括：计价活动的相关规章规程，如建筑工程发包与承包计价管理办法；工程量清单计价和计量规范，如《建筑工程工程量清单计价规范》（GB 50500—2013）；工程定额，如工程消耗量定额和工程计价定额；工程造价信息，如价格信息、工程造价指数和已完工程信息等。

3. 工程定额体系

工程定额是完成规定计量单位的合格建筑安装产品所消耗资源的数量标准，包括各种各样的定额，为了进一步了解工程计价，我们从以下几个方面进一步分类说明。

（1）按定额反映的生产要素消耗内容分类。

按照定额反映的生产要素消耗内容可以把工程定额分为劳动定额、机械消耗定额和材料消耗定额。

1）劳动消耗定额。简称劳动定额或人工定额，是在正常的施工技术和组织条件下，完成规定计量单位合格的建筑安装产品所消耗的人工工日的数量标准。可以用时间定额和产量定额两种方式表达，时间定额和产量定额互为倒数。

2）材料消耗定额。简称材料定额，是指在正常的施工技术和组织条件下，完成规定计量单位合格的建筑安装产品所消耗的原材料、成品、半成品、构配件、燃料、水电等动力资源的数量标准。

3）机械消耗定额。又称机械台班定额，是以一台机械一个工作班为计量单位，在正常的施工技术和组织条件下，完成规定计量单位合格的建筑安装产品所消耗的施工机械台班的数量标准。和劳动消耗定额类似，可以表现为机械时间定额和机械产量定额。

（2）按定额编制程序和用途分类。

按照订单编制程序和用途，可以把工程定额分为施工定额、预算定额、概算定额、概算指标、投资估算指标等。

1）施工定额。是完成一定计量单位的某一施工过程或基本工序所需消耗的人工、材料和机械台班数量标准，属于企业定额的性质，施工定额的项目划分很细，是工程定额中分项最细、定额子目最多的一种定额，也是工程定额中的基础性定额。

2）预算定额。是在正常的施工条件下，完成一定计量单位合格分项工程和结构构件所消耗的人工、材料、施工机械台班数量及其费用标准。是一种计价性定额，是以施工定额为基础综合扩大编制的，同时它也是编制概算定额的基础。

3）概算定额。是以完成单位合格扩大分项工程或扩大结构构件所需消耗的人工、材料和施工机械台班的数量及其费用标准。是一种计价性定额，是编制扩大初步设计概算、确定建设项目投资额的依据。

4）概算指标。是以单位工程为对象，反映完成一个规定计量单位建筑安装产品的经济消耗指标。是概算定额的扩大与合并，以更为扩大的计量单位来编制。概算指标的内容包括人工、机械台班、材料定额三个基本部分，同时还列出了各结构分部的工程量及单位建筑工程（以体积或面积计）的造价，是一种计价性定额。

5）投资估算指标。是以建设项目、单项工程、单位工程为对象，反映建设总投资及其各项费用构成的经济指标。是在项目建议书和可行性研究阶段编制投资估算、计算投资需要量时使用的一种定额。

上述各种定额的关系可以用表 6-1 来表示。

表 6-1　各种定额间关系

<table>
<tr><th>类别内容</th><th>对象</th><th>用途</th><th>项目划分
粗细程度</th><th>定额水平</th><th>定额性质</th></tr>
<tr><td>施工定额</td><td>基本过程、基本工序</td><td>编制施工预算</td><td>最细</td><td>平均先进</td><td>生产性定额</td></tr>
<tr><td>预算定额</td><td>分项工程、结构构件</td><td>编制施工图预算</td><td>细</td><td rowspan="4">平均</td><td rowspan="4">计价性定额</td></tr>
<tr><td>概算定额</td><td>扩大分项工程
扩大结构构件</td><td>编制扩大
初步设计概算</td><td>较粗</td></tr>
<tr><td>概算指标</td><td>单位工程</td><td>编制初步设计概算</td><td>粗</td></tr>
<tr><td>投资估算指标</td><td>建设项目、单项
工程、单位工程</td><td>编制投资估算</td><td>很粗</td></tr>
</table>

（3）按专业分类。

按照 2015 年 1 月 1 日实行的《建筑业企业资质标准》的规定：

施工总承包序列设有十二个类别，分别是：建筑工程施工总承包、公路工程施工总承包、铁路工程施工总承包、港口与航道工程施工总承包、水利水电工程施工总承包、电力工程施工总承包、矿山工程施工总承包、冶金工程施工总承包、石油化工工程施工总承包、市政公用工程施工总承包、通信工程施工总承包、机电工程施工总承包。一般分为四个等级（特级、一级、二级、三级）；专业承包序列设有三十六个类别，一般分为三个等级（一级、二级、三级）；施工劳务序列不分类别和等级。

可以看出，工程建设设计众多专业，不同专业所含的工作内容也不同，因此对确定人工、材料、机械台班消耗数量标准的工程定额，也需要按不同的专业分别进行编制和执行。

例如，建筑工程定额按专业对象分为建筑与装饰工程、房屋修缮、市政工程、铁路工程、公路工程、矿山井巷工程定额等；安装工程定额按专业对象可分为电气设备安装、机械设备安装、热力设备安装、通信设备安装、化学工业设备安装、工业管道安装、工艺金属结构安装工程定额等。

(4) 按主编单位和管理权限分类。

工程定额按照主编单位和管理权限可分为全国统一定额、行业统一定额、地区统一定额、企业定额、补充定额。其中补充定额是指随着设计、施工技术的发展，现行定额不能满足需要的情况下，为了补充缺陷所编制的定额，只能在指定的范围内使用，可以作为以后修改定额的基础。

第二节　工程量清单计价

工程量清单是载明建设工程分部分项工程项目、措施项目和其他项目的名称和相应工程量以及规费和税金等内容的明细清单。招标工程量清单由具有编制能力的招标人或受其委托，具有相应资质的工程造价咨询人或招标代理人编制，以单位（项）工程为单位编制，由分部分项工程量清单，措施项目清单，其他项目清单、规费清单、税金项目清单组成。

实行工程量清单计价的作用是：提供一个平等的竞争条件；满足市场经济条件下竞争的需要；有利于提高工程计价效率，能真正实现快速报价；有利于工程款的拨付和工程造价的最终结算；有利于业主对投资的控制。

一、工程量清单计价的适用范围

使用国有资金投资的建设工程发承包，必须采用工程量清单计价；非国有资金投资的建设工程，宜采用工程量清单计价；不采用工程量清单计价的建设工程，应执行计价规范中除工程量清单等专门性规定外的其他规定。

(1) 国有资金投资的工程项目

使用各级财政预算资金的项目；使用纳入财政管理的各种政府性专项建设资金的项目；使用国有企事业单位自有资金，并且国有资产投资者实际拥有控制权的项目。

(2) 国家融资资金投资的工程项目

使用国家发行债券所筹资金的项目；使用国家对外借款或者担保所筹资金的项目；使用国家政策性贷款的项目；国家授权投资主体融资的项目；国家特许的融资项目。

(3) 国有资金（含国家融资资金）为主的工程项目

它是指国有资金占投资总额50%以上，或虽不足50%但国有投资者实质上拥有控股权的工程建设项目。

二、分部分项工程项目清单

分部分项工程项目清单的组成见本教材第五章第二节二的内容，其清单和计价表格如表 6-2 所示，为包含在表格中内容的项目，可根据实际情况补充。

表 6-2　分部分项工程项目清单与计价表

工程名称：　　　　　　　　　　　　标段：　　　　　　　　　　　　第　页　共　页

序号	项目编码	项目名称	项目特征描述	计量单位	工程量	金额		
						综合单价	合价	其中：暂估价

三、措施项目清单

措施项目的组成见本教材第五章第一节三安装工程费用构成。

在众多的措施项目中，有些措施项目是可以计算工程量的项目，如脚手架工程，混凝土模板及支架（撑），垂直运输，超高施工增加，大型机械设备进出场及安拆，施工排降水等，这类措施项目按照分部分项工程量清单的方式采用综合单价计价，有利于措施费的确定和调整，见表 6-3。

表 6-3　单价措施项目清单与计价表

工程名称：　　　　　　　　　　　　标段：　　　　　　　　　　　　第　页　共　页

序号	项目编码	项目名称	项目特征描述	计量单位	工程量	金额		
						综合单价	合价	其中：暂估价

不能计算工程量的措施项目，以“项”为计量单位进行编制，见表 6-4。

表 6-4　总价措施项目清单与计价表

工程名称：　　　　　　　　　　　　标段：　　　　　　　　　　　　第　页　共　页

序号	项目编码	项目名称	计算基础	费率/%	金额/元	调整费率/%	调整后金额/元	备注
		安全文明施工费						
		夜间施工增加费						
		二次搬运费						
		冬雨季施工增加费						
		……						
合计								

编制人（造价人员）：　　　　　　　　　　　　　　复核人（造价工程师）：

措施项目可以根据拟建工程的实际情况列项。若出现清单计价规范中未列的项目，可以根据实际情况补充。

四、其他项目清单

其他项目的组成见本教材第五章第一节三的内容。计价表通常由《其他项目清单与计价汇总表》和明细表：《暂列金额明细表》《材料（工程设备）暂估单价及调整表》《专业工程暂估价及结算价表》《计日工表》《总承包服务费计价表》组成。表 6-5 为《其他项目清单与计价汇总表》示意，其余各明细表略。

表 6-5　其他项目清单与计价汇总表

序号	项目名称	金额/元	结算金额/元	备注
1	暂列金额			
2	暂估价			
2.1	材料（工程设备） 暂估价/结算价	—		
2.2	专业工程暂估价/结算价			
3	计日工			
4	总承包服务费			
5	索赔与现场签证			
合计				

注：材料（工程设备）暂估单价进入清单项目综合单价，此处不汇总。

五、规费、税金项目清单

规费、税金项目的组成见本教材第五章第一节三的内容。

规费、税金项目计价表见表 6-6。

表 6-6　规费、税金项目计价表

工程名称：　　　　　　　　　　　　标段：　　　　　　　　　　　　第　页　共　页

序号	项目名称	计算基础	计算基数	计算费率/%	金额/元
1	规费	定额人工费			
1.1	社会保障费	定额人工费			
(1)	养老保险费	定额人工费			
(2)	失业保险费	定额人工费			
(3)	医疗保险费	定额人工费			
(4)	工伤保险费	定额人工费			
(5)	生育保险费	定额人工费			
1.2	住房公积金	定额人工费			
1.3	工程排污费	按环保部门 收取标准计			
2	税金	按增值税 标准计			
合计					

编制人（造价人员）：　　　　　　　　　　　　　　　　复核人（造价工程师）：

第三节　建筑安装工程人工、材料及机械台班定额消耗量

一、确定人工定额消耗量的基本方法

时间定额和产量定额是人工定额的两种表现形式，拟定出时间定额也就可以计算出产量定额，而完成一项工作的时间包括工序基本工作时间、辅助工作时间、准备与结束工作时间、不可避免中断时间与休息时间。

1. 工序作业时间

根据计时观察资料的分析和选择，我们可以获得各种产品的基本工作时间和辅助工作时间，将这两种时间合并称为工序作业时间，它是产品主要的必须消耗的工作时间，是各种因素的集中反映，决定着整个产品的定额时间。

2. 规范时间

规范时间的内容包括工序作业时间以外的准备与结束时间、不可避免中断时间以及休息时间三部分。

3. 定额时间的确定

在确定了工序作业时间和规范时间后，我们可以确定劳动定额的时间定额，根据时间定额可计算出产量定额，时间定额和产量定额互为倒数。

利用工时规范，可以计算劳动定额的时间定额，计算公式如下：

$$\text{工序作业时间}=\text{基本工作时间}+\text{辅助工作时间}=\frac{\text{基本工作时间}}{1-\text{辅助工作时间}\%}$$

$$\text{规范时间}=\text{准备与结束工作时间}+\text{不可避免的中断时间}+\text{休息时间}$$

由于定额时间是由工序作业时间和规范时间组成的，故定额时间的计算公式如下：

$$\text{定额时间}=\frac{\text{工序作业时间}}{1-\text{规范时间}\%}$$

例1　通过计时观察的资料：人工挖三类土 $1m^3$ 的基本工作时间为8h，辅助工作时间占工序作业时间的2%。规范时间中准备与结束工作时间占工作日的3%，不可避免的中断时间占工作日的2%，休息时间占工作日的18%。请计算人工挖三类土的时间定额。

解：基本工作时间=8h=1（工日/m^3）

工序作业时间=1/（1−2%）=1.02（工日/m^3）

时间定额=1.02/（1−3%−2%−18%）=1.325（工日/m^3）

二、确定材料定额消耗量的基本方法

施工中消耗的材料，根据材料消耗的性质可分成必须消耗的材料和损失的材料两种。必须消耗的材料属于施工正常消耗，是确定材料消耗定额的基本数据，其中：直接用于建筑与安装工程的材料，用于编制材料净用量定额；不可避免的施工废料和材料损

耗，编制材料消耗定额。

施工中消耗的材料按与工程实体的关系可划分为实体材料和非实体材料。实体材料是指直接构成工程实体的材料，如钢筋、水泥、砂属于实体材料中的工程直接性材料；还有在施工中必需，却不构成建筑物或结构本体的材料，如爆破工程的炸药，属于辅助材料。非实体材料是指在施工中必须使用但又不构成工程实体的施工措施行材料，主要是指周转性材料，如模板、脚手架等。

确定材料消耗量的方法有现场技术测定法（观测法）、试验室试验法、现场统计法和理论计算法。

理论计算法是运用一定的数学公式计算材料消耗定额。

1. 标准砖用量的计算

每立方米砖墙的用砖数和砌筑砂浆的用量，可用下列理论计算公式计算：

$$用砖数\ A=\frac{1}{墙厚\times（砖长+灰缝）\times（砖厚+灰缝）}\times k$$

式中，k——墙厚的砖数×2（墙厚的砖数是 120 墙 0.5 砖，240 墙 1.0 砖，370 墙 1.5 砖等）。

$$砌筑砂浆用量\ B=1-砖数\times砖块体积$$

$$标准砖（砂浆）总消耗量=净用量\times（1+损耗率）$$

例 2 计算 1m³ 标准砖砌筑的 240 墙中，标准砖的用量和砌筑砂浆的用量。如砖的损耗率为 3%，实际用砖量是多少？

$$解：用砖数\ A=\frac{1}{墙厚\times（砖长+灰缝）\times（砖厚+灰缝）}\times k$$

$$=\frac{1}{0.24\times(0.24+0.01)\times(0.053+0.01)}\times1\times2=529\ 块$$

砌筑砂浆用量 $B=1-砖数\times砖块体积=1-529\times(0.24\times0.115\times0.053)=0.226\text{m}^3$

标准砖总消耗量=净用量×（1+损耗率）=529×（1+3%）=545 块

2. 块料面层的块料用量计算

100m² 面层块料数量、灰缝及结合层材料用量公式如下：

$$100\text{m}^2\ 块料净用量=\frac{100}{（块料长+灰缝宽）\times（块料宽+灰缝宽）}$$

$$100\text{m}^2\ 灰缝材料净用量=[100-（块料长\times块料宽\times100\text{m}^2\ 块料用量）]\times灰缝深$$

$$结合层材料用量=100\text{m}^2\times结合层厚度$$

例 3 用 1∶1 的水泥砂浆贴 150×150×5 的瓷砖墙面，结合层厚度为 10mm，如瓷砖损耗率为 1.5%，砂浆损耗率为 1%，计算每 100m² 瓷砖墙面中瓷砖和砂浆的消耗量（灰缝宽为 2mm）。

$$解：100\text{m}^2\ 瓷砖墙面瓷砖净用量=\frac{100}{(0.15+0.002)\times(0.15+0.002)}=4328.25\ 块$$

100m² 瓷砖墙面瓷砖总用量=4328.25×（1+1.5%）=4393.17 块

100m² 灰缝材料净用量=[100－（0.15×0.15×4328.15）]×0.005=0.013m³

结合层材料用量=100×0.01=1m³

水泥砂浆总消耗量=（1+0.013）×（1+1%）=1.02m³

三、确定机械台班定额消耗量的基本方法

确定机械台班定额消耗量，首先应该确定机械1h纯工作正常生产率，其次确定施工机械的正常利用系数，在此基础上计算出机械台班消耗量，用定额的表示方法表达。

1. 确定机械1h纯工作正常生产率

机械纯工作时间，就是指机械的必须消耗时间，机械1h纯工作正常生产率，就是在正常施工组织条件下，具有必需的知识和技能的技术工人操纵机械1h的生产率。

根据机械工作特点的不同，确定机械纯工作正常生产率的方法如下：

（1）循环动作机械。

$$\text{机械一次循环的正常持续时间}=\sum\text{循环各组成部分正常持续时间}-\text{交叠时间}$$

$$\text{机械纯工作 1h 循环次数}=\frac{60\times 60\ (\text{s})}{\text{一次循环的正常延续时间}}$$

$$\text{机械纯工作 1h 正常生产率}=\text{机械纯工作 1h 正常循环次数}\times\text{一次循环生产的产品数量}$$

（2）连续动作机械。

$$\text{连续动作机械纯工作 1h 正常生产率}=\frac{\text{工作时间内生产的产品数量}}{\text{工作时间 (h)}}$$

2. 确定施工机械的正常利用系数

正常利用系数是指机械在工作班内对工作时间的利用率。确定正常利用系数，首先要保证合理利用工时。

$$\text{机械正常利用系数}=\frac{\text{机械在一个工作班内纯工作时间}}{\text{一个工作班延续时间 (8h)}}$$

3. 施工机械台班定额

在确定了机械工作正常条件，机械1h纯工作正常生产率和机械正常利用系数后，可以确定施工机械台班的产量定额。

$$\text{施工机械台班产量定额}=\text{机械 1h 纯工作正常生产率}\times\text{工作班延续时间}\times\text{机械正常利用系数}$$

$$\text{施工机械时间定额}=\frac{1}{\text{机械台班产量定额}}$$

例4　某工程现场采用出料容量为600L的混凝土搅拌机，经现场测定，每一次正常循环中，装料、搅拌、卸料、中断需要的时间分别为1min、3min、1min、1min，机械正常利用系数为0.85，求该机械的产量定额和时间定额。

解：该机械一次循环的正常延续时间＝1＋3＋1＋1＝6（min）＝0.1（h）

该机械纯工作1h循环次数＝10（次）

该机械纯工作1h正常生产率＝10×600＝6000（L）＝6（m^3）

该搅拌机台班产量定额＝6×8×0.85＝40.8（m^3/台班）

该搅拌机时间定额＝0.0245（台班/m^3）

第四节　工程计价定额

工程计价定额是指工程定额中直接用于工程计价的定额或指标，包括预算定额、概算定额和估算指标等。工程计价定额主要用来在建设项目的不同阶段作为确定和计算工程造价的依据。

一、预算定额及其基价编制

预算定额是在正常的施工条件下，完成一定计量单位合格分项工程和结构构件所需消耗的人工、材料、机械台班数量及相应费用标准。预算定额是工程建设中的一项重要的技术文件，是编制施工图预算的主要依据，是确定和控制工程造价的基础。

1. 预算定额的作用

（1）预算定额是编制施工图预算，确定建筑安装工程造价的基础。

施工图设计一经确定，工程预算造价就取决于预算定额水平和人工、材料、机械台班的价格。预算定额起着控制劳动消耗、材料消耗和机械台班使用的作用，进而起着控制建筑产品价格的作用。

（2）预算定额是编制施工组织设计的依据。

施工组织设计的重要任务之一，是确定施工中所需人力、物力的供需量，并做出合理安排，施工单位可以利用预算定额，有计划地组织材料采购、劳动力和施工机械的调配。

（3）预算定额是工程结算的依据。

工程结算时建设单位和施工单位依照工程进度对已完成的分部分项工程实现货币支付的行为。按进度支付工程款，需要根据预算定额将已完成分项工程的造价算出。单位工程竣工验收后，再按竣工工程量、预算定额和施工合同规定进行结算，以保证建设单位建设资金的合理使用和施工单位的经济收入。

（4）预算定额是施工单位进行经济活动分析的依据。

预算定额规定的物化劳动和劳动消耗指标，是施工单位在生产经营活动中允许消耗的最高标准。施工单位可以根据预算定额对施工中的劳动、材料、机械的消耗量情况进行具体的分析，以便找出并克服低功效、高消耗的薄弱环节，提高竞争能力。

（5）预算定额是编制概算定额的基础。

概算定额是在预算定额基础上综合扩大编制的，利用预算定额作为编制依据，不但可以节省编制工作的大量人力、物力和时间，还可以使概算定额在水平上与预算定额保持一致，以免造成执行中不一致。

（6）预算定额是合理编制招标控制价、投标报价的基础。

预算定额本身的科学性和指导性决定了预算定额仍然可以作为编制招标控制价的依据，作为施工单位报价的依据之一。

2. 预算定额的编制原则、依据

（1）预算定额编制的原则。按社会平均水平确定预算定额的原则。预算定额必须遵照价值规律的客观要求，即按生产过程中所消耗的社会必要劳动时间确定定额水平。预算定额的平均水平，是在正常的施工条件下，合理的施工组织和工艺条件、平均劳动熟练程度和劳动强度下，完成单位分项工程基本构成要素所需的劳动时间。

简明适用的原则。在编制预算定额时，一是要抓大放小，不要面面俱到，对主要的、常用的、价值最大的项目，分项工程划分宜细；次要的、不常用的、价值相对较小的项目可以粗一些。二是项目齐全。三是要求合理确定预算定额的计量单位，简化工程量的计算，尽可能地避免同一种材料用不同的计量单位或一量多用，尽量减少定额附注和换算系数。

（2）预算定额的编制依据。

现行劳动定额和施工定额。预算定额是在现行劳动定额和施工定额的基础上编制的。

现行设计规范、施工及验收规范，质量评定标准和安全操作规程。

具有代表性的典型工程施工图及有关标准图。

新技术、新结构、新材料和先进的施工工艺方法。

现行的预算定额、材料预算价格及有关文件规定。

3. 预算定额消耗量的编制方法

确定预算定额人工、材料、机械台班消耗指标时，必须先按施工定额的分项逐项计算出消耗指标，然后，再按预算定额的项目加以综合。必须注意的是，这种综合不是简单的合并和相加，而需要在综合过程中增加两种定额之间的适当的水平差。预算定额的水平，首先取决于这些消耗量的合理确定。

人工、材料、机械台班消耗量指标，应根据定额编制原则和要求，采用理论与实际相结合；图纸计算与施工现场测算相结合；编制人员与现场工作人员相结合等办法进行计算和确定，使定额既符合政策要求，又与客观情况一致，便于贯彻执行。

（1）人工工日消耗量。

人工工日数可以有两种确定方法：一种是以劳动定额为基础确定；另一种是以现场观察测定资料为基础计算。

（2）材料消耗量。

一般可采用四种方法确定：

凡是有标准规格的材料，按规范要求计算定额计量单位的消耗量。如砖、防水卷材、块料面层等。

凡是设计图纸标注尺寸及下料要求的按设计图纸尺寸计算材料净用量。如门窗制作用材料、方、板材等。

换算法。各种胶结材料、涂料等材料的配合比用料，可以根据要求条件换算，得出材料用量。

测定法。包括试验室试验法和现场观察法。指各种强度等级的混凝土及砌筑砂浆配合比的耗用原材料数量的计算，需按规范要求试配，经过试压合格以后并经过必要的调整后得出的水泥、砂、石、水的用量。对新材料、新结构不能用其他方法计算定额消耗用量时，需用现场测定方法来确定，根据不同条件可以采用写实记录法和观察法，得出定额的消耗量。

（3）机械台班消耗量。

机械台班消耗量的确定一般有两种方法：

根据施工定额确定机械台班消耗量；以现场测定资料为基础确定机械台班消耗量。

4. 预算定额基价编制

预算定额基价就是预算定额分项工程或结构构件的单价，包括人工费、材料费和机械台班使用费，也称工料单价或直接工程费单价。

预算定额基价的编制方法，简单来说就是工、料、机的消耗量和工、料、机单价的结合过程。其中，人工费是由预算定额中每一分项工程用工数，乘以地区人工工日单价计算得出；材料费是由预算定额中每一分项工程的各种材料消耗量，乘以地区相应材料预算价格之和算出；机械费是由预算定额中每一分项工程的各种机械台班消耗量，乘以地区相应施工机械台班预算价格之和算出。

二、概算定额及其基价编制

概算定额，是在预算定额基础上，确定完成合格的单位扩大分项工程或单位扩大结构构件所需消耗的人工、材料和施工机械台班的数量标准及其费用标准。概算定额又称扩大结构定额。

概算定额是预算定额的综合和扩大。它将预算定额中有联系的若干分项工程项目综合为一个概算定额项目。如砖基础概算定额项目，就是以砖基础为主，综合了平整场地、挖地槽、铺设垫层、砌砖基础、铺设防潮层、回填土及运土等预算定额中分项工程项目。

概算定额和预算定额的主要差异，在于项目划分和综合扩大程度上的差异，同时，概算定额主要用于设计概算的编制。

1. 概算定额的作用

概算定额和概算指标由省、自治区在预算定额基础上组织编写，分别由主管部门审批，报国家计划部门备案。其主要作用有：

（1）是初步设计阶段编制概算、扩大初步设计阶段编制修正概算的主要依据；

（2）是对设计项目进行技术经济分析比较的基础资料之一；

（3）是建设工程主要材料计划编制的依据；

（4）是控制施工图预算的依据；

（5）是施工企业在准备施工期间，编制施工组织总设计或总规划时，对生产要素提出需要量计划的依据；

（6）是工程结束后，进行竣工决算和评价的依据；

（7）是编制概算指标的依据。

2. 概算定额的编制原则和依据

（1）概算定额的编制原则

概算定额贯彻社会平均水平和简明适用的原则。由于概算定额和预算定额都是工程计价的依据，所以应符合价值规律和反映现阶段大多数企业的设计、生产及施工管理水平。概算定额和预算定额之间应保留必要的幅度差，概算定额的内容和深度是以预算定额为基础的综合和扩大。在合并中不得遗漏或增项，以保证其严密和正确性。

（2）概算定额的编制依据

现行的设计规范、施工验收技术规范和各类工程预算定额；

具有代表性的标准设计图纸和其他设计图纸；

现行的人工工资标准、材料价格、机械台班单价及其他的价格资料。

3. 概算定额的内容

按专业特点和地区特点编制的概算定额手册，内容基本上由文字说明、定额项目表和附录三个部分组成。

文字说明：一般有总说明和分部工程说明。总说明主要阐述概算定额的编制依据、使用范围、包括的内容及作用、应遵守的规则及建筑面积计算规则等。分部工程说明主要阐述本分部工程包括的综合工作内容及分部分项工程的工程量计算规则等。

定额项目表：一般包括定额项目划分和定额项目表两部分组成。

4. 概算定额基价的编制

概算定额基价和预算定额基价一样，都只包括人工费、材料费、机械费。是通过编制扩大单位估价表所确定的单价，用于编制设计概算，概算定额基价和预算定额基价的编制方法相同。

三、概算指标及其编制

概算指标是指以单位工程为对象，以建筑面积、体积或成套设备装置的台、组为计量单位而规定的人工、材料、机械台班的消耗量标准和造价指标。

1. 概算指标的作用

从上述概算指标的概念中可以看出，概算定额是以单位扩大分项工程或单位扩大结构构件为对象编制的，而概算指标则是以单位工程为对象，因此，概算指标比概算定额更加综合与扩大。

概算指标主要用于投资估价、初步设计阶段：

（1）概算指标可以作为编制投资估算的参考；

（2）概算指标是初步设计阶段编制概算书，确定工程概算造价的依据；

（3）概算指标中的主要材料指标可以作为匡算主要材料用量的依据；

（4）概算指标是设计单位进行设计方案比较、设计技术经济分析的依据；

（5）概算指标是编制固定资产投资计划，确定投资额和主要材料计划的主要依据。

2. 概算指标编制依据

标准设计图纸和各类工程典型设计；

国家颁发的建筑标准、设计规范、施工规范等；

各类工程造价资料；

现行的概算定额和预算定额及补充定额；

人工工资标准、材料预算价格、机械台班预算价格及其他价格资料。

3. 概算指标的内容和表现形式

概算指标一般分为两大类：一是建筑工程概算指标；二是设备及安装工程概算指标。

概算指标的组成内容一般分为文字说明和列表形式，以及必要的附录。

建筑工程的列表形式。房屋建筑工程、构筑物以建筑面积、建筑体积、“座”“个”等为计算单位，附以必要的示意图，示意图画出建筑物的轮廓示意或单线平面图，列出综合指标：“元/m^2”或“元/m^3”，自然条件（如地基承载力、地震烈度等），建筑物的类型、结构形式及各部位中结构主要特点，主要工程量。

设备及安装工程的列表形式。设备以“t”“台”为计量单位，也可以是设备采购费或设备原价的百分比表示；工艺管道一般以“t”为计量单位；通信电话站安装以“站”为计量单位。列出指标编号、项目名称、规格、综合指标（元/计量单位）之后一般还要列出其中的人工费，必要时还要列出主要材料费、辅材费。

四、投资估算指标及其编制

投资估算指标是编制项目建议书、可行性研究报告等前期工作阶段投资估算的依据，也可以作为编制固定资产长远规划投资额的参考。

1. 投资估算指标的作用

与概预算定额相比，估算指标是以独立的建设项目、单项工程或单位工程为对象，综合项目全过程投资和建设中的各类成本和费用，反映出其扩大的技术经济指标，既是定额的一种表现形式，又不同于其他的计价定额。

投资估算指标为完成项目建设的投资估算提供依据和手段，它在固定资产的形成过程中起着投资预测、投资控制、投资效益分析的作用，是合理确定项目投资的基础。

投资估算指标中的主要材料消耗量也是一种扩大材料消耗量指标，可以作为计算建设项目主要材料消耗量的基础。

2. 投资估算指标的编制原则

投资估算指标应包括项目建设的全部投资额，不但要反映实施阶段的静态投资，还必须反映项目建设前期和交付使用期内发生的动态投资，这就要求投资估算指标比其他各种计价定额具有更大的综合性和概括性。

（1）投资估算指标项目的确定，应考虑以后几年编制建设项目建议书和可行性研究报告投资估算的需要。

（2）投资估算指标的分类、项目划分、项目内容、表现形式等要结合各专业的特点，并且要与项目建议书、可行性研究报告的编制深度相适应。

（3）投资估算指标的编制内容，典型工程的选择，应坚持技术上先进、可行和经济上的合理，力争以较少的投入取得更大的投资效益。

（4）投资估算指标的编制要反映不同行业、不同项目和不同工程的特点，投资估算指标要适应项目前期工作深度的需要，而且具有更大的综合性。

（5）投资估算指标的编制要贯彻静态和动态相结合的原则。

3. 投资估算指标的内容

投资估算指标是确定和控制建设项目全过程各项投资支出的技术经济指标，其范围涉及建设前期、建设实施期和竣工验收交付使用期等各个阶段的费用支出，内容因行业不同而各异，一般可分为建设项目综合指标、单项工程指标和单位工程指标三个层次。

第七章　建筑工程质量控制

第一节　工程质量概述

一、工程质量

建设工程质量简称工程质量，是指在国家现行的有关法律、法规、技术标准、设计文件和合同中，对工程质量特性的综合要求。

建设工程质量的特性主要表现在以下六个方面：

（1）适用性：是指工程满足使用目的的各种性能。包括有结构性能、使用性能和外观性能等。

（2）耐久性：是指工程在规定的条件下，满足规定功能要求使用的年限，即工程竣工后的合理使用寿命周期。

（3）安全性：是指工程建成后在使用过程中保证结构安全、人身和环境免受危害的程度。

（4）可靠性：是指工程在规定的时间和规定的条件下完成规定功能的能力。

（5）经济性：是指工程从规划、勘察、设计、施工到整个产品使用周期内的成本和消耗的费用。

（6）与环境的协调性：是指工程与其周围生态环境协调，与所在地区经济环境协调、与周围已建工程相协调，以适应可持续发展的要求。

二、工程质量的形成过程与影响因素

1. 工程建设各阶段对质量形成的作用与影响

工程建设的不同阶段，对工程项目质量的形成起着不同的作用和影响。

（1）项目决策阶段：主要是通过项目的可行性研究，选择最佳建设方案，使项目的质量要求符合业主的意图，并与投资目标相协调，与所在地区环境相协调。

（2）勘察设计阶段：主要是要选择好勘察设计单位，要保证工程设计符合决策阶段确定的质量要求，保证设计符合有关技术规范和标准的规定，要保证设计文件、图纸符

合现场和施工的实际条件，其深度能满足施工的需要。

（3）工程施工阶段：一是择优选择能保证工程质量的施工单位；二是严格监督承建商按设计图纸进行施工，并形成符合合同文件规定质量要求的最终建筑产品。

（4）工程竣工阶段：保证了最终产品的质量。

2. 工程质量的影响因素

影响工程质量的因素有很多，主要有人、材料、机械设备、方法和环境五个方面，简称为4M1E因素。其中，人的因素起决定性的作用。

三、工程质量控制主体和原则

1. 工程质量控制主体

工程质量控制按其实施主体不同，可以分为自控主体和监控主体。前者是指直接从事质量职能的活动者，后者是对他人质量能力和效果的监控者，主要包括以下四个方面：

（1）政府的工程质量监督。政府属于监控主体；

（2）工程监理单位的质量控制。工程监理单位属于监控主体，它主要是受建设单位的委托，代表建设单位对工程实施全过程进行的质量监督和控制，包括勘察设计阶段质量控制、施工阶段质量控制，以满足建设单位对工程质量的要求；

（3）勘察、设计单位的质量控制。勘察设计单位属于自控主体；

（4）施工单位的质量控制。施工单位属于自控主体。

2. 工程质量控制中应遵循的原则

（1）坚持质量第一的原则：在进行投资、进度、质量三大目标控制时，在处理三者关系时，应坚持“百年大计，质量第一”，在工程建设中自始至终把“质量第一”作为工程质量控制的基本原则。

（2）坚持以人为核心的原则：在工程质量控制中，要以人为核心，重点控制人的素质和人的行为，充分发挥人的积极性和创造性，以人的工作质量保证工程质量。

（3）坚持以预防为主的原则：工程质量控制要重点做好质量的事先控制和事中控制，以预防为主，加强过程和中间产品的质量检查和控制。

（4）坚持质量标准原则：质量标准是评价产品质量的尺度，工程质量是否符合合同规定的质量标准要求，应通过质量检查并和质量标准进行对照，符合质量标准要求的才合格，不符合质量标准的就是不合格，必须返工处理。

（5）坚持科学、公正、守法的职业道德规范：在工程质量控制中，必须坚持科学、公正、守法的职业道德规范，要尊重科学，尊重事实，以数据资料为依据，客观、公正地进行处理质量问题。

第二节　建设工程质量统计分析方法

所谓质量统计就是用统计的方法，通过收集、整理质量数据，帮助分析发现质量问题，从而及时采取对策措施，纠正和预防质量事故。

一、工程质量统计及抽样检验的基本原理和方法

（一）总体、样本及统计推断过程

1. 总体

总体也称为母体，是研究对象的全体。个体是组成总体的基本元素。

实践中，一般把从每件产品中检测得到的某一质量数据视为个体，产品的全部质量数据的集合即为总体。

2. 样本

样本也称为子样，是从总体中随机抽取出来，并根据对其研究结果推断总体质量特征的那部分个体。即被抽中的个体称为样品，样品的数目称为样本容量。

3. 统计推断工作过程

质量统计推断过程是运用质量统计方法在生产过程中或一批产品中，随机抽取样本，通过对样品进行检测和数据处理、分析，从中获得样本质量数据信息，并以此为依据，以概率数理统计为理论基础，对总体的质量状况做出分析和判断。

当然，抽样检验必然存在两类风险：第一类风险，把合格批判定为不合格批，其概率为 α，也称为生产方风险或供货方风险；第二类风险，把不合格批判定为合格批，概率为 β，也称为用户风险。我们不能因为存在这两类风险，就否认抽样检测的科学性，在《建筑工程施工质量验收统一标准》（GB 50300—2013）中规定：主控项目 α、β 均不宜超过 5%；一般项目 α 不宜超过 5%，β 不宜超过 10%。

4. 质量数据的分布特征

质量数据具有个体数据的波动性和总体（样本）分布的规律性。而质量数据波动可能是由偶然性和系统性原因引起的。

偶然性原因是指在实际生产中，影响因素的微小变化具有随机发生的特点，是不可避免、难以测量和控制的，或者是在经济上不值得消除，它们大量存在但是对质量的影响很小，属于允许偏差，所以偶然性原因引起的质量波动属于正常波动，一般不会因此造成废品，生产过程正常稳定，不需要采取控制措施。

系统性原因是由于影响质量的人、机械设备、材料、方法、环境等因素发生了较大变化，如工人未遵守操作规程，这种生产过程是不正常的，产品质量数据会产生较大离散或与质量标准有较大偏离，需要及时监控并采取纠偏措施，表现为异常波动。

（二）抽样检验方法

（1）简单随机抽样：又称纯随机抽样、完全随机抽样，是对总体不进行任何加工，直接进行随机抽样，获取样本的方法。适用于总体差异不大，或对总体了解很少的情况。

（2）系统随机抽样：是将总体中的抽样单元按某种次序排列，在规定的范围内随机抽取一个或一组初始单元，然后按一套规则确定其他样本单元的抽取方法，又称为机械随机抽样。

（3）分层随机抽样：又称分类或分组抽样，是将总体按与研究目的有关的某一特性分为若干组，然后在每组内随机抽取样品组成样本的方法。这种抽样方法对每组都有抽样，样品在总体中分布均匀，更具有代表性，适用于总体比较复杂的情况。

（4）多阶段抽样：上述抽样方法的共同特点是整个过程中只有一次随机抽样，因而统称为单阶段抽样。但是当总体很大时，很难一次抽样完成预定的目标。多阶段抽样是将各种单阶段抽样方法结合使用，通过多次随机抽样来实现抽样的方法。

二、工程质量统计分析方法

常见的工程质量统计分析方法有七种。

（1）调查表法。统计调查表法又称为统计调查表分析法，它是利用专门设计的统计表对质量数据进行收集、整理和粗略分析质量状态的一种方法，往往同分层法结合起来应用，可以更好、更快地找出问题的原因，以便采取改进的措施。

（2）分层法。分层法又称为分类法，是将调查收集的原始数据，根据不同的目的和要求，按某一性质进行分组、整理的分析方法。分层的结果使数据各层间的差异突出地显示出来，层内的数据差异减少，在此基础上再进行层间、层内的比较分析，可以更深入地发现和认识质量问题。

（3）排列图法。排列图法是利用排列图寻找影响质量主次因素的一种有效方法，又称为帕累托图或主次因素分析图，如图 7-1 所示。

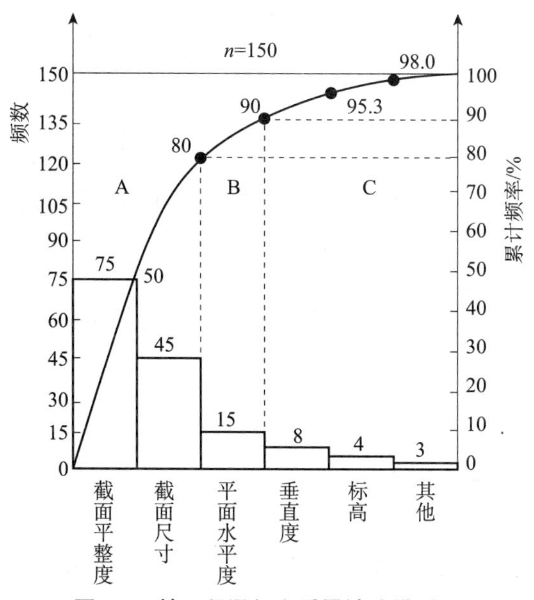

图 7-1　某工程混凝土质量缺陷排列图

在实际应用中，通常按累计频率划分为 A（0%～80%），B（80%～90%），C（90%～100%），我们将 A 称为主要因素，将 B 称为次要因素，将 C 称为一般因素，因此该法也叫 ABC 分析法。

（4）因果分析图法。因果分析图法是利用因果分析图来系统整理分析某个质量问题

（结果）与其产生的原因之间关系的有效工具。又因其形状如树枝和鱼刺，所以也常被称为“树枝图”或“鱼刺图”。它的形成是由质量特性（即某个质量问题）、要因（产生质量问题的主要原因）、枝干（指一系列箭线表示不同层次的原因）、主干（指向质量结果的水平箭线）等所组成的。

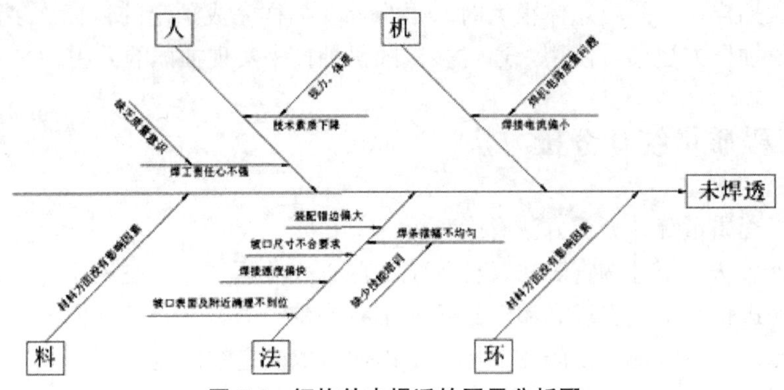

图 7-2　钢构件未焊透的因果分析图

如图 7-2 所示，图中钢构件未焊透的原因分析，其中，第一层面从人、机械、材料、施工方法和施工环境进行分析；第二层面、第三层面，依此类推。

（5）直方图法。直方图法是将收集到的质量数据进行分组整理，绘制成频数分布直方图，用于描述质量分布状态的一种分析方法。其主要用途是观察分析生产过程质量是否处于正常、稳定和受控状态以及质量水平是否保持在公差允许的范围内。

（6）控制图法。又称管理图，它是在直角坐标系内画出控制界限，描述生产过程中产品质量波动状态的图形。在七个质量控制工具中，控制图是唯一一个能够直接实现动态控制，主动控制的工具。

（7）相关图法。又称散布图，在质量控制中它是用来显示两种质量数据之间关系的一种图形。一般有正相关、弱正相关、负相关、弱负相关、非线性相关和不相关。

第三节　建设工程施工质量控制

一、工程准备阶段的质量控制

施工准备阶段的质量控制是指项目施工开始前，对各项准备工作及影响因素等有关方面进行的质量控制。其基本任务就是为施工项目建立一切必要的施工条件，确保施工生产顺利进行，确保工程质量符合要求。

（一）施工质量控制的准备工作

1. 工程的项目划分

根据《建筑工程施工质量验收统一标准》（GB 50300—2013）的规定，建筑工程质量验收应逐级划分为单位（子单位）工程、分部（子分部）工程、分项工程和检验批。

2. 技术准备的质量控制

技术准备的质量控制包括熟悉图纸、组织技术交底、图纸会审、编制施工技术指导书等内容。

（二）现场施工准备的质量控制

1. 工程定位及标高基准的控制

工程施工测量放线是建设工程产品由设计转化为实物的第一步，对建设单位（或其委托的单位）给定的原始基准点、基准线和标高等测量控制点均要进行复核，并将复测结果报监理工程师审核，经批准后施工承包单位才能建立施工测量控制网，进行工程定位及标高基准的控制。

2. 施工平面布置的控制

为了保证承包单位能够顺利地施工，建设单位应按照合同约定并结合承包单位施工的需要，事先划定并提供施工用地及临时用地等范围。施工单位要严格按照批准的施工平面布置图，科学合理地使用施工场地。建设（监理）单位应会同施工单位制定严格的施工场地管理制度、施工纪律和相应的奖惩措施，并做好施工现场的质量检查记录。

3. 材料的质量控制

工程所需的原材料、半成品、构配件等质量好坏直接影响到未来工程产品的质量，因此需要事先对其质量进行严格的控制。施工单位主要要从以下几个方面加强对原材料的质量控制。

（1）材料的采购。

1）采购质量控制必须从源头抓起，在选择合作伙伴时要慎之又慎，要对供应商经营规模、经营业绩、信誉程度、资质合法性等进行详细的调查和了解，在掌握其基本情况时再决定是否与之合作。

2）签订采购合同时要严谨，合同中必须明确所采购物资质量的特性要求、验收标准及出现不合格的解决方法，尤其是验收标准及方法必须明确，出现不合格品的处理方法必须苛刻，这样才能确保供应商重视供货过程，确保物资采购质量。

3）采用竞争机制，建立战略合作供应商队伍。供应商选用是一个动态的过程，要建立相关的考核机制，对供应商队伍不断进行更新，优胜劣汰。

（2）材料的进场验收。

1）所有材料进场时，要根据有关技术指标对进场材料进行严格验收，包括材料出厂合格证、与材料设备相符合的标牌、质量检验报告、厂家批号等。

2）按规定应进行抽样复验的材料，严格按规定比例、抽样方法进行抽样，检验合格后方可用于工程。

3）项目部验收合格后，及时连同合格证等技术资料提交监理工程师进行材料验收。杜绝不合要求的材料进入现场。

4）凡标志不清或认为质量有问题的材料、对质量保证资料有怀疑或与合同规定不符的材料及时清退出场。

5）进场设备开箱前，包装必须完好。除应持有合格证书、产品说明书外，酌情应有随机附件、保修卡或安装、使用说明书等。设备开箱，应有开箱记录。

6）无生产厂名和厂址或牌证不符的设备，不能用于本工程。进场设备到达施工现场后应保持其原有的外观、内在质量和性能，在运输和中转过程中发生外观质量和性能损坏的设备不用于工程。

（3）材料的储存和使用。

材料进场后要合理地储存，避免材料变质。使用时要严格按照相关的规定进行，并及时地进行检查和监督。

二、工程施工过程质量控制

施工过程是形成工程项目实体的过程，也是决定最终产品质量的关键阶段，要提高工程项目的质量水平，就必须狠抓施工过程中的质量控制。

1. 技术交底

做好技术交底是保证施工质量的重要措施之一，项目开工前项目技术负责人应向承担施工的负责人或分包人书面技术交底，技术交底资料应办理签字手续并归档保存。每一分部工程开工前均应进行作业技术交底。技术交底书应由施工相关技术人员编制，并经项目技术负责人批准实施。技术交底的内容主要包括：任务范围、施工方法、质量标准和验收标准，施工中应注意到的问题，可能出现意外的预防措施及应急预案，文明施工和安全防护措施以及成品保护要求等。

2. 测量控制

项目开工前应编制测量控制方案，并经项目技术负责人批准后实施。对相关部门提供的测量控制应在施工准备阶段做好复核工作，经审核后进行施工测量放线，并保存测量记录。在施工过程中应对设置的测量控制点线妥善保护，不准擅自移动，施工过程中必须认真进行施工测量复核工作，审核施工单位应履行的技术工作和职责，其复核结果应报送监理工程师复验确认后，方能进行后续相关工序的施工，常见的施工测量复核有：工业测量复核、民用建筑测量复核、高层建筑测量复核、管线工程测量复核等。

3. 计量控制

计量控制是施工项目质量管理的一项基础工作和重要内容。施工过程中的计量工作，包括施工生产时的投料计量、施工测量、监测计量以及对项目、产品或过程的测试、检验、分析计量等。计量控制的工作重点是建立计量控制管理部门和配置计量人员，建立全计量管理的规章制度，严格按照规定有效的控制计量器具的使用、保管、维修和检验，监督计量过程的实施，保证计量的准确。

4. 工序施工质量控制

施工过程是由一系列相互联系和制约的工序构成，工序是指人、材料、机械设备、施工方法和环境因素等对工程质量共同起作用的过程，所以对施工过程的质量控制，必须以工序质量控制为基础和核心。只有严格控制工序质量，才能确保施工项目的实体质量。工序施工质量控制主要包括工序施工条件质量控制和工序施工效果质量控制。

（1）工序施工条件质量控制：是指从事工序活动的各生产要素质量及生产环境条件。工序施工条件的控制就是控制工序活动的各种投入要素和环境条件质量。控制的手段主要有检查、测试、试验、跟踪监督等。控制的主要依据为材料质量标准、设计质量标准、机械设备技术性能标准、施工工艺标准以及操作规程等。

(2) 工序施工效果质量控制：工序施工效果主要反映工序产品的质量特征及特性指标。对工序施工效果的控制就是控制工序产品质量特性和特性指标达到质量标准及施工质量验收标准的要求。工序施工质量控制属于事后控制，其控制的主要途径为实测获取数据、统计分析所获取的数据、判断认定质量等级和纠正质量偏差。

按相关施工质量验收规范的规定，上一道工序必须检测合格后方可进入下一道工序。

第四节　建设工程质量问题的处理

一、工程质量缺陷的含义、成因

1. 工程质量缺陷的概念

工程质量缺陷是指工程不符合国家或行业的有关技术标准、设计文件及合同中对质量的要求。工程质量缺陷可分为施工过程中的质量缺陷和永久质量缺陷，施工过程中的质量缺陷又可分为可整改质量缺陷和不可整改质量缺陷。

2. 工程质量缺陷的成因分析

(1) 违背基本建设程序。例如，边设计、边施工，不经竣工验收就交付使用等；

(2) 违反法律法规。例如，无证设计，无证施工，越级设计；越级施工，转包、挂靠，非法分包，擅自修改设计等行为；

(3) 地勘数据失真。例如，地质勘察报告不准确、不能全面反映实际的地基情况，从而使得地下情况不清，或对基岩起伏、土层分布误判等，均会导致采用错误的基础方案，造成地基不均匀沉降、失稳，使上部结构或墙体开裂等质量缺陷或质量事故；

(4) 设计差错。例如，采用不正确的结构方案，计算简图与实际受力情况不符，沉降缝或变形缝设置不当，悬挑结构未进行抗倾覆验算等都是引发质量缺陷的原因；

(5) 施工与管理不到位。不按图施工或未经设计单位同意擅自修改设计；

(6) 操作工人素质差。

(7) 使用不合格的原材料、构配件和设备。

(8) 自然环境因素。

(9) 盲目抢工。盲目压缩工期，不尊重质量、进度、造价的内在规律。

(10) 使用不当。例如，装修中未经校核验算就任意对建筑物加层；拆除承重结构部件；在结构物上开槽、打洞、削弱承重结构截面等。

二、工程质量缺陷的处理

工程质量缺陷的处理的基本方法：

（1）返修处理。当工程的某些部分的质量虽未达到规定的规范、标准或设计规定的要求，存在一定的缺陷，但经过采取整修等措施后可以达到要求的质量标准，又不影响使用功能或外观的要求时，可采取返修处理的方法。

（2）返工处理。当工程质量未达到规定的标准或要求，有明显的严重质量问题，对结构的使用和安全有重大影响，而又无法通过修补办法给予纠正时，可以做出返工处理的决定。

（3）限制使用。当工程质量缺陷按修补方式处理无法保证达到规定的使用要求和安全，而又无法返工处理的情况下，不得已时可以做出结构卸荷、减荷以及限制使用的决定。

（4）加固处理。主要是针对危及结构承载力的质量缺陷的处理。

（5）不作处理。可不作处理的情况有以下几种：

1）不影响结构安全和使用功能的。例如，有的工业建筑物出现放线定位偏差，且严重超过规范标准规定，若要纠正会造成重大经济损失，若经过分析、论证其偏差不影响生产工艺和正常使用，在外观上也无明显影响，可不做处理；

2）后道工序可以弥补的质量缺陷。例如，混凝土表面轻微麻面，可通过后续的抹灰、喷涂或刷白等工序弥补，可不做专门处理；

3）法定检测单位鉴定合格的。例如，某检验批混凝土试块强度值不满足规范要求，强度不足，在法定检测单位，对混凝土实体采用非破损检验等方法测定其实际强度已达到规范允许和设计要求值时，可不做处理；

4）出现的质量缺陷，经检测鉴定达不到设计要求，但经原设计单位核算，仍能满足结构安全和使用功能的。

（6）报废处理。出现质量事故的项目，通过分析或实践，采取上述处理方法后仍不能满足规定的质量要求或标准，则必须予以报废处理。

三、工程质量事故等级划分

为维护国家财产和人民生命财产安全，落实工程质量事故责任追究制度，住建部发布《关于做好房屋建筑和市政基础设施工程质量事故报告和调查处理工作的通知》（建质〔2010〕111号）。

通知中明确工程质量事故是指由于建设、勘察、设计、施工、监理等单位违反工程质量有关法律法规和工程建设标准，使工程产生结构安全、重要使用功能等方面的质量缺陷，造成人身伤亡或者重大经济损失的事故，根据工程质量事故造成的人员伤亡或者直接经济损失，工程质量事故分为四个等级：

（1）特别重大事故，是指造成30人以上死亡，或者100人以上重伤，或者1亿元以上直接经济损失的事故；

（2）重大事故，是指造成10人以上30人以下死亡，或者50人以上100人以下重伤，或者5000万元以上1亿元以下直接经济损失的事故；

（3）较大事故，是指造成3人以上10人以下死亡，或者10人以上50人以下重伤，或者1000万元以上5000万元以下直接经济损失的事故；

(4) 一般事故，是指造成3人以下死亡，或者10人以下重伤，或者100万元以上1000万元以下直接经济损失的事故。

本等级划分所称的“以上”包括本数，所称的“以下”不包括本数。

四、工程质量事故的处理

1. 工程质量事故的处理依据

(1) 相关法律法规。

(2) 有关合同及合同文件。

(3) 质量问题的实况资料，一般包括施工单位的质量事故调查报告和项目监理机构所掌握的质量事故相关资料。

(4) 有关的工程技术文件、资料、档案。

2. 工程质量事故处理的程序

(1) 事故报告：工程质量问题发生后，事故现场有关人员应当立即向工程建设单位负责人报告；工程建设单位负责人接到报告后，应于1h内向事故发生地县级以上人民政府住房和城乡建设主管部门及有关部门报告。情况紧急时，事故现场有关人员可直接向事故发生地县级以上人民政府住房和城乡建设主管部门报告。主管部门接到事故报告后，应当依照下列规定上报事故情况，并同时通知公安、监察机关等有关部门：

1) 较大、重大及特别重大事故逐级上报至国务院住房和城乡建设主管部门，一般事故逐级上报至省级人民政府住房和城乡建设主管部门，必要时可以越级上报事故情况；

2) 住房和城乡建设主管部门上报事故情况，应当同时报告本级人民政府；国务院住房和城乡建设主管部门接到重大和特别重大事故的报告后，应当立即报告国务院；

3) 住房和城乡建设主管部门逐级上报事故情况时，每级上报时间不得超过2h；

4) 事故报告后出现新情况，以及事故发生之日起30d内伤亡人数发生变化的，应当及时补报。

(2) 事故的调查：住房和城乡建设主管部门应当按照有关人民政府的授权或委托，组织或参与事故调查组对事故进行调查。事故调查报告应当附具有关证据材料。事故调查组成员应当在事故调查报告上签名。

(3) 事故的原因分析：在完成事故调查的基础上，对事故的性质、类别、危害程度以及发生的原因进行分析，为事故处理提供必需的依据。原因分析时，往往会存在原因的多样性和综合性，要正确区别分清同类事故的各种不同原因，通过详细地计算与分析、鉴别找到事故发生的主要原因。在综合原因分析中，除确定事故的主要原因外，应正确评估相关原因对工程质量事故的影响，以便能采取切实有效的综合加固修复方法。

(4) 事故的处理。

1) 事故的技术处理：按照经过论证的技术方案进行处理，解决质量缺陷等问题；

2) 事故的责任处理：依据有关人民政府对事故调查的批复及相关法律法规的规定，对事故相关责任者实施行政处罚，涉嫌犯罪的事故责任人员，依法追究其刑事责任。

(5) 事故的鉴定验收。

工程质量事故处理完成后，要进行检查验收和必要的鉴定并给出验收结论，常见的验收结论为：

1）事故已排除，可以继续施工；

2）隐患已消除，结构安全有保证；

3）经修补处理后，完全能够满足使用要求；

4）基本上满足使用要求，但使用时应附加限制条件；

5）对耐久性的结论；

6）对建筑物外观影响的结论；

7）对短期内难以做出结论的，可提出进一步观测检验意见。

对于处理后符合《建筑工程施工质量验收统一标准》（GB 50300—2013）规定的，监理人员应予以验收、确认，并应注明责任方主要承担的经济责任。对经加固补强或返工处理仍不能满足安全使用要求的分部工程、单位（子单位）工程，严禁验收。

第八章　建设工程进度控制

第一节　工程进度控制概述

一、进度控制

建设工程进度控制是根据进度总目标及资源优化配置的原则对工程项目建设各阶段的工作内容、工作程序、持续时间和衔接关系等编制计划并付诸实施，然后在进度计划的实施过程中制度性的检查实际进度是否按计划要求进行，对出现的偏差的情况采取补救措施或调整、修改原计划后再付诸实施，如此循环，直到建设工程竣工验收交付使用。建设工程进度控制的最终目的是确保建设项目按预定的时间竣工投产或提前交付使用，建设工程进度控制的总目标是不逾工期。

二、影响进度的因素分析

由于建设工程具有规模庞大、工程结构与工艺技术复杂、建设周期长及相关单位多等特点，决定了建设工程进度将受到许多因素的影响。要想有效地控制建设工程进度，就必须对影响进度的有利因素和不利因素进行全面、细致的分析和预测。

影响建设工程进度的不利因素有很多，常见的影响因素有以下几种：

（1）业主因素；

（2）勘察设计因素；

（3）施工技术因素；

（4）自然环境因素；

（5）社会环境因素；

（6）组织管理因素；

（7）材料、设备因素；

（8）资金因素。

三、进度控制的措施

为了实施进度控制，监理工程师必须根据建设工程的具体情况，认真制定进度控制措施，以确保建设工程进度控制目标的实现。进度控制的措施应当包括组织措施、技术措施、经济措施及合同措施。

1. 组织措施

（1）建立进度控制目标体系，明确建设工程现场监理组织机构中进度控制人员及其职责分工；

（2）建立工程进度报告制度及进度信息沟通网络；

（3）建立进度计划审核制度和进度计划实施中的检查分析制度；

（4）建立进度协调会议制度，包括协调会议举行的时间、地点，协调会议的参加人员等；

（5）建立图纸审查、工程变更和设计变更管理制度。

2. 技术措施

（1）审查承包商提交的进度计划，使承包商能在合理的状态下施工；

（2）编制进度控制工作细则，指导监理人员实施进度控制；

（3）采用网络计划技术及其他科学适用的计划方法，并结合电子计算机的应用，对建设工程进度实施动态控制。

3. 经济措施

（1）及时办理工程预付款及工程进度款支付手续；

（2）对应急赶工给予赶工费用；

（3）对工期提前给予奖励；

（4）对工程延误收取误期损失赔偿金。

4. 合同措施

（1）推行CM承发包模式，对建设工程实行分段设计、分段发包和分段施工；

（2）加强合同管理，协调合同工期与进度计划之间的关系，保证合同中进度目标的实现；

（3）严格控制合同变更，对各方提出的工程变更和设计变更，监理工程师应严格审查后再补入合同文件之中；

（4）加强风险管理，在合同中应充分考虑风险因素及其对进度的影响，以及相应的处理方法；

（5）加强索赔管理，公正地处理索赔。

为了有效地控制建设工程进度，进度控制人员（通常为监理工程师）要在设计准备阶段向建设单位提供有关工期的信息，协助建设单位确定工期总目标，并进行环境及施工现场条件的调查和分析。在设计阶段和施工阶段，进度控制人员不仅要审查设计单位和施工单位提交的进度计划，更要参与编制监理进度计划，以确保进度控制目标的实现。

第二节　实际进度与计划进度的比较方法

一、横道图比较法

横道图比较法是指将项目实施过程中检查实际进度收集到的数据，经加工整理后直接用横道线平行绘于原计划的横道线处，进行实际进度与计划进度的比较方法。采用横道图比较法，可以形象、直观地反映实际进度与计划进度的比较情况。

例如，某工程项目基础工程的计划进度和截至第 9 周末的实际进度如图 8-1 所示，其中双线条表示该工程计划进度，粗实线表示实际进度。从图中实际进度与计划进度的比较可以看出，到第 9 周末进行实际进度检查时，挖土方和做垫层两项工作已经完成；支模板按计划也应该完成，但实际只完成 75%，任务量拖欠 25%；绑扎钢筋按计划应该完成 60%，而实际只完成 20%，任务量拖欠 40%。

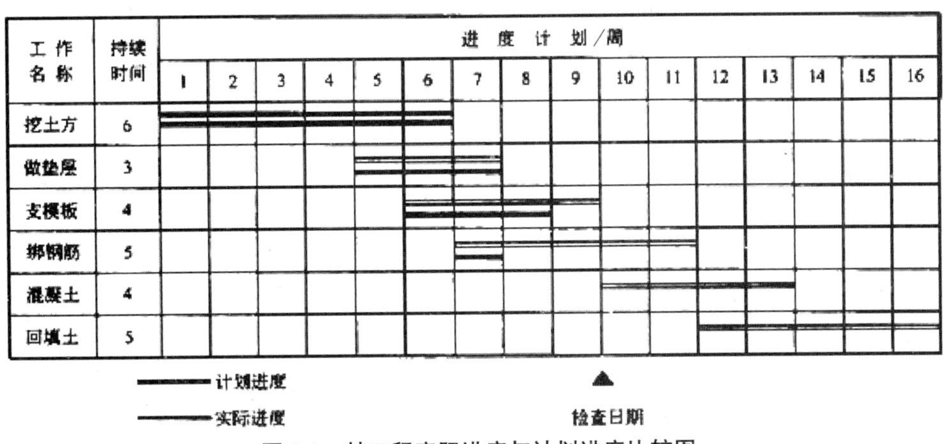

图 8-1　某工程实际进度与计划进度比较图

二、S 形曲线比较法

所谓 S 形曲线比较法，是以横坐标表示进度时间，纵坐标表示累计完成任务量，而绘制出一条按计划时间累计完成任务量的 S 形曲线，将施工项目的各检查时间实际完成的任务量与 S 形曲线进行实际进度与计划进度相比较的一种方法。

从整个施工项目的施工全过程而言，一般是开始和结尾阶段，单位时间投入的资源量较少，中间阶段单位时间投入的资源量较多，与其相关，单位时间完成的任务量也是呈同样变化的，而随时间进展累计完成的任务量，则应该呈 S 形变化。

S 形曲线比较法，同横道图一样，是在图上直观地进行施工项目实际进度与计划进度相比较，如图 8-2 所示。一般情况下，计划进度控制人员在计划时间前绘制出 S 形曲线。在项目施工过程中，按规定时间将检查的实际完成情况，绘制在与计划 S 形曲线同一张图上，可得出实际进度 S 形曲线，比较两条 S 形曲线可以得到如下信息：

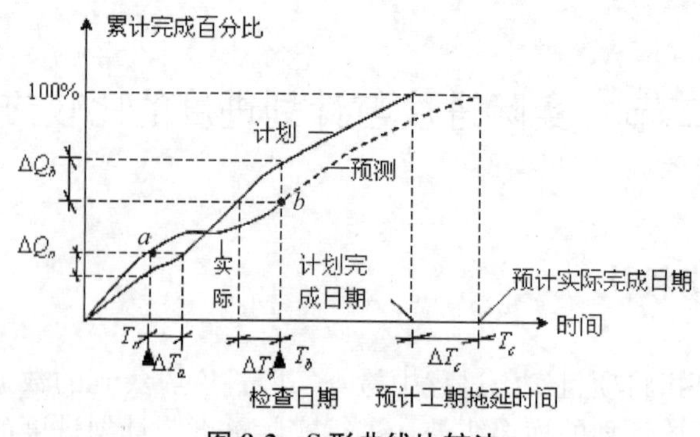

图 8-2　S 形曲线比较法

（1）项目实际进度与计划进度比较，当实际工程进展点落在计划 S 形曲线左侧则表示此时实际进度比计划进度超前；若落在其右侧，则表示拖欠；若刚好落在其上，则表示二者一致。

（2）项目实际进度比计划进度超前或拖后的时间。ΔT_a 表示 T_a 时刻实际进度超前的时间；ΔT_b 表示 T_b 时刻实际进度拖后的时间。

（3）任务量完成情况，即工程项目实际进度比计划进度超额或拖欠的任务量，ΔQ_a 表示 T_a 时刻超额完成的任务量，ΔQ_b 表示 T_b 时刻拖欠的任务量。

（4）后期工程进度预测，如图 8-2 中虚线所示。

三、香蕉曲线比较法

香蕉曲线是由两条 S 形曲线组合而成的闭合曲线。如果以其中各项工作的最早开始时间安排进度而绘制 S 形曲线，称为 ES 曲线；如果以其中各项工作的最迟开始时间安排进度而绘制 S 形曲线，称为 LS 曲线。两条 S 形曲线具有相同的起点和终点，因此，两条曲线是闭合的。在一般情况下，ES 曲线上的其余各点均落在 LS 曲线的相应点的左侧。由于该闭合曲线形似“香蕉”，故称为香蕉曲线，如图 8-3 所示。

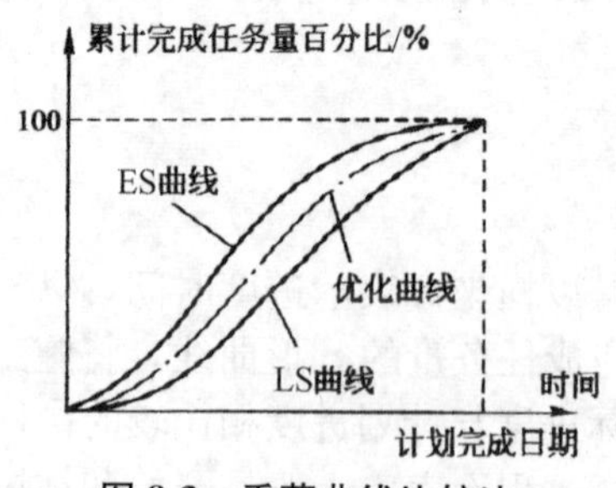

图 8-3　香蕉曲线比较法

香蕉曲线比较法能直观地反映工程项目的实际进展情况，并可以获得比 S 形曲线更多的信息。其主要作用有：

（1）合理安排工程项目进度计划。如果工程项目中的各项工作均按其最早开始时间安排进度，将导致项目的投资加大；而如果各项工作都按其最迟开始时间安排进度，则一旦受到进度影响因素的干扰，又将导致工期拖延，使工程进度风险加大。因此，一个科学合理的进度计划优化曲线应处于香蕉曲线所包络的区域之内，如图 8-3 中的点画线所示。

（2）定期比较工程项目的实际进度与计划进度。在工程项目的实施过程中，根据每次检查收集到的实际完成任务量，绘制出实际进度 S 形曲线，便可以与计划进度进行比较。工程项目实施进度的理想状态是任一时刻工程实际进展点应落在香蕉曲线图的范围之内。如果工程实际进展点落在 ES 曲线的左侧，表明此刻实际进度比各项工作按其最早开始时间安排的计划进度超前；如果工程实际进展点落在 ES 曲线的右侧，则表明此刻实际进度比各项工作按其最迟开始时间安排的计划进度拖后。

（3）预测后期工程进展趋势。

四、列表比较法

这种方法是记录检查日期应该进行的工作名称及其已经作业的时间，然后列表计算有关时间参数，并根据工作总时差进行实际进度与计划进度比较的方法。

（1）采用列表比较法进行实际进度与计划进度的比较，其步骤如下：

1）对于实际进度检查日期应该进行的工作，根据已经作业的时间，确定其尚需作业的时间；

2）根据原进度计划计算检查日期应该进行的工作，从检查日期到原计划最迟完成尚余时间；

3）计算工作尚有总时差，其值等于工作从检查日期到原计划最迟完成时间尚余时间与该工作尚需作业时间之差；

（2）比较实际进度与计划进度，可能有以下几种情况：

1）如果工作尚有总时差与原有总时差相等，说明该工作实际进度与计划进度一致；

2）如果工作尚有总时差大于原有总时差，说明该工作实际进度超前，超前的时间为二者之差；

3）如果工作尚有总时差小于原有总时差，且仍为非负值，说明该工作实际进度拖后，拖后的时间为二者之差，但不影响总工期；

4）如果工作尚有总时差小于原有总时差，且为负值，说明该工作实际进度拖后，拖后的时间为二者之差，此时工作实际进度偏差将影响总工期。

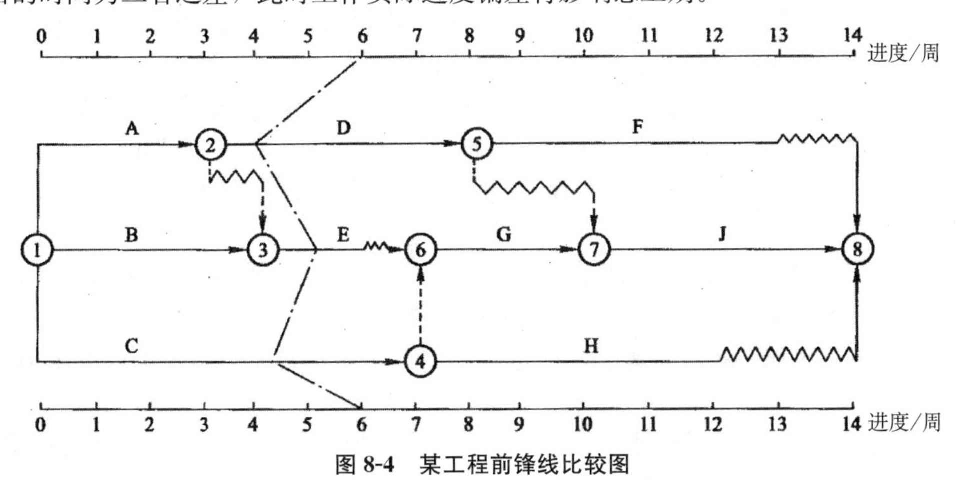

图 8-4　某工程前锋线比较图

例 1 某工程项目进度计划如图 8-4 所示。该计划执行到第 10 周末检查实际进度时，发现工作 A、B、C、D、E 已经全部完成，工作 F 已进行 1 周，工作 G 和工作 H 均已进行 2 周，可用列表法得出该工程进度检查比较表见表 8-1。

表 8-1 工程进度检查比较表

工作代号	工作名称	检查计划时尚需作业周数	到计划最迟完成时尚余周数	原有总时差	尚有总时差	情况判断
5—8	F	4	4	1	0	拖后 1 周，但不影响工期
6—7	G	1	0	0	−1	拖后 1 周，影响工期 1 周
4—8	H	3	4	2	1	拖后 1 周，但不影响工期

第三节 施工阶段进度控制

一、施工进度计划的编制

施工进度计划是表示各项工程（单位工程、分部工程或分项工程）的施工顺序、开始和结束时间以及相互衔接关系的计划。它既是承包单位进行现场施工管理的核心指导文件，也是进度控制人员实施进度控制的依据。施工进度计划通常是按工程对象编制的。

建设工程项目的施工进度计划是用来确定建设工程项目中所包含的各单位工程的施工顺序、施工时间及相互衔接关系的计划。编制施工总进度计划的依据有：施工总方案；资源供应条件；各类定额资料；合同文件；工程项目建设总进度计划；工程动用时间目标；建设地区自然条件及有关技术经济资料等。

施工进度计划的编制的过程通常如下：

(1) 计算工程量。按单位工程分别计算其主要实物工程量，不仅是为了编制施工总进度计划，而且还为了编制施工方案和选择施工、运输机械，初步规划主要施工过程的流水施工，以及计算人工、施工机械及建筑材料的需要量。工程量的计算可按相关图纸和有关定额手册、工程量清单手册或其他资料进行。

(2) 确定各单位工程的施工期限。各单位工程的施工期限应根据合同工期确定，同时还要考虑建筑类型、结构特征、施工方法、施工管理水平、施工机械化程度及施工现场条件等因素。如果在编制施工总进度计划时没有合同工期，则应保证计划工期不超过工期定额。

(3) 确定各单位工程开竣工时间和相互搭接关系。确定各单位工程的开竣工时间和相互搭接关系的方法请参考本教材第四章的相关内容。

(4) 编制初步施工进度计划。施工进度计划可以用横道图表示，也可以用网络图表示。

(5) 编制正式施工总进度计划。初步施工进度计划编制完成后，要对其进行检查。

主要是检查总工期是否符合要求，资源使用是否均衡且其供应是否能得到保证，如果出现问题，则应进行调整。调整的主要方法是改变某些工程的起止时间或调整主导工程的工期。如果是网络计划，则可以利用计算机分别进行工期优化、费用优化及资源优化。

正式的施工进度计划确定后，应据以编制劳动力、材料、大型施工机械等资源的需用量计划，以便组织供应，保证施工进度计划的实现。

二、施工进度计划实施中的检查与调整

在施工进度计划的实施过程中，由于各种因素的影响，常常会打乱原始计划的安排而出现进度偏差。因此，监理工程师必须对施工进度计划的执行情况进行动态检查，并分析进度偏差产生的原因，以便为施工进度计划的调整提供必要的信息。

1. 施工进度的检查方式

（1）定期地、经常地收集由承包单位提交的有关进度报表资料。

工程施工进度报表资料不仅是监理工程师实施进度控制的依据，同时也是其核对工程进度款的依据。在一般情况下，进度报表格式由监理单位提供给施工承包单位，施工承包单位按时填写完后提交给监理工程师核查。报表的内容根据施工对象及承包方式的不同而有所区别，但一般应包括工作的开始时间、完成时间、持续时间、逻辑关系、实物工程量和工作量，以及工作时差的利用情况等。承包单位若能准确地填报进度报表，监理工程师就能从中了解到建设工程的实际进展情况。

（2）由驻地监理人员现场跟踪检查建设工程的实际进展情况

为了避免施工承包单位超报已完工程量，驻地监理人员有必要进行现场实地检查和监督。至于每隔多长时间检查一次，应视建设工程的类型、规模、监理范围及施工现场的条件等多方面的因素而定。可以每月或每半月检查一次，也可每旬或每周检查一次。如果在某一施工阶段出现不利情况时，甚至需要每天检查。

除上述两种方式外，由监理工程师定期组织现场施工负责人召开现场会议，也是获得建设工程实际进展情况的一种方式。通过这种面对面的交谈，监理工程师可以从中了解到施工过程中的潜在问题，以便及时采取相应的措施加以预防。

2. 施工进度的检查方法

施工进度检查的主要方法是对比法。即利用第四章所述的方法将经过整理的实际进度数据与计划进度数据进行比较，从中发现是否出现进度偏差以及进度偏差的大小。通过检查分析，如果进度偏差比较小，应在分析其产生原因的基础上采取有效措施，解决矛盾，排除障碍，继续执行原进度计划。如果经过努力，确实不能按原计划实现时，再考虑对原计划进行必要的调整。即适当延长工期，或改变施工速度。计划的调整一般是不可避免的，但应当慎重，尽量减少变更计划性的调整。

3. 施工进度计划的调整

通过检查分析，如果发现原有进度计划已不能适应实际情况时，为了确保进度控制目标的实现或需要确定新的计划目标，就必须对原有进度计划进行调整，以形成新的进度计划，作为进度控制的新依据。

施工进度计划的调整方法主要有两种：一是通过缩短某些工作的持续时间来缩短工

期；二是通过改变某些工作间的逻辑关系来缩短工期。在实际工作中应根据具体情况选用上述方法进行进度计划的调整。

（1）缩短某些工作的持续时间。这种方法的特点是不改变工作之间的先后顺序关系，通过缩短网络计划中关键线路上工作的持续时间来缩短工期。这时，通常需要采取一定的措施来达到目的。具体措施包括：组织措施、技术措施、经济措施、合同措施等，在第八章第一节三已有介绍，此处不再详述。

一般来说，不管采取哪种措施，都会增加费用。因此，在调整施工进度计划时，应利用费用优化的原理选择费用增加量最小的关键工作作为压缩对象。

（2）改变某些工作间的逻辑关系。这种方法的特点是不改变工作的持续时间，而只改变工作的开始时间和完成时间。对于大型建设工程，由于其单位工程较多且相互间的制约比较小，可调整的幅度比较大，所以容易采用平行作业的方法来调整施工进度计划。而对于单位工程项目，由于受工作之间工艺关系的限制，可调整的幅度比较小，所以通常采用搭接作业的方法来调整施工进度计划。但不管是搭接作业还是平行作业，建设工程在单位时间内的资源需求量都会增加。

除分别采用上述两种方法来缩短工期外，有时由于工期拖延得太多，当采用某种方法进行调整，其可调整的幅度又受到限制时，还可以同时利用这两种方法对同一施工进度计划进行调整，以满足工期目标的要求。

三、工程延期与延误

工程延期与工程延误的区别

工期的延长分为工程延期和工程延误两种。虽然它们都是使工程拖期，但由于性质不同，因而业主与承包单位所承担的责任也就不同。如果是属于工程延期，则承包单位不仅有权要求延长工期，而且还有权向业主提出赔偿费用的要求以弥补由此造成的额外损失。而如果是属于工程延误，则由此造成的一切损失由承包单位承担。同时，业主还有权对承包单位施行误期违约罚款。由此可知，工程延期与工程延误的区别就在于引起工程拖延的原因及责任的不同，工程延期的原因是非承包单位责任引起的，而工程延误的原因是承包单位自身原因造成的。因此，监理工程师必须按照合同的有关规定，公正地区分工程延期和工程延误，并合理地批准工程延期时间。

1. 工程延期的处理

（1）工程延期的申报条件。

《建设工程施工合同（示范文本）》在通用条款第 13 条中对延期申报条件作了明确规定。当发生以下原因引起的工程延期，承包单位有权提出延长工期的申请，监理工程师应依据合同规定，批准工程延期的时间：

1）因图纸或建设单位要求的原因，监理工程师发出工程变更指令而导致工程量增加。

2）异常恶劣的气候条件，是一个有经验的承包单位难以预料的特殊情况。

3）由建设单位造成的任何延误、干扰或障碍，如未及时提供施工场地、未及时付款等。

4）合同所涉及的任何可能造成工程延期的原因，如延期交付图纸、工程暂停施工（不包括监理工程师纠正施工单位错误行为的暂停施工）、对合格工程的剥离检查及不利的外界条件等。

5）除施工单位自身以外的其他任何原因，如一周内非承包单位原因停水、停电、停气造成停工累计超过 8h 等。

6）施工合同专用条款中约定或工程师同意工期顺延的其他情况。

（2）工程延期审批的依据。

1）工程延期事件是否属实，强调实事求是；

2）是否符合本工程施工合同中有关工程延期的约定；

3）延期事件是否发生在工期网络计划图的关键线路上，即延期是否有效合理；

4）延期天数的计算是否正确，证据资料是否充足。

上述四条中，只有同时满足三条，延期申请才能成立。

2. 工程延误的处理

由于承包单位自身的原因而造成工程拖期。而承包单位又未按监理工程师的指令改变延期状态。其实质是承包单位的行为已构成了违约。按照施工合同条款及有关法规规定，监理工程师可采取以下手段予以制约：

（1）指令承包单位采取补救措施。

（2）停止支付。

（3）误期损失赔偿。

（4）终止对承包单位的雇佣。

第九章　建设施工成本控制

第一节　施工成本管理

施工成本管理是在保证工期和质量的前提下采取相应的管理措施（组织、经济、技术、合同），把成本控制在计划范围内，寻求最大限度的成本节约。

一、施工成本的组成

施工成本是指施工项目在施工的全过程中所发生的全部施工费用支出的总和，包括直接成本和间接成本。

（1）直接成本是指施工过程中耗费的构成工程实体或有助于工程实体形成的各项费用支出，包括人工费、材料费、机械使用费、其他直接费等。

（2）间接成本是指企业内各个项目经理部为施工准备、组织和管理施工生产的全部费用。包括现场管理人员的人工费（基本工资、工资性补贴、职工福利费）、资产使用费、工具使用费、保险费、检验试验费、工程保修费、工程排污费、其他费用等。

二、施工成本控制方法

施工阶段是建设项目成本发生的主要阶段，因此应对这一阶段采取有效的控制，其主要方法是通过确定成本目标并按计划成本进行施工、资源配置，具体如下：

1. 人工费的控制

一是尽量控制施工人员的数量，尽量选择多面手的生产人员，提高生产效率，避免生产人员窝工、怠工现象。二是单位可制定奖罚制度，按多劳多得的分配原则，激励生产人员的积极性，对完成任务好、工作积极主动并做出较大贡献的人员实行表扬和奖励。对工作不负责任完不成任务的进行严厉的批评教育，并给予经济处罚等。三是加强对职工的技术和技能的培训，培养一专多能的技术人员，提高作业效率等。

2. 材料费的控制

实践证明，施工所用的原材料费用占整个项目成本中的比重最大，所以，材料成本的节约，也是降低项目成本的关键。在实行按“量价分离”方法计算工程造价的条件下，水泥、钢材、木材等“三材”的价格随行就市，实行高进高出。在对材料成本进行控制的过程中，首先要以上述预算价恪来控制地方材料的采购成本；至于材料消耗数量的控制，则应通过“限额领料单”去落实。

在材料采购前务必明确材料技术要求及详细尺寸要求，特别是难以现场加工材料（如花岗岩）减少二次加工费用和降低材料损耗。实际采购环节中尽量采取招标形式，价廉质优者中标，减低成本。

3. 施工机械费用的控制

施工图预算中的机械使用费＝工程量×定额台班单价。由于项目施工的特殊性，实际的机械利用率不可能达到预算定额的取定水平；再加上预算定额所设定的施工机械原值和折旧率又有较大的滞后性，因而使施工图预算的机械使用费往往小于实际发生的机械使用费，形成机械使用费超支。

操作过程中应设专职机械调度员负责机械调度管理，出具机械调度方案，提高机械使用率，减少机械重复工作和无效工作。

4. 施工分包费的控制

在市场经济体制下，钢门窗、木制成品、混凝土构件、金属构件和成型钢筋的加工，以及打桩、土方、吊装、安装、装饰和其他专项工程（如屋面防水等）的分包，都要通过经济合同来明确双方的权利和义务。在签订这些经济合同的时候，特别要坚持“以施工图预算控制合同金额”的原则，绝不允许合同金额超过施工图预算。

第二节　工程变更与索赔管理

一、工程变更及其管理

1. 工程变更的概念

工程变更是指在施工过程中出现了与签订合同时的预计条件不一致的情况，而需要改变原定施工承包范围内的某些工作内容。工程变更对原合同需进行实质性改动，应由业主和承包商通过协商达成一致，以补充协议的方式变更。

2. 工程变更产生的原因

工程变更是建筑施工生产的特点之一，其产生的主要原因有以下六个方面：

（1）业主方对项目提出新的要求；

（2）由于现场施工环境发生了变化；

（3）由于设计上的错误必须对图纸做出修改；

（4）由于使用新技术有必要改变原设计；

（5）由于招标文件和工程量清单不准确引起工程量增减；

（6）发生不可预见的事件，引起停工和工期拖延。

3. 项目施工阶段各责任主体对工程变更的控制

（1）建设单位的工程变更的控制。首先要做好施工前期审查工作，对不合理的设计进行修改，施工中尽量减少变更。其次，认真处理必须发生的设计变更，对于涉及费用增减的设计变更，造价管理人员应提前做出预算，并经建设单位研究同意后，方可进行变更，避免对变更再次进行调整。这就是常说的“要先算账后变更”。

（2）监理单位的工程变更控制。工程变更要严格按照合同等相关文件规定的程序进行。一般的程序如下：

1）提出工程变更。根据工程实施的实际情况，承包商、业主方和设计方均可以根据需要提出工程变更。

2）工程变更的批准。承包商提出的工程变更，应交由监理工程师审查并批准；由设计方提出的变更应该与业主协商或经过业主审查批准；由业主方提出的工程变更，涉及设计修改的应该与设计单位协商，一般通过监理工程师发出。

通常在发出变更通知前应征得业主批准，无论是哪一方提出工程变更，都要填写表格履行工程变更手续，由总监召集专业监理工程师进行审查，认为可行后，由业主报设计单位、设计单位签署意见或重新出图、总监发布工程变更令后方可交由施工单位执行。

（3）施工单位的工程变更控制。

1）控制工程变更的方法和途径；

2）认真会审图纸积极提出修改意见；

3）加强施工阶段管理；

4）建立工程变更制度，控制费用增加。

二、索赔的分类及其管理

1. 索赔的分类

（1）按照索赔目的，可以分为：

1）工期索赔即要求业主延长工期，推迟竣工日期；

2）费用索赔即要求业主补偿费用损失，调整合同价格。

（2）按索赔的处理方式分类：

1）单项索赔是针对某一干扰事件提出的。索赔的处理是在合同实施过程中，干扰事件发生时或发生后立即进行。它由合同管理人员处理，并在合同规定的索赔有效期内向工程师提交索赔意向书和索赔报告，由工程师审核后交业主，再由业主作答复；

2）总索赔，又叫一揽子索赔或综合索赔。这是在国际工程中经常采用的索赔处理和解决方法。一般在工程竣工前，承包商将工程过程中未解决的单项索赔集中起来，提出一份总索赔报告。合同双方在工程交付前或交付后进行最终谈判，以一揽子方案解决索赔问题。

2. 索赔处理的原则

（1）以合同为依据；

（2）以完整、真实的索赔证据为基础；

（3）及时、合理地处理索赔。

3. 索赔处理的程序

（1）索赔事件发生后 28d 内，向监理工程师发出索赔意向通知；

（2）发出索赔意向通知后的 28d 内，向监理工程师提交补偿经济损失和（或）延长工期的索赔报告及有关资料；

（3）监理工程师在收到承包人送交的索赔报告和有关资料后，于 28d 内给予答复；

（4）监理工程师在收到承包人送交的索赔报告和有关资料后，28d 内未予答复或未对承包人作进一步要求，视为该项索赔已经认可；

（5）当该索赔事件持续进行时，承包人应当阶段性向监理工程师发出索赔意向通知。在索赔事件终了后 28d 内，向监理工程师提供索赔的有关资料和最终索赔报告。

第十章　施工信息管理

第一节　Office办公软件的应用

使用Office软件可以制作文档、进行数据库管理、处理邮件的收发等操作，其应用范围几乎涵盖了计算机办公的各个领域。在办公应用中最常用的五大组件为Word、Excel、PowerPoint、Access、Outlook，我们在此主要介绍Word字处理和Excel电子表格。

一、Word字处理软件

Word是一款功能强大的文档处理软件，它能够制作各种办公商务和个人文档。

1. Office的启动

启动Office的各组件的方法都基本相同，以Word为例，常见的方式有以下几种。

（1）从【开始】菜单启动。

启动Windows后，选择【开始】/【所有程序】/Microsoft Office/Microsoft Office Word命令，启动Word。

（2）通过桌面快捷方式启动。

当Word安装完成后，可手动在桌面上创建Word快捷图标，也有安装时自动生成Word桌面快捷图标。双击桌面上的Word快捷图标，就可以启动Word了。

2. 退出Office

退出Office各组件的操作方式均相似，常见的主要有以下几种。

（1）单击Office各组件标题栏上的关闭按钮【×】。

（2）在Office组件的工作界面上，单击程序图标按钮，在弹出菜单中选择【关闭】命令。

（3）在Office组件的工作界面上按【Alt+F4】组合键。

（4）在Office组件标题栏上右击，在弹出的菜单中选择【关闭】命令。

（5）在Office组件的工作界面上，双击程序图标按钮。

3. Office 的工作界面

Office 中各组件的工作界面均大同小异，其工作界面包括标题栏、菜单栏、工具栏、状态栏、任务窗格以及工作区等几个部分。下面以 Word 为例进行介绍。

(1) 标题栏。标题栏位于窗口的顶端，用于显示正在运行的程序名以及文件名等信息。标题栏最右端的 3 个按钮，分别用来控制窗口的最小化、最大化和关闭程序。

(2) 菜单栏。标题栏下方是菜单栏，包括【文件】【编辑】【视图】【插入】【格式】【工具】【表格】【窗口】及【帮助】等 9 个菜单，这 9 个菜单涵盖了所有用于 Word 文件管理和正文编辑的菜单命令。

(3) 工具栏。工具栏是一般应用程序调用命令的另一种方式，它包含了很多由图标表示的命令按钮。Word 提供了 20 多个已命名的工具栏。如果要显示当前已经隐蔽的工具栏，可以在任意工具栏上右击，从弹出的快捷菜单中，选择其中某一个命令即可显示对应的工具栏。

(4) 状态栏。状态栏位于 Word 窗口的底部，显示了当前的文档信息，例如，当前文档页码、总的页数、当前光标定位在文档中的位置信息等。

(5) 任务窗格。任务窗格位于操作界面右侧的分栏窗口中，它提供了许多常用选项。例如，【帮助】【新建文档】【剪贴板】【搜索】和【插入剪贴画】等，可以非常方便地使用各个选项。任务窗格会根据操作要求自动弹出，使用户及时获得所需的工具，从而有效地控制 Word 的工作方式。单击任务窗格右侧的下拉箭头，从打开的菜单中还可以选择其他任务窗格。

4. Word 文档的基本操作

(1) 新建文档。Word 文档是文本、图片等对象的载体，要在文档中进行操作，必须先创建文档。创建文档可以是空白文档，也可以是基于模板的文档。

1) 创建空白文档。空白文档是最常用的传统文档。要创建空白文档，可在【常用】工具栏上单击【新建空白文档】按钮，或选择【文件】/【新建】命令，打开【新建文档】任务窗格，在【新建】选项区域中选择【空白文档】选项即可。

2) 根据现有文档创建文档。根据现有文档创建文档，可将选择的文档以副本方式在一个新的文档中打开，这时就可以在新的文档中编辑文档的副本，而不影响原有的文档。选择【文件】/【新建】命令，打开【新建文档】任务窗格，在【新建】选项区域中选择【根据现有文档】选项，打开【根据现有文档】对话框，在其中选择要创建文档副本的文档即可。

(2) 保存文档。对于新建的 Word 文档或是正在编辑某个文档，会出现了计算机突然死机、停电等非正常关闭的情况，造成文档中的信息或丢失，因此为了保护文档安全，及时保存文档是十分重要的。

1) 保存新创建的文档。如果要对新创建的文档进行保存，可选择【文件】/【保存】命令或单击【常用】工具栏上的【保存】按钮，在打开的【另存为】对话框中，设置保存路径、名称及保存格式。

2) 保存已保存过的文档。要对已保存过的文档进行保存时，可选择【文件】/【保存】命令或单击【常用】工具栏上的【保存】按钮，就可以按照原有的路径、名称以及格式进行保存。

3）另存为其他文档。如果文档已保存过，但在进行了一些编辑后，需要将其保存下来并且希望仍能保存以前的文档，这时就需要对文档进行另存为操作。

要另存为其他文档，可选择【文件】/【另存为】命令，在打开【另存为】对话框中设置保存路径、名称以及保存格式。

4）自动保存。在编辑文档时，如果设置了Word的自动保存，当遇到停电或意外死机等情况时，重新启动计算机并打开Word文档，即可恢复到自动保存的内容。要自动保存文档，可选择【工具】/【选项】命令，打开【选项】对话框，选择【保存】选项卡，选中【自动保存时间】复选框，并在其后的微调框中输入每次自动保存的时间间隔即可。

(3）打开文档。打开文档是Word的一项最基本的操作，对于任何文档来说都需要先将其打开，然后才能对其进行编辑。单击【常用】工具栏上的【打开】按钮或选择【文件】/【打开】命令，在打开的【打开】对话框中选择文件即可。

在【打开】对话框中，还可以选择多种方式打开文档，如以只读的方式或是以副本方式打开文档等。在对话框中单击【打开】按钮右侧的小三角按钮，在弹出的菜单中选择文档的打开方式即可。

(4）关闭文档。对文档完成所有操作后要关闭时，可选择【文件】/【关闭】命令，或是单击窗口右上角的【关闭】按钮。在关闭文档时，如果对文档进行编辑、修改，可直接关闭；如果对文档做了修改，但还没有保存，系统将会自动打开一个提示框，询问是否需要保存对文档的修改。单击【是】按钮即可保存并关闭该文档。

(5）输入文本。输入文本是Word的一项基本操作，每新建一个Word文档后，在文档的开始位置都会出现一个闪烁的光标，这时选择一个输入法就可以开始文档的输入了。

1）英文输入。在英文输入法的状态下，通过键盘可以直接输入英文、数字及标点符号。需要注意的是，按下【CapsLock】键可以切换大小写英文。

2）中文输入。按下【Ctrl+空格键】组合键或是选择一种中文输入法即可输入中文。此时按下【CapsLock】键可以进行中文和英文大写字母的切换。

3）符号输入。在需要插入一些特殊符号，如希腊字母、图形符号或数字符号时，可以通过插入符号的功能在文档中进行符号的插入。

选择【插入】/【符号】命令，打开“符号”对话框，选择【插入】的符号即可。

(6）文档处理。

1）文本删除。按【BacksPace】键或【Delete】键均可逐字删除文本。如果需要删除一段或是不相邻的文本，需要先框选出需要删除的地方再按下【Backspace】键或【Delete】键，将文本删除。

2）移动、复制文本。框选需要复制的文本，右击选择【复制】或者【剪切】命令后，把光标移动到需要复制的插入点，右击选择【粘贴】命令即可。

3）撤销和恢复。在输入文本或是编辑文档的时候，Word会自动记录所执行的每一个步骤，如果执行了错误的操作，可以通过撤销来恢复刚才的操作。

选择【编辑】/【撤销】命令或者按下【Ctrl+Z】组合键，连续执行可以撤销多次操作。

4）查找和替换文本。选择【编辑】/【查找】命令，打开【查找与替换】对话框的【查找】选项卡。在【查找内容】文本框中输入要查找的内容，单击【查找下一处】按钮，即可将光标自动定位在文档中的第一个查找目标的地方。连续执行可以一次查找文档中的相应内容。

5）打印文档。在进行打印操作之前，可以通过打印预览的功能来观察文档的打印效果。选择【文件】/【打印预览】命令或是单击【常用】工具栏上的【打印预览】按钮，都可以打开打印预览窗口，预览窗口的打印效果与真实打印效果一致。预览时预览窗口中有很多按钮功能，例如，【打印】【放大镜】【单页】【多页】【显示比例】【缩小字体填充】【全屏显示】【关闭】等，可对预览效果进行调整和操作。

预览完成后，如果对打印效果满意就可以打印文档了。选择【文件】/【打印】命令，打开【打印】对话框，在该对话框中个选项的功能如下：

【打印机】区域：【名称】下拉列表框中可以选择打印机。

【页面范围】区域：可以选择打印的页数，全部、当前页或是指定页。

【副本】区域：可以设置打印的份数。

【缩放】区域：可以更改打印文本的缩放比例。

【打印内容】下拉列表框：可以选择指定文档中要打印的部分。

【打印】下拉列表框：可以选择打印奇偶数页还是所有页面。

【属性】按钮：可以打开打印机的【属性】对话框。可以设置纸张的大小、类型等，设置适合的页面以及水印效果，还可以设置文档的选项和打印质量以及打印的份数和方向。

【选项】按钮：单击此按钮，将打开【打印】对话框，可以设置打印顺序、打印时修改等。

（7）格式设置。选中需要设置的文本，单击工具栏中下拉列表中【宋体】【五号】右边的下拉按钮，可以设置文本的字体和字体大小；或者执行【格式】/【字体】命令进行设置。单击【格式】工具栏中的【加粗】【倾斜】【下划线】【字符底纹】【字体颜色】【字符边框】【字符缩放】等按钮对文本进行编辑。

（8）段落格式。

1）段落的对齐方式：可以将当前段落设置为“居中对齐”“右对齐”“左对齐”等方式；或者在【格式】/【段落】命令中设置。

2）设置段落项目符号：选择要加上项目符号的段落，执行【格式】/【项目符号和标号】命令，在“项目符号和编号”对话框中进行设置。

3）设置段落的缩进：把光标移到需要缩进的段落或是多个段落，在标尺上用鼠标拖动缩进指针改变段落的缩进值，或者在【格式】/【段落】命令中设置。

4）设置边框与底纹：选择需要调价边框与底纹的文字或是段落，执行【格式】/【边框与底纹】命令，在“边框与底纹”对话框中设置。

（9）页面设置。

1）设置页边距：可以选择执行【文件】/【页面设置】命令，打开【页面设置】对话框，选择【页边距】选项卡。在【上】【下】【左】【右】微调框中设置页边距的具体尺寸；在【装订线】微调框中设置装订所需的页边距大小；在【装订线位置】下拉列表框中选择装订线的位置；在【方向】选项区域中可指定当前页面的方向（横向或是纵向）；在【页码范围】选项区域的【多页】下拉列表框中指定当前文档的装订方式。

2）设置纸张大小：可在【页面设置】对话框中选择【纸张】选项卡。在【纸张大小】下拉列表框中选择不同类型的纸张大小，在【宽度】和【高度】文本框中可以自定义纸张大小。

3）设置文档网络：可在【页面设置】对话框中选择【文档网络】选项卡。在【文字排列】选项区域中单击【水平】按钮，可以设置文字方向为水平排列，单击【垂直】按钮，可以设置文字方向为垂直排列；在【栏数】微调框中可以设置每页的栏数。在【网格】选项区域中单击【无网格】按钮，每页的行数、行跨度、每行的字符数和字符跨度都为默认值，单击【指定行和字符网格】按钮，每页的行数、行跨度、每行的字符数和字符跨度都可自行定义。

4）添加页眉和页脚：选择执行【视图】/【页眉和页脚】命令，激活页眉和页脚，就可在其中输入文本、插入图形对象、设置边框和底纹等操作，在【页眉和页脚】工具栏中可以插入页码、日期和时间等信息。如果需再次编辑，只需在页面视图下双击页眉和页脚区域即可。

二、电子表格

制作电子表格也是现代化办公的基本要求。Excel 不仅具有强大的数据组织、计算、分析和统计功能，还可以通过图形、图标等方式来对处理的结果予以形象的展示。

1. 基本操作

（1）新建工作簿。在新建工作簿时，可直接创建空白的工作簿，也可以根据模板来创建有样式的工作簿。

1）新建空白工作簿。单击常用工具栏中的【新建空白文档】按钮。

选择【文件】/【新建】命令，在【新建】选项区域中单击【空白工作簿】链接。

按【Ctrl＋N】组合键。

2）使用模板新建工作簿。通过模板新建的工作簿中包含了设计好的样式和内容，打开该工作簿后，用户可以快速地在其中输入数据。

（2）保存工作簿。

1）保存新创建的工作簿。如果要对新创建的工作簿进行保存，可选择【文件】/【保存】命令或单击【保存】按钮，在打开的【另存为】对话框中，指定保存名称、路径及保存格式。

2）另存工作簿。对已经保存过的文档再次进行保存时，可单击【保存】按钮，就可以直接覆盖原来保存的工作簿。若想修改保存的位置或名称，可通过选择【文件】/【另存为】命令，来执行此操作。

3）自动保存。要自动保存文档，可选择【工具】/【选项】命令，打开【选项】对话框，选择【保存】选项卡，选中【自动保存时间】复选框，并在其后的微调框中输入每次自动保存的时间间隔即可。

（3）添加工作表。执行【插入】/【工作表】命令，在当前工作表前面插入一个新的工作表。或者是单击鼠标右键，在弹出的菜单中选择【插入】/【工作表】，单击确认即可。

（4）拆分工作表。执行【窗口】/【执行】命令，表格将会从选中的单元格处拆分。

（5）保护工作表。为了防止他人修改或删除工作表，可以对工作表进行保护。用户可以通过具体设置工作表的密码和允许的操作，来达到保护工作表的目的。

可以通过执行【工具】/【保护】/【保护工作表】命令，打开【保护工作表】对话框。在对话框中选中【保护工作表及锁定的单元格内容】复选框，然后在下面的文本框中输入密码；在【允许此工作表的所有用户进行】列表框中，取消所有复选框；单击【确定】按钮，打开【输入密码】对话框，在【重新输入密码】文本框中重复输入刚设置的密码；单击【确定】按钮即可完成。

（6）数据的输入与编辑。

1）输入不同格式的数据。单击单元格，移动鼠标指针到单元格右下角，光标此时会变成十字形，按住鼠标并拖动到需要的位置后放开鼠标，此时将会以相同的值填充刚选定的区域。

2）自动按规律填充。选中有规律的单元格（可以是多个），移动鼠标指针到单元格右下角，待光标变成十字形时按住鼠标并拖动向右一定的距离后放开鼠标，即可完成操作。

3）修改数据。在编辑栏上修改数据的方法类似在编辑栏上输入数据。选择需要修改的数据的单元格，将文本插入到编辑栏中，然后直接将插入点定位到需要添加数据的位置，输入正确的数据后，按【确认】键即可。

在单元格中修改数据，双击单元格或单击单元格再按【F2】键，然后在单元格中进行修改，修改完成后按确认件即可。

2. 自动套用单元格格式

选定任意一个单元格，执行【格式】/【自动套用格式】命令，打开【自动套用格式】对话框，单击选择需要的格式方案，再单击【确定】键即可。

3. 数据的运算与分析

（1）输入公式。选择要输入公式的单元格，然后在编辑栏中直接输入“＝”号，后输入公式内容，然后按下确认键即可得到结果。

（2）编辑公式。创建完公式后可以对该公式进行编辑操作，例如，修改公式、显示公式、复制公式、删除公式等。

（3）自动求和。选择好需要求和的单元格，单击【常用】工具栏上的“自动求和”按键即可。

（4）使用函数。选中需要输入公式的单元格，输入“＝”号，执行【插入】/【函数】命令，选择函数，设置函数的参数，然后单击【确认】键。当前单元格就会显示计算结果，并在编辑栏总显示公式。

（5）图表操作。执行【插入】/【图表】命令，选择图表类型、样式，然后确定，即可在单元格中插入一个图表。

第二节　AutoCAD 的入门教程

一、基本操作

1. 界面窗口

Auto CAD 的显示界面与 Windows 的其他大多数应用软件相似，其绘图窗口共包括：

（1）标题栏和菜单栏。屏幕的顶部是标题栏，如果刚刚启动 CAD 或当前图形文件尚未保存，则显示出 Drawing。紧贴标题栏的是菜单栏，系统默认有 11 列下拉菜单，菜单栏的右边是绘图窗口的操作按钮。

（2）工具栏。常用的有：标准工具栏；对象特性工具栏；绘图工具栏；修改工具栏。

（3）绘图窗口。在 CAD 工作界面上，最大的空白区域就是绘图区，也称为视窗，用户只能在绘图区绘制图形。绘图区没有边界，利用视窗缩放功能，可使绘图区无限增大或缩小。当光标移至绘图区域内时，便出现了十字形光标和拾取框。绘图区的左下角有两个互相垂直的箭头组成的图形，这有可能是 CAD 的坐标系，也可能是用户坐标系。

（4）命令行提示区。命令行用于接受用户的命令或参数输入。命令行是用户和 CAD 进行对话的窗口，通过该窗口发出的绘图命令与使用菜单命令和单击工具栏按钮等效。在绘图时，应特别注意这个窗口，输入命令后的提示信息，如错误信息、命令选项及其提示信息，都将在该窗口中显示。

（5）状态行。显示当前图形的绘制的状态，如光标的坐标，捕捉、栅格、正文等功能的开关状态。

2. 新建图形文件

（1）文件→新建。

（2）标准工具栏→新建。

（3）命令：输入 New。

（4）利用启动对话框新建文件，该对话框有四个选项卡：

1）打开。打开原有图形文件（“文件”→打开）。

①选择“以只读方式找开”，只能读取，不能修改。

②选择“局部打开”，用户可在“要加载几何图形的图层”列表框中选择需要打开的图层，CAD 将只显示所选图层上的实体。

2）使用样板。该对话框的【选择样板】列表框内有一些 CAD 已定义好的模板文件 *.dwt。每模板都分别包含了绘制不同类型的图形所需的基本设置。

3）使用向导。

快速设置：有单位、区域两个选项，确定绘图单位类型和绘图区域的长和宽。

4）高级设置。包含快速设置，在该对话框中，有单位类型、角度尺寸的单位及精度、角度测量的起始方向、角度测量的方向、指定按绘制图形的实际比例单位表示的宽度和长度。

3. 保存图形文件

使用计算机绘图必须经常存盘，以免由于突然事故（如死机、断电）等而造成文件丢失。如果要将当前图形存盘：

（1）可单击【文件】菜单→【保存】按钮。

（2）单击标准工具栏中的【保存】按钮。

（3）在命令行输入【SAVE】命令。

可在绘图时设置自动存储时间，让系统自动按时存储文件，避免文件丢失。可用下面两种方式设置：在命令行输入：savetime；【工具】菜单→【选项】→【打开】和【保存】。CAD 默认的文件扩展名为 *.DWG。

4. 功能键和组合键

用来快速访问和启动某些常用命令。下面列出了功能键及组合键的缺省设置。

F1：激活帮助信息。

F2：在文本窗口与图形窗口间切换。

F3：切换自动目标捕捉状态。

F4：切换数字化仪状态。

F5：切换等轴测面的各方式。

F6：切换坐标显示状态。

F7：切换栅格显示。

F8：切换正交状态。

F9：切换捕捉状态。

F10：切换极坐标角度自动跟踪功能。

F11：切换目标捕捉点自动跟踪功能。

Ctrl+Z：连续撤销刚执行过的命令，直至最后一次保存文件为止。

Ctrl+X：从图形中剪切选择集至剪贴板中。

Ctrl+C：从图形中复制选择集至剪贴板中。

Ctrl+V：将剪贴板中的内容粘贴至当前图形中。

Ctrl+O：打开已有的图形文件。

Ctrl+P：打印出图。

Ctrl+N：新建图形文件。

Ctrl+S：保存图形文件。

Ctrl+K：超链接。

Ctrl+1：显示或关闭目标属性管理器。

二、基本绘图及编辑命令

1. 绘制直线

（1）在【绘图】工具栏上，单击【直线】工具按钮。

（2）在命令行输入“Line”或简捷命令“L”并回车。

（3）单击【绘图】菜单，选择【直线】命令。

（4）启动“Line”命令后，子命令“U”为取消最近绘制的直线，“C”为将最后端点和最初起点连线形成一闭合的折线。

2. 绘制圆

（1）在【绘图】工具栏上，单击【圆】工具按钮。

（2）在命令行输入“Circle”或简捷命令“C”并回车。

（3）单击【绘图】菜单，选择圆命令，在其级联菜单中选择一种绘圆方法。

3. 绘制弧线

（1）在【绘图】工具栏上，单击【圆弧】工具按钮。

（2）在命令行输入“Arc”并回车。

（3）单击【绘图】菜单，选择圆弧命令，在其级联菜单中选择一种绘制圆弧方法。

4. 绘制椭圆

（1）在【绘图】工具栏上，单击【椭圆】工具按钮。

（2）在命令行输入“Ellipse”或简捷命令“EL”回车。

（3）单击【绘图】菜单，选择椭圆命令，在其级联菜单中选择一种绘制方法。

5. 绘制矩形

（1）在【绘图】工具栏上，单击【矩形】工具按钮。

（2）在命令行输入“Rectangle”或简捷命令“REC”回车。

（3）单击【绘图】菜单，选择矩形命令。

6. 绘制正多边形

（1）在【绘图】工具栏上，单击【正多边形】工具按钮。

（2）在命令行输入“Polygon”或简捷命令“POL”回车。

7. 绘制点

（1）在【绘图】工具栏上，单击【点】工具按钮。

（2）在命令行输入“Point”或简捷命令“PO”回车。

8. 绘制圆环

（1）在命令行输入“Donut”或简捷命令“DO”回车。

（2）单击【绘图】菜单→【圆环】命令。

9. 绘制多段线

（1）在【绘图】工具栏上，单击【多段线】工具按钮。

（2）在命令行输入“Pline”或简捷命令“PL”回车。

10. 徒手画线

在绘图时，有时需要绘制一些不规则的线条，利用“Sketch”命令，可以徒手画图，通过在屏幕上移动光标画出任意形状的线条或图形，就像笔直接在图纸上绘制一样。

在命令行输入“Sketch”并回车。

“Sketch”命令所画出的线条，实际上是由许多很小的直线段组成，这些直线段的长度可以通过记录增量（Record increment）控制，记录增量的系统默认值为1.00。

11. 参照线

参照线又称构造线，是两端无限延长的直线，一般为辅助绘图线条。

（1）在命令行输入“Xline”或简捷命令“XL”回车。

（2）单击【绘图】菜单→【构造线】命令。

12. 射线

射线是单向无限延长的构造线，一般为辅助绘图线条，射线具有一个确定的起点并单向无限延伸，在绘图时通常采用对象捕捉射线的第一点，再定义第二点形成射线。

（1）在命令行输入“Ray”并回车。

（2）单击【绘图】菜单→【射线】命令。

13. 多线

多重平行线也叫多线。在绘图时，可以通过定义多线样式，绘制多种类型多线。

（1）在【绘图】工具栏上，单击【多线】工具按钮。

（2）在命令行输入“Mline”或简捷命令“ML”并回车。

14. 绘图时对象的动态拖动

绘图时对象的动态拖动，由系统变量 Dragmode 的参数决定，其作用是通过实时拖动鼠标改变对象的形状或大小。

启动 Dragmode 后，命令行中各选项含义如下：

[开]：启动拖动方式，以保持各个命令对它的可使用性。

[关]：停止使用拖动方式。

[自动]：自动启动拖动方式，以便由支持它的各个命令所使用。

三、辅助绘图知识

1. 理解 *X*，*Y* 坐标系

几何和三角中通过 *X* 轴和 *Y* 轴来建立图形，然后在图纸上标出坐标。*Y*、X 坐标轴，标有 *X* 的箭头指向 *X* 轴的正方向，其含义是，当按箭头方向移动时，*X* 坐标值增大；标有 *Y* 箭头指向 *Y* 轴的正方向。用这种方法，屏幕上的所点都能通过 *X* 和 *Y* 坐标来说明，这种坐标称为笛卡尔坐标系。笛卡尔坐标系统（Cartesian Coordinate System，CCS)。在屏幕底部状态栏中显示的三维坐标值，就是笛卡尔坐标系中的数值。*X*、*Y*、*Z* 轴的三轴线的相交点（0，0，0）也称为原点。*X* 轴的左方和 *Y* 轴下方点的坐标值为负数。

2. 世界坐标系统

世界坐标系统（World Coordinate System，WCS)。WCS 是 CAD 的基本坐标系统，它由三个相互垂直并相交的坐标轴 *X*、*Y* 和 *Z* 组成。在绘制和编制图形的过程中，WCS 是缺省坐标系统，其坐标原点和坐标轴方向都不会改变。WCS 在默认情况下，*X* 轴正方向水平向右，*Y* 轴正方向垂直向上，*Z* 轴正方向垂直屏幕平面向外，指向用户。坐标原点在绘图区左下角，其上有“＋”号时，表明当前视点正处在原点（*X* 轴和 *Y* 轴相交处 0,0)，并且图标上有“W”时，表明用户处在 WCS 坐标系统中（否则用户处于 UCS）之中。

3. 用户坐标系统

CAD提供了可变的用户坐标系统（User Coordinate System，UCS）。UCS主要用于立体绘图，原点可以随时变动，可利用UCS命令对坐标轴进行旋转、移动。在缺省情况下，UCS和WCS相重合。当在原点上有方框标记时，表示用户现在处于WCS之中，否则，用户处于UCS中。

4. 坐标的输入方法

（1）绝对笛卡尔坐标（Absolute Coordinate）。绝对坐标是以原点（0，0，0）为基点定位所有的点。绘图区内的任何一点均可以用（*x*，*y*，*z*）来表示，用户可以通过输入*X*、*Y*、*Z*坐标来定义点的位置。

绝对坐标的输入方法：*X*，*Y*，*Z*＜*X*，*Y*，*Z*，坐标中间用“，”隔开）。例如：(50，100)。

（2）相对笛卡尔坐标（Relative Coordinate）。相对坐标是某点（假如A点）相对于某一特定点（如B点）的相对位置。相对坐标指明*X*和*Y*与前一点的距离，它仅相对于前一点有意义，因此称为相对坐标。

相对坐标的输入方法：@*X*，*Y*（用@符号来表明坐标是相对的）。例如：假如上一操作点的坐标是（5,10），通过键盘输入下一点的相对坐标（@12，8），则等于确定了该点的绝对坐标为（5＋12，10＋8），即（17，18）。

绝对坐标和相对坐标都属于二维线性坐标。

（3）绝对极坐标（Absolute Polar Coordinate）绝对极坐标均以原点为极点，极坐标是通过相对于原点的距离和角度来定义的。在系统缺省情况下，CAD以逆时针方向来测量角度。

四、AutoCAD在工程中的应用

AutoCAD在建筑工程中被普遍应用，无论是方案图还是施工图，其中包括建筑施工图、结构施工图、水电施工图等都由AutoCAD绘制而成。

施工图的绘制基本步骤包括：图形界限、图层、文字样式、标注样式等基本设置；图形绘制、图形编辑、图形文字、尺寸标注、图纸的打印。AutoCAD可以随时满足各项设置以及图形的修改，以满足施工的实际需求。

第三节　相关管理软件的知识

一、管理软件的特点

管理软件属于专业软件的一种，它通常是建立在某种工具软件平台上的。管理软件具有使用方便、智能高效、与专业工作紧密结合的特点，能够有效地提高工作效率，有效地减轻管理人员劳动强度的优点。在建筑工程的设计和施工过程中得到了广泛应用。

二、管理软件在施工中的应用

管理软件在施工过程中的应用越来越广泛，相比于一般的应用软件，其专业性、功能性均有非常强的优势。针对企业各种不同的需求，管理软件可以将多个层次的主体集中在一个协同的平台上，也可以应用于单项或是多项管理的组合，使管理模式得到丰富。

三、常见的管理软件

目前市面上的管理软件种类繁多，各个品牌的管理软件的特长各不相同，但通常都可以针对专项事宜完成系统的管理。施工现场经常运用到的软件有：应用于资料管理的“建龙软件”、应用于施工进度编制的“梦龙软件”、应用于施工安全技术方案编制的“PKPM软件”以及“品茗软件”等。

现举例《品茗施工安全设施计算软件》做简单介绍：

《品茗施工安全设施计算软件》是针对施工过程中如脚手架、模板、塔吊等有关施工现场安全设施的专项方案编制和审核专用软件产品，此软件主要依据国家相关技术规范、行业标准和计算手册研制而成，极大地提高了施工技术人员在安全专项方案的计算、编制和审核过程中的准确性、规范性和节约性。目前该软件涵盖施工现场脚手架、模板、临时用水用电、塔吊、混凝土、钢筋支架、结构吊装、降排水、浅基坑等九大专业模块。计算书、安全专项方案书、报审表三位一体，软件可同步生成。计算书图文并茂，安全专项方案书内容丰富，报审表简洁明了。软件人性化设计，傻瓜式操作，只需输入基本参数，轻轻单击鼠标，各种结论瞬间可看可得。在方案的计算过程中结果是否符合规范，软件通过“红绿字”智能评判：符合规范用“绿字”显示，不符合规范用“红字”显示。该软件能快速制作安全计算书：能看懂图纸、有现场经验即可应用软件，输入基本参数，单击【计算】按钮，图文并茂的安全计算书所见即所得（友情提示：示意图标注参数为输入参数）。

智能生成专项方案书：根据您的设计方案，智能同步生成专项方案书，生成的专项方案书包含了编制依据、工程概况、方案选择、材料选择、搭设流程及要求、劳动力安排、计算书等完整规范的章节内容。

专业软件是一个工具，一般都有可视化、利于上手的特征，只要有基本的计算机知识很容易学会，其实专业软件的使用，最重要的还是对专业知识的掌握，这些内容请参考本套教材的其他章节。

第十一章　施工现场的安全管理

第一节　危险源管理

危险源是安全管理的主要对象，在实际生产过程中以多种多样的形式存在，根据危险源在事故发生发展中的作用，我们把危险源分为第一类危险源和第二类危险源。

第一类危险源：能量和危险物质的存在是危害产生的根本原因，通常把可能发生意外释放的能量（能源或能量载体）或危险物质。第一类危险源是发生事故的物质本质，一般来说，系统具有的能量越大，存在的危险物质越多，则其潜在的危险性和危害性越大。

第二类危险源：造成约束、限制能量和危险性措施失控的各种不安全因素，主要表现在设备故障或缺陷（物的不安全状态）、人为失误（人的不安全行为）和管理缺陷等。

事故的发生是两类危险源共同作用的结果，第一类危险源是事故发生的内因，第二类危险源是事故发生的外应，内因是主体，内因是变化的根据，外因是变化的条件，决定事故发生可能性的大小，外因通过内因而起作用。

1. 建筑施工安全技术规划

建筑施工过程中，我们需要采取消除或控制建筑施工过程中已知或潜在危险因素及其危害的工艺和方法。建筑施工安全是一项系统工程，需要一系列切实可行的计划和工作才能达成。

《建筑施工安全技术统一规范》（GB 50870—2013）规定，根据发生生产安全事故可能产生的后果，应将建筑施工危险等级分为Ⅰ、Ⅱ、Ⅲ三个等级，结合《危险性较大的分部分项工程安全管理办法》分级情况见表 11-1。在建筑施工中，应结合工程施工特点和所处环境，根据建筑施工危险等级实施分级管理，并应综合采用相应的安全技术。

表 11-1　建筑施工危险等级系数

分部分项工程	危险等级	事故后果	危险等级系数
超出一定规模危险性较大分部分项工程	Ⅰ	很严重	1.10
危险性较大分部分项工程	Ⅱ	严重	1.05
一般分部分项工程	Ⅲ	不严重	1.00

为了保证施工安全，消除或控制建筑施工过程中已知或潜在危险因素及其危害，企业应建立建筑施工安全技术保证体系，建立相应的安全技术管理组织机构及相应的管理制度。

建筑施工安全技术规划编制应在开工前编制，应包含工程概况、编制依据、安全目标、组织结构和人力资源、安全技术分析、安全技术控制、安全技术监测与预警、应急救援、安全技术管理、措施与实施方案等。

2. 建筑施工安全技术分析

建筑施工安全技术分析应包括建筑施工危险源辨识、建筑施工安全风险评估和建筑施工安全技术方案分析。其中危险源辨识应覆盖与建筑施工相关的所有场所、环境、材料、设备、设施、方法、施工过程中的危险源，根据危险源可能产生的生产安全事故的严重性及其影响，确定危险等级，危险源辨识应根据工程特点明确给出危险源存在的部位、根源、状态和特征。

建筑施工的安全技术分析应在危险源识别和风险评估的基础上，对风险发生的概率及损失程度进行全面分析，评估发生风险的可能性及危害程度，与相关专业的安全指标相比较，以衡量风险的程度，并应采取相应的安全技术措施。

建筑施工安全技术分析应结合工程特点和生产安全事故教训进行，制订安全技术方案：

（1）符合建筑施工危险等级的分级规定，并应有针对危险源及其特征的具体安全技术措施；

（2）按照消除、隔离、减弱、控制危险源的顺序选择安全技术措施；

（3）采用有可靠依据的方法分析确定安全技术方案的可靠性和有效性；

（4）根据施工特点制定安全技术方案实施过程中的控制原则，并明确重点控制与监测部位及要求。

对于采用新结构、新材料、新工艺的建筑施工和特殊结构的建筑施工，设计文件中应提出保障工作作业人员安全和预防生产安全事故的安全技术措施，制定和实施施工方案时应有专项施工安全技术分析报告。

建筑施工临时用电安全技术分析应对临时用电重点分析，符合《施工现场临时用电安全技术规范》（JGJ 46—2005）的要求。

3. 建筑施工安全技术控制

安全技术措施实施前应审核作业过程的指导文件，实施过程中应进行检查、分析和评价，并使人员、机械设备、材料、方法、环境等因素处于可控状态。

Ⅰ级（超出一定规模危险性较大的分部分项工程）：编制专项施工方案和应急救援预案，组织技术论证，履行审核、审批手续，对安全技术方案内容进行技术交底、组织验收，采取监测预警技术进行全过程监控。

Ⅱ级（危险性较大的分部分项工程）：编制专项施工方案和应急救援措施，履行审核、审批手续，进行技术交底、组织验收，采取监测预警技术进行局部或分段过程监控。

Ⅲ级（除Ⅰ、Ⅱ级以外的一般分部分项工程）：制定安全技术措施并履行审核、审批手续，进行技术交底。

建筑施工过程中，各分部分项工程、各工序应按相应专业技术标准进行安全技术控制、对关键环节、特殊环节、采用新技术或新工艺的环节，应提高一个危险等级进行安全技术控制。

材料及设备的安全技术控制应符合下列要求：

(1) 主要材料、设备、购配件及防护用品应有质量证明文件、技术性能文件、使用说明文件，其物理、化学技术性能应符合进行技术分析的要求；

(2) 建筑构件、建筑材料和室内装修、装饰材料的防火性能应符合国家现行有关标准的规定；

(3) 对涉及建筑施工安全生产的主要材料、设备、购配件及防护用品，应进行进场验收，并应按各专业安全技术标准规定进行复验；

(4) 建筑施工机械设备和施工机具及配件应具有产品合格证，属特种设备的还应具有生产（制造）许可证；

(5) 建筑机械和施工机具及配件的安全性能应通过监测，使用时应具有检测或检验合格证明；

(6) 施工机械和机具的防护要求、绝缘保护或接地接零要求应符合相关技术规定；

(7) 建筑施工机械设备的操作者应经过技术培训合格后方可上岗操作；

(8) 建筑施工机械设备和施工机具及配件安全技术控制中的性能检测应包括金属结构、工作机构、电器装置、液压系统、安全保护装置、吊索具等；

(9) 施工机械设备和施工机具使用前应进行安装调试和交接验收。

4. 建筑施工安全技术监测与预警及应急救援

建筑施工安全技术检测与预警应根据危险等级分级进行。建筑施工安全技术监测方案应为建筑施工过程控制及时提供监测信息，能够检查安全技术措施的正确性和有效性，检测与控制安全技术措施的实施，要能够为保护环境提供依据，为改进安全技术措施提供依据。

监测方案应包括工程概况、监测依据和项目、监测人员配备、监测方法、主要仪器设备及精度、测点布置与保护、检测频率及监测报警值、数据处理和信息反馈、异常情况下的处理措施。

建筑施工安全技术监测可采用仪器监测与巡视检查相结合的方法，监测点的布置应满足下列要求：

(1) 能反映监测对象的实际状态及其变化趋势，并应满足监测控制要求；

(2) 避开障碍物，便于观测，且标识稳固、明显、结构合理；

(3) 在监测对象内力和变形变化大的代表性部位及周边重点监护部位，监测点的数量和观测频度应适当加密；

(4) 对监测点应采取保护措施。

建筑施工生产安全事故应急预案应根据施工现场安全管理、工程特点、环境特征和危险等级制定，应对安全事故的风险特征进行安全技术分析，对可能引发次生灾害的风险，应有预防技术措施，应急预案应包括下列内容：

(1) 建筑施工中潜在的风险及其类别、危险程度；

(2) 发生紧急情况时应急救援组织机构与人员职责分工、权限；

（3）应急救援设备、器材、物资的配置、选择、使用方法和调用程序；为保持其持续的适用性，对应急救援设备、器材、物资进行维护和定期检测的要求；

（4）应急救援技术措施的选择和采用；

（5）与企业内部相关职能部门以及外部（政府、消防、救险、医疗等）相关单位或部门的信息报告、联系方法；

（6）组织抢险急救、现场保护、人员撤离或疏散等活动的具体安排等。

应急救援预案，应对全体从业人员进行针对性的培训和交底，并组织专项应急救援演练；根据演练结果对建筑施工生产安全事故应急救援预案的适宜性和可操作性进行评价、修改和完善。

5. 建筑施工安全技术管理

建筑施工安全技术管理制度的制定应根据有关法律、法规和国家现行标准要求，明确安全技术管理的权限、程序和时限。建筑施工各有关单位应组织开展分级、分层次的安全技术交底和安全技术实施验收活动，并明确参与交底和验收的技术人员和管理人员。

安全技术交底应符合下列规定：

（1）安全技术交底的内容应针对施工过程中潜在危险因素，明确安全技术措施内容和作业程序要求；

（2）危险等级为Ⅰ、Ⅱ级的分部分项工程、机械设备及设施安装拆卸的施工作业，应单独进行安全技术交底。

安全技术交底的内容包括：工程项目和分部分项工程的概况、施工过程的危险部位和环节及可能导致生产安全事故的因素、针对危险因素采取的具体预防措施、作业中应遵守的安全操作规程以及应注意的安全事项、作业人员发现事故隐患应采取的措施、发生事故后应及时采取的避险和救援措施。

施工单位的安全技术交底应有书面记录，交底双方应履行签字手续，书面记录应在交底者、被交底者和安全管理者三方留存被查。

安全技术措施的验收应由施工单位组织，并应根据危险等级由相关人员参加，并符合下列规定：

（1）对危险等级为Ⅰ级的安全技术措施实施验收，参加人员应包括施工单位技术和安全负责人、项目经理和项目技术负责人及项目安全负责人、项目总监理工程师和专业监理工程师、建设单位项目负责人和技术负责人、勘察设计单位项目技术负责人、涉及的相关参建单位技术负责人；

（2）对危险等级为Ⅱ级的安全技术措施实施验收，参加人员应包括施工单位技术和安全负责人、项目经理和项目技术负责人及项目安全负责人、项目总监理工程师和专业监理工程师，建设单位项目技术负责人、勘察设计单位项目设计代表、涉及的相关参建单位技术负责人；

（3）危险等级为Ⅲ级的安全技术措施实施验收，参加的人员应包括施工单位项目经理和项目技术负责人、项目安全负责人、项目总监理工程师和专业监理工程师、设计的相关参建单位的专业技术人员。

实行工程总承包的单位工程，应由总承包单位组织安全技术措施实施验收，相关专业工程的承包单位技术负责人和安全负责人应参加相关专业工程的安全技术措施实施验收。当安全技术措施实施验收不合格时，实施责任主体单位应进行整改，并应重新组织验收。

施工起重、升降机械和整体提升脚手架、爬模等自升式架设设施安装完毕后，安装单位应自检，出具自检合格证明，并应向施工单位进行安全使用说明，办理交接验收手续。

第二节　建筑施工安全检查标准简介

建筑施工安全检查，目前在建筑施工现场通常采用《建筑施工安全检查标准》（JGJ 59—2011）。

本标准将建筑施工中常见的危险源作出了较为详尽的介绍，具备可操作性，能够通过评分的量化评定方法进行施工安全检查。检查评定项目主要有安全管理、文明施工、脚手架（扣件式钢管脚手架、门式钢管脚手架、碗扣式钢管脚手架、承插型盘扣式钢管脚手架、满堂脚手架、悬挑式脚手架、附着式升降脚手架、高处作业吊篮）、基坑工程、模板支架、高处作业、施工用电、物料提升机与施工升降机、塔式起重机与起重吊装、施工机具等十大类检查项目。在汇总表中，文明施工为15分，施工机具为5分，其余各项均为10分，这样满分为100分。

每张分表的满分均为100分，通过加权的方式汇入总表，检查项目除《施工机具检查评分表》以外均包括保证项目和一般项目，其中保证项目占60分，一般项目占40分。

各评分表的评分应符合下列规定：

（1）各项检查评分表和检查评分汇总表的满分值均为100分，评分表的实得分值应为各检查项目所得分值之和；

（2）评分应采用扣减分的方法，扣减分总和不得超过该检查项目的应得分值；

（3）当按分项检查评分表评分时，保证项目中有一项未得分或保证项目小计得分不足40分，此分项检查表不应得分，即该分项检查表为0分；

（4）各检查评分汇总表中各分项项目实得分值应按下式计算：

$$A_1 = \frac{B \cdot C}{100}$$

式中，A_1 ——汇总表各分项项目实得分值；

B ——汇总表中该项应得满分值；

C ——该项检查评分表实得分值。

（5）当评分遇有缺项时，分项检查评分表或检查评分汇总表的总得分值应按下式计算：

$$A_2 = \frac{D}{E} \times 100$$

式中，A_2 ——遇有缺项时总得分值；

D——实查项目在该表的实得分值之和；

E——实查项目在该表的应得满分值之和。

（6）脚手架、物料提升机与施工升降机、塔式起重机与起重吊装项目的实得分值，应为所对应专业的分项检查表实得分值的算术平均值。

检查评定等级：

应按汇总表的总得分和分项检查表的得分，对建筑施工安全检查评定划分为优良、合格、不合格三个等级，其等级划分应符合下列规定：

（1）优良：分项检查评分表无0分，汇总表得分值在80分及以上；

（2）合格：分项检查评分表无0分，汇总表得分值应在80分以下，70分及以上。

（3）不合格：当汇总表得分值不足70分的或当有一项检查评分表得0分时。

当建筑施工安全检查评定的等级为不合格时，必须限期整改达到合格。

第十二章　文明施工

第一节　工程环境

生态环境的日益恶化使环境问题已成为全世界谋求可持续发展的一个重要问题。在建设工程这个规模浩大、持续时间较长的生产活动过程中，不仅改变了自然环境，还不可避免地对环境造成了污染和损害。因此，在建设工程生产过程中，要竭力控制建设工程对资源环境的污染和损害程度，采取有效的组织、技术、经济和法律的手段，对环境污染和资源损坏予以治理，保护环境，促进经济建设、社会发展和环境保护的协调发展。

一、施工现场水污染处理

（1）车辆清洗处、混凝土输送泵及干拌砂浆罐应设置沉淀池，施工废水未经沉淀处理不得直接排入市政排水管网，经过二次沉淀处理后才能排入市政污水管网或回收用于施工养护或洒水降尘。

（2）现场施工作业时产生的污水，禁止随意排放。作业时需严格控制污水流向，在合理位置设置沉淀池，沉淀后方可排入市政污水管网。

（3）工现场使用乙炔气焊时产生的污水禁止随地倾倒，需用专用容器集中收集，并倒入沉淀池沉淀处理。

（4）施工现场油漆油料存放需设置专用库房，库房地面需做防渗处理，存放、使用及保管需专人负责和采取相应措施，施工现场杜绝出现渗漏现象。

（5）禁止将有害废弃物用做土方回填。

（6）用餐人数超过 100 人的临时食堂，应设置简易隔油池，使用产生的污水经隔油处理后方可排入市政污水管网。

二、施工现场噪声污染管理

1. 施工噪声的类型

（1）空气动力性噪声，如鼓风机、通风机、空气压缩机、空气锤打桩机及柳枪等发出的噪声。

（2）机械性噪声，如挖土机、推土机、柴油打桩机、搅拌机、风镐、风铲、混凝土振动棒、钢筋切割机、木材加工机械等发出的噪声。

（3）爆炸性噪声，如放炮作业时发出的噪声。

（4）电磁性噪声，如变压器、发电机、变频器等发出的噪声。

2. 施工噪声的处理

（1）尽量使用低噪声或有消声、降噪设备的施工机械。

（2）搅拌机、干拌砂浆罐、混凝土输送泵、电锯、大型空压机等强噪声机械设备应搭设封闭式机械棚，以减少噪声污染，搭设机械棚时应尽可能远离周边居民住所。

（3）凡在居民比较密集区域施工，施工产生强噪声时，应严格控制施工作业时间，早晨作业不早于6时，晚间作业时间不超过22时。需昼夜连续施工时，应尽量采取降噪措施，并报施工所在地相关职能部门备案，取得夜间施工许可证后方可施工，同时应告知周边居民，做好安抚工作。

（4）加强对施工作业人员的教育工作，增强防噪扰民的自觉意识，作业时严格控制不必要的噪声产生和人为的大声喧哗。

（5）所有进入现场的车辆不得乱鸣笛，如在夜间施工，禁止鸣笛。

（6）对施工现场噪声进行监控，专人负责监测管理并做好记录。超过《建筑施工场界噪声限值》（GB 12523—2011）中的规定：白昼75dB，夜间55dB时，需及时进行采取措施调整。

三、施工现场空气污染管理

（1）施工现场主要运输道路必须硬化。现场应采取固化、覆盖、绿化、洒水等有效措施，使现场不泥泞、不扬尘。

（2）施工现场的外围围挡高度不得低于1.8m，避免或减少污染物向场地外扩散。

（3）施工现场楼层中的施工垃圾，应采用封闭的容器吊运或专用的垃圾道运输，严禁随意凌空抛撒。

（4）施工现场应设置封闭式的垃圾站，施工垃圾和生活垃圾分类存放。转运垃圾时应覆盖并配合洒水。

（5）现场应设专人负责环保工作，现场合理配备洒水设备，及时洒水，减少扬尘污染。

（6）现场土方、渣土运输时，必须采取封闭覆盖措施。进出现场出入口时必须将车辆冲洗干净，不得将泥沙带出现场。

（7）对于现场有毒有害的气体的产生和排放必须采取切实有效的措施并严格控制。

（8）水泥和其他易飞扬的细颗粒材料应封闭存放，使用时也应采取有效的措施防止扬尘。

（9）道路铣刨作业时，应采用洒水、冲洗等措施，减少扬尘污染。灰土和无机料应预拌进场，碾压过程中应洒水降尘。

（10）城外施工时，现场搅拌站应搭设封闭的搅拌棚，搅拌机上应设置喷淋装置。

（11）拆除旧建筑物、构筑物时，应配合洒水。

（12）对现场的锅炉、茶炉、大灶等，应设置消烟除尘设备。

（13）凡进行沥青防潮防水作业时，应使用密闭并带有烟尘处理的装置进行加热。现场严禁使用敞口锅熬制沥青。

四、施工现场固体废物处理

1. 对于施工现场固体废物处理的规定

在施工现场产生的固体废物的处理，必须根据《中华人民共和国固体废物污染环境防治法》的有关规定执行。

（1）建设产生固体废物的项目以及建设储存、利用、处置固体废物的项目，必须依法进行环境影响评价，并遵守国家有关建设项目环境保护管理的规定。

（2）对城市生活垃圾应当及时清运，逐步做到分类收集和运输，并积极开展合理利用和实施无害化处置。

（3）建设生活垃圾处置的设施、场所，必须符合国务院环境保护行政主管部门和国务院建设行政主管部门规定的环境保护和环境卫生标准。

（4）从事公共交通运输的经营单位，应当按照国家有关规定，清扫、收集运输过程中产生的生活垃圾。

（5）从事城市新区开发、旧区改建和住宅小区开发建设的单位，以及机场、码头、车站、公园、商店等公共设施、场所的经营管理单位，应当按照国家有关环境卫生的规定，配套建设生活垃圾收集设施。

2. 固体废物的类型

施工现场产生的固体废物主要有拆建废物、化学废物及生活固体废物三种。

（1）拆建废物，包括渣土、废砖块、瓦砾、碎石、混凝土碎块、废木材、废钢筋、废水泥、废石灰、碎玻璃、废装饰材料等。

（2）化学废物，包括废油漆材料、废油类、废沥青、废塑料、废玻璃纤维等。

（3）生活固体废物，包括废弃食品、废纸、废电池、废弃生活用品、煤灰、粪便等。

3. 固体废物的治理办法

废物处理是指采取物理、化学、生物处理等方法，将废物在自然环境中加以迅速、有效、无害地分解处理。根据环境科学理论，可将固体废物的治理方法概括为无害化、安定化处理。

（1）无害化是指将废物内的生物性或化学性的有害物质，进行无害化或安定化处理，例如，利用焚化处理的化学法，将微生物杀灭，促使有毒物质氧化或分解。

（2）安定化是指为了防止废物中的有机物质腐化分解产生臭味或衍生成有害生物，将此类有机物通过有效的处理方法，不再继续分解或变化。如以厌氧性的方法处理生活废物，使其实时产生甲烷，使处理后的残余物完全腐化安定，不再发酵腐化分解。

（3）大多废物疏松膨胀、体积庞大，不但增加运输费用，而且占用堆填场地大。减量化废物处理是将固体废物压缩或液体废物浓缩，或将废物无害焚化处理。烧成灰烬，使其体积缩小至10%以下，以便运输堆填。

4. 固体废物的处理

（1）物理处理：包括压实浓缩、破碎、分选、脱水干燥等。这种方法可以浓缩或改变固体废物结构，但不破坏固体废物的物理性质。

（2）化学处理：包括氧化还原、中和、化学浸出等。这种方法能破坏固体废物中的有害成分，从而达到无害化，或将其转化成适于进一步处理、处置的形态。

（3）生物处理：包括好氧处理、厌氧处理等。

（4）热处理：包括焚烧、热解、焙烧、烧结等。

（5）固化处理：包括水泥固化法和沥青固化法等。

（6）回收利用和循环再造：将拆建物料再作为建筑材料利用；做好挖填土方的平衡设计，减少土方外运；重复使用场地围挡、模板、脚手架等物料；将可用的废金属、沥青等物料循环利用。

第二节　文明施工标准

文明施工的检查评定可以按照《建筑施工安全检查标准》（JGJ 59—2011）中的有关规定，结合《建设工程施工现场消防安全技术规范》（GB 50720—2011）、《建筑施工现场环境与卫生标准》（JGJ 146—2013）、《施工现场临时建筑物技术规程》（JGJ/T 188—2009）进行管理。

（1）施工现场文明施工管理原则是合理布局、道路通畅、生活卫生、文明整洁、安全高效。

（2）建筑工程施工总承包单位应对施工现场的文明施工负总责，分包单位应服从总包单位的管理。参见单位及现场人员应有维护施工现场文明施工的责任和义务。

（3）建筑工程的文明施工管理应纳入施工组织设计或编制专项方案，应明确文明施工的目标和措施。

（4）施工现场应建立文明施工管理制度，落实管理责任，应定期检查并记录。

（5）施工人员的教育培训、考核应包括文明施工等有关内容。

一、现场围挡

（1）施工现场应实行封闭管理，并应采取硬质围挡。市区主要路段的施工现场围挡高度不应低于 2.5m，一般路段围挡高度不应低于 1.8m。围挡应牢固、稳定、整洁。距离交通路口 20m 范围内占据道路施工设置的围挡，其 0.8m 以上部分应采用通透性围挡，并应采取交通疏导和警示措施。

（2）围挡的使用应符合下列规定：

1）提倡优先采用可重复使用围挡。

2）对围挡应定期进行检查，当出现开裂、沉降、倾斜等险情时，应立即采取相应的加固措施。

3）堆场的物品、弃土等不得紧靠围挡堆载，堆场离围挡的安全距离不小于 1.0m。

4）围挡上的灯光照明设置和使用等，应符合现行行业标准《施工现场临时用电安全技术规范》（JGJ 46—2005）的规定。

二、封闭管理

（1）施工现场应设置固定出入口，出入口应设置大门，大门侧应设置供人员进出的专用通道（门禁系统）及门卫室。大门应采用铁花大门或电动门，宽度宜大于 6m。门口应立门柱，门头设置企业标识。

1）门楼式大门。包括门柱（门柱为钢结构主体架），外封彩钢板或薄钢板；门楣（灯箱），钢结构主体架，外部采用户外喷绘；大门一般采用伸缩式电动门。

2）无门楼式大门。门柱：一般为砖砌；大门：一般采用钢板焊制。

（2）施工现场主要出入口围挡外侧应张挂施工公告牌、工程概况牌、管理人员名单及监督电话牌、安全生产牌、环境保护和绿色施工牌、消防保卫牌、施工总平面图等；图牌规格为 900mm×1400mm。

（3）施工现场进出口道路应硬化，应设置立体式或平层式冲洗设备，对进出的车辆进行冲洗，并设置回型 300mm×300mm 截水沟、两级沉淀池，配高压水枪。

（4）大门处应设置门卫室，并配备门卫，建立门卫职守管理制度，对来访人员进行登记，禁止无关人员进入施工现场。

1）门卫室宜采用彩钢板板房，并设置遮阳扇；

2）门卫室侧墙上应粘贴报警电话牌；

3）门卫室门牌标识同其他办公室门牌一致；

4）门卫室内部干净整洁，悬挂门卫职责牌。

三、施工场地

（1）施工场地应按施工总平面进行布置。作业区、生活区、办公区应分区设置，且应采取相应的隔离措施，并应设置导向、警示、宣传等标识。

（2）施工现场的主要道路及材料加工区、材料堆场地面应进行硬化处理，混凝土路面厚度不应小于 200mm，强度等级不应小于 C20。裸露的场地和集中堆放的土方应采取覆盖、固化或绿化措施。临时道路应采用装配式可周转使用的预制路面板。

（3）施工现场应场地平坦、整洁，道路坚实、畅通，道路应满足运输要求，场地内不得有大面积积水。

（4）施工现场应有防止泥浆、污水、废水污染环境的措施。

（5）施工现场严禁焚烧或就地填埋有毒有害危险废物。

（6）施工现场应在危险区域设置安全警示标识标语。

（7）施工现场应根据规定在主要道路两侧设置有效降尘的喷淋系统，包括管道、喷雾头、加压泵、定时器等，喷雾头设置间距宜为300mm一个。

（8）施工现场应设置视频监控系统，在车辆入口、塔式起重机、主要道路、周边围墙上设置监控头，对施工现场进行全方位覆盖。

四、施工现场材料管理

（1）建筑材料、构件、料具应按总平面图布置进行分类、有序码放，并应标明名称、规格等。

钢筋堆放应满足下列要求：

1）堆放区场地平整夯实并硬化，周围用护栏进行隔离；

2）钢筋原材料应集中堆码在钢筋架上，钢筋架采用混凝土浇筑；

3）钢筋架表面刷倾斜角度红白油警示漆。

大模板堆放应满足下列要求：

1）堆放区场地平整夯实并硬化；

2）场地周围搭设1.2m高防护栏，刷红白相间油漆，立面悬挂密目安全网。

（2）施工现场材料码放应根据材料属性采取防火、防锈蚀、防雨等措施。

（3）材料加工房应设置在安全地带，并应搭设防护棚，防护棚应防砸、防火、防雨，结构牢固；所有材料加工房、防护棚安装完毕后，必须经验收合格才能投入使用。

（4）建筑物内施工垃圾的清运，应采用器具或管道运输，严禁随意抛掷。

（5）易燃易爆物品应分类储藏在专用库房内，制定防火措施，并应有专人负责及定期检查，使用前进行专项交底。

五、临时设施

（1）施工现场应设置办公用房、宿舍、食堂、厕所、盥洗设施、浴室、开水间、文体活动室、职工夜校等临时设施。文体活动室应配备文体活动设施和用品。严禁在尚未竣工的建筑物内设置宿舍。

（2）办公区、生活区宜位于建筑物坠物的坠落半径和塔吊等机械作业半径之外。如因场地受限在建筑物坠落半径及塔基覆盖范围内的临时设施，应搭设双层防砸棚。

（3）办公用房、宿舍宜采用钢结构或具备产品合格证的装配式活动房，其燃烧性能等级应为A级。活动房的层数不宜超过2层，会议室、食堂、库房、职工夜校等应设在活动房的底层，食堂应单独设置一层。

（4）办公用房应符合下列规定：

1）办公用房应包括办公室、会议室、资料室、档案室等。

2）办公用房室内净高不应低于 2.5m。

3）办公用房的人均使用面积不宜小于 4m²，会议室使用面积不宜小于 30m²。

（5）宿舍应符合下列规定：

1）宿舍必须结构安全，设施完整。应保证必要的生活空间，室内净高不小于 2.5m，通道宽度不得小于 0.9m，住宿人员人均面积不得小于 2.5m²，每间宿舍居住人员不得超过 16 人。宿舍应有专人负责管理，床头宜设置床头卡。

2）宿舍必须设置可开启式外窗，床铺不应超过 2 层，不得使用通铺。

3）宿舍内应有防暑降温措施。宿舍应设置生活用品专柜、鞋柜或鞋架、垃圾桶等生活设施。生活区应提供晾晒衣物的场所或晾衣架。

4）宿舍照明电源宜选用安全电压，采用强电照明的宜使用限流器。生活区宜单独设置手机充电柜或充电房间。

（6）食堂应符合下列规定：

1）食堂应设置在远离厕所、垃圾站、有毒有害场所等有污染源的地方；食堂必须使用清洁能源做燃料。

2）食堂应设置隔油池，并定期清掏，下水管线应与市政污水管线连接，保持排水通畅。

3）食堂应设置独立的操作间、售菜（饭）间、储藏间和燃气储存房间，门扇下方应设不低于 0.2m 的防鼠挡板。制作间灶台及其周边应采取清洁、耐擦洗措施，墙面处理高度应大于 1.5m，地面硬座硬化和防滑处理，并保持墙面、地面整洁。

4）食堂应配备必要的排风和冷藏设施，宜设置通风天窗和油烟净化装置，油烟净化装置应定期清洗。

5）食堂宜使用电炊具，使用燃气的食堂，燃气管应单独设置存放间并应加装燃气报警装置，存放间应通风良好并严禁存放其他物品，供气单位资质应齐全，气源应有可追溯性。

6）食堂制作间的炊具宜存放在封闭的橱柜内，刀、盆、案板等炊具应生熟分开。

7）食堂应设置密闭式泔水桶，剩余材料应倒入泔水桶中，并及时清运。

8）生熟食品应分开加工和保管，存放成品或半成品的器皿应有耐冲洗的生熟标识。成品和半成品应遮盖，遮盖物品应有正反标识。各种佐料和副食应存放在密闭器皿内，并应有标识。

9）存放食品原料的储藏间或库房应有通风、防潮、防虫、防鼠等措施，库房不得兼做他用。粮食存放台距墙和地面应大于 0.2m。

（7）厕所、盥洗设施、浴室应符合下列规定：

1）施工现场应设置水冲式或移动式厕所。厕所地面应硬化，门窗应齐全并通风良好，内墙面 1.8m 以下应贴瓷砖。厕所宜设置门及隔板，高度不应小于 0.9m。

2）厕所面积应根据施工人员数量设置，蹲位与人员比例为 1∶25。高层建筑施工超过 8 层时，宜每隔 4 层设置临时厕所。

3）厕所应设专人负责，定期清扫、消毒，化粪池应定期清掏。临时厕所的化粪池应进行防渗漏处理。厕所应设置洗手盆，进出口处应设有明显标志。

4）施工现场应设置满足施工人员使用的盥洗设施。盥洗设施的下水管口应设置滤网，并应与市政污水管线连接，排水应畅通。

5）施工现场应设置男、女浴室，浴室地面应做防滑处理，淋浴间内应设置满足需要的淋浴喷头，并应设置储衣柜或挂衣架。

6）淋浴间照明器具应采用防水灯头、防水开关，并设置漏电保护装置，额定漏电动作电流≤15mA，额定漏电动作时间≤0.1s。

（8）职工夜校应符合下列规定：

1）建筑工程面积在10000m^{2}以内的，教室的面积不应小于20m^{2}或设置座位不少于25个；建筑工程面积在10000～50000m^{2}的，教室的面积不应小于30m^{2}或设置座位不少于40个；建筑工程面积在50000m^{2}以上的，教室的面积不应小于50m^{2}或设置座位不少于60个。

2）教室室内高度不应低于3m，室内明亮宽敞。室内墙壁及屋顶应严密，并应在前后墙上各设置至少两扇可开启式的玻璃窗户，窗户的面积与墙面面积比不应小于1∶10。门应设置双向外开启。必要时设置排风扇，以保证室内通风良好。

3）教室内应设置相匹配的座椅、讲台、黑板、照明、消防器材以及电视机及播放系统。

4）教室内应张贴卫生管理制度，派专人负责，定期打扫卫生。

（9）施工现场宜单独设置文体活动室，使用面积不宜小于50m^2。文体活动室应配备电视机、书报、杂志和必要的文体活动用品。

（10）易燃易爆危险品库房应使用不燃材料搭建，符合相关规范要求。

（11）施工现场应设有茶水休息亭，并与施工区域保持符合安全的距离，茶水休息亭上应有防护措施，应配备茶水桶、长条椅。夏、冬两季设置相应的防暑降温和防寒保暖设施。

（12）施工现场应设封闭垃圾站。施工垃圾、生活垃圾及有毒有害废弃物分类存放，并应及时清运。

（13）样板展示、成品保护。

1）钢筋加工样板。

①墙体钢筋应重点展示定位梯子筋型号、纵筋及横撑筋间距、长度；

②箍筋重点展示箍筋的尺寸、弯曲半径、弯钩角度、平直段长度；

③剪力墙钢筋重点展示竖向钢筋位置及间距、主筋接头、搭接长度、起步筋、箍筋间距及加密区。

2）墙柱模板展示。

重点展示模板根部处理，对拉螺栓间距、型号、固定措施、板面垂直度、阴阳角及拼缝、构件尺寸、洞口模板及支撑的刚度。

3）砌体及抹灰样板。

重点展示构造柱、墙拉筋、梁底斜砌、门窗洞口构造、灰缝厚度、水电预留预埋等。

4）成品保护。

①混凝土楼面、墙、柱、楼梯踏步的混凝土浇筑后应做好成品保护工作；

②混凝土浇筑前应铺设架板马道。

六、卫生防疫

（1）办公区和生活区应设专职的或兼职的保洁员，并应采取灭鼠、灭蚊蝇、灭蟑螂等措施。施工现场垃圾处理应符合相关规定。

（2）食堂应取得相关部门颁发的卫生许可证，并应悬挂在制作间醒目位置。炊事人员必须经体检合格并持证上岗。

（3）炊事人员上岗应穿戴洁净的工作服、工作帽和口罩，并保持个人卫生。非炊事人员不得随意进入食堂制作间。

（4）食堂的炊具、餐具和公共饮水器具应及时清洗、定期消毒。

（5）施工现场应加强食品、原料的进货管理，建立食品、原料采购台账，保存原始采购单据。严禁购买无照、无证商贩的食品和原料。食堂应按许可范围经营，严禁制售易导致食物中毒的食品和变质食品。

（6）当施工现场遇突发疫情时，应及时上报，并按卫生防疫部门的相关规定进行处理。

习题集

第一章　建筑工程施工质量验收

一、单项选择题

1. 按《建筑工程施工质量验收统一标准》的规定，依专业性质、建筑部位来划分的工程属于(　　)工程。

A. 单位　　B. 分部　　C. 分项　　D. 子分部

2. (　　)是建筑工程施工质量验收的最小单位。

A. 检验批　　B. 工序　　C. 工种　　D. 分项工程

3. 下列关于施工验收层次划分的叙述中，不正确的是(　　)。

A. 当单位工程较大时，可划分为若干子单位工程

B. 当分部工程较大时，可划分为若干子分部工程

C. 当分项工程较大时，可划分为若干子分项工程

D. 分项工程由一个或若干检验批组成

4. (　　)分部工程中的分项工程一般划分为一个检验批。

A. 地基基础　　B. 有地下层的基础工程

C. 屋面　　D. 单层建筑工程

5. 检验批的质量验收不包括(　　)。

A. 质量资料的检查　　B. 观感质量

C. 主控项目　　D. 一般项目

6. 单位工程质量验收过程中，当参加验收的各方对工程质量验收出现意见分歧时，可请(　　)协调处理。

A. 监理机构　　B. 设计单位

C. 工程质量监督机构　　D. 建设单位

7. 单位工程的观感质量应由验收人员进行现场检查，最后由(　　)确认。

A. 总监理工程师　　B. 建设单位代表

C. 设计单位代表　　D. 各单位验收人员共同

8. 建筑工程质量验收是在施工单位自行质量检查评定的基础上，(　　)共同对工程的质量进行抽样复检，对工程质量达到合格与否做出确认。

A. 建设主管部门和建设单位　　B. 建设单位和设计单位

C. 建设单位和监理单位　　D. 参与建设活动的有关单位

9. 验收记录均应该由(　　)填写。

A. 施工项目专业质量检查员　　B. 监理工程师

C. 建设单位专业技术负责人　　D. 设计单位项目负责人

10. 实施对工程施工质量的(　　)把关，确保工程施工质量达到业主所要求的功能和使用价值，实现建设投资的经济效益和社会效益。

A. 过程控制和质量　　B. 质量控制和终端

C. 过程控制和竣工验收　　D. 过程控制和终端

11. 有地下层的基础工程可按(　　)划分检验批。

A. 不同的地下深度　　B. 不同的地下层

C. 不同的地下基础　　D. 不同的施工材料

12. 单层建筑工程可按(　　)等划分检验批。

A. 楼层屋面　　B. 变形缝　　C. 楼层或施工段　　D. 楼层

13. 多层及高层建筑工程中主体分部的分项工程可按(　　)划分检验批。

A. 楼层屋面　　B. 变形缝　　C. 楼层或施工段　　D. 楼层

14. 其他分部工程（除基础分部工程、主体分部工程、屋面分部工程外）中的分项工程一般按(　　)划分检验批。

A. 楼层屋面　　B. 变形缝　　C. 楼层或施工段　　D. 楼层

15. 规范、标准给出了满足安全储备和使用功能的(　　)限度要求。

A. 较高　　B. 一般　　C. 较低　　D. 最低

16. 下列关于单位（子单位）工程验收内容的叙述中，说法不恰当的是(　　)。

A. 单位工程所含的分部工程、分部工程所含的分项工程

B. 质量控制资料、有关安全和功能的验收资料

C. 主要功能项目

D. 观感质量

17. 经法定检测单位检测鉴定以后认为达不到(　　)相应要求的，必须按一定的技术方案进行加固处理。

A. 规范、标准　　B. 工程质量监督机构的要求

C. 监理要求　　D. 设计要求

18. (　　)项目是对检验批的基本质量产生决定性影响的检验项目，不允许有不符合要求的检验结果。

A. 一般　　B. 功能　　C. 主控　　D. 保证

19. 检验批和分项工程是建筑工程施工质量基础，因此，所有检验批和分项工程均应由(　　)组织验收。

A. 监理工程师或建设单位项目技术负责人

B. 监理工程师

C. 总监理工程师

D. 建设单位项目技术负责人

20. 在制订检验批的抽样方案时，应考虑合理分配生产方风险（或错误概率α）和使用方风险（或漏判概率β)；主控项目，对应于合格质量水平的α和β均不宜(　　)。

A. 超过5%　　B. 超过10%　　C. 低于5%　　D. 低于10%

21. 见证取样检测是检测试样在(　　)见证下，由施工单位有关人员现场取样，并委托检测机构所进行的检测。

A. 监理单位具有见证人员证书的人员

B. 建设单位授权的具有见证人员证书的人员

C. 监理单位或建设单位具备见证资格的人员

D. 设计单位项目负责人

22. 检验批的质量应按主控项目和(　　)验收。

A. 保证项目　　B. 一般项目　　C. 基本项目　　D. 允许偏差项目

23. 建筑工程质量验收应划分为单位（子单位）工程、分部（子分部）工程、分项工程和(　　)。

A. 验收部位　　B. 工序　　C. 检验批　　D. 专业验收

24. 分项工程可由(　　)检验批组成。

A. 若干个　　B. 不少于十个　　C. 不少于三个　　D. 两个以上

25. 分部工程的验收应由(　　)组织。

A. 监理单位

B. 建设单位

C. 总监理工程师（建设单位项目负责人）

D. 监理工程师

26. 单位工程的观感质量应由验收人员通过现场检查，并应(　　)确认。

A. 监理单位　　B. 施工单位　　C. 建设单位　　D. 共同

27. 建筑地面工程属于(　　)分部工程。

A. 建筑装饰　　B. 建筑装修　　C. 地面与楼面　　D. 建筑装饰装修

28. 门、窗工程属于(　　)分部工程。

A. 建筑装饰　　B. 建筑装修　　C. 门、窗　　D. 建筑装饰装修

29. 建筑幕墙工程属于(　　)分部工程。

A. 建筑装饰　　B. 建筑装修　　C. 主体工程　　D. 建筑装饰装修

30. 隐蔽工程在隐蔽前，施工单位应当通知(　　)。

A. 建设单位　　B. 建设行政主管部门

C. 工程质量监督机构　　D. 建设单位和工程质量监督机构

31. 对进入施工现场的钢筋取样后进行力学性能检测，属于施工质量控制方法中的(　　)。

A. 目测法　　B. 实测法　　C. 试验法　　D. 无损检验法

32. 检验批质量验收时，认定其为质量合格的条件之一是主控项目质量(　　)。

A. 抽检合格率至少达到85%　　B. 抽检合格率至少达到90%

C. 抽检合格率至少达到95%　　D. 全部符合有关专业工程验收规范的规定

33. 某批混凝土试块经检测发现其强度值低于规范要求，后经法定检测单位对混凝土实体强度进行检测后，其实际强度达到规范允许和设计要求。这一质量事故宜采取的处理方法是(　　)。

A. 加固处理　　B. 修补处理　　C. 不作处理　　D. 返工处理

34. 按照《建筑工程施工质量验收统一标准》，专属于土建的分部工程有(　　)个。

A. 4　　B. 5　　C. 6　　D. 7

35. 按照《建筑工程施工质量验收统一标准》，专属于安装的分部工程有(　　)个。

A. 1　　B. 3　　C. 5　　D. 7

36. 下列属于建筑工程中土建部分分部工程的是(　　)

A. 地基基础　　B. 基坑支护　　C. 建筑地面　　D. 土方

37. 单位工程划分原则是(　　)。

A. 可按工程部位进行划分

B. 可按专业性质进行划分

C. 可按材料种类施工特点进行划分

D. 具备独立施工条件并能形成独立使用功能的建筑物

38. 检验批的划分可以按照(　　)进行划分。

A. 工种　　B. 施工段　　C. 材料　　D. 设备类别

39. 施工前，应由施工单位制订分项工程和检验批的划分方案，并由(　　)审核。

A. 建设单位　　B. 质监部门　　C. 监理单位　　D. 安监部门

40. 根据《建筑工程施工质量验收统一标准》的规定，室外工程可根据(　　)划分为子单位工程、分部工程和分项工程。

A. 专业类别和工程规模　　B. 工程部位和专业性质

C. 工种和材料　　D. 施工工艺和设备类别

41. 勘察单位的项目负责人应参加验收的分部工程是(　　)。

A. 主体结构　　B. 屋面　　C. 地基与基础　　D. 建筑电气

42. 收到竣工验收报告后，应由其项目负责人组织相关单位进行单位工程竣工验收的单位是(　　)。

A. 施工单位　　B. 监理单位　　C. 质监站　　D. 建设单位

43. 工程质量验收的前提条件是(　　)。

A. 施工单位完成相关工作　　B. 主控项目完成

C. 施工单位自检合格　　D. 一般项目完成

44. 观感质量验收可通过观察和简单的测试确定，下列结论中可以作为观感质量验收结论的是(　　)。

A. 合格　　B. 基本合格　　C. 不合格　　D. 一般

45. 一个单位工程，最多由(　　)个分部工程组成。

A. 7　　B. 8　　C. 9　　D. 10

46. 观感质量一般由参与验收的各方协商确定，只要在检查项目点中有(　　)处“差”就可以评定为“差”。

A. 1　　B. 2　　C. 3　　D. 4

47. 当工程施工质量不符合要求时，严禁验收的情况是(　　)。

A. 经返工或返修的检验批　　B. 经返修或加固的分部、分项工程

C. 经返修加固不能满足要求的　　D. 经检测机构检测达到设计要求

二、多项选择题

1. 在工程质量验收各层次中，总监理工程师可以组织或参与(　　)的验收。

A. 检验批　　B. 分项工程　　C. 分部工程

D. 单位工程　　E. 子单位工程

2. (　　)质量验收包括观感质量验收。

A. 检验批　　B. 工序　　C. 分项工程

D. 分部工程　　E. 单位工程

3. 在单位工程或子单位工程质量验收时，应对其是否符合设计和规范要求及总体质量水平做出评价，其综合验收结论由参加验收的(　　)共同商定。

A. 建设单位　　B. 设计单位　　C. 监理单位

D. 工程质量监督机构　　E. 施工单位

4. 关于观感质量的验收，往往难以定量，检查评价的结果为(　　)。

A. 好　　B. 一般　　C. 合格

D. 差　　E. 不合格

5. 检验批可根据施工及质量控制和专业验收需要，按(　　)进行划分。

A. 楼层　　B. 施工段　　C. 施工位置

D. 变形缝　　E. 不同层次

6. 在建筑工程施工质量验收标准、规范体系的编制中坚持(　　)。

A. 验评分离　　B. 强化验收　　C. 加强预控

D. 完善手段　　E. 过程控制

7. 建筑工程施工质量验收的要求有(　　)。

A. 建筑工程施工应符合工程勘察、设计文件的要求

B. 参加工程施工质量验收的各方人员应具备规定的资格

C. 工程质量的验收应在施工单位自行检查评定的基础上进行

D. 对涉及结构安全和使用功能的分部工程应进行抽样检测

E. 工程的观感质量应由监理人员通过观察与讨论来检查，并应共同确认

8. 建设工程满足了竣工验收的条件，即应组织竣工验收，竣工验收的依据有(　　)等。

A. 工程质量体系文件　　B. 工程施工组织设计或施工质量计划

C. 工程施工承包合同　　D. 工程施工图纸

E. 质量检测功能性试验资料

9. 分项工程主要按(　　)等进行划分。

A. 工种　　B. 材料　　C. 施工工艺

D. 设备类别　　E. 检验批

10. 在进行施工质量检查时，检查墙面是否平整可以用(　　)等方法。

A. 直尺靠　　B. 线锤吊线检查　　C. 目测

D. 手摸　　E. 工具敲击

11. 下列施工现场质量检查，属于实测法检查的有(　　)。

A. 肉眼观察墙面喷涂的密实度

B. 用敲击工具检查地面砖铺贴的密实度

C. 用直尺检查地面的平整度

D. 用线锤吊线检查墙面的垂直度

E. 现场检测混凝土试件的抗压强度

12. 根据《建筑工程施工质量验收统一标准》，单位（子单位）工程质量验收合格的规定有(　　)。

A. 单位（子单位）工程所含分部（子分部）工程的质量均应验收合格

B. 质量控制资料应完整

C. 单位（子单位）工程所含分部工程有关安全和功能的检测资料应完整

D. 主要功能项目的抽查结果应符合相关专业质量验收规范的规定

E. 单位工程的工程监理质量评估记录应符合各项要求

13. 建设工程施工质量不符合要求时，正确的处理方法有(　　)。

A. 经返工重做或更换器具、设备的检验批，应重新进行验收

B. 经有资质的检测单位检测鉴定达到设计要求的检验批，应予以验收

C. 经有资质的检测单位检测鉴定达不到设计要求，但经原设计单位核算认可能满足结构安全和使用功能的检验批，可予以验收

D. 经返修或加固的分项、分部工程，虽然改变外形尺寸但仍能满足安全使用要求，可按技术处理方案和协商文件进行验收

E. 经返修或加固处理仍不能满足安全使用要求的分部工程，经鉴定后降低安全等级使用

14. 政府对建设工程施工质量监督的职能主要有(　　)。

A. 监督检查参建各方主体的质量行为

B. 监督检查工程实体的施工质量

C. 评定工程质量等级

D. 监督检查施工合同履行情况

E. 监督检查工程质量验收

15. 建筑工程施工质量验收应划分为(　　)几个层次。

A. 单位工程　　B. 分部工程　　C. 分项工程

D. 检验批　　E. 主控项目

16. 根据《建筑工程施工质量验收统一标准》，土建的分部工程有(　　)。

A. 地基与基础　　B. 主体结构　　C. 建筑装饰装修

D. 屋面　　　　　　E. 建筑节能

17. 根据《建筑工程施工质量验收统一标准》，属于安装部分的分部工程有(　　)。

A. 建筑给水排水及供暖　　　　　　B. 变配电室

C. 通风与空调　　　D. 室外电气　　　E. 建筑电气

18. 根据《建筑工程施工验收统一标准》的规定，检验批的合格规定是(　　)。

A. 观感质量应符合要求

B. 主控项目的质量经抽样检验均合格

C. 一般项目的质量经抽样检验合格

D. 具备完整的施工操作依据，质量验收记录

E. 质量控制资料应完整

19. 根据《建筑工程施工验收统一标准》的规定，分项工程合格的标准是(　　)。

A. 所含分部工程的质量均应验收合格　　B. 所含检验批的质量均应验收合格

C. 质量控制资料应完整　　　　　　　　D. 所含检验批的质量验收记录应完整

E. 观感质量应符合要求

三、案例分析

【案例一】

某六层砖混住宅楼，该地区抗震烈度为7级。当砌筑完一层砌体后项目部技术员小王会同班组进行了自检，技术员小王认真填写了《砌体工程检验批质量记录》及向监理报验的工程报验单、各种材质检验资料，到工程监理办公室报请监理验收。

监理部的土建监理工程师恰巧回监理公司办事不在现场。只有监理员小张在场。小王说工期很紧，又要进行下道工序施工，请小张去验收。小张和小王带着检测工具到现场，按检验批质量验收记录的项次进行了认真检查。一般项目栏内所有的实测项目每项检查均达到85%以上。主控项目栏共6项、有3项实测项目，检查均达到90%以上。砖的强度等级符合要求（有合格证及复检报告），砂浆有配合比。各种材料合格。试块标养未到28d，报告未出来。保证项目栏内，还有一项“直槎拉结钢筋及接槎处理”，检查到该项时，发现有一处120mm厚隔墙因某种原因临时间断未砌。留有直凸槎。留直凸槎处沿墙高每500mm设置了1Φ6拉结筋，埋入长度按7级烈度设置。检查后监理员小张为该检验批符合要求，同意进行下道工序施工，并说报验单等监理工程师回来后补签。

1.《砌体工程检验批质量记录》应由施工项目专业资料检查员填写(　　)。

A. 对　　　　　　B. 错

2. 检验批的验收，应由监理工程师组织专业质量技术负责人等进行验收(　　)。

A. 对　　　　　　B. 错

3. 相关各专业工种之间，应进行(　　)验收。

A. 相互　　　　　B. 交接　　　　　C. 各自　　　　　D. 专项

4. 经工程质量检测单位检测鉴定达不到设计要求，经设计单位验算可满足结构安全和使用功能的要求，应视为(　　)。

A. 符合规范规定质量合格的工程

B. 不符合规范规定质量不合格，但可使用工程

C. 质量不符合要求，但可协商验收的工程

D. 条件不足以判断

5. 下列说法错误的是(　　)。

A. 一般项目都达到验收标准，只有一项“直凸槎拉结钢筋及接槎处理”未符合要求，所以可以验收

B. “直凸槎拉结钢筋及接槎处理”属于主控项目，所以不可以验收

C. “直凸槎拉结钢筋及接槎处理”属于主控项目，但大部分要求已满足，所以可以验收

D. “直凸槎拉结钢筋及接槎处理”属于一般项目，所以可以验收

E. 对工程进行检查后，确认其工程质量是否符合标准规定，监理或建设单位人员要签字认可，否则，不得进行下道工序的施工

6. 属于《砌体质量验收规范》主控项目的是(　　)。

A. 砌体水平灰缝的砂浆饱满度不得小于80%

B. 砖砌的灰缝应横平竖直，厚薄均匀

C. 砖和砂浆的强度等级必须符合设计要求

D. 砖砌体的转角处和交接处应同时砌筑，严禁无可靠措施的内外墙分砌施工。对不能同时砌筑而又必须留置的临时间断处应砌成斜槎，斜槎水平投影长度不小高度的2/3

E. 砖砌体组砌方法应正确，上、下错缝，内外搭砌，砖柱不得采用包心砌法

【案例二】

某小区住宅楼工程，建筑面积43177m^2，地上9层，结构形式为全现浇剪力墙结构，基础为带形基础，施工过程中每道工序严格按“三检制”进行检查验收。建设单位为某房地产开发有限公司，设计单位为某设计研究院，监理单位为某监理公司，施工单位为该市某建设集团公司，材料供应为某贸易公司。施工过程中发生了一层剪力墙模板拆模后，局部混凝土表面因缺少水泥砂浆而形成石子外露质量事件。

1. 本案例中的建筑工程属于质量检查中“三检制”是指(　　)。

A. 自检　　B. 互检

C. 专职质量管理人员“专检”　　D. 抽检

2. 在该工程施工质量控制过程中，(　　)自控主体。

A. 施工单位　　B. 甲方单位　　C. 监理单位　　D. 质检单位

3. 在该工程施工质量控制过程中，(　　)是监控主体。

A. 施工单位　　B. 甲方单位　　C. 监理单位　　D. 质检单位

4. 下列不属于混凝土表面因缺少水泥砂浆而形成石子外露的原因(　　)。

A. 混凝土配合比的原材料称量偏差大，粗骨料多，和易性差

B. 浇筑混凝土时，混凝土离析，石子集中，振不出水泥浆

C. 混凝土搅拌时间短，拌和不均匀，和易性差

D. 混凝土振捣时间过长

5. 单位工程观感质量验收有明确的质量要求。(　　)

A. 对　　　　　　　B. 错

6. 造成永久性缺陷的工程是指通过加固补强后，只解决了结构性能问题，本质也达到设计要求。(　　)

A. 对　　　　　　　B. 错

【参考答案】

一、单项选择题

1. B	2. A	3. C	4. A	5. B	6. C	7. D	8. D	9. A	10. D
11. B	12. B	13. C	14. D	15. D	16. A	17. A	18. C	19. A	20. A
21. C	22. B	23. C	24. A	25. C	26. D	27. D	28. D	29. D	30. D
31. C	32. D	33. C	34. A	35. C	36. A	37. D	38. B	39. C	40. A
41. C	42. D	43. C	44. D	45. D	46. A	47. A			

二、多项选择题

1. CDE	2. DE	3. ABCE	4. ABD	5. ABD
6. ABDE	7. ABCD	8. CD	9. ABCD	10. AC
11. CD	12. ABCD	13. ABCD	14. ABE	15. ABCD
16. ABCD	17. ACE	18. BCD	19. BD	

三、案例分析

案例一	1. A	2. B	3. B	4. A	5. ACD	6. ACD
案例二	1. ABC	2. A	3. ABC	4. D	5. A	6. B

第二章　建筑施工技术

一、单项选择题

1. 对土进行工程分类的依据是土的(　　)。

A. 粒组含量和颗粒形状　　　　B. 风化程度

C. 含水量　　　　　　　　　　D. 开挖难易程度

2. 根据土的开挖难易程度，可将土分为八类，其中前四类土由软到硬的排列顺序为(　　)。

A. 松软土、普通土、坚土、砾砂坚土　　B. 普通土、松软土、坚土、砾砂坚土

C. 松软土、普通土、砾砂坚土、坚土　　D. 坚土、砾砂坚土、松软土、普通土

3. 土的天然含水量是指(　　)之比的百分率。

A. 土中水的质量与所取天然土样的质量　B. 土中水的质量与土的固体颗粒质量

C. 土的孔隙与所取天然土样体积　　　　D. 土中水的体积与所取天然土样体积

4. 某土方工程挖方量为 10000m^3，土方全部运走，已知该土的 $K_s=1.25$，$K'_s=1.05$，实际需运走的土方量是（　　）。

A. 8000m^3　　B. 9620m^3　　C. 12500m^3　　D. 10500m^3

5. 对于同一种土，最初可松性系数 K_s 与最后可松性系数 K'_s 的关系是（　　）。

A. $K_s>K'_s>1$　　B. $K_s<K'_s<1$

C. $K_s'>K_s>1$　　D. $K'_s<K_s<1$

6. 土的固体体积与土的总体积之比为（　　）。

A. 孔隙值　　B. 孔隙比　　C. 孔隙量　　D. 孔隙率

7. 黏土、细砂、粗砂、卵石的透水性按从大到小顺序排列的是（　　）。

A. 黏土＞细砂＞粗砂＞卵石　　B. 细砂＞粗砂＞卵石＞黏土

C. 卵石＞粗砂＞细砂＞黏土　　D. 卵石＞黏土＞粗砂＞细砂

8. 含水率为 5％的土 1000g，其干燥时的质量为（　　）。

A. 900g　　B. 950g　　C. 952g　　D. 1000g

9. 某土方工程的挖方量为 1000m^3，开挖后土方全部运走，已知该土的 $K_s=1.26$，$K'_s=1.06$，实际需运走的土方量是（　　）。

A. 800m^3　　B. 962m^3　　C. 1060m^3　　D. 1260m^3

10. 开挖 200m^3 的基坑，其土的可松性系数为 $K_s=1.25$，$K'_s=1.10$。开挖后土方全部运走，若用斗容量为 5m^3 的汽车运土，需运（　　）车。

A. 44　　B. 46　　C. 50　　D. 60

11. 在天然状态下，土的质量 10kg，土中水的质量为 2kg，固体颗粒的质量为 8kg，则土的天然含水量为（　　）。

A. 20％　　B. 25％　　C. 75％　　D. 80％

12. 对于坚硬的黏土，其直壁开挖的最大深度是（　　）。

A. 1.00m　　B. 1.25m　　C. 1.50m　　D. 2.00m

13. 在土质均匀、水文地质条件良好且无地下水的情况下，对密实、中密的砂子和碎类土的基坑或管沟，开挖深度不超过（　　）时，可直立开挖不加支护。

A. 1.00m　　B. 1.50m　　C. 2.00m　　D. 2.50m

14. 在开挖较窄的沟槽时常采用的土壁支撑方式为（　　）。

A. 横撑式　　B. 桩墙式　　C. 重力式　　D. 土钉、喷锚支护

15. 对地下水位低于基底、敞露时间不长、土的湿度正常的一般硬塑黏土基槽，做成直立壁且不加支撑的最大挖深不宜超过（　　）。

A. 1m　　B. 1.25m　　C. 1.5m　　D. 2m

16. 房屋建筑工程土方施工的边坡值的表示方法为（　　）。

A. 高：宽　　B. 宽：高　　C. 长：宽　　D. 长：高

17. 井点管距离基坑壁不宜小于 0.7～1.0m，以防（　　）。

A. 影响井点布置　　B. 漏气　　C. 流砂　　D. 塌方

18. 轻型井点降水布置中，井点管一般要露出地面（　　）左右。

A. 0.2m　　B. 0.5m　　C. 0.8m　　D. 1.2m

19. 在地下水位以下挖土，应将水位降低至坑底以下(　　)，目的是保证基坑的干燥以利于挖方顺利进行。

A. 200mm　B. 300mm　C. 400mm　D. 500mm

20. 为防止降水影响或损害周围区域内建筑，阻止原有建筑物下地下水的流失，除在降水区域和原有建筑之间的土层设置固体抗渗屏幕外，还可以采用的措施是(　　)。

A. 挖集水井　B. 回灌　C. 放坡　D. 都不对

21. 正铲挖土机挖土的特点是(　　)。

A. 后退向下，强制切土　B. 前进向上，强制切土

C. 后退向下，自重切土　D. 直上直下，自重切土

22. 反铲挖土机挖土的特点是(　　)。

A. 后退向下，强制切土　B. 前进向上，强制切土

C. 后退向下，自重切土　D. 直上直下，自重切土

23. 抓铲挖土机挖土的特点是(　　)。

A. 后退向下，强制切土　B. 前进向上，强制切土

C. 后退向下，自重切土　D. 直上直下，自重切土

24. 发现基底土超挖，不正确的回填材料是(　　)。

A. 素混凝土　B. 级配砂石　C. 素土　D. 以上都是

25. 基坑开挖时，人工开挖两人操作间距应大于2.5m，多台机械开挖，挖土机间距应大于(　　)。

A. 10m　B. 20m　C. 30m　D. 40m

26. 如用机械挖土，为防止基底土被扰动，结构被破坏，不应直接挖到坑（槽）底，应根据机械种类，在基底标高以上留出(　　)，待基础施工前用人工铲平修整。

A. 0～100mm　B. 100～200mm　C. 200～300mm　D. 300～400mm

27. 深基坑一般采用(　　)的原则。

A. 分层开挖，边撑边挖　B. 分层开挖，先开挖后支撑

C. 分层开挖，先撑后挖　D. 不分层开挖，先撑后挖

28. 基坑沟边堆放材料高度不宜高于(　　)。

A. 1.2m　B. 1.5m　C. 1.8m　D. 2.0m

29. 土方开挖顺序和方法应遵循的原则不包括(　　)。

A. 开槽支撑　B. 先撑后挖　C. 一次开挖　D. 严禁超挖

30. 房屋建筑工程相邻基坑开挖时，应遵循的原则是同时进行或(　　)。

A. 先浅后深　B. 先深后浅　C. 先大后小　D. 先小后大

31. 与各种压实机械压实影响深度大小有关的因素是(　　)。

A. 土的压实功　B. 土的厚度

C. 土的颗粒级配　D. 土的性质和含水量

32. 填方工程施工(　　)。

A. 应由下向上分层填筑　B. 必须采用同类土填筑

C. 当天填筑，应隔天压实　D. 基础墙两侧应分别填筑

33. 下列哪一个不是影响填土压实的主要因素(　　)。

A. 压实功　B. 骨料种类　C. 含水量　D. 铺土厚度

34. 碎石类土或爆破石渣用作填料时，其最大粒径不得超过每层铺填厚度的(　　)。

A. 2/3　　B. 1/2　　C. 2/5　　D. 1/3

35. 基坑挖好后不能立即进行下道工序时，应预留(　　)一层土不挖，待下道工序开始再挖至设计标高。

A. 50～100mm　　B. 100～150mm　　C. 150～300mm　　D. 300～400mm

36. 以下土料不能用作填方的是(　　)。

A. 碎石土　　B. 饱和黏性土

C. 有机质含量小于5%的土　　D. 爆破石渣

37. 砂地基和砂石地基适用于处理(　　)。

A. 透水性弱的软弱黏性土地基　　B. 透水性强的软弱黏性土地基

C. 普通黏性土地基　　D. 黄土地基

38. 用巨大的冲击能使土中出现冲击波和很大的应力，迫使土颗粒重新排列，排出孔隙中的气和水，从而提高地基强度，降低其压缩性的地基处理方法是(　　)。

A. 重锤夯实法　　B. 强夯法　　C. 挤密桩法　　D. 砂石桩法

39. 毛石基础宜用(　　)砂浆砌筑

A. 水泥砂浆　　B. 混合砂浆　　C. 石灰砂浆　　D. 都不是

40. 由混凝土底板、顶板、外墙以及一定数量的内隔墙构成的封闭箱体，具有整体性好．刚度大．调整不均匀沉降能力强的优点的基础是(　　)。

A. 独立基础　　B. 砖基础　　C. 筏形基础　　D. 箱形基础

41. 锤击沉桩顺序应按(　　)的次序进行。

A. 先浅后深、先大后小、先长后短、先密后疏

B. 先深后浅、先大后小、先长后短、先密后疏

C. 先深后浅、先小后大、先长后短、先密后疏

D. 先深后浅、先大后小、先短后长、先密后疏

42. 下列不是静力压桩的特点的是(　　)。

A. 无噪声

B. 无振动

C. 适合用于城市内桩机工程和有防震要求的工地现场

D. 不适合夜间施工

43. 锤击沉管灌注桩的中心距在5倍桩管外径以内或小于2时，应(　　)施工。

A. 跳打施工　　B. 顺序施工　　C. 不施工　　D. 都不是

44. 下列关于干作业成孔灌注桩的说法不正确的是(　　)。

A. 钻孔前应纵横调平钻机，安装护筒。采用短螺旋钻孔机钻进，每次钻进深度应与螺旋长度相同

B. 钻进过程中可不用清除孔口积土和地面散落土

C. 开始钻进及穿过软硬土层交界时，应缓慢进尺，保持钻具垂直；钻进含有砖头．瓦块．卵石等土层时，应控制钻杆跳动与机架摇晃

D. 钻至设计深度后，应使钻具在孔内空转数圈清除虚土，然后起钻。钻孔完毕后，应用盖板封闭孔口，不应在盖板上行车

45. 同步内两个相隔接头（间隔一个立杆）在高度方向错开的距离不宜小于(　　)。

A. 800mm　　B. 200mm　　C. 400mm　　D. 500mm

46. 连接脚手架与建筑物，承受并传递荷载，防止脚手架横向失稳的杆件是(　　)。

A. 连墙件（固定件）　　B. 剪刀撑

C. 横向水平扫地杆　　D. 纵向水平杆

47. 钢管扣件式脚手架搭设时，剪刀撑与地面的倾角宜(　　)。

A. 在 45°～70°　　B. 在 45°～60°　　C. 在 30°～60°　　D. 在 45°～70°

48. 对高度 24m 以上的双排脚手架，应采用(　　)与建筑物连接。

A. 刚性连墙件　　B. 钢筋　　C. 钢丝绳　　D. 钢绞线

49. 脚手架中①大横杆、②脚手板、③小横杆、④立杆的拆除先后顺序是(　　)。

A. ①②③④　　B. ②③①④　　C. ④①③②　　D. ②①③④

50. 两根纵向水平杆的对接接头在一般情况下必须采用对接扣件连接，该扣件距立柱轴心线的距离不宜大于跨度的(　　)。

A. 1/2　　B. 1/3　　C. 1/4　　D. 1/5

51. 对高度(　　)以上的双排脚手架，必须采用刚性连墙杆与建筑物可靠连接。

A. 21m　　B. 24m　　C. 27m　　D. 30m

52. 剪刀撑采用旋转扣件固定在立柱上或横向水平杆的伸出端上，固定位置与中心节点的距离不大于(　　)。

A. 100mm　　B. 150mm　　C. 200mm　　D. 300mm

53. 拆除脚手架时首先拆除的是(　　)。

A. 扶手（栏杆）　　B. 剪刀撑　　C. 安全网　　D. 小横杆

54. 纵向水平杆应设置在立杆(　　)。

A. 内侧　　B. 外侧　　C. 上侧　　D. 下侧

55. 用于两根钢管呈垂直交叉的连接的扣件是(　　)。

A. 直角扣件　　B. 对接扣件　　C. 旋转扣件　　D. 螺旋扣件

56. 型钢悬挑脚手架一次悬挑脚手架高度不宜超过(　　)。

A. 10m　　B. 20m　　C. 15m　　D. 18m

57. 型钢悬挑脚手架搭设时锚固型钢的主体结构混凝土强度等级不得低于(　　)。

A. C30　　B. C20　　C. C25　　D. C35

58. 砖墙的转角处和交接处不能或不易同时砌筑时，为了保证砌体接槎部位的砂浆饱满，一般应留(　　)。

A. 斜槎　　B. 直槎

C. 马牙槎　　D. 直槎，但应加拉结筋

59. 墙面平整度的检查方法是用(　　)。

A. 2m 托线板　　B. 2m 靠尺和楔形塞尺

C. 吊线和尺子量　　D. 经纬仪或吊线和尺量

60. 砖砌体留直槎时应加设拉结筋，拉结筋沿墙高每(　　)设一道。

A. 300mm　　B. 500mm　　C. 700mm　　D. 1000mm

61. 为了保证灰缝饱满，实心砖砌体最好采用(　　)砌筑。

A. “三一”砌筑法　　B. 挤浆法

C. 刮浆法　　D. 满口灰法

62. 砖墙的转角处和交接处应(　　)。

A. 分段砌筑　　B. 同时砌筑　　C. 分层砌筑　　D. 分别砌筑

63. 有钢筋混凝土构造柱的标准砖墙应砌成大马牙槎，每槎高度不得超过(　　)。

A. 一皮砖　　B. 二皮砖　　C. 三皮砖　　D. 五皮砖

64. 检查灰缝是否饱满的工具是(　　)。

A. 楔形塞尺　　B. 方格网　　C. 靠尺　　D. 托线板

65. 砖砌体中轴线允许偏差为(　　)。

A. 10mm　　B. 12mm　　C. 15mm　　D. 20mm

66. 混凝土小型空心砌块砌筑时，水平灰缝的砂浆饱满度，按净面积计算不得低于(　　)。

A. 60%　　B. 70%　　C. 80%　　D. 90%

67. 为使砂浆饱满，保证墙体平整度和垂直度，施工砖砌体时应做到(　　)。

A. 三皮一吊、五皮一靠　　B. 三皮一靠、五皮一吊

C. 二皮一吊、三皮一靠　　D. 三皮一吊、六皮一靠

68. 实心砖砌体工程施工中，与构造柱相接处的砖砌体通常采用(　　)的砌筑方法。

A. 三退三进　　B. 四退四进　　C. 五退五进　　D. 五进五退

69. 建筑基础砌筑中宜采用(　　)。

A. 水泥砂浆　　B. 石灰砂浆　　C. 混合砂浆　　D. 黏土浆

70. 关于砌筑水泥说法正确的是(　　)。

A. 同一厂家、同一品种、同一强度等级、同一批号连续进场的水泥袋装每 100t 为一个检验批

B. 同一厂家、同一品种、同一强度等级、同一批号连续进场的水泥散装每 200t 为一个检验批

C. 不同品种、不同强度等级的水泥可以混合使用

D. 水泥按品种、强度等级、出厂日期分别堆放，并应设防潮垫层，并应保持干燥

71. 关于砌筑砂浆说法不正确的有(　　)。

A. 现场拌制砌筑砂浆时，应采用机械搅拌，水泥砂浆和水泥混合砂浆不应少于 120s

B. 砂浆拌和后和使用时，均应盛入贮灰器中。如砂浆出现泌水现象，应在砌筑前重新拌和

C. 现场搅拌的砂浆应随拌随用，拌制的砂浆应在 2h 内使用完毕；当施工期间最高气温超过 30℃时，应在 1h 内使用完毕

D. 对掺用缓凝剂的砂浆，其使用时间可根据其缓凝时间的试验结果确定

72. 砖砌体的转角处和交接处对非抗震设防及在抗震设防烈度为 6 度、7 度地区的临时间断处，当不能留斜槎时，除转角处外可留直槎，但应做成凸槎。留直槎处应加设拉结钢筋，末端应设(　　)弯钩。

A. 90°　　B. 180°　　C. 45°　　D. 30°

73. 混凝土小型空心砌块主规格为 390mm×190mm×190mm，墙厚等于砌块宽度，所以小砌块组砌形式只有(　　)一种。

A. 全顺式　　B. 一顺一丁　　C. 三顺一丁　　D. 梅花丁

74. 正常施工条件下，混凝土小砌块砌体每日砌筑高度宜控制在(　　)或一步脚手架高度内。

A. 1m　　B. 1.2m　　C. 1.4m　　D. 1.5m

75. 石砌体每天的砌筑高度不得大于(　　)。

A. 1m　　B. 1.2m　　C. 1.4m　　D. 1.5m

76. 关于钢筋混凝土构造柱说法不正确的有(　　)。

A. 构造柱的施工程序为先砌墙后浇混凝土构造柱

B. 构造柱与墙交接处，砖墙应砌成马牙槎。从每个楼层开始，马牙槎五退五进、先进后退

C. 钢筋构造柱混凝土可分段浇筑，每段高度不宜大于 2m

D. 钢筋混凝土构造柱的竖向受力钢筋应在基础梁和楼层圈梁中锚固，锚固长度应符合设计要求

77. 多用于现浇混凝土结构构件内竖向钢筋的接长的是(　　)。

A. 绑扎搭接　　B. 闪光对焊　　C. 电渣压力焊　　D. 电弧焊

78. HPB300 级钢筋末端弯曲 180°时，每个弯钩长度为(　　)。

A. 4d　　B. 3.25d　　C. 6.25d　　D. 2d

79. 在有抗震要求的结构中，箍筋末端弯钩弯后的平直长度为不应小于箍筋直径(　　)倍和 75mm 之间去取大值。

A. 5　　B. 7　　C. 10　　D. 12

80. 绑扎基础底板的钢筋时，应使钢筋弯钩(　　)。

A. 朝下　　B. 朝上　　C. 水平朝内　　D. 水平朝外

81. 对于重要结构，有抗震要求的结构，箍筋弯钩形式应按(　　)方式加工。

A. 135°/135°　　B. 90°/180°　　C. 90°/90°　　D. 135°/180°

82. 钢筋的冷拉调直可采用控制钢筋的(　　)和冷拉应力两种方法。

A. 变形　　B. 强度　　C. 冷拉率　　D. 刚度

83. 当采用冷拉方法调直时，HPB300 光圆钢筋的冷拉率不宜大于（　　）。

A. 1%　　B. 2%　　C. 3%　　D. 4%

84. HPB300 级钢筋受拉时末端一般做(　　)弯钩。

A. 45°　　B. 90°　　C. 135°　　D. 180°

85. 主要用于小直径钢筋的交叉连接，可成型为钢筋网片或骨架的焊接方式为(　　)。

A. 电阻点焊　　B. 闪光对焊　　C. 电渣压力焊　　D. 电弧焊

86. 对按一、二、三级抗震等级设计的框架和斜撑构件中的纵向受力钢筋应采用 HRB335E、HRB400E、HRB500E、HRBF335E、HRBF400E 或 HRBF500E 钢筋，其抗拉强度实测值与屈服强度实测值的比值不应小于(　　)。

A. 1.25　　B. 1.5　　C. 2.0　　D. 2.5

87. 对按一、二、三级抗震等级设计的框架和斜撑构件中的纵向受力钢筋应采用HRB335E、HRB400E、HRB500E、HRBF335E、HRBF400E 或 HRBF500E 钢筋，其最大力下总伸长率不应小于(　　)。

A. 5%　　B. 9%　　C. 15%　　D. 20%

88. 梁板类构件上部受力钢筋保护层厚度的合格点率应达到(　　)及以上。

A. 70%　　B. 80%　　C. 90%　　D. 100%

89. 某梁的跨度为 6m，采用钢模板、钢支柱支模时，其跨中底模起拱高度可为（　　）。

A. 1mm　　B. 2mm　　C. 4mm　　D. 8mm

90. 现浇阳台板悬挑长度为 1.5m，混凝土强度为 C30，能够拆除底模的混凝土强度至少要达到(　　)。

A. 15N/mm^2　　B. 22.5N/mm^2　　C. 21N/mm^2　　D. 30N/mm^2

91. 梁的跨度为 6m，板的跨度为 4m，当设计无特别要求时，楼盖混凝土拆模时现场混凝土强度应大于等于设计强度标准值的(　　)。

A. 50%　　B. 75%　　C. 90%　　D. 100%

92. 现浇构件模板的拆除时间取决于(　　)。

A. 构件性质　　B. 模板在构件中部位

C. 混凝土硬化速度　　D. A、B、C 都是

93. 安装与拆除(　　)以上的模板，应搭设脚手架，并设防护栏，上下操作不得在同一垂直面进行。

A. 1m　　B. 5m　　C. 10m　　D. 15m

94. 模板施工安全措施要求，在组合钢模板上架设的电线和使用电动工具，应用(　　)以下安全电压或采取其他有效措施。

A. 24V　　B. 36V　　C. 220V　　D. 380V

95. 当梁跨度大于 4m 时，梁底模应起拱，起拱高度为梁计算跨度的(　　)。

A. 0.8‰～1‰　　B. 0.1‰～0.3‰　　C. 3‰～5‰　　D. 1‰～3‰

96. 现浇钢筋混凝土结构施工中一般的拆模顺序是(　　)。

A. 先拆底模，后拆侧模　　B. 先支的先拆，后支的后拆

C. 先拆侧模，后拆底模　　D. 先拆承重模板，后拆非承重模板

97. 下列各项属于隐蔽工程的是(　　)。

A. 混凝土工程　　B. 模板工程　　C. 钢筋工程　　D. A 和 C

98. 泵送混凝土的原材料和配合比，粗骨料宜优先选用(　　)。

A. 卵石　　B. 碎石　　C. 砾石　　D. 卵碎石

99. 进量容量一般是出料容量的(　　)倍。

A. 1～2　　B. 1.4～1.8　　C. 2～3　　D. 0.5～2

100. 确定混凝土试验室配合比所用的砂石(　　)。

A. 都是湿润的　　B. 都是干燥的

C. 砂子干、石子湿　　D. 砂子湿、石子干

101. 搅拌混凝土时，为了保证按混凝土配合比投料，要按砂石实际(　　)进行修正，调整以后的配合比称为施工配合比。

A. 含泥量　　B. 称量误差　　C. 含水量　　D. 粒径

102. 采用 SEC 法拌制混凝土时，其投料顺序是(　　)。
A. 一定量的水＋砂＋石子→搅拌→加入全部水泥→搅拌→加入剩余
B. 一定量的水＋石子＋水泥＋砂→搅拌→加入剩余的水→搅拌
C. 一定量的水＋石子＋水泥→搅拌→加入砂→搅拌→加入剩余的水→搅拌
D. 一定量的水＋砂＋水泥→搅拌→加入全部石子→搅拌→加入剩余的水→搅拌
103. 对有抗渗或抗冻融要求混凝土宜选用通用(　　)。
A. 普通硅酸盐水泥　　B. 火山灰硅酸盐水泥
C. 矿渣硅酸盐水泥　　D. 粉煤灰硅酸盐水泥
104. 下列混凝土运输机械中，既可以水平运输混凝土，又可以垂直运输混凝土的是(　　)。
A. 混凝土泵　　B. 双轮手推车
C. 机动翻斗车　　D. 混凝土搅拌运输车
105. 在施工缝处继续浇筑混凝土应待已浇混凝土强度至少达到(　　)。
A. 1.2MPa　　B. 2.5MPa　　C. 1.0MPa　　D. 5MPa
106. 施工缝一般应留在构件(　　)部位。
A. 受压力最小　　B. 受剪力较小　　C. 受弯矩最小　　D. 受扭矩最小
107. 浇水自然养护时间不得少于 7d 的是(　　)。
A. 掺有缓凝剂的混凝土　　B. 硅酸盐水泥拌制的混凝土
C. 有抗渗性要求的混凝土　　D. 强度等级 C60 及以上的混凝土
108. 大体积混凝土采用斜面分层方案浇筑时，混凝土一次浇筑到顶，混凝土振捣工作从浇筑层(　　)。
A. 上端开始逐渐下移　　B. 下端开始逐渐上移
C. 中间开始逐渐向两侧移动　　D. 两侧开始逐渐向中间移动
109. 振捣梁的混凝土应采用(　　)。
A. 内部振捣器　　B. 外部振动器　　C. 表面振动器　　D. 以上均可
110. 柱施工缝宜留置在(　　)。
A. 留设在楼层结构底面，施工缝与结构下表面的距离宜为 0～100mm
B. 基础的底面
C. 留设在楼层结构顶面，柱施工缝与结构上表面的距离宜为 0～50mm
D. 基础的顶面
111. 混凝土构件施工缝的位置(　　)。
A. 单向板应垂直于板的短边方向　　B. 柱应沿水平方向
C. 有主次梁的楼板宜顺着主梁方向　　D. 梁、板应沿斜方向
112. 现浇钢筋混凝土墙的施工缝，留置在门洞口过梁(　　)跨度处，也可以留在纵横墙的交接处。
A. 1/2　　B. 1/3　　C. 1/4　　D. 1/5
113. 内部振捣器振捣混凝土结束的标志是(　　)。
A. 有微量气泡冒出　　B. 水变浑浊
C. 无气泡冒出，表面泛浆　　D. 混凝土大面积凹陷

114. 在我国，一般按(　　)控制大体积混凝土内部与外部的温差，使混凝土不致产生表面裂缝。

A. 25℃　　B. 30℃　　C. 35℃　　D. 40℃

115. 混凝土的标准养护是指混凝土试件在温度为(　　)℃±2℃和相对湿度95%以上的潮湿环境中养护28d。

A. 20℃　　B. 22℃　　C. 25℃　　D. 30℃

116. 混凝土结构物实体最小几何尺寸不小于(　　)m的大体量混凝土，或预计会因混凝土中胶凝材料水化引起的温度变化和收缩而导致有害裂缝产生的混凝土，称之为大体积混凝土。

A. 0.5　　B. 1　　C. 1.5　　D. 2

117. 后张法预应力混凝土施工时，当设计无规定，预应力筋张拉时，要求构件混凝土强度不应低于设计强度的(　　)。

A. 70%　　B. 75%　　C. 90%　　D. 100%

118. 下列管道留设施工工艺中只适用于留设直线孔道的是(　　)。

A. 胶管抽芯法　　B. 钢管抽芯法　　C. 预埋管法　　D. B和C

119. 预应力混凝土是在结构或构件的(　　)预先施加压应力而成的结构形式。

A. 受压区　　B. 受拉区　　C. 中心线处　　D. 中性轴处

120. 后张法预应力混凝土施工较先张法预应力混凝土施工的优点是(　　)。

A. 不需要台座、不受地点限制　　B. 工序少

C. 工艺简单　　D. 锚具可重复利用

121. 无粘结预应力筋应(　　)铺设。

A. 在非预应力筋安装前　　B. 与非预应力筋安装同时

C. 在非预应力筋安装完成后　　D. 按照标高位置从上向下

122. 先张法预应力混凝土构件施工时主要承力结构为(　　)。

A. 台面　　B. 台座　　C. 钢横梁　　D. 以上都是

123. 先张法预应力混凝土构件，其预应力是利用(　　)实现的。

A. 通过钢筋热胀冷缩　　B. 张拉钢筋

C. 通过端部锚具　　D. 混凝土与预应力筋之间的粘结力

124. 设计无规定时，后张法预应力混凝土的灌浆材料宜采用抗压强度不低于(　　)MPa的水泥浆。

A. 20　　B. 30　　C. 40　　D. 50

125. 下列不属于后张法施工工艺的是(　　)。

A. 张拉预应力筋　　B. 放松预应力筋

C. 孔道灌浆　　D. 锚具制作

126. 后张法无粘结预应力与后张法有粘结预应力施工过程不同的地方是(　　)。

A. 孔道留设　　B. 张拉力值　　C. 张拉程序　　D. 张拉伸长值校核

127. 适用于建筑施工和维修，也可在高层建筑施工中运送施工人员的(　　)。

A. 塔式起重机　　B. 龙门架　　C. 施工电梯　　D. 井架

128. 宜进行材料、机具和小型预制构件的垂直运输的起重施工机械是(　　)。

A. 塔式起重机　　B. 井架式升降机
C. 龙门式升降机　　D. 施工电梯
129. 履带式起重机当起重臂长一定时，随着仰角的增大(　　)。
A. 起重量和回转半径增大　　B. 起重高度和回转半径增大
C. 起重量和起重高度增大　　D. 起重量和回转半径减小
130. 塔式起重机能在其覆盖半径范围内同时完成垂直和水平运输，同时可作(　　)全回转运动。
A. 90°　　B. 180°　　C. 270°　　D. 360°
131. 一般中小型厂房结构采用(　　)安装。
A. 自行式起重机　　B. 塔式起重机
C. 桅杆式起重机　　D. 井架式起重机
132. 下列不是履带式起重机的特点的是(　　)。
A. 是一种 360°全回转的起重机　　B. 操作灵活，不能负载行驶
C. 行走时对路面破坏较大，行走速度慢　　D. 长距离转移时，需用拖车进行运输
133. 下列不是桅杆式起重机的特点的是(　　)。
A. 制作简单，装拆方便
B. 起重半径小，移动困难
C. 不需要设置缆风绳
D. 适用于工程量集中，结构重量大，安装高度大以及施工现场狭窄的情况
134. 搅拌内壁焊有弧形叶片，当搅拌筒绕水平轴旋转时，叶片不断将物料提升到一定高度，利用重力的作用，自由落下，由于各物料颗粒下落的时间、速度、落点和滚动距离不同，从而使物料颗粒达到混合的施工机械为(　　)。
A. 自落式混凝土搅拌机　　B. 强制式混凝土搅拌机
C. 混凝土输送泵　　D. 混凝土泵车
135. 对于集中拌制混凝土或商品混凝土，当输送到浇筑现场不但距离较大，而且输送量也较大时，较理想的混凝土输送机械为(　　)。
A. 自落式混凝土搅拌机　　B. 混凝土运输车
C. 混凝土输送泵　　D. 混凝土泵车
136. 关于插入式振捣器说法不正确的是(　　)。
A. 插入式振捣器应快插慢拔、插点均匀、逐点移动、顺序进行、不得遗漏
B. 混凝土分层浇筑时应将振动棒深入下层混凝土中 30mm 左右
C. 每一振捣点的振捣时间一般为 20～30s
D. 不允许将其支承在结构钢筋上或碰撞钢筋，不宜紧靠模板振捣
137. 泵送混凝土的末端设备，其作用是将泵压来的混凝土通过管道送到要浇筑构件的模板内的机械设备为(　　)。
A. 自落式混凝土搅拌机　　B. 混凝土运输车
C. 混凝土输送泵　　D. 混凝土布料机
138. 高强螺栓初拧扭矩值宜为终拧扭矩值的(　　)。
A. 40％　　B. 50％　　C. 60％　　D. 70％

139. 在高强度螺栓施工前，钢结构制作和安装单位应分别对高强度螺栓的（　　）进行检验和复验。

A. 抗压强度　　B. 紧固轴力

C. 扭矩系数　　D. 摩擦面抗滑移系数

140. 在钢结构安装中，为使每个高强螺栓的预拉力均匀相等，高强螺栓的紧固至少需分（　）次进行。

A. 1　　B. 2　　C. 3　　D. 4

141. 单层钢结构工业厂房吊装过程中，钢吊车梁校正应在（　　）安装完成，结构的空间刚度形成后再进行。

A. 屋盖系统（或节间屋盖系统）　　B. 基础梁

C. 柱间支撑　　D. 联系梁

142. 钢结构工程安装时，高强螺栓接头组装时冲钉数量不宜超过临时螺栓数量的（　　）。

A. 10％　　B. 20％　　C. 30％　　D. 40％

143. 钢构件涂装后（　　）h 内应保护免受雨淋。

A. 4　　B. 5　　C. 6　　D. 7

144. 关于高强螺栓安装，下列说法不正确的是（　　）。

A. 每个螺栓一端不得垫 2 个及以上的垫圈，不得采用大螺母代替垫圈

B. 每个节点上应穿入的临时螺栓和冲钉数量不得少于安装总数的 1/3 且不得少于两个临时螺栓，冲钉穿入数量不宜多于临时螺栓的 30％

C. 可以用高强螺栓兼作临时螺栓，以防损伤螺纹

D. 在安装过程中，连接副的表面如果涂有过多的润滑剂或防锈剂应使用干净的布轻轻揩拭掉多余的涂脂，不得用清洗剂清洗，否则会造成扭矩系数变化

145. 地下防水工程，有关防水混凝土结构施工缝留置，正确的说法是（　）

A. 宜留在变形缝处　　B. 留在剪力最大处

C. 留在底板与侧壁交接处　　D. 留在任意位置都可

146. 防水混凝土的养护时间不得少于（　　）。

A. 7d　　B. 14d　　C. 21d　　D. 28d

147. 屋面卷材铺贴采用搭接法时，相邻两幅卷材短边搭接缝应错开并不小于（　　）。

A. 125mm　　B. 250mm　　C. 400mm　　D. 500mm

148. 地下工程防水混凝土墙体的水平施工缝应留在（　　）。

A. 顶板与侧墙的交接处

B. 底板与侧墙的交接处

C. 低于顶板底面不小于 300mm 的墙体上

D. 高于底板顶面不小于 300mm 的墙体上

149. 在涂膜防水屋面施工的工艺流程中，基层处理剂干燥后的第一项工作是（　　）。

A. 基层清理　　B. 节点部位增强处理

C. 涂布大面防水涂料　　　　　　　　D. 铺贴大面胎体增强材料

150. 屋面施工中水泥砂浆找平层与突出屋面结构的连接处以及转角处一般应做成(　　)。

A. 钝角　　B. 圆弧　　C. 直角　　D. 任意角度

151. 防水工程应遵循(　　)的原则进行。

A. 防排结合，刚柔并用

B. 防排结合，刚柔并用，多道设防

C. 多道设防，综合治理

D. 防排结合，刚柔并用，多道设防，综合治理

152. 卷材防水屋面的防水层施工应采取(　　)的顺序进行。

A. 先低后高，先远后近　　　　　　B. 先低后高，先近后远

C. 先高后低，先远后近　　　　　　D. 先高后低，先近后远

153. 卷材防水屋面保护层采用细石混凝土时，施工前应在防水层上铺设隔离层，并按设计要求支设好分格缝，设计无要求时，在纵横尺寸相差不大时，每格面积不大于(　　)。

A. 36m^2　　B. 46m^2　　C. 56m^2　　D. 66m^2

154. 涂膜防水屋面防水层的涂布应采取(　　)的施工顺序。

A. 先低后高，先远后近，先平面后立面

B. 先低后高，先近后远，先立面后平面

C. 先高后低，先远后近，先平面后立面

D. 先高后低，先远后近，先立面后平面

155. 刚性防水屋面防水层混凝土浇筑后应及时进行养护，养护时间不应少于(　　)。

A. 12d　　B. 13d　　C. 14d　　D. 15d

156. 雨天应严禁进行(　　)。

A. 混凝土施工　　B. 砌体施工　　C. 土方施工　　D. 屋面施工

157. 高聚物改性沥青防水卷材的施工可采用(　　)的粘贴方法与基层相连。

A. 外贴法　　B. 内贴法　　C. 热风焊接法　　D. 自黏法

158. 当采用预制混凝土屋面板作刚性防水屋面的结构层时，应采用(　　)灌缝。

A. 强度等级不小于 M2.5 的砂浆　　　　B. 强度等级不小于 M5 的砂浆

C. 强度等级不小于 C20 的细石混凝土　　D. 强度等级不小于 C10 的细石混凝土

159. 厚细石混凝土刚性防水层，内配双向钢筋网片，其位置应放在混凝土(　　)。

A. 中间位置　　B. 中偏下部　　C. 上部　　D. 无要求

160. 卷材防水施工时，在天沟与屋面的连接处采用交叉法搭接且接缝错开，其接缝不宜留设在(　　)。

A. 天沟侧面　　B. 天沟底面　　C. 屋面　　D. 天沟外侧

161. 下列防水属于刚性防水的是(　　)。

A. 防水混凝土　　　　　　　　B. 高聚物改性沥青防水卷材

C. 合成高分子防水卷材　　　　D. 氯丁橡胶沥青涂料

162. 下列关于防水工程找平层说法不正确的是(　　)。

A. 沥青砂浆找平层适合于冬季、雨季和抢工期时采用

B. 保温层上的找平层应留设分隔缝，缝宽为5mm～20mm，纵横缝的间距不宜大于6m

C. 找平层应在水泥初凝前压实抹平，水泥终凝前完成收水后应二次压光，并应及时取出分隔条

D. 卷材防水的基层与突出屋面结构的交接处，找平层均应做成直角

163. 檐沟和天沟的防水层下应增设附加防水层，附加层伸入屋面的宽度不应小于(　　)。

A. 150mm　　B. 250mm　　C. 300mm　　D. 500mm

164. 下列关于防水混凝土说法不正确的是(　　)。

A. 防水混凝土所用模板，除满足一般要求外，还应特别注意模板拼缝严密，支撑牢固

B. 钢筋不得用铁丝或铁钉固定在模板上，并确保钢筋保护层厚度符合规定要求

C. 防水混凝土拌合物运输后如出现离析，必须进行二次搅拌

D. 当坍落度损失后不能满足施工要求时，应加入原水胶比的水泥浆或掺加同品种的减水剂进行搅拌或直接加水搅拌

165. 防水混凝土中后浇带养护时间不应少于(　　)d。

A. 14　　B. 21　　C. 28　　D. 42

166. 下列关于室内防水施工说法不正确的是(　　)。

A. 建筑室内卫生间、厨房部位施工面积小，穿墙管道多，用水设备多，阴阳转角复杂，房间长期处于潮湿受水状态等不利条件

B. 楼、地面的防水层在门口处应水平延展，且想外延展的长度不应小于500mm，向两侧延展的宽度不应小于200mm

C. 地漏、大便器、排水立管等穿越楼板管道根部应用密封材料嵌填压实

D. 施工时宜先涂刷平面，后涂刷立面。防水涂料应在前一遍涂层实干后，再涂刷下一遍涂料

167. 在下列各部分中，主要起找平作用的是(　　)。

A. 基层　　B. 中层　　C. 底层　　D. 面层

168. 装饰抹灰与一般抹灰的区别在于(　　)。

A. 面层不同　　B. 基层不同　　C. 底层不同　　D. 中层不同

169. 水刷石面层为防止面层开裂，需设置(　　)。

A. 施工缝　　B. 分格缝　　C. 沉降缝　　D. 伸缩缝

170. 对于边长小于(　　)的小规格石材（或厚度小于10mm的薄板），可采用粘贴方法安装。

A. 300mm　　B. 400mm　　C. 500mm　　D. 600mm

171. 下列不属于涂料主要施工方法的是(　　)。

A. 弹涂　　B. 喷涂　　C. 滚涂　　D. 刷涂

172. 室外装饰工程采用的施工顺序是(　　)。

A. 自下而上　　B. 自上而下　　C. 同时进行　　D. 以上都不对

173. 抹灰层分为底层、中层、面层，底层主要起粘结和初步找平作用，厚为(　　)。

A. 3～4mm　　B. 4～5mm　　C. 5～7mm　　D. 7～9mm。

174. 抹灰时不同材料基体的交接处应采取防开裂措施，如铺金属网，金属网与各基体的搭接宽度每边不应小于(　　)。

A. 50mm　　B. 60mm　　C. 80mm　　D. 100mm

175. 一般抹灰的标筋应抹成(　　)。

A. 矩形　　B. “一”字形　　C. “八”字形　　D. “V”形

176. 室内粘贴釉面砖时，应(　　)进行。

A. 自上而下　　B. 自下而上　　C. 从左至右　　D. 从右至左

177. 抹灰中层厚5～12mm，主要起(　　)。

A. 找平和传递荷载的作用　　B. 与基层粘接，兼起初步找平作用

C. 防空鼓的作用　　D. 装饰的作用

178. 一般抹灰饼时，上灰饼距顶棚约(　　)。

A. 150mm　　B. 200mm　　C. 250mm　　D. 300mm

179. 当底层灰(　　)干时即可抹中层灰。

A. 三四成　　B. 四五成　　C. 七八成　　D. 全干

180. 干粘石施工时，甩石粒应遵循(　　)的原则。

A. 先中间后边角，先上面后下面　　B. 先边角后中间，先上面后下面

C. 先中间后边角，先下面后上面　　D. 先边角后中间，先下面后上面

181. 室内镶贴釉面砖排砖时应符合设计图纸要求，注意大面墙．柱子和垛子要排整砖，以及在同一墙面上的横竖排列，均不得有小于(　　)砖的非整砖。

A. 1/4　　B. 1/3　　C. 1/2　　D. 1/5

182. 木材基层涂料施工时的含水率不得大于(　　)。

A. 8%　　B. 10%　　C. 12%　　D. 15%

183. 下列关于EPS板薄抹灰外墙外保温施工说法不正确的是(　　)。

A. 由于其高强且有一定的柔韧性，能吸收多种交变负荷，可在多种基层上将EPS板牢固地粘结在一起，在外饰面质量较轻时，施工中无须锚固

B. 可将玻纤网牢固地粘结在苯板上，抗裂、防水、抗冲击、耐老化，并具有水、气透过性能，能有效地在建筑上构筑高效、稳固的保温隔热系统

C. 施工时温度不应低于5℃，而且施工完成后，24h内气温应高于5℃。夏季高温时，不宜在强光下施工，必要时可在脚手架上搭设防晒布，遮挡墙壁

D. 4级风以上或雨天不能施工，如施工时遇降雨，应采取有效措施，防止雨水冲刷墙壁

184. 下列关于胶粉聚苯颗粒外墙保温说法不正确的是(　　)。

A. 保温浆料每遍抹灰厚度不宜超过25mm，需分多遍抹灰时，施工的时间间隔应在24h以上，抗裂砂浆防护层施工，应在保温浆料充分干燥固化后进行

B. 抗裂砂浆中铺设耐碱玻璃纤维网格布时，其搭接长度不小于100mm

C. 严禁在雨中施工，遇雨或雨期施工应有可靠的保证措施，抹灰、抹保温浆料应避免阳光暴晒和4级以上大风天气施工

D. 施工人员应经过培训并考核合格。施工完工后，应做好成品保护工作，防止施工污染

185. 根据《建筑施工土石方工程安全技术规范》（JGJ 180－2009），蛙式夯实机的电缆线不宜长于(　　)米，不得扭结、缠绕或张拉过紧。

A. 30　　B. 40　　C. 50　　D. 60

186. 根据《建筑施工土石方工程安全技术规范》（JGJ 180－2009），多台蛙式夯实机同时作业时，其并列间距不宜小于 5m，纵列间距不宜小于(　　)m。

A. 5　　B. 10　　C. 15　　D. 20

187. 内燃机冲击夯启动后，控制油门的方法是(　　)。

A. 启动最大油门　　B. 启动逐渐加大油门

C. 先大油门再减油　　D. 先大油门，减油再加油

188. 钢筋调直切断机工作时，为了保证钢筋能够保持水平状态进入调直机构，采取的措施是(　　)。

A. 在导向筒前安装一根长度适宜的钢管

B. 应用手转动飞轮

C. 按照钢筋的直径选用适当的调直块

D. 料架安装应平直

189. 钢筋弯曲机的工作台和弯曲机台面应保持(　　)。

A. 一致　　B. 水平　　C. 垂直　　D. 呈一定角度

190. 为保证安全，钢筋弯曲机的操作人员的站立位置应该位于(　　)。

A. 与固定销保持直线　　B. 设有固定销的对侧

C. 设有固定销的一侧　　D. 设有固定销的下方

191. 钢筋冷拉时，冷拉场地必须设置警戒区，并应安装防护栏及警告标志，非操作人员不得进入警戒区，作业时，操作人员(　　)。

A. 应站在冷拉钢筋旁

B. 应站在冷拉机旁

C. 应与受拉钢筋保持至少有 1m 的距离

D. 应与受拉钢筋保持至少 2m 以上的距离

192. 插入式振捣器软管的弯曲半径不得小于(　　)mm。

A. 300　　B. 400　　C. 500　　D. 600

193. 振动台的电缆设置的要求应满足(　　)。

A. 必须采用橡皮护套铜芯电缆　　B. 必须采用耐候型软电缆

C. 可以明敷　　D. 应穿在电管内，埋设牢固

194. 敷设垂直向上的混凝土输送管道时，垂直管道和泵的连接方法是(　　)。

A. 可以直接连接　　B. 通过一节水平管连接

C. 通过一节软管连接　　D. 水平管并加装逆止阀连接

195. 要将商品混凝土往楼上浇筑层进行输送，混凝土泵和管道之间需要加装的阀门是(　　)。

A. 逆止阀　　B. 闸阀　　C. 蝶阀　　D. 减压阀

196. 施工升降机导轨架的纵向中心线至建筑物外墙面的距离宜选用使用说明书中提供的安装尺寸中的(　　)。

A. 最大值　　B. 较大值　　C. 最小值　　D. 较小值

197. 施工升降机的防坠安全器应在标定期内使用，标定期限不应超过(　　)年。

A. 1　　B. 2　　C. 3　　D. 4

198. 施工升降机使用前，必须进行的试验是(　　)。

A. 动载试验　　B. 静载试验　　C. 坠落试验　　D. 启动试验

199. 履带式起重机在作业时，起重臂的最大仰角不得超过使用说明书的规定，当无资料可查时，不得超过(　　)。

A. 60°　　B. 68°　　C. 70°　　D. 78°

200. 起重机吊索的水平夹角不宜过小，一般应控制在45°～60°，否则吊索中的拉力会很大，应采取的措施为(　　)。

A. 增大吊索钢丝绳的直径　　B. 利用横吊梁吊装

C. 增大起重机的仰角　　D. 增加绑扎点

201. 下列有关建筑起重机械的工作人员不需要持有特种作业证书的是(　　)。

A. 起重机械安装工　　B. 起重机械搬运工

C. 起重机械司机　　D. 起重机械信号司索工

202. 起重机械上下坡道时应无载行走，上坡时起重臂仰角应(　　)。

A. 加到最大　　B. 放到最小　　C. 适当加大　　D. 适当放小

203. 下列不属于汽车式起重机械吊装中的安全限制器的是(　　)。

A. 重量限制器　　B. 力矩限制器　　C. 高度限制器　　D. 速度限制器

204. 关于起重机械吊装工作的描述正确的是(　　)。

A. 在吊装重物上可以再堆放或悬挂零星物件

B. 凝固在地面上的物体，重量清楚的可以吊装

C. 应在臂长范围内设置警戒区域

D. 易散落的物件应使用吊笼吊运

二、多项选择题

1. 常用的填土压实方法有(　　)。

A. 堆载法　　B. 碾压法　　C. 夯实法

D. 振动压实法　　E. 强夯法

2. 下列各种情况中受土的可松性影响的是(　　)。

A. 填方所需挖土体积的计算　　B. 确定运土机具数量

C. 计算土方机械生产率　　D. 土方平衡调配

E. 确定开挖后松散土体的体积

3. 影响填土压实质量的主要因素有(　　)。

A. 压实功　　B. 操作压实机械的人员

C. 每层铺土厚度　　D. 土的含水量　　E. 铺土层数

4. 填方应(　　)进行并尽量采用同类土填筑。

A. 分段　　B. 分层　　C. 分区

D. 从最低处开始　　E. 对称、均衡地进行

5. 下列哪些土可用于回填(　　)。

A. 碎石类土、砂土　　B. 优质原土

C. 淤泥质土　　D. 爆破石渣　　E. 淤泥

6. 土的工程性质包括(　　)。

A. 土的天然密度和干密度　　B. 土的天然含水量

C. 土的可松性　　D. 土的组成　　E. 土的渗透性

7. 土壁支撑的方式有(　　)。

A. 横撑式支撑　　B. 桩墙式支撑　　C. 重力式支撑

D. 抗滑桩　　E. 土钉、锚固支护

8. 施工中减少基坑弹性隆起的一个有效方法是把土体中有效应力的改变降低到最少，具体方法有(　　)。

A. 加速建造主体结构

B. 逐步利用基础的重量来代替被挖去土体的重量

C. 采用逆作法施工

D. 加速土方开挖速度

E. 土方开挖后不着急施工基础

9. 土钉、锚固支护的组成主要有(　　)。

A. 土钉（锚杆）　　B. 型钢　　C. 钢丝网喷射混凝土面层

D. 加固后的原位土体　　E. 挡土板

10. 推土机的施工方法主要有(　　)

A. 下坡推土　　B. 并列推土　　C. 多刀推土

D. 槽形推土　　E. 上坡推土

11. 单斗挖土机是一种常用的土方开挖机械，按工作装置不同可分为(　　)。

A. 正铲挖土机　　B. 反铲挖土机　　C. 拉铲挖土机

D. 抓铲挖土机　　E. 斜铲挖土机

12. 关于土方运输下列说法正确的有(　　)。

A. 根据场地施工总平面图的布设情况，合理安排运输车辆的进出口和运输道路，减少车辆会车，提高运输效率

B. 在出场大门处设置车辆清洗冲刷台，驶出的车辆必须冲洗干净才能上路，防止污染交替道路

C. 运输土方的车辆应用加盖车辆或采取覆盖措施，严防车辆携带泥沙出场造成遗撒，并安排工人清理现场出入口及道路上遗撒的渣土和粉屑

D. 由于一般土方工程量比较大，运输车辆可以适当超载运输土石方

E. 土石方运输装卸应有专人负责指挥引导

13. 换填地基法中，可用于换填的材料有(　　)。

A. 粉煤灰　　B. 生石灰　　C. 素土

D. 矿渣　　　　　E. 砂及砂石

14. 下面属于地基处理的方法有(　　)。

A. 换土法　　　　B. 振冲法　　　　C. 强夯法

D. 挖出法　　　　E. 搅拌桩地基

15. 下列基础属于无筋扩展基础的是(　　)

A. 砖基础　　　　B. 毛石基础　　　C. 筏板基础

D. 箱型基础　　　E. 桩基础

16. 混凝土预制桩根据沉桩方法的不同可以分为(　　)

A. 锤击沉桩　　　B. 静力压桩　　　C. 振动沉桩

D. 泥浆护壁桩　　E. 人工挖孔桩

17. 属于扣件式钢管脚手架部件的是(　　)。

A. 钢管　　　　　B. 吊环　　　　　C. 扣件

D. 底座　　　　　E. 脚手板

18. 对脚手架的基本要求有(　　)。

A. 足够的宽度　　　　　　　　　　B. 足够的高度

C. 经常检查　　　　　　　　　　　D. 搭设方案需审批

E. 构造简单、拆装方便并能多次周转使用

19. 扣件式钢管脚手架中关于立柱下列描述正确的是(　　)。

A. 每根立柱均应设置底座

B. 两根相邻立柱的对接扣件应尽量错开一步

C. 对接扣件偏离中心节点的距离宜小于步距的 1/3

D. 凡与横向水平杆相交处均必须用直角扣件与横向水平杆固定

E. 由底座下皮向上 200mm 处，必须设置纵、横向扫地杆，并用直角扣件与立柱固定

20. 为保证脚手架的使用安全，扣件式钢管脚手架按规定需设置(　　)。

A. 横向斜撑　　　B. 剪刀撑　　　　C. 连墙件

D. 马凳　　　　　E. 吊环

21. 扣件式钢管脚手架横向水平杆应满足下列哪些要求(　　)。

A. 凡立柱与纵向水平杆的相交处均必须设置一根横向水平杆，严禁任意拆除

B. 双排脚手架的横向水平杆，其两端均应用直角扣件固定在纵向水平杆上

C. 脚手板全应采用三支点支承

D. 脚手板必须采用搭接平铺

E. 其主要作用是承受脚手板传递来的荷载并传给剪刀撑

22. 下列关于脚手架的说法正确的是(　　)。

A. 按照脚手架的搭设位置可以分为外脚手架和里脚手架

B. 单排脚手架搭设高度不应超过 20m

C. 双排脚手架搭设高度不宜超过 45m

D. 脚手架是建筑工程施工中工人的临时操作面、材料的临时堆放点、临时的运输通道和临时的安全防护措施

E. 脚手架应构造简单、拆装方便并能多次周转使用

23. 扣件的基本形式主要有(　　)。

A. 直角扣件　　B. 旋转扣件　　C. 咬合扣件

D. 对接扣件　　E. 搭接扣件

24. 关于型钢悬挑脚手架说法正确是(　　)

A. 一次悬挑脚手架高度不宜超过 20m

B. 型钢悬挑梁宜采用双轴对称截面的型钢

C. 悬挑钢梁固定段长度不应小于悬挑段长度 1.25 倍

D. 悬挑架的外立面剪刀撑应自下而上连续设置

E. 锚固型钢的主体结构混凝土强度等级不得低于 C25

25. 脚手架及其地基基础应在下列情况下进行检查与验收的是(　　)。

A. 基础完工后及脚手架搭设前

B. 作业层上施加荷载前

C. 每搭设完 6～8m 高度后

D. 遇有五级强风及以上风或大雨后，冻结地区解冻后

E. 停用超过三个月

26. 在下列砌体部位中，不得设脚手眼的是(　　)。

A. 宽度≤1.0m 的窗间墙

B. 空斗墙、半砖墙、砖柱

C. 梁及梁垫下及其左右各 800mm 范围内

D. 门窗洞口两侧 200mm 内和墙体转角处 450mm 范围内

E. 砌筑砂浆强度等级小于或等于 M2.5 的砖墙

27. 下面有关小型混凝土空心砌块施工要点中正确的是(　　)。

A. 墙体转角处应同时砌筑　　B. 砌筑时应反扣砌筑

C. 选用砌块龄期大于 7d　　D. 水平缝砂浆饱满度≥90%

E. 正常施工条件下，小砌块砌体每日砌筑高度宜控制在 2.0m 或一步脚手架高度内

28. 下述砌砖工程的施工方法，错误的是(　　)。

A. “三一”砌筑法即是三顺一丁的砌法

B. 砌筑空心砖砌体宜采用“三一”砌筑法

C. “三一”砌筑法随砌随铺，可不挤揉，灰缝容易饱满，粘结力好

D. 砖砌体的砌筑方法有砌砖法、挤浆法、刮浆法

E. 砌砖时必须采用“三一”砌筑法

29. 关于砌体工程施工正确的说法为(　　)。

A. 砌体直槎处拉结筋末端为 180°弯钩

B. 砌体直槎处，240 墙应放两根拉结筋

C. 构造柱大马牙槎处采用“五进五退”砌法

D. 宽度小于 1m 的窗间墙不能留设脚手眼

E. 砖墙水平灰缝的砂浆饱满度不得小于 80%

30. 下列关于砌筑砂浆使用正确的说法为（　　）。
A. 过夜砂浆加水搅拌后可以使用
B. 砂浆在30℃以上应在2h内用完
C. 砂浆在30℃以下时可在4h内用完
D. 基础砌体应该使用水泥砂浆进行砌筑
E. 砂浆出现泌水现象，应在砌筑前重新拌和
31. 关于砖砌体质量要求下列说法正确的是（　　）。
A. 轴线位置偏移允许偏差10mm
B. 基础顶面和楼面标高允许偏差为±15mm
C. 墙面平整度±8mm
D. 门窗洞口高、宽（后塞口）允许偏差±5mm
E. 每层墙面垂直度允许偏差20mm
32. 砌砖宜采用“三一砌筑法”，即（　　）的砌筑方法。
A. 一把刀　　B. 一铲灰　　C. 一块砖
D. 一揉压　　E. 一面挂线
33. 常用的砌砖法主要有（　　）。
A. 满口灰法　　B. 灌浆法　　C. 挤浆法
D. 三一砌砖法　　E. 揉压法
34. 砌筑砂浆主要有（　　）。
A. 水泥砂浆　　B. 混合砂浆　　C. 石灰砂浆
D. 黏土砂浆　　E. 泡沫砂浆
35. 砖砌体常用的组砌形式主要有（　　）。
A. 一顺一丁　　B. 三顺一丁　　C. 梅花丁
C. 全丁式　　E. 两侧一平
36. 下列关于填充墙砌体施工说法正确的是（　　）。
A. 砌筑填充墙时蒸压加气混凝土砌块和轻骨料混凝土小型砌块的产品龄期不小于28d
B. 长期浸水或化学侵蚀环境，可使用轻骨料混凝土小型空心砌块或蒸压加气混凝土砌块砌体
C. 填充墙顶部与承重主体结构之间的空隙部位，应在填充墙砌筑14d后进行砌筑。这是让墙体有一个完成变形的时间，保证墙顶与构建连接的效果
D. 砌筑烧结空心砖墙的水平灰缝厚度和竖向灰缝宽度宜为10mm，且不应小于8mm，也不应大于12mm
E. 烧结空心砖墙应侧立砌筑，孔洞应呈水平方向
37. 双排脚手架的支撑体系由（　　）组成。
A. 刚性栏杆　　B. 剪刀撑　　C. 抛撑
D. 横向斜撑　　E. 脚手板
38. 模板的拆除顺序一般是（　　）。
A. 先支的先拆　　B. 先支的后拆　　C. 后支的先拆

D. 后支的后拆　　E. 先拆非承重模板，后拆承重模板

39. 下列关于模板工程说法正确的有(　　)。

A. 模板系统是由模板和支架组成

B. 模板系统应确保构件形状与尺寸正确

C. 拆模时应谁支谁拆，先支先拆

D. 模板系统应能多次周转使用以降低施工成本

E. 模板系统应构造简单，重量应轻，安装、拆卸方便快捷

40. 对模板安装的要求下列说法正确的是(　　)。

A. 应对模板及其支架进行观察和维护

B. 上、下支架的立柱应对准，并铺设垫板

C. 浇水后模板内可适量积水

D. 模板内的杂物可不清理干净

E. 模板与混凝土接触面应清理干净并涂刷隔离剂，但不得污染钢筋和混凝土接槎处

41. 梁模板安装应注意(　　)。

A. 跨度大于等于 4m 时底模板应起拱　　B. 防止梁上口内缩

C. 梁柱接头处不漏浆　　D. 应首先控制好梁的轴线和标高

E. 模板起拱高度宜为梁、板跨度的 5/1000～10/1000

42. 模板系统一般由(　　)组成。

A. 模板　　B. 支架　　C. 帮条接头

D. 紧固件　　E. 立杆

43. 钢筋的绑扎符合的规定是(　　)。

A. 墙、柱、梁钢筋骨架交叉点应用铁丝扎牢

B. 板下部钢筋网交叉点必须全部扎牢

C. 梁和柱的箍筋一般应与受力钢筋垂直设置

D. 绑扎搭接接头位置不必相互错开

E. 填充墙构造柱纵向钢筋宜与框架梁钢筋共同绑扎

44. 钢筋的加工形式有(　　)。

A. 调直　　B. 下料切断　　C. 接长

D. 锚固　　E. 弯曲成型

45. 钢筋的冷拉加工可以(　　)。

A. 提高钢筋的塑性　　B. 提高钢筋的韧性

C. 提高钢筋的强度　　D. 实现钢筋的调直

E. 改变钢筋化学成分

46. 关于钢筋调直说法正确的是(　　)。

A. 当采用冷拉方法调直时，HPB300 光圆钢筋的冷拉率不宜大于 4%

B. HRB335、HRB400、HRB500 及 RRB400 带肋钢筋的冷拉率不宜大于 4%

C. 钢筋调直过程中不应损伤带肋钢筋的横肋

D. 调直后的钢筋应平直，不应有局部弯折

E. 钢筋宜采用无延伸功能的机械设备进行调直，也可采用冷拉方法调直

47. 机械连接的形式主要有(　　)。

A. 套筒挤压连接　　B. 锥套筒螺纹连接

C. 直套筒螺纹连接　　D. 电渣压力焊

E. 绑扎搭接

48. 抗震等级设计的框架和斜撑构件中的纵向受力钢筋强度最大力下总伸长率的实测值应符合下列规定（　　）。

A. 抗拉强度实测值与屈服强度实测值的比值不应小于 1.25

B. 抗拉强度实测值与屈服强度实测值的比值不应小于 1.30

C. 屈服强度实测值与屈服强度标准值的比值不应大于 1.30

D. 屈服强度实测值与屈服强度标准值的比值不应大于 1.25

E. 最大力下总伸长率不应小于 9%

49. 钢筋混凝土结构的施工缝宜留置在(　　)。

A. 剪力较小位置　　B. 便于施工的位置

C. 弯矩较小位置　　D. 剪力较大位置

E. 轴力较大处

50. 混凝土的浇筑工作包括(　　)。

A. 布料摊平　　B. 搅拌　　C. 捣实

D. 配料　　E. 覆盖浇水

51. 以下各种情况中可能引起混凝土离析的是(　　)。

A. 混凝土自由下落高度为 3m　　B. 搅拌时间过长

C. 振捣时间长　　D. 振捣棒快插慢拔

E. 运输时间过长

52. 为了解决浇筑竖向构件混凝土的自由下落高度超过 3m 而造成混凝土离析现象可采用(　　)浇筑。

A. 溜槽　　B. 串筒

C. 在竖向构件浇筑时留置浇筑孔　　D. 加密振捣的次数

E. 溜管

53. 下列关于施工缝设置原则正确的是(　　)。

A. 柱子的施工缝宜留在基础的顶面、楼层结构顶面

B. 单向板的施工缝可留在平行于短边的任何位置处

C. 单向板的施工缝可留在平行于长边的任何位置处

D. 对于有主次梁的楼板结构，施工缝应留在次梁跨度的中间 1/3 范围内

E. 墙的施工缝宜设置在门洞口过梁跨中 1/3 范围内，也可留设在纵横交接处

54. 混凝土运输要求包括(　　)。

A. 应及时运至浇筑地点　　B. 应采用混凝土运输车

C. 保证规定的坍落度　　D. 应使水泥用量最少

E. 必须采用泵送形式

55. 关于混凝土养护说法正确的有(　　)。

A. 混凝土应在浇筑完毕后及时进行养护

B. 在常温下，采用硅酸盐水泥拌制的混凝土浇水养护不少于 7d

C. 可以采取蒸汽养护

D. 在常温下，矿渣水泥拌制的混凝土浇水养护不少于 14d

E. 采用缓凝型外加剂、大掺量矿物掺合料配制的混凝土，不应少于 14d

56. 混凝土的养护方法有（　　）。

A. 标准养护　　B. 隔热养护　　C. 蒸汽养护

D. 蓄热养护　　E. 自然养护

57. 下列关于混凝土叙述正确的是（　　）。

A. 混凝土搅拌时间不能过短，也不能过长，因此确定一个最短搅拌时间是必要的

B. 混凝土的投料有一次投料法、二次投料法、SEC 法

C. 混凝土运输过程中不离析、不漏浆，保证在终凝前浇筑完毕

D. 混凝土的浇筑工作包括布料、摊平、捣实和抹面修整等工序

E. 进料容量超过规定容量的 10%以上，就会使材料在搅拌筒内无空分的空间进行拌合而影响混凝土拌和的均匀性

58. 对混凝土搅拌要求正确的有（　　）。

A. 严格执行混凝土试验室配合比　　B. 严格进行各原材料的计量

C. 搅拌前应充分湿润搅拌筒　　D. 严禁随意加减用水量

E. 控制好混凝土搅拌时间

59. 在有关振捣棒的使用中，正确的是（　　）。

A. 均匀振捣　　B. 快插慢拔

C. 插入下层不小于 50mm　　D. 每插点振捣时间越长越好

E. 当混凝土表面无明显塌陷、有水泥浆出现、不再冒气泡时，可结束该部位振捣

60. 关于混凝土配料说法正确的是（　　）。

A. 普通混凝土结构宜选用通用硅酸盐水泥

B. 对于有抗渗、抗冻融要求的混凝土，宜选用硅酸盐水泥或普通硅酸盐水泥

C. 为节约水资源，海水可用于钢筋混凝土和预应力混凝土拌制和养护

D. 粗骨料宜选用粒形良好、质地坚硬的洁净碎石或卵石

E. 细骨料宜选用级配良好、质地坚硬、颗粒洁净的天然砂或机制砂

61. 后张法施工中常用孔道留设的方法有（　　）。

A. 钢管抽芯法　　B. 预埋套筒法

C. 胶管抽芯法　　D. 预埋金属波纹管法

E. 预埋钢管法

62. 后张法预应力混凝土结构施工中，在留设预应力筋孔道的同时，尚应按要求合理留设（　　）。

A. 观测孔　　B. 加压孔　　C. 灌浆孔

D. 排气孔　　E. 清理孔

63. 对于先张法预应力混凝土结构施工，以下说法正确的是（　　）。

A. 在浇筑混凝土之前先张拉预应力钢筋并固定在台座或钢模上

B. 混凝土浇筑后养护至一定的强度放松钢筋

C. 借助混凝土与预应力钢筋的粘结，使混凝土产生预压应力
D. 常用于生产大型构件
E. 先张法一般用于预制构件厂生产定型的中小型构件
64. 以下关于无粘结预应力混凝土施工叙述正确的有(　　)。
A. 不留设孔道　　B. 工序简单　　C. 属于后张法
D. 属于先张法　　E. 需要灌浆
65. 先张法预应力混凝土施工的主要设备有(　　)
A. 台座　　B. 夹具　　C. 张拉设备
D. 预埋管道　　E. 灌浆设备
66. 塔式起重机的安全保护装置有(　　)。
A. 起重量限制器　　B. 起升高度限位器　　C. 幅度限位器
D. 中车行程限位器　　E. 小车牵引机构
67. 塔式起重机按构造性能分为(　　)。
A. 固定式　　B. 轨道式　　C. 附着式
D. 爬升式　　E. 旋转式
68. 能进行水平运输的设备有(　　)。
A. 塔吊　　B. 龙门架　　C. 混凝土泵
D. 混凝土运输车　　E. 混凝土搅拌机
69. 关于塔式起重机的共同特点，下列说法正确的有(　　)。
A. 覆盖半径较大
B. 塔身高度大，可满足不同高度的建筑物施工
C. 塔式起重机需要牵缆
D. 特别适合起吊超长、超宽物件
E. 只能采用小车变幅
70. 关于混凝土车泵，下列说法正确的有(　　)。
A. 车泵的动力全由发动机供给
B. 与一般混凝土输送泵相比，机动性更高
C. 管道堵塞是泵送混凝土常发生的故障
D. 泵车上的泵不能与其他泵接力使用
E. 具有自行、泵送和浇筑摊铺混凝土等综合能力
71. 塔式起重机的工作机构有(　　)。
A. 起升机构　　B. 变幅机构　　C. 起重量限止器
D. 大车行走机构　　E. 小车牵引机构
72. 关于履带式起重机说法正确的是(　　)
A. 是一种 360°全回转的起重机
B. 操作灵活，行走方便，但不能负载行驶
C. 稳定性较差
D. 行走时对路面破坏较大，行走速度慢
E. 城市中和长距离转移时，需用拖车进行运输

73. 塔式起重机按回转方式可以分为（　　）。

A. 下回转式塔式起重机　　B. 上回转式塔式起重机

C. 中回转式塔式起重机　　D. 顶回转式塔式起重机

E. 不回转式塔式起重机

74. 按其驱动方式，施工电梯可分为（　　）。

A. 齿轮驱动式　　B. 绳轮驱动式　　C. 顶推式

D. 旋转式　　E. 斜吊式

75. 混凝土振动机械按其工作方式分为（　　）。

A. 插入式振捣器　　B. 平板式振捣器　　C. 附着式振捣器

D. 振动台　　E. 振动膜布

76. 钢结构单层厂房安装施工中，钢吊车梁的校正内容主要为（　　）。

A. 标高　　B. 垂直度　　C. 水平度

D. 侧向刚度　　E. 轴线

77. 钢桁架临时固定时，节点应符合下列规定（　　）。

A. 临时螺栓不得少于安装孔总数的 1/3

B. 至少应穿 2 颗临时固定螺栓

C. 每个螺栓一端不得垫 2 个及以上的垫圈，不得采用大螺母代替垫圈

D. 冲钉数不宜多于安装孔的 30%

E. 可采用高强螺栓兼做临时螺栓

78. 下列关于结构安装施工安全措施叙述正确的是（　　）。

A. 患心脏病或高血压的人，不宜高空作业

B. 进入施工现场的人员，应将所带工具放入衣服包内

C. 进行结构安装时，要统一用哨声、红绿旗、手势等

D. 在顶层进行结构安装时，可以不戴安全帽

E. 吊装现场周围，应设置临时栏杆，禁止非工作人员入内

79. 和其他结构相比，钢结构的特点是（　　）。

A. 强度高，材质均匀，自重小　　B. 抗震性能好，施工速度快，工期短

C. 密闭性好，拆迁方便　　D. 但其造价较低

E. 耐腐蚀性和耐火性较好

80. 钢结构的连接方法有（　　）。

A. 焊接连接　　B. 螺栓连接　　C. 铆钉连接

D. 机械连接　　E. 绑扎连接

81. 有关卷材防水层的施工，错误的是（　　）。

A. 由屋面最高标高处向下铺贴卷材

B. 卷材长边搭接缝垂直主导方向

C. 上下层卷材垂直铺贴

D. 在天沟，泛水处加铺卷材附加层

E. 卷材屋面的坡度不宜超过 25%，否则应采取满粘或钉压等防止卷材下滑的措施

82. 卷材防水屋面中常用的卷材有（　　）。

A. 沥青防水卷材　　B. 高聚物改性沥青防水卷材

C. 合成高分子防水卷材　　D. 涂膜

E. 防水砂浆

83. 防水工程应遵循的原则包括（　　）。

A. 防排结合　　B. 刚柔并用　　C. 经济合理

D. 多道设防　　E. 综合治理

84. 细石混凝土刚性防水层的要求有（　　）。

A. 厚度不小于 40mm，配制双向钢筋网片

B. 钢筋通长设置

C. 钢筋网片应放置在混凝土的下部

D. 钢筋网片应放置在混凝土的上部

E. 一个分隔缝内的混凝土必须一次浇筑完毕，不得留施工缝

85. 防水混凝土施工的要求有（　　）。

A. 应特别注意模板拼缝严密，支撑牢固

B. 采用与防水混凝土相同配合比的细石混凝土块或砂浆块作钢筋保护层垫块

C. 墙体水平施工缝应留在底板表面以上不小于 300mm 的墙体上

D. 墙体水平施工缝应留在底板底面以上不小于 400mm 的墙体上

E. 防水混凝土拌合物运输后如出现离析，必须进行二次搅拌

86. 关于刚性防水屋面施工，下列说法正确的有（　　）。

A. 混凝土浇筑应按“先高后低，先远后近”的施工顺序进行

B. 防水层的钢筋网片应放在混凝土的下部

C. 养护时间不应少于 14d

D. 混凝土收水后应进行二次压光

E. 一个分隔缝内的混凝土必须一次浇筑完毕，不得留施工缝

87. 卷材防水屋面变形缝漏水的原因是（　　）。

A. 屋面变形缝，如伸缩缝、沉降缝等没有按规定干铺附加卷材

B. 施工天气不好

C. 铁皮封盖未顺水流方向搭接，或未安装牢固，被风掀起

D. 变形缝在屋檐部位未断开，卷材直铺过去，变形缝变形时，将卷材拉裂

E. 变形缝尺寸偏小

88. 水泥砂浆找平层是卷材防水层的基层，它的质量好坏对防水施工效果起很大的作用，因此要求水泥砂浆找平层（　　）。

A. 平整坚实　　B. 无起砂　　C. 无开裂无起壳

D. 高强度　　E. 养护时间不得少于 7d

89. 地下防水工程渗漏部位易发生在（　　）。

A. 墙面和底板交接处　　B. 施工缝处

C. 穿墙管道处　　D. 混凝土强度低的部位

E. 混凝土强度高的部位

90. 防水混凝土是通过(　　)来提高密实性和抗渗性，使其具有一定的防水能力。

A. 提高混凝土强度　　B. 大幅度提高水泥用量

C. 调整配合比　　D. 掺外加剂

E. 提高砂子的用量

91. 防水工程按照建筑工程不同部位又可分为(　　)。

A. 屋面防水　　B. 地下防水　　C. 厨卫间防水

D. 外墙防水　　E. 房间防水

92. 卷材防水屋面找平层类型主要有(　　)。

A. 水泥砂浆找平层　　B. 沥青砂浆找平层

C. 细石混凝土找平层　　D. 隔气找平层

E. 炉渣找平层

93. 防水卷材屋面特殊部位铺贴要求说法正确的是(　　)。

A. 卷材防水屋面檐口 800mm 范围内的卷材应满粘，卷材收头应采用金属压条钉压，并应用密封材料封严

B. 檐沟和天沟的防水层下应增设附加防水层，附加层伸入屋面的宽度不应小于 250mm

C. 女儿墙泛水处的防水层下应增设附加层，附加层在平面和里面的宽度均不应小于 300mm

D. 水落口周围直径 500mm 范围内坡度不应小于 5%，防水层和附加层伸入水落口杯内不应小于 50mm，并应粘结牢固

E. 变形缝内预填不燃保温材料，上部用防水卷材封盖，并放置衬垫材料，再在其上干铺一层卷材

94. 下列关于住宅防水施工说法正确的是(　　)

A. 楼、地面的防水层向外延展的长度不应小于 500mm，向两侧延展的宽度不应小于 200mm

B. 防水涂料应薄涂、多遍施工，前后两遍的涂刷方向应相互垂直

C. 防水砂浆应用机械搅拌均匀，并随拌随用

D. 密封施工宜在卷材、涂料防水层施工之后，刚性防水层施工之前完成

E. 自黏聚合物改性沥青防水卷材在低温施工时，搭接部位宜采用热风加热

95. 在有关装饰工程中，一般抹灰层的作用正确的是(　　)

A. 面层装饰　　B. 底层粘结　　C. 中层找平

D. 中层装饰　　E. 底层找平

96. 在有关抹灰施工中，灰饼的做法正确的是(　　)。

A. 先用靠尺检查墙面垂直平整度

B. 灰饼厚度应与抹灰层厚度相同

C. 上下灰饼间距为 1.2～1.5m

D. 灰饼面积大小可为 50mm×50mm

E. 底层灰七八成干时即可抹中层灰

97. 下列属于装饰抹灰的有(　　)。

A. 干黏石　　B. 混合砂浆抹灰　　C. 水泥砂浆抹灰

D. 水刷石　　E. 斩假石

98. 涂料的施工方法有(　　)。

A. 喷涂　　B. 刷涂　　C. 抹涂

D. 黏涂　　E. 滚涂

99. 石材饰面板的安装方法通常有(　　)。

A. 粘贴法　　B. 挂钩法　　C. SEC 法

D. 干挂法　　E. 胶粘法

100. 一般抹灰时需要在墙面上做灰饼，灰饼的作用是控制抹灰层的(　　)。

A. 平整度　　B. 垂直度　　C. 质量

D. 层次　　E. 厚度

101. 下列属于大理石、花岗石干挂法施工工艺的是(　　)。

A. 板材钻孔

B. 板材灌 1∶2.5 的水泥砂浆

C. 用膨胀螺栓安装 L 形不锈钢固定件

D. 孔眼中灌专用的石材干挂胶，插入连接钢针

E. 板材接缝处密封胶嵌缝

102. EPS 板薄抹灰外墙外保温施工说法正确的是(　　)。

A. EPS 板应从外墙阳角及勒脚部位开始，自下而上，沿水平方向横向铺贴

B. 竖缝应逐行错缝 1/2 板长

C. 在墙角处要交错拼接，同时应保证墙角垂直度

D. EPS 板在门窗洞口四角处不允许接缝，接缝处四角应至少 200mm

E. 玻纤网铺设完毕后，应静置养护不少于 12h，方可进行下一道工序的施工

103. 有关平板式振捣器安全使用，做法正确的是(　　)。

A. 平板式振捣器作业是应使用线缆控制其移动速度

B. 附着式振捣器的安装位置应正确，连接应牢固

C. 附着式振捣器应安装减振装置

D. 在同一块混凝土模板上同时使用多台附着式振捣器时，各振动器的振频应一致

E. 安装在混凝土模板上的附着式振捣器，每次作业时间应根据施工方案确定

104. 为保证混凝土输送泵工作的安全和正常，混凝土输送管道的敷设应符合下列规定(　　)。

A. 管道敷设前应检查并确认管壁的磨损量应符合使用说明书的要求

B. 装料前应先启动内燃机空载运转，当各仪表指示正常后再装料

C. 管道应使用支架或与建筑结构固定牢固

D. 作业完毕，应将料斗降到最低位置，并切断电源

E. 泵出口处的管道底部应依据泵送高度、混凝土排量等设置独立的基础，并能承受相应荷载

105. 施工升降机应设置专用开关箱，馈电容量应满足升降机直接启动的要求，生产厂家配置的电气箱内应安装的保护装置有(　　)。

A. 短路　　B. 过载　　C. 错相

D. 断相　　E. 启动

106. 建筑起重机械进入施工现场必须具备的资料是(　　)。

A. 特种设备制造许可证　　B. 产品合格证

C. 特种设备制造监督检查证明　　D. 起重机机械原理说明书

E. 安装使用说明书

107. 建筑起重机械具备(　　)之一时，设备不得出租和使用。

A. 超过安全技术标准或制造厂规定的使用年限

B. 经检验达不到安全技术标准规定

C. 没有完整安全技术档案

D. 没有齐全有效的安装保护装置

E. 没有取得特种作业证书的操作人员

三、判断题

1. 夯实机的扶手和操作手柄必须加装绝缘材料，操作开关必须使用定位开关，进口线必须加胶圈。(　　)

2. 振动冲击夯适用于压实黏性土、砂及砾石等，也可用于坚硬地面作业。(　　)

3. 钢筋调直切断机在调直块未固定或防护罩未盖好前，不得送料，当运行中发生故障后，应打开防护罩进行修理。(　　)

4. 钢筋弯曲机作业时，应将需弯曲的一端钢筋插入在机身固定销的间隙内，将另一端紧靠在转盘固定销，并用手压紧，在检查并确认机身固定销安放在挡住钢筋的一侧后，启动机械。(　　)

5. 采用冷拉强度控制的冷拉机，应设置明显的限位标志，并应有专人负责指挥。(　　)

6. 平板式振捣器应采用耐气候型橡皮护套铜芯软电缆，并不得有接头和承受任何外力，其长度不得超过30m。(　　)

7. 混凝土模板在振动台上可以直接放置，进行无约束振动。(　　)

8. 安装在同一混凝土模板上的多台附着式振捣器，应安装在模板的同一方向。(　　)

9. 混凝土输送管道中的新管或磨损量较小的管道应敷设在混凝土输送管道的中部。(　　)

10. 敷设向下倾斜的混凝土输送管时，当倾斜度大于7°时，应加装逆止阀。(　　)

11. 施工升降机运行到最上层或最下层时，不得使用行程限位开关作为停止运行的控制开关。(　　)

12. 施工升降机当需要在吊笼外面进行检修时，另外一个吊笼应配合，随时能够达到检修吊笼位置的状态。(　　)

13. 施工升降机作业后，应将吊笼降到底层，切断电源，锁好开关箱，闭锁吊笼门和维护门。（　　）

14. 施工升降机在运行中发现电气失控时，应立即启动行程限位开关，在未排除故障前，不得打开行程限位开关。（　　）

15. 履带式起重机启动前应将主离合器分离，各操纵杆放在档位上。（　　）

16. 用于结构吊装中的钢丝绳采用绳卡固接时，绳卡滑鞍（夹板）应在钢丝绳承载受力的一侧，U形螺栓应在钢丝绳的尾端，不得正反交错。（　　）

17. 建筑其中机械的各种安全保护装置必须齐全有效，必要时可以采用限位器和限位装置进行操纵。（　　）

18. 履带式起重机工作时，在行走、起升、回转及变幅四中动作中，应只允许不超过两种动作的复合操作。（　　）

19. 起重机械作业结束后，起重臂应转至逆风方向，并应降至40～60°。（　　）

四、案例分析

【案例一】

某土方工程基坑底长60m，底宽25m，深5m，拟采用四边放坡开挖，根据施工组织设计和施工方案要求可知边坡坡度为1∶0.5。根据计算需要开挖的土方体积为8604m^3，现场测得土的K_s=1.35，K'_s=1.15。若地下埋设的混凝土基础和地下室等占有体积为3000m^3。

1. 在计算土方运输车辆时，需要用到K'_s=1.15，此说法是否正确(　　)。

A. 正确　　B. 错误

2. 土的可松性可以用可松性系数表示，其中K'_s=1.15是表示填土压实后土的体积与天然状态下土的体积之比，此说法是否正确？(　　)

A. 正确　　B. 错误

3. 基坑开挖后，土方的堆置体积是(　　)m^3。

A. 7565　　B. 8604　　C. 9894　　D. 11615

4. 若以自然状态体积计，该基坑应预留的回填土体积为(　　)m^3。

A. 7565　　B. 5604　　C. 4873　　D. 5337

5. 本工程中边坡坡度为1∶0.5，则影响基坑边坡大小的因素有(　　)。

A. 开挖深度　　B. 土质条件　　C. 地下水质

D. 施工方法　　E. 边坡留置时间

6. 本案例中，关于土方开挖回填的质量与安全措施，以下说法中错误的是(　　)。

A. 回填时按规定分层夯压密实

B. 起吊设备距基坑边一般不得小于1.0m

C. 基坑开挖宜采用挖空底脚的方法

D. 基坑内人员应戴安全帽

E. 卸土回填，不得放手让车自动翻转

【案例二】

某高校新建一栋二十层留学生公寓，采用筏板基础，筏板厚度1.4m。施工单位依据基础形式、工程规模、机具设备条件以及土方机械特点，选择了挖土机、推土机、自卸汽车等土方施工机械，编制了土方施工方案后组织施工。

1. 推土机常适用于切土深度不大的场地平整和开挖深度不大于3.0m的基槽以及配合铲运机、挖土机工作，此说法是否正确？(　　)

A. 正确　　B. 错误

2. 推土机是一种能独立完成铲土、运土、卸土、填筑、场地平整的土方施工机械，此说法是否正确？(　　)

A. 正确　　B. 错误

3. 挖土机械中常用反铲挖土机，则反铲挖土机挖土的特点是(　　)。

A. 后退向下，强制切土　　B. 前进向上，强制切土

C. 后退向下，自重切土　　D. 直上直下，自重切土

4. 本案例基坑的土方开挖应严格遵循土方施工方案的要求，以下关于土方开挖说法不正确的是(　　)。

A. 当土体含水量大且不稳定时，应采取加固措施

B. 一般应采用“分层开挖，先撑后挖”的开挖原则

C. 开挖时如有超挖应立即填平

D. 在地下水位以下的土，应采取降水措施后开挖

5. 推土机在土方开挖中发挥着重要的作用，关于推土机的施工方法主要有(　　)

A. 下坡推土　　B. 并列推土　　C. 多刀推土

D. 槽形推土　　E. 上坡推土

6. 基础施工完成后应及时进行土方回填，下列哪些土料可用于回填？(　　)

A. 碎石类土、砂土　　B. 优质原土

C. 淤泥质土　　D. 爆破石渣　　E. 淤泥

【案例三】

某工程为高层建筑住宅，共三十层，位于上海市市内繁华地段。采用钢筋混凝土预制桩基础。上部结构为剪力墙结构，为加快施工进度，施工单位制定了夜间施工方案。

1. 桩基础为浅埋基础，此说法是否正确？(　　)

A. 正确　　B. 错误

2. 钢筋混凝土预制桩，只能在预制厂预制，然后运至施工现场。此说法是否正确？(　　)

A. 正确　　B. 错误

3. 由于在上海市市区繁华地段且夜间施工，则考虑的沉桩方法为是(　　)。

A. 锤击沉桩　　B. 静力压桩　　C. 振动沉桩　　D. 人工挖孔

4. 混凝土预制桩沉桩顺序应按(　　)的次序进行。

A. 先浅后深、先大后小、先长后短、先密后疏

B. 先深后浅、先大后小、先长后短、先密后疏

C. 先深后浅、先小后大、先长后短、先密后疏

D. 先深后浅、先大后小、先短后长、先密后疏

5. 混凝土预制桩施工应严格遵循施工方案和施工组织设计的要求，下列选项中关于混凝土预制桩施工要求说法正确的为(　　)。

A. 密集群桩沉桩时宜自中间向两个方向或四周对称施打

B. 桩机上的吊机在进行吊桩、喂桩的过程中，压桩机可以行走和调整

C. 对于挤土沉桩的密集桩群，应对桩的竖向和水平位移进行监测

D. 压桩过程中应控制桩身的垂直度偏差不大于 1/200

E. 终压控制标准以标高为主，压力为辅

6. 混凝土预制桩根据沉桩方法的不同可以分为(　　)。

A. 锤击沉桩　　B. 静力压桩　　C. 振动沉桩

D. 泥浆护壁桩　　E. 人工挖孔桩

【案例四】

某高层住宅工程，位于 6 度抗震设防区，共三十层，层高 3m。施工时外部采用了型钢悬挑式脚手架。整个工程历时 730d 完成，施工良好，无安全事故发生。

1. 型钢悬挑式脚手架是指架体结构附着于建筑结构型钢悬挑梁上的脚手架，此说法是否正确？(　　)

A. 正确　　B. 错误

2. 悬挑架的外立面剪刀撑应自下而上连续设置，此说法是否正确？(　　)

A. 正确　　B. 错误

3. 下列关于型钢悬挑脚手架适用范围说法不正确的是(　　)。

A. 工程施工场地狭小，无法搭设落地式脚手架

B. 地下室施工后不能及时回填土，而主体结构必须继续施工

C. 主体结构四周为裙房，主楼的脚手架搭设在裙楼顶上不安全

D. 建筑物体量不大，施工时间不长

4. 型钢悬挑脚手架一次悬挑脚手架高度不宜超过(　　)。

A. 10m　　B. 20m　　C. 15m　　D. 18m

5. 关于型钢悬挑脚手架说法正确的是(　　)。

A. 每个型钢悬挑梁外端宜设置钢丝绳或钢拉杆与上一层建筑结构斜拉结

B. 型钢悬挑梁宜采用双轴对称截面的型钢

C. 悬挑钢梁固定段长度不应小于悬挑段长度的 1.25 倍

D. 型钢悬挑梁间距应按悬挑脚手架立杆纵距设置，每一立杆纵距设置一根

E. 锚固型钢的主体结构混凝土强度等级不得低于 C25

6. 型钢悬挑脚手架属于扣件式钢管脚手架，则其扣件的基本形式主要有(　　)。

A. 直角扣件　　B. 旋转扣件　　C. 咬合扣件

D. 对接扣件　　E. 搭接扣件

【案例五】

某市有一新建住宅小区工程，共三十层，层高 3m，坡屋面。基础为钢筋混凝土筏

板基础，主体采用框剪结构体系，各层填充墙体采用MU15的烧结多孔砖和小型空心混凝土砌块砌筑。整个工程历时730d完成，施工良好，无安全事故发生。

1. 混凝土小型砌块的产品龄期不小于14d，此说法是否正确？(　　)

A. 正确　　　　B. 错误

2. 长期浸水的地下结构墙体可以采用轻骨料混凝土型空心砌块，此说法是否正确？(　　)

A. 正确　　　　B. 错误

3. 为保证墙体有一个完成变形的时间，保证墙顶与构建连接的效果，填充墙顶部与承重主体结构之间的空隙部位，应在填充墙砌筑(　　)d后进行砌筑。

A. 7　　B. 14　　C. 21　　D. 28

4. 采用烧结多孔砖砌筑填充墙时，水平灰缝的砂浆饱满度，不得低于(　　)。

A. 60%　　B. 70%　　C. 80%　　D. 90%

5. 为满足抗震要求，应按设计要求在墙体中设置构造柱。对砌体结构中的构造柱，下述做法不正确的有(　　)。

A. 马牙槎从每层柱脚开始，应先进后退

B. 沿高度每500mm设2ϕ6钢筋每边伸入墙内不应少于1000mm

C. 砖墙应砌成马牙槎，每一马牙槎沿高度方向的尺寸不超过500mm

D. 应先绑扎钢筋，然后砌砖墙，最后浇筑混凝土

E. 钢筋构造柱混凝土可分段浇筑，每段高度不宜大于2m

6. 砌体施工时，应做好安全防护措施，保证施工安全。下列关于砌筑安全与防护正确的是(　　)。

A. 施工人员必须戴好安全帽

B. 砌体结构工程施工中，应按施工方案对施工作业人员进行安全交底，并应形成书面交底记录

C. 站在墙顶做划线应挂安全带

D. 对有部分破裂的砌块，严禁起吊

E. 作业楼层的周围应进行封闭围护，并设置防护栏及张挂安全网

【案例六】

某十八层办公楼，建筑面积30000m^2，总高度71m，钢筋混凝土框架—剪力墙结构。根据工程的具体情况，施工单位编制了施工组织设计和施工方案。其中施工方案中对于剪力墙的模板采用大模板，对于柱、梁、板模板采用的是组合钢模板。

1. 大模板由模板和相关配件组成，它可以拼成不同尺寸、不同形状以适应基础、柱、梁、板、墙等施工的需要，此说法是否正确？(　　)

A. 正确　　　　B. 错误

2. 模板拆除时，应采取先支的后拆、后支的先拆的施工顺序，此说法是否正确？(　　)

A. 正确　　　　B. 错误

3. 在混凝土模板支设时，某梁的跨度为6m，设计没有具体规定起拱高度，则其跨中底模起拱高度可为(　　)。

A. 1mm　　B. 2mm　　C. 4mm　　D. 8mm

4. 现浇阳台板悬挑长度为1.5m，混凝土强度为C30，能够拆除底模的混凝土强度至少要达到(　　)。

A. 15N/mm^2　　B. 22.5N/mm^2　　C. 21N/mm^2　　D. 30N/mm^2

5. 对模板安装的要求下列正确的是(　　)。

A. 应对模板及其支架进行观察和维护

B. 上、下支架的立柱应对准，并铺设垫板

C. 浇水后模板内可适量积水

D. 模板内的杂物可不清理干净

E. 模板与混凝土接触面应清理干净并涂刷隔离剂，但不得污染钢筋和混凝土接槎处

6. 柱子模板安装应注意(　　)。

A. 垂直度应符合要求

B. 柱箍越往上越密

C. 安装柱子模板前，应测好标高，可以将其标在钢筋上

D. 根据柱子的高度适当设浇筑孔

E. 清扫口一般设置在柱模的底部，以清除可能存在的杂物

【案例七】

某十八层办公楼，建筑面积30000平方米，总高度71m，钢筋混凝土框架一剪力墙结构。根据工程的具体情况，施工单位编制了施工组织设计和施工方案。其中施工方案中对于混凝土的拌和、运输、浇筑、养护都做了较为详细的规定。

1. 根据施工方案要求，现场混凝土浇筑采用泵送混凝土。泵送混凝土只能进行水平方向的输送，此说法是否正确？(　　)

A. 正确　　B. 错误

2. 根据施工方案要求，混凝土浇筑过程应分层进行。上层混凝土应在下层混凝土初凝之前浇筑完毕。此说法是否正确？(　　)

A. 正确　　B. 错误

3. 混凝土施工缝的留设应符合施工方案的要求，在施工缝处继续浇筑混凝土应待已浇混凝土强度至少达到(　　)。

A. 1.2Mpa　　B. 2.5Mpa　　C. 1.0Mpa　　D. 5Mpa

4. 施工缝一般应留在构件(　　)部位。

A. 受压力最小　　B. 受剪力较小　　C. 受弯矩最小　　D. 受扭矩最小

5. 下列关于施工缝设置原则正确的是(　　)。

A. 柱子的施工缝宜留在基础的顶面、楼层结构顶面

B. 单向板的施工缝可留在平行于短边的任何位置处

C. 单向板的施工缝可留在平行于长边的任何位置处

D. 对于有主次梁的楼板结构，施工缝应留在主梁跨度的中间1/3范围内

E. 墙的施工缝宜设置在门洞口过梁跨中 1/3 范围内，也可留设在纵横交接处

6. 全现浇钢筋混凝土结构施工中可采用(　　)振捣设备。

A. 插入式振捣器　B. 附着式振捣器　C. 平板式振捣器

D. 振动台　E. 都不是

【案例八】

某公共建筑屋面大梁跨度为 40m，设计为预应力混凝土，混凝土强度等级为 C40，预应力筋采用钢绞线，非预应力筋为 HRB400 级钢筋。施工单位按设计要求组织施工，并按业主的要求完成了施工。

1. 后张法预应力混凝土通过预应力筋与混凝土的粘结作用施加预应力，此说法是否正确？(　　)

A. 正确　B. 错误

2. 后张法主要用于制作大型吊车车梁、屋架以及用于提高闸墩的承载能力。此说法是否正确？(　　)

A. 正确　B. 错误

3. 设计无规定时，后张法预应力混凝土的灌浆材料宜采用抗压强度不低于(　　)MPa 的水泥浆。

A. 20　B. 30　C. 40　D. 50

4. 下列不属于后张法施工工艺的是(　　)。

A. 张拉预应力钢筋　B. 放松预应力钢筋

C. 孔道灌浆　D. 锚具制作

5. 后张法施工中常用孔道留设的方法有(　　)。

A. 钢管抽芯法　B. 预埋套筒法

C. 胶管抽芯法　D. 预埋金属波纹管法

E. 预埋钢管法

6. 对预应力混凝土施工工艺表述正确的有(　　)。

A. 多根预应力钢筋的放张可不对称依次放张

B. 浇筑时，振捣器不应碰撞预应力钢筋

C. 先张法与后张法的一个重要区别在于钢筋是否张拉

D. 后张法要求钢筋张拉时，设计无要求时，混凝土的强度不低于设计强度的 75%

E. 凡施工时需要预先起拱的构件，预应力钢筋或成孔管道宜随构件同时起拱

【案例九】

某钢结构厂房工程，基础通过地脚螺栓将钢柱连成整体，主体为轻钢门式钢架结构，彩钢板屋面。框架外包墙及办公区域墙体采用砖砌体，强度等级为 MU10。

1. 钢结构由于其刚度大，不宜燃烧，所以可以不用涂刷防火涂料，此说法是否正确？(　　)

A. 正确　B. 错误

2. 吊车梁标高的校正可在屋盖吊装前进行，其他项目校正可在屋盖安装完成后进行。此说法是否正确？(　　)

A. 正确　B. 错误

3. 钢结构安装时，螺栓的紧固次序应按(　　)进行。

A. 从两边对称向中间　　B. 从中间开始对称向两边或四周

C. 从一端向另一端　　D. 从四周向中间扩散

4. 大六角高强度螺栓转角法施工分(　　)两步进行。

A. 初拧和复拧　　B. 终拧和复拧　　C. 试拧和终拧　　D. 初拧和终拧

5. 钢结构在安装时应采用冲钉或临时螺栓进行临时固定。钢结构临时固定时，节点应符合下列规定(　　)。

A. 临时螺栓不得少于安装孔总数的 1/3

B. 至少应穿 2 颗临时固定螺栓

C. 每个螺栓一端不得垫 2 个及以上的垫圈，不得采用大螺母代替垫圈

D. 冲钉数不宜多于安装孔的 30%

E. 可采用高强螺栓兼做临时螺栓

6. 下列属于钢结构吊装时应遵守的安全措施有(　　)。

A. 不准酒后作业　　B. 所有工人必须戴安全帽、系安全带

C. 使用的钢丝绳应符合要求　　D. 安装现场禁止监理入内

E. 潮湿地点作业要穿绝缘胶鞋

【案例十】

某开发商开发了一高层住宅工程，各单体结构形式基本相同，屋面采用刚性防水混凝土加合成高分子防水卷材施工，地下车库采用防水混凝土结构和高聚物改性沥青防水卷材外防外贴施工，厕浴间为聚氨酯防水涂料。

1. 屋面普通细石混凝土防水层中的钢筋网片，施工时应设置在混凝土的下部。此说法是否正确？(　　)

A. 正确　　B. 错误

2. 刚性防水混凝土屋面适用于设有松散材料保温层的屋面以及受较大震动或冲击和坡度大于 15%的建筑屋面，此说法是否正确？(　　)

A. 正确　　B. 错误

3. 防水混凝土中后浇带养护时间不应少于(　　)d。

A. 14　　B. 21　　C. 28　　D. 42

4. 下列关于防水混凝土说法不正确的是(　　)。

A. 防水混凝土模板，除满足一般要求外，还应特别注意模板拼缝严密，支撑牢固

B. 钢筋不得用铁丝或铁钉固定在模板上，并确保钢筋保护层厚度符合规定要求

C. 防水混凝土拌合物运输后如出现离析，必须进行二次搅拌

D. 当坍落度损失后不能满足施工要求时，应加入原水胶比的水泥浆或掺加同品种的减水剂进行搅拌或直接加水搅拌

5. 防水混凝土施工的要求有(　　)。

A. 防水混凝土的配合比应通过试验确定

B. 采用与防水混凝土相同配合比的细石混凝土块或砂浆块作钢筋保护层垫块

C. 墙体水平施工缝应留在底板表面以上不小于 300mm 的墙体上

D. 墙体水平施工缝应留在底板底面以上不小于400mm的墙体上
E. 防水混凝土拌合物应采用机械搅拌，搅拌时间不宜小于2min
6. 下列关于住宅室内防水施工说法正确的是(　　)
A. 楼、地面的防水层向外延展的长度不应小于500mm，向两侧延展的宽度不应小于200mm
B. 防水涂料应薄涂并多遍施工，前、后两遍的涂刷方向应相互垂直
C. 防水砂浆应用机械搅拌均匀，并随拌随用
D. 密封施工宜在卷材、涂料防水层施工之后，刚性防水层施工之前完成
E. 自黏聚合物改性沥青防水卷材在低温施工时，搭接部位宜采用热风加热

【参考答案】

一、单项选择题

1. D	2. A	3. B	4. C	5. A	6. D	7. C	8. C	9. D	10. C
11. B	12. D	13. A	14. A	15. C	16. A	17. B	18. A	19. D	20. B
21. B	22. A	23. D	24. C	25. A	26. C	27. C	28. B	29. C	30. B
31. D	32. A	33. B	34. A	35. C	36. B	37. B	38. B	39. A	40. D
41. B	42. D	43. A	44. B	45. D	46. A	47. B	48. A	49. B	50. B
51. B	52. B	53. C	54. A	55. A	56. B	57. B	58. A	59. B	60. B
61. A	62. B	63. D	64. B	65. A	66. D	67. A	68. C	69. A	70. D
71. C	72. A	73. A	74. C	75. B	76. B	77. C	78. C	79. C	80. B
81. A	82. C	83. D	84. D	85. A	86. A	87. B	88. C	89. D	90. D
91. B	92. D	93. B	94. B	95. D	96. C	97. D	98. A	99. B	100. B
101. C	102. D	103. A	104. A	105. A	106. B	107. B	108. B	109. A	110. D
111. B	112. B	113. C	114. A	115. A	116. B	117. B	118. B	119. B	120. A
121. C	122. B	123. D	124. B	125. B	126. A	127. C	128. C	129. C	130. D
131. A	132. B	133. C	134. A	135. B	136. B	137. D	138. B	139. D	140. B
141. A	142. C	143. A	144. C	145. A	146. B	147. D	148. D	149. B	150. B
151. D	152. C	153. A	154. D	155. C	156. D	157. D	158. C	159. C	160. B
161. A	162. D	163. B	164. D	165. C	166. D	167. B	168. A	169. B	170. B
171. A	172. B	173. C	174. D	175. C	176. B	177. A	178. B	179. C	180. B
181. A	182. C	183. D	184. C	185. C	186. B	187. B	188. A	189. B	190. C
191. D	192. C	193. D	194. D	195. A	196. D	197. A	198. C	199. D	200. B
201. B	202. D	203. D	204. D						

二、多项选择题

1. BCD	2. ABDE	3. ACD	4. ABDE	5. ABD
6. ABCE	7. ABCE	8. ABC	9. ACD	10. ABCD
11. ABCD	12. ABCE	13. BCE	14. ABCE	15. AB
16. ABC	17. ACDE	18. ABE	19. ABCE	20. ABC
21. AB	22. ADE	23. ABD	24. ABCD	25. ABC

26. ABDE	27. ABD	28. ACDE	29. BDE	30. BDE
31. AB	32. BCD	33. ACD	34. ABC	35. ABC
36. ACDE	37. BCD	38. BCE	39. BDE	40. ABE
41. ABCD	42. ABD	43. ACE	44. ABCE	45. CD
46. ACDE	47. ABC	48. ACE	49. AB	50. AC
51. ABCE	52. ABCE	53. ABDE	54. AC	55. ABCE
56. ACE	57. ABDE	58. BCDE	59. ABCE	60. ABDE
61. ACD	62. CD	63. ABCE	64. ABC	65. ABC
66. ABC	67. BCD	68. ACD	69. ABD	70. ABCE
71. ABDE	72. ACDE	73. AB	74. AB	75. ABCD
76. ABE	77. ABC	78. ABCE	79. ABC	80. ABC
81. ABC	82. ABC	83. ABDE	84. ADE	85. ABCE
86. ACDE	87. ACD	88. ABCE	89. ABC	90. CD
91. ABCD	92. ABC	93. ABDE	94. ABCE	95. ABC
96. ACDE	97. ADE	98. ABCE	99. AD	100. ABE
101. ACDE	102. ABCD	103. BCDE	104. ACD	105. ABCD
106. ABCE	107. ABCD			

三、判断题

1. × 2. × 3. × 4. × 5. × 6. √ 7. × 8. × 9. × 10. ×
11. √ 12. × 13. × 14. × 15. × 16. √ 17. × 18. √ 19. ×

四、案例分析

案例一	1. B	2. A	3. D	4. C	5. ABDE	6. BC
案例二	1. B	2. B	3. A	4. C	5. ABCD	6. ABD
案例三	1. B	2. B	3. B	4. B	5. ACDE	6. ABC
案例四	1. A	2. A	3. D	4. B	5. ABCD	6. ABD
案例五	1. B	2. B	3. B	4. C	5. AC	6. ABDE
案例六	1. B	2. A	3. D	4. D	5. ABE	6. ACDE
案例七	1. B	2. A	3. A	4. B	5. ABD	6. ABC
案例八	1. B	2. A	3. B	4. B	5. ACD	6. BDE
案例九	1. B	2. A	3. B	4. D	5. ABC	6. ACE
案例十	1. B	2. B	3. C	4. D	5. ABCE	6. ABCE

第三章　施工组织及专项施工方案

一、单项选择题

1. 下列选项中，属于施工组织总设计编制依据的是(　　)。

A. 建设工程监理合同　　　　B. 批复的可行性研究报告

C. 各项资源需求量计划　　　　　　　　D. 单位工程施工组织设计

2. 某公司计划编制施工组织设计，已收集和熟悉了相关资料，调查了项目特点和施工条件，计算了主要工种的工程量，确定了施工的总体部署，接下来应该进行的工作是（　　）。

A. 拟定施工方案　　　　　　　　B. 编制施工总进度计划
C. 编制资源需求量计划　　　　　　　　D. 编制施工准备工作计划

3. 根据编制的广度、深度和作用的不同，施工组织设计可分为施工组织总设计、单位工程施工组织设计及（　　）。

A. 分部、分项工程施工组织设计　　　　B. 施工详图设计
C. 施工工艺及方案设计　　　　　　　　D. 施工总平面图设计

4. 某建筑工程公司作为总承包商承接了某单位迁建工程所有项目的施工任务。项目包括办公楼、住宅楼和综合楼各一栋。该公司针对整个迁建工程项目制定的施工组织设计属于（　　）。

A. 施工规划　　　　　　　　B. 单位工程施工组织设计
C. 施工组织总设计　　　　　　　　D. 分部分项工程施工组织设计

5. 某建筑工程公司作为总承包商承接了某高校新校区的全部工程项目，针对其中的综合楼建设所做的施工组织设计属于（　　）。

A. 施工规划　　　　　　　　B. 单位工程施工组织设计
C. 施工组织总设计　　　　　　　　D. 分部分项工程施工组织设计

6. 项目资源需求计划应当包括在施工组织设计的（　　）内容中。

A. 施工部署　　B. 施工方案　　C. 施工进度计划　　D. 施工平面布置

7. 在下列各项工程中，需要直接编制单位工程施工组织设计的是（　　）。

A. 某市新建机场工程　　　　　　　　B. 某城际高速公路（含公路、桥梁和隧道）
C. 某拆除工程定向爆破工程　　　　　　　　D. 某发电厂干灰库烟囱维修工程

8. 对整个建设工程项目的施工进行战略部署，并且指导全局性施工的技术和经济纲要的文件是（　　）。

A. 施工总平面图　　　　　　　　B. 施工组织总设计
C. 施工部署及施工方案　　　　　　　　D. 施工图设计文件

9. 下列施工组织设计的基本内容中，可以反映现场文明施工组织的是（　　）。

A. 工程概况　　B. 施工部署　　C. 施工平面图　　D. 技术经济指标

10. 编制施工组织总设计时，资源需求量计划应在完成（　　）后确定。

A. 施工准备工作计划　　　　　　　　B. 施工总平面图
C. 施工总进度计划　　　　　　　　D. 主要技术经济指标

11. 施工组织总设计包括：①计算主要工种工程的工程量；②编制施工总进度计划；③编制资源需求量计划；④拟定施工方案。其正确的工作顺序是（　　）。

A. ①②③④　　B. ①④②③　　C. ①③②④　　D. ④①②③

二、多项选择题

1. 施工单位编制的单位工程施工组织设计是（　　）的编制依据。

A. 施工组织总设计　　　　　　　　B. 项目季度施工计划

C. 项目月季度施工计划　　D. 项目施工旬计划

E. 分部（分项）工程施工组织设计

2. 下列项目中，需要编制施工组织总设计的项目有(　　)。

A. 地产公司开发的别墅小区　　B. 新建机场工程

C. 新建跳水馆钢屋架工程　　D. 定向爆破工程

E. 标志性超高层建筑结构工程

3. 在编制施工组织设计文件时，施工部署及施工方案的内容应当包括(　　)。

A. 合理安排施工顺序　　B. 对可能的施工方案进行评价并决策

C. 确定主要施工方法　　D. 绘制施工平面图

E. 编制资源需求计划

4. 在下列工程中，需要编制分部（分项）工程施工组织设计的有(　　)。

A. 安居工程住宅小区　　B. 高塔建筑塔顶的特大钢结构构件吊装

C. 某工厂新建烟囱工程　　D. 定向爆破工程

E. 大跨屋面结构采用的无粘结预应力混凝土工程

5. 单位工程施工组织设计的主要内容有(　　)。

A. 工程概况及施工特点分析　　B. 施工方案

C. 施工总进度计划　　D. 各项资源需求量计划

E. 单位工程施工平面图设计

6. 分部（分项）工程施工组织设计的主要内容有(　　)。

A. 建设项目的工程概况　　B. 施工方法的选择

C. 施工机械的选择　　D. 劳动力需求量计划

E. 安全施工措施

三、案例分析

【案例一】

某市一高层混凝土剪力墙结构住宅工程，建筑面积63000m^2，层高2.8m，外墙为涂料饰面，采用外保温。内墙、顶棚装饰采用耐擦洗涂料饰面，地面贴砖。内墙部分墙体为加气混凝土砌块砌筑。由于工期比较紧，装修分包队伍交叉作业较多，施工单位在装修前拟定了各分项工程的施工顺序。

1. 同一楼层的施工顺序一般有(　　)。

A. 地面→顶棚→墙面　　B. 墙面→顶棚→地面

C. 顶棚→墙面→地面　　D. 墙面→地面→顶棚

2. 下列主体施工阶段外剪力墙（外保温）的施工顺序正确的有(　　)。

A. 墙体钢筋绑扎→装墙体模板→安装外墙保温板

B. 墙体钢筋绑扎→安装外墙保温板→装墙体模板

C. 装墙体模板→安装外墙保温板→浇筑墙体混凝土

D. 装墙体模板→浇筑墙体混凝土→拆模→安装外墙保温板

3. 下列选项中不属于分项工程确定施工顺序时要注意的原则是(   )。

A. 施工工艺的要求　　B. 施工方案的要求

C. 施工质量的要求　　D. 安全技术的要求

4. 下列选项中不属于分部工程施工顺序遵循的原则的是(   )。

A. 先地下、后地上　　B. 先主体、后墙面

C. 先地面、后墙面　　D. 先结构、后装饰

5. 合理的施工流向要适应分区分段，要与材料、构件的运输方向不发生冲突，要适应主导工程的合理施工顺序。(   )

A. 对　　B. 错

6. 选择施工方法时应着重考虑影响整个单位工程施工的分部分项工程的施工方法。(   )

A. 对　　B. 错

【案例二】

某施工单位作为总承包商，承接一写字楼工程，该工程为相邻的两栋十八层钢筋混凝土框架一剪力墙结构高层建筑，两栋楼地下部分及首层相连，中间设有后浇带。2层以上分为A座、B座两栋独立高层建筑。合同规定该工程的开工日期为2015年7月1日，竣工日期为2016年9月25日。施工单位编制了施工组织设计，其中施工部署中确定的项目目标为：质量目标为合格，创优目标为主体结构创该市的“结构长城杯”；由于租赁的施工机械可能进场时间推迟，进度目标确定为2015年7月6日开工，2016年9月30日竣工。该工程工期紧迫，拟在主体结构施工时安排两个劳务队在A座和B座同时施工；装修装饰工程安排较多工人从上向下进行内装修的施工，拟先进行A座施工，然后进行B座的施工。

1. 该工程施工项目目标有何不妥之处和需要补充的内容有(   )。

A. 进度目标不妥　　B. 施工项目目标不妥

C. 进度目标不足　　D. 施工项目目标不足

2. 下列不属于一般工程的施工程序的是(   )。

A. 先地下、后地上　　B. 先围护、后主体

C. 先地面、后墙面　　D. 先结构、后装饰

3. 下列说法正确的有(   )。

A. 主体结构施工流程安排合理　　B. 主体结构施工流程安排不合理

C. 装饰装修施工流程安排合理　　D. 装饰装修施工流程安排不合理

4. 如果工期较紧张，在该施工单位采取管理措施可以保证质量的前提下，下列安排合理的有(   )。

A. 安排两个装饰装修施工劳务队，A座、B座分阶段进行内装修的施工

B. 主体结构封顶后，可以自下而上进行内装修施工

C. 主体结构完成一半左右时，装修施工插入，自下向中施工，待主体结构封顶后，再自上向中完成内装修施工

D. 主体结构完成几层后，即插入内装修施工，自下而上进行施工

5. 高耸、大跨、重型构件，水下、深基础、软弱地基是特殊项目。(　　)

A. 对　　　　B. 错

6. 对大型土方、打桩、构件吊装等项目，应由总包单位提出单项施工方法与技术组织措施。(　　)

A. 对　　　　B. 错

【参考答案】

一、单项选择题

1. B　2. A　3. A　4. C　5. B　6. C　7. D　8. B　9. C　10. C　11. B

二、多项选择题

1. BCDE　2. AB　3. ABC　4. BDE　5. ABDE　6. BCDE

三、案例分析

案例一　1. AC　2. BD　3. B　4. C　5. A　6. A

案例二　1. AC　2. B　3. AD　4. D　5. A　6. B

第四章　施工进度计划

一、单项选择题

1. 流水施工组织方式是施工中常采用的方式，因为(　　)。

A. 它的工期最短　　　　B. 现场组织、管理简单

C. 能够实现专业工作队连续施工　　　　D. 单位时间投入劳动力、资源量最少

2. 在组织流水施工时，(　　)称为流水步距。

A. 某施工专业队在某一施工段的持续工作时间

B. 相邻两个专业工作队在同一施工段开始施工的最小间隔时间

C. 某施工专业队在单位时间内完成的工程量

D. 某施工专业队在某一施工段进行施工的活动空间

3. 下面所表示流水施工参数正确的一组是(　　)。

A. 施工过程数、施工段数、流水节拍、流水步距

B. 施工队数、流水步距、流水节拍、施工段数

C. 搭接时间、工作面、流水节拍、施工工期

D. 搭接时间、间歇时间、施工队数、流水节拍

4. 在组织施工的方式中，占用工期最长的组织方式是(　　)施工。

A. 依次　　B. 平行　　C. 流水　　D. 搭接

5. 每个专业工作队在各个施工段上完成其专业施工过程所必需的持续时间是指(　　)。

A. 流水强度　　B. 时间定额　　C. 流水节拍　　D. 流水步距

6. 某专业工种所必须具备的活动空间指的是流水施工空间参数中的(　　)。

A. 施工过程　　B. 工作面　　C. 施工段　　D. 施工层

7. 有节奏的流水施工是指在组织流水施工时，每一个施工过程的各个施工段上的(　　)都各自相等。

A. 流水强度　　B. 流水节拍　　C. 流水步距　　D. 工作队组数

8. 建设工程组织流水施工时，其特点之一是(　　)。

A. 由一个专业队在各施工段上依次施工

B. 同一时间段只能有一个专业队投入流水施工

C. 各专业队按施工顺序应连续、均衡地组织施工

D. 施工现场的组织管理简单，工期最短

9. 已知某工程有五个施工过程，分成三段组织全等节拍流水施工，工期为 55d，工艺间歇和组织间歇的总和为 6d，则各施工过程之间的流水步距为(　　)。

A. 3　　B. 5　　C. 7　　D. 8

10. 某网络计划中，工作 A 的紧后工作是 B 和 C，工作 B 的最迟开始时间为 14d，最早开始时间为 10d；工作 C 的最迟完成时间为 16d，最早完成时间为 14d，工作 A 与工作 B、C 的间隔时间均为 5d，则工作 A 的总时差为(　　)d。

A. 3　　B. 7　　C. 8　　D. 10

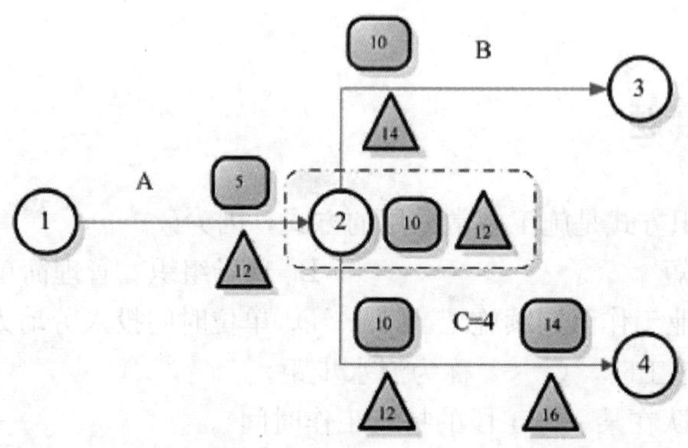

11. 下列网络计划的计算工期是(　　)d。

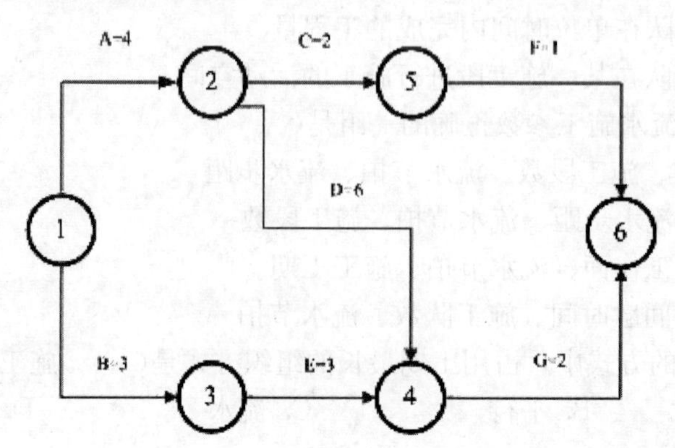

A. 9　　B. 11　　C. 12　　D. 13

12. 某网络计划中，工作 M 的最早完成时间为第 8d，最迟完成时间为第 13d，工作的持续时间为 4d，与所有紧后工作的间隔时间最小值为 2d。则该工作的自由时差为(　　)d。

A. 2　　B. 3　　C. 4　　D. 5

13. 某工程双代号网络计划如图所示（时间单位：d），则该计划的关键线路是(　　)。

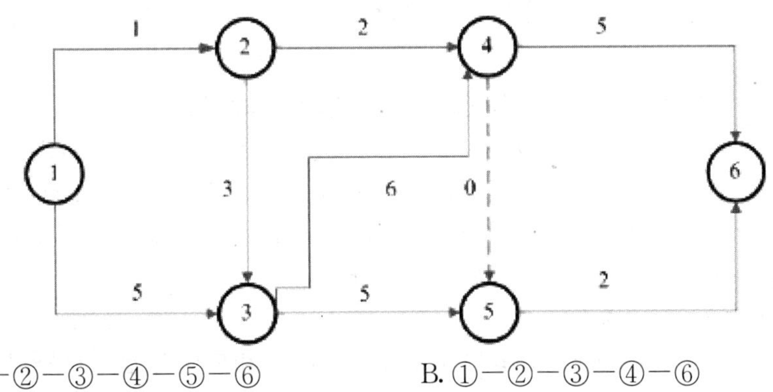

A. ①—②—③—④—⑤—⑥　　B. ①—②—③—④—⑥

C. ①—③—④—⑥　　D. ①—③—⑤—⑥

14. 下列网络计划中，工作 E 的最迟开始时间是(　　)d。

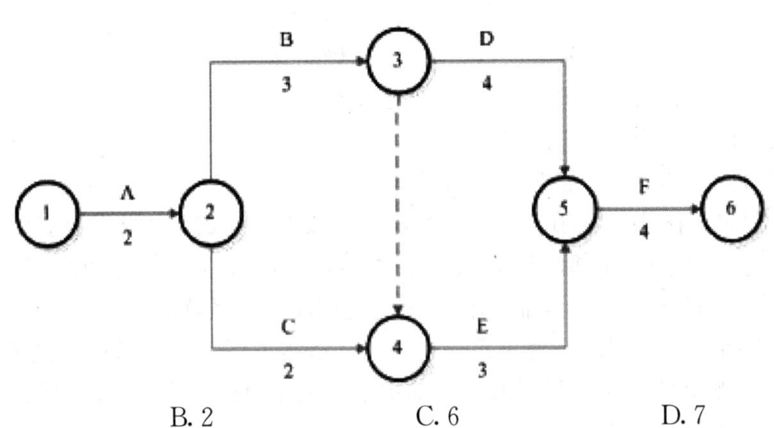

A. 4　　B. 2　　C. 6　　D. 7

15. 某施工单位编制的某双代号网络计划如下图所示：工作 1—4 的最早完成时间为(　　)d。

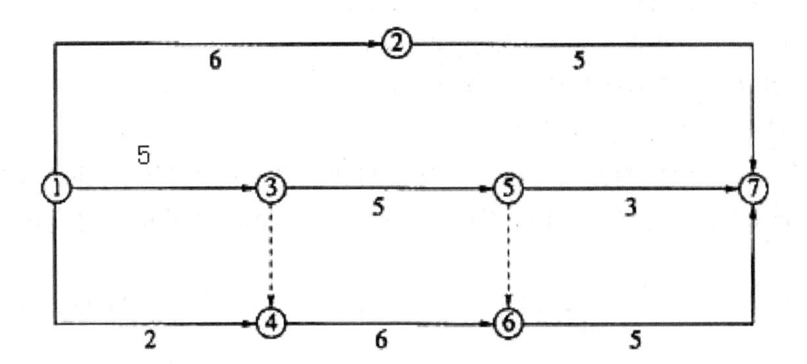

A. 2　　B. 3　　C. 4　　D. 6

16. 某工程双代号网络计划如下图所示，已知计划工期等于计算工期。上述网络计划中，A 工作的总时差 TF_{1-2} 为(　　)d。

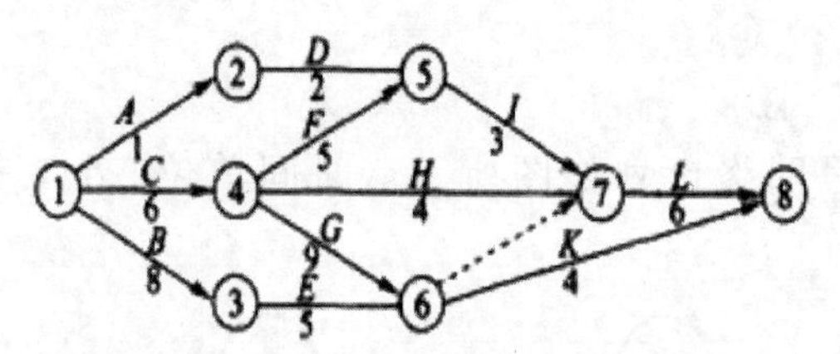

A. 9　　B. 5　　C. 2　　D. 1

17. 在双代号网络图中，虚工作（虚箭线）表示工作之间的(　　)。

A. 停歇时间　　B. 总时差　　C. 逻辑关系　　D. 自由时差

18. 某工程施工网络计划经工程师批准后实施。已知工作 A 有 5d 的自由时差和 8d 的总时差，由于第三方原因，使工作 A 的实际完成时间比原计划延长了 12d。在无其他干扰的情况下，其紧后工作的最早开始时间将推迟(　　)d。

A. 3　　B. 4　　C. 7　　D. 12

19. 在某工程网络计划中，工作 H 的最早开始时间和最迟开始时间分别为第 20d 和第 25d，其持续时间为 9d。该工作有两项紧后工作，它们的最早开始时间为第 32d，则工作 H 的总时差和自由时差分别为(　　)。

A. 3d 和 0d　　B. 3d 和 2d　　C. 5d 和 0d　　D. 5d 和 3d

20. 下列关于双代号网络图的描述中，不正确的是(　　)。

A. 双代号网络图必须正确表达已定的逻辑关系

B. 双代号网络图中，可以出现循环回路

C. 双代号网络图中，严禁出现没有箭头节点或没有箭尾节点的箭线

D. 双代号网络图中，在节点之间严禁出现带双向箭头或无箭头的连接

21. 某承包商承接了相邻两栋高层住宅楼的施工，这两栋楼之间由于资源（人力、材料、机械设备和资金等）调配需要而规定的先后顺序关系称为(　　)。

A. 组织关系　　B. 沟通关系　　C. 搭接关系　　D. 工艺关系

22. 在不影响其紧后工作最早开始的前提下，工作可以利用的机动时间是(　　)。

A. 最早开始时间　　B. 最早完成时间　　C. 总时差　　D. 自由时差

23. 下列关于网络计划的说法，正确的是(　　)。

A. 一个网络计划只有一条关键线路

B. 一个网络计划可能有多条关键线路

C. 网络图解答的编号顺序应从小到大，必须连续，且可以重复

D. 网络计划中允许存在循环网路

24. 根据某工程项目的各项工作的持续时间和工作之间的逻辑关系，编制的单代号网络计划如下图所示（单位：月），则工作 K 的最早完成时间和最迟完成时间分别为(　　)个月。

A. 12，15　　B. 13，16　　C. 13，15　　D. 15，16

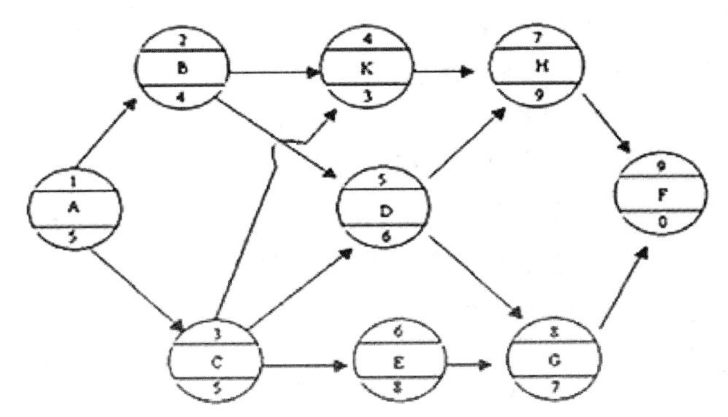

25. 在单代号网络计划中，设 H 工作的紧后工作有 I 和 J，总时差分别为 3d 和 4d，工作 H、I 之间时间间隔为 8d，工作 H、J 之间的时间间隔为 6d，则工作 H 的总时差为(　　)天。

A. 5　　B. 8　　C. 10　　D. 12

26. 双代号时标网络计划能够在图上清楚地表明计划的时间进程及各项工作的(　　)。

A. 开始和完成时间　　B. 超前或拖后时间

C. 速度和效率　　D. 实际进度偏差

27. 在网络计划中，若某项工作的(　　)最小，则该工作必为关键工作。

A. 持续时间　　B. 自由时差　　C. 总时差　　D. 时间间隔

二、多项选择题

1. 建设工程组织依次施工时，其特点包括(　　)。

A. 没有充分地利用工作面进行施工，工期长

B. 如果按专业成立工作队，则各专业队不能连续作业

C. 施工现场的组织管理工作比较复杂

D. 单位时间内投入的资源量较少，有利于资源供应的组织

E. 相邻两个专业工作队能够最大限度地搭接作业

2. 施工段是用于表达流水施工的空间参数。为了合理地划分施工段，应遵循的原则包括(　　)。

A. 施工段的界限与结构界限无关，但应使同一专业工作队在各个施工段的劳动量大致相等

B. 每个施工段内要有足够的工作面，以保证相应数量的工人、主导施工机械的生产效率，满足合理劳动组织的要求

C. 施工段的界限应设在对建筑结构整体性影响小的部位，以保证建筑结构的整体性

D. 每个施工段要有足够的工作面，以满足同一施工段内组织多个专业工作队同时施工的要求

E. 施工段的数目要满足合理组织流水施工的要求，并在每个施工段内有足够的工作面

3. 组织流水施工时，划分施工段的原则是(　　)。

A. 能充分发挥主导施工机械的生产效率

B. 根据各专业队的人数随时确定施工段的段界

C. 施工段的段界尽可能与结构界限相吻合

D. 划分施工段只适用于道路工程

E. 施工段的数目应满足合理组织流水施工的要求

4. 某工程施工进度计划如下图所示，下列说法中正确的有(　　)。

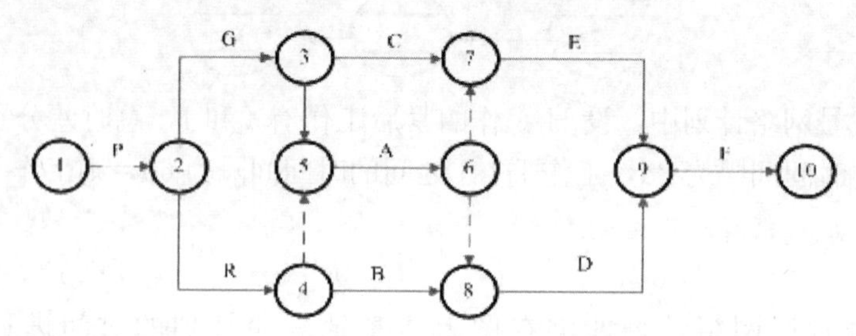

A. R 的紧后工作有 A、B　　B. E 的紧前工作只有 C

C. D 的紧后工作只有 F　　D. P 没有紧前工作

E. A、B 的紧后工作都有 D

5. 关于双代号网络计划的说法，正确的有(　　)。

A. 可能没有关键线路

B. 至少有一条关键线路

C. 在计划工期等于计算工期时，关键工作为总时差为零的工作

D. 在网络计划执行过程中，关键线路不能转移

E. 由关键节点组成的线路就是关键线路

6. 下列有关工程项目进度网络图绘制的表述，正确的是(　　)。

A. 单代号网络图中可以有多个起点节点

B. 双代号网络图中应只有一个起点节点和一个重点节点（多目标网络计划除外）

C. 双代号网络图中节点的编号必须连续

D. 单代号网络图中的节点可以用圆圈或矩形表示

E. 网络图中所有节点都必须有编号

7. 某工程单代号网络计划如下图所示（时间单位：d），下列说法正确的是(　　)。

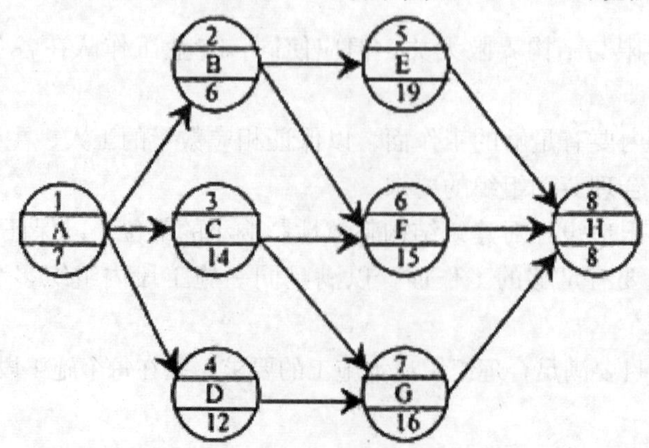

A. 工作 E 是关键工作
B. 工作 B 的自由时差为 0
C. 工作 D 的总时差为 2
D. 工作 F 的最迟开始时间为 21
E. 有两条关键线路

8. 在工程网络计划中，关键工作是指(　　)的工作。
A. 双代号网络计划中持续时间最长
B. 单代号网络计划中与紧后工作之间时间间隔为零
C. 双代号网络图中，最迟完成时间与最早完成时间的差值最小
D. 双代号网络图中，最迟开始时间与最早开始时间的差值最小
E. 双代号时标网络计划中无波形线

9. 在工程项目网络计划中，关键线路是指(　　)。
A. 单代号网络计划中总时差为零的线路
B. 双代号网络计划中持续时间最长的线路
C. 单代号网络计划中总时差为零且工作时间间隔为零的线路
D. 双代号时标网络计划中无波形线的线路
E. 双代号网络计划中无虚箭线的线路

三、案例分析

【案例一】

某砖混结构工程，共 2 层 4 个单元，每层单元段的砌砖量为 $68m^3$，组织一个 24 人的瓦工组施工。某厂新建办公楼工程，建筑面积 $10168m^2$，框架结构。共计 8 层，2016 年 5 月签订总承包合同，2016 年 6 月开工，12 月主体施工完，为了保证该工程的施工工期，拟采用流水施工方式组织施工。

1. 流水施工不包含哪类参数？(　　)
A. 时间参数　　B. 流水参数　　C. 工艺参数　　D. 空间参数

2. 在流水施工中，根据流水节拍的特征将流水施工进行分类，下列选项不属于这种分类的是(　　)。
A. 有节奏流水施工
B. 无节奏流水施工
C. 等节奏流水施工
D. 异节奏流水施工

3. 组织流水施工过程正确的有(　　)。
A. 划分施工过程→划分施工段→组织作业队，确定流水节拍
B. 划分施工段→划分施工过程→组织作业队，确定流水节拍
C. 划分施工过程→组织作业队，确定流水节拍→划分施工段
D. 划分施工段→组织作业队，确定流水节拍→组织作业队流水施工
E. 组织作业队，确定流水节拍→划分施工过程→划分施工段

4. 抗震性能框架比砖混结构好。(　　)
A. 对　　B. 错

5. 砖混结构主要是把楼板的重量传递到支撑楼板的柱上，再由柱传递到基础。(　　)
A. 对　　B. 错

【案例二】

某工程的网络图如下，该进度计划已经监理工程师审核批准，合同工期为23个月。

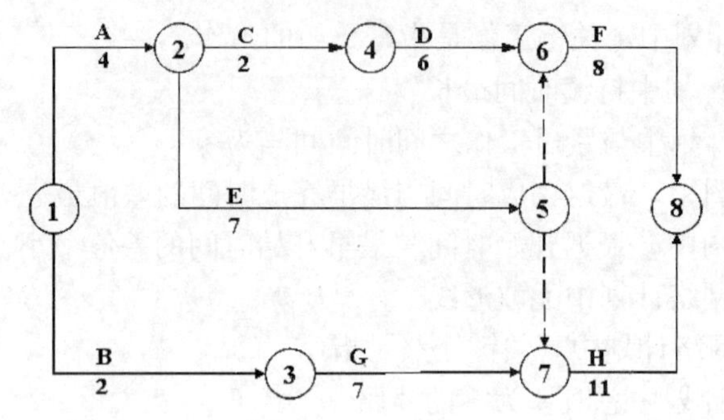

1. 该工程的关键工作是(　　)工作。

A. A、E、H　　B. B、G、H　　C. A、E、F　　D. A、C、D、F

2. B工作的自由时差是(　　)月。

A. 0　　B. 1　　C. 2　　D. 3

3. 自由时差为0的工作必然在关键线路上。(　　)

A. 对　　B. 错

4. 关键线路上的工作总时差必然为0。(　　)

A. 对　　B. 错

5. 虚箭线具有(　　)作用。

A. 连接　　B. 断路　　C. 区分

D. 组织　　E. 逻辑

6. 下列说法正确的是(　　)。

A. B工作的总时差：TFB=2d；自由时差：FFB=0d

B. C工作的总时差：TFC=2d；自由时差：FFC=0d

C. G工作的总时差：TFG=2d；自由时差：FFG=2d

D. A工作的总时差：TFA=2d；自由时差：FFA=0d

E. E工作的总时差：TFE=2d；自由时差：FFE=0d

【案例三】

某房屋建筑的基础工程，由挖基槽、浇筑混凝土垫层、砌砖基础和回填土四个施工过程组成，现在拟采用四个专业工作队组织流水施工，划分为三个施工段（业主要求工期为30d），各施工段流水节拍见下表（单位：d）。

m / n	Ⅰ	Ⅱ	Ⅲ
挖基槽	4	4	4
浇筑混凝土垫层	2	2	2
砌砖基础	5	5	5
回填土	2	2	2

1. 本工程施工工艺顺序是挖基槽—浇筑混凝土垫层—砌砖基础回填土。(　　)

A. 正确　　B. 错误

2. 根据题中给定时间参数，本工程可以组织(　　)流水。

A. 等节拍　　B. 异步距异节拍　　C. 等步距异节拍　　D. 无节奏

3. 根据题中条件，砌砖基础施工过程的流水节拍为(　　)d。

A. 2　　B. 5　　C. 6　　D. 11

4. 根据题中条件，本工程组织流水施工时施工段数必须大于或等于施工过程数。(　　)

A. 正确　　B. 错误

5. 组织流水施工时，计算工期应满足的条件不包括(　　)。

A. 大于或等于流水步距　　B. 小于或等于流水步距

C. 大于或等于要求工期　　D. 小于或等于要求工期

E. 小于或等于间歇时间

6. 根据题中条件，本工程组织流水施工时，下列说法正确的有(　　)

A. 作业队伍能连续作业　　B. 施工段没有空闲

C. 能满足工期要求　　D. 施工队组数大于施工过程数

E. 施工段数大于施工过程数

【参考答案】

一、单项选择题

1. C　2. B　3. A　4. A　5. C　6. B　7. B　8. D　9. C　10. B

11. C　12. A　13. C　14. C　15. A　16. A　17. C　18. C　19. D　20. B

21. A　22. D　23. B　24. B　25. C　26. A　27. C

二、多项选择题

1. ABD　2. BCDE　3. ACE　4. ACDE　5. BC

6. BDE　7. BC　8. CD　9. BD

三、案例分析

案例一　1. B　2. A　3. AD　4. A　5. B

案例二　1. A　2. A　3. B　4. A　5. ABC　6. ABC

案例三　1. A　2. B　3. B　4. B　5. ABCE　6. AC

第五章　建设工程计量

一、单项选择题

1. 建设项目总投资可以表示为(　　)。

A. 固定资产＋流动资产　　B. 建设投资＋流动资产投资

C. 固定资产投资＋流动资产投资　　　　　　D. 工程费＋工程建设其他费

2. 某建设项目投资构成中，设备购置费 1000 万元，工（器）具及生产家具购置费 200 万元，建筑工程费 800 万元，安装工程费 500 万元，工程建设其他费用 400 万元，预备费 500 万元，价差预备费 350 万元，建设期贷款 2000 万元，建设期应计利息 120 万元，该笔款项在运营期产生的利息是 200 万元，流动资金 400 万元，则该建设项目的工程造价为(　　)万元。

A. 3520　　　　B. 3920　　　　C. 5520　　　　D. 5920

3. 对单台设备进行单机试运转，对系统设备进行系统联动无负荷试运转工作的调试费应计入(　　)。

A. 试验研究费　　　　　　　　B. 联合试运转费

C. 建设单位管理费　　　　　　D. 安装工程费

4. 根据《建筑安装工程费用项目组成》，某办公楼工程所需安装的永久性水表的购置费属于(　　)。

A. 规费　　　　B. 材料费　　　　C. 施工机具使用费　D. 人工费

5. 根据《建筑安装工程费用项目组成》，投标费、业务招待费等属于(　　)。

A. 规费　　　　B. 人工费　　　　C. 工程建设其他费　D. 企业管理费

6. 根据《建筑安装工程费用项目组成》，职工死亡丧葬补助费、抚恤费属于(　　)。

A. 劳动保险　　B. 养老保险　　C. 医疗保险　　D. 工伤保险

7. 下列内容中，属于建筑面积中辅助面积的是(　　)。

A. 阳台面积　　B. 墙体所占面积　　C. 柱所占面积　　D. 会议室所占面积

8. 国有投资建设项目，其施工图建筑面积不得超过初步设计建筑面积的一定比例，该比例为(　　)。

A. 3%　　　　B. 5%　　　　C. 7%　　　　D. 10%

9. 关于建筑面积计算的说法，错误的是(　　)。

A. 室内楼梯间的建筑面积按自然层计算

B. 附墙烟囱按建筑物的自然层计算

C. 跃层建筑，其共用的室内楼梯按自然层计算

D. 上下两错层用户室内共用的楼梯应按下一自然层计算

10. 根据《建筑工程建筑面积计算规范》(GB/T 50353—2013)，下列情况可以计算建筑面积的是(　　)。

A. 设计加以利用的坡屋顶内净高在 1.2～2.1m

B. 地下室采光井所占面积

C. 建筑物出入口外挑宽度在 1.2m 以上的雨篷

D. 不与建筑物内连通的装饰性阳台

11. 下列关于建筑物雨篷结构的建筑面积计算，其说法正确的是(　　)。

A. 有柱雨篷按结构外边线计算

B. 无柱雨篷按雨篷水平投影面积计算

C. 雨篷外边线至外墙结构外边线不足 2.1m 不计算面积

D. 雨篷外边线至外墙结构外边线超过 2.1m 按投影计算面积

12. 多层建筑物二层以上楼层按其外墙结构外围水平面积计算建筑面积，层高在2.20m及以上者计算全面积，其层高是指(　　)。

A. 上下两层楼面结构标高之间的垂直距离

B. 本层地面与屋面板结构标高之间的垂直距离

C. 最上一层层高是指其楼面至屋面板底结构标高之间的垂直距离

D. 最上层遇屋面找坡的以其楼面至屋面板最高处板面结构之间的垂直距离

13. 按照建筑面积计算规则，不计算建筑面积的是(　　)。

A. 层高在2.1m以下的场馆看台下的空间

B. 不足2.2m高的单层建筑

C. 层高不足2.2m的立体仓库

D. 外挑宽度在2.1m以内的雨篷

14. 按照建筑面积计算规则，不计算建筑面积的是(　　)。

A. 建筑物外墙外侧保温隔热层　　B. 建筑物内的变形缝

C. 无永久性顶盖的架空走廊　　D. 有围护结构的屋顶水箱间

15. 某无永久性顶盖的室外楼梯，建筑物自然层为5层，楼梯水平投影面积为6m^2，则该室外楼梯的建筑面积为(　　)m^2。

A. 12　　B. 15　　C. 18　　D. 24

16. 建筑物内管道井，其建筑面积计算说法正确的是(　　)。

A. 不计算建筑面积　　B. 按管道图示结构内边线面积计算

C. 按管道井净空面积的一半乘以层数计算　　D. 按自然层计算建筑面积

17. 建筑物之间有围护结构架空走廊，按外围水平面积可全部计算建筑面积的，其规定的层高高度为(　　)。

A. 1.8m及以上　　B. 2.0m及以上　　C. 2.2m及以上　　D. 2.8m及以上

18. 根据《建筑工程建筑面积计算规范》，内部连通的高低联跨建筑物内的变形缝应该(　　)。

A. 计入高跨面积　　B. 高低跨平均计算

C. 计入低跨面积　　D. 不计算面积

19. 按照《建筑工程建筑面积计算规范》，建筑面积的计算，说法正确的是(　　)。

A. 建筑物凹凸阳台按其水平投影面积计算

B. 有永久性顶盖的室外楼梯，按自然层水平投影面积计算

C. 建筑物顶部有围护结构的楼梯间，层高超过2.10m的部分计算全面积

D. 雨篷外挑宽度超过2.1m时，按雨篷结构板的水平投影面积的一半计算面积

20. 挖土方的工程量按设计图示尺寸的体积计算，此时的体积是指(　　)。

A. 虚方体积　　B. 夯实后体积　　C. 松填体积　　D. 天然密实体积

21. 根据《房屋建筑与装饰工程工程量计算规范》(GB 50854—2013)，基础土方的工程量计算，正确的是(　　)。

A. 基础设计底面积×基础埋深

B. 基础设计底面积×基础设计高度

C. 基础垫层设计底面积×挖土深度

D. 基础垫层设计底面积×基础设计高度和垫层厚度之和

22. 根据《房屋建筑与装饰工程工程量计算规范》（GB 50854—2013），关于地基处理工程量计算的说法，正确的是(　　)。

A. 换填垫层按照图示尺寸以面积计算

B. 铺设土工合成材料按图示尺寸以铺设长度计算

C. 强夯地基按图示处理范围和深度以体积计算

D. 振冲密实不填料的按图示处理范围以面积计算

23. 根据《房屋建筑与装饰工程工程量计算规范》，地下连续墙的工程量(　　)。

A. 按设计图示槽横断面积乘以槽深以体积计算

B. 按设计图示尺寸以支护面积计算

C. 按设计图示以墙中心线长度计算

D. 按设计图示墙中心线长乘以厚度乘以槽深以体积计算

24. 根据《房屋建筑与装饰工程工程量计算规范》，下列砖基础工程量计算中的基础与墙身的划分，正确的是(　　)。

A. 围墙基础应以设计室外地坪为界

B. 以设计室内地坪为界（含有地下室建筑）

C. 基础与墙身使用材料不同时，以材料界面另加 300mm 为界

D. 基础与墙身使用材料不同时，以材料界面为界

25. 根据《房屋建筑与装饰工程工程量计算规范》，混凝土及钢筋混凝土工程量的计算，正确的是(　　)。

A. 现浇有梁板主梁、次梁按体积并入楼板工程量中计算

B. 无梁板柱帽按体积并入零星项目工程量中计算

C. 弧形楼梯不扣除宽度小于 300mm 的楼梯井

D. 整体楼梯按水平投影面积计算，不包括与楼板连接的梯梁所占面积

26. 根据《房屋建筑与装饰工程工程量计算规范》，关于现浇混凝土板工程量计算的说法，正确的是(　　)。

A. 圈梁区分不同断面按设计中心线长度计算

B. 过梁工程不单独计算，并入墙体工程量计算

C. 异形梁按设计图示尺寸以体积计算

D. 拱形梁按设计拱形轴线长度计算

27. 现浇混凝土挑檐、雨篷与圈梁连接时，其工程量计算的分界线是(　　)。

A. 圈梁外边线　　B. 外墙外边线　　C. 圈梁内边线　　D. 板内边线

28. 计算预制混凝土楼梯工程量时，应扣除(　　)。

A. 构件内钢筋所占体积　　B. 空心踏步孔洞体积

C. 构件内预埋铁件体积　　D. 300mm×300mm 以内的孔洞体积

29. 在计算钢筋工程时，钢筋的密度（kg/m^3）可取(　　)。

A. 7580　　B. 7800　　C. 7850　　D. 8750

30. 根据《房屋建筑与装饰工程工程量计算规范》，关于金属结构工程量计算的说法，正确的是(　　)。

A. 钢管柱牛腿工程量列入其他项目中

B. 钢网架按设计图示尺寸以质量计算

C. 金属结构工程量应扣除孔眼、切边质量

D. 金属结构工程量应增加铆钉、螺栓质量

31. 根据《建设工程工程量清单计价规范》，屋面防水工程量的计算，正确的是(　　)。

A. 平、斜屋面卷材防水均按设计图示尺寸以水平投影面积计算

B. 屋面女儿墙、伸缩缝等处弯起部分卷材防水不另增加面积

C. 屋面排水管设计未标注尺寸的，以檐口至地面散水上表面垂直距离计算

D. 铁皮、卷材天沟按设计图示尺寸以长度计算

32. 建设项目总投资可以表示为(　　)。

A. 固定资产＋流动资产　　B. 建设投资＋流动资产投资

C. 固定资产投资＋流动资产投资　　D. 工程费＋工程建设其他费

33. 建设项目工程造价在量上和(　　)相等。

A. 固定资产投资于流动资产投资之和

B. 工程费用与工程建设其他费用之和

C. 工程费与固定资产方向调节税之和

D. 建设投资、建设期利息、固定资产投资方向调节税之和

34. 下列费用中，不属于工程造价构成的是(　　)。

A. 用于支付项目所需土地而发生的费用

B. 用于建设单位自身进行项目管理所支出的费用

C. 用于购买安装施工机械所支付的费用

D. 用于委托工程勘察设计所支付的费用

35. 某建设项目建筑工程费 2000 万元，安装工程费 700 万元，设备购置费 1100 万元，工程建设其他费 450 万元，预备费 180 万元，建设期带框利息 120 万元，流动资金 500 万元，则该项目的工程造价为(　　)万元。

A. 4250　　B. 4430　　C. 4550　　D. 5050

36. 建设投资主要由(　　)组成。

A. 工程费用、建设期利息、预备费

B. 建设费用、建设期利息、流动资金

C. 工程费用、工程建设其他费用、预备费

D. 建安工程费、设备及工（器）具购置费、工程建设其他费用

37. 关于我国现行建设项目投资构成的说法中，正确的是(　　)。

A. 生产性建设项目总投资为建设投资和建设期利息之和

B. 工程造价为工程费用、工程建设其他费用和预备费之和

C. 工程费用为分部分项工程费、措施费、其他项目费、规费和税金之和

D. 固定资产投资为建设投资、建设期利息、固定资产方向调节税之和

38. 建设项目总投资包含固定资产投资和流动资产两部分，建设项目总投资中的固定资产投资和建设项目的工程造价在(　　)相等。

A. 内容构成上　　B. 质上　　C. 项目构成上　　D. 量上

39. 根据我国现行建设项目投资构成，建设投资中没有包括的费用是(　　)。

A. 工程费用　　　　B. 工程建设其他费用

C. 建设期利息　　　　D. 预备费

40. 有关建设投资的表述，说法错误的是(　　)。

A. 工程费用是指建设期内直接用于工程建造、设备购置及其安装的建设投资

B. 工（器）具购置费应计入工程建设其他费用

C. 工程建设其他费用是指建设用地费等，不包括在工程费用中的费用

D. 预备费是在建设期内为各种不可预见因素的变化而预留的可能增加的费用

41. 在建设项目造价构成中，建设投资不包括(　　)。

A. 建安工程费　　　　B. 建设用地费

C. 建设期利息　　　　D. 固定资产投资方向调节税

42. 在生产性工程建设中，设备及工（器）具购置费用占工程总价比重的增大，意味着(　　)。

A. 建设成本的提高　　　　B. 生产成本的提高

C. 资本有机构成的提高　　　　D. 工程造价的提高

43. 设备运杂费中包装费是指(　　)。

A. 为运输而进行的包装支出费用　　　　B. 原材料的包装费

C. 进口设备原包装费　　　　D. 设备出厂包装劳务费

44. 单台设备试车时所需的费用应计入(　　)。

A. 设备购置费　　B. 研究试验费　　C. 联合试运转费　　D. 安装工程费

45. 根据《建筑安装工程费用项目组成》（建标［2013］44 号文），夏季防暑降温、冬季取暖补贴、上下班交通补贴等属于(　　)。

A. 人工费　　　　B. 业主的行政性费用

C. 办公费　　　　D. 企业管理费

46. 根据《建筑安装工程费用项目组成》（建标［2013］44 号文），建筑安装工程费用按费用要素划分的组成是(　　)。

A. 直接费＋间接费＋利润＋税金

B. 分部（分项）工程费＋措施项目费＋其他项目费＋规费＋税金

C. 人工费＋材料费＋施工机具使用费＋企业管理费＋利润＋规费＋税金

D. 人工费＋材料费＋施工机械使用费＋企业管理费＋利润＋规费＋税金

47. 某施工企业承建某市区一住宅楼工程，工程不含税造价为 2000 万元，当地地方教育附加税率为 2%，则该工程应缴纳的建筑安装工程税金为(　　)万元。

A. 69.60　　B. 68.20　　C. 67.00　　D. 65.60

48. 按我国现行投资构成，不属于工程建设其他费用的是(　　)。

A. 勘察设计费　　B. 研究试验费　　C. 建设期利息　　D. 联合试运转费

49. 关于政府有偿出让土地使用权年限的说法正确的是(　　)。

A. 文化卫生用地 40 年　　　　B. 工业用地 50 年

C. 商业、旅游用地 50 年　　　　D. 综合用地 70 年

50. 土地补偿费归(　　)所有。

A. 国家　　B. 地方政府

C. 农民个人　　D. 农村集体经济组织

51. 建筑安装工程费用按造价形式划分的是(　　)。

A. 直接费＋间接费＋利润＋税金

B. 人工费＋材料费＋施工机具使用费＋企业管理费＋利润＋规费＋税金

C. 分部分项工程费＋措施项目费＋其他项目费

D. 分部分项工程费＋措施项目费＋其他项目费＋规费＋税金

52. 关于征地补偿费用，下列表述正确的是(　　)。

A. 地上附着物补偿应根据协调征地方案前地上附着物的实际情况确定

B. 土地补偿和安置补偿费的综合不得超过土地被征用前三年平均年产值的15倍

C. 征地未开发的规划菜地按一年只种一茬的标准缴纳新菜地开发建设基金

D. 征收耕地占用税时，对于占用前三年曾用于种植农作物的土地不得视为耕地

53. 针对项目实施过程中可能发生难以预料的支出而事先预留的费用是(　　)。

A. 价差预备费　　B. 建设期利息

C. 基本预备费　　D. 工程建设其他费

54. 建设单位采用工程总承包方式，其总包管理费由建设单位与总包单位根据总包工作范围在合同中商定，从(　　)中列支。

A. 建设管理费　　B. 建设用地费

C. 工程费用　　D. 施工企业管理费

55. 勘察设计费属于建设项目中的(　　)。

A. 预备费　　B. 建筑安装工程费

C. 办公费　　D. 工程建设其他费用

56. 工程建设其他费中的工程保险费不包括(　　)。

A. 建筑安装工程一切险　　B. 劳动保险

C. 人身意外伤害险　　D. 引进设备财产险

57. 经县级以上人民政府依法批准，可以以划拨方式取得的建设用地不包括(　　)。

A. 国家机关用地

B. 居住用地

C. 城市基础设施用地

D. 国家重点扶持的能源、水利等基础设施用地

58. 土地出让金是指建设项目通过(　　)支付的费用。

A. 划拨方式，取得无限期的土地使用权

B. 划拨方式，取得有限期的土地使用权

C. 土地使用权出让方式，取得无限期的土地使用权

D. 土地使用权出让方式，取得有限期的土地使用权

59. 生产单位提前进场参加设备安装、调试等人员的工资、工资性补贴等支出应计入(　　)。

A. 建筑安装工程费　　B. 建设单位管理费

C. 生产准备费　　　　　　　　　　D. 联合试运转费

二、多项选择题

1. 下列有关安全文明费的说法中，正确的有（　　）。

A. 安全文明施工费包括临时设施费

B. 现场生活用洁净燃料费属于环境保护费

C. “三宝”“四口”“五临边”等防护费用属于安全施工费

D. 消防设施与消防器材的配置费用属于文明施工费

E. 施工现场搭设的临时文化福利用房的费用属于文明施工费

2. 根据《建筑安装工程费用项目组成》，建筑安装工程费由人工费、材料费、（　　）、规费、税金组成。

A. 施工机械使用费　　　　　　　B. 施工机具使用费

C. 分部分项工程费　　　　　　　D. 企业管理费

E. 利润

3. 以下关于建筑面积的指标计算，正确的有（　　）。

A. 建筑容积率＝底层建筑面积/建筑占地面积×100％

B. 建筑容积率＝建筑总面积/建筑占地面积×100％

C. 建筑密度＝建筑总面积/建筑占地面积×100％

D. 建筑密度＝建筑总面积/建筑占地面积×100％

E. 建筑容积率＝建筑占地面积/建筑总面积×100％

4. 根据《建筑工程建筑面积计算规范》，应计算建筑面积的项目有（　　）。

A. 设计不利用的场馆看台下空间　　B. 建筑物的不封闭阳台

C. 建筑物内自动人行道　　　　　D. 有永久性顶盖无围护结构的加油站

E. 装饰性幕墙

5. 根据《房屋建筑与装饰工程工程量计算规范》，下列脚手架中以“m^2”为计算单位的有（　　）。

A. 整体提升架　　B. 外装饰吊篮　　C. 挑脚手架

D. 悬空脚手架　　E. 满堂脚手架

6. 下列工程的预算费用中，属于建筑工程费的有（　　）。

A. 设备基础工程费　　　　　　　B. 供水、供暖工程

C. 照明的电缆、导线敷设工程　　D. 矿井开凿工程

E. 安装设备的管线敷设工程

7. 下列费用项目中，属于安装工程费用的有（　　）。

A. 被安装设备的防腐、保温等工作的材料费

B. 设备基础的工程费用

C. 对单台设备进行单机试运转的调试费

D. 被安装设备的防腐、保温等工作的安装费

E. 与设备相连的工作台、梯子、栏杆的工程费用

8. 根据《建筑安装工程费用项目组成》，检验试验费包括(　　)。
A. 对建筑以及材料、构件和建筑安装物进行一般鉴定所发生的费用
B. 对建筑以及材料、构件和建筑安装物进行一般检查所发生的费用
C. 新结构、新材料的试验费
D. 对构件做破坏性试验以及其他特殊要求检验试验的费用
E. 建设单位委托检测机构进行检测的费用
9. 下列施工企业支出的费用项目中，属于建筑安装企业管理费的有(　　)。
A. 技术开发费　　B. 印花税　　C. 已完成工程及设备保护费
D. 材料采购及保管费　　E. 财产保险费
10. 根据《建筑安装工程费用项目组成》，下列属于材料费的有(　　)。
A. 购买钢筋、水泥的原价
B. 购买工程所需安装的电表、水表的原价
C. 材料的检验试验费
D. 新材料研究试验费
E. 从钢筋生产厂运到工地仓库的运杂费
11. 根据《房屋建筑与装饰工程计量规范》规定，我国现行建筑安装工程费用构成中，属于措施费的项目有(　　)。
A. 环境保护费　　B. 文明施工费　　C. 工程排污费
D. 已完工程保护费　E. 研究试验费
12. 根据《建筑安装工程费用项目组成》，下列费用中属于规费的是(　　)。
A. 养老保险费　　B. 失业保险费　　C. 医疗保险费
D. 住房公积金　　E. 劳动保险费
13. 按我国现行建筑安装工程费用项目组成的规定，属于企业管理费内容的有(　　)。
A. 企业管理人员办公用的文具、纸张等费用
B. 企业施工生产和管理使用的属于固定资产的交通工具的购置、维修费
C. 对建筑以及材料、构件和建筑安装进行特殊鉴定检测所发生的检验试验费
D. 按全部职工工资总额比例计提的工会经费
E. 为施工生产筹集资金，履约担保所发生的费用

三、判断题

1. “五险一金”包括养老、失业、医疗、生育、工伤和公积金与工程排污费共同组成规费内容。(　　)
2. 财务费用是指企业为施工生产提供的管理人员工资。(　　)
3. 建筑面积是指建筑物的水平面积，即外墙勒脚以上各层水平投影面积的总和。(　　)
4. 容积率计算中，应该将地下室、半地下室建筑面积，屋顶建筑面积都包括在建筑总面积中。(　　)

5. 建筑面积计算的一般原则是：凡在结构上、使用上形成具有一定使用功能的建筑物和构筑物，并能单独计算出其水平面积及其消耗的人工、材料和机械用量的，应计算，反之则不计算。（ ）

6. 设有围护结构不垂直于水平面而超出底板外沿的建筑物，比如沿街二楼出挑的建筑可以不计算建筑面积。（ ）

7. 根据《房屋建筑与装饰工程工程量计算规范》，石材墙面按图示尺寸面积计算。（ ）

8. 原槽浇筑的混凝土基础应计算模板工程量。（ ）

9. 灯带（槽）按设计图示尺寸以框外围面积计算。（ ）

10. 人工费是指支付给从事建筑施工作业的生产工人和附属生产单位工人的各项费用。（ ）

11. 材料费中的材料单价由材料原价、材料运杂费、材料消耗费、采购及保管费五项组成。（ ）

12. 材料费包含构成或计划构成永久工程一部分的工程设备费。（ ）

13. 施工机具使用费包含仪器仪表使用费。（ ）

14. 税金是指按国家税法规定计入建筑安装工程费用的营业税。（ ）

15. 当安装的设备价值作为安装工程产值时，计税营业额中英扣除所安装设备的价款。（ ）

16. 总承包方的计税营业额中不包括付给分包方的价款。（ ）

17. 营业税的纳税地点以企业注册地为准。（ ）

18. 安全施工标志的购置费用可以纳入到安全文明施工费用中。（ ）

19. 现场围挡墙面美化费用属于文明施工措施费项目。（ ）

20. 工程造价由可称为固定资产投资，有建设投资、建设期利息、固定资产投资方向调节税构成。（ ）

21. 生产性建设项目总投资包括运营期资金利息。（ ）

22. 设备及工（器）具购置费用由设备购置费和工（器）具及生产家具购置费组成。（ ）

【参考答案】

一、单项选择题

1. C 2. A 3. D 4. B 5. D 6. B 7. A 8. B 9. D 10. A
11. C 12. A 13. D 14. C 15. A 16. D 17. C 18. C 19. D 20. D
21. C 22. D 23. D 24. A 25. A 26. C 27. B 28. B 29. C 30. B
31. C 32. C 33. D 34. C 35. C 36. C 37. D 38. D 39. C 40. B
41. C 42. C 43. A 44. D 45. D 46. C 47. A 48. C 49. B 50. D
51. D 52. A 53. C 54. A 55. D 56. B 57. B 58. D 59. D

二、多项选择题

1. AC 2. BDE 3. BD 4. BD 5. ABDE
6. ABCD 7. ACDE 8. AB 9. ACE 10. ABE

11. ABD　　12. ABCD　　13. ADE

三、判断题

1. √　2. ×　3. √　4. ×　5. √　6. ×　7. ×　8. ×　9. √　10. √
11. ×　12. √　13. √　14. ×　15. ×　16. √　17. ×　18. ×　19. √　20. √
21. ×　22. √

第六章　建设工程计价

一、单项选择题

1. 施工单位进行经济活动分析的依据是(　　)。
A. 预算定额　B. 概算定额　C. 投资估算指标　D. 概算指标
2. 关于预算定额，以下表述正确的是(　　)。
A. 预算定额是以扩大的分部分项工程为对象编制的
B. 预算定额是编制概算定额的基础
C. 预算定额是概算定额的扩大与合并
D. 预算定额中人工工日消耗量的确定不考虑人工幅度差
3. 概算定额和预算定额的主要不同之处在于(　　)。
A. 贯彻的水平原则不同　B. 表达的主要内容不同
C. 表达的方式不同　D. 项目划分和综合扩大程度不同
4. 下列人工费用中，不属于预算定额基价构成内容的是(　　)。
A. 施工作业的生产工人工资　B. 施工机械操作人员工资
C. 工人夜间施工的夜班补助　D. 大型施工机械安拆所发生的人工费
5. 概算指标的作用主要有(　　)。
A. 建设单位选址的主要依据　B. 确定投资额的主要依据
C. 作为编制投资估算的主要依据　D. 估算主要材料用量的主要依据
6. 预算定额是按(　　)来确定的。
A. 社会平均先进水平　B. 社会平均水平
C. 社会先进水平　D. 社会最高水平
7. 下列有关工程量清单的叙述中，正确的是(　　)。
A. 工程量清单中含有措施项目及其工程数量
B. 工程量清单是招标文件的组成部分
C. 在招标人同意的情况下，工程量清单可以由投标人自行编制
D. 工程量清单的表格格式是严格统一的
8. 按工程量清单计价方式，下列构成招标报价的各项费用中，应该在单位工程费汇总表中列项的是(　　)。
A. 直接工程费　B. 管理费
C. 利润　D. 税金

9. 对招标工程量清单概念表述不正确的是（　　）。

A. 招标工程量清单是包括工程数量的明细清单

B. 招标工程量清单也包括工程数量相应的单价

C. 招标工程量清单由招标人提供

D. 招标工程量清单是招标文件的组成部分

10. 除另有说明外，分部分项工程量清单表中的工程量应等于（　　）。

A. 实体工程量　　B. 实体工程量＋施工损耗

C. 实体工程量＋施工需要增加的工程量　　D. 实体工程量＋措施工程量

11. 在分部分项工程量清单的项目设置中，除明确说明项目的名称外，还应阐述清单项目的（　　）。

A. 计量单位　　B. 清单编码　　C. 工程数量　　D. 项目特征

12. 某分部分项工程量清单编码为010302006003，则该分部分项工程的清单项目顺序编码为（　　）。

A. 01　　B. 02　　C. 006　　D. 003

13. 关于工程量清单编制中的项目特征描述，下列说法中正确的是（　　）。

A. 措施项目无须描述项目特征

B. 应按计量规范附录中规定的项目特征，结合技术规范、标准图集加以描述

C. 对完成清单项目可能发生的具体工作和操作程序仍需要加以描述

D. 土样中已有的工程规格、型号、材质等可不描述

14. 编制工程量清单出现计算规范附录中未包括的清单项目时，编制人应作补充，下列关于编制补充项目点的说法正确的是（　　）。

A. 补充项目编码由B与三位阿拉伯数字组成

B. 补充项目应报县级工程造价管理机构备案

C. 补充项目的工作内容等予以明确

D. 补充项目编码应顺序编制，起始序号由编制人根据需要自主确定

15. 不属于措施项目清单编制依据的是（　　）。

A. 拟建工程的施工技术方案　　B. 其他项目清单

C. 招标文件　　D. 有关的施工规范

16. 采用工程量清单方式招标，招标工程量清单必须作为招标文件的组成部分，其准确性和完整性由（　　）负责。

A. 投标人　　B. 造价工程师

C. 招标人　　D. 监理工程师

17. 分部分项工程量清单项目的工程量应以实体工程量为准，对于施工中的各种损耗和需要增加的工程量，投标人投标报价时，应在（　　）中考虑。

A. 措施项目　　B. 该清单项目的单价

C. 其他项目清单　　D. 预留金

18. 根据《建筑工程工程量清单计价规范》的规定，项目编码的前两位是（　　）。

A. 专业工程代码　　B. 分部工程代码

C. 分项工程代码　　D. 清单项目名称顺序码

19. 分部分项工程量清单的内容中，区分清单项目依据，履行合同义务基础的是(　　)。

A. 项目名称　　B. 项目特征　　C. 计量单位　　D. 工程数量的计算

20. 下列属于分项工程的是(　　)。

A. 砌体结构　　B. 无筋扩展基础　　C. 基坑支护　　D. 混凝土结构

21. 属于措施费项目清单的是(　　)。

A. 住房公积金　　B. 企业管理费　　C. 文明施工费　　D. 工伤保险费

二、多项选择题

1. 预算定额中人工、材料、机械台班消耗量的确定方法包括(　　)。

A. 以施工定额为基础确定　　B. 以现场观察测定资料为基础计算

C. 以工程量清单计算规则为依据计算　　D. 以各类费用定额为基础确定

E. 以工程结算资料为依据计算

2. 工程量清单的项目设置规则是为了统一工程量清单的(　　)。

A. 项目名称　　B. 项目编码　　C. 计量单位

D. 措施费计算规则　　E. 项目特征

3. 社会保险费包括(　　)。

A. 生育保险费　　B. 失业保险费　　C. 医疗保险费

D. 工伤保险费　　E. 人身保险费

4. 税金项目清单中涵盖的内容包括(　　)。

A. 教育费附加　　B. 所得税　　C. 城市维护建设税

D. 车船使用税　　E. 地方教育费附加

5. 暂估价是指招标人在工程量清单中提供的用于支付必然发生但暂时不能确定价格的项目，一般包括(　　)。

A. 材料暂估单价　　B. 工程设备暂估单价

C. 专业工程暂估价　　D. 规费

E. 税金

三、判断题

1. 预算定额是在正常的施工条件下，完成一定计量单位合格分项工程和结构构件所需消耗的人工、材料、机械台班数量及相应费用标准。(　　)

2. 概算定额，是确定完成合格的分部工程所需消耗的人工、材料和机械台班的数量标准及其费用标准。(　　)

3. 概算定额是编制预算定额的基础。(　　)

4. 建筑安装工程概算指标通常以单位工程为对象，以建筑面积、体积或成套设备装置的台或组为计量单位而规定的人工、材料、机械台班的消耗量标准和造价指标。(　　)

5. 概算定额是编制预算定额的基础。（ ）

6. 建筑安装工程概算指标通常以单位工程为对象，以建筑面积、体积或成套设备装置的台或组为计量单位而规定的人工、材料、机械台班的消耗量标准和造价指标。（ ）

7. 计日工适用的零星工作是指工程量清单中有相应项目的外工作。（ ）

8. 计日工是为了解决现场发生的零星工作的计价而设立的。（ ）

9. 工程量清单计价有利于承包方对成本的控制。（ ）

10. 暂列金额用于施工合同签订时尚未正确或者不可预见的所需材料、设备、服务的采购。（ ）

11. 在计量单位中，没有具体数量的项目，可以用“项”、“宗”等表示。（ ）

12. 以“t”为单位的，应保留小数点后三位数字，第四位小数四舍五入。（ ）

【参考答案】

一、单项选择题

1. A　2. B　3. D　4. D　5. C　6. B　7. B　8. D　9. B　10. A
11. D　12. D　13. B　14. C　15. B　16. C　17. B　18. A　19. B　20. B
21. C

二、多项选择题

1. BCD　2. ABCE　3. ABCD　4. ACE　5. ABC

三、判断题

1. √　2. ×　3. ×　4. √　5. ×　6. √　7. ×　8. √　9. ×　10. √
11. √　12. √

第七章　建设工程质量控制

一、单项选择题

1. 工程满足使用目的各种性能，包括结构特性、使用性能、外观性能等，称之为工程的(　　)。

A. 适用性　B. 耐久性　C. 安全性　D. 可靠性

2. 施工质量控制的特点中，不包括(　　)。

A. 控制因素多　B. 控制难度大　C. 质量开放性强　D. 终检局限性大

3. 工程质量控制按实施主体不同分为自控主体和监控主体，下列(　　)属于监控主体。

A. 设计单位　B. 施工单位　C. 工程监理单位　D. 勘察单位

4. 在工程建设的(　　)阶段，需要确定工程项目的质量要求，并与投资目标相协调。

A. 项目决策　B. 勘察设计　C. 工程施工　D. 工程竣工

5. 工程建设活动中，形成工程实体质量的决定性环节是(　　)阶段。

A. 工程设计　　B. 工程施工　　C. 工程决策　　D. 工程竣工验收

6. 政府、勘察设计单位、建设单位都要对工程质量进行控制，按控制的主体划分，政府属于工程质量控制的(　　)。

A. 自控主体　　B. 外控主体　　C. 间控主体　　D. 监控主体

7. 施工过程中的作业技术交底工作应由(　　)进行。

A. 设计单位代表　　B. 施工单位技术负责人

C. 专业监理工程师　　D. 施工单位项目经理

8. (　　)是指工程不符合国家或行业的有关技术标准、设计文件及合同中对质量的要求。

A. 质量事故　　B. 质量缺陷　　C. 质量不合格　　D. 质量通病

9. 建设工程质量的特性中，“在规定的时间和规定的条件下完成规定功能的能力”是指工程的(　　)。

A. 耐久性　　B. 安全性　　C. 可靠性　　D. 适用性

10. 在工程质量统计分析方法中，寻找影响质量主次因素的方法一般采用(　　)。

A. 排列图法　　B. 因果分析图法　　C. 直方图法　　D. 控制图法

11. 直接经济损失在(　　)万元以上的工程质量事故为重大事故。

A. 500　　B. 1000　　C. 3000　　D. 5000

12. 在影响工程质量的因素中，(　　)因素起决定性的作用。

A. 机械设备　　B. 人　　C. 材料　　D. 施工方法

13. 在生产过程中，如果仅存在偶然性原因，而不存在系统性原因的影响，这时生产过程处于(　　)。

A. 系统波动　　B. 异常波动　　C. 稳定状态　　D. 随机波动

14. 某混凝土结构工程施工完成两个月后，发现较深且宽度为 15mm 的裂缝，经法定的检测单位鉴定，该裂缝已危及结构构件的承载力，对此质量问题，恰当的处理方式是(　　)。

A. 修补处理　　B. 加固处理　　C. 返工处理　　D. 不作处理

15. 施工单位采购的某类钢材分多批次进场时，为了保证在抽样检测中样品分布均匀、更具代表性，最合适的随机抽样方法是(　　)。

A. 分层随机抽样　　B. 系统随机抽样　　C. 简单随机抽样　　D. 多阶段抽样

16. 根据《建设工程施工质量验收统一标准》，施工质量验收的最小单位是(　　)。

A. 单位工程　　B. 分部工程　　C. 分项工程　　D. 检验批

17. 从影响质量波动的原因看，施工过程中应着重控制(　　)。

A. 偶然性原因　　B. 操作者　　C. 系统性原因　　D. 材料、机械

18. 在施工测量的质量控制中，承包单位应对建设单位给定的原始基准点，基准线和标高等进行复核，并将复核结果报(　　)审核。

A. 建设单位　　B. 监理单位　　C. 质量监督机构　　D. 建设行政主管部门

19. 工程质量问题经检测鉴定达不到设计要求，但经原设计单位核算，仍能满足结构安全和使用功能的可以(　　)处理。

A. 加固　　B. 返工　　C. 补强　　D. 不作

20. 造成 2 人死亡的工程质量事故属于（　　）。

A. 一般事故　　B. 较大事故　　C. 重大事故　　D. 特别重大事故

21. 工程质量控制中，应坚持以（　　）为主的原则。

A. 公正　　B. 预防　　C. 管理　　D. 科学

22. 对总体不进行任何加工，直接进行随机抽样获取样本的方法称为（　　）。

A. 全数抽样　　B. 简单随机抽样　　C. 系统随机抽样　　D. 多阶段抽样

23. 将总体按与研究目的有关的某一特性分为若干组，在每组内随机抽取样品组成样本的方法称为（　　）。

A. 简单随机抽样　　B. 分层随机抽样　　C. 等距抽样　　D. 多阶段抽样

24. 工程在规定的时间、规定的条件下完成规定能力的性能，被称为（　　）。

A. 适用性　　B. 安全性　　C. 可靠性　　D. 耐久性

25. 在收集质量数据中，当总体很大时，很难一次抽样完成预定的目标，此时，质量数据的收集方法宜采用（　　）。

A. 分层抽样　　B. 等距抽样　　C. 整群抽样　　D. 多阶段抽样

26. 在质量控制中，系统整理分析某个质量问题与其产生原因之间的关系可采用（　　）。

A. 排列图法　　B. 因果分析图法　　C. 直方图法　　D. 控制图法

27. 工序施工质量控制主要包括（　　）。

A. 工序施工条件质量控制

B. 工序施工效果质量控制

C. 工序施工条件质量控制和工序施工效果质量控制

D. 中间环节的质量控制

28. 在制订检验批抽样方案时，对于一般项目，对应于合格质量水平的 α 不宜超过 5%，β 不宜超过（　　）。

A. 5%　　B. 8%　　C. 10%.　　D. 12%

29. 某砖混结构住宅一楼墙体砌筑时，监理发现由于施工放线的失误，导致山墙上窗户的位置偏离 15cm，这时应该（　　）。

A. 加固处理　　B. 修补处理　　C. 返工处理　　D. 不作处理

30. 在无事件说明中，可引起质量波动的偶然性原因是（　　）。

A. 设计计算允许误差　　B. 材料规格品种使用错误

C. 施工方法不当　　D. 机械设备出现故障

31. 在抽样检验方案中，将合格批判定为不合格批而错误地拒收，属于（　　）错误。

A. 第一类　　B. 第二类　　C. 第三类　　D. 第四类

32. 抽样检验方案中的第一类错误是指（　　）。

A. 将不合格批判为合格批　　B. 将合格批判为不合格批

C. 给使用方带来风险　　D. 给消费者带来风险

33. 抽样检验中出现的合格品错判将给（　　）带来损失。

A. 监理方　　B. 检验者　　C. 业主　　D. 生产者

34. 在工程质量控制中，(　　)是典型动态分析法。

A. 排列图　　B. 直方图　　C. 因果分析图　　D. 控制图

35. 在制订检验批抽样方案时，主控项目对应于合格质量水平的 α 和 β 均不宜超过(　　)。

A. 3　　B. 4　　C. 5　　D. 6

36. 在排列图中，累计频率曲线 80～90 部分所对应的影响因素为(　　)因素。

A. 主要　　B. 次要　　C. 一般　　D. 其他

37. 在质量控制中，系统整理分析某个质量问题与其产生原因之间的关系可采用(　　)。

A. 排列图法　　B. 因果分析图法　　C. 直方图法　　D. 控制图法

38. 在质量控制中，动态分析方法有(　　)。

A. 排列图法　　B. 因果分析图法　　C. 直方图法　　D. 控制图法

39. 质量控制中，采用控制图是用来(　　)。

A. 寻找影响质量的主次因素

B. 分析判断质量分布状态

C. 系统整理分析某个质量问题产生的原因

D. 分析判断生产过程是否处于稳定状态

40. 实际抽样检验中，有出现错误判断的可能，第一类错误判断是(　　)。

A. 将合格批判为不合格批　　B. 将检验批判为不合格批

C. 将不合格批判为合格批　　D. 将检验批判为合格批

二、多项选择题

1. 质量数据的收集方法有(　　)

A. 等距抽样　　B. 二次抽样　　C. 全数检验

D. 随机抽样检验　　E. 分层抽样

2. 建设工程质量特性中的“与环境的协调性”是指工程与(　　)的协调。

A. 所在地区社会环境　　B. 周围生态环境

C. 周围已建工程　　D. 周围生活环境

E. 所在地区经济环境

3. 在施工准备的质量控制工作中，属于技术准备的质量控制内容的有(　　)。

A. 熟悉图纸　　B. 准备技术交底　　C. 图纸会审

D. 做好工程定位和标高基准的控制工作　　E. 编制施工指导书

4. 工程质量的自控主体包括(　　)。

A. 政府　　B. 工程监理单位　　C. 勘察单位

D. 设计单位　　E. 施工单位

5. 施工生产中计量控制的主要工作包括(　　)。

A. 投料计量　　B. 施工人员数量计算　　C. 施工测量

D. 监测计量　　E. 施工机械设备数量计算

6. 在下列质量统计分析方法中，可用于过程评价或过程控制的是(　　)。

A. 排列图　　B. 因果分析图　　C. 直方图

D. 控制图　　E. 相关图

7. 工序施工条件控制的依据主要有(　　)。

A. 设计质量标准　B. 机械设备技术性能标准　　C. 材料质量标准

D. 试验标准　　E. 施工工艺标准

8. 按照工程质量事故分类标准，以下可作为单独判定为重大事故的事实依据有(　　)。

A. 经济损失 8000 万元　　B. 工程倒塌

C. 经济损失 500 万元　　D. 死亡 15 人

E. 重伤 60 人

9. 工程质量会受到各种因素的影响，下列属于系统性因素的有(　　)。

A. 使用不同厂家生产的规格型号相同的材料

B. 机械设备过度磨损

C. 设计中的安全系数过小

D. 施工虽然按规程进行，但规程已更改

E. 施工方法不当

10. 工程质量事故处理的依据主要有(　　)。

A. 质量事故的实况资料　　B. 有关合同资料

C. 质量事故分类　　D. 有关技术文件和档案

E. 相关建设法规

11. 工程经济性具体表现为(　　)之和。

A. 决策成本　　B. 设计成本　　C. 施工成本

D. 使用成本　　E. 管理成本

12. 事故处理的内容主要包括(　　)。

A. 事故报告　　B. 事故调查　　C. 事故技术处理

D. 事故责任处罚　E. 恢复施工

13. 影响工程质量的因素很多，主要有 4M1E，即人员素质、(　　)。

A. 材料　　B. 机械设备　　C. 方法

D. 评价方法　　E. 环境条件

14. 监理工程师在工程质量控制中应遵循(　　)等原则。

A. 质量第一，预防为主　　B. 以人为核心

C. 坚持质量标准　　D. 坚持科学、公正、守法的职业道德规范

E. 创优质工程

15. 工程上使用的原材料、半成品和构配件，进场时必须有(　　)，经监理工程师审查并确认其质量合格后方可进场。

A. 出厂合格证　　B. 技术说明书　　C. 生产厂家牌号

D. 检验或试验报告 E. 生产厂家批号

16. 根据工程质量事故造成的人员伤亡或者直接经济损失，工程质量事故分为(　　)。

A. 一般　　B. 中等　　C. 严重

D. 重大　　E. 特别重大

17. 工程质量事故处理验收结论通常有(　　)。

A. 事故已排除，可继续施工　　B. 隐患已消除，结构安全有保证

C. 经修补处理后，完全能满足使用要求

D. 对耐久性的结论　　E. 对维修性的结论

18. 工程质量问题、事故发生的原因主要有(　　)。

A. 违背建设程序和违反法规行为　　B. 地质勘察失真和设计差错

C. 施工管理不到位　　D. 使用不合格的原材料、制品和设备

E. 建设监理不力

19. 工程质量事故处理方案类型可分为(　　)。

A. 修补处理　　B. 返工处理　　C. 限制使用

D. 观察研究　　E. 不作处理

三、案例分析

【案例一】

某大型公共建筑工程项目，建设单位为A房地产开发有限公司，设计单位为B设计研究院，监理单位为C工程监理公司，工程质量监督单位为D质量监督站，施工单位是E建设集团公司，材料供应为F贸易公司。该工程地下2层，地上9层，基底标高−5.80m，檐高29.97m，基础类型为墙下钢筋混凝土条形基础，局部筏式基础，结构形式为现浇剪力墙结构，楼板采用无粘结预应力混凝土，该施工单位缺乏预应力混凝土的施工经验，对该楼板无粘结预应力施工有难度。

1. 为保证工程质量，施工单位应对下列(　　)影响质量的因素进行控制。

A. 人　　B. 材料　　C. 机械

D. 环境　　E. 造价

2. 在施工过程中，房地产开发有限公司、设计研究院、工程监理公司、质量监督站、建设集团公司，(　　)是自控主体。

A. 房地产开发有限公司　　B. 设计研究院

C. 工程监理公司　　D. 质量监督站

E. 建设集团公司

3. 在施工过程中，房地产开发有限公司、设计研究院、工程监理公司、质量监督站、建设集团公司，(　　)是监控主体。

A. 房地产开发有限公司　　B. 设计研究院

C. 工程监理公司　　D. 质量监督站

E. 建设集团公司

4. 在工程准备阶段，现场施工准备的质量控制包括(　　)。

A. 工程定位及标高基准的控制　　B. 施工平面布置的控制

C. 材料的质量控制　　D. 测量的质量控制

E. 技术交底

5. 做好技术交底是保证施工质量的重要措施之一，技术交底的内容主要包括(　　)。

A. 任务范围　　B. 计价方式　　C. 质量标准

D. 验收标准　　E. 施工方法

【案例二】

某高层办公楼，总建筑面积45000m²，地下2层，地上20层。业主与施工总承包单位签订了施工总承包合同，并委托了工程监理单位。

施工总承包单位完成桩基工程后，将深基坑支护工程的设计委托给了专业设计单位，并自行决定将基坑支护和土方开挖工程分包给了一家专业分包单位施工。专业设计单位根据业主提供的勘察报告完成了基坑支护设计后，即将设计文件直接给了专业分包单位。专业分包单位在收到设计文件后编制了基坑支护工程和降水工程的专项施工组织方案，方案经施工总承包单位项目经理签字后即由专业分包单位组织施工，专业分包单位在开工前进行了三级安全教育。

专业分包单位在施工过程中，由负责质量管理工作的施工人员兼任现场安全生产监督工作。土方开挖到接近基坑设计标高（自然地坪下8.5m）时，总监理工程师发现基坑四周地表出现裂缝，即向施工总承包单位发出书面通知，要求停止施工，并要求立即撤离现场施工人员，查明原因后再恢复施工。但总承包单位认为地表裂缝属正常现象没有予以理睬。不久基坑发生了严重坍塌，并造成4名施工人员被掩埋，经抢救，3人死亡，1人重伤。

事故发生后，专业分包单位立即向有关安全生产监督管理部门上报事故情况。经事故调查组调查，造成坍塌事故的主要原因是由于地质勘察资料中未表明地下存在古河道，基坑支护设计中未能考虑这一因素所致。事故造成直接经济损失80万元，于是专业分包单位要求设计单位赔偿事故损失80万元。

1. 工程质量问题发生后，事故现场有关人员应当(　　)向工程建设单位负责人报告。

A. 在30min内　　B. 在1h内　　C. 在2h内　　D. 立即

2. 住房和城乡建设主管部门逐级上报事故情况时，每级上报时间不得超过(　　)。

A. 30min　　B. 1h　　C. 2h　　D. 3h

3. 下列关于事故鉴定验收的说法中，错误的是(　　)。

A. 对于处理后符合《建筑工程施工质量验收统一标准》的规定的，监理人员应予以验收、确认，并应注明责任方主要承担的经济责任

B. 对经加固补强或返工处理仍不能满足安全使用要求的分部工程、单位（子单位）工程，严禁验收

C. 出现质量事故的项目，通过分析或实践，处理后仍不能满足规定的质量要求或标准，则必须予以报废处理

D. 处理后经检测鉴定达不到设计要求，但经原设计单位核算，仍能满足结构安全和使用功能的，予以验收

4. 本起事故可定为(　　)等级的事故。

A. 特别重大事故　B. 重大事故　　C. 较大事故　　D. 一般事故

5. 工程质量问题发生后，事故现场有关人员应当立即向工程建设单位负责人报告，关于事故报告，一般事故发生后应该逐级上报至(　　)。

A. 国务院住房和城乡建设主管部门

B. 省级人民政府住房和城乡建设主管部门

C. 市级人民政府住房和城乡建设主管部门

D. 县级人民政府住房和城乡建设主管部门

【案例三】

某大桥工程包括引道总长 15.762km，是按照双向六车道、行车时速 120km 的高速公路标准设计和修建的。主航道采用 888m 的单跨双绞钢加劲梁悬索桥，辅航道为三跨预应力混凝土连续钢构桥。在工程的施工过程中出现了严重的质量问题：索股制作初期质量的严重缺陷，锚道锚具铸件全部不合格，索夹裂纹超限等。对此质量控制工程师积极地采取了各种措施。

1. 工程监理单位主要是受建设单位的委托，代表建设单位对工程实施全过程进行的质量监督和控制，包括(　　)。

A. 勘察阶段的质量控制　　B. 设计阶段的质量控制

C. 施工阶段的质量控制　　D. 竣工阶段的质量控制

E. 决策阶段的质量控制

2. 工序施工质量控制中工序施工质量控制属于(　　)。

A. 事前控制　　B. 事中控制　　C. 事后控制　　D. 后馈控制

3. 下列关于工程质量缺陷处理的说法，正确的是(　　)。

A. 当工程的某些部分的质量虽未达到规定的规范、标准或设计规定的要求，存在一定的缺陷，但经过采取整修等措施后可以达到要求的质量标准，又不影响使用功能或外观的要求时，可不作处理

B. 当工程质量未达到规定的标准或要求，有明显的严重质量问题，对结构的使用和安全有重大影响，而又无法通过修补办法给予纠正时，可以做出返工处理的决定

C. 对危及结构承载力的质量缺陷要返修处理

D. 出现的质量缺陷，经检测鉴定达不到设计要求，但经原设计单位核算，仍能满足结构安全和使用功能的，可不作处理

E. 出现质量事故的项目，通过分析或实践，采取上述处理方法后仍不能满足规定的质量要求或标准，则必须予以报废处理

4. (　　)是指工程不符合国家或行业的有关技术标准、设计文件及合同中对质量的要求。

A. 工程质量缺陷　B. 工程质量问题　C. 工程质量事故　D. 工程质量控制

5. 解决施工质量不合格和缺陷问题属于(　　)的工作。

A. 事故报告　　B. 事故调查　　C. 事故的技术处理　D. 事故的责任处罚

【参考答案】

一、单项选择题

1. A	2. C	3. C	4. A	5. B	6. D	7. B	8. B	9. C	10. A
11. D	12. B	13. C	14. B	15. A	16. D	17. C	18. B	19. D	20. A
21. B	22. B	23. B	24. C	25. D	26. B	27. C	28. C	29. C	30. A
31. A	32. B	33. D	34. D	35. C	36. B	37. B	38. D	39. D	40. A

二、多项选择题

1. CD	2. BCE	3. ABCE	4. CDE	5. ACD
6. CD	7. ABCE	8. ADE	9. BCDE	10. ABDE
11. ABCD	12. CD	13. ABCE	14. ABCD	15. ABDE
16. ACDE	17. ABCD	18. ABCD	19. ABCE	

三、案例分析

案例一	1. ABCD	2. BE	3. ACD	4. ABC	5. ACDE
案例二	1. D	2. C	3. D	4. C	5. B
案例三	1. ABC	2. C	3. BDE	4. A	5. C

第八章　建设工程进度控制

一、单项选择题

1. 建设工程进度控制是监理工程师的主要任务之一，其最终目的是确保建设项目(　　)。

A. 在实施过程中应用动态控制原理　　B. 按预定的时间动用或提前交付使用

C. 进度控制计划免受风险因素的干扰　　D. 各方参建单位的进度关系得到协调

2. 为确保建设工程进度控制目标的实现，监理工程师必须认真制定进度控制措施。进度控制的技术措施主要有(　　)。

A. 对应急赶工给予优厚的赶工费用

B. 建立图纸审查、工程变更和设计变更管理制度

C. 审查承包商提交的进度计划，使承包商能在合理的状态下施工

D. 推行 CM 承发包模式，并协调合同工期与进度计划之间的关系

3. 在建设工程进度控制工作中，监理工程师所采取的合同措施是指(　　)。

A. 建立进度协调会议制度和工程变更管理制度

B. 协调合同工期与进度计划之间的关系

C. 编制进度控制工作细则并审查施工进度计划

D. 及时办理工程预付款及工程进度款支付手续

4. 为了有效地控制建设工程进度，监理工程师要在设计准备阶段(　　)。

A. 审查工程项目建设总进度计划，并编制工程年、季、月实施计划

B. 收集有关工期的信息，进行工期目标和进度控制决策

C. 编制设计总进度计划及详细的出图计划，并控制其执行

D. 向建设单位提供有关工期的信息，协助建设单位确定工期总目标

5. 在建设工程实施阶段，监理工程师进度控制的任务有(　　)。

A. 审查工程项目建设总进度计划　　B. 审查单位工程施工进度计划

C. 编制建设工程设计总进度计划　　D. 划分施工标段并编制相应的实施计划

6. 在建设工程进度计划的实施过程中，监理工程师控制进度的关键步骤是(　　)。

A. 加工处理收集到的实际进度数据　　B. 调查分析进度偏差产生的原因

C. 实际进度与计划进度的对比分析　　D. 跟踪检查进度计划的执行情况

7. 当采用匀速进展横道图比较工作实际进度与计划进度时，如果表示实际进度的横道线右端点落在检查日期的右侧，则该端点与检查日期的距离表示工作(　　)。

A. 实际多投入的时间　　B. 进度超前的时间

C. 实际少投入的时间　　D. 进度拖后的时间

8. 当利用S形曲线进行实际进度与计划进度比较时，如果检查日期实际进展点落在计划S形曲线的右侧，则该实际进展点与计划S形曲线的水平距离表示工程项目(　　)。

A. 实际进度超前的时间　　B. 实际进度拖后的时间

C. 实际超额完成的任务量　　D. 实际拖欠的任务量

9. 应用S曲线比较法时，通过比较实际进度S曲线和计划进度S曲线，可以(　　)。

A. 表明实际进度是否匀速开展

B. 得到工程项目实际超额或拖欠的任务量

C. 预测偏差对后续工作及工期的影响

D. 表明对工作总时差的利用情况

10. 在下列实际进度与计划进度的比较方法中，从工程项目整体角度判定实际进度偏差的方法是(　　)。

A. 匀速进展横道图比较法　　B. 前锋线比较法

C. 非匀速进展横道图比较法　　D. S形曲线比较法

11. 当利用S形曲线进行实际进度与计划进度比较时，如果实际进展点落在计划S形曲线的左侧，则通过比较可以获得的信息是(　　)。

A. 工程项目实际进度拖后的时间　　B. 工程项目中各工作超额完成的任务量

C. 工程项目实际进度超前的时间　　D. 工程项目中各工作拖欠的任务量

12. 如图所示工作K的实际进度与计划进度的比较，如K的全部工程量为W，则从中可以看出K工作二月的计划施工任务量是(　　)。

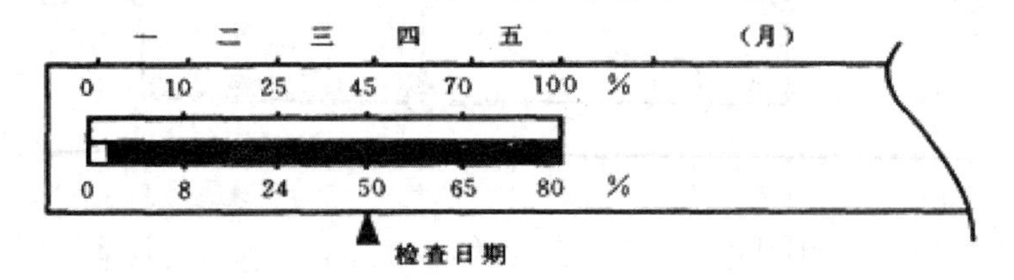

A. 14％W　　B. 15％W　　C. 16％W　　D. 17％W

13. 图中K工作三月份实际完成的工作量为(　　)。

A. 20％W　　B. 21％W　　C. 25％W　　D. 26％W

14. 图中K工作五月实际完成工作量是当月计划工作量的(　　)。

A. 15％　　B. 20％　　C. 35％　　D. 50％

15. 在某工程网络计划中，已知工作M的总时差和自由时差分别为7d和4d，监理工程师检查实际进度时，发现该工作的持续时间延长了5d，说明此时工作M的实际进度将其紧后工作的最早开始时间推迟(　　)。

A. 5d，但不影响总工期　　B. 1d，但不影响总工期

C. 5d，并使总工期延长1d　　D. 4d，并使总工期延长2d

16. 在工程网络计划的执行过程中，监理工程师检查实际进度时，只发现工作M的总时差由原计划的2d变为1d，说明工作M的实际进度(　　)。

A. 拖后3d，影响工期1d　　B. 拖后1d，影响工期1d

C. 拖后3d，影响工期2d　　D. 拖后2d，影响工期1d

17. 在某工程网络计划中，已知工作P的总时差和自由时差分别为5d和2d，监理工程师检查实际进度时，发现该工作的持续时间延长了4d，说明此时工作P的实际进度(　　)。

A. 既不影响总工期，也不影响其后续工作的正常进行

B. 不影响总工期，但将其紧后工作的最早开始时间推迟2d

C. 将其紧后工作的最早开始时间推迟2d，并使总工期延长1d

D. 将其紧后工作的最早开始时间推迟4d，并使总工期延长2d

18. 当工程网络计划中某项工作的实际进度偏差影响到总工期而需要通过缩短某些工作的持续时间调整进度计划时，这些工作是指(　　)的可被压缩的工作。

A. 关键线路和超过计划工期的非关键线路上

B. 关键线路上资源消耗量比较少

C. 关键线路上持续时间比较长

D. 施工工艺及采用技术比较简单

19. 检查某工程的实际进度后，绘制的进度前锋线如下图所示，在原计划工期不变的情况下，H工作尚有总时差(　　)d。

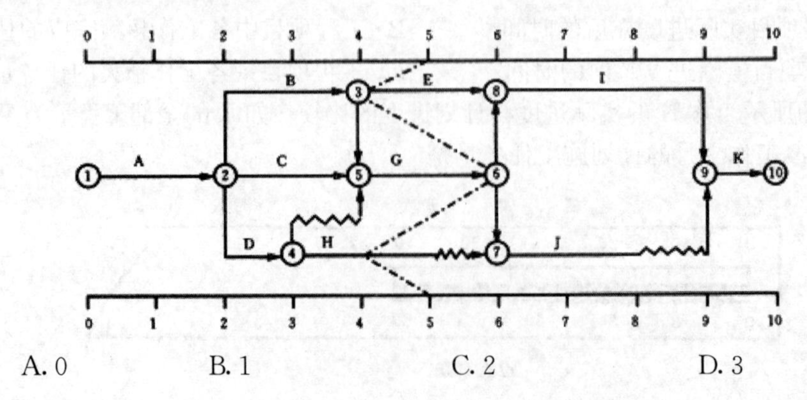

A. 0　　B. 1　　C. 2　　D. 3

20. 某分部工程时标网络计划如下图所示，当计划执行到第 3 天结束时检查实际进度如前锋线所示，检查结果表明(　　)。

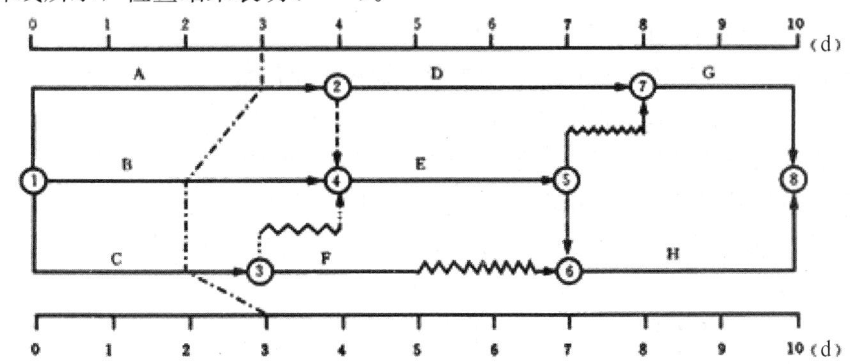

A. 工作 A、B 不影响工期，工作 C 影响工期 1d

B. 工作 A、B、C 均不影响工期

C. 工作 A、C 不影响工期，工作 B 影响工期 1d

D. 工作 A 进度正常，工作 B、C 各影响工期 1d

21. 根据下图绘制的实际进度前锋线，(　　)工作将影响工期。

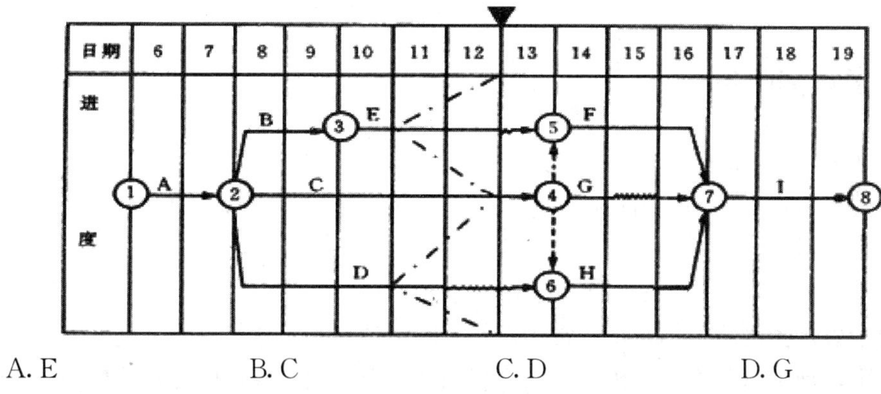

A. E　　B. C　　C. D　　D. G

22. 在某工程网络计划中，已知工作 M 的总时差和自由时差分别为 4d 和 2d，监理工程师检查实际进度时发现该工作的持续时间延长了 5d，说明此时工作 M 的实际进度(　　)。

A. 既不影响总工期，也不影响其后续工作的正常进行

B. 不影响总工期，但将其紧后工作的开始时间推迟 5d

C. 将其后续工作的开始时间推迟 5d，并使总工期延长 3d

D. 将其后续工作的开始时间推迟 3d，并使总工期延长 1d

23. 当实际施工进度发生拖延时，为加快施工进度而采取的组织措施可以是(　　)。

A. 增加工作面和每天的施工时间

B. 改善劳动条件并实施强有力的调度

C. 采用更先进的施工机械和施工方法

D. 改进施工方法，减少施工过程的数量

24. 某承包商承揽了一大型建设工程的设计和施工任务，在施工过程中因某种原因造成实际进度拖后，该承包商能够提出工程延期的条件是(　　)。

A. 施工图纸未按时提交

B. 检修、调试施工机械

C. 地下埋藏文物的保护处理

D. 设计考虑不周而变更设计

25. 某承包商通过投标承揽了一大型建设项目设计和施工任务，由于施工图纸未按时提交而造成实际施工进度拖后。该承包商根据监理工程师指令采取赶工措施后，仍未能按合同工期完成所承包的任务，则该承包商(　　)。

A. 不仅应承担赶工费，还应向业主支付误期损失赔偿费

B. 应承担赶工费，但不需要向业主支付误期损失赔偿费

C. 不需要承担赶工费，但应向业主支付误期损失赔偿费

D. 既不需要承担赶工费，也不需要向业主支付误期损失赔偿费

26. 监理工程师受业主委托对物资供应进度进行控制时，其工作内容包括(　　)。

A. 监督检查订货情况，协助办理有关事宜

B. 确定物资供应分包方式及分包合同清单

C. 拟定并签署物资供应合同

D. 确定物资供应要求，并编制物资供应投标文件

27. 某承包商通过投标承揽了某大型建设项目的设计和施工任务，在施工过程中该承包商能够提出工程延期的条件是(　　)。

A. 未按时提供施工图　　B. 施工机械未按时到场

C. 不可抗力　　D. 分包商未按时交工

二、多项选择题

1. 关于网络计划正确的有(　　)。

A. 建设工程设计，施工阶段的进度控制，均可使用网络计划技术

B. 网络计划可分为确定型和非确定型两类

C. 建设工程进度控制主要应用确定型网络计划

D. 对于确定型网络计划来说，常用双代号网络计划和单代号网络计划

E. 网络计划可以应用计算机进行优化和调整，因此相对横道图比较简单

2. 与横道计划相比，网络计划具有以下主要特点(　　)。

A. 网络计划能够明确表达各项工作之间的逻辑关系

B. 通过网络计划时间参数的计算，可以找出关键线路和关键工作

C. 通过网络计划时间参数的计算，可以明确各项工作的机动时间

D. 确定型网络计划只有普通双代号网络计划和单代号网络计划

E. 比横道计划直观明了

3. 某工作第4周之后的计划进度与实际进度如下图所示，从图中可获得的正确信息有(　　)。

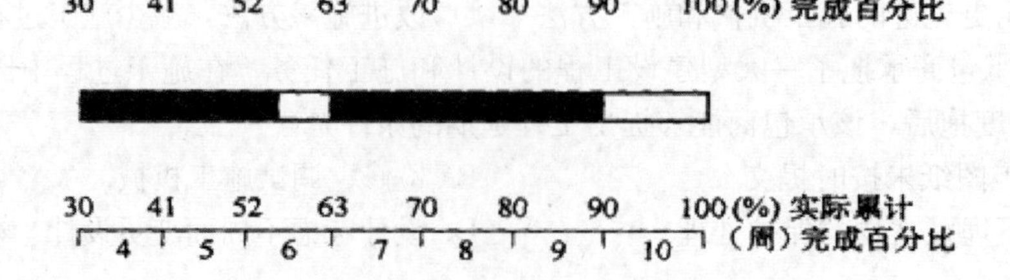

A. 到第 3 周末，实际进度超前　　　　　B. 在第 4 周内，实际进度超前
C. 原计划第 4 周至第 6 周为均速进度　　D. 第 6 周后半周末进行本工作
E. 本工作提前 1 周完成

4. 某工作计划进度与实际进度如下图所示，从图中可获得的正确信息有(　　)。

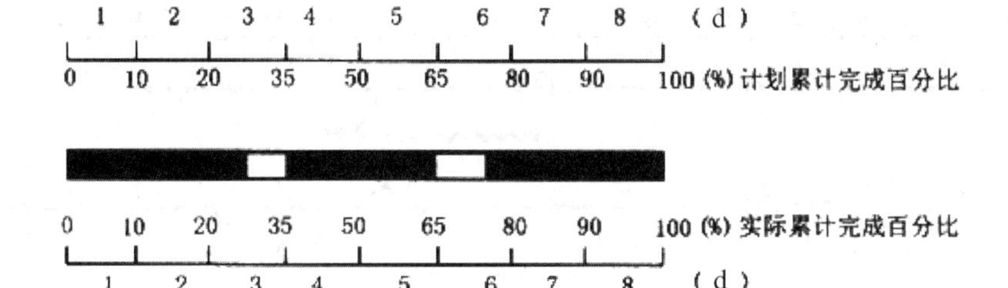

A. 第 4d 至第 5d 的实际进度为匀速进展
B. 第 3d 至第 6d 的计划进度为匀速进展
C. 实施过程中实际停工累计 0.5d
D. 第 4d 实际工作量与计划工作量相同
E. 第 8d 结束时该工作已按计划完成

5. 当利用 S 形曲线比较法时，通过比较计划 S 形曲线和实际 S 形曲线，可以获得的信息有(　　)。

A. 工程项目实际进度比计划进度超前或拖后的时间
B. 工程项目中各项工作实际完成的任务量
C. 工程项目实际进度比计划进度超额完成或拖欠的任务量
D. 工程项目中各项工作实际进度比计划进度超前或拖后的时间
E. 预测后期工程进度

6. 某分部工程双代号时标网络计划执行到第 3 周末及第 8 周末时，检查实际进度后绘制的前锋线如下图所示，图中表明(　　)。

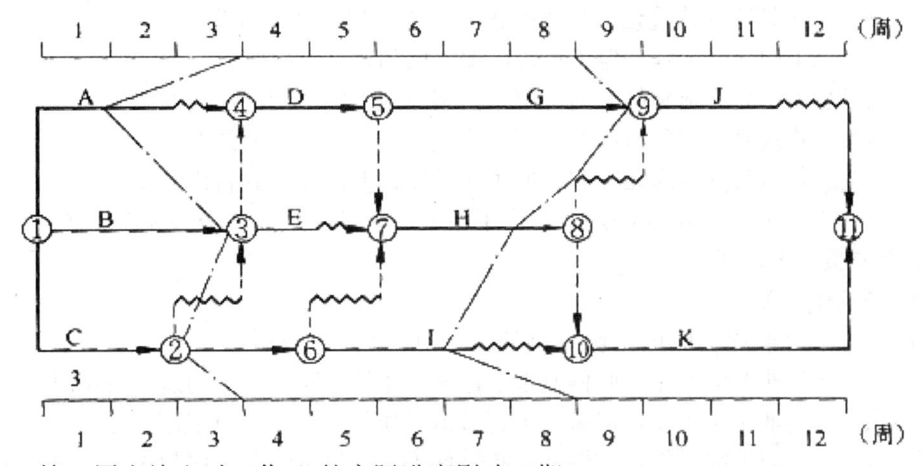

A. 第 3 周末检查时工作 A 的实际进度影响工期
B. 第 3 周末检查时工作 2～6 的自由时差尚有 1 周
C. 第 8 周末检查时工作 H 的实际进度影响工期

D. 第 8 周末检查时工作 I 的实际进度影响工期

E. 第 4 周至第 8 周工作 2－6 和 I 的实际进度正常

7. 某工程双代号时标网络计划执行到第 4 周末和第 10 周末时，检查其实际进度如下图前锋线所示，检查结果表明(　　)。

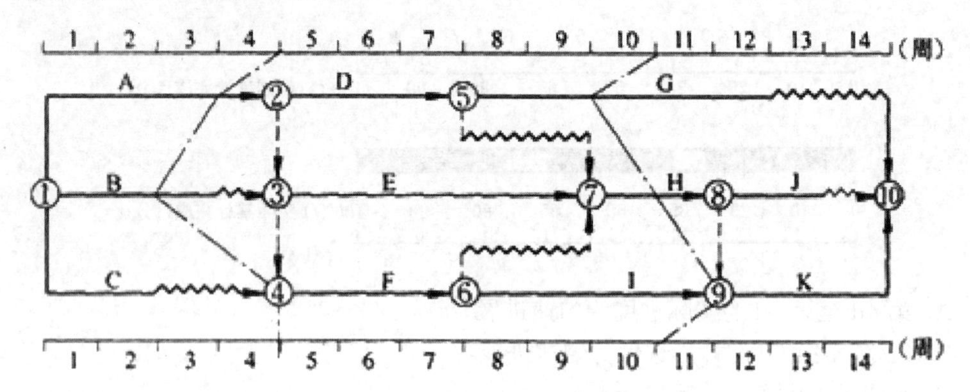

A. 第 4 周末检查时工作 B 拖后 1 周，但不影响工期

B. 第 4 周末检查时工作 A 拖后 1 周，影响工期 1 周

C. 第 10 周末检查时工作 I 提前 1 周，可使工期提前 1 周

D. 第 10 周末检查时工作 G 拖后 1 周，但不影响工期

E. 在第 5 周到第 10 周内，工作 F 和工作 I 的实际进度正常

8. 在某工程网络计划中，工作 M 的总时差为 2d，监理工程师在该计划执行一段时间后检查实际进展情况，发现工作 M 的总时差变为－3d，说明工作 M 的实际进度(　　)。

A. 拖后 3d　　B. 影响工期 3d　　C. 拖后 5d

D. 影响工期 5d　　E. 拖后 2d

9. 在工程网络计划的执行过程中，当某项工作进度出现偏差后，需要调整原进度计划的情况有(　　)。

A. 项目总工期不允许拖延，但工作进度偏差已超过其总时差

B. 项目总工期允许拖延，但工作进度偏差已超过其自由时差

C. 项目总工期允许拖延的时间有限，但实际拖延的时间已超过此限制

D. 后续工作拖延的时间有限制，但工作进度偏差已超过其总时差

E. 后续工作拖延的时间无限制，但工作进度偏差已超过其自由时差

10. 当某项工作进度出现偏差时，为了不使总工期及后续工作受影响，在(　　)情况下需要调整进度计划。

A. 该工作为关键工作

B. 该工作为非关键工作，此偏差超过了该工作的总时差

C. 该工作为非关键工作，此偏差未超过该工作的总时差，但超过了自由时差

D. 该工作为非关键工作，此偏差未超过该工作的总时差，也未超过自由时差

E. 该工作为非关键工作，此偏差未超过该工作的自由时差，但超过了总时差

11. 在某工程网络计划中，已知工作 M 的总时差为 4d。如果在该网络计划的执行过程中发现工作 M 的持续时间延长了 2d，而其他工作正常，则此时(　　)。

A. 不会使总工期延长

B. 既不影响其紧后工作，也不会影响其他后续工作

C. 工作 M 的总时差不变，自由时差减少 2d

D. 工作 M 的总时差和自由时差各减少 2d

E. 工作 M 的自由时差不变，总时差减少 2d

12. 进度调整的主要方法有（　　）。

A. 调整非关键工作的持续时间

B. 改变工作间的逻辑关系

C. 改变某项工作的持续时间

D. 利用非关键工作的总时差

E. 利用关键工作的自由时差

13. 某承包商通过投标承揽了一大型建设项目的设计和施工任务，在施工过程中该承包商能够提出工程延期的条件是（　　）。

A. 施工图纸未按时提交

B. 公用供电网停电

C. 施工机械未按时到场

D. 分包商返工

E. 施工场地未按时提供

14. 监理工程师可以通过以下（　　）方式获得工程项目的实际进展情况。

A. 建立项目实施的管理机构

B. 定期、经常地收集由承包单位提交的有关进度报表资料

C. 对影响进度目标实现的干扰因素和风险因素进行分析

D. 由驻地监理人员现场跟踪检查工程项目的实际进展情况

E. 对收集的数据进行整理、统计、分析

三、案例分析

【案例一】

检查某工程的实际进度后，绘制的进度前锋线如下图所示。

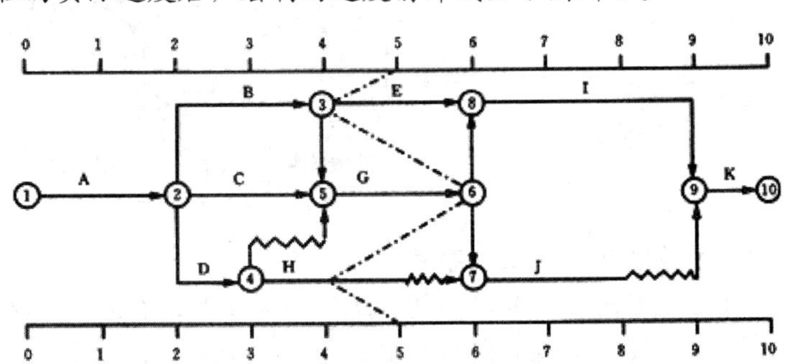

1. 在原计划工期不变的情况下，H 工作尚有总时差（　　）d。

A. 0　　B. 1　　C. 2　　D. 3

2. 上图中，若允许计划工期改变，且后面不再拖延工期，则总工期会（　　）。

A. 超前 1d

B. 拖后 1d

C. 与计划工期相同

D. 拖后 2d

3. 在建设工程施工过程中，加快施工进度的组织措施包括(　　)。

A. 采用先进的施工方法以减少施工过程的数量

B. 增加工作面，组织更多的专业工作队

C. 改善劳动条件和外部配合条件

D. 增加劳动力和施工机械的数量

E. 改进施工工艺并实施强有力的调度

4. 在施工进度计划的调整过程中，压缩关键工作持续时间的技术措施有(　　)。

A. 增加劳动力和施工机械的数量　　　B. 改进施工工艺和施工技术

C. 采用更先进的施工机械　　　D. 改善外部配合条件

E. 采用工程分包方式

5. 计算工作尚有总时差，其值等于工作从检查日期到原计划最迟完成时间尚余时间与该工作尚需作业时间之差。(　　)

A. 对　　　B. 错

6. 如果工作尚有总时差与原有总时差相等，说明该工作实际进度与计划进度一致。(　　)

A. 对　　　B. 错

【案例二】

某工程项目第一承包阶段为一层地下室，业主通过招标与某建筑公司签订了土建工程施工合同。合同工期为30d，在合同中规定：由于施工单位原因造成工期延误，每延误一天罚款5000元；由于业主和其他原因造成工程延期，每延期一天补偿施工单位5000元；工期每提前一天，奖励施工单位7000元。施工单位根据合同要求，按时提交了该承包工程的施工组织设计，并得到了监理工程师的批准。在施工组织设计中的工程施工网络进度计划如图所示。

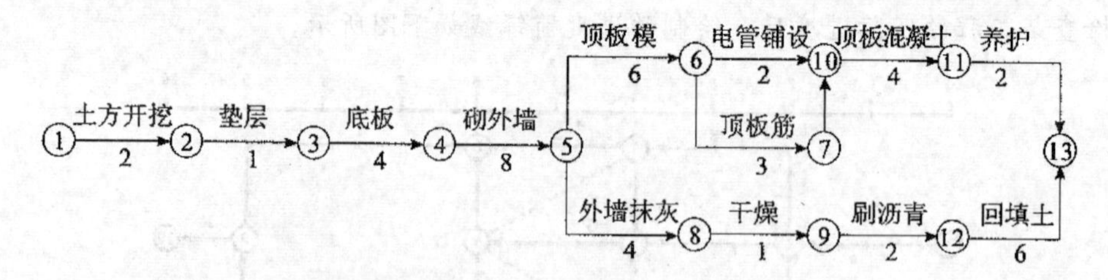

该工程施工过程中发生了以下几起事件。

事件一：由于工程土外运，承包单位所租运输车辆因无遮盖措施，停工整顿1d。

事件二：砌外墙时，由于业主指定砖厂提供的砖质量不合格，令施工单位重新购买合格砖。由此造成砌墙延长3d。

事件三：外墙抹灰后，天降暴雨，为使墙面干燥，延长2d后才进入下道工序施工。

事件四：顶板混凝土浇筑时，按原计划为现场搅拌，施工单位为保证合同工期，经监理工程师批准，采用商品混凝土使混凝土浇筑时间缩短2d，同时回填土因采用多班作业缩短了2d时间，其余各项工作持续时间与原计划相同。

1. 事件一，不能提出工期索赔和费用索赔要求。(　　)

A. 对　　　B. 错

2. 事件二，不能提出工期和费用索赔。(　　)

A. 对　　B. 错

3. 事件三，(　　)提出工期索赔，同时(　　)提出费用索赔。

A. 可以，可以　　B. 可以，不可以　　C. 不可以，可以　　D. 不可以，不可以

4. 原网络计划的工期为(　　)d。

A. 29　　B. 30　　C. 31　　D. 32

5. 施工进度计划调整的组织措施包括(　　)。

A. 增加工作面，组织更多的施工队伍　　B. 改善劳动条件

C. 采用更先进的施工机械　　D. 增加劳动力和施工机械的数量

E. 对所采取的技术措施给予相应的经济补偿

6. 工程项目施工阶段进度控制工作细则的主要内容包括(　　)。

A. 施工进度控制目标分解图　　B. 工程进度款支付时间与方式

C. 进度控制人员的职责分工　　D. 施工机械进出场安排

E. 进度控制目标实现的风险分析

【案例三】

某工程项目的施工合同总价为6000万元，合同工期为12个月，在施工过程中由于业主提出对原设计进行修改，使施工单位停工待图1个月。在基础施工时，施工单位为保证工程质量，自行将原设计要求的混凝土强度由C20提高到C25。工程竣工结算时，施工单位向监理工程师提出了以下项目的费用索赔：

由于业主方修改设计图纸延误1个月的有关费用损失：①工人窝工费用损失；②机械设备闲置费用损失；③现场管理费；④公司管理费；⑤由于基础混凝土强度的提高导致的费用增加。

1. 监理工程师应当同意接受其索赔要求。(　　)

A. 对　　B. 错

2. 工程竣工结算时，施工单位向监理工程师提出费用索赔符合规范合同要求。(　　)

A. 对　　B. 错

3. 施工单位应当在索赔事件发生后的(　　)d内，向工程师递交索赔意向通知，表示索赔的愿望和要求。

A. 27　　B. 28　　C. 29　　D. 30

4. 工程师确定的索赔额超过其权限范围时，应报(　　)批准。

A. 业主　　B. 施工单位　　C. 质监站　　D. 其他第三方机构

5. 索赔成立的条件是(　　)。

A. 按合同规定的程序提交索赔意向通知和索赔报告

B. 索赔事件造成了承包商的额外费用或工期损失

C. 造成损失的原因不属于承包商的行为责任或风险责任

D. 在承包商索赔成立的条件下，进一步审查其索赔要求和计算，排除其中不合理部分，确定合理的数额

E. 索赔事件形成的损失超过了施工单位的运行成本

6. 在索赔事件发生后，提交索赔报告前，应进行以下主要的准备工作（　　）。

A. 对索赔事件的调查，了解事件经过、前因后果，掌握详情

B. 损害事件原因分析，分析引起的原因及明确责任的承担，非承包商责任的损害事件才可能提出索赔

C. 明确索赔根据及理由，只有符合合同规定的索赔要求，才能成立

D. 损失调查，主要是收集、分析有关资料，以及在此基础上计算索赔值

E. 向工程师提交索赔意向通知

【参考答案】

一、单项选择题

1. B　2. C　3. B　4. D　5. B　6. D　7. B　8. B　9. B　10. D
11. C　12. B　13. D　14. D　15. B　16. A　17. B　18. A　19. B　20. C
21. A　22. D　23. A　24. C　25. A　26. A　27. C

二、多项选择题

1. ABCD　2. ABC　3. CD　4. ABDE　5. ACE
6. ACD　7. BD　8. BC　9. ACD　10. ABC
11. AD　12. BC　13. BE　14. BD

三、案例分析

案例一　1. B　2. B　3. BD　4. BC　5. A　6. A
案例二　1. A　2. B　3. B　4. B　5. ADE　6. ACE
案例三　1. B　2. B　3. B　4. A　5. ABCD　6. ABCD

第九章　建设施工成本控制习题

一、单项选择题

1. 将施工项目计划期内的生产费用、成本水平、成本降低率以及为降低成本所采取的主要措施和规划以货币的形式编制的书面方案，这是（　　）。

A. 施工成本预测　　B. 施工成本计划
C. 施工成本控制　　D. 施工成本核算

2. 在施工过程中对影响施工成本的各种因素采用各种措施进行管理，将施工中的各项支出和消耗严格控制在计划内，这是（　　）。

A. 施工成本预测　　B. 施工成本计划
C. 施工成本控制　　D. 施工成本核算

3. 贯穿于施工成本管理的全过程，在施工成本核算的基础上，对影响成本升降的因素进行分析，寻找进一步降低成本的方法，这是（　　）。

A. 施工成本预测　　B. 施工成本计划

C. 施工成本控制　　　　　　　　　　D. 施工成本分析

4.（　　）是指在施工项目完成以后，将成本的实际指标与计划、定额、预算进行对比和考核，按照施工成本目标责任制的有关规定，评定施工成本计划的完成情况和各责任者的业绩，并给予相应的奖励和处罚。

A. 施工成本考核　　　　　　　　　　B. 施工成本计划

C. 施工成本控制　　　　　　　　　　D. 施工成本核算

5. 施工过程中产生的机械使用费是属于（　　）。

A. 直接工程费　　B. 直接成本　　C. 间接工程费　　D. 间接成本

6. 施工过程中产生的工程排污费是属于（　　）。

A. 直接工程费　　B. 直接成本　　C. 间接工程费　　D. 间接成本

7. 下列属于施工成本控制经济措施的是（　　）。

A. 进行技术经济分析，确定最佳的施工方案

B. 通过生产要素的优化配置、合理使用、动态管理，控制实际成本

C. 密切注视对方合同执行的情况，以寻求合同索赔的机会

D. 对施工成本管理目标进行风险分析，并制定防范性对策

8. 从实行项目经理责任制，落实施工成本管理的组织机构和人员，明确各级施工成本管理人员的任务和职能分工、权利和责任等方面采取措施，属于（　　）。

A. 组织措施　　B. 技术措施　　C. 经济措施　　D. 合同措施

9. 施工成本核算的基本环节中，不包括（　　）。

A. 衡量成本降低的实际成果，对成本指标完成情况进行总结和评价

B. 计算出施工费用的实际发生额

C. 计算出该施工项目的总成本和单位成本

D. 按照规定的成本开支范围对施工费用进行归集和分配

10. 在施工项目的施工过程中所发生的全部生产费用的总和，称为（　　）。

A. 直接成本　　B. 间接成本　　C. 施工成本　　D. 经营成本

11. 发包方对原工程设计进行变更时，发包方应以（　　）形式向承包方发出变更通知。

A. 书面　　B. 口头　　C. 合同　　D. 公告

12. 发包方对原工程设计进行变更时，发包方应不迟于变更前（　　）向承包方发出变更通知。

A. 12d　　B. 14d　　C. 15d　　D. 28d

13. 因为发包方对原工程设计进行变更时，因变更导致的合同价款增减和造成的承包方损失，由（　　）承担。

A. 发包方　　B. 承包商　　C. 协商解决　　D. 各自承担一半

14. 下列关于承包商要求对原工程进行变更，说法错误的是（　　）。

A. 施工中承包方不得对原工程设计进行变更

B. 承包方在施工中提出的合理化建议涉及对设计图纸或施工组织设计的更改及对原材料、设备的换用须经工程师同意

C. 工程师同意采用承包方合理化建议，所发生的费用和获得的收益，发包方、承包

方另行约定分担或分享

D. 只要是由承包方提出的工程变更，产生的一切费用均应由承包方承担

15.《建筑工程施工合同示范文本》规定，工程师收到承包人递交的索赔报告和相关资料后应在（　　）内给予答复。

A. 15d　　B. 20d　　C. 28d　　D. 32d

16. 某工程师指令将某分项工程混凝土改为钢筋混凝土，对此做出的索赔具体为（　　）。

A. 单项索赔　　B. 总索赔　　C. 工期索赔　　D. 费用索赔

17. 单项索赔是（　　）。

A. 针对某一个干扰事件提出的。在工程实施过程中，出现了干扰原合同的索赔事件，承包商为此事件提出的索赔

B. 承包商在工程竣工前后，将施工过程中已提出但未解决的索赔汇总在一起，向业主提出一份总索赔报告的索赔

C. 是指对合同中规定工作范围的变化而引起的索赔

D. 是以合同条款为依据，在合同中有明文规定的索赔

18. 承包人要求发包人"延长工期，推迟竣工日期"属于（　　）。

A. 工期索赔　　B. 费用索赔　　C. 工程变更索赔　　D. 工程终止索赔

19. 索赔事件主要表现为（　　）。

A. 工期延长　　B. 工程效率的降低

C. 工程的工期延长和资料的不全　　D. 工期的延长和费用的增加

20. 由承包商提出的工程变更，应交由（　　）审查并批准。

A. 监理工程师　　B. 发包方　　C. 设计方　　D. 工地负责人

21. 工程师同意采用承包方的合理化建议，所发生的费用和获得的收益，（　　）。

A. 发包方分担或分享　　B. 工程师分担或分享

C. 承包方分担或分享　　D. 发、承包双方另行约定分担或分享

22. 关于法律法规类合同价款调整，下列说法正确的是（　　）。

A. 有关价格包含在物价波动调价公式中的不予调整

B. 有关价格包含在物价波动调价公式中的给予调整

C. 有关价格包含在物价波动调价公式中的由承发包双方协商调整

D. 有关价格包含在物价波动公式中的由造价管理单位决定

23. 下列关于工程延误期间的特殊处理说法正确的是（　　）。

A. 承办人引起的工期延误，期间法律法规发生变化，给予调整

B. 承包人引起的工期延误，期间法律法规发生变化，合同增加，不予调整

C. 承包人引起的工期延误，期间法律法规发生变化，合同减少，不予调整

D. 承包人引起的工期延误，期间法律法规发生变化，不予调整

24. 下列事件中，不属于工程变更的是（　　）。

A. 施工方法变更

B. 改变合同工程的基线、标高、位置或尺寸

C. 合同中的遗漏

D. 追加某些工作

25. 按索赔的目的分类，可分为(　　)。

A. 合同规定的索赔和非合同规定的索赔　B. 工期索赔和费用索赔
C. 工程索赔和商务索赔　D. 单项索赔和总索赔

26. 下列在施工合同履行期间由不可抗力造成的损失中，应由承包人承担的是(　　)。

A. 发包人的工地资产　B. 因工程损害导致承包人员伤亡
C. 工程清理、修复费用　D. 停工期间，保卫人员工资

27. 根据成本信息和施工项目的具体情况，运用一定的专门方法对未来的成本水平及其可能发展趋势做出科学的估计，其实质就是在施工之前对成本进行的估算，这是描述的施工项目(　　)。

A. 成本核算　B. 成本计划　C. 成本预测　D. 成本分析

28. 明确各级管理组织和各级人员的责任和权限，这是(　　)的基础之一，必须给予足够的重视。

A. 事先控制　B. 成本控制　C. 事中控制　D. 事后控制

29. 施工项目成本管理就是要在保证工期和质量满足要求的情况下，利用施工项目成本管理的措施，把成本控制在计划范围内，并进一步寻求最大程度的(　　)。

A. 成本控制　B. 成本估算　C. 成本考核　D. 成本节约

30. 实行项目经理责任制，落实施工成本管理的组织机构和人员，明确各级施工成本管理人员的任务和职能分工、权利和责任，编制本阶段施工成本控制工作和详细的工作流程图等，是属于施工项目成本管理措施的(　　)。

A. 组织措施　B. 技术措施　C. 经济措施　D. 合同措施

31. 在工程施工以前对成本进行估算的，属于(　　)的内容。

A. 施工成本预测　B. 施工成本控制
C. 施工成本分析　D. 施工成本计划

32. 将项目总施工成本分解到单项工程和单位工程中，再进一步分解为分部工程和分项工程，该种施工成本计划的编制方式是(　　)编制施工成本计划。

A. 按施工成本组成　B. 按子项目组成
C. 按工程进度　D. 按合同结构

33. 施工项目成本分析是在成本形成过程中，对施工项目成本进行的对比评价和总结工作，可以与(　　)进行对比。

A. 概算成本　B. 概算指标　C. 预算成本　D. 结算成本

34. 施工项目组织管理层的成本管理除了针对生产成本的管理外，还应包括(　　)的管理。

A. 经营管理费用　B. 人工费　C. 材料费　D. 措施费

35. 建设工程项目施工成本由(　　)组成。

A. 直接费＋间接费　B. 直接费＋企业管理费
C. 直接成本＋间接成本　D. 直接成本＋间接费

36. 项目按月度（或周、天等）核算的成本偏差、按专业核算的成本偏差以及按分部分项作业核算的成本偏差称为（　　）。

A. 总体成本偏差　　B. 累计成本偏差

C. 样本成本偏差　　D. 局部成本偏差

37. 编制项目成本计划属于成本控制中的（　　）。

A. 事前控制　　B. 被动控制　　C. 过程控制　　D. 事后控制

38. 在施工成本控制中，对施工方案进行技术经济分析，确定最佳的施工方案属于（　　）。

A. 组织措施　　B. 技术措施　　C. 经济措施　　D. 合同措施

39. 工程量清单漏项或设计变更引起的新的工程量清单项目，其相应综合单价由（　　）提出，经发包人确认后作为结算依据。

A. 承包人　　B. 建设单位　　C. 监理单位　　D. 设计单位

40. 施工项目成本计划的编制依据不包括（　　）。

A. 合同报价书　　B. 施工预算

C. 有关财务成本核算和财务历史资料　　D. 企业组织机构图

41. 施工项目成本可以按照成本构成分解为人工费、材料费、施工机械使用费、措施费和（　　）。

A. 间接费　　B. 直接费　　C. 企业费　　D. 利息

42. 工程项目成本管理方法中，（　　）是目标成本的一种表达形式，是建立项目成本管理责任制的基础，是进行成本费用控制的主要依据。

A. 成本预测　　B. 成本计划　　C. 成本控制　　D. 成本核算

43. 当项目非常庞大和复杂而需要分为几部分进行成本计划的编制时，采用的成本计划编制方法是（　　）。

A. 目标利润法　　B. 技术进步法　　C. 按实计算法　　D. 定额估算法

44. 运用管理的手段事先做好各项施工活动的成本安排，使工程项目成本目标的实现建立在有充分技术和管理措施保障的基础上，为工程项目的技术和资源的合理配置和消耗控制提供依据的环节是（　　）。

A. 计划预控　　B. 过程控制　　C. 纠偏控制　　D. 被动控制

45. 在工程项目实施过程中，对各项成本进行动态跟踪核算，发现实际成本与目标成本有差异时，采取的措施称为（　　）。

A. 事前控制　　B. 纠偏控制　　C. 主动控制　　D. 组织措施

46. 工程项目成本管理的核心内容是（　　）。

A. 计划成本　　B. 预测成本　　C. 控制成本　　D. 核算成本

47. 施工成本的实际开支与计划不符，下列原因中最有可能的原因是（　　）。

A. 造价人员计算错误　　B. 施工管理人员失误

C. 某道工序的施工进度与计划不符　　D. 不可抗力的影响

48. 我国现行工程变更价款的确定方法不包括（　　）。

A. 合同中已有的适用于变更工程的价格

B. 合同中只有类似于变更工程的价格

C. 合同中只有类似于变更工程的价格

D. FIDIC 施工合同条件下工程变更的估价

49. 某基础工程包含土石方和混凝土两个子项工程，工程量清单中的土石方工程量为 4400m^3，混凝土的工程量为 2000m^3，合同约定：土石方工程综合单价为 75 元/m^3，混凝土工程综合单价为 420 元/m^3；工程预付款额度为合同价的 15%。则该工程预付款额度为(　　)万元。

A. 14.55　　B. 17.55　　C. 20.55　　D. 24.7

50. 某施工合同约定钢材由业主提供，其余材料均委托承包商采购，但承包商在以自有设备进行主体钢结构制作吊装过程中，由于业主供应钢材不及时导致承包商停工 5d。则承包商计算施工机械窝工费向业主提出索赔应按(　　)。

A. 设备台班费　　B. 设备台班折旧费

C. 设备使用费　　D. 设备租赁费

51. 某建设工程工期为 3 个月，承包合同价为 100 万元，工程结算宜采用的方式是(　　)。

A. 按月结算　　B. 分部结算　　C. 分段结算　　D. 竣工后一次结算

52. 某工程包含甲、乙两个子项工程，合同约定：甲项的全费用综合单价为 200 元/m^2，乙项的综合单价为 180 元/m^2；进度按月计算，第一个月实际完成甲项为 700m^2，乙项完成 500m^2，则本月应支付的工程款为(　　)万元。

A. 20　　B. 23　　C. 25　　D. 30

53. 施工项目成本控制的方法中，偏差分析可采用不同的方法，常用的有横道图法、曲线法和(　　)。

A. 比率法　　B. 表格法　　C. 比较法　　D. 差额法

54. 具有形象直观，但反映的信息量少，一般在项目的较高管理层应用的施工成本偏差分析办法是(　　)。

A. 横道图法　　B. 表格法　　C. 排列法　　D. 曲线法

55. 施工成本分析的依据中，对经济活动进行核算范围最广的是(　　)。

A. 会计核算　　B. 成本核算　　C. 统计核算　　D. 业务核算

56. 通过技术经济指标的对比，检查目标的完成情况，分析产生差异的原因，进而挖掘内部潜力的方法是(　　)。

A. 因素分析法　　B. 差额计算法　　C. 比较法　　D. 比率法

57. 工程量清单漏项或设计变更引起的新的工程量清单项目，其相应综合单价由(　　)提出，经发包人确认后作为结算依据。

A. 承包人　　B. 建设单位　　C. 监理单位　　D. 设计单位

58. 施工项目成本计划的编制依据不包括(　　)。

A. 合同报价书　　B. 施工预算

C. 有关财务成本核算和财务历史资料　　D. 企业组织机构图

59. 施工项目成本可以按照成本构成分解为人工费、材料费、施工机械使用费、措施费和(　　)。

A. 间接费　　B. 直接费　　C. 企业费　　D. 利息

60. 工程项目成本管理方法中，(　　)是目标成本的一种表达形式，是建立项目成本管理责任制的基础，是进行成本费用控制的主要依据。

A. 成本预测　　B. 成本计划　　C. 成本控制　　D. 成本核算

61. 当项目非常庞大和复杂而需要分为几部分进行成本计划的编制时，采用的成本计划编制方法是(　　)。

A. 目标利润法　　B. 技术进步法　　C. 按实计算法　　D. 定额估算法

62. 运用管理的手段事先做好各项施工活动的成本安排，使工程项目成本目标的实现建立在有充分技术和管理措施保障的基础上，为工程项目的技术和资源的合理配置和消耗控制提供依据的环节是(　　)。

A. 计划预控　　B. 过程控制　　C. 纠偏控制　　D. 被动控制

63. 在工程项目实施过程中，对各项成本进行动态跟踪核算，发现实际成本与目标成本有差异时，采取措施称为(　　)。

A. 事前控制　　B. 纠偏控制　　C. 主动控制　　D. 组织措施

64. 工程项目成本管理的核心内容是(　　)。

A. 计划成本　　B. 预测成本　　C. 控制成本　　D. 核算成本

65. 下列各方法中，对工程项目进行事前成本控制的重要方法是(　　)。

A. 项目成本分析表法　　B. 挣值法

C. 工期－成本同步分析法　　D. 价值工程法

66. 施工成本控制的依据不包括的内容是(　　)。

A. 工程承包合同　　B. 施工组织设计　　C. 进度报告　　D. 施工成本计划

二、多项选择题

1. 施工成本管理的任务主要包括(　　)。

A. 成本预测　　B. 成本计划　　C. 成本控制

D. 成本核算　　E. 施工计划

2. 为了取得施工成本管理的理想成果，应当从多方面采取措施实施管理，通常可以将这些措施归纳为(　　)。

A. 管理措施　　B. 组织措施　　C. 技术措施

D. 经济措施　　E. 合同措施

3. 施工成本可以分为(　　)。

A. 直接成本　　B. 直接工程费　　C. 间接成本

D. 间接工程费　　E. 措施费

4. 关于施工成本管理措施的下列说法中，属于组织措施的有(　　)。

A. 编制施工成本控制工作计划、确定合理详细的工作流程

B. 通过生产要素的优化配置、合理使用、动态管理，控制实际成本

C. 进行技术经济分析，确定最佳的施工方案

D. 对施工成本管理目标进行风险分析，并制定防范性对策

E. 密切注视对方合同执行的情况，以寻求合同索赔的机会

5. 经济措施是最易为人们所接受和采用的措施。如(　　)等。
A. 加强施工调度，避免因施工计划不周和盲目调度造成窝工损失使施工成本增加
B. 管理人员应编制资金使用计划，确定、分解施工成本管理目标
C. 对各种变更，及时做好增减账，及时落实业主签证
D. 认真做好资金的使用计划，并在施工中严格控制各项开支
E. 结合项目的施工组织设计及自然地理条件，降低材料的库存成本和运输成本
6. 工程变更是建筑施工生产的特点之一，主要原因是(　　)。
A. 业主方对项目提出新的要求
B. 由于现场施工环境发生了变化
C. 发生不可预见的事件，引起停工和工期拖延
D. 由于现场施工机械损坏，引起停工和工期拖延
E. 由于招标文件和工程量清单不准确引起工程量增减
7. 按索赔事件的性质分类，工程索赔的种类有(　　)。
A. 工程变更索赔　　B. 合同被迫终止索赔
C. 合同中明示的索赔　　D. 工期索赔
E. 不可预见因素索赔
8. 施工成本管理的任务主要包括(　　)。
A. 成本预测　　B. 成本计划　　C. 成本执行评价
D. 成本核算　　E. 成本分析和考核
9. 直接成本是指施工过程中耗费的构成工程实体或有助于工程实体形成的各项费用支出，可以直接计入工程对象的费用，主要包括(　　)。
A. 人工费　　B. 材料费　　C. 施工机械使用费
D. 施工措施费　　E. 企业管理费
10. 间接成本是指为施工准备、组织和管理施工生产的全部费用的支出，是非直接用于也无法直接计入工程对象但为进行工程施工所必须发生的费用，下列属于间接成本的是(　　)。
A. 管理人员工资　　B. 办公费　　C. 差旅费用
D. 施工机具使用费　　E. 材料费
11. 工程项目管理成本流程为(　　)。
A. 成本预测一成本计划一成本控制一成本核算一成本分析一成本考核
B. 成本计划一成本预测一成本控制一成本核算一成本分析一成本考核
C. 成本预测一成本计划一成本分析一成本核算一成本控制一成本考核
D. 成本预测一成本计划一成本控制一成本考核一成本分析一成本核算
12. 下列各项中属于成本控制方法的是(　　)。
A. 价值工程法　　B. 工期一成本同步分析法
C. 回归分析法　　D. 挣值分析法　　E. 成本分析表法
13. 按时间进度编制施工成本计划时的主要做法与(　　)。
A. 通常利用控制项目进度的网络图进一步补充而得
B. 除确定完成工作所需时间外，还要确定完成这一工作的成本支出

C. 将按子项目分解的成本计划与按成本构成分解的成本计划相结合
D. 要求同时考虑进度控制和成本支出对项目划分的要求，做到二者兼顾
E. 应考虑进度控制对项目划分要求，不必考虑成本支出对项目划分的要求

14. 单位工程竣工成本分析的内容包括(　　)。
A. 竣工成本分析　　B. 主要资源节超对比分析
C. 月（季）度成本分析　　D. 主要技术节约措施及经济效果分析
E. 年度成本分析

三、判断题

1. 在施工中发现文物、古迹，承包人可以获得“工期＋费用”的补偿。(　　)

2. 在施工中，监理人对已覆盖的隐蔽工程要求重新检查，且检查结果不合格的，承包人可以获得工期索赔。(　　)

3. 施工成本是指在建设工程项目的全过程中所发生的全部费用的总和。(　　)

4. 施工项目成本计划是以货币形式编制施工项目在计划期内的生产费用，成本水平，成本降低率以及为降低成本所采取的主要措施和规划的书面方案。(　　)

5. 如果由于承办商管理不善，造成材料损坏失效，能列入索赔计价。(　　)

6. 进行技术经济分析，确定最佳的施工方案是施工项目成本管理的经济措施。(　　)

7. 施工项目成本管理组织措施中有效的方法是实行项目经理负责制，落实施工成本管理的组织机构和人员。(　　)

8. 成本管理要以合同为依据，因此合同措施显得很重要，采用合同措施控制施工成本，应贯穿整个合同周期，包括从合同谈判开始到合同终结的全过程。(　　)

9. 施工项目成本预测是施工项目成本计划与决策的依据。(　　)

10. 施工项目成本计划只需要满足合同规定的工期就行了。(　　)

11. 在施工成本控制中，把施工成本的实际值与计划值的差异称为施工成本偏差。(　　)

12. 人工费的控制实行“量价分离”的方法，将作业用工及零星用工按定额工日的一定比例综合确定用工数量与单价，通过劳务合同进行控制。(　　)

13. 施工成本控制分析的三大核算依据中，统计核算比会计和业务核算的范围都广。(　　)

四、案例分析

北京某工程基坑开挖后发现地下情况和发包商提供的地质资料不符，有古河道，须将河道中的淤泥清除并对地基进行二次处理。为此，业主以书面形式通知施工单位停工10d，并同意合同工期顺延10d。为确保继续施工，要求工人、施工机械等不要撤离施工现场，但在通知中未涉及由此造成施工单位停工损失如何处理。施工单位认为对其损失过大，意欲索赔。

1. 工程索赔的分类方法有多种，按照索赔目的可以分为(　　)。
A. 工期索赔　　B. 单项索赔　　C. 总索赔
D. 费用索赔　　E. 工程延期索赔

2. 按照索赔事件的性质分类，该事件是属于(　　)。

A. 工程延期索赔　　B. 工程加速索赔　　C. 工程变更索赔　　D. 工程终止索赔

3. 进行索赔时，其依据不包括(　　)。

A. 合同文件　　B. 法律、法规　　C. 工程建设惯例　　D. 口头约定

4. 索赔事件发生后应当在(　　)内向监理工程师发出索赔意向通知。

A. 15d　　B. 28d　　C. 30d　　D. 45d

5. 监理工程师在收到承包人送交的索赔报告和有关资料后，(　　)未予答复或未对承包人作进一步要求，视为该项索赔已经认可。

A. 15d　　B. 28d　　C. 30d　　D. 45d

【参考答案】

一、单项选择题

1. B　2. C　3. D　4. A　5. B　6. D　7. D　8. A　9. A　10. C
11. B　12. B　13. A　14. D　15. C　16. A　17. A　18. A　19. D　20. A
21. D　22. A　23. B　24. C　25. B　26. B　27. C　28. B　29. D　30. A
31. A　32. B　33. C　34. A　35. C　36. D　37. A　38. B　39. A　40. D
41. A　42. B　43. D　44. A　45. B　46. C　47. C　48. D　49. B　50. B
51. D　52. B　53. B　54. A　55. D　56. C　57. A　58. D　59. A　60. B
61. D　62. A　63. B　64. C　65. D　66. B

二、多项选择题

1. ABCD　2. BCDE　3. AC　4. AB　5. BCD
6. ABCE　7. ABE　8. ABDE　9. ABCD　10. ABC
11. A　12. ABDE　13. ABD　14. ABD

三、判断题

1. √　2. ×　3. ×　4. √　5. ×　6. ×　7. √　8. √　9. √　10. ×
11. √　12. √　13. ×

四、案例分析

1. AD　2. A　3. D　4. B　5. B

第十章　施工信息管理及安全文明施工

一、单项选择题

1. Word 2010，基本命令（如“新建”、“打开”、“关闭”、“另存为”和“打印”位于(　　)。

A. 标题栏　　B. “文件”选项卡　C. 功能区　　D. “显示”按钮

2. Word 2010 中，保存文档可以直接按(　　)快捷键。

A. ctrl＋X　　B. Ctrl＋t　　C. ctrl＋V　　D. ctrl＋s

3. 在 Excel 2010 中，排序条件最多可以支持列(　　)个关键字。

A. 16　　B. 24　　C. 48　　D. 64

4. 对于土方开挖工程中基坑的长度和宽度的偏差检测的描述，说法错误的是(　　)。

A. 由设计的中心线向两边量　　B. 量出长度宽度的整尺寸

C. 弧形从圆心沿半径方向往外量　　D. 用经纬仪和钢尺量测

5. 在地下建筑防水混凝土检验批质量验收记录中，通过检查出厂合格证及有关证明文件性材料就可以进行评定的项目是(　　)。

A. 防水混凝土结构厚度　　B. 防水混凝土迎水面钢筋保护层厚度

C. 防水混凝土的原材料、配合比　　D. 防水混凝土结构表面裂缝

6. 在地下建筑防水混凝土检验批质量验收中，属于主控项目的是(　　)。

A. 防水混凝土的原材料、配合比及坍落度必须符合设计要求

B. 防水混凝土结构厚度至少 250mm

C. 防水混凝土迎水面钢筋保护层至少 50mm

D. 防水混凝土结构表面应坚实、平整、不得有露筋、蜂窝等缺陷

7. 在防水混凝土相关项目进行现场实体检测的过程中，需采用仪器进行检测的项目是(　　)。

A. 防水混凝土结构表面是否坚实　　B. 迎水面钢筋保护层厚度

C. 防水混凝土表面是否有露筋　　D. 细部构造部分是否有渗漏

8. 在地下建筑防水混凝土检验批质量验收中，属于一般项目的是(　　)。

A. 防水混凝土的抗压强度　　B. 防水混凝土的抗渗压力

C. 防水混凝土穿墙导管的设置与构造　　D. 防水混凝土埋设件的位置

9. 在水泥砂浆防水层检验批质量验收记录表中，属于主控项目的是(　　)。

A. 水泥砂浆防水层各层之间必须结合牢固，无空鼓现象

B. 水泥砂浆防水层表面密实、平整

C. 水泥砂浆表面不得有裂纹、起砂、麻面等缺陷

D. 阴阳角应做成圆弧形

10. 水泥砂浆防水层之间必须结合牢固无空鼓现象，现场举得检查数据的方法是(　　)

A. 摸　　B. 敲　　C. 照　　D. 量

11. 在水泥砂浆防水层检验批质量验收记录表中，属于一般项目的是(　　)。

A. 水泥砂浆防水层施工缝留槎位置应正确

B. 水泥砂浆防水层的原材料符合设计要求

C. 水泥砂浆的配合比符合设计要求

D. 水泥砂浆防水层之间必须结合牢固

12. 钢筋加工检验批质量验收记录表中属于主控项目的是(　　)。

A. 钢筋的级别　　B. 钢筋的种类

C. 受力钢筋的弯钩和弯折应符合要求　　D. 弯起钢筋的弯折位置偏差

13. 在钢筋安装工程检验批验收记录表中，属于主控项目的是(　　)。

A. 钢筋的规格和数量　　B. 受力钢筋间距

C. 受力钢筋排距　　D. 受力钢筋保护层厚度

14. 在钢筋安装工程检验批质量验收记录表中，不允许出现负偏差的项目是(　　)。

A. 绑扎钢筋骨架的长度　　B. 绑扎钢筋骨架的宽度

C. 预埋件的水平高差　　D. 板的保护层厚度

15. 属于模板工程检验批质量验收记录表中项目的是(　　)。

A. 受力钢筋的间距　　B. 箍筋间距

C. 横向钢筋间距　　D. 预留洞中心线位置

16. 在模板工程检验批质量验收记录中，不允许出现不合格的检查项目是(　　)。

A. 模板支架　　B. 底模上的标高

C. 层高垂直度　　D. 模板表面平整度

17. 在混凝土工程施工质量检验批验收记录表中，属于主控项目的是(　　)。

A. 结构混凝土的强度等级符合设计要求

B. 施工缝的位置应在混凝土浇筑前确定

C. 混凝土施工缝的处理应按技术方案进行

D. 混凝土浇筑完毕后，应按施工技术方案及时进行养护

18. 在混凝土工程施工质量检验批验收记录表中，属于一般项目的是(　　)。

A. 混凝土原材料每盘称量的偏差符合要求

B. 有抗渗要求的混凝土试件同一工程、同一配合比取样不得少于一次

C. 后浇带的留置位置应按设计要求和施工技术方案确定

D. 结构混凝土的强度等级符合设计要求

19. 现浇结构混凝土工程检验批质量验收记录是用于现浇混凝土的外观，尺寸检查的表格，其主控项目为(　　)。

A. 轴线位置　　B. 垂直度

C. 截面尺寸　　D. 外观质量检查有无严重缺陷

20. 在砖砌体工程检验批质量验收记录表中，属于表格中主控项目的是(　　)。

A. 表面平整度　　B. 基础顶面、楼面标高

C. 砂浆强度等级必须符合设计要求　　D. 外墙上下窗口偏移

21. 钢结构（钢构件焊接）分项工程检验批检查中，在下列项目中，首要控制的是(　　)。

A. 焊缝外观质量　　B. 焊缝尺寸偏差

C. 焊缝感观　　D. 焊工证书

22. 钢结构（高强度螺栓连接）分项工程检验批质量验收记录表中，属于主控项目的是(　　)。

A. 成品包装　　B. 表面硬度试验

C. 摩擦面外观　　D. 抗滑移系数试验

23. 在钢筋混凝土结构实体钢筋保护层厚度检验记录表格中，某工程为一类环境（设计值为15mm），板纵向受力钢筋扫描数据中合格的值是（　　）。

A. 8　　B. 9　　C. 18　　D. 24

24. 在钢筋混凝土结构实体钢筋保护层厚度检验记录表格中，某工程为一类环境（设计值为20mm），梁纵向受力钢筋扫描数据中合格的值是（　　）。

A. 11　　B. 12　　C. 30　　D. 31

25. 在钢筋保护层厚度数据分析中，合格率应达到（　　）以上才可能判定为合格。

A. 80%　　B. 85%　　C. 90%　　D. 95%

26. 施工日志的记录时间应该（　　）。

A. 从开工到竣工验收　　B. 从开工到交付

C. 从开工到业主进场　　D. 从开工到保修期结束

27. 施工日志的内容可分为五类：基本内容、工作内容、检验内容、检查内容、其他内容，下列属于基本内容的是（　　）。

A. 隐蔽工程验收情况　　B. 质量检查情况

C. 施工部位　　D. 安全检查情况

28. 隐蔽工程验收是建筑工程施工验收中的重要工作，必须记好施工记录，下列属于隐蔽工程施工记录中必须明确记录的是（　　）。

A. 隐蔽的内容、楼层、轴线，验收结论　　B. 试块制作情况

C. 材料进场、送检情况　　D. 安全检查情况

29. 在施工过程中，应施工条件、材料规格、品种和质量不能满足设计要求以及合理化建议等，需要进行施工图修改时，所用的记录形式为（　　）。

A. 设计变更单　　B. 技术签证单　　C. 经济核定单　　D. 技术核定单

30. 技术复核记录是在施工前或施工过程中，由（　　）对工程的施工质量和管理人员的工作质量进行检查的记录表。

A. 建设单位　　B. 施工单位　　C. 监理单位　　D. 质监部门

31. 不需要在地基验槽记录表中签字的单位是（　　）。

A. 勘察单位　　B. 设计单位　　C. 建设单位　　D. 质量监督站

32. 地基验槽核对基坑的持力层土质和地下水位的情况，其主要依据的文件是（　　）。

A. 施工图纸　　B. 地勘报告

C. 施工图审查报告　　D. 洽商文件

33. 施工阶段工程监理工作用表是工程监理资料的重要组成部分，依据相关规定，其中A类用表是（　　）。

A. 监理单位用表　　B. 承包单位用表

C. 建设单位用表　　D. 工程参与各方通用表

34. 承包单位用表一般是由承包单位填写向监理单位申报，经审核返回各方，故一般至少应有（　　）。

A. 3　　B. 4　　C. 5　　D. 6

35. 工程项目满足开工条件后，总承包单位应该向监理机构保送的表格是(　　)。

A. 施工现场质量检查记录表　　B. 施工组织设计报审表

C. 工程开工报审表　　D. 工程复工报审表

36. 工程开工报审表属于指令性文件，下列用语不妥的是(　　)。

A. 资料基本齐全　　B. 管理制度已建立

C. 合格　　D. 同意开工

37. 工程开工报审表必须由(　　)批准，签字有效。

A. 监理工程师　　B. 专业监理工程师

C. 建设单位技术负责人　　D. 总监理工程师

38. 工程开工报审表中可以不报的项目是(　　)。

A. 施工许可证已办理　　B. 征地拆迁

C. 分包单位全部落实　　D. 施工组织审查情况

39. 当监理单位下达工程暂停令后，施工单位经过整改、返工等达到要求后，应该向监理单位报送(　　)。

A. 监理回复　　B. 工程开工审批表

C. 工程复工令　　D. 工程复工审批表

40. 施工组织设计（方案）报审表承包单位必须加盖公章，其(　　)必须签字。

A. 企业负责人　　B. 项目经理　　C. 方案编制人　　D. 单位技术负责人

41. 施工组织设计或专项施工方案应由监理机构进行审查，首先进行审查的是(　　)。

A. 土建监理工程师　　B. 安装监理工程师

C. 专业监理工程师　　D. 总监理工程师

42. 在分包单位报审表中可以不填写的是(　　)。

A. 分包单位项目经理　　B. 分包单位名称

C. 分包工程部位　　D. 分包工程数量

43. 分包单位资格报审表应由(　　)填报。

A. 建设单位　　B. 承包单位　　C. 分包单位　　D. 监理单位

44. 下列文件中，相关单位不需要审批或书面回复的是(　　)。

A. 监理通知单　　B. 工程暂停令

C. 监理联系单　　D. 工程临时延期报审表

45. 在使用软件创建一个“新建工程”完成后，系统首先要求输入的是(　　)。

A. 工程概况　　B. 单位工程信息　　C. 分部工程信息　　D. 分项工程信息

46. 在钢筋混凝土工程隐蔽工程验收记录表中，属于钢筋隐蔽工程验收记录表格中的内容的是(　　)。

A. 结构中所配置钢筋类别　　B. 砌体中的配筋

C. 桩基础中钢筋　　D. 钢筋化学成分

47. 下列属于主体结构施工阶段的施工试验记录的是(　　)。

A. 空心砖复试报告　　B. 土工试验报告

C. 混凝土抗渗试验报告　　D. 幕墙检测报告

48. 某工程为住宅，6层楼，两个单元，单元之间有变形缝，在主体结构施工中划分检验批时，划分成（　　）个检验批是比较恰当的。

A. 1　　B. 2　　C. 6　　D. 12

49. 属于建筑物安全与功能检验资料的是（　　）。

A. 钢筋出厂检验报告　　B. 水泥出厂检验报告

C. 建筑物垂直度、标高、全高测量记录　　D. 砌块出厂检验报告

50. 检验批表格通常要进行编号，通常由8位数字组成，其中前两位表示（　　）的代码。

A. 分部工程　　B. 子分部工程

C. 分项工程　　D. 检验批的顺序号

51. 在填写检验批用表时，对能够定量的项目，一般采用（　　）。

A. 打钩表示合格　　B. 打叉表示不合格

C. 直接填写数据　　D. 打圈标注

52. 检验批用表在施工单位自行检查合格后，应填写（　　）比较恰当。

A. 主控项目一般项目全部合格

B. 主控项目全部合格，一般项目满足规范规定要求

C. 一般项目全部合格，主控项目满足规范规定要求

D. 主控项目一般项目满足规范要求

53. 分部工程验收表格中，勘察单位只需要签认的是（　　）。

A. 地基基础分部　　B. 主体结构分部

C. 屋面分部　　D. 装饰装修分部

54. 在检验批用表的填写项目中，有关（　　）的检验批，部分资料可以后补完成。

A. 混凝土　　B. 模板　　C. 模板支撑　　D. 脚手架

55. 分项工程质量验收记录实际是对（　　）的统计表。

A. 单位工程　　B. 分部工程　　C. 检验批　　D. 主控项目

56. 在单位工程质量竣工验收记录表中不会出现的项目是（　　）。

A. 分项工程验收　　B. 质量控制资料核查

C. 安全和使用功能及抽查结果　　D. 观感质量验收

57. 单位工程质量验收表中由建设单位填写的是（　　）。

A. 分部工程验收结论　　B. 质量控制资料核查验收结论

C. 观感质量验收结论　　D. 综合验收结论

58. 在单位工程安全与功能检验资料核查及主要功能抽查记录表中，属于建筑与结构部分的是（　　）。

A. 抽气（风）道检查记录　　B. 通风、空调系统试运行记录

C. 风量、温度测试记录　　D. 洁净室洁净度测试记录

59. 在施工资料管理软件中，选中一个检验批表格样式，点击“新建”填入相应的验收部位，系统自动生成或选择不需要填写的是（　　）。

A. 质量要求　　B. 自检记录　　C. 验收记录　　D. 施工执行标准

60. 在软件中，在检验批用表将所需数据录入后，其系统可以直接评定，对于超出国家标准的数据，会自动生成(　　)。

A. 三角　　B. 圆圈　　C. 钩　　D. 叉

61. 如果系统中，设置了企业标准后，系统对于超出企业标准但未超出国家标准的数据，会自动打(　　)。

A. 三角　　B. 圆圈　　C. 钩　　D. 叉

62. 在安全管理资料中要体现企业的安全生产管理情况，建筑施工企业应建立各级安全生产责任制，其中第一责任人是(　　)。

A. 法定代表人　　B. 主要负责人　　C. 项目经理　　D. 执行经理

63. 专项施工方案经专家论证后需做重大修改的，工程项目部在修改完善后，下一步应(　　)。

A. 报建设单位审批　　B. 报公司有关部门审批

C. 报监理单位审批　　D. 重新组织专家进行论证

64. 在分部分项工程施工前，对现场相关管理人员、施工作业人员进行书面安全技术交底的交底人是(　　)。

A. 项目经理　　B. 项目执行经理

C. 监理工程师　　D. 方案编写人员或技术负责人

65. 脚手架搭设前应经设计计算，并应编制(　　)。

A. 施工组织设计　　B. 专项施工方案

C. 设计文件　　D. 实施细则

66. 当基坑开挖深度大于等于(　　)m，必须将编制的专项方案进行专家论证。

A. 3　　B. 4　　C. 5　　D. 6

67. 有关安全帽使用要求错误的是(　　)。

A. 帽衬与帽壳内顶距离 25～50mm　　B. 正确佩戴，系好下颌带

C. 发现裂痕，修补后才能使用　　D. 发现异常损伤，立即报废

68. 下列有关安全带的使用要求中，在编写资料中，描述错误的是(　　)。

A. 应低挂高用　　B. 安全带不得打结使用

C. 安全带上的各种部件不得随意拆除　　D. 定期检查

69. 下列有关安全网的使用要求中，在编写的资料中，描述错误的是(　　)。

A. 禁止随意拆除安全网构件　　B. 注意防止摆动碰撞

C. 严禁在网上堆放构件　　D. 禁止各种砂浆污染

70. 模板支架搭设高度在(　　)m 以上的必须进行专家论证。

A. 4　　B. 6　　C. 8　　D. 10

71. 模板支架搭设跨度在(　　)m 及其以上的必须编制专项方案并进行专家论证。

A. 12　　B. 15　　C. 18　　D. 21

72. 模板支架，在施工中，施工荷载如果可能超过(　　)kN/m^2 及以上，方案需进行专家论证。

A. 6　　B. 9　　C. 12　　D. 15

73. 模板支架，在施工中，集中线荷载如果可能超过（ ）kN/m 及以上，方案就需进行专家论证。

A. 15　B. 20　C. 25　D. 30

74. 施工现场临时用电设备在（ ）台及其以上时，需编制用电施工组织设计。

A. 2　B. 3　C. 4　D. 5

75. 施工现场临时用电设备总容量在 50kW 及以上者，项目部应编制用电的（ ）。

A. 施工组织设计　B. 专项方案

C. 应急预案　D. 安全用电措施

76. 临时用电组织设计及变更时，必须履行的程序是（ ）。

A. 编制、批准、审核　B. 编制、审核、批准

C. 批准、编制、审核　D. 审核、编制、批准

77. 施工单位应针对施工现场可能导致火灾发生的施工作业及其他活动，制定消防安全管理制度，编制施工现场防火方案及（ ）。

A. 施工组织设计　B. 施工专项方案

C. 应急疏散预案　D. 应急演练

78. 按照消防的施工现场防火技术方案，临时消防设施与在建工程的施工同步设置，房屋建筑工程中，临时消防设置与主体施工进度差距不应超过（ ）层。

A. 2　B. 3　C. 4　D. 5

二、多项选择题

1. Word 2010 中，下列哪些基本命令位于“文件”选项卡处（ ）。

A. 新建　B. 保持　C. 撤销

D. 打开　E. 打印

2. 在 Excel 2010 中的数据筛选包括（ ）。

A. 自动筛选　B. 条件筛选　C. 高级筛选

D. 自定义筛选　E. 默认筛选

3. 下列属于土方开挖工程检验批质量验收记录表中的主控项目的是（ ）。

A. 边坡　B. 标高　C. 长度、宽度

D. 表面平整度　E. 基底土性

4. 在土方开挖工程检验批质量验收中，可以用观察的方法进行检验的是（ ）。

A. 边坡　B. 标高　C. 长度、宽度

D. 表面平整度　E. 基底土性

5. 在土方回填工程检验批质量验收记录表中，属于一般项目的是（ ）。

A. 标高　B. 分层压实系数　C. 回填土料

D. 分层厚度及含水量　E. 表面平整度

6. 属于结构吊装工程验收记录表格中的主控项目的是（ ）。

A. 预制构件的进场检查　B. 预制构件的连接

C. 接头和拼缝的混凝土强度　D. 预制构件吊装

E. 安装控制标志

7. 下列各类描述中，属于砖砌体工程检验批质量验收记录表格中一般项目的是(　　)。

A. 留槎正确，拉接筋应符合规范规定　B. 组砌方法应正确

C. 砂浆饱满度　D. 水平灰缝厚度宜为 8～12mm　E. 垂直度

8. 钢结构（钢构件）焊接分项工程检验批质量验收记录表中属于主控项目的是(　　)。

A. 焊缝感观　B. 焊接材料复验　C. 材料匹配

D. 焊缝外观质量　E. 内部缺陷

9. 工程实施依据资料，贯穿于施工全过程，在施工信息资料管理中必须作为纲领性文件加以管理和输入并随时更新，该类资料主要包括(　　)。

A. 施工合同　B. 地质勘察报告　C. 施工组织设计

D. 图纸会审纪要　E. 质量问题调查报告

10. 属于施工承包合同文件资料主要内容的是(　　)。

A. 工程概况　B. 工程价款　C. 施工组织设计

D. 竣工条件　E. 结算方式

11. 施工现场质量管理检查记录表在表头部分需要填写的内容包括(　　)。

A. 工程名称　B. 施工许可证编号

C. 各方责任主体的单位名称及项目负责人

D. 质监站名称　E. 安监站名称

12. 在施工现场质量管理检查记录表的检查项目中第一项需要检查的是现场质量管理制度，属于该制度的项目是(　　)。

A. 质量例会制度　B. 施工图审查情况

C. 质量检查评定制度　D. 工程质量检验制度

E. 质量问题处理制度

13. 图纸会审纪要一般由施工单位对会审中的问题进行归纳整理，建设、设计、施工及其他与会单位会签，图纸会审纪要的主要内容应包括(　　)。

A. 设计变更

B. 为便于施工，施工单位要求修改的内容及解决办法

C. 会议时间和地点

D. 相关单位对设计上提出的要求及需修改的内容

E. 技术核定

14. 设计变更通知单是工程变更的一部分，其效力等同于施工图，必须由(　　)单位的负责人签字后可生效。

A. 勘察　B. 建设　C. 质监

D. 施工　E. 设计

15. 工程洽商记录一般是建筑施工过程中协调业主和施工方、施工方和设计方的记录，一般可分为(　　)。

A. 质量洽商　B. 经济洽商　C. 安全洽商

D. 进度洽商　　　E. 技术洽商

16. 在施工现场质量管理检查记录表中的工程质量检验制度栏中，一般应明确(　　)。

A. 质量责任制　　　B. 现场材料、设备存放管理

C. 原材料、设备进场检验制度

D. 施工过程的试验报告　　　E. 竣工后的抽查检测

17. 施工组织设计的编写必须遵循工程建设程序，并应符合下列原则(　　)。

A. 符合施工合同有关工程进度、质量、安全、环保、造价的要求

B. 积极开发、利用新技术和新工艺

C. 坚持科学的施工程序和合理的施工顺序

D. 施工组织总设计经项目经理审批后执行

E. 采取技术和管理措施，推广建筑节能和绿色施工

18. 安全技术交底应按照(　　)的要求进行。

A. 法律法规规范标准　　　B. 施工组织设计

C. 专项施工方案　　D. 技术安全措施　　E. 设计文件

19. 建筑企业在安全管理中应设置安全生产决策机构，负责领导企业安全管理工作，组织制定企业安全生产中长期管理目标，审议、决策重大安全事项，该决策机构应包括(　　)。

A. 企业主要负责人　　　B. 项目经理

C. 各部门负责人　　　D. 主办工长

E. 项目安全负责人

20. 工程项目部安全生产责任制的编写中属于工程项目部职责的是(　　)。

A. 组织制订企业生产目标

B. 应制定各工种安全技术操作规程

C. 应按规定配备专职安全管理人员

D. 制定项目安全生产资金保障制度

E. 编制项目安全生产资金使用计划

21. 工程项目部应按照已建立的安全教育培训制度，组织对（　　）进行安全教育培训。

A. 特种作业人员　　　B. 项目安全技术负责人

C. 新进场作业人员　　　D. 项目执行经理

E. 变换工种的作业人员

三、判断题

1. 在土方开挖工程检验批质量验收记录中，检查某工程的柱基基坑基槽的标高，规范允许值为－50mm，现场检查了12个点，其中有2个点超过了此值，可以判定为合格。（　　）

2. 在土方开挖工程检验批质量验收记录中，检查某工程的柱基基坑基槽的表面平整度，规范允许值为20mm，现场检查了12个点，其中有2个点超过了此值分别为25，

26，可以判定为合格。（ ）

3. 在地下建筑防水混凝土检验批质量验收记录表中，在检查防水混凝土结构表面的裂缝情况是发现一根裂缝宽度为0.15mm，系非贯穿裂缝，该项目是合格的。（ ）

4. 在钢筋安装工程检验批质量验收中，在检查预埋件中心线位置时的检查方法是：应沿纵横两个方向量测，并取其中的较大值。（ ）

5. 在检查钢筋安装质量时，“受力钢筋的品种、级别、规格和数量必须符合设计要求”的项目进行检查中，采用的方法是抽样检查。（ ）

6. 在混凝土工程施工检验批质量验收记录中，用于检查混凝土强度的试件，应在商品混凝土搅拌站出料处随机抽取。（ ）

7. 混凝土运输、浇注及间歇的全部时间不应超过水泥的初凝时间。（ ）

8. 预制构件进场检查方法是通过检查构件合格证。（ ）

9. 砂浆试块的抽样数量应在不超过250m^3的各种类型及强度等级的砌筑砂浆，取样不少于一次。（ ）

10. 焊工证书是钢结构焊接中的重要控制项目，进场时只要保证焊工有合格证书就可以进场操作。（ ）

11. 高强度螺栓孔在征得设计同意的基础上，可以采用气割扩孔，扩孔后的孔径不应超过1.2D（D为螺栓直径）。（ ）

12. 在钢筋混凝土结构实体钢筋保护层厚度检查记录表中，检查板纵向受力钢筋的保护层采用钢筋扫描的方法确定。（ ）

13. 见证检验是指施工单位在工程监理单位或建设单位的见证下，按照有关规定施工现场随机抽取试样，送至检测机构进行检验的活动。（ ）

14. 检验是对被检验项目的特征，性能进行量测、检查、试验等，并将结果与标准规定的要求进行比较，以确定项目每项性能是否合格的活动。（ ）

15. 复验是对进入施工现场的建筑材料、购配件、设备及器具，按相关标准的要求进行检验，并对其质量、规格及型号等是否符合要求做出确认的活动。（ ）

16. 检验批是按照相同生产条件或按规定的方式汇总起来工抽样检验用的，由一定数量样本组成的检验体。（ ）

17. 合格批被判为不合格批的概率称为漏判概率。（ ）

18. 返修是对施工质量不符合标准规定的部位采取的更换、重新制作、重新施工等措施。（ ）

19. 一般项目是建筑工程中对安全、节能、环境保护和主要使用功能起决定作用的检验项目。（ ）

20. 计数检验是通过确定抽样样本中不合格的个体数量，对样本总体质量做出判定的检验方法。（ ）

21. 观感质量验收是主要通过量测的方式确定工程外在质量和功能状态的方法。

（ ）

22. 施工现场质量管理检查记录表应在开工后由施工单位负责人进行填写。（ ）

23. 施工现场质量检查记录表填写完成后，将有关文件的原件和复印件附在后面，报专业监理工程师审查。（ ）

24. 施工图审查报告应该在图纸会审结束后由与会各单位共同签发。（ ）

25. 技术交底是施工企业进行技术、质量管理的一项重要环节，重点工程、大型工程、技术复杂的工程，应由企业技术负责人组织有关科室、工区和有关施工单位交底。（ ）

26. 技术交底必须做好记录，是施工单位质量控制的重要资料，参加交接人员必须本人签字。（ ）

27. 钢筋材料的进场检验资料，应有出厂质量证明书或厂方试验报告单，并有实验室出具的试验报告作为质量证明文件。（ ）

28. 钢筋试验项目必须填写齐全，试验数据达到规范规定的标准值，各规格的钢筋均应做复试，有见证取样证明，只要有出厂试验证明文件，可以复试和使用同步。（ ）

29. 对于国外进口钢材，板厚大于等于 40mm，且设计有 Z 向性能要求的厚板，必须进行全数检查。（ ）

30. 钢材、水泥等材料，进场进行了现场抽样复验就可以使用。（ ）

31. 施工单位对于进场的原材料、半成品及成品从进场开始，要对其进行质量确认，并收集有关资料，执行中主要有三种形式：检查产品的生产许可证、出厂合格证及进行现场全数检查。（ ）

32. 预拌混凝土搅拌单位应该在施工单位使用该混凝土前提供预拌混凝土出厂合格证。（ ）

33. 提供给施工单位的预拌混凝土出厂合格证必须有施工单位的技术负责人签字、填表人签字，供货单位盖章。（ ）

34. 防水材料复试报告中各试验项目应齐全，各项防水技术性能指标应符合检验标准的规定，必须先试验后使用，材料复试批量应能代表实际工程用量，并有见证取样证明。（ ）

35. 施工单位每一个工序施工中都必须留下规范的施工记录。（ ）

36. 施工记录是落实过程控制思想的具体实施，是各专业验收规范具体实施控制过程的结果。（ ）

37. 工程测量、定位是一项非常重要的工作，应该留下施工记录或复核记录。（ ）

38. 施工记录没有统一的形式，也没有具体的数量标准，但是质量控制资料体系中重要的一环。（ ）

39. 建筑公司应严格按照专项施工方案组织施工，严禁擅自修改、调整专项施工方案的内容。（ ）

40. 安全技术交底应由交底人和被交底人进行签字确认。（ ）

41. 工程项目部可以安排如施工员等兼职建立并管理工程项目施工现场的安全资料。（ ）

42. 在某脚手架专项方案中，落地式钢管脚手架的扫地杆的设置要求是：纵向扫地杆应设置在横向扫地杆的下方。（ ）

43. 在某脚手架专项方案中，针对扣件式钢管脚手架立杆的接长的描述为：立杆的接长都应采用对接扣件连接。（ ）

44. 在某脚手架方案中，对连墙件的描述：连墙件宜靠近主节点位置，为连接牢固

和便于施工，离主节点的距离最好大于等于 300mm。（ ）

45. 在某脚手架方案中，对连墙件的描述是：连墙件必须采用可承受拉力和压力的构造。（ ）

46. 某方案中，对钢丝绳的固定方式的描述为：钢丝绳的固接点应使用 3 个或以上的绳卡，绳卡压板应在钢丝绳受力端的对边。（ ）

47. 在某悬挑脚手架方案中，由于架体高度只有 10m，故剪刀撑不需在架体外侧全立面连续设置。（ ）

48. 各种脚手架搭设前应进行安全技术交底，并应有文字记录。（ ）

【参考答案】

一、单项选择题

1. B	2. D	3. D	4. B	5. C	6. A	7. B	8. D	9. A	10. B
11. A	12. C	13. A	14. C	15. D	16. A	17. A	18. C	19. D	20. C
21. D	22. D	23. C	24. C	25. C	26. A	27. C	28. A	29. D	30. B
31. D	32. B	33. B	34. A	35. C	36. A	37. D	38. C	39. D	40. B
41. C	42. A	43. B	44. C	45. A	46. A	47. C	48. D	49. C	50. A
51. C	52. B	53. A	54. A	55. C	56. A	57. D	58. A	59. A	60. A
61. B	62. A	63. D	64. D	65. B	66. C	67. C	68. A	69. B	70. C
71. C	72. D	73. B	74. D	75. A	76. B	77. C	78. B		

二、多项选择题

1. ADE	2. AC	3. ABC	4. AE	5. AB
6. ABC	7. BD	8. BCE	9. ABCD	10. ABDE
11. ABC	12. ACE	13. BCD	14. BDE	15. BE
16. CDE	17. ABCE	18. ABCD	19. AC	20. BCDE
21. ACE				

三、判断题

1. ×	2. √	3. √	4. √	5. ×	6. ×	7. ×	8. √	9. ×	10. ×
11. ×	12. √	13. ×	14. √	15. ×	16. √	17. ×	18. ×	19. ×	20. √
21. ×	22. ×	23. ×	24. ×	25. √	26. √	27. √	28. ×	29. ×	30. ×
31. ×	32. ×	33. ×	34. √	35. ×	36. √	37. √	38. √	39. ×	40. √
41. ×	42. ×	43. ×	44. ×	45. √	46. ×	47. ×	48. √		

参考文献

[1]《建筑工程施工质量验收统一标准》[S]．(GB 50300—2013)．

[2]《土方与爆破工程施工及验收规范》[S]．(GB 50201—2012)．

[3]《建筑边坡工程技术规范》[S]．(GB 50330—2013)．

[4]《建筑地基基础工程施工规范》[S]．(GB 51004—2015)．

[5]《建筑施工土石方工程安全技术规范》[S] (JGJ 180—2009)．

[6]《建筑基坑支护技术规程》[S]．(JGJ 120—2012)．

[7]《平屋面建筑构造》[S]．(12J201)．

[8]《地下工程防水技术规范》[S]．(GB 50108—2008)．

[9]《屋面工程技术规范》[S]．(GB 50345—2012)．

[10]《地下防水工程质量验收规范》[S]．(GB 50208—2011)．

[11]《住宅室内防水工程技术规范》[S]．(JGJ 298—2013)．

[12]《屋面工程质量验收规范》[S]．(GB 50207—2012)．

[13]《组合钢模板技术规范》[S]．(GB 50214—2001)．

[14]《混凝土结构工程施工规范》(GB 50666—2011)．

[15]《混凝土结构工程施工质量验收规范》[S]．(GB 50204—2015)．

[16]《混凝土结构设计规范》[S]．(GB 50010—2010)．

[17]《建筑节能工程施工质量验收规范》[S]．(GB 50411—2007)．

[18]《建筑手册》[M]．第五版，北京：中国建筑工业出版社，2013.

[19]《建筑施工扣件式钢管脚手架安全技术规范》[S]．(JGJ 130—2011)．

[20]《砌体结构工程施工规范》[S]．(GB 50924—2014)．

[21]《构造柱图集》[S]．(03G363)．

[22]《混凝土小型空心砌块墙体建筑构造图集》[S]．(05J102—1)．

[23]《砌体结构工程施工规范》[S]．(GB 50924—2014)．

[24]《砌体结构工程施工质量验收规范》(GB 50203—2011)．

[25]《砌体结构设计规范》[S]．(GB 50003—2011)．

[26]《建筑机械使用安全技术规程》(JGJ 33—2012)．

[27]《建筑装饰装修工程质量验收规范》[S]．(GB 50210—2001)．

[28]《建筑工程施工组织设计规范》[S]．(GB/T 50502—2009)．

[29]《工程网络计划技术规程》[S]．(JGJ/T 121—2015)．

[30]《建设项目经济评价方法与参数（第三版）》(发改投资〔2006〕1325号)．

［31］“关于印发《建筑安装工程费用项目组成》的通知”（建标〔2013〕44 号）.

［32］《建筑施工安全技术统一规范》［S］.（GB 50870—2013）.

［33］《施工现场临时用电安全技术规范》［S］.（JGJ 46—2005）.

［34］《四川省建筑工程现场安全文明施工标准化技术规程》［S］.（DBJ51/T036—2015）.

［35］《建筑施工场界噪声限值》［S］.（GB 12523—2011）.

［36］《建筑施工安全检查标准》［S］.（JGJ 59—2011）.

［37］《中华人民共和国固体废物污染环境防治法》（2015 修正版）.